普通高等教育"十四五"规划教材
中国石油和石化工程教材出版基金资助项目

化工安全与环保

李艳红　郭胜惠　主　编
罗永明　李　斌　何德东　副主编

中国石化出版社
·北京·

内 容 提 要

本书系统介绍了危险化学品特性与管理、火灾与爆炸理论及其防护措施、化学反应过程热风险分析与评估、职业危害与防护、化工安全设计、风险辨识与评估、化工企业安全管理体系、化工环保等知识。

本书可作为普通高等学校化工与制药、轻工、环境科学与工程、冶金工程、矿物加工及其他相关专业的本科教材，也可作为从事化学、化工、制药等专业的研发和工程技术人员的参考书。

图书在版编目(CIP)数据

化工安全与环保 / 李艳红，郭胜惠主编 .—北京：中国石化出版社，2024. 6.
(普通高等教育“十四五”规划教材)
ISBN 978-7-5114-7512-1

Ⅰ. TQ086；X78

中国国家版本馆 CIP 数据核字第 2024QH5090 号

中国石化出版社出版发行
地址：北京市东城区安定门外大街 58 号
邮编：100011　电话：(010)57512500
发行部电话：(010)57512575
http://www. sinopec-press. com
E-mail：press@ sinopec. com
北京富泰印刷有限责任公司印刷
全国各地新华书店经销
*
710 毫米×1000 毫米 16 开本 29. 5 印张 482 千字
2024 年 6 月第 1 版　2024 年 6 月第 1 次印刷
定价：76. 00 元

《化工安全与环保》
编　委　会

主　　编：

李艳红　郭胜惠　昆明理工大学

副 主 编：

罗永明　李　斌　何德东　昆明理工大学

参编人员：

王　驰　苏　毅　张秋林　彭林才　谢德龙　王平艳

周新涛　杨　劲　彭　健　廉培超　昆明理工大学

王家盛　华北科技学院

李运才　应急管理部化学品登记中心

汪卫国　应急管理部研究中心

程长进　中国化学品安全协会

王　敏　昆明市应急管理局

周　霞　昆明市安全生产协会

侯　英　杨晓琴　西南林业大学

胡　勋　李庆银　济南大学

王建成　廖俊杰　张　静　莫　琼　孟凡会　太原理工大学

付成兵　贵州大学

郭　江　太原科技大学

陈　菓　云南民族大学

郝　芳　湘潭大学
戴　勇　盐城工学院
韩　生　上海应用技术大学
朱安峰　淮阴师范学院
孟海涛　新疆理工学院
王宏宇　张　莹　李　挺　山西能源学院
王少鹏　郑州工程技术学院
周　兴　河北师范大学
景晓华　安阳师范学院
李学雷　河套学院
张洪利　渭南师范学院
曾　兵　贵州工程应用技术学院
薛金召　湖南石油化工职业技术学院
刘庆新　徐德跃　云南大为恒远化工有限公司
徐　煜　朱满斗　云南先锋化工有限公司
胡　永　云南煤业能源股份有限公司
蒋国权　高　敏　包永新　中石油云南石化有限公司
李毅雄　云南凯风安全环保技术工程有限公司
辛保泉　中石化安全工程研究院有限公司
崔文科　阳煤丰喜肥业(集团)有限责任公司
杜逸兴　厦门大学古雷石化研究院
鞠林青　中国寰球工程有限公司
崔庆瑞　查东琼　曲靖职业技术学院

前言 PREFACE

人类的生产和生活离不开化学品，包括医药产品、农业杀虫剂、化肥、塑料、纺织纤维、电子化学品、家庭装饰材料、日用化学品和食品添加剂等。化学工业在国民经济中占有重要地位，也是促进经济发展的基础产业和重要支柱产业，关系到民生的“衣食住行用”。2021年，我国石油和化工行业实现营业收入14.45万亿元，年利润1.16万亿元，产值占全球40%，成为全球最大的化工产品生产国。化工生产的原料和产品危险性大、工艺条件苛刻、生产工艺复杂、设备种类繁多。2021年，化工行业安全生产事故死亡人数比10年前下降70%以上。虽然相对于其他传统行业，化工行业的整体事故率和伤亡率均处于较低水平，但由于在化学品的生产、使用、储存、销售、运输以及废物处置的过程中，容易造成火灾、爆炸、毒害等事故，这种群死群伤的特性及社会影响，经互联网时代媒体的不断报道和快速传播，导致人们“谈化色变”。化工行业对安全生产要求严格，危险化学品的安全也是政府监管的重点、企业工作的难点、公众关注的焦点。当前，企业环保设施建设和运营环节事故仍然多发，受(有)限空间事故防控基础仍然薄弱，应该引起教育界重视。安全教育是工程教育的重要环节，在学生受教育阶段，要加强对学生安全习惯、安全意识和安全思维的养成。

2014年，教育部联合国家安全生产监督管理总局(现为应急管理部)颁布了《关于加强化工安全人才培养工作的指导意见》(教高〔2014〕4号)，要求高校及职业院校全面加强化工安全教育，按照企业化工安全人才的不同需求制订培养计划，全面系统地开展化工安全人才培养。

教育是解决问题的源头，希望更多相关专业的本科生掌握化工安全知识和技术，从而减少事故，增强社会对化工行业的信心，保护环境，保障人民健康安全，实现化工行业的高质量发展。

本书定位于化工类专业(非安全工程方向)32~48学时的“化工安全与环保”课程，因此在教材内容选择上强调基础性和实用性。本书结合中级注册安全工程师考试大纲，较为系统地介绍了化工安全领域的基本原理，内容丰富、新颖，将基本原理与实践应用紧密结合，能够帮助读者初步构建化工安全知识体系框架，了解化工安全的基本概念。本书结合化工安全和环保的工作实际，介绍了主要法律、法规、规章和标准，以帮助初学者熟悉这些规定。化工环保部分，侧重于化工废水和废气处理的基本原理，增加了催化裂化烟气治理技术、焦炉烟气脱硫脱硝和挥发性有机物治理技术、危险废物的鉴别方法和鉴别标准等内容。与同类教材相比，化工安全部分增加了一些最近几年发生的化工生产和环保的典型事故案例，以强化学生的安全意识。根据化工企业工程技术人员的意见，增加了安全生产标准化相关内容。《危险化学品从业单位安全生产标准化评审标准》中的12个A级要素、56个B级要素涵盖了化工企业日常安全管理的方方面面，是一代又一代安全管理人从一次次的事故教训中总结出来的，认真落实执行，企业的安全管理工作就完成了80%以上。所以，大学生在学校掌握安全标准化的知识是十分必要的。

编者期望本书能够作为大学生学习化工安全与环保的提升书籍，在参考文献中推荐了新出版的文献。编者深知，由于学时有限很难讲完所有内容。授课教师可以根据实际情况，例如学生的就业去向特点，对本书内容进行优化和取舍。如“2.2”“3.2.2”“3.4.2”“3.4.3”“3.4.4”“3.5.3”“3.5.5”“3.8”“3.9”“3.10”“6.3.3”等节内容可以自学；“第7章　化工安全设计”可重点讲授“7.1”“7.4”和“7.6”节内容；“第8章　风险辨识与评估”可重点讲授“8.1”“8.7”和“8.9”节内容；“第12章　工业固体废物和环境管理”可重点讲授“12.1.3”节内容，其他内容可供学有余力和对本课程特别感兴趣的学生或者有志于进一步深造、准备考取研究生的同学自学。

本书由昆明理工大学化工学院李艳红副教授和冶金与能源学院郭胜惠教授共同负责全书策划、编写与统稿。昆明理工大学李斌教授编写了第 4 章，罗永明教授、何德东教授、王驰教授共同编写了第 10 章和第 11 章；太原理工大学王建成教授、昆明理工大学张秋林教授共同编写了第 12 章；云南大为恒远化工有限公司刘庆新编写了第 9 章。本书编写过程中得到了应急管理部化学品登记中心李运才教授级高级工程师、华北科技学院化工安全学院王家盛副院长的精心指导，提供了相关参考资料并提出了很多宝贵意见，其他编者则多次参与了本书的编写讨论，参与审阅并修改了部分章节。感谢昆明理工大学首批国家一流本科专业建设点(化学工程与工艺)的资助！感谢中国石化出版社编辑在出版过程中的全力帮助和支持。编者在编写过程中，参考了同行的书籍和文献，在此表示衷心的感谢！

我们正处在一个不断变化的时代，科技的日新月异，要求我们与时俱进，不断学习和掌握新知识、新技能，编者也力求将最新的法律、法规、标准和工程实践融入教材中，但由于时间仓促和编者水平所限，书中难免有不当之处，敬请读者批评指正。若有意见和建议请联系编者，联系邮箱 liyh_2004@163.com。

编者

2024 年 3 月

目录 CONTENTS

第1章　绪　论

在现代社会，人们生活和生产都离不开化工产品，化肥、农药促进农作物丰产；质地优良、品种繁多的合成纤维普遍应用于建筑业及汽车、轮船、火车、飞机等制造业，一些化工产品具有耐高温、耐低温、耐腐蚀、耐磨损、高强度、高绝缘等特殊性能，使其成为现代航天航空技术、核技术及电子技术等尖端科学技术不可缺少的材料。

化学工业是国民经济建设的支柱产业之一，为现代社会生活和经济发展作出了巨大的贡献，但也带来了环境污染和安全问题。环境保护问题实质也是安全问题。虽然这两个问题的出发点与侧重点有所不同，但总目标是一致的，即以人为本，科学发展化工生产、造福人类社会。在化工行业，生产事故与环境污染事件是相互伴生、互为因果的，重大的化工生产事故往往会引发重大的环境污染事件，而严重的环境污染首先伤害的是生产现场的人员及设备。当前，企业环保设施建设、施工和运营环节事故仍然多发。工艺路线和原料路线的选择、厂址的选择、车间和设备布置、设备类型的选择及设备、电气、仪表、建筑等设计条件的提出和确定都是化工工艺专业人员的责任，这些因素都与环保和安全问题息息相关。

1.1　化工生产和化工安全的特点

1.1.1　化工生产的特点

与传统的化学工业相比，现代化学工业一般具有以下四个特点。

① 生产所涉物料多、有害危险品多：化工生产所涉及的物料多属易燃易爆、有毒害、有腐蚀、有放射性的危险化学品。《危险化学品目录(2015版)》列出的危险化学品有28类共2828种，再加上生产场所各种粉尘等就更多了。其总量占化工生产所涉物料的70%左右。

② 生产工艺复杂、操作条件苛刻：现代化工采用高温、高压、深冷、真空等工艺条件，这些苛刻的工艺条件无疑是发生爆炸、火灾等事故的危险源。

③ 生产规模大型化、综合化：采用大型装置显著降低了单位产品的建设投资、能耗和生产成本，极大地提高了经济效益。大型装置一旦发生事故，造成的

损坏要比中小型装置大很多。同时，大多化工厂的生产综合性很强，产品种类繁多，涉及范围广。

④ 生产过程连续化、自动化以及智能化：化工生产操作由分散控制变为集中控制，进而又发展为计算机控制，如 SCADA(数据采集与监控系统)、DCS(分布式控制系统)、PLC(可编程逻辑控制器)等控制系统在化工企业都得到了广泛的应用，某些工厂甚至采用了人工智能(AI)系统，极大地提高了劳动生产率。但如果有一个仪器、仪表或软件发生故障，就可能造成全系统的生产事故。

1.1.2 化工安全问题的特点

随着技术的进步和市场的迅速扩大，化学工业目前已在整个制造业中占据了相当大的比例。在化工生产中，从原料、中间体到成品，大都具有易燃、易爆、毒性等化学危险性；化工工艺过程复杂、多样化，高温、高压、深冷等不安全的因素很多。事故的多发性和严重性是化学工业独有的特点。

危险源指可能造成人员伤害和疾病、财产损失、作业环境破坏或其他损失的根源和状态。事故隐患指生产经营单位违反安全生产法律、法规、规章、标准、规程和安全生产管理制度，或者因其他因素在生产经营活动中存在可能导致事故发生的物的危险状态、人的不安全行为和管理上的缺陷。生产安全事故指生产经营活动中发生的造成人身伤亡或者直接经济损失的事件。现代化工这些特点存在的负面效应是：化工生产存在着“危险源”，危险源在一定的条件下可以发展为“事故隐患”，事故隐患继续失去控制，则转换为“事故”。而这些事故往往是燃烧、爆炸、毒害、污染等多种危害同时发生的，会对人身和环境造成巨大的损害，对财产造成巨大的损失。因此，化学工业较其他工业生产部门对人员和环境的安全具有更大的危险性。

可以得出以下结论，即危险失控，可导致事故；危险受控，能获得安全。所以辨识危险源成为重要问题。目前国内外流行的安全评价技术，就是在危险源辨识的基础上，对存在的危险源进行定性和定量评价，并根据评价结果采取优化的安全措施。提高化工生产的安全性，需要增加设备的可靠性，同样也需要加强现代化的安全管理。

美国保险协会(American Insurance Association，AIA)对化学工业的 317 起火灾、爆炸事故进行调查，分析了主要原因和次要原因，把化学工业危险因素归纳为以下 9 个类型。

1. 工厂选址问题

① 易遭受地震、洪水、暴风雨等自然灾害；②水源不充足；③缺少公共消防设施的支援；④有高湿度、温度变化显著等气候问题；⑤受邻近危险性大的工

业装置影响；⑥邻近公路、铁路、机场等运输设施；⑦在紧急状态下难以把人和车辆疏散至安全地带。

2. 工厂布局问题

① 工艺设备和储存设备过于密集；②有显著危险性和无危险性的工艺装置间的安全距离不够；③昂贵设备过于集中；④对不能替换的装置没有有效的防护；⑤锅炉、加热器等火源与可燃物工艺装置之间距离太小；⑥地形障碍。

3. 结构问题

① 支撑物、门、墙等不是防火结构；②电气设备无防险措施；③防爆、通风、换气能力不足；④控制和管理的指示装置无防护措施；⑤装置基础薄弱。

4. 对加工物质的危险性认识不足

① 在装置中原料混合，在催化剂作用下自然分解；②对处理的气体、粉尘等在其工艺条件下的爆炸范围不明确；③没有充分掌握因误操作、控制不良而使工艺过程处于不正常状态时的物料和产品的详细情况。

5. 化工工艺问题

① 没有足够的有关化学反应的动力学数据；②对有危险的副反应认识不足；③没有根据热力学研究确定爆炸能量；④对工艺异常情况检测不够及时。

6. 物料输送问题

① 各种单元操作时不能对物料流动进行良好控制；②产品的标示不充分；③风送装置内的粉尘爆炸；④废气、废水和废渣的处理；⑤装置内的装卸设施问题。

7. 误操作问题

①忽略关于运转和维修的操作教育；②没有充分发挥管理人员的监督作用；③开车、停车计划不适当；④缺乏紧急停车的操作训练；⑤没有建立操作人员和安全人员之间的协作体制。

8. 设备缺陷问题

① 因选材不当而引起装置腐蚀、损坏；②设备不完善，如缺少可靠的控制仪表等；③材料的失效；④对金属材料没有进行充分的无损探伤检查或没有经过专家验收；⑤结构上有缺陷，如不能停车而无法定期检查或进行预防维修；⑥设备在超过设计极限的工艺条件下运行；⑦对运转中存在的问题或不完善的防灾措施没有及时改进；⑧没有连续记录温度、压力、开停车情况及中间罐和受压罐内的压力变动。

9. 防灾计划不充分

① 没有得到管理部门的大力支持；②责任分工不明确；③装置运行异常或故障仅从属于安全部门，只是单线起作用；④没有预防事故的计划，或即使有也很差；⑤遇有紧急情况未采取得力措施；⑥没有实行由管理部门和生产部门共同

进行的定期安全检查；⑦没有对生产负责人和技术人员进行安全生产的继续教育和必要的防灾培训。

瑞士再保险公司统计了化学工业和石油工业的 102 起事故案例，分析了上述 9 类危险因素所占的比例，表 1-1 为统计结果。

表 1-1 化学工业和石油工业的危险因素

类别	危险因素	危险因素的比例/%	
		化学工业	石油工业
1	工厂选址问题	3.5	7
2	工厂布局问题	2	12
3	结构问题	3	14
4	对加工物质的危险性认识不足	20.2	2
5	化工工艺问题	10.6	3
6	物料输送问题	4.4	4
7	误操作问题	17.2	10
8	设备缺陷问题	31.1	46
9	防灾计划不充分	8	2

由表 1-1 可以看出，设备缺陷问题是第一危险因素，若能消除此项危险因素，则化学工业和石油工业的安全就会获得有效改善。在化学工业中，“4. 对加工物质的危险性认识不足”和“5. 化工工艺问题”两类危险因素占较大比例，这是由以化学反应为主的化学工业的特征所决定的。在石油工业中，“2. 工厂布局问题”和“3. 结构问题”两类危险因素占较大比例。石油工业的特点是需要处理大量可燃物质，由于火灾、爆炸的能量很大，所以装置的安全间距和建筑物的防火层不适当就会有较大的危险。另外，误操作问题在两种工业危险中都占较大比例。操作人员的疏忽常常是两种工业事故的共同原因，而在化学工业中所占比重更大一些。在以化学反应为主体的装置中，误操作常常是事故的重要原因。

【设备缺陷问题 事故案例 1-1】1991 年，辽宁省辽阳市国营庆阳化工厂二分厂一工段硝化工房发生特大爆炸事故，死亡 17 人，重伤 13 人，轻伤 89 人，造成直接经济损失约 2266.6 万元。事故的主要原因是对设备布置考虑不完善。在硝化反应过程中，硝化反应产物在反应没有进行完全的时候被转移到分离器后继续进行反应，而分离器内又没有安装搅拌和冷却装置，造成局部过热，导致硝化反应失控，物料分解，分解热的产生进一步造成了局部过热的加剧，再次引发了更为剧烈的二次分解反应，一系列连锁分解反应的发生，最终导致燃爆，引起了特大的爆炸事故。

【化工工艺问题 事故案例 1-2】1983 年 8 月 16 日，浙江省某化学工业公司氯乙烯车间和电石车间的6号排水地沟发生爆炸。此次事故造成了地沟旁边的看道工人死亡，直接损失高达105万元。该事故的主要原因是排水沟内空气中的乙炔达到了爆炸极限，从而引发了事故。而乙炔的唯一来源就是氯乙烯的混合脱水岗位，混合脱水工艺流程是将原料气体氯化氢与乙炔混合后间接冷却脱水，使得混合器中的水分冷凝为盐酸，气体经过旋风分离器和酸雾过滤器除去酸雾后去转换工序。原设计中冷凝槽装有气相平衡阀，气体回到系统进入冷凝槽，废盐酸排入废液沟。车间为了回收废酸工艺流程的畅通，错误地将气相平衡阀改为排气阀门，将排气管接到排除废液的管道上，并且直接排入废液排放沟。在工艺规程里没有明确的放酸规程，放酸后视镜也模糊不清。各台设备放完酸后再关闭排放阀门。由于放完酸以后，混合气体容易窜出，造成含有40%以上乙炔的混合气进入冷凝槽而排入废液沟。当乙炔在空气中的浓度到达7.73%时，最低引燃能量很小，极易被微小的能量引发爆炸事故。

【对加工物质的危险性认识不足问题 事故案例1-3】1998年，陕西省某化工集团发生特大硝酸铵溶液爆炸事故，造成22人死亡、6人重伤、50人轻伤，直接经济损失约7000万元。事故的主要原因是生产人员对所用硝酸铵的爆炸危险性认识不足，特别是对硝酸铵在某些物质的存在下容易发生自催化反应，引起爆炸的特性认识不清。在生产过程中，硝酸铵溶液受到了有机物和氯离子的污染，提高了硝酸铵溶液的爆炸敏感度，使硝酸铵的自分解温度下降。在造粒系统停车的时候，局部温度的升高引起了自催化分解反应的发生，分解产生了大量的热和气体，从而带来连锁的分解反应，最终导致爆炸事故的发生。

【误操作问题 事故案例1-4】1984年，著名的博帕尔(Bhopal)事件就是操作人员误操作引起的特大化工事故。整个事故造成2500人死亡，12.5万人受害，30万人撤离，直接经济损失超过20亿美元。该事故的主要原因是操作人员误操作将460~900kg的水打入甲基异氰酸酯(MIC)610号储罐内，引起放热反应产生二氧化碳，使罐内压力急剧升高。另外，罐内含有大量抑制剂氯仿，氯仿的长久腐蚀，使304不锈钢材质的储罐发生锈蚀，产生游离的铁离子，在铁离子的催化作用下又加速了水与甲基异氰酸酯反应的进行，最终导致罐内温度升高、压力升高、防爆膜破裂、安全阀打开，大量甲基异氰酸酯泄漏。该事故成为震惊世界的印度博帕尔化学事故。

1.2 事故致因理论和事故预防

事故发生有其自身的发展规律和特点，只有掌握了事故发生的规律，才能保证安全生产系统处于有效状态。前人站在不同的角度，给出了很多事故致因理论，下面简要介绍几种。

1.2.1 海因里希事故因果连锁理论

1931 年，美国的海因里希（W. H. Heinrich）在《工业事故预防》（Industrial Accident Prevention）一书中，阐述了根据当时的工业安全实践总结出来的工业安全理论，事故因果连锁理论是其中重要组成部分。海因里希用多米诺骨牌来形象地描述这种事故因果连锁关系。在多米诺骨牌系列中，一块骨牌被碰倒了，则将发生连锁效应，其余的几块骨牌相继被碰倒。如果移去中间的一块骨牌，则连锁被破坏，事故过程被中止。他认为企业安全工作的中心就是防止人的不安全行为，消除机械或物质的不安全状态，中断事故连锁的进程而避免事故的发生，如图 1-1所示。

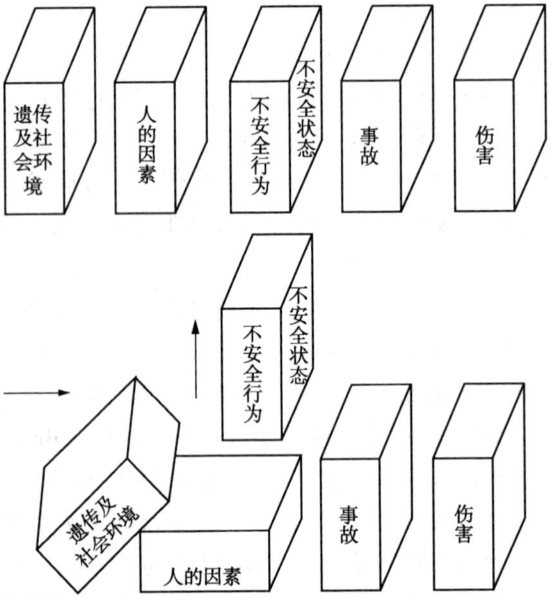

图 1-1　海因里希事故因果连锁理论

海因里希的工业安全理论主要阐述了工业事故发生的因果连锁理论与他关于在生产安全问题中人与物的关系、事故发生频率与伤害严重度之间的关系、不安全行为的原因等工业安全中最基本的问题，曾被称作“工业安全公理”（Axioms of Industrial Safety），得到世界上许多国家安全工作学者的赞同。但是该理论把大多数工业事故的责任都归因于人的不安全行为，表现出时代的局限性。

1974 年，博德（Frank E. Bird Jr.）发展了海因里希的理论，将管理因素加入了原因链中，由此出现了如图 1-2 所示的现代事故原因链理论。

海因里希事故法则：海因里希统计了 55 万起机械事故，其中死亡、重伤事故 1666 起，轻伤 48334 起，其余则为无伤害事故。从而得出一个重要结论，即

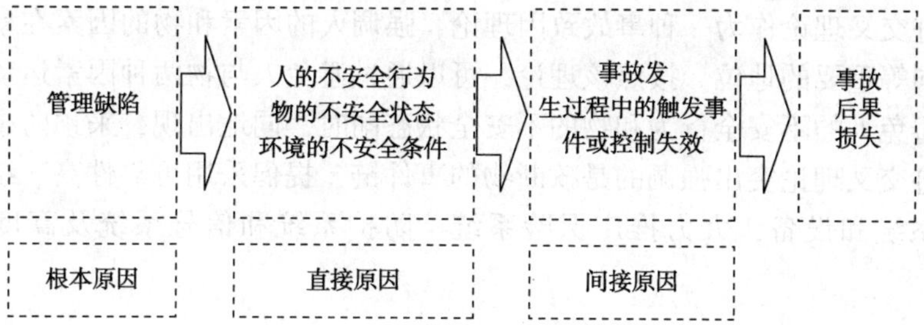

图 1-2　基于现代事故原因链理论的事故模型

在机械事故中，伤亡、轻伤、不安全行为的比例为 1∶29∶300，国际上把这一法则叫海因里希事故法则，如图 1-3 所示。这个法则说明，在机械生产过程中，每发生 330 起意外事件，有 300 起未产生人员伤害，29 起造成人员轻伤，1 起导致重伤或死亡。

对于不同的生产过程，不同类型的事故，上述比例关系不一定完全相同，但这个统计规律说明了在进行同一项活动中，无数次意外事件，必然导致重大伤亡事故的发生。要防止重大事故的发生，必须减少和消除无伤害事故，要重视事故的苗头和未遂事故，否则终会酿成大祸。

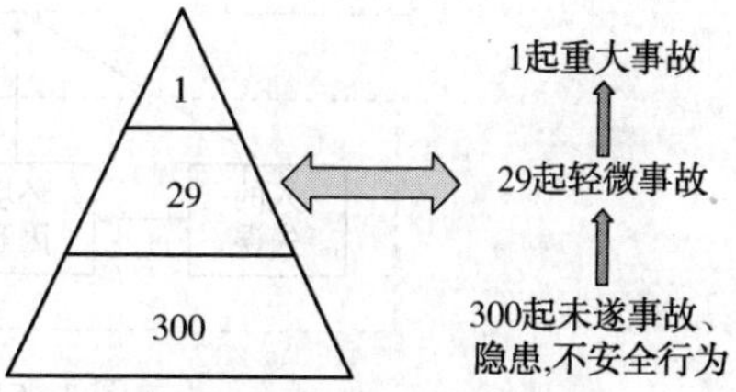

图 1-3　海因里希事故法则

1.2.2　轨迹交叉理论

斯奇巴(Skiba)提出，生产操作人员与机械设备两种因素都对事故的发生有影响，并且机械设备的危险状态对事故的发生作用更大些，只有当两种因素同时出现，才能发生事故。上述理论被称为轨迹交叉理论，该理论主要观点是：如图 1-4 所示，在事故发展进程中，人的因素运动轨迹与物的因素运动轨迹的交点就是事故发生的时间和空间，即人的不安全行为和物的不安全状态发生于同一时间、同一空间，或者说人的不安全行为与物的不安全状态相通，则将在此时间、空间发生事故。

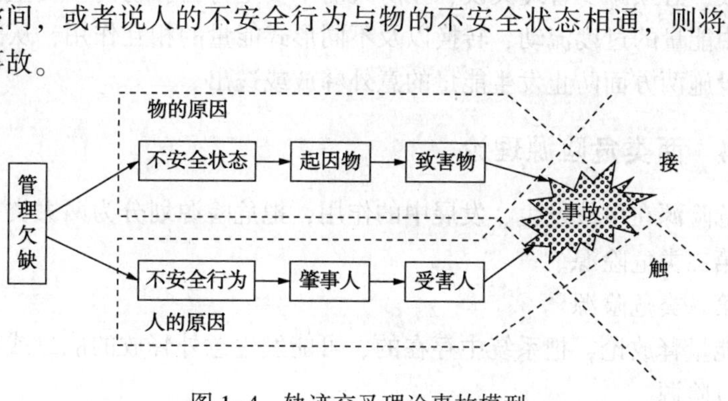

图 1-4　轨迹交叉理论事故模型

轨迹交叉理论作为一种事故致因理论，强调人的因素和物的因素在事故致因中占有同等重要的地位。按照该理论，可以通过避免人与物两种因素运动轨迹交叉，即避免人的不安全行为和物的不安全状态同时、同地出现，来预防事故的发生。轨迹交叉理论突出强调的是砍断物的事件链，提倡采用可靠性高、结构完整性强的系统和设备，大力推广保险系统、防护系统和信号系统及高度自动化装置。

1.2.3 能量释放理论

能量释放理论认为事故是一种不正常的或不希望的能量释放，各种形式的能量构成伤害的直接原因，如图 1-5 所示，于是应该通过控制能量或控制能量载体来预防伤害事故。

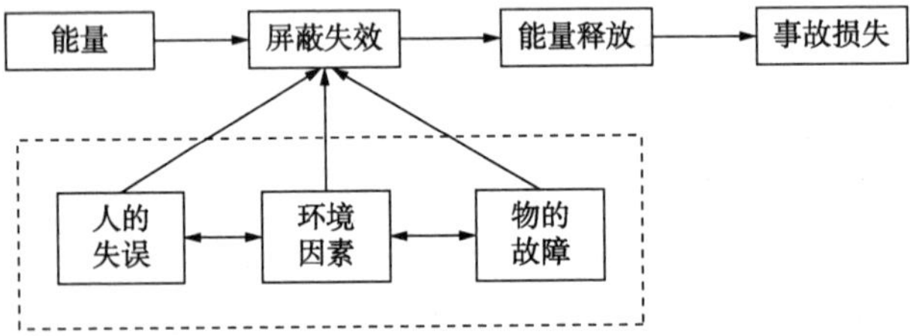

图 1-5 能量释放理论示意图

化工生产过程是各种化学能或物理能相互转换的过程。在这个过程中，如果由于某种原因失去了对能量的控制，使之超越了人们设置的约束或限制，就会发生能量违背人的意愿的意外释放或逸出，使进行中的活动中止而发生事故。如果失去控制而意外释放的能量作用于人体，并且能量的作用超过人体的承受能力，将造成人员伤害。如果意外释放的能量作用于设备、建筑物、物体等，并且能量的作用超过它们的抵抗能力，将造成设备、建筑物、物体的损坏。

图 1-6 为运用能量释放理论解释事故发生的原因。从中可以看出，要防止各类化工事故，必须减少管理失误、预防人的不安全行为和物的不安全状态，控制生产过程中能量的过度流动、转换以及不同形式能量的相互作用，从减少能量和加强防护设施两方面防止发生能量的意外释放或逸出。

1.2.4 两类危险源理论

根据危险源在事故发生、发展中的作用，把危险源划分为两大类，即第一类危险源和第二类危险源。

(1) 第一类危险源

根据能量释放论，把系统中存在的、可能发生意外释放的能量或危险物质称作第一类危险源。

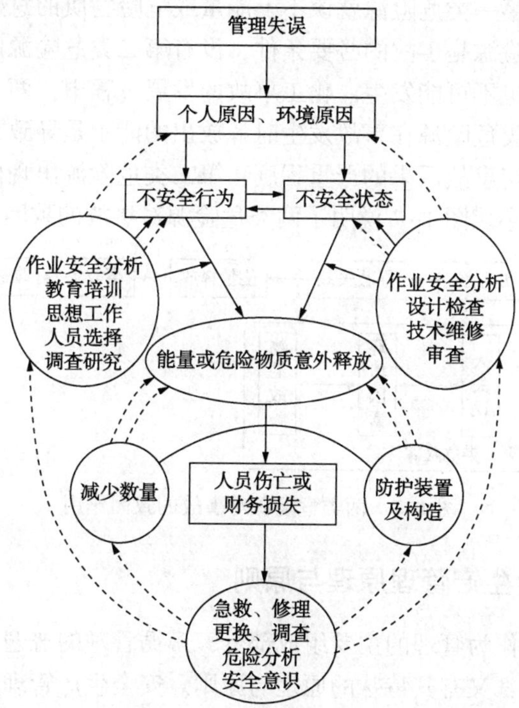

图 1-6 能量释放理论

常见的第一类危险源如下：①产生、供给能量的装置、设备；②使人体或物体具有较高势能的装置、设备、场所；③能量载体；④一旦失控可能产生巨大能量的装置、设备、场所，如强烈放热反应的化工装置等；⑤一旦失控可能发生能量蓄积或突然释放的装置、设备、场所，如各种压力容器等；⑥危险物质，如各种有毒、有害、可燃烧爆炸的物质等；⑦生产、加工、储存危险物质的装置、设备、场所；⑧人体一旦与之接触将导致人体能量意外释放的物体。

(2) 第二类危险源

为了让能量按照人们的意图在系统中流动、转换和做功，必须采取措施约束、限制能量。在许多因素的复杂作用下约束、限制能量的控制措施可能失效、能量屏蔽可能被破坏而发生事故。导致约束、限制能量措施失效或破坏的各种不安全因素称作第二类危险源。

第二类危险源包括人、物、环境三个方面的问题。①人失误可能直接破坏对第一类危险源的控制，造成能量或危险物质的意外释放；②物的故障可能直接使约束、限制能量或危险物质的措施失效而发生事故；③环境因素主要指系统运行的环境，包括温度、湿度、照明、粉尘、通风换气、噪声和振动等物理环境，以及企业和社会的安全文化等。

化工事故的发生是两类危险源共同作用的结果。第一类危险源的存在是事故发生的前提，没有第一类危险源就谈不上能量或危险物质的意外释放，也就无所谓事故。第二类危险源是事故的必要条件，没有第二类危险源的破坏，能量或危险物质的意外释放也不可能发生。化工事故的发展过程中，两类危险源共同决定事故的性质。第一类危险源在事故发生时释放出的能量是导致人员伤害或财物损坏的能量主体，决定事故后果的严重程度；第二类危险源出现的难易程度决定事故发生可能性的大小。图 1-7 说明了两类危险源对事故的致因作用。

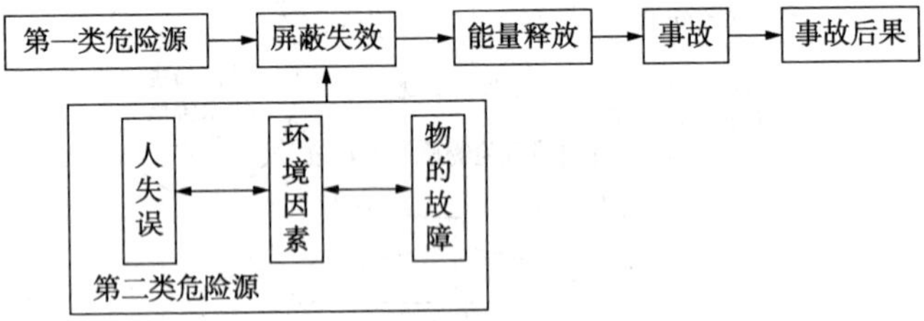

图 1-7　两类危险源对事故的致因作用

1.2.5　安全生产管理原理与原则

安全生产管理作为管理的主要组成部分，遵循管理的普遍规律，既服从管理的基本原理与原则，又有其特殊的原理与原则。安全生产管理原理是从生产管理的共性出发，对生产管理中安全工作的实质内容进行科学分析、综合、抽象与概括所得出的安全生产管理规律。安全生产原则是指在生产管理原理的基础上，指导安全生产活动的通用规则。

1. 系统原理及原则

(1) 系统原理的含义

系统原理是现代管理学的一个最基本原理。它是指人们在从事管理工作时，运用系统理论、观点和方法，对管理活动进行充分的系统分析，以达到管理的优化目标，即用系统论的观点、理论和方法来认识和处理管理中出现的问题。

所谓系统是由相互作用和相互依赖的若干部分组成的有机整体。任何管理对象都可以作为一个系统，系统可以分为若干个子系统，子系统可以分为若干个要素，即系统是由要素组成的。按照系统的观点，管理系统具有 6 个特征，即集合性、相关性、目的性、整体性、层次性和适应性。

安全生产管理系统是生产管理的一个子系统，包括各级安全管理人员、安全防护设备与设施、安全管理规章制度、安全生产操作规范和规程以及安全生产管理信息等。安全贯穿生产活动的方方面面，安全生产管理是全方位、全天候且涉及全体人员的管理。

(2) 运用系统原理的原则

① 动态相关性原则。动态相关性原则告诉我们，构成管理系统的各要素是

运动和发展的，它们相互联系又相互制约。显然，如果管理系统的各要素都处于静止状态，就不会发生事故。

② 整分合原则。高效的现代安全生产管理必须在整体规划下明确分工，在分工基础上有效综合，这就是整分合原则。运用该原则，要求企业管理者在制定整体目标和进行宏观决策时，必须将安全生产纳入其中，在考虑资金、人员和体系时，都必须将安全生产作为一项重要内容考虑。

③ 反馈原则。反馈是控制过程中对控制机构的反作用。成功、高效的管理，离不开灵活、准确、快速的反馈。企业生产的内部条件和外部环境在不断变化，所以必须及时捕获、反馈各种安全生产信息，以便及时采取行动。

④ 封闭原则。在任何一个管理系统内部，管理手段、管理过程等必须构成一个连续封闭的回路，才能形成有效的管理活动，这就是封闭原则。封闭原则告诉我们，在企业安全生产中，各管理机构之间、各种管理制度和方法之间，必须具有紧密的联系，形成相互制约的回路，才能有效。

2. 人本原理及原则

(1) 人本原理的含义

在管理中必须把人的因素放在首位，体现以人为本的指导思想，这就是人本原理。以人为本有两层含义：一是一切管理活动都是以人为本展开的，人既是管理的主体，又是管理的客体，每个人都处在一定的管理层面上，离开人就无所谓管理；二是在管理活动中，作为管理对象的要素和管理系统各环节，都需要人掌管、运作、推动和实施。

(2) 运用人本原理的原则

① 动力原则。推动管理活动的基本力量是人，管理必须有能够激发人的工作能力的动力，这就是动力原则。对于管理系统，有 3 种动力，即物质动力、精神动力和信息动力。

② 能级原则。现代管理认为，单位和个人都具有一定的能量，并且可以按照能量的大小顺序排列，形成管理的能级，就像原子中电子的能级一样。在管理系统中，建立一套合理能级，根据单位和个人能量的大小安排其工作，发挥不同能级的能量，保证结构的稳定性和管理的有效性，这就是能级原则。

③ 激励原则。管理中的激励就是利用某种外部诱因的刺激，调动人的积极性和创造性。以科学的手段，激发人的内在潜力，使其充分发挥积极性、主动性和创造性，这就是激励原则。人的工作动力来源于内在动力、外部压力和工作吸引力。

④ 行为原则。需要与动机是人的行为的基础，人类的行为规律是需要决定动机，动机产生行为，行为指向目标，目标完成需要得到满足，于是又产生新的需要、动机、行为，以实现新的目标。安全生产工作重点是防治人的不安全行为。

3. 预防原理及原则

(1) 预防原理的含义

安全生产管理工作应该做到预防为主，通过有效的管理和技术手段，减少和防止人的不安全行为和物的不安全状态，从而使事故发生的概率降到最低，这就是预防原理。在可能发生人身伤害、设备或设施损坏以及环境破坏的场合，事先采取措施，防止事故发生。

(2) 运用预防原理的原则

① 偶然损失原则。事故后果以及后果的严重程度，都是随机的、难以预测的。反复发生的同类事故，并不一定产生完全相同的后果，这就是事故损失的偶然性。偶然损失原则告诉我们，无论事故损失的大小，都必须做好预防工作。

② 因果关系原则。事故的发生是许多因素互为因果连续发生的最终结果，只要诱发事故的因素存在，发生事故是必然的，只是时间或迟或早而已，这就是因果关系原则。

③ 3E 原则。任何化工事故都可归结为对两类危险源及其相互作用认识不够或控制不当，其中管理原因是事故连锁中的重要因素。造成人的不安全行为和物的不安全状态的原因可归结为 4 个方面：技术原因、教育原因、身体和态度原因以及管理原因。针对这 4 方面的原因，可以采取 3 种对策，即工程技术(Engineering)对策、教育(Education)对策和法制(Enforcement)对策，即 3E 原则。如果再加上评估(Evaluation)，则称为 4E 原则。

④ 本质安全化原则。本质安全化原则是指从一开始和从本质上实现安全化，从根本上消除事故发生的可能性，从而达到预防事故发生的目的。本质安全化原则不仅可以应用于设备、设施，还可以应用于建设项目。

4. 强制原理及原则

(1) 强制原理的含义

采取强制管理的手段控制人的意愿和行为，使个人的活动、行为等受到安全生产管理要求的约束，从而实现有效的安全生产管理，这就是强制原理。所谓强制就是绝对服从，不必经被管理者同意便可采取控制行动。

(2) 运用强制原理的原则

① 安全第一原则。安全第一就是要求在进行生产和其他工作时把安全工作放在一切工作的首要位置。当生产和其他工作与安全发生矛盾时，要以安全为主，生产和其他工作要服从于安全，这就是安全第一原则。

② 监督原则。监督原则是指在安全工作中，为了使安全生产法律、法规得到落实，必须明确生产监督职责，对企业生产中的守法和执法情况进行监督。

1.2.6 预防事故的措施

根据伤亡事故的致因理论可知，造成事故的直接原因是人的不安全行为和物的不安全状态，间接原因是管理上有缺陷。事故产生的几个因素相互作用和影响即构成如图 1-8 所示的事故系统。事故系统涉及 4 个要素，通常称为"4M"要素。人(Man)——人的不安全行为是事故的最直接的因素；机(Machine)——机的不安全状态也是事故的最直接的因素；环境(Medium)——生产环境能对人的行为和机械设备产生不良影响，因此是构成事故的重要因素；管理(Management)——因为管理对人、机、环境都会产生作用和影响，所以管理的欠缺是事故发生的间接的但重要的因素。要预防事故的发生，必须对人、机、物 3 个方面进行控制，采取安全技术措施，加强安全管理和安全教育，并将三者有机结合，综合利用，才能取得预期效果。

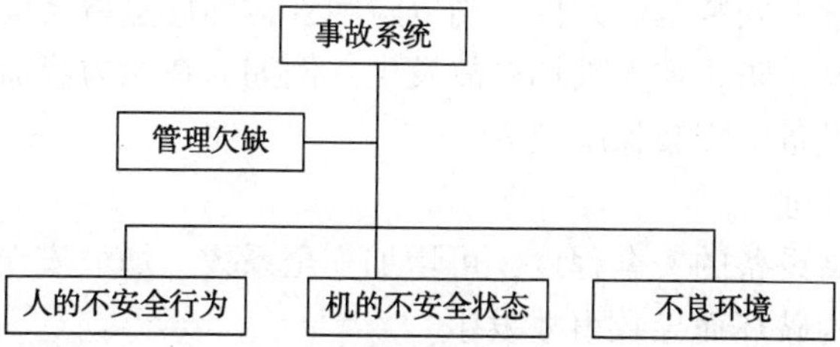

图 1-8　事故系统的结构图

1. 安全技术措施

安全技术措施就是为消除生产过程中各种不安全、不卫生因素，防止伤害和职业性危害，改善劳动条件和保证安全生产，在工艺、设备、控制等各方面采取的一些技术上的措施。安全技术措施是提高装置本质安全性的重要手段。设备和装置的本质安全性是指对机械设备和装置安装自保系统，即使人操作失误，其本身的安全防护系统也能自动调节和处理，以保护设备和人身的安全。安全技术措施必须在设备、装置和工程的设计时就予以考虑，并在制造或建设时给予解决和落实，使设备和装置投产后能安全、稳定地运转。安全技术措施包括预防事故发生和减少事故损失两个方面，这些措施主要有以下几类。

(1) 减少潜在危险因素

在新工艺、新产品的开发时，尽量避免使用具有危险性的物质、工艺和设备，即尽可能用不燃和难燃的物质代替可燃物质，用无毒和低毒物质代替有毒物质，这样火灾、爆炸、中毒事故将因失去基础而不会发生。这种减少潜在危险因素的方法是预防事故的最根本措施。

(2) 降低潜在危险因素的数值

潜在危险因素往往达到一定的程度或强度才能施害。通过一些方法降低它的数值，使之处在安全范围以内就能防止事故发生。例如，作业环境中存在有毒气体，可通过安装通风设施降低有毒气体的浓度，使有毒气体浓度在允许值以下，就不会影响人身安全和健康。

(3) 连锁

当设备或装置出现危险情况时，以某种方法强制一些元件相互作用，以保证安全操作。

(4) 隔离操作或远距离操作

由事故致因理论可知，伤亡事故的发生必须是人与施害物相互接触，如果将两者隔离开或保持一定距离，就能避免事故的发生或减弱对人体的危害。例如，对放射性、辐射和噪声等的防护，提高自动化程度，设置隔离屏障，防止人员接触危险有害因素都属于这方面的措施。

(5) 设置薄弱环节

在设备或装置上安装薄弱元件，当危险因素达到危险值之前这个地方预先被破坏，将能量释放，防止重大破坏事故发生。例如，在压力容器上安装安全阀或爆破片，在电气设备上安装保险丝等。

(6) 坚固或加强

有时为了提高设备的安全程度，可增加安全系数，加大安全裕度，提高结构强度，防止因结构破坏而导致事故发生。

(7) 封闭

封闭就是将危险物质和危险能量限制在一定范围之内，防止能量逆流，可有效地预防事故发生或减少事故损失。例如，使用易燃易爆、有毒有害物质，把它们封闭在容器、管道里，不与空气、火源和人体接触，就不会发生火灾、爆炸和中毒事故。将容易发生爆炸的设备用防爆墙围起来，一旦爆炸，破坏能量不至于波及周围的人和设备。

(8) 警告牌示和信号装置

警告可以提醒人们注意，以便发现危险因素或危险部位，及时采取措施，防止事故发生。警告牌示是利用人们的视觉引起注意；警告信号可利用听觉引起注意。目前应用比较多的可燃气体、有毒气体检测报警仪，既有光也有声的报警，可以从视觉和听觉两个方面提醒人们注意。

此外，还有生产装置的合理布局、建筑物和设备间保持一定的安全距离等其他方面的安全措施。

2. 安全教育措施

安全教育的内容包括安全思想政治教育、安全技术知识和安全技能教育，以及安全管理知识教育。安全教育不仅要在企业里学，学校也应开展这方面的工作。由于安全教育不到位引起的安全事故较多，应引起重视。

事故调查报告

【安全教育不到位 事故案例 1-5】2020 年 2 月 11 日 19 时 50 分左右，位于辽宁省葫芦岛经济开发区的辽宁先达农业科学有限公司烯草酮车间发生爆炸事故，造成5人死亡、10人受伤。发生原因：烯草酮工段操作人员未对物料进行复核确认，错误地将丙酰三酮加入氯代胺储罐内，导致丙酰三酮和氯代胺在储罐内发生反应，放热并积累热量，物料温度逐渐升高，最终导致物料分解、爆炸。

3. 安全管理措施

安全管理措施主要是认真贯彻执行国家有关安全生产的方针、政策、法律、法规。用现代管理方法识别—评价—控制危险，必须从源头抓起，即在工程项目的初步设计之前，充分地分析、评价危险，并在此基础上提出安全技术措施，供设计部门在安全设计时考虑，将危险因素消灭在项目的建设之中。同时在生产阶段按规定进行危险性分析和安全性评价。只有这样才能做到防患于未然，实现系统安全。

1.3 工程伦理和责任

1.3.1 工程伦理

德国工程师协会的《工程伦理的基本原则》要求工程师应该明确自己对质量、安全和可靠性的责任，明白技术体系对经济、社会和生态环境以及子孙后代生活的影响。2004 年第二届世界工程师大会的《上海宣言》宣布：“为社会建造日益美好的生活，是工程师的天职”，并把“创造和利用各种方法减少资源浪费、降低污染，保护人类健康幸福和生态环境”“用工程技术来消除贫困，改善人类健康幸福，增进和平的文化”作为自己的责任和承诺，确立了工程技术活动的目标。美国化学工程师协会(AIChE)要求其工程师会员要把公众的安全、健康和福祉置于首位，化学工程师有责任报告“对其同事或公众当前或未来的健康或安全产生不利影响”的行为。这就意味着工程师必须保护公众免遭不可接受的风险。美国化学工程师协会工程伦理准则如下：

中国化工学会
工程伦理守则

美国化学工程师协会成员应通过以下方式维护和提高工程行业的诚信、荣誉和尊严：①诚实、公正、忠诚地为雇主、客户和公众服务；②努力提高工程专业的能力和声望；③利用他们的知识和技能增进人类福祉。

为实现这些目标，成员应：①在履行其专业职责时，公众的安全、健康和福利至关重要，并要保护环境；②如果他们认为其行为将对其同事或公众当前或未来的健康或安全产生不利影响，则应正式通知其雇主或客户(如有必要，考虑进一步披露)；③对自己行为负责，寻求并注意对自己工作的批评性评价，并对他人的工作提出客观的批评；④以客观、真实的方式发布声明或提供信息；⑤作为忠实的代理人或受托人，为每个雇主或客户处理专业事务，避免利益冲突，并从不违反保密原则；⑥公平、尊重地对待所有同事和工作伙伴，通过营造公平、多元化和包容的环境来认可他们的特殊贡献和能力；⑦仅在其能力范围内提供专业服务；⑧根据服务的态度建立职业声誉；⑨在他们的职业生涯中继续职业发展，并为监管下的人员的职业发展提供机会；⑩决不容忍骚扰；⑪以公平、诚实和尊重的态度服务。

1.3.2 责任

一方面，工业化国家中雇主应对其雇员的安全承担责任；另一方面，法律条款要求职员必须遵守雇主制定的安全条例。在这个意义上，责任是双方的。法律同样也对环境保护做出了规定。官方发布了污染物的最低极限，一旦超过该极限值，企业将受到惩罚。对重大危险源，企业必须准备一个风险分析报告，对其可能的影响范围、影响人数进行定量描述，并提供应急响应计划以切实保护人员的安全。工艺安全问题的责任由企业各级管理部门承担，企业 HSE（健康、安全与环境）人员在此框架范围内发挥核心作用。因此在工艺设计阶段，安全问题具有优先权。

1.4 企业安全文化

文化是一种无形的力量，影响着人的思维方法和行为方式。相对于提高设备设施安全标准和强制性安全制度规程来讲，安全文化建设是事故预防的一种“软”力量，是一种人性化管理手段。安全文化建设通过创造一种良好的安全人文氛围和协调的人机环境，对人的观念、意识、态度、行为等形成从无形到有形的影响，从而对人的不安全行为产生控制作用，以达到减少人为事故的效果。

1986 年，苏联切尔诺贝利核电站事故发生以后，国际原子能机构（IAEA）提出了“安全文化”一词。2008 年，国家安全生产监督管理总局颁布了《企业安全文化建设导则》（AQ/T 9004—2008）和《企业安全文化建设评价准则》（AQ/T 9005—2008）。《企业安全文化建设导则》给出了企业安全文化的定义：被企业组织的员工群体所共享的安全价值观、态度、道德和行为规范的统一体。《企业安全文化建设评价准则》给出了企业安全文化评价的要素、指标、减分指标、计算方法等。

企业文化指企业的核心价值观或者办企业的理念。企业的核心价值观决定了企业的行为准则，是管理层判断是非和决定做事情优先顺序的标准，也是指导从业人员行为的准则。企业文化是企业的灵魂。化工生产的特点决定了化工企业必须把“以人为本、安全生产、保障健康和保护环境”作为企业的核心价值观。化工企业文化的中心是安全文化。企业文化对内是一种管理理念。真正把“以人为本”作为管理理念的企业，必然坚持“安全第一”的方针，决不会以牺牲员工的生命和健康为代价，去谋取利润。企业文化对外体现了企业的形象和社会责任。真正以“文明治厂”作为管理理念的企业，必然把服务社会作为办厂的宗旨，决不会以牺牲生态环境为代价，去谋求企业发展。

在安全生产与环境保护方面，要力争本企业的标准比国家标准更高、更严。建设优秀企业文化的主要责任在企业领导人和管理层；员工与社会的监督和积极参与，是建设优秀企业文化的必要条件。实行 HSE 等先进管理体系有利于建设优秀的企业文化。

【化工安全管理杜邦安全文化实例】杜邦公司经过 200 多年的发展，已经形成了自己的企业安全文化，并把安全、健康和环境作为企业的核心价值之一。他们对安全的理解是：安全具有显而易见的价值，不仅仅是一个项目、制度或培训课程。安全与企业的绩效息息相关；安全是习惯化、制度化的行为。

杜邦公司将企业安全文化发展描述为四个阶段，如图 1-9 所示。第一阶段是自然本能反应。处在该阶段的企业和员工对安全的重视仅仅是一种自然本能保护的反应，员工对安全是一种被动的服从，安全缺少高级管理层的参与，这一阶段的事故率很高。第二阶段是严格监督阶段，该阶段的特征是：各级管理层对安全责任作出承诺；员工执行安全规章制度仍是被动的，因害怕被纪律处分而遵守规章制度，安全绩效会有提高，但事故发生率仍较高。第三阶段是自主管理阶段，事故率较低，企业已具有良好的安全管理体系，员工具备良好的安全意识，视安全为自身生存的需要和价值的实现。进入第四阶段，事故率更低甚至趋于零，员工不但自己遵守各项规章制度，而且有意帮助别人；不但观察自己岗位上的不安全行为和条件，而且能留心观察其他岗位；员工将自己的安全知识和经验分享给其他同事等。杜邦公司现在已经发展到团队互助管理阶段。

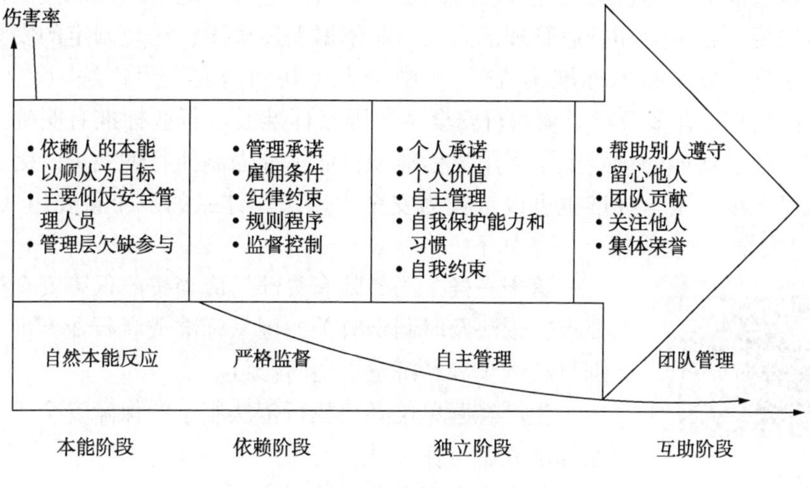

图 1-9　杜邦企业文化建设的四个阶段

杜邦公司建立了一整套适合自己的安全管理体系，要求每一位员工都要严守十大安全信念：①一切事故都可以防治；②管理层要抓安全工作，同时对安全负责任；③所有危害因素都可以控制；④安全工作是雇佣的一个条件；⑤所有员工都必须经过安全培训；⑥管理层“必须”进行安全检查；⑦所有不良因素都必须立即纠正；⑧工作之外的安全也很重要；⑨良好的安全创造良好的业务；⑩员工是安全工作的关键。杜邦公司坚持安全管理以人为本的理念并制定了一套十分严格、苛刻的安全防范措施。但是正是这些苛刻的措施，令杜邦公司的员工感到十分安全。在200多年后的今天，杜邦公司形成九大安全观：①所有的伤害及职业疾病皆可避免；②安全是每一位员工的职责；③所有操作上的危害暴露都可以避免；④必须训练所有的员工能够安全地工作；⑤安全是雇佣的条件；⑥不断稽核是必要的；⑦所有的缺失必须立即改善；⑧员工是安全计划中最重要的一环；⑨厂外安全与厂内安全同样重要。杜邦公司的安全业绩是惊人的，它的安全业绩有两个10倍：一是杜邦公司的安全纪录优于其他企业10倍；二是杜邦公司员工上班时比下班后还要安全10倍。

1.5　法律、法规和部门规章

安全生产法律、法规是调整在生产经营过程中产生的与从业人员的安全与健康、财产和社会财富安全保障有关的各种社会关系的法律规范的总称，是对有关安全生产的法律、规程、条例、规范的总称。我国安全生产法律、法规体系是由全国人民代表大会及其常务委员会制定的国家法律，国务院制定的行政法规和标准，各地方国家权力机关和地方政府制定和发布的适合本地区的规范性法律文件及行政法规，各专业和行业管理部门及企业依据上述法律、法规制定的安全生产的规章制度、安全技术标准构成的。《中华人民共和国安全生产法》(以下简称《安全生产法》)有多条对必须执行安全生产国家标准或者行业标准有明确的规定和要求，通过法律的规定赋予了国家标准和行业标准强制执行的效力。因此，从一定意义上说，安全标准也可以被视为安全生产法律体系的一个重要组成部分。例如，《安全生产法》第十一条如下。

第十一条　国务院有关部门应当按照保障安全生产的要求，依法及时制定有关的国家标准或者行业标准，并根据科技进步和经济发展适时修订。

生产经营单位必须执行依法制定的保障安全生产的国家标准或者行业标准。

与安全生产有关的法律主要有：《安全生产法》《特种设备安全法》《职业病防治法》《消防法》《环境保护法》《劳

《安全生产法》《刑法》
《应急管理部令 第14号》

动法》和《突发事件应对法》等。

《中华人民共和国宪法》第二章公民的基本权利和义务的第四十二条规定："国家通过各种途径，创造劳动就业条件，加强劳动保护，改善劳动条件，并在发展生产的基础上，提高劳动报酬和福利待遇。"第四十三条规定："中华人民共和国劳动者有休息的权利。国家发展劳动者休息和休养的设施，规定职工的工作时间和休假制度。"第四十八条："中华人民共和国妇女在政治的、经济的、文化的、社会的和家庭的生活等各方面享有同男子平等的权利。国家保护妇女的权利和利益，实行男女同工同酬，培养和选拔妇女干部。"第二十六条："国家保护和改善生活环境和生态环境，防治污染和其他公害。"

《中华人民共和国民法通则》第一百一十九条规定："侵害公民身体造成伤害的，应当赔偿医疗费、因误工减少的收入、残废者生活补助费等费用；造成死亡的，并应当支付丧葬费、死者生前扶养的人必要的生活费等费用。"第一百二十三条规定："从事高空、高压、易燃、易爆、剧毒、放射性、高速运输工具等对周围环境有高度危险的作业造成他人损害的，应当承担民事责任；如果能够证明损害是由受害人故意造成的，不承担民事责任。"第一百二十四条规定："违反国家保护环境防止污染的规定，污染环境造成他人损害的，应当依法承担民事责任。"

《生产安全事故报告和调查处理条例》(中华人民共和国国务院令 第493号)规定：

第三条 根据生产安全事故(以下简称事故)造成的人员伤亡或者直接经济损失，事故一般分为以下等级：

(一) 特别重大事故，是指造成30人以上死亡，或者100人以上重伤(包括急性工业中毒，下同)，或者1亿元以上直接经济损失的事故；

(二) 重大事故，是指造成10人以上30人以下死亡，或者50人以上100人以下重伤，或者5000万元以上1亿元以下直接经济损失的事故；

(三) 较大事故，是指造成3人以上10人以下死亡，或者10人以上50人以下重伤，或者1000万元以上5000万元以下直接经济损失的事故；

(四) 一般事故，是指造成3人以下死亡，或者10人以下重伤，或者1000万元以下直接经济损失的事故。

国务院安全生产监督管理部门可以会同国务院有关部门，制定事故等级划分的补充性规定。

本条第一款所称的"以上"包括本数，所称的"以下"不包括本数。

《安全生产许可证条例》第二条规定：

第二条 国家对矿山企业、建筑施工企业和危险化学品、烟花爆竹、民用爆炸物品生产企业(以下统称企业)实行安全生产许可制度。企业未取得安全生产许可证的，不得从事生产活动。

《危险化学品生产企业安全生产许可证实施办法》第三条规定：

第三条 企业应当依照本办法的规定取得危险化学品安全生产许可证(以下

简称安全生产许可证）。未取得安全生产许可证的企业，不得从事危险化学品的生产活动。

习　　题

1. 阅读《安全生产法》。

阅读《安全生产法》有关安全管理机构、制度和培训的内容，比如：第四条、第五条、第二十一条、第二十二条、第二十四条、第二十五条、第二十六、第二十八条、第三十条、第四十四条等。

2. 简述我国的安全方针、理念及对生产企业、经营企业的基本要求。

3. 阅读《生产安全事故报告和调查处理条例》第三条和第十条。

4. 各种伤亡事故致因理论预防事故的原理是什么？海因里希事故法则在安全上有何意义？预防事故的基本对策有哪些方面？安全技术措施主要有哪几类？

5. 阅读：《初级注册安全工程师职业资格考试大纲》（2019）、《中级注册安全工程师职业资格考试大纲》（2019）、《危险化学品生产经营单位从业人员安全生产培训大纲（试行）》（安监总培训〔2007〕249 号），了解其主要考试内容。

6. 阅读文献，了解大数据、人工智能技术和工业机器人在化工安全领域的应用进展及其发展趋势。

7. 阅读《刑法》中有关“安全生产犯罪”的内容。

参 考 文 献

［1］赵劲松，陈网桦，鲁毅．化工过程安全［M］．北京：化学工业出版社，2015.

［2］Crowl D A，Louvar J F. 化工过程安全基本原理与应用［M］.4 版．赵东风，孟奕飞，刘义，等译．青岛：中国石油大学出版社，2021.

［3］陈群．化工生产安全技术［M］.2 版．北京：中国石化出版社，2018.

［4］中国安全生产科学研究院．安全生产法律法规（2022 版）［M］．北京：应急管理出版社，2022.

［5］赵彬侠，王晨，黄岳元，等．化工环境保护与安全技术概论［M］.3 版．北京：高等教育出版社，2021.

［6］李振花，王虹，许文．化工安全概论［M］.3 版．北京：化学工业出版社，2018.

［7］袁雄军．化工安全工程学［M］．北京：中国石化出版社，2018.

［8］王庆慧．化工安全管理［M］．北京：中国石化出版社，2018.

［9］蔡凤英，谈宗山，孟赫，等．化工安全工程［M］.2 版．北京：科学出版社，2009.

［10］程春生，秦福涛，魏振云．化工安全生产与反应风险评估［M］．北京：化学工业出版社，2011.

［11］Valeev S，Kondratyeva N. Process Safety and Big Data［M］. Elsevier，2021.

第2章　危险化学品安全基础

化学品安全问题几乎涉及国民经济的所有领域，包括石油、化工、医药、食品、冶金、电子、军工等。但危险化学品都具有一定的危险有害性，如燃烧、爆炸、腐蚀、毒害等。化学品的危险性信息属于工艺安全信息的一部分，如果不掌握化学品的危险特性，工艺危害分析就无从谈起，也无法做好事故预防工作。事实上，很多危险化学品事故都与其危险性认知不足有关。本章首先介绍化学品的分类与危险特性，并在此基础上判断其安全风险，然后介绍其在生产、使用、储存、运输及废弃物处置等环节的安全管理与法律、法规、规范标准，以防止和减少危险化学品引发的事故，使其更好地为人类服务。

2.1　危险化学品和危险货物的定义及分类

2.1.1　危险化学品和危险货物的定义

1. 化学品的定义

化学品通常泛指化学物质、化学试剂、化学工业原料和产品等。我国《化学品毒性鉴定技术规范》中，将化学品定义为工业用和民用的化学原料、中间体、产品等单分子化合物、聚合物以及不同化学物组成的混合剂与产品；不包括法律、法规已有规定的食品、食品添加剂、化妆品、药品等。在《化学品安全技术说明书内容和项目顺序》(GB/T 16483—2008)中，将化学品定义为物质和混合物。化学品中有一些属于危险化学品。

2. 危险化学品的定义

《危险化学品安全管理条例》(国务院令第591号)和《危险化学品目录》(2015版)：具有毒害、腐蚀、爆炸、燃烧、助燃等性质，对人体、设施、环境具有危害的剧毒化学品和其他化学品。《危险化学品目录》(2015版)共列出2828种危险化学品，未列入《危险化学品目录》的应经实验鉴定后才能认定。需要注意的是，2022年10月13日，应急管理部调整了《危险化学品目录》，将“1674 柴油[闭杯闪点≤60℃]”调整为“1674 柴油”。

3. 剧毒化学品的定义和判定界限

定义：具有剧烈急性毒性危害的化学品，包括人工合成的化学品及其混合物和天然毒素，还包括具有急性毒性易造成公共安全危害的化学品。

剧烈急性毒性判定界限：急性毒性类别 1，即满足下列条件之一：大鼠实验，经口 $LD_{50} \leqslant 5mg/kg$，经皮 $LD_{50} \leqslant 50mg/kg$，吸入(4h) $LC_{50} \leqslant 100mL/m^3$(气体)或 0.5mg/L(蒸气)或 0.05mg/L(尘、雾)。经皮 LD_{50} 的实验数据，也可使用免实验数据。(LD_{50} 指半数致死量，LC_{50} 指半数致死浓度)

2.1.2 危险化学品和危险货物的分类

1. 危险化学品 GHS 和 TDG 分类概况

针对危险化学品分类和公示，《全球化学品统一分类和标签制度》(Globally Harmonized System of Classification and Labelling of Chemicals, GHS)和《联合国关于危险货物运输的建议书 规章范本》(以下简称《规章范本》)(UN Recommendations on the Transport of Dangerous Goods-Model Regulations, TDG)是联合国通用化学品分类体系中最重要的两个指导性文件。大多数国家和地区都是基于联合国这两个文件来制定本国有关危险化学品或有害物质的分类及运输法律、法规。由于“危险货物运输”英文为 Transport of Dangerous Goods，三个英文单词的首写字母缩写为 TDG，所以《规章范本》简称为 TDG。GHS 制定过程中的一部分基础制度文件是 TDG。

(1) TDG 分类概况

交通运输领域一般将运输的对象分为人和货物两大类。其中的货物又分为危险货物和非危险货物两种。《规章范本》由联合国危险货物运输专家委员会编写。《规章范本》包括了分类原则和类别的定义、主要危险货物一览表、一般包装要求、试验程序、标记、标签或警示牌、运输单据等，还对一些特定类别的货物规定了特殊要求。《规章范本》提出了一套与《全球化学品统一分类和标签制度》既有联系又有区别、侧重不同的 TDG 分类系统，广泛用于各类危险货物的交通运输领域。TDG 目前主要针对化学品的物理危害(易燃)和急性毒性，而缺少对化学品的潜在危害，如致癌、生殖毒性以及水生毒性的分类和标记。TDG 目的是提出一套规定，协调各国的危险货物运输的管理要求，形成统一规范。

(2) GHS 分类概况

TDG(又称橘皮书)重点针对化学品货物运输环节，而 GHS(又称紫皮书)则关注化学品整个生命周期(包括生产、仓储、运输、使用及废弃等)，即关注整个化学品行业的管理，不同的侧重点导致了不同的分类原则。两者比较，GHS 关注的是有害化学品，将其分为物理危险(17 项，与 GB 13690 比较，多了“退敏爆炸物”小项)、健康危险(10 项)和环境危险(2 项)3 大类，共 29 小项。

(3) 危险化学品及危险货物的关系

一些在操作使用环节中由于暴露和长期反复接触而存在较大风险的危害性，

如致癌性、生殖细胞致突变性、致畸性等，是符合 GHS 分类原则的，但是由于在运输环节中暴露风险较低，因此在 TDG 中不作为危险货物管理。TDG 关注的是处于运输环节中的危险货物，将其依据运输货物的性质和特征，分为 9 类。将 9 类危险货物中的有些类别，再分成若干项，合计 20 项。9 类危险货物中，既包括化学品，也包括没有划入 GHS 分类的其他物质，比如棉花、鱼粉、电池、安全气囊等。危险货物与危险化学品是有区别的，其相互交叉又不完全相同。不能一概而论地认为危险化学品就是危险货物，或者危险货物就是危险化学品，这是我国在危险化学品监管和运输监管时容易混淆的两个概念。鉴别一种化学品是否属于危险化学品或危险货物，应依据相应的危险性分类范围进行鉴别。显然，并非所有的危险货物都是有害化学品或应划入 GHS 分类的。

需要注意的是，GHS 的危险化学品的图形标志与 TDG 危险货物的运输图形相似，但底色和图形颜色不一样。具体区别请阅读《化学品分类和危险性象形图标识 通则》(GB/T 24774—2009) 和《危险货物危险特性检验安全规范 通则》(GB 19458—2004)。

2. 危险化学品分类

(1)《化学品分类和危险性公示 通则》(GB 13690—2009)

我国标准《化学品分类和危险性公示 通则》(GB 13690—2009) 基本对应于 GHS 第二修订版。GB 13690 将化学品的危险大致分为 3 大类，27 小项：Ⅰ. 物理危险(如易燃液体、氧化性固体等)，16 项；Ⅱ. 健康危险(如急性毒性，皮肤腐蚀/刺激)，10 项；Ⅲ. 环境危险(如水生毒性)，1 项。

《危险化学品目录》(2015 版) 比 GB 13690—2009 增加了一个危险类别，列在“环境危险”的条目下，即“(2)危害臭氧层”。同时需注意，《化学品分类和危险性公示 通则》(GB 13690—2009) 与《危险化学品目录》(2015 版) 在术语上略有不同。为了统一，一般认为将危险化学品分为物理危险、健康危险及环境危险三大类，28 小类，如图 2-1~图 2-3 所示。

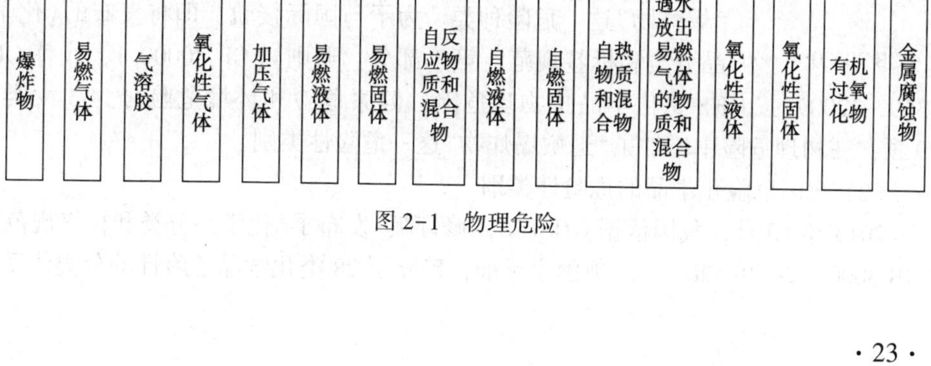

图 2-1 物理危险

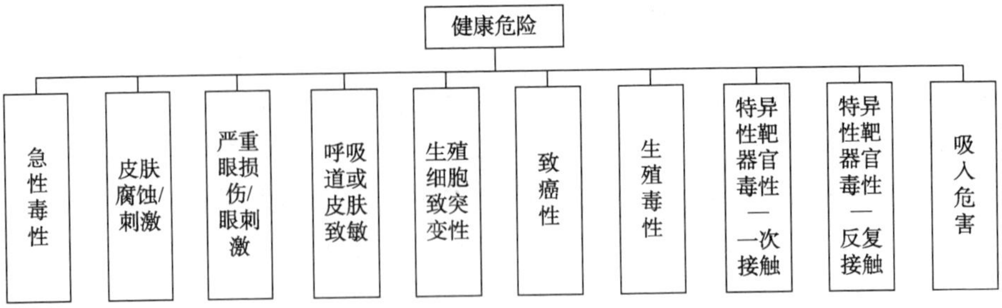

图 2-2　健康危险

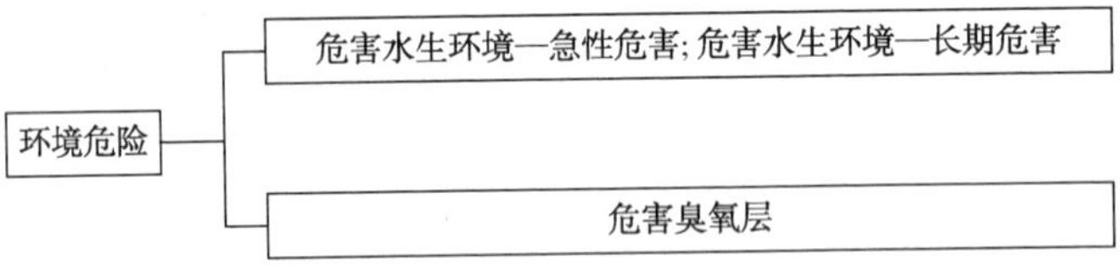

图 2-3　环境危险

Ⅰ. 物理危险：①爆炸物；②易燃气体；③气溶胶；④氧化性气体；⑤加压气体；⑥易燃液体；⑦易燃固体；⑧自反应物质和混合物；⑨自燃液体；⑩自燃固体；⑪自热物质和混合物；⑫遇水放出易燃气体的物质和混合物；⑬氧化性液体；⑭氧化性固体；⑮有机过氧化物；⑯金属腐蚀物。

Ⅱ. 健康危险：①急性毒性；②皮肤腐蚀/刺激；③严重眼损伤/眼刺激；④呼吸道或皮肤致敏；⑤生殖细胞致突变性；⑥致癌性；⑦生殖毒性；⑧特异性靶器官毒性——一次接触；⑨特异性靶器官毒性—反复接触；⑩吸入危害。

Ⅲ. 环境危险：①危害水生环境—急性危害，危害水生环境—长期危害；②危害臭氧层。

GB 30000. 1

2023 年 7 月，GHS 第十修订版发布。需要注意的是，自第六修订版，GHS 增加了“退敏爆炸物”(Desensitized Explosives)这一危险性类别，即物理危险分为 17 类，共 29 项。退敏爆炸物是指经过退敏处理的固态或液态爆炸性物质或混合物，抑制其爆炸性，使之不会整体爆炸，也不会迅速燃烧，因此可不划入“爆炸物”这一危险种类。为了与国际接轨，即将发布的《化学品分类和标签规范　第 1 部分：通则》(GB 30000. 1，代替 GB 13690—2009)按 GHS 将化学品按物理危险、健康危险和环境危险分为 3 大类，29 项，在物理危险中增加了“退敏爆炸物”这一危险性类别。

(2) 我国危险化学品的危险性类别

2013 年 10 月，我国依据 GHS(第四修订版)发布了《化学品分类和标签规范》(GB 30000. 2~29—2013)28 项国家标准，确立了 28 类化学品危险性的分类体系。

《危险化学品目录》(2015版)规定了危险化学品的确定原则：危险化学品的品种依据化学品分类和标签国家标准，从下列危险和危险特性类别中确定。

Ⅰ. 物理危险16类

爆炸物：不稳定爆炸物、1.1、1.2、1.3、1.4。

易燃气体：类别1、类别2、化学不稳定性气体类别A、化学不稳定性气体类别B。

气溶胶(又称气雾剂)：类别1。

氧化性气体：类别1。

加压气体：压缩气体、液化气体、冷冻液化气体、溶解气体。

易燃液体：类别1、类别2、类别3。

易燃固体：类别1、类别2。

自反应物质和混合物：A型、B型、C型、D型、E型。

自燃液体：类别1。

自燃固体：类别1。

自热物质和混合物：类别1、类别2。

遇水放出易燃气体的物质和混合物：类别1、类别2、类别3。

氧化性液体：类别1、类别2、类别3。

氧化性固体：类别1、类别2、类别3。

有机过氧化物：A型、B型、C型、D型、E型、F型。

金属腐蚀物：类别1。

Ⅱ. 健康危害10类

急性毒性：类别1、类别2、类别3。

皮肤腐蚀/刺激：类别1A、类别1B、类别1C、类别2。

严重眼损伤/眼刺激：类别1、类别2A、类别2B。

呼吸道或皮肤致敏：呼吸道致敏物1A、呼吸道致敏物1B、皮肤致敏物1A、皮肤致敏物1B。

生殖细胞致突变性：类别1A、类别1B、类别2。

致癌性：类别1A、类别1B、类别2。

生殖毒性：类别1A、类别1B、类别2、附加类别。

特异性靶器官毒性——次接触：类别1、类别2、类别3。

特异性靶器官毒性—反复接触：类别1、类别2。

吸入危害：类别1。

Ⅲ. 环境危害2类

危害水生环境—急性危害：类别1、类别2；危害水生环境—长期危害：类别1、类别2、类别3。

危害臭氧层：类别 1。

根据我国危险化学品的确定原则，我国发布了《危险化学品目录》(2015 版)，共设置了 2828 个条目。随着新化学品的不断出现，以及人们对化学品危险性认识的提高，按照《危险化学品安全管理条例》第三条的有关规定，将会对目录进行调整，不断补充和完善。未列入目录的化学品并不表明其不符合危险化学品确定原则，应根据危险化学品的确定原则进行鉴定分类，属于危险化学品的按照国家有关规定进行管理。《国家安全监管总局办公厅关于印发危险化学品目录(2015 版)实施指南(试行)的通知》(安监总厅管三〔2015〕80 号)中的附件《危险化学品分类信息表》是各级安全监管部门判定危险化学品危险特性及危险类别的重要依据，也是企业按照其所涉及的危险化学品危险特性采取有效防范措施，加强安全生产工作的基础。

3.《危险货物分类和品名编号》(GB 6944—2012)

GB 6944 是根据《规章范本》(第十六修订版)修订的。GB 6944 规定了危险货物分类、危险货物危险性的先后顺序和危险货物编号。GB 6944 适用于运输、储存、经销及相关活动。该标准把危险货物分为 9 大类，20 项，该标准所称的危险货物是指具有爆炸、易燃、毒害、感染、腐蚀、放射性等危险特性，在运输、储存、生产、经营、使用和处置中，容易造成人身伤亡、财产损失或环境污染而需要特别防护的物质和物品。按危险货物具有的危险性或最主要的危险性分为 9 大类，其中，第 1 类、第 2 类、第 4 类、第 5 类和第 6 类再分成项别，合计 20 项。GB 6944 类别和项别见表 2-1，需要说明的是，类别和项别的号码顺序并不是危险程度的顺序。

表 2-1 我国危险货物的危险性类别

类别	危险性名称
第 1 类：爆炸品	1.1 项：有整体爆炸危险的物质和物品
	1.2 项：有迸射危险，但无整体爆炸危险的物质和物品
	1.3 项：有燃烧危险并有局部爆炸危险或局部迸射危险或这两种危险都有，但无整体爆炸危险的物质和物品
	1.4 项：不呈现重大危险的物质和物品
	1.5 项：有整体爆炸危险的非常不敏感物质
	1.6 项：无整体爆炸危险的极端不敏感物品
第 2 类：气体	2.1 项：易燃气体
	2.2 项：非易燃无毒气体
	2.3 项：毒性气体
第 3 类：易燃液体	易燃液体

续表

类别	危险性名称
第4类：易燃固体、易于自燃的物质、遇水放出易燃气体的物质	4.1项：易燃固体、自反应物质和固态退敏爆炸品
	4.2项：易于自燃的物质
	4.3项：遇水放出易燃气体的物质
第5类：氧化性物质和有机过氧化物	5.1项：氧化性物质
	5.2项：有机过氧化物
第6类：毒性物质和感染性物质	6.1项：毒性物质
	6.2项：感染性物质
第7类：放射性物质	放射性物质
第8类：腐蚀性物质	腐蚀性物质
第9类：杂项危险物质和物品，包括危害环境物质	a. 以微细粉尘吸入可危害健康的物质
	b. 会放出易燃气体的物质
	c. 锂电池组
	d. 救生设备
	e. 一旦发生火灾可形成二噁英的物质和物品
	f. 在高温下运输或提交运输的物质
	g. 危害环境物质
	h. 经基因修改的微生物和生物体
	i. 其他

2.2 危险化学品的危险特性

2.2.1 易燃物质的性质和特征

燃烧就是氧化物和还原物之间发生的一种同时发光发热的氧化还原反应。易燃物质就是在一定的环境条件下可以与氧化剂发生燃烧反应的物质。常见的易燃物质有氢气、一氧化碳、酒精、硫黄、磷、镁粉、铝粉等，大多数的石油制品均为易燃物质。几种易燃物质类别，如易燃气体、易燃液体、易燃固体等，列于《化学品分类和危险性公示通则》(GB 13690—2009)中的“理化危险”一栏下。

毒性物质的性质和特征

1. 易燃物质的性质

(1) 闪点

闪点是在101.3kPa标准压力和特定试验条件下，一种液体表面上方释放出的可燃蒸气与空气完全混合后，可以被火焰或火花点燃的最低温度。液体的闪点一般采用闭杯测试仪根据闪点测定的标准方法测定。另一种常用的闪点测定方法是开杯法。闭杯法测定的是饱和蒸气和空气的混合物，而开杯法测定的是蒸气与可自由流动空气接触所形成的混合物，所以闭杯法闪点测定值一般要比开杯法低。

(2) 着火点

着火点是指蒸气和空气的混合物在开口容器中可以点燃并持续燃烧的最低温度。着火点一般高于闪点。当缺少闪点数据时，可用着火点的温度值作为替代，间接标示出物质的火险。

(3) 自燃点

自燃点是指物质无火源自动起火并持续燃烧的温度。这个量值受加热表面的大小、形状，加热速率以及其他因素的影响。

(4) 蒸气相对密度

蒸气相对密度代表的是蒸气密度与空气密度之比。绝大多数易燃液体的蒸气比空气密度大，它们极易积聚在低位区域、下水道和类似场所。因此，厂房的排气口应设在近地平面处。对于比空气密度小的可燃气体或蒸气，排气口应设在厂房内最高处或近顶板处。

(5) 熔点

熔点定义为固液两相平衡共存的温度。熔点指示出了室温下为固体的易燃物质成为易燃液体的温度。

(6) 沸点

沸点一般是指常压沸点，定义为1atm(101325Pa)下气液相平衡共存的温度。沸点可表征物质的挥发性，是易燃液体火险的直接量度。

(7) 分子式

在缺少物性信息的情形下，物质的分子式可以提供物质火险的线索。例如，组成只有碳和氢的烃类物质是可燃的，甚至是易燃的。如果是低沸点烃类，即可认为具有火险。

(8) 爆炸范围

爆炸范围也称为爆炸极限或燃烧极限，用可燃蒸气或气体在空气中的体积分数表示，是可燃蒸气或气体与空气的混合物遇引爆源引爆即能发生爆炸或燃烧的浓度范围。上述浓度范围用爆炸下限和爆炸上限来表示。可燃气体爆炸范围一般是在常温、常压下测定的。

(9) 蒸发潜热

蒸发潜热定义为单位质量的液体完全汽化所需要的热量。在压力一定时，蒸发潜热随温度的改变而变，文献中给出的一般是常压沸点的值。

（10）燃烧热

文献中给出的大多是物质的标准燃烧热，是指单位质量的物质在25℃的氧中燃烧所释放出的热量。燃烧产物，包括水，都假定为气态。

2. 物质易燃性分类和火险等级

在美国国家消防协会（National Fire Protection Association，NFPA）制定的NFPA 704鉴别标准中，根据物质的易燃性不同，把物质划分为以下5个类别。0：不能燃烧的物质；1：必须预热方能引燃的物质；2：必须适度加热或暴露在相当高的环境温度中方能引燃的物质；3：在任意环境温度下都能引燃的液体和固体；4：在常温大气压下能够迅速或完全汽化或容易分散到空气中，并且容易燃烧的物质。显然，上面列举的所谓易燃物质，对应的是3、4两个类别，因而具有很高的易燃性危险。根据物质的易燃程度，美国科学院把物质的火险划分为危险程度依次递增的5个等级。0：无危险；1：闪点在60℃以上；2：闪点在38~60℃；3：闪点在38℃以下，沸点在38℃以上；4：闪点在38℃以下，沸点也在38℃以下。

对于符合《化学品分类和危险性公示　通则》（GB 13690—2009）定义的所有易燃液体，即"闪点不高于93℃的液体"，按照这个标准，其火险等级均为1~4。换句话说，只要是发生了易燃液体的燃烧事件，其火险程度至少是1级。GB 13690—2009关于易燃液体的分类采用《化学品分类和标签规范　第7部分：易燃液体》（GB 30000.7—2013）的内容，其分类见表2-2。

表2-2　易燃液体的分类（GB 30000.7—2013）

类　别	标　准
1	闪点小于23℃且初沸点不大于35℃
2	闪点小于23℃且初沸点大于35℃
3	闪点不小于23℃且不大于60℃
4	闪点大于60℃且不大于93℃

注：1. 为了某些管理目的，可将闪点范围在55~75℃的燃料油、柴油和民用燃料油视为一特定组。

2. 闪点高于35℃，但不超过60℃的液体如果在《联合国关于危险货物运输的建议书　试验和标准手册》的第32节和第Ⅲ部分中L.2持续燃烧性试验中得到否定结果，则可以为了某些管理目的（例如，运输），将其视为非易燃液体。

3. 为了某些管理目的（例如，运输），某些黏性易燃液体，如色漆、磁漆、喷漆、清漆、黏合剂和抛光剂可视为一特定组。将这些液体归类为非易燃液体或考虑将这些液体归类为非易燃液体的决定可以根据相关规定或由主管部门作出。

4. 气溶胶不属于易燃液体。

《危险货物分类和品名编号》（GB 6944—2012）中规定，易燃液体是指易燃的液体或液体混合物，或是在溶液或悬浮液中有固体的液体，其闭杯试验闪点不高于 60℃，或开杯试验闪点不高于 65.6℃。

3. 物质易燃性评估

评估气体的易燃性需要测定气体在空气中的燃烧极限、最大爆炸压力、自燃温度、爆炸性混合物的类别、与基于水的灭火剂反应的类型、最小发火能、表示爆炸性危险的氧含量、完全燃烧的速率、最大安全(火焰熄灭)距离或直径。可依据以上气体物性数据对气体易燃性做出评估。评估可燃液体的易燃性需要测定蒸气的闪点、着火点、桶装灭火剂的最小灭火浓度、燃烧速率以及燃烧过程中的温升速率。评估可燃固体的易燃性需要测定其可燃性类别、着火点及自燃温度、与基于水的灭火剂反应的类型。对于疏松的、纤维状或块状的固体，还需要测定其自热温度、不完全燃烧温度和自燃温度。如果固体是粉状的，容易形成粉尘云，则另需测定的参数有燃烧低限、最大爆炸压力、空气中粉尘爆炸所需的最小能量以及表示爆炸性危险的最小氧含量。

评估物质的易燃性必须研究物质的性质，考虑物质在一定条件下应用时随时间变化的可能性。可燃物质易燃性评估一般是在实验室中进行，一些参数偶尔可在中试生产阶段测得。只有在用作建筑材料或被加工的易燃物质的火险资料齐备后才能着手工业化和中试工厂、储存和运输设备的设计。

2.2.2 反应性物质的性质和特征

具有“理化危险”的化学品中，如爆炸物、自燃固体、自燃液体、自反应物质和有机过氧化物、遇水放出易燃气体的物质和混合物等，传统上可以统称为反应性物质。

1. 具自燃性质的化学品

有些物质极具反应性，与空气接触会引起氧化，以相当高的速度水解会引起燃烧，这些物质称为自燃性化学品。它们主要包括：

①粉状金属(钙、钛等)；②金属氢化物(氢化钾、氢化锗等)；③部分或完全烷基化的金属氢化物(氢化三乙基铝、三乙基铋等)；④烷基金属衍生物(二乙基乙氧基铝、氯化二甲基铋等)；⑤非金属的类似衍生物(乙硼烷、二甲基亚磷酸酯、三乙基砷等)；⑥金属羰基化合物(五羰基铁、八羰基二钴等)。

在应用上述物质时，为了避免可能的火灾或爆炸，需要在惰性气氛下对其进行处置，并采用适当的处理技术和设备以确保安全。

【事故案例 2-1】2022 年 7 月 21 日，中国石油集团石油化工研究院一科研实验室在开展催化剂实验过程中发生事故，造成 1 人死亡，3 人受伤。经初步了解，事故原因为外来承包商实验操作人员在实验室分装含有甲基铝氧烷(为自燃固体，属危险化学品，遇空气自燃)的催化剂时发生泄漏，催化剂遇空气发生剧烈燃烧，导致现场操作人员伤亡。

2. 有机过氧化物化学品的特性

有些液体物质与空气有限接触、对光暴露储存都会发生缓慢的氧化反应，初始生成氢的过氧化物，继续反应生成聚合过氧化物。许多聚合过氧化物在蒸馏过程中浓缩和加热时极不稳定。可过氧化的有机化合物的一般结构特征是存在对自氧化转变为过氧化氢基团敏感的氢原子。对过氧化反应敏感的典型结构有：

南京扬子石化橡胶有限公司“1·12”爆燃事故调查报告

① 在醚、环醚中的—O—C—H；②在异丙基化合物、十氢萘中的$\leftarrow(CH_2)_2C$—H；③在烯丙基化合物中的—C═C—C—H；④在乙烯基化合物中的—C═C—H；⑤在异丙基苯、四氢萘、苯乙烯中的—C—CH—Ar。

几种常用的有机溶剂，如乙醚、四氢呋喃、二氢杂环己烷、1,2-二甲氧基乙烷等，一般不加抗氧剂储存，因而对过氧化反应非常敏感，有不少涉及应用含过氧化物的溶剂进行蒸馏的事故见诸报道。这些溶剂在使用前应作过氧化物检验，一旦发现有过氧化物，则要采取适当方法消除。需要特别提到的是二异丙基醚，由于下述原因而极具危险性。二异丙基醚具有过氧化反应的理想结构，而从醚溶液中分离出的过氧化物是易爆燃的晶体。该溶剂如果使用不慎，就会造成伤亡事故。一些单体，如1,1-二氯乙烯或丁二烯，其过氧化物极具爆炸性。在储存中，即使不发生爆炸，过氧化物的存在也常会引发乙烯单体间的聚合作用，进而放出大量的热。但是，含有的空气不应用氮气取代，因为有效的抗氧化需要一些空气。少数无机化合物，如钾和较强的碱金属、氨基钠，能够自动氧化生成危险的过氧化物或类似产物。许多金属有机物也能够自动氧化，需要按自燃化合物相同的方法处理。

有机化合物中的过氧基结构很弱，易因热或还原剂作用而断裂并生成游离基·O—。此游离基作用于具有C═C键的单体即可引起聚合反应生成聚合物，或者引起交联反应。如过氧化苯甲酰、过氧化月桂酰、过氧化环己酮、过氧化苯甲酸叔丁酯等常作为引发剂，用于聚合物合成过程。有机过氧化物的热分解碎片中，既有氧化剂，又有可燃剂，这是不相容的，因此具有很大的潜在危险性。其危险性主要表现在：①易于爆炸分解；②迅速燃烧；③对撞击或摩擦敏感；④与其他物质发生危险反应。

3. 遇水放出易燃气体的物质和混合物

可与水，特别是与有限量的水剧烈反应的化合物有：

① 碱金属和碱土金属(钾、钙等)；②无水金属卤化物(三溴化铝、四氯化锗等)；③无水金属氧化物(氧化钙等)；④非金属卤化物(三溴化硼、五氯化磷

等)；⑤非金属卤化氧化物(无机酸卤化物、磷酰氯、硫酰氯、氯磺酸等)；⑥非金属氧化物(酸酐、三氧化硫等)。

4. 具有不稳定结构基团的化学品

(1) 不稳定结构基团

大量的化学品安全事故调查表明，存在于化合物中的一些不稳定结构基团，常常是安全事故发生的重要原因。表 2-3列出了一些常见的具有潜在不稳定性的结构基团。

甘肃滨农科技有限公司“6·16”爆炸事故调查报告

表 2-3　一些常见的具有潜在不稳定性的结构基团

结构基团	物质	结构基团	物质
—C≡C—金属	乙炔金属化合物	—O—X	次石(岩)盐
≡N—O—	氨基氧化物	—O—NO_2	硝酸盐
—N=N=N—	叠氮化合物	—O—NO	亚硝酸盐
—ClO_3	氯酸盐	—NO_2	硝基化合物
—N=N—	重氮化合物	—NO	亚硝基化合物
—N=NX	重氮卤代物	—OOO—	臭氧化合物
—O—N=C—	雷酸盐	CO—O—O—H	过酸化合物
—N(ClX)	*N*-卤代胺	—ClO_4	高氯酸盐
—O—O—H	过氧化氢物	—O—O—	过氧化物

(2) 不稳定结构基团危险性的热力学分析

根据热力学稳定性条件，只有反应过程的 Gibbs 自由能变化为负，反应才能自发进行。Gibbs 自由能变化的热力学关系式为：

$$\Delta G=\Delta H-T\Delta S \tag{2-1}$$

式中，ΔG 为反应过程的 Gibbs 自由能变化；ΔH、ΔS 分别为产物和反应物间的焓差和熵差。在通常温度下，$T\Delta S$ 的量值一般很小，ΔH 与之相比则相当大。所以只有当 ΔH 值很小时，$T\Delta S$ 对反应的影响才变得重要。这样，评估反应物质的不稳定性和反应的潜在危险，应特别注意 ΔH 为负，即放热反应的情形，尤其是大量放热的情形。

(3) 不稳定性的氧平衡值判别法

研究发现，与不稳定结构基团相关的化学品安全事故多涉及氧化体系、化合物的元素组成。特别是在有机体系中，氧含量的多少与化合物的元素组成间的关系是一个重要判据。对含有不稳定结构基团化合物的危险性进行具体判断时，有两个与化合物元素组成相关的概念十分重要，一个是氧差额，一个是氧平衡值。两个概念既有区别又有联系，容易混淆。

氧差额定义为化合物的氧含量与化合物中的碳、氢和其他可氧化元素完全氧化所需的氧量之间的差值。换句话说，它是1mol化合物发生完全的氧化反应时，所需氧原子的物质的量；简单地列出反应式并加以配平，即可获得该化合物的氧差额的具体数值。化合物缺氧，氧差额为负；化合物剩余氧，氧差额为正；如果化合物中所含的氧元素正好可供其中的碳、氢和其他可氧化元素完全氧化，则氧差额为零。实例如下。

① 负氧差额的化合物，如三硝基甲苯、过乙酸：

$$C_7H_5N_3O_6+10.5O \longrightarrow 7CO_2+2.5H_2O+1.5N_2$$

$$C_2H_4O_3+3O \longrightarrow 2CO_2+2H_2O$$

② 零氧差额的化合物，如过甲酸、重铬酸铵：

$$CH_2O_3 \longrightarrow CO_2+H_2O$$

$$Cr_2H_8N_2O_7 \longrightarrow Cr_2O_3+4H_2O+N_2$$

③ 正氧差额的化合物，如硝酸铵、七氧化二锰：

$$H_4N_2O_3 \longrightarrow 2H_2O+N_2+O$$

$$Mn_2O_7 \longrightarrow Mn_2O_3+4O$$

如果将得到的氧差额数值与化合物的总元素组成进行比较，则可得到所谓氧平衡值(Oxygen Balance Value)：

$$\text{氧平衡值}=1600\times\text{氧差额}/M \tag{2-2}$$

式中，M为化合物分子量。由于氧差额可以为正、负和零，氧平衡值也可以是从正到负的任意数，包括零。事实上，大量的研究表明，式(2-2)既包含化合物发生完全氧化反应时，其自身所具有的氧是否满足需要的信息，又反映了所“欠缺”的氧在总组成中所占百分比数据的氧平衡值，与含有不稳定结构基团一类易爆品的爆炸危险性密切相关，可以用于判断含有不稳定结构基团化合物的安全风险。如果氧平衡值大于+160或小于-240，危险性较低；如果氧平衡值为+80～+160，或是-240～-120，危险性中等；如果氧平衡值为+80～-120，危险性较高；氧平衡值趋于0时，危险性最大。

通过前面的反应式已知三硝基甲苯的氧差额为-10.5，另外其分子量M为227，代入公式计算，可得三硝基甲苯的氧平衡值为-74。

氧平衡值的另一个计算公式是：

$$C_xH_yO_z+[x+(y/4)-(z/2)]O_2 \longrightarrow xCO_2+(y/2)H_2O$$

$$\text{氧平衡值}=-1600\times(2x+y/2-z)/M \tag{2-3}$$

式中，x、y和z是分子式形如$C_xH_yO_z$的化合物中反映各元素含量比例的三个下标；M是化合物的分子量。例如，对于三硝基甲苯$C_7H_5N_3O_6$，其x、y和z分别为7、5和6，分子量M为227，代入上式计算得到氧平衡值为-74，与前面计算结果一致。需要提醒的是，氧平衡值计算公式用于判别化合物危险性时，化合物中含有不稳定结构基团是前提条件。

5. 爆炸品的危险特性

爆炸品都具有化学不稳定性，在一定的外界因素作用下，会产生剧烈的化学反应，放出巨大的能量。爆炸品的危险性主要表现在以下 4 个方面：①化学反应速度极快，一般在万分之一秒的时间内完成化学反应过程；②爆炸时产生大量的热，能量在极短时间内放出；③产生大量气体，造成高压，形成的冲击波对周围建筑物有巨大的破坏性；④对撞击、摩擦、温度等外界条件非常敏感。大多数炸药的电阻率都在 $10^{12}\Omega\cdot cm$ 以上，容易产生静电，在一定条件下会发生火花放电从而导致炸药着火、爆炸。任何一种爆炸品的爆炸都需要外界供给它一定的能量，即起爆能。某一爆炸品所需的最小起爆能，即为该爆炸品的敏感度。敏感度是确定爆炸品爆炸危险性的一个非常重要的标志，敏感度越高，则爆炸危险性越大。爆炸品爆炸后产生的冲击波和碎片能引起一定距离内其他爆炸品爆炸的现象称为殉爆。首先发生爆炸的爆炸品叫主爆炸品，后发生爆炸的爆炸品叫从爆炸品，主、从爆炸品之间的最大距离叫殉爆距离。不能引起另一爆炸品爆炸的两爆炸品之间最小距离叫殉爆安全距离，可按式(2-4)计算：

$$R=K\sqrt{g} \tag{2-4}$$

式中，R 为殉爆安全距离，m；K 为安全系数(居住区、主要公路、重要航道或其他工厂附近取 5~8，若周围有土围可减至 2~4)；g 为主爆炸品质量，kg。

有的爆炸品还有一定的毒性。例如 TNT(梯恩梯)、硝化甘油、雷汞等都具有一定的毒性。还有些爆炸品与酸、碱、盐、金属发生反应，反应的生成物是更容易爆炸的化学品。例如，苦味酸遇某些碳酸盐能反应生成更易爆炸的苦味酸盐；苦味酸受铜、铁等金属撞击，立即发生爆炸。在爆炸品储运中要避免摩擦、撞击、颠簸、震荡，严禁与氧化剂、酸、碱、盐类、金属粉末和钢材料等混储、混运。

2.2.3 压力系统危险性及其影响因素

1. 温度对蒸气压的影响

(1) 蒸气压关系式

物质的蒸气压是物质挥发度的量度。除非在很高的压力下，物质的蒸气压几乎与总压力无关。这样，纯物质蒸气压与温度合理的近似关系可有以下形式：

$$\ln p=A/T+B \tag{2-5}$$

式中，A 和 B 为经验常数；p 为纯物质蒸气压；T 为热力学温度。A 为负值，纯物质蒸气压只是温度的函数。很显然，物质的蒸气压随温度的增加明显增加。

在蒸气混合物中，组元 i 的分压 p_i 是在同温同组成下组元 i 施加的压力。蒸气混合物的总压等于各组元分压之和：

$$p=\sum p_i \tag{2-6}$$

对于理想气相混合物，组元 i 的分压与其摩尔分数 y_i 成正比，有：

$$p_i = y_i p \tag{2-7}$$

对于理想气液系统，组元 i 的分压与液相摩尔分数 x_i 有关，可表示为：

$$p_i = p_i^s x_i \tag{2-8}$$

式中，p_i^s 是纯组元 i 在系统温度下的饱和蒸气压。

由式(2-7)和式(2-8)，气相组成可表示为：

$$y_i = p_i^s x_i / p \tag{2-9}$$

由式(2-9)可见，空气中，组元 i 的摩尔分数与其饱和蒸气压成正比，并且随温度的增加而增加。换言之，任何易燃或毒性物质暴露在空气中时，达到的平衡浓度与其饱和蒸气压成正比。式(2-8)表明，少许易挥发杂质的存在会降低液体的闪点。如通常为60℃的粗柴油的闪点，当含有3%的汽油时，会降至环境温度以下。在应用混合溶剂时，应该重点考虑。一个 $1000m^3$ 半满储烃罐发生的火灾就是这样一个典型的案例。烃的闪点为35℃，储罐有排气孔就有空气存在。没有鉴定出火源，只因为烃中含有丙酮杂质而使其闪点降至环境温度以下。

（2）空气中易燃蒸气的产生

由于环境温度的较大增加，例如在世界较热地区运输和应用易燃溶剂，可能会出现闪点被超过的情形。又如，在冬季用明火烘烤柴油桶使柴油熔化，烘烤油脂或沥青桶降低其内装物的黏度以便倾倒出来，这些实例都会产生易燃蒸气和空气的混合物，同时有火源，就会发生危险。如果进行火焰切割、熔焊接或电焊操作而又没有充分的预防措施，也会出现危险。

【事故案例 2-2】有人试图热切割开一个曾装有蜡状固体易燃脂的圆桶。切割围绕圆桶的钢箍释放出的热引起黏附在其中的残余物的蒸发。在切断顶盖时，割炬的火焰点燃了圆桶中的内装物形成的爆炸性混合物，造成人员伤亡。对这类事故的预测由于残余物裂解产生更易挥发的组元而复杂化。

【事故案例 2-3】2018 年 11 月 28 日凌晨，位于河北省张家口市望山循环经济示范园区的中国化工集团河北盛华化工有限公司氯乙烯气柜发生泄漏，泄漏的氯乙烯扩散到厂区外公路上，遇火源发生爆燃，导致停放在公路两侧等候卸货车辆的司机 24 人死亡，22 人受伤。截至 2018 年 12 月 24 日，直接经济损失达 4148.8606 万元，此次事故是一起重大危险化学品爆燃责任事故。

一般来说，操作产生了相对不挥发的易燃物质，温升超过其闪点的化工操作还没有引起广泛重视。把装过易燃物质的空桶用作管件或钢制件火焰切割或焊接的支撑物都有严重危险。因此，用过的桶除非清除或洗净所有残余物及排净所有蒸气，一般不能作为空桶处理。

（3）空气中毒性蒸气过高浓度的产生

空气中，组元的浓度与其饱和蒸气压成正比，并且随温度的增加而增加。现以汞为例说明。汞虽然可以通过饮食或皮肤吸收进入人体，但汞加工主要的潜在危险是通过呼吸道进入人体。人在无防护措施的条件下回收汞蒸气锅炉洒落的汞，汞的温度不太高，工作 5h 后就会染上急性汞局部肺炎，3 日后死亡。

汞在 0~150℃的蒸气压可以由以下方程计算出来：

$$\lg p^{s}=-3212/T+8 \tag{2-10}$$

式中，p^{s}是汞的蒸气压，mmHg（1mmHg=133.322Pa）；T 为热力学温度，K。一些典型数据见表 2-4，从中可以看出温度对蒸气压的重要影响。

表 2-4　汞的蒸气压数据

温度/℃	15	25	128
蒸气压/Pa（mmHg）	0.0933（0.0007）	0.2133（0.0016）	133.322（1.0000）

环境温度升高 10℃左右，汞的蒸气压增加 1 倍。20℃的空气以 $1dm^3/min$ 的速率在表面积为 $0.1dm^2$的汞液上方通过，出口空气中汞的浓度接近 $3mg/m^3$。经验表明，在通常室温下，如果通风不充分，工作间空气中汞蒸气的浓度可达 $1mg/m^3$。目前汞的时间加权职业暴露极限，即临界限度值为 $0.05mg/m^3$。

（4）不同情形的过压问题

尽管压力容器上一般都配备有压力释放系统，但依然会有各种不同原因引起的过压现象而导致罐体破裂。常见的过压原因主要有以下三种。

① 超常吸热引起的过压。化学加工装置对火焰的暴露或装有低于环境温度流体的设备保温的失效，都会引起设备压力的迅速升高。无夹套的加工设备和液体储罐暴露在无约束燃烧的火焰中，其液体润湿表面的吸热速率高达 390000 $kJ/(h\cdot m^2)$。上述情况极易引起沸腾液体膨胀而发生蒸气爆炸。含有低温流体的管线和容器保温的失效会形成高吸热速率，但一般说来，比火焰暴露形成的吸热速率要低。

② 偏离预期反应引起的过压。对于有活泼物质参与的放热反应，如果工艺控制参数一旦发生偏移，极易发生瞬间大量蒸气生成导致的过压危险。当这些极短时间内产生的大量气体无法通过常规设计的压力释放装置正常排出时，容器罐体将会不可避免地发生破裂。此外，许多预期化学反应进行的同时，也常伴随着一些副反应的发生，副反应可能带来过压危险。

③ 故障或失误引起的过压。设备故障或人员失误，会导致加工装置的过压。液化气体的满液是容器、钢瓶和管道过压从而爆炸的常见原因。

2. 相变引起的体积变化

液体蒸发变为蒸气的过程会伴随巨大的体积变化。例如，在 1atm（101325Pa）下 1 体积的水产生 1600 体积的蒸气。在水的闪蒸引起的所谓蒸气爆炸中，由于热膨胀体积增加甚至更大。类似地，4.10L 的汽油在环境条件下完全蒸发会产生净蒸气 0.84m^3，如果均匀扩散，能充满 60m^3的整个房间或储罐，形成的蒸气和空气的混合物将达到爆炸下限蒸气浓度 1.4%。事实上，由于重蒸气底层分布而不会形成蒸气和空气的均质混合物，但这可以说明相当少量的挥发性易燃液体泄漏的危险性。液体蒸发引起体积的巨大变化可以用简单的物理化学方法估算出来。1mol 任意气体在标准状态(273K、101325Pa)下都占有 22.4L 的体积。如溴的分子量是 160，液溴的密度是 3.12kg/L，0.16kg 液溴体积为 0.16/3.12≈0.051L，而相同量的溴蒸气在 20℃的体积却是 22.4×293/273≈24L。相反，凝结过程会引起体积的显著减小。由固体到液体反向的相变过程也会有体积变化。正是由于这些体积变化可能会造成事故，在过程设计或操作时应格外注意。下面就不同情况进行说明。

(1)“蒸气爆炸”引起物料喷射

热油罐的操作极具危险，如，沥青或重质燃料油罐在 100℃以上操作，其中罐底积水将产生蒸气并伴有油泡沫形成，如果“过沸”相当强烈，常会发生油品向罐外喷溢，甚至造成罐体破裂。这些现象也出现在密封容器装有热液体和少量易挥发液体的混合物的情形。水可以通过出料口蒸气的凝结或蒸气管路的泄漏进入罐体。然而，简单的计算表明，只是抽水不可能完美地解决平底罐的问题。罐底油渣层中只要有 3mm 的水，一旦转化为蒸气就会占据 4.8m 深的空间。封顶储油罐起火的一些情形也会有“过沸”现象。一些燃烧的原油产生的“热波”由燃烧表面传至底层，热波中的油温高达 250~300℃，如果罐底有水或底层油中悬浮着相当量的水，就会有剧烈的“过沸”现象发生。

青州市永利珍珠岩厂“3·29”较大爆炸事故调查报告

熔融的金属与含有大量水分的潮气混合常会产生“蒸气爆炸”。如，把湿金属块装入冶炼炉或把熔融的金属倾倒在其上，都会产生蒸气爆炸。在这些事故中，熔融的金属会从炉口或铸勺抛射至相当远处，有可能造成人员伤亡或引起火灾。熔盐池也应注意防止“蒸气爆炸”。

【事故案例 2-4】2022 年 4 月 3 日上午 11 时 10 分，位于广东省清远市的广东精美特种型材有限公司熔铸车间发生爆炸，该公司熔铸车间 9 号铸井上的铸造机结晶器一导流孔发生铝水泄漏，铸井看盘工擅自脱岗，未能及时进行处置，大量高温铝水快速泄漏进入深井，遇冷却水发生剧烈爆炸。附近的 6 号井受影响，接连发生爆炸。事故造成 5 人死亡，车间被炸毁，周边相邻建筑受冲击波影响，发生变形破损。

惠东县华业铸造厂“2·18”电弧炉较大爆炸事故调查报告

（2）少量易燃或毒性液体在有限空间内汽化

对于易燃物质，环境浓度超过其燃烧下限1%，便认为形成了燃烧气氛；而对于毒性物质，其暴露程度达到10^{-6}量级，往往就会有健康危险。表2-5列出了几种毒性液体的蒸发体积变化以及相应的形成毒性气氛的空气体积。

表2-5　毒性液体蒸发体积变化

化合物	液体体积	净蒸气体积	毒性气氛空气体积
液氨	1	1.2×10^3	4.9×10^6
二氧化硫	1	5.0×10^2	1.0×10^8
液氯	1	4.7×10^2	4.7×10^8
四氯化碳	1	2.3×10^2	2.3×10^7
溴	1	4.4×10^2	4.4×10^9

（3）蒸气冷凝或被其他液体吸收引起的内爆

时有这样的事故发生，充满蒸气而没有真空释放阀的釜，由于误操作而喷射入冷水，蒸气迅速冷凝形成内真空，釜体被大气压力压扁。储罐用蒸气试压，在试压时，所有的阀门都是关闭的，试压后蒸气冷凝形成内真空引起罐体变形。在后一种情况下，应用水压往往可使罐体复原。也有这样的事故案例，一个大氨水罐被抽空，水由其上部喷管喷入，氨气则由其底管进入，产生内爆炸，罐体塌陷至原体积的一半。后检查事故原因发现，氨气极易溶于水而迅速被水吸收，在操作过程中没有打开通风口引起内压迅速下降。

3. 不同物质蒸气和液体的密度

（1）气体或蒸气的密度差异

对于绝大多数气体或蒸气，设T为温度，其恒压密度都近似服从：

$$\text{气体或蒸气的恒压密度} \propto \text{分子量}/T \tag{2-11}$$

因此，分子量越大，气体或蒸气的恒压密度就越大，而恒压密度总是与温度成反比。多数气体或蒸气的密度都比空气大，只有少数例外，如氢、甲烷、氨等。

① 密度比空气大的蒸气倾向于在低位区扩散和聚集，形成燃烧和爆炸危险、毒性危险或局部区域的缺氧。氨的密度比空气小，压力容器突然毁坏排出的氨蒸气云似乎应该向上飘浮而安全扩散，事实上多数情况并非如此。蒸气云的组成、物理和化学变化对其形态和密度影响很大，冷氨和空气的混合物的密度一般要比周围的空气大。又比如，尽管氟化氢（HF）的分子量仅为20，但由于其处于饱和蒸气状态下的分子间存在高度缔合，因此HF蒸气密度实测显示，在20℃、101325Pa下HF的平均分子量应在70~80，导致未被空气稀释的纯HF蒸气云的密度比周围的空气大。

② 在环境温度下密度比空气小的蒸气，当其冷却时仍在低位区扩散，如液氨或液化天然气产生的蒸气就是如此。

③ 密度比空气小的气体在装置或通风不良的建筑物的高位区聚集。

（2）液体的密度差异

液体的相对密度一般定义为液体和水的密度比。正如气体和空气的密度比可以表示出气体在空气中上升或是下降一样，液体的相对密度可以表示出液体比水重或是轻。天然油和脂肪等物质的相对密度大于1，而汽油和煤油等物质的相对密度小于1。液体的密度一般随温度的升高而降低。

① 非互溶液体在加工和储存装置中分层。在装料时无搅拌造成反应物的分层，一旦启动搅拌往往会激发剧烈的化学反应。在酚和苛性碱液混合物的配制中，将酚无搅拌加入混合器会形成液体分层，启动搅拌将发生剧烈反应并释放出大量热引起爆炸。类似的事故案例屡见不鲜。

② 密度较小的液体分布或聚集在较重液体之上。汽油、煤油及许多有机液体密度比水小，当向污水排放系统排放时，由于这些液体在水面之上而具有火险和毒性危险。

③ 两种非互溶液体混合时会有各自独立的特征蒸气压，总压为两种液体的蒸气压之和，而混合物的沸点一般要远低于两个纯组元沸点。

2.2.4 化学物质的非互容性

许多化学物质彼此互不相容，它们必须在严格控制的条件下接触，否则会生成剧毒物质或发生强烈的化学反应，甚至引起爆炸，因此，需对潜在的安全风险格外关注。

1. 毒性危险

表2-6列出了一些非互容物质的毒性危险。A列与B列的物质必须完全隔绝，否则会生成C列的毒性物质。

表2-6 一些非互容物质的毒性危险

A	B	C	A	B	C
含砷物质	任何还原剂	砷化氢	亚硝酸盐	酸	亚硝酸烟雾
叠氮化物	酸	叠氮化氢	磷	苛性碱或还原剂	磷化氢
氰化物	酸	氢氰酸	硒化物	还原剂	硒化氢
次氯酸盐	酸	氯或次氯酸	硫化物	酸	硫化氢
硝酸盐	硫酸	二氧化氮	碲化物	还原剂	碲化氢
硝酸	铜或重金属	二氧化氮			

2. 反应危险

表 2-7 列出了一些会发生危险反应的非互容物质。A 列和 B 列物质不能在无控制条件下接触，否则会发生剧烈反应。

表 2-7　一些有反应危险的非互容物质

A	B
醋酸	铬酸、硝酸、含羟基化合物、乙二醇、高氯酸、过氧化物、高锰酸盐
丙酮	浓硝酸和硫酸混合物
乙炔	氟气、氯气、溴、铜、银、汞
碱金属和碱土金属	二氧化碳、四氯化碳、烃氯代衍生物
氨(无水)	汞、氯气、溴、碘、次氯酸钙、氟化氢
硝酸铵	酸、金属粉、可燃液体、氯酸盐、亚硝酸盐、硫黄、粉碎的有机物或可燃物
苯胺	硝酸、过氧化氢
溴	氨、乙炔、丁二烯、丁烷和石油气、氢气、碳化钠、松节油、苯、粉碎的金属
氧化钙	水
活性炭	次氯酸钙
氯酸盐	铵盐、酸、金属粉、硫、粉碎的有机物或可燃物
铬酸(三氧化铬)	醋酸、萘、樟脑、甘油、松节油、乙醇和其他易燃液体
氯气	氨、乙炔、丁二烯、丁烷和其他石油气、氢气、碳化钠、松节油、苯、粉碎的金属
二氧化氯	氨、甲烷、亚磷酸盐、硫化氢
铜	乙炔、过氧化氢
氟气	与任何物质隔绝
肼	过氧化氢、硝酸和其他氧化物
烃(苯、丙烷、汽油等)	过氧化物
氢氰酸	硝酸、碱金属
氟化氢	氨(含水或无水)
过氧化氢	铜、铬、铁、大多数金属及其盐类、任何易燃液体、可燃物质、苯胺、硝基甲烷
硫化氢	发烟硝酸、氧化性气体
碘	乙炔、氨(无水或含水)
汞	乙炔、雷酸(产生于硝酸-乙醇的混合物)、氨
浓硝酸	醋酸、丙酮、乙醇、苯胺、铬酸、氢氰酸、硫化氢、可硝化物质(纸、布)
硝基烷烃	无机碱、胺
草酸	银、汞

续表

A	B
氧气	油、脂、氢气、易燃液体、固体或气体
高氯酸	醋酐、铋及其合金、乙醇、纸张、木材、脂、油
有机过氧化物	酸(有机或无机，避免摩擦或低温储存)
白磷	空气、氧气
氯酸钾	与氯酸盐相同
高氯酸钾	与氯酸盐相同
高锰酸钾	甘油、乙二醇、苯甲醛、硫酸
银	乙炔、草酸、酒石酸、雷酸、氨化合物
亚硝酸钠	硝酸铵或其他铵盐
过氧化钠	任何可氧化的物质，如乙醇、甲醇、冰醋酸、醋酐、苯甲醛、二硫化碳、甘油、乙二醇、醋酸乙酯、醋酸甲酯以及糠醛等
硫酸	氯酸盐、高氯酸盐、高锰酸盐

3. 遇水放出易燃气体的物质和混合物的危险

一些化学物质，如钾和碳化钙与水接触会产生易燃气体：

$$2K+2H_2O \longrightarrow 2KOH+H_2\uparrow \tag{2-12}$$

$$CaC_2+2H_2O \longrightarrow Ca(OH)_2+C_2H_2\uparrow \tag{2-13}$$

有时水解热足以点燃释放出的气体，造成火险。注意不可使遇水放出易燃气体的物质和混合物暴露于过程冷却水、冷凝水或雨水等，否则会酿成安全风险。在某些情况下，水敏性物质与水反应产生的气体可以造成封闭设备或管件的过压，需加以警惕。

2.2.5 腐蚀性

强酸、强碱等物质也能对人体组织、金属等物品造成伤害，接触人的皮肤、眼睛或肺部、食道等时，会造成灼伤，引起表皮组织坏死，内部器官被灼伤后可引起炎症，甚至会造成死亡。

2.3 危险化学品安全信息传递

对化学品危险性进行鉴定与分类，其重要目的之一是在危险化学品各环节管理中，实现化学品危害信息的传递，以减少人为因素造成的化学品事故，第 1 章中的辽宁先达农业科学有限公司的事故案例 1-5 应引起重视。目前化学品危害信息传递以化学品安全技术说明书(Safety Data Sheet for Chemical Products，SDS)为主要手段，结合化学品安全标签、作业安全警示标志等为各环节操作人员提供化学品信息。其中 SDS 的适用范围最广，其他传递手段则只针对某些环境，如化学品安全标签只适用于产品包装。化学品危害信息传递在《安全生产法》《职业病防治法》和《危险化学品安全管理条例》等中均有相应规定。

2.3.1 化学品安全标签

宜宾恒达科技有限公司"7·12"重大爆炸事故调查报告

《化学品安全标签编写规定》（GB 15258—2009）是为规范化学品安全标签内容的表述和编写而制定的，该标准规定了化学品安全标签的内容、格式和制作等事项。产品安全标签另有规定的，例如农药、气瓶等，按其专门标准执行。安全标签是《工作场所安全使用化学品规定》和《作业场所安全使用化学品公约》（第 170 号国际公约）要求的预防和控制化学危害基本措施之一，主要是对市场上流通的化学品通过加贴标签的形式进行危险性标识，提出安全使用注意事项，向作业人员传递安全信息，以预防和减少化学危害，达到保障安全和健康的目的。

1. 化学品安全标签的内容

完整的化学品安全标签包括以下 8 个方面的内容。

（1）化学品标识

用中文和英文分别标明化学品的化学名称或通用名称。名称要求醒目清晰，位于标签的上方。应与 SDS 中的名称一致。对混合物应标出化学品的主要危险组分的化学名称或通用名、浓度或浓度范围。当需要标出的组分较多时，组分个数以不超过 5 为宜。对于属于商业机密的成分可以不标明，但应列出其危险性。

（2）象形图

采用 GB 30000.2～GB 30000.29 规定的象形图。象形图标识如图 2-4 所示，具体规定可参考《化学品分类和危险性象形图标识　通则》（GB/T 24774—2009）和《化学品危险信息短语与代码》（GB/T 32374—2015）。

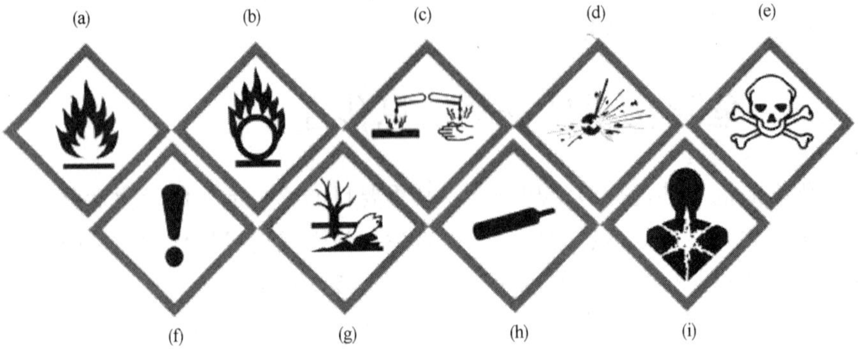

图 2-4　象形图标识

图 2-4 所对应的危险性类别如下：(a)易燃气体，类别 1；易燃气溶胶；易燃液体，类别 1～3；易燃固体；自反应物质和混合物，B～F 型；自热物质；可自燃液体；自燃固体；遇水放出易燃气体物质。(b)氧化性气体；氧化性液体；氧化性固体；有机过氧化物，B～F 型。(c)金属腐蚀物；皮肤腐蚀/刺激，类别 1；严重眼部损伤/眼部刺激，类别 1。(d)爆炸物，类别 1～4；自反应物质和混合物，A、B 型；有机过氧化物，A、B 型。(e)急性毒性，类别 1～3。(f)急性毒性，类别 4；皮肤腐蚀/刺激，类别 2；严重眼部损伤/眼部刺激，类别 2A；皮肤致敏性；特异性靶器官系统毒性—单次接触，类别 3。(g)对水生环境的危害，急性类别 1，慢性类别 1、2。(h)压力下气体。(i)呼吸系统致敏性；生殖细胞致突变性；致癌性；生殖毒性；特异性靶器官系统毒性—单次接触，类别 1、2；特异性靶器官系统毒性—反复接触；吸入危险。

当某种化学品具有两种或两种以上的危险性时，物理危险象形图的先后顺序根据《危险货物品名表》(GB 12268—2012)中的主次危险性确定，未列入 GB 12268—2012 的化学品，以下类别的危险性总是主危险：爆炸物、易燃气体、易燃气溶胶、氧化性气体、加压气体、自反应物质和混合物、自燃液体和自燃固体、有机过氧化物。其他主危险性的确定按照联合国《规章范本》危险性先后顺序。对于健康危险按照以下先后顺序：如果使用了骷髅和交叉骨符号，则不应出现感叹号；如果使用了腐蚀符号，则不应出现感叹号来表示皮肤或眼睛刺激；如果使用了呼吸致敏物的健康危害符号，则不应出现感叹号来表示皮肤致敏物或者皮肤/眼睛刺激。

(3) 警示词

根据化学品的危险程度和类别，用“危险”“警告”两个词分别进行危害程度的警示。警示词位于化学品名称的下方，要求醒目、清晰。根据 GB 30000.2～GB 30000.29 选择不同类别危险化学品的警示词。

当某种化学品具有两种或两种以上的危险性时，警示词先后顺序为：如果在安全标签上选用了警示词“危险”，则不应出现警示词“警告”。

(4) 危险性说明

概述化学品的危险特性，居警示词下方。根据 GB 30000.2～GB 30000.29 选择不同类别危险化学品的危险性说明。当某种化学品具有两种或两种以上的危险性时，所有危险性说明都应出现在安全标签上，按物理危险、健康危险、环境危险顺序排列。

(5) 防范说明

表述化学品在处置、搬运、储存和使用作业中所必须注意的事项和发生意外时简单有效的救护措施等，要求内容简明扼要、重点突出。该部分应包括安全预防措施、意外情况(如泄漏、人员接触或火灾等)的处理、安全储存措施及废弃处置等内容。各类化学品安全标签防范说明可从《化学品安全标签编写规定》附录 C 中查到。

(6) 供应商标识

包括供应商名称、地址、邮编、电话等。

(7) 应急咨询电话

填写化学品生产商或生产商委托的 24h 化学事故应急咨询电话。国外进口化学品安全标签上应至少有一家中国境内的 24h 化学事故应急咨询电话。

(8) 资料参阅提示语

提示化学品用户应参阅化学品安全技术说明书。

化学品安全标签的样例如图 2-5 所示。

化学品名称 A组分: 40%; B组分: 60%

危　险

极易燃液体和蒸气，食入致死，对水生生物毒性非常大

[预防措施]
- 远离热源、火花、明火、热表面。使用不产生火花的工具作业。
- 保持容器密闭。
- 采取防静电措施，容器和接收设备接地、等势连接。
- 使用防爆电器、通风、照明及其他设备。
- 戴防护手套、防护眼镜、防护面罩。
- 操作后彻底清洗身体接触部位。
- 作业场所不得进食、饮水或吸烟。
- 禁止排入环境。

[事故响应]
- 如皮肤(或头发)接触：立即脱掉所有被污染的衣服。用水冲洗皮肤、淋浴。
- 食入：催吐，立即就医。
- 收集泄漏物。
- 火灾时，使用干粉、泡沫、二氧化碳灭火。

[安全储存]
- 在阴凉、通风良好处储存。
- 上锁保管。

[废弃处置]
- 本品或其容器采用焚烧法处置。

请参阅化学品安全技术说明书

供应商：××××××××××××××××××××× 电话：××××××

地址：××××××××××××××××××××× 邮编：××××××

化学事故应急咨询电话：××××××

图 2-5　化学品安全标签样例

2. 简化标签的内容

对于小于等于 100mL 的化学品小包装，为了方便标签使用，安全标签要素可以简化，只包括化学品标识、象形图、警示词、危险性说明、应急咨询电话、供应商名称及联系电话、资料参阅提示语即可。简化标签的样例如图 2-6 所示。

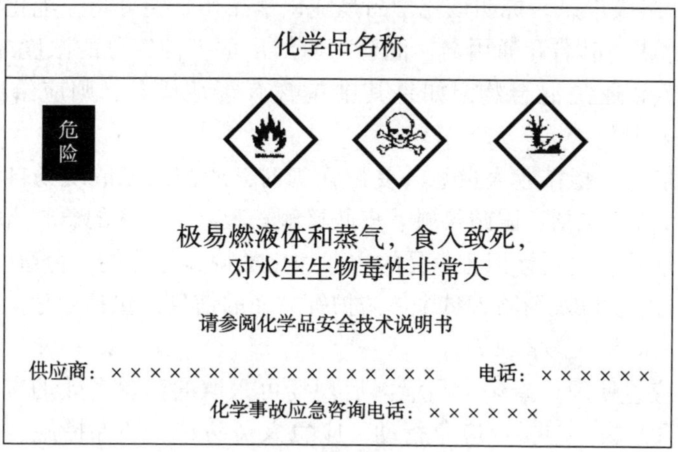

图 2-6　简化标签样例

2.3.2　化学品安全技术说明书

化学品安全技术说明书是一份关于危险化学品燃爆、毒性和环境危害以及安全使用、泄漏应急处置、主要理化参数、法律、法规等方面信息的综合性文件。《化学品安全技术说明书编写指南》(GB/T 17519—2013)规定了编写要求，编写时一般在国内外数十个权威数据库基础上，经反复研究筛选确定。我国采用 SDS 术语，SDS 有时也被称为“安全数据单”“化学品安全信息卡”“安全数据表”“安全说明书”。化学品安全技术说明书在有些国家又被称为物质安全技术说明书(Material Safety Data Sheet，MSDS)。《化学品安全技术说明书内容和项目顺序》(GB/T 16483—2008)规定了如下的 16 部分信息。

苯化学品安全技术说明书

济南齐鲁天和惠世制药有限公司
“4·15”重大着火中毒事故调查报告

1. SDS 的 16 部分内容简介

① 化学品及企业标识。主要标明化学品名称、生产企业名称、地址、邮编、电话、应急电话、传真等信息。

② 危险性概述。简要概述本化学品最重要的危害和效应，主要包括：危险类别、侵入途径、健康危害、环境危害、燃爆危险等信息。

③ 成分/组成信息。标明该化学品是纯化学品还是混合物。纯化学品应给出其化学品名称或商品名和通用名。混合物应给出危害性组分的浓度或浓度范围。无论是纯化学品还是混合物，如果其中包含有害性成分，则应给出化学文摘（CAS）索引登记号。

④ 急救措施。指作业人员意外受到伤害时，所需采取的现场自救或互救的简要的处理方法，包括：眼睛接触、皮肤接触、吸入、食入的急救措施。

⑤ 消防措施。主要标识化学品的物理和化学特殊危险性，合适的灭火介质、不合适的灭火介质以及消防人员个体防护等方面的信息，包括：危险特性、灭火介质和方法，灭火注意事项等。

⑥ 泄漏应急处理。指化学品泄漏后现场可采取的简单有效的应急措施、注意事项和消除方法，包括：应急行动、应急人员防护、环保措施、消除方法等内容。

⑦ 操作处置与储存。主要是指化学品操作处置和安全储存方面的信息资料，包括：操作处置作业中的安全注意事项、安全储存条件和注意事项。

⑧ 接触控制/个体防护。在生产、操作处置、搬运和使用化学品的作业过程中，为保护作业人员免受化学品危害而采取的防护方法和手段，包括：最高容许浓度、工程控制、呼吸系统防护、眼睛防护、身体防护、手防护、其他防护要求。

⑨ 理化特性。主要描述化学品的外观及理化性质等方面的信息，包括：外观与性状、pH 值、沸点、熔点、相对密度（水 = 1）、相对蒸气密度（空气 = 1）、饱和蒸气压、燃烧热、临界温度、临界压力、辛醇/水分配系数、闪点、引燃温度、爆炸极限、溶解性、主要用途和其他一些特殊理化性质。

⑩ 稳定性和反应性。主要叙述化学品的稳定性和反应性方面的信息，包括：稳定性、禁配物、应避免接触的条件、聚合危害、分解产物。

⑪ 毒理学信息。提供化学品的毒理学信息，包括：不同接触方式的急性毒性、刺激性、致敏性、亚急性和慢性毒性、致突变性、致畸性、致癌性等。

⑫ 生态学信息。主要陈述化学品的环境生态效应、行为和归宿，包括：生态效应、生物降解性、生物富集、环境迁移及其他有害的环境影响等。

⑬ 废弃处置。是指对被化学品污染的包装和无使用价值的化学品的安全处理方法，包括废弃处置方法和注意事项。

⑭ 运输信息。主要是指国内、国际化学品包装、运输的要求及运输的分类和编号，包括：危险货物编号、包装标志、包装方法、UN 编号及运输注意事项等。

⑮ 法规信息。主要是化学品管理方面的法律条款和标准。

⑯ 其他信息。主要提供其他对安全有重要意义的信息，包括：参考文献、填表时间、填表部门、数据审核单位等。

由于SDS仅和某种化学品有关，不可能考虑所有工作场所可能发生的情况，所以SDS仅包含了保证操作安全所必备的一部分信息。

2. 编写要求

① SDS按照以上16部分提供化学品的信息，每部分的标题、编号和前后顺序不应随意变更。

② 在16部分下面填写相关的信息，该项如果无数据，应写明无数据原因，16部分中，除第16部分“其他信息”外，其余部分不能留下空项。

③ SDS的每一页都要注明该种化学品的名称，名称应与标签上的一致，同时注明日期和SDS编号。日期是指最后修订的日期。页码中应包括总的页数，或者显示总页数的最后一页。

④ SDS的正文书写要简明、扼要、通俗易懂。

⑤ 生产单位生产危险化学品，在填写SDS时，若涉及商业机密，经化学品登记部门批准后，可不填写有关内容，但必须列出该种危险化学品的主要危险特性。

⑥ SDS每5年更换一次。在此期间若发现新的危险特性，在有关信息发布的半年内，生产单位必须相应修改SDS，并提供给经营、运输、储存和使用单位。

⑦ SDS采用“一个品种一卡”的方式编写，同类物、同系物的SDS不能互相替代；混合物要填写有害组分及其含量范围。所填数据应是可靠和有依据的。一种化学品具有一种以上的危害性时，要综合表示其主、次危害性以及急救、防护措施。

3. 使用要求

SDS由化学品的生产供应企业编印，在交付商品时提供给用户，作为一种服务随商品在市场上流通。用户在接收和使用化学品时，要认真阅读SDS，了解和掌握化学品的危险性，并根据使用的情形制定安全操作规程，选用合适的防护用具，培训作业人员。

2.3.3 化学品作业场所安全警示标志

化学品作业场所安全警示标志是化学品作业场所危害信息传递的重要手段，是以文字和图形组合的形式，表示化学品在工作场所具有的危险性和安全注意事项。标志要素包括化学品标识、理化特性、危险象形图（如图2-4所示）、警示词、危险性说明、防范说明、个体防护用品说明（使用防护象形图表示，按照GBZ 158—2003指示标志的规定选择）、资料参阅提示语以及报警电话等。《化学品作业场所安全警示标志规范》（AQ 3047—2013）规定了化学品作业场所安全警示标志的内

某作业场所
安全警示示例

容、编制与使用要求。该标准适用于化工企业生产车间、使用化学品的场所、储存化学品的场所以及构成重大危险源的场所。《化学品分类和标签规范　第31部分：化学品作业场所警示性标志》(GB/T 30000.31—2023)于2024年6月1日实施。

2.3.4　美国消防协会菱形图

美国消防协会(National Fire Protection Association，NFPA)菱形标志是NFPA制定的危险品紧急处理系统鉴别标准，经常用在化学容器和储存容器上，示例如图2-7所示。从图2-7中可知，NFPA菱形标签由4个独立的小的菱形组成——蓝、红、黄、白，分别对应健康危害、燃烧危害、稳定性危害和特殊伤害，过去“反应性”一词被用于代替“稳定性”，但化学稳定性更能够准确描述火灾事件中应急响应人员面临的伤害。NFPA菱形标签上面的三个菱形内填写有数字0、1、2、3、4。数字表示危险等级，其中0代表的危险性最小，4代表的危险性最大。注意：NFPA危险编号与GHS的编号相反。危险品菱形标签下面的菱形内只出现字母，代表其特殊的危险性或者注意事项。

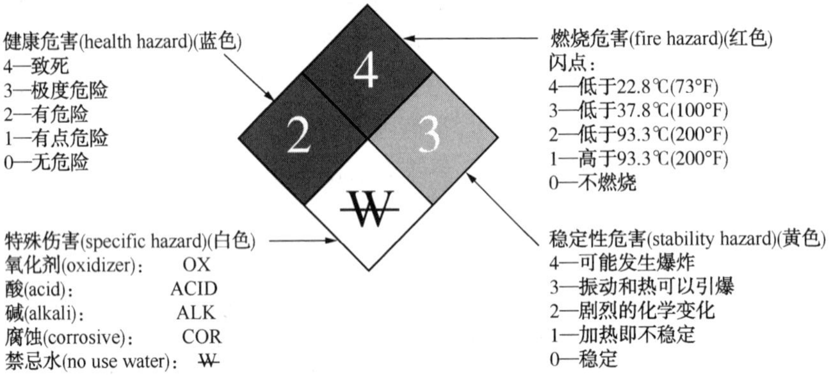

图2-7　NFPA菱形图

2.4　重大危险源管理

2.4.1　重大危险源辨识与分级

1. 重大危险源定义

《安全生产法》第一百一十七条对重大危险源的定义是：指长期地或临时地生产、搬运、使用或者储存危险物品，且危险物品的数量等于或者超过临界量的单元(包括场所和设施)。《危险化学品重大危险源辨识》(GB 18218—2018)对危险化学品重大危险源的定义是：长期地或临时地生产、储存、使用和经营危险化学品，且危险化学品的数量等于或者超过临界量的单元。

重大危险源监管作为预防重大工业事故发生的重要手段，一直是国家安全监管工作的重中之重。不同国家和地区的政府部门对重大危险源的定义、规定的临界量是不同的。我国规定的具体数值请参考 GB 18218—2018 的内容。

2. 重大危险源辨识指标

① 生产单元、储存单元内存在危险化学品的数量等于或超过 GB 18218—2018 规定的临界量，即被定为重大危险源。单元内存在的危险化学品的数量根据危险化学品种类的多少区分为以下两种情况。

a. 生产单元、储存单元内存在的危险化学品为单一品种时，该危险化学品的数量即为单元内危险化学品的总量，若等于或超过相应的临界量，则定为重大危险源。

b. 生产单元、储存单元内存在的危险化学品为多品种时，按式(2-14)计算，若满足式(2-14)，则定为重大危险源。

$$S=q_1/Q_1+q_2/Q_2+\cdots+q_n/Q_n\geqslant 1 \tag{2-14}$$

式中，S 为辨识指标；q_1，q_2，…，q_n 为每种危险化学品的实际存在量，t；Q_1，Q_2，…，Q_n 为与每种危险化学品相对应的临界量，t。

② 危险化学品储罐以及其他容器、设备或仓储区的危险化学品的实际存在量按设计最大量确定。

③ 对于危险化学品混合物，如果混合物与其纯物质属于相同危险类别，则视混合物为纯物质，按混合物整体进行计算。如果混合物与其纯物质不属于相同危险类别，则应按新危险类别考虑其临界量。

3. 重大危险源的分级

(1) 分级指标

采用单元内各种危险化学品实际存在(在线)量与其在《危险化学品重大危险源辨识》(GB 18218—2018)中规定的临界量比值，经校正系数校正后的比值之和 R 作为分级指标。

(2) R 的计算方法

$$R=\alpha\left(\beta_1\frac{q_1}{Q_1}+\beta_2\frac{q_2}{Q_2}+\cdots+\beta_n\frac{q_n}{Q_n}\right) \tag{2-15}$$

式中，q_1，q_2，…，q_n 为每种危险化学品实际存在量，t；Q_1，Q_2，…，Q_n 为与每种危险化学品相对应的临界量，t；β_1，β_2，…，β_n 为与每种危险化学品相对应的校正系数；α 为该危险化学品重大危险源厂区外暴露人员的校正系数；R 为重大危险源分级指标。

(3) 校正系数 β 的取值

根据单元内危险化学品的类别不同，设定校正系数 β 的取值。在表 2-8 范围内的危险化学品，其 β 的取值按表 2-8 确定。未在表 2-8 范围内的危险化学品，

β 的取值按表 2-9 确定。

表 2-8　毒性气体校正系数 β 取值表

毒性气体名称	一氧化碳	二氧化硫	氨	环氧乙烷	氯化氢	溴甲烷	氯
校正系数 β	2	2	2	2	3	3	4
毒性气体名称	硫化氢	氟化氢	二氧化氮	氰化氢	碳酰氯	磷化氢	异氰酸甲酯
校正系数 β	5	5	10	10	20	20	20

表 2-9　校正系数 β 取值表

类别	符号	校正系数 β
急性毒性	J1	4
	J2	1
	J3	2
	J4	2
	J5	1
爆炸物	W1. 1	2
	W1. 2	2
	W1. 3	2
易燃气体	W2	1. 5
气溶胶	W3	1
氧化性气体	W4	1
易燃液体	W5. 1	1. 5
	W5. 2	1
	W5. 3	1
	W5. 4	1
自反应物质和混合物	W6. 1	1. 5
	W6. 2	1
有机过氧化物	W7. 1	1. 5
	W7. 2	1
自燃液体和自燃固体	W8	1
氧化性固体和液体	W9. 1	1
	W9. 2	1
易燃固体	W10	1
遇水放出易燃气体的物质和混合物	W11	1

注：表中的类别和符号参照《危险化学品重大危险源辨识》(GB 18218—2018)确定。

(4) 校正系数 α 的取值

根据重大危险源的厂区边界向外扩展 500m 范围内常住人口数量，按照表 2-10 设定暴露人员校正系数 α 值。

表 2-10 校正系数 α 取值表

厂外可能暴露人员数量	α	厂外可能暴露人员数量	α
100 人以上	2.0	1~29 人	1.0
50~99 人	1.5	0 人	0.5
30~49 人	1.2		

(5) 分级标准

根据计算出来的 R 值，按表 2-11 确定危险化学品重大危险源的级别。

表 2-11 危险化学品重大危险源级别和 R 值的对应关系

危险化学品重大危险源级别	R 值	危险化学品重大危险源级别	R 值
一级	$R \geqslant 100$	三级	$50 > R \geqslant 10$
二级	$100 > R \geqslant 50$	四级	$R < 10$

2.4.2 重大危险源安全管理

《安全生产法》第四十条规定：“生产经营单位对重大危险源应当登记建档，进行定期检测、评估、监控，并制定应急预案，告知从业人员和相关人员在紧急情况下应当采取的应急措施。

生产经营单位应当按照国家有关规定将本单位重大危险源及有关安全措施、应急措施报有关地方人民政府应急管理部门和有关部门备案。有关地方人民政府应急管理部门和有关部门应当通过相关信息系统实现信息共享。”

重大危险源辨识示例

由于重大危险源一旦发生事故后其后果的严重性，国家专门针对重大危险源的管理颁发了《危险化学品重大危险源监督管理暂行规定》(国家安全生产监督管理总局令第 40 号)，该规定从重大危险源设备、设施管理，安全管理措施，场所操作人员管理，事故应急救援管理等方面进行了规定。需要注意的是，2022 年 2 月 28 日，应急管理部危化监管一司发布了关于征求《危险化学品重大危险源安全监督管理规定(修订草案征求意见稿)》。也请读者阅读：《危险化学品重大危险源安全监控通用技术规范》(AQ 3035—2010)、《危险化学品重大危险源 罐区现场安全监控装备设置规范》(AQ 3036—2010)、交通运输部颁布的《港口危险货物重大危险源监督管理办法》(交水规〔2021〕6 号)，《应急管理部办公厅关于印发危险化学品企业重大危险源安全包保责任制办法（试行）的通知》（应急厅〔2021〕12号）。

2.5 国家重点监管的危险化学品和危险工艺

2.5.1 国家重点监管的危险化学品

国家通过抓“重点监管危险工艺”，来提升本质安全水平；通过抓“重点监管危险化学品”，来控制危险化学品事故总量。通过抓“重大危险源”，来遏制较大以上危险化学品事故。以上又简称为“两重点一重大”。

2011年6月21日《国家安全监管总局关于公布首批重点监管的危险化学品名录的通知》（安监总管三〔2011〕95号），将60种危险化学品列为国家重点监管的危险化学品。重点监管的危险化学品是指列入《危险化学品名录》的危险化学品以及在温度20℃和标准大气压101.3kPa条件下属于以下类别的危险化学品：①易燃气体类别1（爆炸下限≤13%或爆炸极限范围≥12%的气体）；②易燃液体类别1（闭杯闪点<23℃并初沸点≤35℃的液体）；③自燃液体类别1（与空气接触不到5min便燃烧的液体）；④自燃固体类别1（与空气接触不到5min便燃烧的固体）；⑤遇水放出易燃气体的物质类别1（在环境温度下与水剧烈反应所产生的气体通常显示自燃的倾向，或释放易燃气体的速度等于或大于每公斤物质在任何1min内释放10L的任何物质或混合物）；⑥三光气等光气类化学品。

涉及重点监管的危险化学品的生产、储存装置，原则上须由具有甲级资质的化工行业设计单位进行设计。地方各级安全监管部门应当将生产、储存、使用、经营重点监管的危险化学品的企业，优先纳入年度执法检查计划，实施重点监管。生产、储存重点监管的危险化学品的企业，应根据本企业工艺特点，装备功能完善的自动化控制系统，严格工艺、设备管理。对使用重点监管的危险化学品数量构成重大危险源的企业的生产储存装置，应装备自动化控制系统，实现对温度、压力、液位等重要参数的实时监测。生产重点监管的危险化学品的企业，应针对产品特性，按照有关规定编制完善的、可操作性强的危险化学品事故应急预案，配备必要的应急救援器材、设备，加强应急演练，提高应急处置能力。

重点监管危险化学品目录（首批和第二批）

2011年7月1日，国家安全生产监督管理总局发布了《国家安全监管总局办公厅关于印发首批重点监管的危险化学品安全措施和应急处置原则的通知》（安监总厅管三〔2011〕142号），从特别警示、理化特性、危害信息、安全措施、应急处置原则5个方面，对《首批重点监管的危险化学品名录》中的危险化学品逐一提出了安全措施和应急处置原则。

2013 年 2 月 5 日，国家安全生产监督管理总局发布了《国家安全监管总局关于公布第二批重点监管危险化学品名录的通知》(安监总管三〔2013〕12 号)，增补了 14 种国家重点监管的危险化学品。生产、储存、使用重点监管的危险化学品的企业，应当积极开展涉及重点监管危险化学品的生产、储存设施自动化监控系统改造提升工作，高度危险和大型装置要依法装备安全仪表系统(紧急停车或安全连锁)。

2.5.2　国家重点监管的危险工艺

2009 年 6 月 12 日，国家安全生产监督管理总局发布了《国家安全监管总局关于公布首批重点监管的危险化工工艺目录的通知》(安监总管三〔2009〕116 号)，该通知发布了《首批重点监管的危险化工工艺目录》和《首批重点监管的危险化工工艺安全控制要求、重点监控参数及推荐的控制方案》。要求化工企业根据本企业采用的危险化工工艺及其特点，确定重点监控的工艺参数，装备和完善自动控制系统，大型和高度危险化工装置要按照推荐的控制方案装备紧急停车系统。采用危险化工工艺的新建生产装置，原则上要由甲级资质化工设计单位进行设计。①光气及光气化工艺；②电解工艺(氯碱)；③氯化工艺；④硝化工艺；⑤合成氨工艺；⑥裂解(裂化)工艺；⑦氟化工艺；⑧加氢工艺；⑨重氮化工艺；⑩氧化工艺；⑪过氧化工艺；⑫胺基化工艺；⑬磺化工艺；⑭聚合工艺；⑮烷基化工艺。

过氧化工艺事故案例及风险管理

2013 年 1 月 15 日，国家安全生产监督管理总局发布了《国家安全监管总局关于公布第二批重点监管危险化工工艺目录和调整首批重点监管危险化工工艺中部分典型工艺的通知》(安监总管三〔2013〕3 号)。第二批重点监管的危险化工工艺：①新型煤化工工艺：煤制油(甲醇制汽油、费-托合成油)、煤制烯烃(甲醇制烯烃)、煤制二甲醚、煤制乙二醇(合成气制乙二醇)、煤制甲烷气(煤气甲烷化)、煤制甲醇、甲醇制醋酸等工艺；②电石生产工艺；③偶氮化工艺。调整的首批重点监管危险化工工艺中的部分典型工艺：①涉及涂料、黏合剂、油漆等产品的常压条件生产工艺不再列入“聚合工艺”；②将“异氰酸酯的制备”列入“光气及光气化工艺”的典型工艺中；③将“次氯酸、次氯酸钠或 *N*-氯代丁二酰亚胺与胺反应制备 *N*-氯化物”“氯化亚砜作为氯化剂制备氯化物”列入“氯化工艺”的典型工艺中；④将“硝酸胍、硝基胍的制备”“浓硝酸、亚硝酸钠和甲醇制备亚硝酸甲酯”列入“硝化工艺”的典型工艺中；⑤将“三氟化硼的制备”列入“氟化工艺”的典型工艺中；⑥将“克劳斯法气体脱硫”“一氧化氮、氧气和甲(乙)醇制备亚硝酸甲(乙)酯”“以双氧水或有机过氧化物为氧化剂生产环氧丙烷、环氧氯丙烷”列入

“氧化工艺”的典型工艺；⑦将“叔丁醇与双氧水制备叔丁基过氧化氢”列入“过氧化工艺”的典型工艺中；⑧将“氯氨法生产甲基肼”列入“胺基化工艺”的典型工艺中。

2.6 危险化学品的安全管理

2.6.1 危险化学品储存、使用和生产

1.《危险化学品仓库储存通则》(GB 15603—2022)简介

危险化学品法律、法规和标准

《危险化学品仓库储存通则》(GB 15603—2022)是危险化学品储存的通用性、基础性标准，对加强危险化学品的仓储安全管理、规范危险化学品的仓储标准体系的建设有着重大意义。GB 15603—2022 规定了危险化学品仓库储存的基本要求、储存要求、装卸搬运与堆码、入库作业、在库管理、出库作业、个体防护、安全管理、人员与培训等内容，适用于危险化学品储存、经营企业的危险化学品仓库储存管理。

(1) 基本要求

① 危险化学品仓库的规划、选址、建设应符合《建筑设计防火规范》(GB 50016)的要求，危险化学品生产企业或经营性的危险化学品仓库还应分别符合《石油化工企业设计防火标准》(GB 50160)、《危险化学品经营企业安全技术基本要求》(GB 18265)的要求。②危险化学品仓库的安全设施，应符合《危险化学品经营企业安全技术基本要求》(GB 18265)的要求。③危险化学品储存单位应建立危险化学品储存信息管理系统，具备识别化学品安全技术说明书中要求的灭火介质、应急、消防要求以及库存危险化学品品种、数量、分布、包装形式、来源等信息及危险化学品出入库记录，数据保存期限不少于 1 年，且应采用不同形式进行实时备份，做到实时可查。④危险化学品信息系统应具有接入所在地相关监管部门业务信息系统的接口。

大中型危险化学品仓库应选址在远离市区和居民区的当地主导风向的下风方向和河流下游的区域；并应与周围公共建筑物、交通干线(公路、铁路、水路)、工矿企业等保持至少 1000m 距离。大中型危险化学品仓库内应设库区和生活区，两区之间应有高 2m 以上的实体围墙，围墙与库区内建筑的距离不宜小于 5m，并应满足围墙两侧建筑物之间的防火距离要求。

(2) 管理

① 危险化学品储存单位应按照《安全生产法》的要求健全安全组织架构、规章制度和操作规程。②储存危险化学品的仓库和作业场所应设置明显的安全标志，并符合 GB 2894、AQ 3047 的规定。③应按照安全标准化的要求建立日

常作业相关的记录档案，做到随时可查，并保存不少于1年。④应建立覆盖全员的应急响应程序，编制《危险化学品事故应急救援预案》，至少每半年进行一次演练；每次演习后，记录、评估、总结，对演练中出现的问题及时调整，持续改进。

（3）人员与培训

① 危险化学品储存单位应建立全员培训体系，对从业人员进行法规、标准、岗位技能、安全、个体防护、应急处置等培训，考核合格后上岗作业；对有资质要求的岗位，应配备依法取得相应资质的人员。②危险化学品储存单位主要负责人和安全生产管理人员，应经过由具有安全生产监督管理职责的部门对其安全生产知识和管理能力进行的考核并合格。③危险化学品仓库管理人员应具备与经营范围相关的安全知识和管理能力。④危险化学品储存单位从业人员应看懂SDS并掌握风险防范措施，了解危险化学品包装的相关知识，掌握岗位操作技能；企业应开展有关事故报告、调查和分析，危险化学品操作安全要求，个人防护设备使用，泄漏预防控制等方面的培训。

（4）储存

① 危险化学品仓库地面应平整、坚实、防潮、防滑、防渗漏、易于清扫。应根据储存物品特性，配备通风、密封、调温、调湿、防静电等设施。危险化学品储存单位应定期对仓储设施进行检测，保证其符合设计使用要求。②委托储存单位与危险化学品储存单位对危险化学品按照其特性、防火要求及SDS中的储存要求，选择经过委托储存单位与危险化学品储存单位双方认可的符合规范的仓储设施进行储存，其建设要求应符合《危险化学品经营企业安全技术基本要求》（GB 18265）的要求。③危险化学品储存单位应根据危险化学品仓库设计要求，严格控制危险化学品的储存品种、数量；应根据储存危险化学品的特性及其SDS的要求，实行分库、分区、分类储存，禁忌物品不应同库储存。具体要求见《危险化学品仓库储存通则》（GB 15603）的附录A。④爆炸物应专库储存。不应与其他危险化学品混存。⑤剧毒化学品应实行“五双”管理；储存地点、储存数量、流向及管理人员的情况应报相关部门备案。⑥宜采用电子标签等自动识别技术手段，实现危险化学品出入库信息动态管理；宜引入智能化、可视化、无人化等技术，提升仓储安全管理水平。

储存剧毒化学品或者易制爆危险化学品的单位，应当如实记录其储存的剧毒化学品、易制爆危险化学品的数量、流向，并采取必要的安全防范措施，防止剧毒化学品、易制爆危险化学品丢失或者被盗；发现剧毒化学品、易制爆危险化学品丢失或者被盗的，应当立即向当地公安机关报告。对剧毒化学品应按“三专、三严、五双、六对头”进行安全管理，即专库储存、专车运输、专人保管；严格制度、严格手续、严格管理；双把锁、双本账、双人保管、双人发货、双人验收；购进、发货、退回、领用、库存、销毁与账目对头。剧毒化学品购销量、流向、储存量应如实记录，防止剧毒化学品被盗、丢失或者误售、误用。储存剧毒化学品、易制爆危险化学品的单位，应当设置治安保卫机构，配备专职治安保卫人员。对剧毒化学品以及储存数量构成重大危险源的其他危险化学品，储存单位应当将其储存数量、储存地点以及管理人员的情况，报所在地县级人民政府安全生产监督管理部门(在港区内储存的，报港口行政管理部门)和公安机关备案。

2. 储存方式

危险化学品储存方式分为三种：隔离储存、隔开储存、分离储存。①隔离储存(Segregated Storage)：在同一房间或同一区域内，不同的物品之间分开一定的距离，非禁忌物品间用通道保持空间的储存方式。②隔开储存(Cut-off Storage)：在同一建筑或同一区域内，用隔板或墙将不同禁忌物品分离开的储存方式。③分离储存(Detached Storage)：在不同的建筑物或同一建筑不同房间的储存方式。《危险化学品仓库储存通则》(GB 15603)、《易燃易爆性商品储存养护技术条件》(GB 17914)、《腐蚀性商品储存养护技术条件》(GB 17915)、《毒害性商品储存养护技术条件》(GB 17916)等标准分别规定了危险化学品储存场所的要求、储量的限制以及不同类别危险化学品的储存要求，这些标准的附录中均有危险化学品混存性能互抵表。必须掌握危险化学品之间的抵触和不相容性，避免将禁忌物料混储混运，以便保证储运安全。

3. 企业安全管理要求

危险化学品生产单位在安全管理方面的主要要求如下：①建立健全安全生产管理组织机构，设置安全生产管理部门或配备专职安全生产管理人员，单位负责人和安全生产管理人员必须具备相应的专业知识和安全管理能力；②健全和强化落实各部门、各类人员安全生产责任制；③制定完善的危险化学品储存安全管理规章制度和安全操作规程并严格执行；④新建、扩建、改建的建设项目严格执行“三同时”的规定，储存危险化学品的建设项目以及伴有危险化学品产生的化工建设项目(包括危险化学品长输管道建设项目)，应经安全生产监督管理部门安全条件审查和安全设施设计审查；⑤注重各类人员的安全教育培训，企业的主要负责人、分管安全负责人、安全生产管理人员、仓库管理人员及特种作业人员，需经有关单位培训合格并取得安全合格证书，新上岗的要进行“三级”安全教育，每年还要安排一定时间再培训；⑥开展经常性安全检查和事故隐患的排查，并定期进行安全评价，对查出的问题及时整改、治理，消除隐患；⑦加大安全生产投入，确保企业安全生产条件符合法律、法规、规章、标准的要求；⑧加强重大危险源辨识和评估，完善安全监测监控体系和其他安全设施；⑨制定具有真实性和实用性的应急预案并定期演练，配备相应应急物资、装备与器材，提高突发事件应急响应和处置能力；⑩按规定为从业人员配备相应的劳动防护用品，并定期进行体检，保证从业人员的身体健康；⑪定期对强检设备、设施进行检验、检测，保证其性能始终良好；⑫规范动火、进入受限空间等特殊作业管理及检维修管理；⑬建立完整、系统的安全管理档案等。

2.6.2　危险化学品事故应急预案编制与应急处理

1. 应急预案的编制

应急预案的编制，应当符合下列基本要求：①符合有关法律、法规、规章和标准的规定；②结合本地区、本部门、本单位的安全生产实际情况；③充分考虑了本地区、本部门、本单位的风险辨识、风险分析的结果；④充分考虑了历次应急演练的结果；⑤充分考虑了以往事件与事故的原因分析；⑥借鉴了行业内良好作业实践，考虑了其他地区、公司出现过的事故；⑦应急组织和人员的职责分工明确，并有具体的落实措施；⑧有明确、具体的事故预防措施和应急程序，并与其应急能力相适应；⑨有明确的应急保障措施，并能满足本地区、本部门、本单位的应急工作要求；⑩预案基本要素齐全、完整，预案附件提供的信息准确；⑪预案内容与相关应急预案相互衔接。

事故应急救援法律、法规和标准

生产安全事故应急条例

生产安全事故应急预案管理办法

2. 危险化学品事故应急处理

“安全管理”是危险化学品储存的重中之重，是防止事故发生，保证人身、物品、设备安全的必要条件；“劳动保护”是仓储作业人员个体保护的必要条件；“事故应急处理”是仓储作业人员应该了解和掌握的基本知识。

（1）火灾的应急处理

① 应首先明确燃烧物及其特性，选用合适的灭火器材和灭火方式进行灭火作业，并设立危险区域警戒线。②发生火灾，应按应急预案自救，同时报警。③应尽快堵截火势，防止蔓延，防止次生、衍生事故的发生。④灭火结束后应清理现场，防止复燃。

常见危险化学品火灾的扑救

宁波锐奇日用品有限公司
“9·29”重大火灾事故调查报告

（2）泄漏事故的应急处理

① 危险化学品储存单位应急救援小组应负责库存危险化学品泄漏的应急处理。②进入现场施救人员应佩戴相应的防护装备。不应单独行动，必要时用水枪、水炮掩护。③应根据现场泄漏危险化学品特性及时进行围堤堵截、覆盖、收容、稀释处理，使泄漏物得到安全可靠的处置，防止次生、衍生事故的发生。④易燃易爆危险化学品泄漏，应急处理现场应严禁火种。⑤气体泄漏，应旋紧阀门或用堵漏材料对漏气处进行封堵。易燃气体、助燃气体泄漏，应严禁火种；有毒气体泄漏应戴好防毒面具与手套，迅速将泄漏钢瓶移至封闭容器或应急处置装置中。

2.6.3 危险化学品运输安全

1. 危险化学品的运输

1991 年江西上饶地区发生的一甲胺泄漏事故；1997 年广西发生的氰化钠剧毒化学品翻落桂江事故；1997 年在长江上，装运浓 H_2SO_4的货船沉没，造成 70 余吨 98%浓 H_2SO_4流入长江；1998 年，107 国道湖北省咸宁段发生的液溴泄漏事故；2007 年 1 月 30 日 21 时左右，107 国道湖北孝感段发生危险化学品硫酸二甲酯泄漏事故，造成上百人中毒，1 人死亡，都是在化学品运输中发生的恶性事故。因此，全面了解危险化学品的安全运输，掌握有关危险化学品的安全运输规定，对降低运输事故具有重要意义。

① 禁止用电瓶车、翻斗车、铲车、自行车等运输爆炸物品。运输强氧化剂、爆炸物品及用铁桶包装的一级易燃液体时，没有采取可靠的安全措施，不得用铁底板车及汽车挂车。②运输易燃、易爆物品的机动车，其排气管应安装阻火器，并悬挂“危险品”标志。③运输散装固体危险物品，应根据性质，采取防火、防爆、防水、防粉尘飞扬和遮阳等措施。④搬运装卸易燃易爆危险化学品，应使用防爆型叉车。⑤温度较高地区装运液化气体和易燃液体等危险物品，要有防晒设施。⑥放射性物品应用专用运输搬运车和抬架搬运，装卸机械应按规定负荷降低25%。⑦遇水燃烧物品及有毒物品，禁止用小型机帆船、小木船和水泥船承运。⑧运输爆炸、剧毒和放射性物品，应指派专人押运，押运人员不得少于 2 人。⑨运

输危险化学品的车辆，必须要保持安全车距，严禁超车、超速和强行会车。⑩运输危险化学品的行车路线，必须事先经过当地公安部门的批准，按指定的路线和运输时间，不可在繁华的街道和道路停留。⑪《危险货物道路运输安全管理办法》(交通运输部 工业和信息化部　公安部　生态环境部　应急管理部　市场监督管理总局令 2019 年第 29 号)规定，危险货物运输车辆应当随车携带危险货物道路运输安全卡。该安全卡在行业标准《危险货物道路运输规则》(JT/T 617)中有规范制式。

2. 危险化学品的包装

工业产品的包装是现代工业中不可缺少的组成部分。一种产品从生产到使用者手中，一般经过多次装卸、储存、运输的过程。在这个过程中，产品将不可避免地受到碰撞、跌落、冲击和振动。一个好的包装，将会很好地保护产品，减少运输过程中的破损，使产品安全地到达用户手中。这一点对于危险化学品显得尤为重要。包装方法得当，就会降低储存、运输中的事故发生率，否则，就有可能导致重大事故。化学品包装是化学品储运安全的基础，为此，各部门、各企业对危险化学品的包装越来越重视，对危险化学品的包装不断改进，开发新型包装材料，使危险化学品的包装质量不断提高。国家也不断加大包装方面的监管力度，制定了一系列相关标准，使化学品的包装更加规范。

【事故案例 2-5】1997 年 1 月，巴基斯坦曾发生一起严重的氯气泄漏事故，一辆卡车在运输瓶装氯气时，由于车辆颠簸，致使液氯钢瓶剧烈撞击，引起瓶体破裂，导致大量氯气泄漏，造成多人死亡和多人中毒事故。后经检验，钢瓶材质严重不符合要求，从而为运输安全留下了事故隐患。

【事故案例 2-6】1997 年 3 月 18 日凌晨，我国广西一辆满载氰化钠剧毒化学品的大卡车在桂州市翻入桂江，由于包装严密，打捞及时，包装无一破损，避免了一场严重的泄漏污染事故。

包装分类与包装性能试验。《危险货物运输包装通用技术条件》(GB 12463—2009)按包装结构强度和防护性能及内装物的危险程度，将危险品包装分成 3 类：Ⅰ类包装：货物具有较大危险性，包装强度要求高；Ⅱ类包装：货物具有中等危险性，包装强度要求较高；Ⅲ类包装：货物具有的危险性较小，包装强度要求一般。《危险货物运输包装通用技术条件》规定了危险品包装的 4 种试验方法，即堆码试验、跌落试验、气密试验、液压试验。其他标准有《危险货物运输包装类别划分方法》(GB/T 15098—2008),《危险货物道路运输规则　第 4 部分：运输包装使用要求》(JT/T 617.4—2018)。

GB 190—2009
危险货物包装标志

3. 危险化学品的包装标志

为了保证化学品运输中的安全，《包装储运图示标志》(GB/T 191—2008)规定了运输包装件上提醒储运人员注意的一些图示符号，如：防雨、防晒、易碎等，供操作人员在装卸时针对不同情况进行相应的操作。

不同化学品的危险性、危险程度不同，为了使接触者对其危险性一目了然，《危险货物包装标志》（GB 190—2009）规定了危险货物图示标志的类别、名称、尺寸和颜色，共有危险物品标志图形 21 种、19 个名称。同一区域储存两种或两种以上不同级别的危险物品时，应按最高等级危险物品的性能设置警示标志。

4. 储存和运输过程中的热风险评估

【事故案例 2-7 和 2-8】2015 年 8 月 12 日天津港瑞海公司危险物品仓库特别重大火灾爆炸事故；2019 年 3 月 21 日江苏盐城市响水县生态化工园区天嘉宜化工有限公司特别重大爆炸事故。

热风险评估方法不适合储存及运输过程。可参考《联合国关于危险货物运输的建议书 试验和标准手册》（橘皮书），主要方法有：

① 第 1 类爆炸品分类试验：克南试验、时间/压力试验、75℃热稳定性试验、无包装物品和带包装物品的热稳定性试验、1.6 项物品或部件的缓慢升温试验、含硝酸铵的乳胶基质（ANE）的热稳定性试验等。

② 4.1 项自反应物质和 5.2 项有机过氧化物分类试验：试验系列 E 之"确定封闭条件下加热的效应"试验；试验系列 G 之"确定物质在运输包件中的热爆炸效应"试验；试验系列 H 之"确定自加速分解温度"（Self Accelerating Decomposition Temperature，SADT）试验等。

2.6.4 危险化学品废弃物处置安全

1. 危险废物及管理

危险废物是指列入《国家危险废物名录》（2021 年版）或者根据国家规定的危险废物鉴别标准和鉴别方法认定的具有危险性的废物。危险废物具有易燃性、腐蚀性、爆炸性、传染性、毒性、易反应性等特性。推动危险废物精细化管理，实施分级分类管理。危险废物管理环节：危险废物的产生、收集、运输、储存、利用或处置，最终对危险废物残渣进行安全填埋。

《危险化学品目录》中危险化学品并不是都具有环境危险特性，废弃危险化学品不能简单等同于危险废物，例如"液氧""液氮"等仅具有"加压气体"物理危险性的危险化学品。

有些易燃易爆的危险化学品废弃后，其危险化学品属性并没有改变；危险化学品是否废弃，监管部门也难以界定。因此，《国家危险废物名录》针对废弃危险化学品特别提出"被所有者申报废弃"，即危险化学品所有者应该向应急管理部门和生态环境部门申报废弃。响水"3·21"事故就是由于企业既没有按照国家有关标准将废弃危险化学品稳定化处理后纳入危险废物环境管理，也没有向应急管理部门和生态环境部门申报，逃避监管，酿成重大事故。

【事故案例 2-9】倒闭企业擅自处理危险废物发生严重氯气泄漏事故。2004 年 1 月 15 日，齐齐哈尔市建华区高头村发生严重氯气泄漏事故，涉及村民 2000 多人，130 多人被感染。这起事故就是原齐齐哈尔制药厂 1992 年倒闭后，留守厂长为给职工发钱，违反国家规定，擅自将厂内 17 只废弃液氯钢瓶出售给无业人员，无业人员在高头村外打开瓶口，毒气扩散所致。

2020 年 2 月 26 日，中共中央办公厅、国务院办公厅印发了《关于全面加强危险化学品安全生产工作的意见》，该意见要求：①全面开展废弃危险化学品等危险废物(以下简称危险废物)排查，对属性不明的固体废物进行鉴别鉴定，重点整治化工园区、化工企业、危险化学品单位等可能存在的违规堆存、随意倾倒、私自填埋危险废物等问题，确保危险废物储存、运输、处置安全。②加快制定危险废物储存安全技术标准。③建立完善危险废物由产生到处置各环节联单制度。建立部门联动、区域协作、重大案件会商督办制度，形成覆盖危险废物产生、收集、储存、转移、运输、利用、处置等全过程的监管体系，加大打击故意隐瞒、偷放偷排或违法违规处置危险废物违法犯罪行为力度。④加快危险废物综合处置技术装备研发，合理规划布点处置企业，加快处置设施建设，消除处置能力瓶颈。⑤督促企业对重点环保设施和项目组织安全风险评估论证和隐患排查治理。

2. 危险废物收集、储存、运输和处置要求

① 国家实行危险废物申报登记制度(产生危险废物的单位)。②国家实行经营许可证制度(从事收集、储存、处置危险废物经营活动的单位)。③必须坚持分类处置的原则。④加强危险废物的收集、储存、运输、处置设施、设备、场所及其包装的安全管理。⑤危险废物应当采用易回收利用、易处置或者在环境中易消纳的包装物。⑥收集、储存、运输、处置危险废物的场所、设施、设备和容器、包装物及其他物品转作他用时，必须经过消除污染及消毒处理，方可使用。⑦运输危险废物，必须采取防止污染环境的措施，并遵守国家有关危险货物运输管理的规定。禁止将危险废物与旅客在同一运输工具上载运。⑧国家实行危险废物转移联单制度。⑨产生、收集、储存、运输、利用、处置危险废物的单位，必须建立健全安全生产及环境保护责任制度，配备足量管理人员和专业技术人员，并对直接从事收集、储存、运输、利用、处置危险废物的人员进行严格的专业培训，经考核合格后，方可上岗作业。

3. 危险废物的转移

危险废物的转移可分为市内转移、省内跨市转移和跨省转移三大类。

① 凡在本市范围内进行危险废物交换、转移的，由危险废物产生单位到环保部门领取并填写《危险废物交换、转移申请表》，并分别向移出地、接受地区县环保行政主管部门提出申请，经初核后报市环保行政主管部门批准。②凡在省内跨市转移危险废物的，其转移手续与市内转移相同，但最终审核批准部门为省环保行政主管部门。③跨省转移危险废物的，需由危险废物产生单位向市环保行政主管部门提出书面申请报告。

危险废物转移五联单的跟踪管理是指在危险废物进行交换转移过程中，对危险废物的产生、运输及接受处置或利用过程的跟踪管理。危险废物转移联单共分五联，产生单位每转移一车、船(次)同类危险废物，填写一份五联单。第一联单由产生单位自留存档、第二联单交移出地环保行政主管部门、第三联单由运输单位留存、第四联单由接受单位留存、第五联单报送接受地环保行政主管部门。

4. 危险废物处置

处置危险废物，就是生产经营及有关服务单位在生产、经营、运输、储存和使用危险物品过程中，对不再需要、使用或废弃、过期的危险物品及其包装物、容器等，按照国家规定，采取科学的手段和方法，进行有害危险物质的安全和无害化处理，以清除或尽可能减轻其危险成分对安全、健康和环境的影响。处置危险废物的办法主要有地质处置和海洋处置两大类。海洋处置包括深海投弃和海上焚烧。地质处置包括土地耕作、永久储存或贮留地储存、土地填埋、深井灌注和深地层处置等几种，其中应用最多的是土地填埋处置技术。海洋处置现已被国际公约禁止，但地质处置至今仍是世界各国最常采用的一种废物处置方法。

习　　题

1. TDG 和 GHS 分类体系各有何特点？分别适用于什么领域？区别和相同点是什么？我国的对应标准分别是什么？我国是如何对危险化学品进行分类的？

2. 阅读《济南齐鲁天和惠世制药有限公司“4・15”重大着火中毒事故调查报告》和《宜宾恒达科技有限公司“7・12”重大爆炸事故调查报告》，了解其直接原因和间接原因。

3. 易燃物质的性质和特征都有哪些？如何评估物质的易燃性？

4. 反应性物质具有什么危险？该如何预防？

5. 了解化学品安全标签与安全技术说明书的内容及获取途径？结合第 1 章的事故案例 1-5 和第 3 章的事故案例 3-2，谈谈安全标签和安全技术说明书在制定安全操作规程时的重要性；查阅事故案例 3-2 提到的氯化苯的安全技术说明书。

6. 说明首批、第二批重点监管的危险化学品目录具体包括哪些危险化学品。

7. 阅读《危险化学品重大危险源监督管理暂行规定》和《危险化学品重大危险源辨识》(GB 18218—2018)，回答重大危险源定义是什么？分级方法有哪些？管理措施有哪些？

8.《危险化学品仓库储存通则》(GB 15603—2022)和《危险化学品安全管理条例》中对危险化学品储存的安全要求是什么？

9. 阅读《贵阳经济技术开发区“6·12”较大中毒和窒息事故调查报告》和《宁波锐奇日用品有限公司“9·29”重大火灾事故调查报告》。

贵阳经济技术开发区“6·12”较大中毒和窒息事故调查报告

参 考 文 献

[1] 李振花，王虹，许文．化工安全概论[M]. 3 版．北京：化学工业出版社，2018.

[2] 蔡凤英，王志荣，李丽霞．危险化学品安全[M]. 北京：中国石化出版社，2017.

[3] 孙万付，郭秀云，李运才．化学品分类与鉴定[M]. 北京：化学工业出版社，2021.

[4] 王庆慧，张峰，王丹枫，等．化工安全管理[M]. 北京：中国石化出版社，2018.

[5] Crowl D A，Louvar J F. 化工过程安全基本原理与应用[M]. 4 版．赵东风，孟奕飞，刘义，等译．青岛：中国石油大学出版社，2021.

[6] 赵劲松，陈网桦，鲁毅，等．化工过程安全[M]. 北京，化学工业出版社，2015.

[7] 郭子超．高危化学品安全丛书——化工过程热风险[M]. 北京：化学工业出版社，2020.

[8] 毕明树，周一卉，孙洪玉．化工安全工程[M]. 北京：化学工业出版社，2014.

[9] 孙万付，郭秀云，李运才．危险化学品安全技术全书(第 3 版通用卷)[M]. 北京：化学工业出版社，2017.

[10] 孙万付，郭秀云，翟良云．危险化学品安全技术全书(第 3 版增补卷)[M]. 北京：化学工业出版社，2018.

[11] 常贵宁．工业泄漏与治理[M]. 北京：中国石化出版社，2001.

[12] 崔政斌，赵海波．危险化学品泄漏预防与处置[M]. 北京：化学工业出版社，2018.

[13] 孙万付，郭秀云，袁纪武．危险化学品应急处置手册[M]. 2 版．北京：中国石化出版社，2019.

[14] 崔政斌，石方惠，周礼庆．危险化学品企业安全管理丛书——危险化学品企业应急救援[M]. 北京：化学工业出版社，2018.

[15] 中国安全生产科学研究院．安全生产技术基础(2022 版中级)[M]. 北京：应急管理出版社，2022.

[16] 国家安全生产监督管理总局．化学品物理危险性鉴定与分类管理办法．2013.

[17] 国家安全生产监督管理总局．化学品物理危险性测试导则．2014.

[18] 中华人民共和国卫生部．化学品毒性鉴定技术规范．2005.

[19] 全国标准信息服务平台．https：//std. samr. gov. cn/

[20] https：//unece. org/transport/standards/transport/dangerous-goods/

第 3 章　火灾与爆炸

第 2 章介绍了危险化学品分类及其特性，其中包括爆炸品和可燃物。化工行业最危险的三种事故是火灾、爆炸和中毒。由于火灾和爆炸导致的损失是巨大的，为了防止火灾和爆炸事故，工程师必须熟悉：①物质的火灾、爆炸特性；②火灾和爆炸过程的特性；③控制、降低和消除火灾、爆炸的方法。火灾和爆炸之间的区别主要是能量的释放速度不同。火灾释放能量的速度很慢，而爆炸释放能量的速度很快，通常是微秒级到几十毫秒级的。火灾可能由爆炸引起，而爆炸也可能由火灾引起。

3.1　火三角

燃烧是可燃物质与助燃物质(氧或其他助燃物质)之间发生的一种发光发热的氧化反应。在化学反应中，失掉电子的物质被氧化，获得电子的物质被还原。所以，氧化反应并不限于与氧的反应。例如，氢在氯气中燃烧生成氯化氢，氢原子失掉一个电子被氧化，氯原子获得一个电子被还原。类似地，金属钠在氯气中燃烧，炽热的铁在氯气中燃烧，都是激烈的氧化反应，并伴有光和热的产生。金属和酸反应生成盐也是氧化反应，但没有同时发光发热，所以不能称作燃烧。灯泡中的灯丝通电后同时发光发热，但并非氧化反应，所以也不能称作燃烧。只有同时发光发热的氧化反应才被界定为燃烧。

燃烧的三要素是可燃物质(一切可氧化的物质)、助燃物质(氧化剂)和点火源(能够提供一定的温度或热量)。这些要素之间的关系可通过如图 3-1 所示的火三角进行阐明。缺少三个要素中的任何一个，燃烧便不会发生。对于正在进行的燃烧，只要充分控制三个要素中的任何一个，使燃烧三要素不能满足，燃烧就会终止。所以，防火防爆安全技术可以归结为这三个要素的控制问题。因为大多数易燃物质的点火能非常低且点火源很多，因此，防止火灾和爆炸的主要做法是在消除点火源的同时，阻止可燃性混合物的形成。在过程工业中可能会有一些特殊的情况发生，导致不太可能避免可燃混合物的形成，在这些情况下，需要进行详细的分析，从而在可燃气体存在的每个单元中消除可能出现的点火源。

例如，在无惰性气体覆盖的条件下加工处理如丙酮之类的易燃物质，一开始便具备了燃烧三要素中的前两个要素，即可燃物质和氧化气氛。丙酮的闪点是

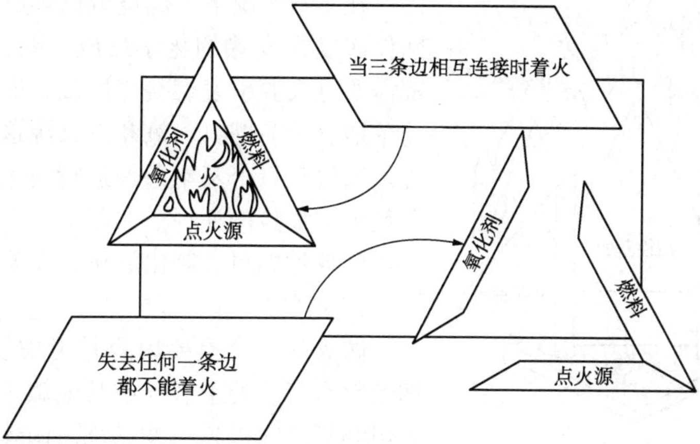

图 3-1　火三角

-10℃，这意味着在高于-10℃的任何温度下，丙酮都可以释放出足够量的蒸气，与空气形成易燃混合物，一旦遭遇火花、火焰或其他点火源就会引发燃烧。为了达到防火的目的，至少要实现下列四个条件中的一个：①环境温度保持在-10℃以下；②切断大气氧的供应；③在区域内清除任何形式的点火源；④在区域内安装良好的通风设施。丙酮蒸气一旦释放出来，排气装置就应迅速将其排出，使丙酮蒸气和空气的混合物不至于达到危险的浓度。条件①和②在工业规模上很难达到，而条件③和④则不难实现。固然，完全清除燃烧三要素中的任何一个，都可以杜绝燃烧的发生。然而，对工业操作施加如此严格的限制在经济上很少是可行的。工业物料安全加工研究的一个重要前提是，确定在兼顾经济性和杜绝燃烧的可行性方面还留有多大余地。为此，人们知道如何防火还不够，降低防火的消费成本在工业防火中有着同样重要的作用。

燃烧反应在温度、压力、组成和点火能等方面都存在极限值。可燃物质和助燃物质达到一定的浓度，点火源具备足够的温度或热量，才会引发燃烧。如果可燃物质和助燃物质在某个浓度值以下，或者点火源不能提供足够的温度或热量，即使表面上看似乎具备了燃烧的三个要素，燃烧仍不会发生。例如，氢气在空气中的浓度低于4%时便不能点燃，而一般可燃物质当空气中氧含量低于14%时也不会引发燃烧。总之，可燃物质的浓度在其上下极限浓度以外，燃烧便不会发生。

近代燃烧理论用链反应来解释可燃物质燃烧的本质，认为多数可燃物质的氧化反应不是直接进行的，而是通过游离基团和原子这些中间产物经链反应进行的。有些学者在燃烧的火三角理论基础上，提出了如图 3-2 所示的燃烧的四面体学说。这种学说认为，燃烧除具备可燃物质、助燃物质和点火源三角形的三个边以外，燃烧发生后要使燃烧继续发展下去，必须存在第 4 个条件，即应该保证可燃物质和助燃物质之间的反应不受干扰，进行“不受抑制的链反应”。

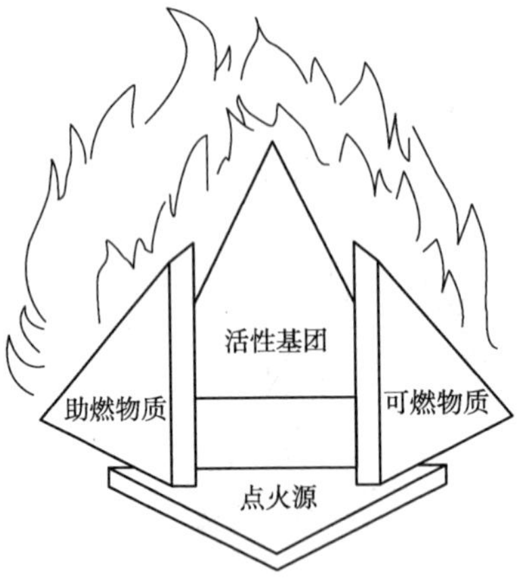

图 3-2　燃烧的必要条件

在多数情况下，燃烧可以理解为燃料和氧间伴有发光发热的化学反应。除自燃现象外，都需要点火源引发燃烧。所以，燃烧要素可以简单地表示为燃料、氧和点火源这三个基本条件。通过对三个基本条件进行讨论，可以探寻降低火灾危险的途径。实际上，在化工厂通常会遇到各种燃料、氧化剂和点火源。

1. 燃料

防火的一个重要内容是考虑燃烧的物质，即燃料本身。处于蒸气或其他微小分散状态的燃料和氧之间极易引发燃烧。固体研磨成粉状或加热蒸发极易起火。但也有少数例外，有些固体蒸发所需的温度远高于通常的环境温度。液体则显现出很大的不同。有些液体在远低于室温时就有较高的蒸气压，就能释放出危险量的易燃蒸气。另外一些液体在略高于室温时才有较高的蒸气压，还有一些液体在相当高的温度才有较高的蒸气压。很显然，液体释放出蒸气与空气形成易燃混合物的温度是其潜在危险的量度，这可以用闪点来表示。换句话说，液体闪点的高低，是衡量其火险大小的标志。

排除潜在火险对于防火安全是重要的。为此，必须用密封的有排气管的罐盛装易燃液体。这样，当与罐隔开一段距离的物料意外起火时，液体罐被引燃的可能性将会大大降低。因为燃烧的液体产生大量的热，会引发存放液体罐的建筑物起火，把易燃物料置于耐火建筑中对于防火安全也是重要的。易燃液体安全的关键是防止蒸气在封闭空间中的积累。当应用或储存中度或高度易燃液体时，通风是必要的安全措施。通风量的大小取决于物料及其所处的条件。因为有些蒸气密度较大，向下沉降，仅凭蒸气的气味作为警示是极不可靠的。用爆炸或易燃蒸气指示器连续检测才是可靠的方法。

2. 氧

绝大多数的燃烧，都少不了氧的参与。而且，反应气氛中氧的浓度越高，燃烧就越迅速、越完全。反之，则燃烧难以正常进行。不过，由于通常阻止发火的氧浓度远低于正常浓度，因而工业上很难通过调节加工区氧浓度的手段来降低火险，否则会影响现场人员呼吸。当然对于那些在通常温度下暴露在空气中就会起火燃烧的物料，采取措施将其与空气隔绝是完全必要的。常用的手段包括将物料的操作放在真空容器或充满惰性气体，如氩、氦和氮的容器内进行等。

3. 点火源及其控制

需要牢记的是，可以引发事故的点火源并不仅限于明火。下面给出的就是一些常见以及与之有关的安全建议。

（1）明火

在易燃物附近，必须核查这一类点火源，如喷枪、火柴、电灯、焊枪、探照灯、手灯、手炉等，必须考虑裂解气或油品管线成为点火源的可能性。为了防火安全，常用隔墙的方法实现充分隔离。隔墙应该相当坚固，在喷水器或其他救火装置灭火时能够有效地遏止火焰。一般推荐使用耐火材料来建筑隔墙，如混凝土等。

易燃液体在应用时需要采取限制措施。在加工区，即使运输或储存少量易燃液体，也要用安全罐盛装。为了防止易燃蒸气的扩散，应该尽可能采用密封系统。在火灾中，防止火焰扩散是绝对必要的。所有罐都应该设置通往安全地的溢流管道，因而必须用防火堤容纳溢流的燃烧液体，否则火焰会大面积扩散，造成人员或财产的更大损失。除采取上述防火措施外，降低起火后的总消耗也是重要的。高位储存易燃液体的装置应该采用防水地板、排液沟、溢流管等措施，防止燃烧液体流向楼梯井、管道开口、墙的裂缝等。

（2）热源

热可以源自燃烧，可以源自普通的化学反应，也可以源自容器、管路表面、干燥炉等。事实上，只需要把很少量的燃料和氧的混合物加热到一定程度就能引发燃烧。超过引发燃烧所需阈值的热量常常是引发火灾事故的重要原因。这样的热量可以由不同的点火源提供，如高的环境温度、热表面等。易燃蒸气与燃烧室、干燥器、烤炉、导线管以及蒸气管线接触，常引发起火。如果设备运行时的温度有可能会超过一些材料的自燃点，要把这些材料与设备隔开至安全距离。这样的设备应该仔细地监视和维护，防止偶发的过热。

有时，在封闭的没有通风的仓库中积累的热量足以使氧化反应加速至着火点，发生自燃现象。其实，这只是环境提供的热量超过了物质自燃所需的触发条件，其点火源就是过热环境这个热源。因此，处理易燃液体，特别是容易自热的易燃液体时，要特别注意通风问题。在所有设备和建筑物中，都应该避免废料、烂布条等的积累或淤积，以免引发易燃物的自燃。

（3）火花

机具和设备产生的火花、吸烟的热灰、无防护的灯、锅炉、焚烧炉以及汽油发动机的回火，都是起火的潜在因素。在储存和应用易燃液体的区域应该禁止吸烟。这种区域的所有设备都应该进行一级条件的维护，应该尽可能地应用防火花或无火花的器具和材料。

【事故案例 3-1】2020 年 6 月 9 日 10 时 4 分，位于淄博市临淄区的中国石油化工股份有限公司齐鲁分公司烯烃厂发生一起火灾事故，造成 2 人死亡、4 人受伤，直接经济损失 264 万元。检测人员只在石脑油储罐 V-1303D 底部进行了检测，没有登上罐顶。事故直接原因：石脑油储罐的密封发生泄漏，石脑油轻组分挥发出的可燃气体泄漏后积聚在储罐顶部空间（V-1303D 于 2010 年更换浮盘，经长期运行，浮盘与罐体之间的密封发生泄漏），并与空气混合形成爆炸性混合气体。当施工人员使用磨光机在石脑油储罐顶部进行除锈作业时，磨光机（装有钢刷的角磨机加上木质长柄制作而成）产生的火花引燃了呼吸窗窗口处的可燃气体，导致储罐内部整个气相空间发生爆燃。

大连友兰环保产业有限公司“2·22”一般事故调查报告

（4）静电

许多操作可以在物质表面产生电荷即所谓静电。在湿度比较小的季节或人工加热的情形下，静电起火更容易发生。在应用易燃液体的场所，保持相对湿度在 40%～50%，会大大降低产生静电火花的可能性。为了消除静电火花，必须采用接地、静电释放设施等。所有易燃液体罐、管线和设备，都应该互相连接并接地。对于上述设施，禁止使用传送带，尽可能采用直接的或链条的传动装置。如果不得不使用传送带，传送带的速度必须限定在 45.7m/min 以下，或者采用会降低产生静电火花可能性特殊装配的传送带。

【事故案例 3-2】2020 年 11 月 17 日 7 时 21 分左右，位于江西省吉安市井冈山经济技术开发区富滩产业园的海洲医药化工有限公司发生爆炸事故，造成 3 人死亡、5 人受伤。发生原因：初步调查为，303 釜处理的对甲苯磺酰脲废液中含有溶剂氯化苯，操作工使用真空泵转料至 302 釜中，因 302 釜刚蒸馏完前一批次物料尚未冷却降温，废液中的氯化苯受热形成爆炸性气体，转料过程中产生静电引起爆炸。

（5）摩擦

许多起火是由机械摩擦引发的，如通风机叶片与保护罩的摩擦、润滑性能很差的轴承研磨或其他机械过程，都有可能引发起火。对于通风机和其他设备，应该经常检查并维持在尽可能好的状态。对于摩擦产生大量热的设备，应该和储存或应用易燃液体的场所隔开。

（6）电源

电源在这里指的是电力供应和发电装置，以及电加热和电照明设施。在危险地区安装电力设施时，以下电力规范措施是应该认真遵守的公认的准则。

① 应用特殊的导线和导线管。

② 应用防爆电动机，特别是在地平面或低洼地安装时，更应该如此。

③ 应用特殊设计的加热设备，警惕加热设备材质的自燃温度，推荐应用热水或蒸气加热设备。

④ 电气控制元件，如热断路器、开关、中继器、变压器、接触器等，容易

发出火花或变热，这些元件不宜安装在易燃液体储存区。在易燃液体储存区只能用防爆按钮控制开关。

⑤ 在危险气氛或库房中，仅可应用不透气的球灯。在通风良好的区域才可以用普通灯。最好用固定的吊灯，手提安全灯也可以应用。

⑥ 在危险区，只有在防爆的条件下，才可以安装保险丝和电闸开关。

⑦ 电动机座、控制盒、导线管等都应该按照普通的电力安装要求接地。

【事故案例 3-3】2022 年 5 月 15 日 13 时 50 分左右，位于台州湾经济技术开发区东海第三大道 12 号，由台州优良建设有限公司承建施工的浙江台州海神制药有限公司污水池环氧树脂重防腐工程施工作业场所发生一起事故，造成 2 人死亡、3 人受伤。事故直接原因：施工人员在半封闭的空间内进行防腐作业，未采取有效通风措施，防腐材料中的稀释剂不断挥发出有机溶剂蒸气，在作业空间底部不断聚集，因施工现场违规使用非防爆电气，电线移动或插拔导致插头与插座接触松动从而产生电火花，引起爆燃。

台州海神制药有限公司污水池环氧树脂重防腐工程“5 · 15”一般爆燃事故调查报告

3.2 燃烧过程与燃烧原理

3.2.1 燃烧过程

可燃物质的燃烧一般是在气相中进行的。由于可燃物质的状态不同，其燃烧过程也不相同。气体是最容易燃烧的，燃烧所需要的热量只用于本身的氧化分解，并使其达到着火点。气体在最短的时间内就能全部燃烧。液体在火焰作用下，先蒸发成蒸气，然后氧化分解进行燃烧。与气体燃烧相比，液体燃烧消耗更多的热量，因为部分热量用于使液体蒸发为蒸气。固体燃烧有两种情况：对于硫、磷等简单物质，受热时首先熔化，然后蒸发为蒸气进行燃烧，无分解过程；对于复杂物质，受热时首先分解生成气态和液态产物，然后气态产物和液态产物蒸气着火燃烧。

各种物质的燃烧过程如图 3-3 所示。从图中可知，任何可燃物质的燃烧都经历氧化分解、着火、燃烧等阶段。物质燃烧过程的温度变化如图 3-4 所示。$T_{初}$为可燃物质开始加热的温度。初始阶段，加热的大部分热量用于可燃物质的熔化或分解，温度上升比较缓慢。温度到达 $T_{氧}$，可燃物质开始氧化。由于温度较低，氧化速度不快，氧化产生的热量尚不足以抵消向外界的散热。此时若停止加热，不会引起燃烧。如继续加热，温度上升很快，到达 $T_{自}$，即使停止加热，温度仍自行升高，到达 $T'_{自}$就着火燃烧起来。这里，$T_{自}$是理论上的自燃点，$T'_{自}$是开始出现火焰的温度，为实际测得的自燃点。$T_{燃}$为物质的燃烧温度。由$T_{自}$到$T'_{自}$的时间间隔称为燃烧诱导期，或着火延滞期，在安全上有一定实际意义。对于可燃气体，$T_{初}$到$T_{氧}$所需时间会缩短。

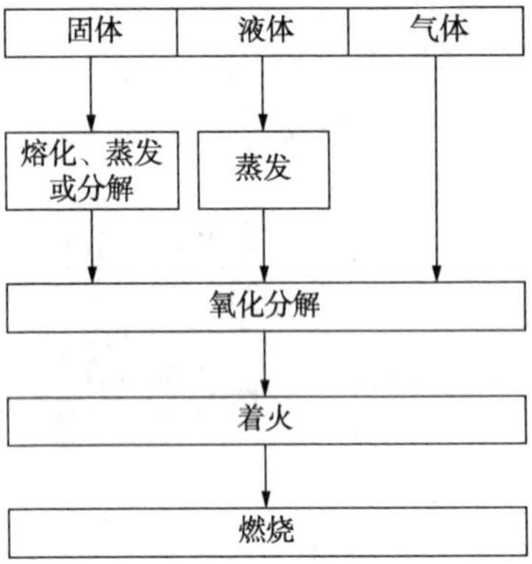

图 3-3　物质的燃烧过程

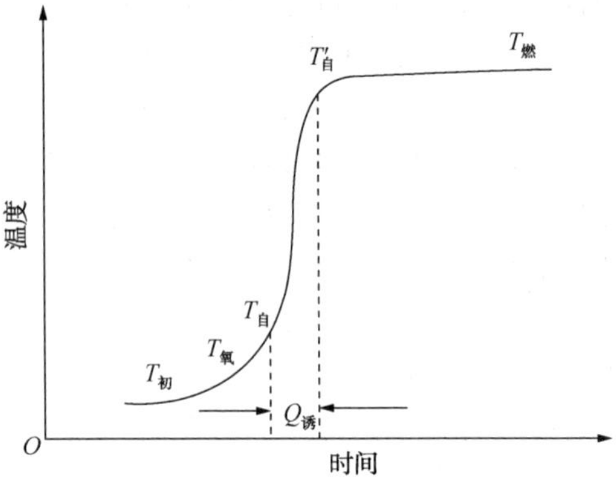

图 3-4　物质燃烧过程的温度变化

3.2.2　燃烧机理

1. 燃烧的活化能理论

燃烧是化学反应，分子间发生化学反应的必要条件是互相碰撞。在标准状况下，1dm^{3}体积内分子互相碰撞约10^{28}次/s。但并不是所有碰撞的分子都能发生化学反应，只有少数具有一定能量的分子互相碰撞才会发生化学反应，这些少数分子称为活化分子。活化分子的能量要超出分子平均能量一定值，超出分子平均能量的定值称为活化能。活化分子碰撞发生化学反应，故称为有效碰撞。

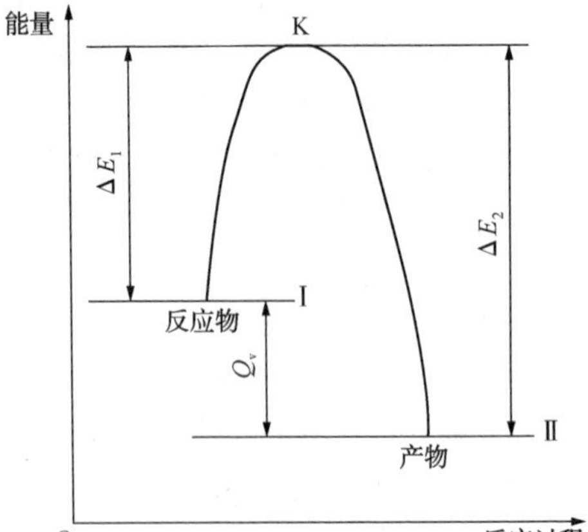

图 3-5　活化能理论示意图

活化能的概念可以用图 3-5 说明，横坐标表示反应过程，纵坐标表示分子能量。由图 3-5 可见，能级Ⅰ的能量大于能级Ⅱ的能量，所以能级Ⅰ的反应物转变为能级Ⅱ的产物，反应过程是放热的。反应的热效应Q_v等于能级Ⅱ与能级Ⅰ的能量差。能级 K 的能量是反应发生所必需的能量。所以，正向反应的活化能ΔE_1等于能级 K 与能级Ⅰ的能量差，而逆向反应的活化能ΔE_2则等于能级 K 与能级Ⅱ的能量差。ΔE_2和ΔE_1的差值即为反应的热效应。

当明火接触可燃物质时，部分分子

获得能量成为活化分子，有效碰撞次数增加而发生燃烧反应。例如，氧气与氢气反应的活化能为 25.10kJ/mol，在 27℃、0.1MPa 时，有效碰撞仅为碰撞总数的十万分之一，不会引发燃烧反应。而当明火接触时，活化分子增多，有效碰撞次数大大增加而发生燃烧反应。

2. 燃烧的过氧化物理论

在燃烧反应中，氧首先在热能作用下被活化形成过氧键—O—O—，可燃物质与过氧键加和成为过氧化物。过氧化物不稳定，在受热、撞击、摩擦等条件下，容易分解甚至燃烧或爆炸。过氧化物是强氧化剂，不仅能氧化可形成过氧化物的物质，也能氧化其他较难氧化的物质。如氢和氧的燃烧反应，首先生成过氧化氢，然后过氧化氢与氢反应生成水。反应式如下：

$$H_2+O_2 \longrightarrow H_2O_2 \tag{3-1}$$

$$H_2O_2+H_2 \longrightarrow 2H_2O \tag{3-2}$$

有机过氧化物可视为过氧化氢 H—O—O—H 的衍生物，即过氧化氢中的一个或两个氢原子被烷基所取代，生成 H—O—O—R 或 R—O—O—R′。所以过氧化物是可燃物质被氧化的最初产物，是不稳定的化合物，极易燃烧或爆炸。如蒸馏乙醚的残渣中常由于形成过氧乙醚（C_2H_5—O—O—C_2H_5）而引起自燃或爆炸。

3. 燃烧的链反应理论

在燃烧反应中，气体分子间互相作用，往往不是两个分子直接反应生成最后产物，而是活性分子自由基与分子间的作用。活性分子自由基与另一个分子作用产生新的自由基，新自由基又迅速参加反应，如此延续下去形成一系列链反应。

链反应通常分为直链反应和支链反应两种类型。直链反应的特点是，自由基与价键饱和的分子反应时活化能很低，反应后仅生成一个新的自由基。氯和氢的反应是典型的直链反应。在氯和氢的反应中，只要引入一个光子，便能生成上万个氯化氢分子，这正是链反应的结果。

支链反应的特点是，一个自由基能生成一个以上的自由基活性中心。任何链反应均由三个阶段构成，即链的引发、链的传递（包括支化）和链的终止。链的引发需有外来能量激发，以破坏分子键生成第一个自由基，然后自由基再与分子反应生成新的自由基，形成链的传递，或是支化，直至两个自由基碰撞导致链的终止。氧和氢的反应是典型的支链反应。

3.2.3 燃烧形式

可燃物质和助燃物质存在的相态、混合程度和燃烧过程不尽相同，其燃烧形式是多种多样的。

1. 均相燃烧和非均相燃烧

按照可燃物质和助燃物质相态的异同，可分为均相燃烧和非均相燃烧。均相燃烧是指可燃物质和助燃物质间的燃烧反应在同一相中进行，如氢气在氧气中的燃烧，煤气在空气中的燃烧。非均相燃烧是指可燃物质和助燃物质并非同相，如石油(液相)、木材(固相)在空气(气相)中的燃烧。与均相燃烧比较，非均相燃烧比较复杂，需要考虑可燃液体或固体的加热，以及由此产生的相变化。

2. 混合燃烧和扩散燃烧

可燃气体与助燃气体燃烧反应有如图 3-6 和图 3-7 所示的扩散燃烧和混合燃烧两种形式。可燃气体与助燃气体预先混合然后进行的燃烧称为混合燃烧。由于混合物性质、聚集状态(雷诺数、混合比、混合均匀度)、点火源功率的不同，其化学反应速率有很大差别，可表现为燃烧、爆燃、爆炸、爆轰，如家用燃气灶火焰、接力用火炬的火焰、气体切割焊接、气体爆炸等。失去控制的混合燃烧往往会造成重大的经济损失和人员伤亡。可燃气体由容器或管道中喷出，与周围的空气(或氧气)互相接触扩散而产生的燃烧，称为扩散燃烧，如天然气井口发生的井喷燃烧、打火机的燃烧、放空火炬。与扩散燃烧相比，混合燃烧速度快、温度高，一般爆炸反应属于这种形式。在扩散燃烧中，由于与可燃气体接触的氧气量偏低，通常会产生不完全燃烧的炭黑。

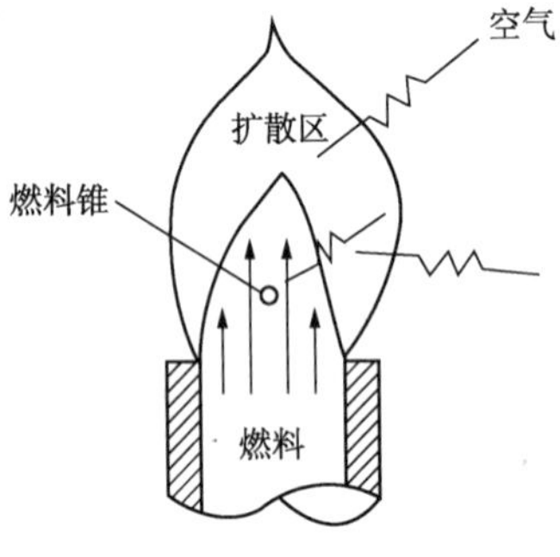

图 3-6　扩散燃烧火焰结构示意图

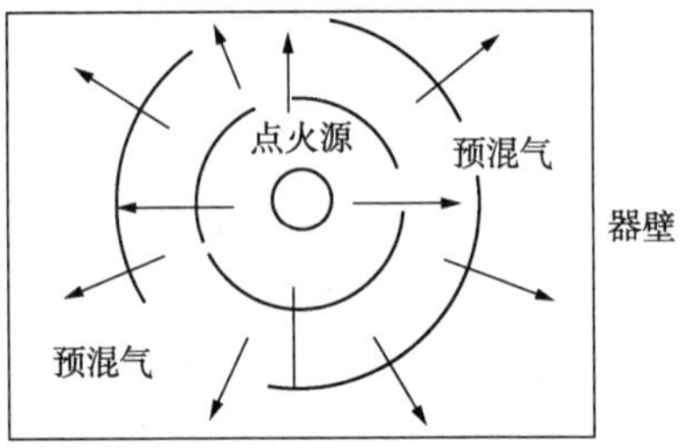

图 3-7　混合燃烧爆炸示意图

3. 蒸发燃烧、分解燃烧和表面燃烧

可燃固体或液体的燃烧反应有蒸发燃烧、分解燃烧和表面燃烧几种形式。

蒸发燃烧是指可燃液体蒸发出的可燃蒸气的燃烧。通常液体本身并不燃烧，只是由液体蒸发出的蒸气进行燃烧。熔点较低的可燃固体受热后熔融，然后像可燃液体一样蒸发成蒸气而燃烧，也视为蒸发燃烧，如硫、沥青、石蜡、高分子材料、萘和樟脑等的燃烧。很多固体或不挥发性液体经热分解产生的可燃气体的燃烧称为分解燃烧。如木材和煤大都是由热分解产生的可燃气体进行燃烧。可燃固体和液体的蒸发燃烧和分解燃烧，均有火焰产生，属火焰型燃烧。表面燃烧是指有些固体可燃物的蒸气压非常小或难以发生热分解，不能蒸发或分解燃烧，当氧气包围物质的表层时，呈炽热状态发生无火焰燃烧，属于非均相燃烧，如木炭、焦炭，以及铝、镁、铁、钨等金属的燃烧。金属燃烧属表面燃烧，无汽化过程，无须吸收蒸发热，燃烧温度较高。

阴燃，是指某些固体可燃物在空气不流通、加热温度较低或可燃物含水分较多等条件下发生的只冒烟、无火焰的燃烧现象。有焰燃烧和阴燃在一定条件下可以相互转化。如大量堆放的煤、杂草、湿木材等。此外，根据燃烧产物或燃烧进行的程度，还可分为完全燃烧和不完全燃烧。

3.3 火灾

3.3.1 火灾分类与火灾等级划分

1. 火灾分类

《建筑灭火器配置设计规范》(GB 50140—2005)将灭火器配置场所的火灾划分为A、B、C、D和E共5个不同的类别。《火灾分类》(GB/T 4968—2008)依据可燃物的类型和燃烧特性，将火灾划分为A、B、C、D、E和F共6个不同的类别。这种分类适用于选用灭火器灭火等灭火和防火领域。

(1) A类火灾

指固体物质火灾。这种物质通常具有有机物性质，一般在燃烧时能产生灼热的余烬。如木材、干草、煤炭、棉、毛、麻、纸张等火灾。A类火灾可以选用泡沫或ABC干粉灭火器，最方便的是用水扑救。

(2) B类火灾

指液体或可熔化的固体物质火灾。如煤油、柴油、原油、甲醇、乙醇、沥青、石蜡、塑料等火灾。扑救B类火灾可以用干粉、二氧化碳或泡沫灭火器。

(3) C类火灾

指气体火灾。如煤气、天然气、甲烷、乙烷、丙烷、氢气等火灾。扑救C类火灾可以选用干粉、二氧化碳灭火器及惰性气体灭火设施。

(4) D类火灾

指金属火灾。如钾、钠、镁、钛、锆、锂、铝镁合金等火灾。扑救D类火灾，不能选用以上灭火剂，应该选用金属专用灭火器或用干泥沙掩盖。

(5) E类火灾

指带电火灾。物体带电燃烧的火灾。一般采用干粉灭火器或者二氧化碳灭火器。

(6) F类火灾

指烹饪器具内的烹饪物(如动植物油脂)火灾。泡沫灭火器与干粉灭火器可用于这类火灾。

2. 火灾等级划分

根据2007年6月26日公安部下发的《关于调整火灾等级标准的通知》，新的火灾等级标准由原来的特大火灾、重大火灾、一般火灾三个等级调整为特别重大火灾、重大火灾、较大火灾和一般火灾四个等级。

① 特别重大火灾：指造成30人以上死亡，或者100人以上重伤，或者1亿元以上直接财产损失的火灾。②重大火灾：指造成10人以上30人以下死亡，或者50人以上100人以下重伤，或者5000万元以上1亿元以下直接财产损失的火灾。③较大火灾：指造成3人以上10人以下死亡，或者10人以上50人以下重伤，或者1000万元以上5000万元以下直接财产损失的火灾。④一般火灾：指造成3人以下死亡，或者10人以下重伤，或者1000万元以下直接财产损失的火灾。（注："以上"包括本数，"以下"不包括本数）

《建筑灭火器配置设计规范》（GB 50140—2005）：工业建筑灭火器配置场所的危险等级，应根据其生产、使用、储存物品的火灾危险性、可燃物数量、火灾蔓延速度、扑救难易程度等因素，划分为以下三级。①严重危险级：火灾危险性大，可燃物多，起火后蔓延迅速，扑救困难，容易造成重大财产损失的场所；②中危险级：火灾危险性较大，可燃物较多，起火后蔓延较迅速，扑救较难的场所；③轻危险级：火灾危险性较小，可燃物较少，起火后蔓延较缓慢，扑救较易的场所。

3.3.2 典型火灾的发展规律

通过对大量火灾事故的研究分析得出，典型火灾事故的发展分为初起期、发展期、最盛期、减弱至熄灭期。典型的火灾发展过程如图3-8所示。

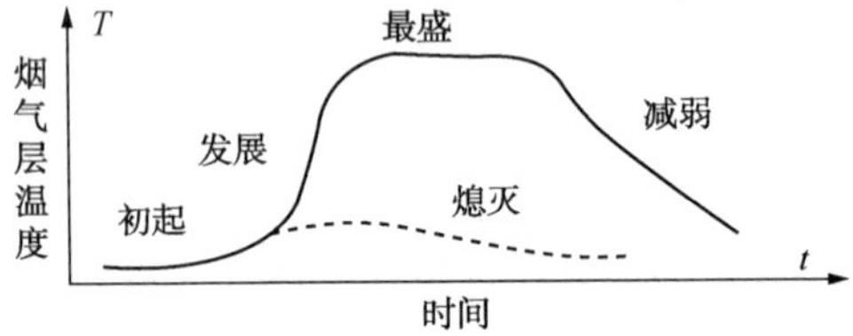

图3-8　火灾的发展过程

初起期是火灾开始发生的阶段，这一阶段可燃物的热解过程至关重要，主要特征是冒烟、阴燃。发展期是火势由小到大发展的阶段，一般采用 T 平方特征火灾模型来简化描述该阶段非稳态火灾热释放速率随时间的变化，即假定火灾热释放速率与时间的平方成正比，轰燃就发生在这一阶段。最盛期的火灾依靠通风控制，火势的大小由建筑物的通风情况决定。减弱至熄灭期是火灾由开始消减直至熄灭的阶段，熄灭的原因可以是燃料不足、灭火系统的作用等。由于建筑物可燃物、通风等条件的不同，建筑火灾可能达不到最盛期，而是缓慢发展后就熄灭了。

3.4 燃烧特性

3.4.1 闪点、着火点和自燃点

如果按照燃烧起因，燃烧可分为闪燃、点燃(着火)、自燃和爆炸四种类型。闪点、着火点和自燃点分别是前三种燃烧类型的特征参数，这三种特征参数已在第2章2.2.1节易燃物质的性质和特征中作过简单介绍。

1. 闪燃和闪点

闪点是用来描述液体火灾爆炸危险性的主要参数之一。液体表面都有一定量的蒸气存在，由于蒸气压的大小取决于液体所处的温度，因此，蒸气的浓度也由液体的温度所决定。可燃液体表面的蒸气与空气形成的混合气体与火源接近时会发生瞬间燃烧，出现瞬间火苗或闪光，这种现象称为闪燃。闪燃的最低温度称为闪点。可燃液体的温度高于其闪点时，随时都有被火点燃的危险。闪点这个概念主要适用于可燃液体。某些可燃固体，如樟脑和萘等，也能蒸发或升华为蒸气，因此也有闪点。一些油品的闪点和自燃点列于表3-1。不同资料来源的闪点数据常有一些出入，这是因为闪点测定时的影响因素较多。

表3-1　一些油品的闪点和自燃点

油品名称	闪点/℃	自燃点/℃
汽油	<28	510~530
煤油	28~45	380~425
轻柴油	45~120	350~380
重柴油	>120	300~330
蜡油	>120	300~380
渣油	>120	230~240

如果多组分混合物中仅有一种组分是可燃的，并且该纯可燃组分的闪点已知，那么就可以估算该混合物的闪点。这种情况下，通过确定在某温度下混合物中可燃组分的蒸气压等于该组分纯物质在闪点时的蒸气压即可估算混合物的闪点。对于可燃组分超过一种的多组分混合物，推荐通过实验测定闪点。

【例3-1】甲醇的闪点为12.2℃，该温度下的蒸气压为62mmHg，则质量分数分别为75%的甲醇和25%的水的混合溶液的闪点是多少？

解：使用道尔顿分压定律确定每一组分的摩尔分数，假设溶液为100kg，可得表3-2。

表 3-2　甲醇和水的混合物的摩尔分数

物质	质量/kg	相对分子质量	物质的量/mol	摩尔分数
水	25	18	1.39	0.37
甲醇	75	32	2.34	0.63
合计			3.73	1.00

根据闪燃所需分压 p，运用道尔顿分压定律计算甲醇的饱和蒸气压 p^{sat}，

$$p = xp^{sat}$$

$$p^{sat} = p/x = 62/0.63 = 98.4\text{mmHg}$$

运用蒸气压随温度变化的图(图 3-9)得到该溶液的闪点为 20.5℃。

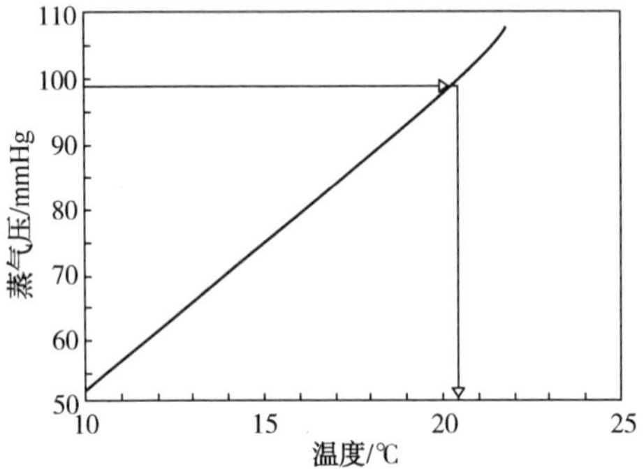

图 3-9　甲醇的饱和蒸气压-温度关系图

2. 点燃和着火点

可燃物质在空气充足的条件下，达到一定温度与火源接触即着火，移去火源后仍能持续燃烧达 5min 以上，这种现象称为点燃。点燃的最低温度称为着火点。可燃液体的着火点约高于其闪点 5～20℃。但闪点在 100℃以下时，二者往往相同。在没有闪点数据的情况下，也可以用着火点表征物质的火灾爆炸危险程度。

3. 自燃和自燃点

在无外界火源的条件下，物质自行引发的燃烧称为自燃。自燃的最低温度称为自燃点。自燃点的具体温度量值与许多因素有关，压力、组成和催化剂性能等对可燃物质自燃点的温度量值都有很大影响。压力越高，自燃点越低。可燃气体与空气混合，其组成为化学计量比时自燃点最低。活性催化剂能降低物质的自燃点，而钝性催化剂则能提高物质的自燃点。自燃点也是评定可燃物火灾爆炸危险的主要安全数据，是可燃物储存、运输和使用的一个安全指标。

有机化合物的自燃点则呈现下述规律：同系物中自燃点随分子量的增加而降低；直链结构的自燃点低于其异构物的自燃点；饱和链烃比相应的不饱和链烃的自燃点更高；芳香族低碳烃的自燃点高于同碳数脂肪烃的自燃点；较低级脂肪酸、酮的自燃点较高；较低级醇类和醋酸酯类的自燃点较低。可燃性固体越细、

粒度越小，其自燃点越低。固体受热分解，产生的气体量越大，自燃点越低。对于有些固体物质，受热时间较长，自燃点也较低。

物质的自燃受诸多因素的影响。其中热量生成速率就是影响自燃的一个重要因素。热量生成速率可以用氧化热、分解热、聚合热、吸附热、发酵热等过程热与反应速率的乘积表示。因此，物质的过程热越大，热量生成速率也越大；温度越高，反应速率增加，热量生成速率亦增加。热量积累是影响自燃的另一个重要因素。保温状况良好，热导率低；可燃物质紧密堆积，中心部分处于绝热状态，热量易于积累引发自燃。空气流通利于散热，则很少发生自燃。

许多火灾是由自燃引起，物质自燃有受热自燃和自热自燃两种类型。

① 受热自燃。可燃物质在外部热源作用下温度升高，达到其自燃点而自行燃烧称为受热自燃。可燃物质与空气一起被加热时，首先缓慢氧化，氧化反应热使物质温度升高，同时由于散热也有部分热损失。若反应热大于损失热，氧化反应加快，温度继续升高，达到物质的自燃点而自燃。物质受热自燃取决于两个条件：一是要有外部热源；二是有热量积聚的条件。在化工生产中，可燃物质由于接触高温热表面、加热或烘烤、撞击或摩擦等，均有可能导致自燃。

② 自热自燃。可燃物质在无外部热源的影响下，其内部发生物理、化学或生化变化而产生热量，并不断积累使物质温度上升，达到其自燃点而燃烧。这种现象称为自热自燃。引起自热自燃也是有一定条件的。其一，必须是比较容易产生反应热的物质。例如，那些化学性质不稳定的容易分解或自聚合并发生放热反应的物质，能与空气中的氧作用而产生氧化热的物质，以及由发酵而产生发酵热的物质。其二，此类物质要具有较大的比表面积或是呈多孔隙状，如纤维、粉末或重叠堆积的片状物质，并有良好的绝热和保温性能。其三是热量产生的速度必须大于向环境散发的速度。因此，预防自热自燃的措施，也就是设法防止这三个条件的形成，其中最关键的是防止热量积累。引起物质自热的原因有：氧化热(如不饱和油脂、煤的自燃)、分解热(如硝化棉、赛璐珞、有机过氧化物)、聚合热(如液相氰化氢、环氧丙烷、丁二烯)、吸附热(如活性炭)、发酵热(如植物)等。

(1) 由于氧化热积蓄引起的自燃

金属硫化物，如硫化铁极易自燃。在硫化染料、二硫化碳、石油炼制与某些气体染料的生产中，由于设备受腐蚀而生成的硫化铁，在接触空气时，便有可能引起自燃。硫化铁类的自燃主要是在常温下发生氧化：

$$FeS_2+O_2 \longrightarrow FeS+SO_2$$

$$FeS+1.5O_2 \longrightarrow FeO+SO_2$$

$$2FeO+0.5O_2 \longrightarrow Fe_2O_3$$

$$Fe_2S_3+1.5O_2 \longrightarrow Fe_2O_3+3S$$

在化工生产中，由于硫化氢的存在使生成硫化铁的机会较多，如设备发生腐蚀：

在常温下　　$2Fe(OH)_3+3H_2S \longrightarrow Fe_2S_3+6H_2O$

在310℃以上　　$2H_2S+O_2 \longrightarrow 2H_2O+2S$

$$FeS+S \longrightarrow FeS_2$$

$$Fe_2O_3+4H_2S \longrightarrow 2FeS_2+3H_2O+H_2\uparrow$$

上述反应均为放热反应，因此极易自燃。硫化亚铁的存在、与空气中的氧气接触、一定的温度，是硫化亚铁在设备检修中发生自燃的三个要素，为了预防硫化亚铁自燃事故的发生，至少要消除其中要素之一。如《焦化安全规程》(GB 12710—2008)规定："电捕焦油器因故敞开人孔或器内清理油渣时，应及时采取水冷却降温等安全措施，防止氧化剧烈情况下的硫化亚铁自燃。"《中国石油化工股份有限公司炼油轻质油储罐安全运行指导意见(试行)》要求，石脑油低压立式储罐应设置防止空气进入的措施，储罐补充气体应使用氮气(或其他惰性气体)、脱硫后的燃料气等，其目的就是杜绝硫化亚铁与空气接触，避免发生自燃。

【事故案例3-4】2009年7月12日，西北某炼油厂石脑油罐(内浮顶罐)发生火灾爆炸事故。事故原因：储罐浮盘落底后，液位继续下降，由于没有氮封，导致大量的空气吸入并充满浮盘下方的气相空间，另外由于罐壁长期受硫化氢腐蚀，腐蚀生成的硫化亚铁与空气接触发生氧化放热反应，反应产生的热量在罐内密闭空间积聚，导致温度越来越高，最终造成气相空间被引爆。

【事故案例3-5】2015年10月19日，江苏索普化工建设工程有限公司在江苏索普集团有限公司甲醇厂气化车间真空闪蒸罐进行清灰检修作业时，3名罐内清灰作业人员中毒窒息死亡。事故直接原因：作业人员在用工具翻动罐体下部较厚灰渣过程中，引起其中的硫化亚铁发生链式自热反应，产生的热量又引发灰渣中的煤粉氧化产生一氧化碳，同时释放出灰渣中残存的硫化物，造成施工人员中毒窒息死亡。

(2) 由分解发热而引起的自燃

由于化学不稳定性，硝化棉即使在常温下也会产生微量的NO气体，NO在空气中氧化为NO_2，NO_2又起着促进硝化棉分解的自催化作用，加速硝化棉的分解。硝化棉分解使温度进一步提高，当达到180℃时，就会自燃起火，引起爆炸性燃烧。乙醇(或异丙醇)可以吸收因分解而生成的NO或NO_2，使硝化棉失去自催化作用，从而提高了硝化棉的稳定性。所以市售的或储存的硝化棉应浸润在乙醇或异丙醇混合液中，防止处于干燥状态，以免发生自燃。

【事故案例3-6】2015年"8·12"天津滨海新区爆炸事故，事故的直接原因：瑞海公司危险品仓库运抵区南侧集装箱内硝化棉由于湿润剂散失出现局部干燥，在高温(天气)等因素的作用下加速分解放热，积热自燃，引起相邻集装箱内的硝化棉和其他危险化学品长时间大面积燃烧，导致堆放于运抵区的硝酸铵等危险化学品发生爆炸。

【事故案例 3-7】2006 年，江苏射阳氟源化工厂氟苯氯化过程中发生爆炸。导致死亡 22 人，受伤 29 人，其中 3 人重伤。事故发生的直接原因：在氯化反应塔冷凝器无冷却水、塔顶没有产品流出的情况下没有立即停车，而是错误地继续加热升温，使物料(2,4-二硝基氟苯)长时间处于高温状态并最终导致其分解爆炸。

4. 绝热压缩

另外一种点火方式是绝热压缩。例如，小轿车汽缸内的汽油蒸气-空气混合物在被压缩到超过蒸气自燃点时，就会被点燃。这也是发动机过热和贫燃料时可能发生点火前爆震的原因。有些事故是由可燃性蒸气被吸入空气压缩机的进气口，随后被压缩导致自燃引起的。如果压缩机的二次冷却器结垢，则自燃就特别容易发生。在工艺设计中，必须设置保护措施，以防止由绝热压缩引发的火灾。当压缩机的工作物质是可燃气体时，仔细设计和监视工作情况并进行定期维护非常重要。对于理想气体，其绝热温升可由热力学绝热压缩方程计算：

$$T_f = T_i \left(\frac{p_f}{p_i} \right)^{(\gamma-1)/\gamma} \tag{3-3}$$

式中，T_f为最终热力学温度，K；T_i为初始热力学温度，K；p_f为最终压力(绝压)；p_i为初始压力(绝压)；$\gamma = C_p / C_V$为比热容比。

【例 3-2】如果初始温度为 37.8℃，将正己烷上方的空气由 1atm 压缩至 34atm，最终温度是多少？已知：正己烷的自燃点为 487℃，空气的 γ 值为 1.4。

解：由式(3-3)可得：

$$T_f = (37.8+273)\left(\frac{34}{1} \right)^{(1.4-1)/1.4} = 851\text{K} = 578℃$$

该温度超过了正己烷的自燃温度，将会发生着火。

【例 3-3】对活塞式压缩机而言，经常会有少量润滑油出现在汽缸内。因此，压缩机的运转必须始终保持在润滑油的自燃点以下，以防止发生爆炸。某种润滑油的自燃点为 400℃，试计算将空气温度升高至润滑油的自燃点所需的压缩比。假设初始空气温度为 25℃，大气压为 1atm(绝压)。

解：由式(3-3)可得：

$$\frac{p_f}{p_i} = \left(\frac{T_f}{T_i} \right)^{\gamma/(\gamma-1)} = \left(\frac{400+273}{25+273} \right)^{1.4/0.4} = 17.3$$

该比率意味着输出压力仅为 17.3atm(绝压)，实际的压缩比或压力应保持远低于该值。

3.4.2 燃烧温度

可燃物质燃烧所产生的热量在火焰燃烧区域释放出来，火焰温度即是燃烧温度。表 3–3 列出了一些常见可燃物质的燃烧温度。

表 3–3 一些常见可燃物质的燃烧温度 ℃

物质	温度	物质	温度	物质	温度	物质	温度
甲烷	1800	原油	1100	木材	1000~1170	液化气	2100
乙烷	1895	汽油	1200	镁	3000	天然气	2020
乙炔	2127	煤油	700~1030	钠	1400	石油气	2120
甲醇	1100	重油	1000	石蜡	1427	火柴火焰	750~850
乙醇	1180	烟煤	1647	一氧化碳	1680	燃着香烟	700~800
乙醚	2861	氢气	2130	硫	1820	橡胶	1600
丙酮	1000	煤气	1600~1850	二氧化碳	2195		

3.4.3 燃烧速率

1. 气体燃烧速率

气体燃烧无须像固体、液体那样经过熔化、蒸发等过程，所以气体燃烧速率很快。气体的燃烧速率随物质的成分不同而异。单质气体如氢气的燃烧只需受热、氧化等过程；而化合物气体如天然气、乙炔等的燃烧则需要经过受热、分解、氧化等过程。所以单质气体的燃烧速率要比化合物气体的快。在气体燃烧中，扩散燃烧速率取决于气体扩散速率，而混合燃烧速率则只取决于本身的化学反应速率。因此，在通常情况下，混合燃烧速率高于扩散燃烧速率。

气体的燃烧性能常以火焰传播速率来表征，火焰传播速率有时也称为燃烧速率。燃烧速率是指燃烧表面的火焰沿垂直于表面的方向向未燃烧部分传播的速率。在多数火灾或爆炸情况下，已燃和未燃气体都在运动，燃烧速率和火焰传播速率并不相同。这时的火焰传播速率等于燃烧速率和整体运动速率的和。管壁的传热性能与管径的大小都影响燃烧速度。管道中气体的燃烧速率与管径有关。当管径小于某个小的量值时，火焰在管中不传播，阻火器就是根据这一原理设计的。若管径大于这个量值时，火焰传播速率随管径的增加而加快，但当管径增加到某个量值时，火焰传播速率便不再增加，此时即为最大燃烧速率。

2. 液体燃烧速率

液体燃烧速率取决于液体的蒸发。其燃烧速率有下面两种表示方法：①质量速率。质量速率指的是指每平方米可燃液体表面每小时烧掉的液体的质量，单位为 kg/(m · h)。②体积速率。体积速率指的是指每平方米可燃液体表面每小时烧掉的液体的体积，单位为$m^3/(m^2 \cdot h)$。由于液体体积等于液体表面积乘以烧掉液层高度，分子、分母上都有的面积量可以约去，只剩下分子上面的烧掉液层高度，体积速率的定义式也就简化为每小时烧掉液层的高度，单位是m/h，故此体积速率也常被称为直线速率。

液体的燃烧过程是先蒸发而后燃烧。易燃液体在常温下蒸气压就很高，因此有火星、灼热物体等靠近时便能着火。之后，火焰会很快沿液体表面蔓延。另一类液体只有在火焰或灼热物体长久作用下，使其表层受强热大量蒸发才会燃烧。故在常温下生产、使用这类液体，基本没有火灾或爆炸危险。这类液体着火后，火焰在液体表面上蔓延得也很慢。为了维持液体燃烧，必须向液体传入大量热，使表层液体被加热并蒸发。火焰向液体传热的方式是辐射。故火焰沿液面蔓延的速率决定于液体的初温、热容、蒸发潜热以及火焰的辐射能力。

3. 固体燃烧速率

固体燃烧速率一般要小于可燃液体和可燃气体。不同固体物质的燃烧速率有很大差异。萘及其衍生物、三硫化磷、松香等可燃固体，其燃烧过程是受热熔化、蒸发汽化、分解氧化、起火燃烧，一般速率较慢。而另外一些可燃固体，如硝基化合物、含硝化纤维素的制品等，燃烧是分解式的，燃烧剧烈，速度很快。可燃固体的燃烧速率还取决于燃烧比表面积，即燃烧表面积与体积的比值越大，燃烧速率越大，反之，则燃烧速率越小。

3.4.4 燃烧热

在前面已经介绍过燃烧热的概念，并给出了标准燃烧热的定义。可燃物质燃烧爆炸时所达到的最高温度、最高压力和爆炸力与物质的燃烧热有关。物质的标准燃烧热数据不难从一般的物性数据手册中查阅到。物质的燃烧热数据一般是用量热仪在常压下测得的。因为生成的水蒸气全部冷凝成水和不冷凝时，燃烧热效应的差值为水的蒸发潜热，所以燃烧热有高热值和低热值之分。高热值是指单位质量的燃料完全燃烧，生成的水蒸气全部冷凝成水时所放出的热量；而低热值是指生成的水蒸气不冷凝时所放出的热量。表3-4是一些可燃气体的燃烧热，高热值和低热值分别列出。

表3-4 一些可燃气体的燃烧热

气体	高热值		低热值		气体	高热值		低热值	
	kJ/kg	kJ/m³	kJ/kg	kJ/m³		kJ/kg	kJ/m³	kJ/kg	kJ/m³
甲烷	55723	39861	50082	35823	丙烯	48953	87027	45773	81170
乙烷	51664	65605	47279	58158	丁烯	48367	115060	45271	107529
丙烷	50208	93722	46233	83471	乙炔	49848	57873	48112	55856

续表

气体	高热值		低热值		气体	高热值		低热值	
	kJ/kg	kJ/m³	kJ/kg	kJ/m³		kJ/kg	kJ/m³	kJ/kg	kJ/m³
丁烷	49371	121336	45606	108366	氢	141955	12770	119482	10753
戊烷	49162	149787	45306	133888	一氧化碳	10155	12694		
己烷	49857	62354	46631	58283	硫化氢	16778	25522	15606	24016

3.4.5 最小点火能

最小点火能(Minimum Ignition Energy，MIE)是初始燃烧所需要的最小能量。所有可燃性物质(包括粉尘)都有最小引燃能。MIE 依赖于特定的化学物质或混合物的浓度、压力和温度。一些物质的 MIE 列于表 3-5 中。大多数报道的 MIE 是将燃料置于空气中测得的。火花能量、热表面积、火源与混合物的接触时间等对爆炸极限均有影响。如甲烷在电压 100V、电流强度 1A 的电火花作用下，无论浓度如何都不会引起爆炸。但当电流强度增加至 2A 时，其爆炸极限为 5.9%～13.6%；3A 时为 5.85%～14.8%。对于一定浓度的爆炸性混合物，都有一个引起该混合物爆炸的最低能量。浓度不同，引爆的最低能量也不同，对于给定的爆炸性物质，各种浓度下引爆的最低能量中的最小值，称为最小引爆能量，或最小点火能量。可燃气体浓度对点火能量的影响较大，一般在稍高于化学计算量时，其点火能量最小。如图 3-10 所示，乙炔的 MIE 约为 0.02mJ，含量在 9%，略高于化学计算量 7.8%。加入惰性气体，可使点火能增大。

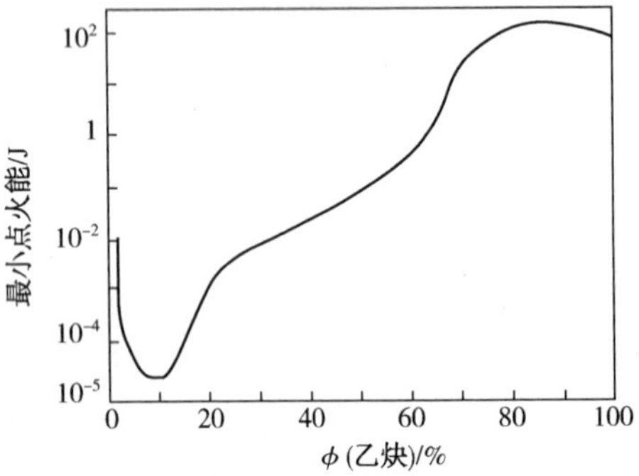

图 3-10 乙炔含量对点火能量的影响

表 3-5 部分化学物质的 MIE

化学物质	最小点火能/mJ	化学物质	最小点火能/mJ
乙炔	0.020	环氧乙烷	0.062
苯	0.225	正己烷	0.248
1,3-丁二烯	0.125	氢气	0.018
环己烷	0.223	甲烷	0.280
环丙烷	0.180	甲醇	0.140
乙烷	0.240	丁酮	0.280
乙烯	0.124	丙烷	0.250

可燃蒸气的实验数据表明：①MIE 随着压力的增加而降低；随着温度升高而降低；②从低浓度开始，随着浓度的增加，燃料的点火能逐渐减小到最小值(即 MIE)，然后增大；③一般情况下，粉尘的 MIE 在能量等级上比可燃气体高；④氮气浓度的增加导致 MIE 增大；⑤许多碳氢化合物的 MIE 大约为 0.25mJ。这与引燃源相比是很低的。例如，在地毯上行走引发的静电放电的能量为 22mJ，通常的火花塞所释放的能量为 25mJ。流体流动所引起的静电放电也具有超出可燃物质 MIE 的能量等级，也能够提高引燃源，导致爆炸。

另外，光对爆炸极限也有影响。在黑暗中，氢与氯的反应十分缓慢，在光照下则会发生链反应引起爆炸。甲烷与氯的混合物，在黑暗中长时间内没有反应，但在日光照射下会发生激烈反应，两种气体比例适当则会引起爆炸。表面活性物质对某些介质也有影响。如在球形器皿中 530℃时，氢与氧无反应，但在器皿中插入石英、玻璃、铜或铁棒，则会发生爆炸。

3.5 燃烧极限(爆炸极限)理论和估算

3.5.1 爆炸极限理论

可燃气体或蒸气与空气的混合物，并不是在任何组成下都可以燃烧或爆炸，而且燃烧(或爆炸)的速率也随组成而变。实验发现，当混合物中可燃气体浓度接近化学反应式的化学计量比时，燃烧最快、最剧烈。若浓度减小或增加，火焰蔓延速率则降低。当浓度低于或高于某个极限值，火焰便不再蔓延。可燃气体或蒸气与空气的混合物能使火焰蔓延的最低浓度，称为该气体或蒸气的爆炸下限(Lower Explosion Limit，LEL)；能使火焰蔓延的最高浓度则称为爆炸上限(Upper Explosion Limit，UEL)。可燃气体或蒸气与空气的混合物，若其浓度在爆炸下限以下或爆炸上限以上，便不会着火或爆炸。爆炸极限(LEL，UEL)与燃烧极限(LFL，UFL)可以互换。爆炸极限一般用可燃气体或蒸气在混合气体中的体积百分数表示，有时也用单位体积可燃气体的质量(kg/m^3)表示。混合气体浓度在爆炸下限以下时含有过量空气，由于空气的冷却作用，活化中心的消失数大于产生数，阻止了火焰的蔓延。若浓度在爆炸上限以上，含有过量的可燃气体，助燃气体不足，火焰也不能蔓延。但此时若补充空气，仍有火灾和爆炸的危险。所以浓度在爆炸上限以上的混合气体不能认为是安全的。燃烧和爆炸从化学反应的角度看并无本质区别。当混合气体燃烧时，燃烧波面上的化学反应可表示为：

$$A+B \longrightarrow C+D+Q \tag{3-4}$$

式中，A、B 为反应物；C、D 为产物；Q 为燃烧热。A、B、C、D 不一定是稳定分子，也可以是原子或自由基。

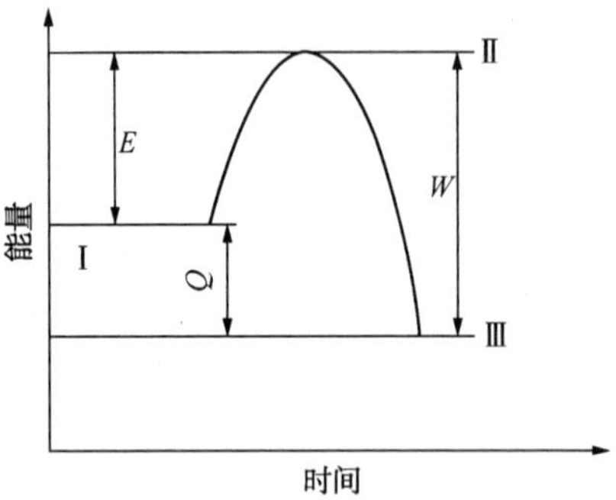

图 3-11　反应过程能量变化

化学反应前后的能量变化可用图 3-11 表示。初始状态Ⅰ的反应物(A+B)吸收活化能 E 达到活化状态Ⅱ，即可进行反应生成终止状态Ⅲ的产物(C+D)，并释放出能量 W，$W=Q+E$。

假定反应系统在受能源激发后，燃烧波的基本反应浓度，即反应系统单位体积的反应数为 n，则单位体积放出的能量为 nW。如果燃烧波连续不断，放出的能量将成为新反应的活化能。设活化概率为 $\alpha(\alpha \leqslant 1)$，则第二批单位体积内得到活化的基本反应数为 $\alpha nW/E$，放出的能量为 $\alpha nW^2/E$。后批分子与前批分子反应时放出的能量比 β 定义为燃烧波传播系数：

$$\beta=\frac{\alpha nW^2/E}{nW}=\alpha\frac{W}{E}=\alpha\left(1+\frac{Q}{E}\right) \tag{3-5}$$

现在讨论 β 的数值。当 $\beta<1$ 时，表示反应系统受能源激发后，放出的热量越来越少，因而引起反应的分子数也越来越少，最后反应会终止，不能形成燃烧或爆炸。当 $\beta=1$ 时，表示反应系统受能源激发后均衡放热，有一定数量的分子持续反应。这是决定爆炸极限的条件(严格说 β 值略微超过 1 时才能形成爆炸)。当 $\beta>1$ 时，表示放出的热量越来越多，引起反应的分子数也越来越多，从而形成爆炸。

在爆炸极限时，$\beta=1$，即：

$$\alpha\left(1+\frac{Q}{E}\right)=1 \tag{3-6}$$

假设爆炸下限 $L_{下}$(体积分数)与活化概率 α 成正比，则有 $\alpha=KL_{下}$，其中 K 为比例常数。因此：

$$\frac{1}{L_{下}}=K\left(1+\frac{Q}{E}\right) \tag{3-7}$$

当 Q 与 E 相比很大时，式(3-7)可以近似写成：

$$\frac{1}{L_{下}}=K\frac{Q}{E} \tag{3-8}$$

上式近似地表示出爆炸下限 $L_{下}$ 与燃烧热 Q 和活化能 E 之间的关系。如果各可燃气体的活化能接近于某一常数，则可大体得出：

$$L_{下}Q=常数 \tag{3-9}$$

这说明爆炸下限与燃烧热近于成反比，即可燃气体分子燃烧热越大，其爆炸下限就越低。各同系物的 $L_{下}Q$ 都近于一个常数的事实支撑了上述结论的正确性。表 3-6 列出了一些可燃物质的燃烧热和爆炸极限，以及燃烧热和爆炸下限的乘积。利用爆炸下限与燃烧热的乘积成常数的关系，可以推算同系物的爆炸下限。但此法不适用于氢、乙炔、二硫化碳等少数可燃气体爆炸下限的推算。

表 3-6　一些可燃物质的燃烧热和爆炸极限

物质名称	Q/(kJ/mol)	($L_下$~$L_上$)/%	$L_下Q$	物质名称	Q/(kJ/mol)	($L_下$~$L_上$)/%	$L_下Q$
甲烷	799.1	5.0~15.0	3995.7	环己烷	3661.0	1.3~8.3	4870.2
乙烷	1405.8	3.2~12.4	4522.9	甲基环己烷	4255.1	1.2~	4895.3
丙烷	2025.1	2.4~9.5	4799.0	松节油	5794.8	0.8~	4635.9
丁烷	2652.7	1.9~8.4	4932.9	醋酸甲酯	1460.2	3.2~15.6	4602.4
异丁烷	2635.9	1.8~8.4	4744.7	醋酸乙酯	2066.9	2.2~11.4	4506.2
戊烷	3238.4	1.4~7.8	4531.3	醋酸丙酯	2648.5	2.1~	5430.8
异戊烷	3263.5	1.3~	4309.5	异醋酸丙酯	2669.4	2.0~	5338.8
己烷	3828.4	1.3~6.9	4786.5	醋酸丁酯	3213.3	1.7~	5464.3
庚烷	4451.8	1.0~6.0	4451.8	醋酸戊酯	4054.3	1.1~	4460.1
辛烷	5050.1	1.0~	4799.0	甲醇	623.4	6.7~36.5	4188.2
壬烷	5661.0	0.8~	4698.6	乙醇	1234.3	3.3~18.9	4050.1
癸烷	6250.9	0.7~	4188.2	丙醇	1832.6	2.6~	4673.5
乙烯	1297.0	2.7~28.6	3564.8	异丙醇	1807.5	2.7~	4790.7
丙烯	1924.6	2.0~11.1	3849.3	丁醇	2447.6	1.7~	4163.1
丁烯	2556.4	1.7~7.4	4347.2	异丁醇	2447.6	1.7~	4160.9
戊烯	3138.0	1.6~	5020.8	丙烯醇	1715.4	2.4~	4117.1
乙炔	1259.4	2.5~80.0	3150.6	戊醇	3054.3	1.2~	3635.9
苯	3138.0	1.4~6.8	4426.7	异戊醇	2974.8	1.2~	3569.0
甲苯	3732.1	1.3~7.8	4740.5	乙醛	1075.3	4.0~57.0	4267.7
二甲苯	4343.0	1.0~6.0	4343.0	巴豆醛	2133.8	2.1~15.5	4522.9
环丙烷	1945.6	2.4~10.4	4669.3	糠醛	2251.0	2.1~	4727.9
三聚乙醛	3297.0	1.3~	4284.4	氨	318.0	15.0~27.0	4769.8
甲乙醚	1928.8	2.0~10.1	3857.6	吡啶	2728.0	1.8~12.4	4932.9
二乙醚	2502.0	1.8~36.5	4627.5	硝酸乙酯	1238.5	3.8~	4707.0
二乙烯醚	2380.7	1.7~27.0	4045.9	亚硝酸乙酯	1280.3	3.0~50.0	3853.5
丙酮	1652.7	2.5~12.8	4213.3	环氧乙烷	1175.7	3.0~80.0	3527.1
丁酮	2259.4	1.8~9.5	4087.8	二硫化碳	1029.3	1.2~50.0	1284.5
2-戊酮	2853.5	1.5~8.1	4422.5	硫化氢	510.4	4.3~45.5	2196.6
2-己酮	3476.9	1.2~8.0	4242.6	氧硫化碳	543.9	11.9~28.5	6472.6

续表

物质名称	Q/(kJ/mol)	($L_下$~$L_上$)/%	$L_下Q$	物质名称	Q/(kJ/mol)	($L_下$~$L_上$)/%	$L_下Q$
氰酸	644.3	5.6~40.0	3606.6	氯甲烷	640.2	8.2~18.7	5280.2
醋酸	786.6	4.0~	3184.0	氯乙烷	1234.3	4.0~14.8	4937.1
甲酸甲酯	887.0	5.1~22.7	4481.1	二氯乙烯	937.2	9.7~12.8	9091.8
甲酸乙酯	1502.1	2.7~16.4	4129.6	溴甲烷	723.8	13.5~14.5	9773.8
氢	238.5	4.0~74.2	954.0	溴乙烷	1334.7	6.7~11.2	9004.0
一氧化碳	280.3	12.5~74.2	3502.0				

式(3-9)中的 $L_下$是体积分数，文献数据大都为 20℃的测定数据；Q 则为摩尔燃烧热。对于烃类化合物，单位质量(每克)的燃烧热 q 大致相同。如果以 mg/L 为单位表示爆炸下限，则记为 $L'_下$，有 $L_下=100L'_下\times\frac{22.4}{1000M}\times\frac{273+20}{273}$，于是：

$$L_下=\frac{2.4\,L'_下}{M} \tag{3-10}$$

式中，M 为可燃气体的分子量。

把式(3-10)代入式(3-9)，并考虑到 $Q=Mq$，则可得到：

$$2.4qL'_下=常数 \tag{3-11}$$

可见对于烃类化合物，其 $L'_下$ 近乎相同。

3.5.2 影响爆炸极限的因素

爆炸极限不是一个固定值，它受各种外界因素的影响而变化。如果掌握了外界条件变化对爆炸极限的影响，在一定条件下测得的爆炸极限值，就有着重要的参考价值。影响爆炸极限的因素主要有以下几种。

1. *初始温度*

爆炸性混合物的初始温度越高，混合物分子内能增大，燃烧反应更容易进行，则爆炸极限范围就越宽，即下限降低而上限升高。所以，温度升高使爆炸性混合物的危险性增加。甲烷爆炸极限范围随温度升高而扩大的情况如图 3-12 所示。

随温度的升高，爆炸极限范围更宽。以下经验公式适用于蒸气：

$$LFL_T=LFL_{25}-\frac{0.75}{\Delta H_c}(T-25) \tag{3-12}$$

$$UFL_T=UFL_{25}+\frac{0.75}{\Delta H_c}(T-25) \tag{3-13}$$

式中，ΔH_c是净燃烧热(kacl/mol，1kcal=4.184kJ/mol)；T是温度，℃。

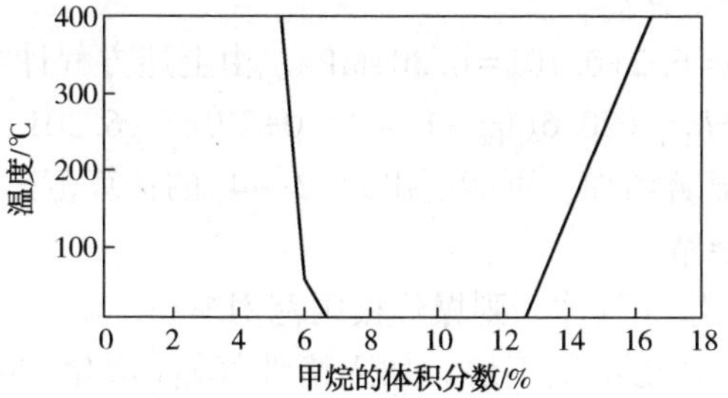

图 3-12　初始温度对甲烷爆炸极限的影响

式(3-12)和式(3-13)非常相似，都仅仅适用于少量几种碳氢化合物和一定的温度范围。0.75 实际上是比定压热容 C_p(此时的 C_p 主要是指氮气的)的100倍。

2. *初始压力*

通常情况下压力对 *LFL* 的影响很小，除非在非常低的压力[<50mmHg(绝压)]下，因为在很低的压力下火焰不传播。在一般情况下，随着初始压力增大，爆炸上限明显提高，从而扩大了燃烧范围，从而导致爆炸危险度增加。爆炸性混合物初始压力对爆炸极限影响很大。一般爆炸性混合物初始压力在增压的情况下，爆炸极限范围扩大。这是因为压力增加，分子间更为接近，碰撞概率增加，燃烧反应更容易进行，爆炸极限范围扩大。在已知可燃气体中，需要特别注意的是，一氧化碳随着初始压力的增加，爆炸极限范围缩小。

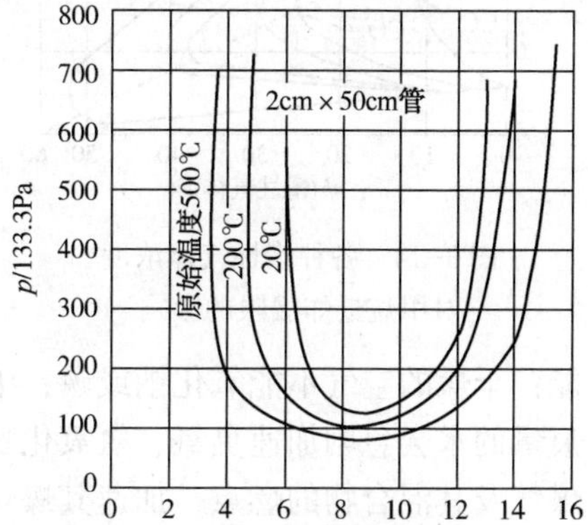

图 3-13　甲烷在减压下的爆炸极限

初始压力降低，爆炸极限范围缩小。当初始压力降至某个定值时，爆炸上、下限重合，此时的压力称为爆炸临界压力。低于爆炸临界压力的系统不爆炸。因此在密闭容器内进行减压操作对安全有利。图3-13 表明了甲烷—空气混合物在减压条件下的爆炸范围，由图可见，原始温度越高，爆炸的临界压力越低。

随着压力的增加，爆炸上限明显增加。高压操作下爆炸范围大大增加，不利于安全。压力增加对上限的影响，可用下式计算：

$$UFL_p = UFL_{1atm} + 20.6(\lg p + 1) \tag{3-14}$$

式中，p 为压力(MPa，绝对压力)；*UFL* 为燃烧上限[1atm 下燃料在空气中的体积分数(体积百分含量，下同)]。

【例 3-4】如果某物质的 UFL 在表压为 0.0MPa 下为 11.0%，那么，表压在 6.2MPa 下的 UFL 是多少？

解：绝对压力 $p=6.2+0.101=6.301\text{MPa}$。由上述方程计算 UFL：

$$UFL_p=UFL_{1atm}+20.6(\lg p+1)=11.0+20.6(\lg 6.301+1)=48\%$$

由此显示 UFL 显著增加，可能超出式(3-14)的估算范围。

3. 惰性介质或杂质

若混合物中加入惰性气体，则爆炸极限范围缩小，惰性气体的体积分数提高到某数值时，可使混合物不燃不爆。加入惰性气体(惰化)也是防火防爆的一种手段。惰性气体的种类不同对爆炸极限的影响亦不相同。图 3-14 表明了各种惰性气体对甲烷空气混合物燃烧极限的影响，由图可知，氩、氦、氮、水蒸气、二氧化碳、四氯化碳对其爆炸极限的影响依次减弱。氮气是一种常用的惰性气体。

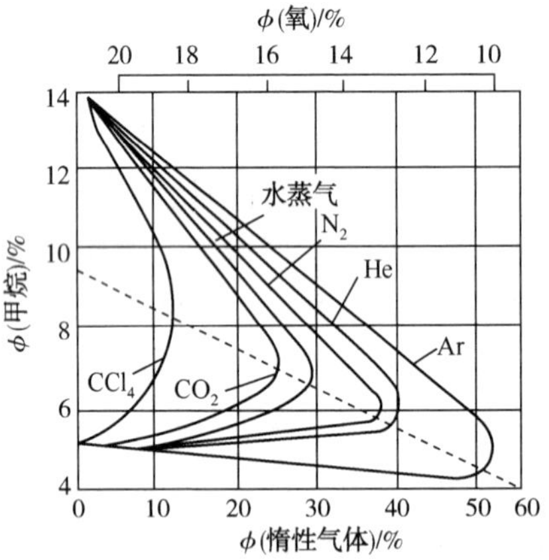

图 3-14　各种惰性气体浓度对甲烷爆炸极限的影响

在一般情况下，爆炸性混合物中惰性气体含量增加，对其爆炸上限的影响比对爆炸下限的影响更为显著。这是因为在爆炸性混合物中，随着惰性气体含量的增加，氧的含量相对减少，而在爆炸上限浓度下氧的含量本来已经很小，故惰性气体含量稍微增加一点，即产生很大影响，使爆炸上限剧烈下降。卤代烃惰性介质不只有稀释的作用，而且由于本身的化学性质，能够抑制燃烧反应，显著地缩小燃烧范围。这也是气体灭火剂大部分为卤代烃的原因。

对于爆炸性气体，水等杂质对其反应影响很大。如果无水，干燥的氯没有氧化功能；干燥的空气不能氧化钠或磷；干燥的氢氧混合物 1000℃ 下也不会产生爆炸。痕量的水会急剧加速臭氧、氯氧化物等物质的分解。少量的硫化氢会大大降低水煤气及其混合物的燃点，加速其爆炸。

4. 容器的尺寸和材质

实验表明，容器管道直径越小，爆炸极限范围越小。对于同一可燃物质，管径越小，火焰蔓延速度越小。当管径(或火焰通道)小到一定程度时，火焰便不能通过。这一间距称作最大灭火间距，亦称作临界直径。当管径小于最大灭火间距时，火焰便不能通过而被熄灭，这也是阻火器的原理。

容器大小对爆炸极限的影响也可以从器壁效应得到解释。燃烧是自由基进行一系列链反应的结果。只有自由基的产生数大于消失数时，燃烧才能继续进行。随着管道直径的减小，自由基与器壁碰撞的概率增加，有碍于新自由基的产生。

当管道直径小到一定程度时，自由基消失数大于产生数，燃烧便不能继续进行。

容器材质对爆炸极限也有很大影响。如氢和氟在玻璃器皿中混合，即使在液态空气温度下，置于黑暗中也会产生爆炸。而在银制器皿中，在一般温度下才会发生反应。

5. 各种可燃性参数关系

可燃性参数并不是比热容或密度等基本性质，而是高度依赖于实验室装置和测试方法。因此，这些参数并不是安全与不安全操作的绝对界限。将这些参数应用于实际情况时应谨慎。图 3-15 所示的浓度和温度的关系图显示了多个概念间的关系。图中的指数曲线代表了液体物质的饱和蒸气压曲线。通常情况下，随着温度的升高，*UFL* 增大，而 *LEL* 减小。理论上，*LFL* 与饱和蒸气压曲线在闪点处相交(虽然实验数据与此并不一致)。自燃点实际上是自燃区域的最低温度。在更高温度下自燃区内和燃烧极限的情况目前尚不清楚。

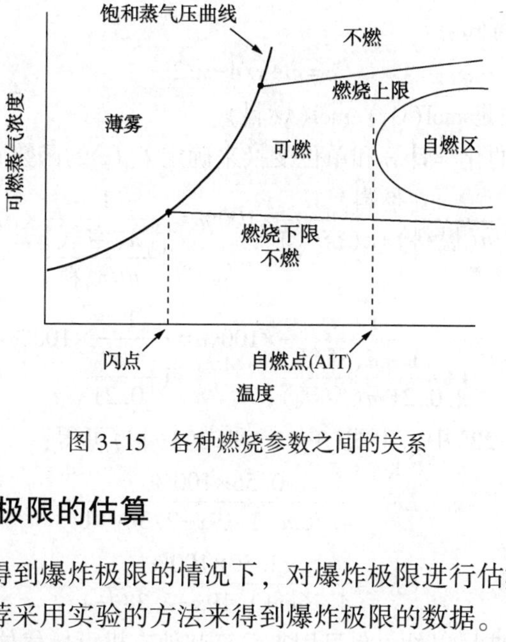

图 3-15　各种燃烧参数之间的关系

3.5.3　爆炸极限的估算

在无法用实验得到爆炸极限的情况下，对爆炸极限进行估算是必要的。需要说明的是：通常推荐采用实验的方法来得到爆炸极限的数据。

1. 根据闪点计算爆炸极限

闪点指的是在可燃液体表面形成的蒸气与空气的混合物，能引起瞬时燃烧的最低温度，爆炸下限表示的则是该混合物能引起燃烧的最低浓度，所以两者之间有一定的关系，如图 3-15 所示。易燃液体的爆炸下限可以应用闪点下该液体的蒸气压计算。计算式：

$$L_{下} = 100p_{闪}/p_{总} \tag{3-15}$$

式中，$p_{闪}$为闪点下易燃液体的蒸气压；$p_{总}$为混合气体的总压。

2. 由分子中所含碳原子数估算爆炸极限

脂肪族烃类化合物的爆炸极限与化合物中所含碳原子数 n_c 有如下近似关系：

$$1/L_{下}=0.1347n_c+0.04343 \tag{3-16}$$

$$1/L_{上}=0.01337n_c+0.05151 \tag{3-17}$$

3. 单一组分气体的燃烧极限估算

(1) 用化学计量浓度(C_{st})估算

Jones 发现，对于许多烃类蒸气，*LFL* 和 *UFL* 是燃料在空气中完全燃烧的化学计量浓度(C_{st})的函数。

$$LFL=0.55C_{st} \tag{3-18}$$

$$UFL=3.50C_{st} \tag{3-19}$$

大多数有机化合物的化学计量浓度可使用以下燃烧反应通式来确定：

$$C_mH_xO_y+zO_2 \longrightarrow mCO_2+(x/2)H_2O \tag{3-20}$$

由化学计量学可知：

$$z=m+x/4-y/2 \tag{3-21}$$

式中，z 的单位是 mol(O_2)/mol(燃料)。

需要进行额外的化学计算和单位变换来确定 C_{st}(z 的函数)：

$$C_{st}=\frac{n(\text{燃料})}{n(\text{燃料})+n(\text{空气})}\times100\%=\frac{1}{1+\dfrac{n(\text{空气})}{n(\text{燃料})}}\times100\%$$

$$=\frac{1}{1+\dfrac{1}{0.21}\dfrac{n(\text{氧气})}{n(\text{空气})}}\times100\%=\frac{1}{1+\dfrac{z}{0.21}}\times100\% \tag{3-22}$$

把 z 带入式(3-22)中，由式(3-18)和式(3-19)可得：

$$LFL=\frac{0.55\times100\%}{4.76m+1.19x-2.38y+1} \tag{3-23}$$

$$UFL=\frac{3.50\times100\%}{4.76m+1.19x-2.38y+1} \tag{3-24}$$

此法除用于链烷烃以外，也可用来估算其他有机可燃气体的爆炸下限，但当应用于氢、乙炔以及含有氮、氯、硫等有机气体时，偏差较大，不适合。

【例 3-5】估算正己烷的 *LFL* 和 *UFL*，将计算值同实验值进行比较。

解：化学反应式：

$$C_6H_{14}+zO_2 \longrightarrow mCO_2+(x/2)H_2O$$

将化学反应配平得到 $m=6$，$x=14$，$y=0$，计算可得：

$LFL=0.55\times100\%/(4.76\times6+1.19\times14+1)=1.19\%$，而实际为 1.2%；

$UFL=3.50\times100\%/(4.76\times6+1.19\times14+1)=7.57\%$，而实际为 7.5%。

(2) 用燃烧热估算

对于含有碳、氢、氧、氮和硫的 123 种有机物，运用该方法可得到符合程度很好的结果。该关系式：

$$LFL=(-3.42/\Delta H_c+0.569\Delta H_c+0.0538\Delta H_c^2+1.80)/100 \tag{3-25}$$

$$UFL=(6.30\Delta H_c+0.567\Delta H_c^2+23.5)/100 \tag{3-26}$$

上述(1)和(2)的两种方法的预测能力有限，对于氢的预测结果很差，对于甲烷和含碳量较高的碳氢化合物，预测结果有所提高。因此，这些方法仅被用于快速的最初估算，不应该替代实际的实验数据。可燃性气体的爆炸极限可按标准《空气中可燃气体爆炸极限测定方法》(GB/T 12474—2008)规定的方法测定。

4. 混合气体爆炸极限的计算

(1) 混合气体中全部都是可燃气体

这种情况下混合气体的爆炸极限用 Le Chatelier 方程(勒夏特列方程)计算：

$$LFL_{mix}=\frac{1}{\sum_{i=1}^{n}\frac{y_i}{LFL_i}} \tag{3-27}$$

$$UFL_{mix}=\frac{1}{\sum_{i=1}^{n}\frac{y_i}{UFL_i}} \tag{3-28}$$

式中，LFL_i为燃料与空气混合物中组分 i 的燃烧下限(体积分数),%；y_i为组分 i 占可燃物部分的摩尔分数；UFL_i为燃料与空气混合物中组分 i 的燃烧上限(体积分数),%；n 为可燃物质的数量。

勒夏特列方程是由经验推理得到的，并不具有普遍的适用性。Mashuga 和 Crowl 使用热力学方法对该方程进行了推导。推导过程表明，该方程存在以下的假设：①物质的比热容为常数；②气体的物质的量不变；③各组分的燃烧动力学是独立的，并不因其他可燃物质的存在而变化；④各组分在燃烧极限内的绝热温升相同。这些假设对于 LFL 的计算是非常有效的，但是对于 UFL 的计算有效性稍低。要正确使用勒夏特列方程，需要知道相同温度和压力下的燃烧极限数据。此外，文献报道的燃烧极限数据来源可能不同，数据上也可能存在较大差别。不同来源数据的结合可能导致令人不满意的结果，这对使用者来说可能无法看出。

【例 3-6】含有体积分数分别为 0.8%的正己烷、2.0%的甲烷和 0.5%的乙烯混合气的 LFL 和 UFL 是多少？

解：基于可燃物质的摩尔分数计算见表 3-7，可燃物质的 LFL 和 UFL 可查表获得。

表 3-7　可燃物质的摩尔分数计算

物质	体积分数/%	基于可燃物质的摩尔分数	LFL(体积分数)/%	UFL(体积分数)/%
正己烷	0.8	0.24	1.2	7.5
甲烷	2.0	0.61	5.0	15
乙烯	0.5	0.15	2.7	36.0
全部可燃物质	3.3			
空气	96.7			

由式(3-27)和式(3-28)计算可得混合气体的 *LFL* 和 *UFL*：

$$LFL_{\mathrm{mix}} = \frac{1}{\sum_{i=1}^{n} \frac{y_i}{LFL_i}} = 1/(0.24/1.2\% + 0.61/5.0\% + 0.15/2.7\%) = 2.65\%$$

$$UFL_{\mathrm{mix}} = \frac{1}{\sum_{i=1}^{n} \frac{y_i}{UFL_i}} = 1/(0.24/7.5\% + 0.61/15\% + 0.15/36\%) = 13.0\%$$

由于混合气体含有 3.3%的可燃物质，处于混合可燃气体爆炸上、下限之间，因此是可燃的。

(2) 混合气体中含有惰性气体

可以应用式(3-29)来近似估算有惰性气体混入的可燃气体混合物的爆炸极限：

$$L_{\mathrm{m}} = L_{\mathrm{f}} \times \frac{\left(1+\frac{B}{1-B}\right)}{100+L_{\mathrm{f}}\frac{B}{1-B}} \tag{3-29}$$

式中，L_{m}为含惰性气体混合物的爆炸极限,%；L_{f}为混合气体中可燃部分的爆炸极限,%；B 为惰性气体含量,%。对于单组元可燃气体和惰性气体混合物的爆炸极限，也可以应用式(3-29)估算，只需用该组元的爆炸极限代换上式中 f 即可。因为不同惰性气体的阻燃或阻爆能力不同，式(3-29)的计算结果不够准确，但仍不失为有一定参考价值。

【例 3-7】某干馏气体各成分的体积分数(即占总体积的百分含量，下同)为：C_nH_m 含 1%(爆炸范围：3.1%～28.6%)，CH_4 含 3%(爆炸范围：5%～15%)，CO 含 3%(爆炸范围：12.5%～74.2%)，H_2 含 10%(爆炸范围：4.1%～74.2%)，CO_2 含 18%，N_2 含 65%，请计算爆炸极限。

解：可燃气体的体积分数为 17%；惰性气体的体积分数为 83%；在可燃气体中各组分的体积分数：

C_nH_m：1/17=5.9%；CH_4：3/17=17.6%；CO：3/17=17.6%；H_2：10/17=58.8%。

混合可燃部分的 LFL：

$$LFL=\frac{1}{\frac{5.9}{3.1}+\frac{17.6}{5}+\frac{17.6}{12.5}+\frac{58.8}{4.1}}\times100\%=4.7\%$$

混合可燃部分的 UFL：

$$LFL=\frac{1}{\frac{5.9}{28.6}+\frac{17.6}{15}+\frac{17.6}{74.2}+\frac{58.8}{74.2}}\times100\%=41.5\%$$

所以混合气体的 LFL：

$$LFL=4.7\times\frac{\left(1+\frac{0.83}{1-0.83}\right)}{100+4.7\times\frac{0.83}{1-0.83}}\times100\%=22.5\%$$

所以混合气体的 UFL：

$$UFL=41.5\times\frac{\left(1+\frac{0.83}{1-0.83}\right)}{100+41.5\times\frac{0.83}{1-0.83}}\times100\%=80.7\%$$

由计算结果可知，含惰性气体混合气的爆炸上限是 80.7%，比不含惰性气体混合气的上限(41.5%)还高，不符合实际，所以此式用于估算含惰性气体的混合气的爆炸上限并不适用。

5. 压力下爆炸极限的计算

压力升高，物质分子浓度增大，反应加速，释放的热量增多。在常压以上时，爆炸极限多数变宽。压力对爆炸范围的影响，在已知气体中，只有一氧化碳是例外，随着压力增加而爆炸范围变小。由低碳烃化合物在氧气中爆炸上限的研究结果得知，在 0.1~1.0MPa 比较准确的是以下实验式：

$$CH_4 \quad L_{上}=56.0(p-0.9)^{0.040} \tag{3-30}$$

$$C_2H_6 \quad L_{上}=52.53(p-0.9)^{0.045} \tag{3-31}$$

$$C_3H_8 \quad L_{上}=47.7(p-0.9)^{0.042} \tag{3-32}$$

$$C_2H_4 \quad L_{上}=64.0(p-0.2)^{0.083} \tag{3-33}$$

$$C_3H_6 \quad L_{上}=43.5(p-0.2)^{0.095} \tag{3-34}$$

式中，$L_{上}$为气体的爆炸上限,%；p 为压力，1atm(101325Pa)。

6. 纯氧中的燃烧极限

一般来说，燃烧极限定义的范围是在空气中的，但物质在纯氧中的燃烧极限也经常被用于设计系统，以防止火灾和爆炸。燃料在纯氧中的燃烧下限和燃烧上限分别表示为 LOL(纯氧环境燃烧下限)和 UOL(纯氧环境燃烧上限)，它们表示的是燃料在纯氧中的体积分数或摩尔分数。一般来说，大多数常见化合物的 *LOL* 和 *LFL* 比较接近。

Hansen 和 Crowl 基于燃烧界限的连线关系推导了 *UOL* 的经验方程，发现了一个可以很好的只用 *UFL* 来估算 *UOL* 的公式：

$$UOL=UFL[100\%+C_{UOL}(100\%-UFL_O)]/[UFL_O+UFL(1+C_{UOL})] \quad (3-35)$$

式(3-35)中，*UOL* 为纯氧气环境燃烧上限,%；UFL_O为在空气环境中燃烧上限时的氧气浓度(氧气在空气中的体积分数),%；C_{UOL}为拟合常数，对大多数燃料一般取-1.87。

【例 3-8】用式(3-35)估算甲烷 *UOL*，已知甲烷在空气中的 *UFL*=15%。

解：假设选择一组以 100mol 为基准的混合气体，其中 15mol 是甲烷，另外 85mol 是空气，则在这 85mol 空气中，含有 0.21×85=17.85mol 氧气，因此 UFL_O=17.85%。将数据代入式(3-35)可得：

$$\begin{aligned}UOL &=UFL[100\%+C_{UOL}(100\%-UFL_O)]/[UFL_O+UFL(1+C_{UOL})]\\ &=15\%\times[100\%+1.87\times(100\%-17.85\%)]/[17.85\%+15\%\times(1+1.87)]\\ &=62.5\%\end{aligned}$$

这与实验值 61%很接近。

3.5.4 极限氧浓度

爆炸极限是指可燃气体在空气中可能燃烧爆炸的极限浓度，此时氧的浓度大约是 21%，是一个定值。但事实上，氧气是助燃气体，如果在一个只有一定浓度的可燃气体存在的体系中逐渐充入氧气，必然存在一个能够使得火焰传播的最低氧气浓度，这个所需要的最低氧气浓度叫临界氧浓度(Limit of Oxygen Concentration，*LOC*)，也叫最小氧浓度(Minimum Oxygen Level，*MOL*)或最大安全氧浓度(Maximum Safe Oxygen Concentration，*MSOC*)，*LOC* 是氧气占全部物质的体积分数或摩尔分数，单位为%。如《焦化安全规程》(GB 12710—2008)规定："电捕焦油器应设连续式自动氧含量分析仪，并与电捕焦油器连锁，煤气含氧量超过 1.0%时报警，超过 2.0%自动断电。电捕焦油器位于鼓风机后时，应设泄爆装置。"

临界氧浓度是个非常重要的概念，它意味着可以通过引入惰性气体的方法来使氧的浓度低于临界氧浓度，阻止燃烧和爆炸的发生，因此，临界氧浓度的概念事实上是防火防爆措施之一——惰化技术的理论依据。当然，最小氧浓度与引入的惰性气体种类有关。工程上常采用的方法，是向体系里充入惰性气体(N_2、CO_2、水蒸气等)把氧的浓度稀释至临界氧浓度以下，以降低发生燃爆事故的可能，提高安全性。为了确保安全，实际运用中通常是把体系中的氧浓度控制在比临界氧浓度低 10%左右的水平。临界氧浓度可以通过实验的方法获得，如果不能获得实验数据，可以采用公式方法估算，不过估算方法通常都会有一定的误差，且一般只适用于烃类，另外，它没有考虑惰性气体种类的影响，因此仅在缺少实验值的情况下作为参考。

估算可以根据反应的化学计量和 *LFL* 进行。

大多数有机化合物的化学计量浓度可使用以下燃烧反应通式来确定：

$$C_mH_xO_y+zO_2\longrightarrow mCO_2+(x/2)H_2O \tag{3-36}$$

$$z=m+x/4-y/2 \tag{3-37}$$

$$LOC=\frac{n(\text{燃料})}{n(\text{总})}\frac{n(\text{氧气})}{n(\text{燃料})}=LFL\frac{n(\text{氧气})}{n(\text{燃料})}$$

$$=LFL\frac{z}{1}=LFL\left(m+\frac{x}{4}-\frac{y}{2}\right) \tag{3-38}$$

【例 3-9】用式(3-38)估算正丁烷的 *LOC*，已知正丁烷的 $LFL=1.8\%$。

解：该反应的化学方程式：

$$C_4H_{10}+6.5O_2\longrightarrow 4CO_2+5H_2O$$

$$LOC=1.8\%\times6.5=11.7\%$$

通过添加氮气、二氧化碳或水蒸气，直至氧气浓度小于 11.7%，可以阻止正丁烷的燃烧。然而，并不建议添加水蒸气，因为导致水蒸气冷凝的任何情况都能使氧气浓度重新回到燃烧范围之内。

Hansen 和 Crowl 发现了一个用 *UFL* 和 *LFL* 来估算 *LOC* 更好的经验方程：

$$LOC=\frac{LFL-C_{LOC}UFL}{1-C_{LOC}}\frac{UFL_0}{UFL}=\left(\frac{LFL-C_{LOC}UFL}{UFL-C_{LOC}UFL}\right)UFL_0 \tag{3-39}$$

式中，*LOC* 为极限氧浓度,%；C_{LOC} 为拟合常数，对于许多碳氢化合物，其 $C_{LOC}=-1.11$。UFL_0为在空气环境中燃烧上限时的氧气浓度(氧气在空气中的体积分数),%。

【例 3-10】用式(3-39)估算正丁烷的 *LOC*，并与【例 3-9】的结果进行比较。已知正丁烷的 $LFL=1.8\%$，$UFL=8.5\%$，正丁烷的 *LOC* 实验值为 12.1%。

解：燃烧上限时的氧气浓度：

$$UFL_0=0.21\times(100\%-8.5\%)=19.22\%$$

$$LOC=[(1.8\%+1.11\times8.5\%)\times19.22\%]/(8.5\%+1.11\times8.5\%)=12.0\%$$

这与实验值 12.1%基本符合，例 3-9 的估算值是 11.7%，低于实验值。

3.5.5 可燃界限图

描述气体或蒸气可燃性的一般方法是如图 3-16 所示。其中甲烷、氧气、氮气的浓度(体积分数或摩尔分数)标绘在三条坐标轴上。三角的顶点分别表示 100%的甲烷、氧气和氮气。由坐标轴刻度线的箭头表示刻度的变化方向。因此，

A 点代表混合气体中甲烷含量 60%，氧气含量 20%，氮气含量 20%。虚线所包围的区域代表该混合气体可以被点燃，虚线外的区域则代表不可燃。由于点 A 处于虚线包围的可燃区域外，所以该混合气体无可燃性。

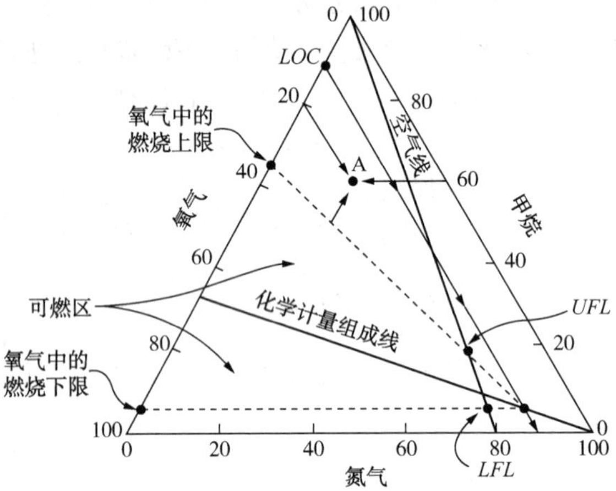

图 3-16　初始温度为 25℃、压力为 101. 325kPa 时的甲烷的可燃性图

图 3-16 中空气线表示的是所有的燃料和空气的混合。空气线从甲烷是 0、氧气是 21%、氮气是 79%这个点延伸到甲烷是 100%、氧气是 0、氮气是 0 这个点。空气线与氮气轴相交于纯净空气中 79%的氮气含量处，这是因为氧气含量为 21%。空气线与燃烧区域边界交点为 *UFL* 和 *LFL*。空气线的方程是式(3-40)。

$$燃料\% = (-100/79) \times 氮气\% + 100\% \tag{3-40}$$

化学计量线组成线代表燃料与氧气所有化学计量组成。燃烧反应可以用如下的化学方程式来表示：

$$燃料 + zO_2 \longrightarrow 燃烧产物 \tag{3-41}$$

其中，z 为化学计量数。化学计量组成与氧气轴的交点为 $100\%[z/(1+z)]$。化学计量组成由该点与纯氮气的顶点连接而成。需要明白的是由式(3-41)计算是假设氧气轴上不存在任何氮气而得到的。总的物质的量为燃料的物质的量(1)加上氧气的物质的量(z)，即(z+1)。所以氧交点由 $100[z/(1+z)]$ 来计算而得。化学计量组成线是从燃料是 $100\%/(1+z)$、氧气是 $100\%z/(1+z)$、氮气是 0 这个点延伸到燃料是 0、氧气是 0、氮气是 100%这个点。化学计量组成线的方程是式(3-42)。

$$燃料\% = (100\% - 氮气\%) \times 氮气/(1+z) \tag{3-42}$$

图 3-16 中还显示了 *LOC* 线。用图 3-16 可知当氧气的含量小于极限氧浓度时，混合可燃气体都不会发生燃烧。可燃性图表上的可燃区的形状和尺寸随着许多参数发生变化，包括燃料的种类、温度、压力和惰性气体的种类有关。

可燃性界限图对于在操作中追踪气体组成，以便确定该过程中是否存在可燃混合物非常有用。例如，对于一个装有纯甲烷的储罐，必须对内壁进行检查，并作为定期维护程序的一部分。该程序的第一步就是将储罐内的压力降至大气压。因此，储罐内装有100%的甲烷，用图3-17中的点A表示。如果打开储罐使空气进入，则储罐内的气体的组成将沿图3-17中的空气线移动，直至容器内气体的组成最终到达点B，即纯空气。在该操作中，气体组成经过了可燃区域。如果存在足够能量的点火源，那么就会导致火灾或爆炸。

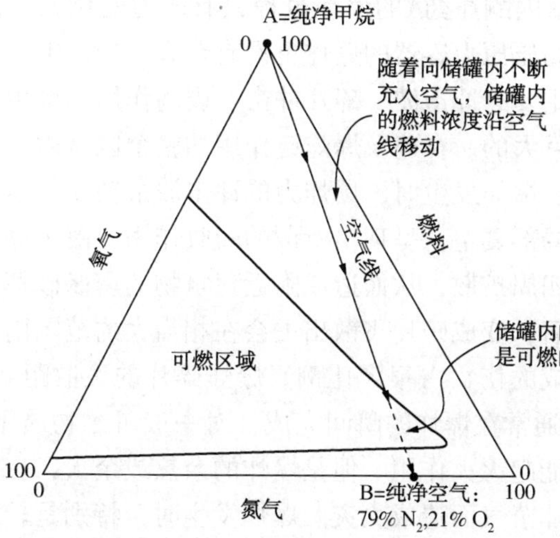

图 3-17　进行容器拆除作业时的气体浓度

将甲烷重新装入储罐内的过程与上述过程恰好相反，该过程由图3-17中的点B开始。如果关闭储罐，并向其充入甲烷，与空气混合，则储罐内的气体组成将沿空气线移动并在点A结束。当气体组成经过可燃区域时，混合物再一次成为可燃物。对于上述两种情况，可使用惰化的方法避开可燃区域，这将在“3.8.1”部分介绍。确定可燃界限图需要使用可燃气体的燃烧极限的测试仪器进行数百次实验。然而对于大多数可燃物质，并没有其可燃界限图，但目前已经开发了几种估算方法，有兴趣的读者可参考相关书籍。

3.6　爆炸及其类型

3.6.1　爆炸概述

爆炸是物质发生急剧的物理、化学变化，在瞬间释放出大量能量并伴有巨大声响的过程。在爆炸过程中，爆炸物质所含能量的快速释放，变为对爆炸物质本身、爆炸产物及周围介质的压缩能或运动能。物质爆炸时，大量能量极短的时间在有限体积内突然释放并聚积，造成高温高压，对邻近介质形成急剧的压力突变并引起随后的复杂运动。爆炸介质在压力作用下，表现出不寻常的运动或机械破坏效应，以及爆炸介质受振动而产生的音响效应。爆炸常伴随发热、发光、高压、真空、电离等现象，并且具有很大的破坏作用。爆炸的破坏作用与爆炸物质的数量和性质、爆炸时的条件以及爆炸位置等因素有关。如果爆炸发生在均匀介质的自由空间，在以爆炸点为中心的一定范围内，爆炸力的传播是均匀的，并使这个范围内的物体粉碎、飞散。爆炸不一定要有热量或光的产生，例如一种叫熵炸药(TATP，三聚过氧丙酮炸药)的爆炸过程只有压力变化和气体生成，而不会有热量或光的产生。高压压力容器的爆炸也没有热和光的产生。

爆炸的破坏作用主要有冲击波、碎片冲击、震荡作用、次生事故和产生有毒气体。爆炸的威力是巨大的。在遍及爆炸起作用的整个区域内，有一种令物体震荡、使之松散的力量。爆炸发生时，爆炸力的冲击波最初使气压上升，随后气压下降使空气振动产生局部真空，呈现出所谓的吸收作用。由于爆炸的冲击波呈升降交替的波状气压向四周扩散，从而造成附近建筑物的震荡破坏。化工装置、机械设备、容器等爆炸后，变成碎片飞散出去会在相当大的范围内造成危害。化工生产中因爆炸碎片造成的伤亡占很大比例。爆炸碎片的飞散距离一般可达100~500m。爆炸气体扩散通常在爆炸的瞬间完成，对一般可燃物质不至于造成火灾，而且爆炸冲击波有时能起灭火作用。但是爆炸的余热或余火，会点燃从破损设备中不断流出的可燃液体蒸气而造成火灾。爆炸发生时，特别是较猛烈的爆炸往往会引起短暂的地震波。在爆炸波及的范围内，这种地震波会造成建筑物的震荡、开裂、松散倒塌等危害。

3.6.2 爆炸分类

1. 按爆炸的能量来源分类

(1) 物理爆炸

物理爆炸是指物质的物理状态发生急剧变化而引起的爆炸。例如蒸汽锅炉、压缩气体、液化气体过压，水大量急剧气化等在压力容器内承受不住压力而破裂，内部物质迅速膨胀并释放大量能量而引起的爆炸，都属于物理爆炸。物质的化学成分和化学性质在物理爆炸后均不发生变化。

(2) 化学爆炸

化学爆炸是指物质发生急剧放热化学反应(主要是氧化反应及分解反应)，产生大量气体，并急剧膨胀、做功而形成的爆炸现象。物质的化学组成和化学性质在化学爆炸后均发生了质的变化。化学爆炸又可以进一步分为爆炸物分解爆炸、爆炸物与空气混合爆炸两种类型。爆炸物分解爆炸是爆炸物在爆炸时分解为较小的分子或其组成元素。爆炸物的组成元素中如果没有氧元素，爆炸时则不会有燃烧反应发生，爆炸所需要的热量是由爆炸物本身分解产生的。属于这一类物质的有叠氮铅、乙炔银、乙炔铜、碘化氮、氯化氮等。爆炸物质中如果含有氧元素，爆炸时则往往伴有燃烧现象发生。各种氮或氯的氧化物、苦味酸即属于这一类型。爆炸性气体、蒸气或粉尘与空气的混合物爆炸，需要一定的条件，如爆炸性物质的含量或氧气含量以及激发能源等。因此其危险性较分解爆炸低，但这类爆炸更普遍，所造成的危害也较大。

(3) 核爆炸

某些物质的原子核发生裂变或聚变反应，瞬间放出巨大能量而形成的爆炸现象。如原子弹、氢弹的爆炸。

2. 按爆炸速度分类

(1) 轻爆

爆炸传播速度在每秒零点几米至数米之间的爆炸过程。

(2) 爆炸

爆炸传播速度在每秒 10m 至数百米之间的爆炸过程。

(3) 爆轰

爆炸传播速度在每秒 1km 至数千米以上的爆炸过程。

3. 按爆炸反应物质分类

(1) 纯组元可燃气体热分解爆炸

纯组元气体由于分解反应产生大量的热而引起的爆炸。

(2) 可燃气体混合物爆炸

可燃气体或可燃液体蒸气与助燃气体，如空气按一定比例混合，在火源的作用下引起的爆炸。

(3) 可燃粉尘爆炸

可燃固体的微细粉尘，以一定浓度呈悬浮状态分散在空气等助燃气体中，在引火源作用下引起的爆炸。

(4) 可燃液体雾滴爆炸

可燃液体在空气中被喷成雾状，剧烈燃烧时引起的爆炸。在化工生产中由于热油管的断裂，通过闪蒸和突然冷却作用而形成大量油雾、垫片破裂、尾气带料、紧急排空等，均可能形成可燃液体的雾滴，当其遇到适当的点火源时，就有可能形成火灾或爆炸。可燃液体的雾滴即使在远比其闪点低的温度下也存在着危险。惰性气体、雾化水、卤代烷等的存在能对雾滴燃烧起到有效的抑制作用。

(5) 可燃蒸气云爆炸

化工过程中，大多数危险的和破坏性的爆炸是蒸气云爆炸(Vapor Cloud Explosion，VCE)。可燃蒸气云产生于设备蒸气泄漏喷出后所形成的滞留状态。密度比空气小的气体浮于上方，反之则沉于地面，滞留于低洼处。气体随风漂移形成连续气流，与空气混合达到其爆炸极限时，在引火源作用下即可引起爆炸。

从安全的角度来说，最好的方法是阻止物质的泄漏。不论安装了什么安全系统来防止引燃的发生，大量的可燃气云是很危险的，并且是几乎不可能控制的。使用分析仪器来检测低浓度的泄漏，安装自动隔断阀，以便在泄漏发生并处于发展的初始阶段时关闭系统。

（6）沸腾液体扩展蒸气云爆炸

当储存有温度高于大气压下沸点的液体储罐破裂时，就会发生沸腾液体扩展蒸气云爆炸（Boiling Liquid Expanding Vapor Explosion，BLEVE）。这种爆炸形式多发于液化气的储罐、罐车等情况。装载液化石油气、丙烷、丙烯、丁烷、氯乙烷等的铁路槽车也会发生 BLEVE 事故。

液化天然气运输中一旦与海水接触，就会发生蒸气爆炸。冶金、铸造、锻造等作业中熔融金属与水接触时，就会使大量蒸气急剧膨胀而产生爆炸事故。高温熔融金属与水接触会产生以下三种情况：①水迅速汽化，体积骤增，导致爆炸；②在 1600℃以上时水发生分解反应，生成氢气和氧气，然后氢气与氧气发生爆炸反应；③活泼金属与水发生置换反应放出氢气，而氢气的自燃点为 400℃，故会发生氢气爆炸。

【事故案例 3-8】2018 年 11 月 28 日，在河北省张家口市河北盛华化工有限公司氯乙烯气柜发生泄漏，泄漏的氯乙烯扩散到厂区外公路上，遇明火发生爆燃，导致停放公路两侧等候卸货车辆的司机等 24 人死亡，22 人受伤。

4. 按爆炸反应相分类

按照爆炸反应相的不同，爆炸可分为气相爆炸、液相爆炸和固相爆炸。

（1）气相爆炸

包括可燃性气体和助燃性气体混合物的爆炸；气体的分解爆炸；液体被喷成雾状物在剧烈燃烧时引起的爆炸（喷雾爆炸）；飞扬悬浮于空气中的可燃性粉尘引起的爆炸等。

（2）液相爆炸

包括聚合爆炸、蒸发爆炸以及由不同液体混合所引起的爆炸。例如，硝酸和油脂，液氧和煤粉等混合时引起的爆炸；熔融的矿渣与水接触或钢水包与水接触时，由于过热发生快速蒸发引起的蒸气爆炸等。

（3）固相爆炸

包括爆炸性化合物及其他爆炸性物质的爆炸（如乙炔铜的爆炸）；导线因电流过载，温度过热，金属迅速气化而引起的爆炸等。

3.6.3 燃烧与爆炸的转化

爆炸的最主要特征是压力的急剧上升，并不一定着火（发光、放热）；而燃烧一定有发光放热现象，但与压力无特别关系。化学爆炸，绝大多数是氧化反应引起的爆炸，与燃烧现象本质上都属氧化反应，也同样有温度与压力的升高现象。但两者反应速度、放热速率不同，火焰传播速度也不同，前者比后者快得多。

无论是固体或液体爆炸物，还是气体爆炸性混合物，都可以在一定的条件下进行燃烧，但当条件变化时，它们又可转化为爆炸。这种转化，有时候人们要加以有益的利用，但有时候却应加以制止。燃烧与爆炸是爆炸物具有的紧密相关的两个特性。从安全技术角度来讲，防止爆炸物发生火灾与爆炸事故就成了紧密相关的问题。一般来说，火灾与爆炸两类事故往往连续发生。大的爆炸之后常伴随有巨大的火灾；存在有爆炸物质和燃爆混合物的场所，大的火灾往往创造了爆炸的条件。因此，了解燃烧与爆炸的关系，从技术上杜绝一切由燃烧转化为爆炸的可能性，则是防火防爆技术的一个重要方面。

3.6.4 常见爆炸类型

1. 气体爆炸

(1) 纯组元气体分解爆炸

某些气体如乙炔、乙烯、环氧乙烷等，即使在没有氧气的条件下，也能被点燃爆炸，其实质是一种分解爆炸。分解爆炸性气体还有臭氧、联氨、丙二烯、甲基乙炔、乙烯基乙炔、一氧化氮、二氧化氮、氰化氢、四氟乙烯等。具有分解爆炸特性的气体分解时可以产生相当数量的热量。摩尔分解热达到80~120kJ的气体一旦引燃，火焰就会蔓延开来。摩尔分解热高过上述量值的气体，能够发生很激烈的分解爆炸。在高压下容易引起分解爆炸的气体，当压力降至某个数值时，火焰便不再传播，这个压力称作该气体分解爆炸的临界压力。

高压乙炔非常危险，其分解爆炸方程：

$$C_2H_2 \longrightarrow 2C(固) + H_2 + 226kJ$$

分解反应火焰温度可以高达3100℃。乙炔分解爆炸的临界压力是0.14MPa，在这个压力以下储存乙炔就不会发生分解爆炸。此外，乙炔类化合物也同样具有分解爆炸危险，如乙烯基乙炔分解爆炸的临界压力为0.11MPa，甲基乙炔在20℃分解爆炸的临界压力为0.44MPa，在120℃则为0.31MPa。从有关物质危险性质手册中查阅到的分解爆炸临界压力多为20℃的数据。

乙炔是常见的分解爆炸气体，因火焰、火花引起分解爆炸情况较多，也有因开关阀门所伴随的绝热压缩产生热量或其他情况下发生爆炸的案例。当乙炔压力较高时，应加入氮气等惰性气体加以稀释。此外，乙炔易与铜、银、汞等重金属反应生成爆炸性的乙炔盐，这些乙炔盐只需要轻微的撞击便能发生爆炸而使乙炔着火。如某化工厂一个乙炔发生器出气接头损坏后，焊工用紫铜做成接头使用。一次因出气孔被堵塞，工人用铁丝去捅，捅时发生爆炸，该工人当场被炸死。经调查确认事故原因是铁丝与接头出气孔内壁的乙炔铜相互摩擦，引起乙炔铜分解爆炸。所以，为防止乙炔分解爆炸，安全规程中规定：不能用含铜量超过70%的铜合金制造盛乙炔的容器；在用乙炔焊接时，不能使用含银焊条。乙烯分解爆炸所需的发火能比乙炔的要大，所以低压下未曾发生事故。但用高压法工艺制造聚乙烯时，分解爆炸事故却屡有发生。乙烯分解爆炸反应方程式：

$$C_2H_4 \longrightarrow C(固)+CH_4+127.4kJ$$

乙烯分解爆炸所需要的能量随压力的升高而降低，若有氧化铝存在，分解爆炸则更易发生。乙烯在0℃的分解爆炸临界压力是4MPa，故在高压下加工或处理乙烯，具有与可燃气体-空气混合物同样的危险性。

氮氧化物在一定压力下也可以发生分解爆炸，按下述反应式进行：

$$N_2O \longrightarrow N_2+0.5O_2+81.6kJ$$

$$NO \longrightarrow 0.5N_2+0.5O_2+90.4kJ$$

N_2O 和 NO 的分解爆炸临界压力分别是 0.25MPa 和 0.15MPa，在上述条件下，90%以上可以分解为 N_2 和 O_2。

环氧乙烷的分解反应式：

$$C_2H_4O \longrightarrow CH_4+CO+134.3kJ$$

$$2C_2H_4O \longrightarrow C_2H_4+2CO+2H_2+33.4kJ$$

环氧乙烷的分解爆炸临界压力为0.038MPa，故环氧乙烷有较大的爆炸危险性。在125℃时，环氧乙烷的初始压力由0.25MPa增至1.2MPa，最大爆炸压力与初压之比则由2增至5.6，可见爆炸的初始压力对终压有很大影响。

（2）混合气体爆炸

可燃气体或蒸气与空气按一定比例均匀混合，而后点燃，因为气体扩散过程在燃烧以前已经完成，燃烧速率将只取决于化学反应速率。在这种条件下，气体的燃烧就有可能达到爆炸的程度。这时的气体或蒸气与空气的混合物，称为爆炸性混合物。煤气从喷嘴喷出以后，在火焰外层与空气混合，这时的燃烧速率取决于扩散速率，所进行的是扩散燃烧。如果令煤气预先与空气混合并达到适当比例，燃烧的速率将取决于化学反应速率，比扩散燃烧速率大得多，有可能形成爆炸。可燃性混合物的爆炸和燃烧之间的区别就在于爆炸是在瞬间完成的化学反应。

在化工生产中，可燃气体或蒸气从工艺装置、设备管线泄漏到厂房中，而后空气渗入装有这种气体的设备中，都可以形成爆炸性混合物，遇到火源，便会造成爆炸事故。化工生产中所发生的爆炸事故，大都是爆炸性混合物的爆炸事故。

燃烧的链反应理论也可用于解释爆炸。爆炸性混合物与火源接触，便有活泼自由基生成而成为链反应的作用中心。爆炸性混合物起火后，燃烧热和链载体都向外传播，引发邻近一层爆炸性混合物的燃烧反应。而后，这一层又成为热和链载体源引发次一层爆炸性混合物的燃烧反应。火焰是以一层层同心圆球面的形式向各个方向蔓延。燃烧的传播速率在距离着火点 0.5~1m 是固定的，每秒若千米或者更小一些。但以后即逐渐加速，传播速率达每秒数百米(爆炸)，乃至每秒数千米(爆轰)。如果燃烧传播途中有障碍物，就会造成极大的破坏作用。

爆炸性混合物如果燃烧速度极快，在全部或部分封闭状态下，或在高压下燃烧时，可以产生一种与一般爆炸根本不同的现象，称为爆轰。爆轰的特点是，突然引发的极高的压力，通过超声速的冲击波传播，每秒可达 2000~3000m。爆轰是在极短的时间内发生的，燃烧物质和产物以极快的速度膨胀，挤压周围的空气。化学反应所产生的能量有一部分传给压紧的空气，形成冲击波。冲击波传播速度极快，以至于物质的燃烧也落于其后，所以，它的传播并不需要物质完全燃烧，而是由其本身的能量决定的。因此，冲击波便能远离爆轰源而独立存在，并能引发所到之处其他化学品的爆炸，称为诱发爆炸，即所谓的“殉爆”。

(3) 爆炸反应历程

许多可燃混合气体的爆炸可以用热爆炸理论解释，燃烧和爆炸都是可燃物与氧化剂之间发生的放热化学反应，所放出的热量一时无法散开，使温度急剧上升，又使反应的速率按指数规律加快，放出大量的热，如此循环，就引发了燃烧或爆炸。不过有一些爆炸现象用热爆炸理论是无法解释的，而根据支链反应理论则可以给出合理的解释。至于什么情况下发生热爆炸反应，什么情况下发生支链反应，需根据具体情况而定，甚至同一爆炸性混合物在不同条件下有时也会有所不同。图 3-18 所示为氢气和氧气按完全反应的浓度($2H_2+O_2$)组成的混合气体发生爆炸的温度和压力区间。

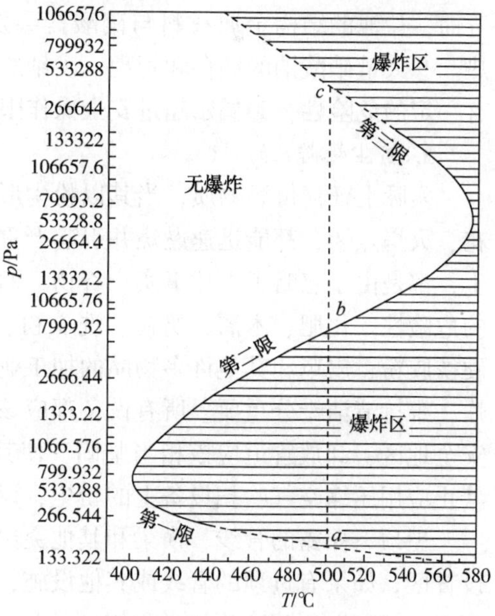

图 3-18　氢气和氧气混合物(2∶1)爆炸区间

由图 3-18 可见，在 400℃以下，或极低压力下，反应速率缓慢，不发生爆炸；在 580℃以上，任何压力下都发生爆炸；在 400~580℃，则存在一个爆炸区，在这个区域内每一个温度下均有 2 个压力界限值，称为第一爆炸极限和第二爆炸极限；还存在第三爆炸极限。可以用热爆炸理论和支链反应理论解释氢气和氧气混合气体的爆炸现象。

第三爆炸极限的存在是 HO_2不活

泼的结果，在 b、c 的压力范围内，HO_2能一直扩散到器壁上而没有反应，当压力再升高时，可通过 $H_2+HO_2 \longrightarrow H_2O_2+H \cdot$ 重新产生链体，使反应释放出的热量大于器壁散失的热量，从而使混合物的温度升高，进一步加快热反应速度，又释放出更多的热量，最后就发生爆炸。

2. 熔盐池爆炸

熔盐池爆炸大多是由于管理和操作人员对熔盐池的潜在危险疏于认识引起的。机械故障、人员失误，或者两者的复合作用，都有可能导致熔盐池爆炸。现把熔盐池的危险汇总如下。

① 工件预清洗或淬火后携带的水、盐池上方辅助管线上的冷凝水、屋顶的渗漏水、自动增湿器的操作用水、甚至操作人员在盐池边温热的液体食物，都有可能造成蒸气急剧发生，引发爆炸；熔融的矿渣与水接触或钢水包与水接触时，由于过热发生快速蒸发引起的蒸气爆炸等。②有砂眼的铸件、管道和封闭管线、中空的金属部件，当其浸入熔盐池时，其中阻塞和淤积的空气会突然剧烈膨胀，引发爆炸。③硝酸盐池与毗邻渗碳池的油、炭黑、石墨、氰化物等含碳物质间的剧烈的难以控制的化学反应，都有可能诱发爆炸。④过热的硝酸盐池与铝合金间的剧烈的爆发性的反应也可能引起爆炸。⑤正常加热的硝酸盐池和不慎掉入池中的镁合金间会发生爆炸反应。⑥落入盐池中的铝合金和池底淤积的氧化铁会发生类似于铝热焊接的反应。⑦盐池设计、制造和安装的结构失误会缩短盐池的正常寿命，盐池的结构金属材料与硝酸盐会发生反应。⑧温控失误会造成盐池的过热。⑨大量硝酸钠的储存和管理，废硝酸盐不考虑其反应活性的处理和储存，都有一定的危险性。⑩偶尔超过安全操作限的控温设定，也会有一定的危险性。

3. 粉尘爆炸

实际上任何可燃物质，当其以粉尘形式与空气以适当比例混合时，被热、火花、火焰点燃，都能迅速燃烧并引起严重爆炸。许多粉尘爆炸的灾难性事故的发生，都是由于忽略了上述事实。谷物、面粉、煤的粉尘以及金属粉末都有这方面的危险性。化肥、木屑、奶粉、洗衣粉、纸屑、可可粉、香料、软木塞、硫黄、硬橡胶粉、皮革和其他许多物品的加工业，时有粉尘爆炸发生。为了防止粉尘爆炸，维持清洁十分重要。所有设备都应该无粉尘泄漏。爆炸卸放口应该通至室外安全地区，卸放管道应该相当坚固，使其足以承受爆炸力。真空吸尘优于清扫，禁止应用压缩空气吹扫设备上的粉尘，以免形成粉尘云。

屋顶下裸露的管线、横梁和其他突出部分都应该避免积累粉尘。在多尘操作设置区，如果有过顶的管线或其他设施，人们往往错误地认为在其下架设平滑的顶板，就可以达到防止粉尘积累的效果。除非顶板是经过特殊设计精细安装的，否则只会增加危险。粉尘会穿过顶板沉积在管线、设施和顶板本身之上。一次振动就足以使可燃粉尘云充满整个所处空间，一个火星就可以引发粉尘爆炸。如果管线不能移装或拆除，最好是使其裸露、定期除尘。为了防止引发燃烧，在粉尘没有清理干净的区域，严禁明火、吸烟、切割或焊接等。电线应该是适于多尘气氛的，静电也必须消除。对于这类高危险性的物质，最好是在封闭系统内加工，在系统内导入适宜的惰性气体，把其中的空气置换掉。粉末冶金行业普遍采用这种方法。

【事故案例 3-9】2014 年 8 月 2 日 7 时 34 分，位于江苏省苏州市昆山经济技术开发区的昆山中荣金属制品有限公司抛光二车间(即 4 号厂房，以下简称事故车间)发生特别重大铝粉尘爆炸事故，当天造成 75 人死亡、185 人受伤。依照《生产安全事故报告和调查处理条例》(国务院令第 493 号)规定的事故发生后 30 日报告期，共有 97 人死亡、163 人受伤(事故报告期后，经全力抢救医治无效陆续死亡 49 人，尚有 95 名伤员在医院治疗，病情基本稳定)，直接经济损失 3.51 亿元。事故直接原因：事故车间除尘系统较长时间未按规定清理，铝粉尘集聚。除尘系统风机开启后，打磨过程产生的高温颗粒在集尘桶上方形成粉尘云。1 号除尘器集尘桶锈蚀破损，桶内铝粉受潮，发生氧化放热反应，达到粉尘云的引燃温度，引发除尘系统及车间的系列爆炸。因没有泄爆装置，爆炸产生的高温气体和燃烧物瞬间经除尘管道从各吸尘口喷出，导致全车间所有工位操作人员直接受到爆炸冲击，造成群死群伤。由于一系列违法违规行为，整个环境具备了粉尘爆炸的五要素(可燃粉尘、粉尘云、引火源、助燃物、空间受限)，引发爆炸。

江苏如皋双马化工有限公司“4·16”爆炸事故

考虑粉尘爆炸的重要性，以下单独进行讲述。请读者自学关于粉尘爆炸的防范规定。《粉尘爆炸泄压指南》(GB/T 15605—2008)、《粉尘爆炸危险场所用除尘系统安全技术规范》(AQ 4273—2016)、《粉尘防爆安全规程》(GB 15577—2018)、《粉尘爆炸危险场所用收尘器防爆导则》(GB/T 17919—2008)、《铝镁粉加工粉尘防爆安全规程》(GB 17269—2003)、《铝镁制品机械加工粉尘防爆安全技术规范》(AQ 4272—2016)、《工贸企业粉尘防爆安全规定》(应急管理部令 2021 年第6 号)。

3.7 粉尘爆炸

3.7.1 粉尘爆炸概述

粉尘爆炸是悬浮在空气中的可燃性团体微粒接触到火焰(明火)或电火花等任何着火源时发生的爆炸现象。金属粉尘、煤粉、塑料粉尘、有机物粉尘、纤维粉尘及农副产品谷物面粉等都可能造成粉尘爆炸事故。粉尘爆炸危险性几乎涉及所有的工业部门，常见可爆炸粉尘材料包括：①农林：粮食、饲料、食品、农药、肥料、木材、糖、咖啡；②矿冶：煤炭、钢铁、金属、硫黄等；③纺织：棉、麻、丝绸、化纤等；④轻工：塑料、纸张、橡胶、染料、药物等；⑤化工：多种化合物粉体。

常见粉尘爆炸场所是：①室内：通道、地沟、厂房、仓库等；②设备内部：集尘器、除尘器、混合机、输送机、筛选机、打包机等。面粉厂、糖果厂也有面粉/糖粉-空气爆炸的事故发生。这些粉尘爆炸严格来说是一种气-固两相的爆轰现象，由于爆炸发生的条件并不难达成，因此常在食品、金属、木材等行业发生，对生产企业造成巨大的损失。

粉尘是粉碎到一定细度的固体粒子的集合体，按状态可分成粉尘层和粉尘云两类。粉尘层(或层状粉尘)是指堆积在物体表面的静止状态的粉尘，而粉尘云(或云状粉尘)则指悬浮在空间的运动状态的粉尘。在无扰动条件下，处于沉积状态的粉尘理论上是不会发生爆炸的，只有粉尘云会发生爆炸。但粉尘爆炸产生的冲击波会激起堆积的粉尘，从而容易发生二次爆炸，最后导致整个粉尘场所发生爆炸，这是粉尘爆炸的可怕之处。

在粉尘爆炸研究中，把粉尘分为可燃粉尘和不可燃粉尘(或惰性粉尘)两类。可燃粉尘是指与空气中氧反应能放热的粉尘。一般有机物都含有 C、H 元素，它们与空气中的氧反应都能燃烧，生成 CO_2、CO 和 H_2O。许多金属粉可与空气中氧反应生成氧化物，并放出大量的热，这些都是可燃粉尘。相反，与氧不发生反应或不发生放热反应的粉尘统称为不可燃粉尘(或惰性粉尘)。由于粉尘爆炸过程存在颗粒的不完全燃烧，会产生有毒气体 CO，引起中毒。

粉尘爆炸比气体爆炸更难描述，因为与粉尘爆炸有关的参数更多，具有爆炸性的粉尘混合物具有以下特性：①颗粒必须小于某一最大尺寸，通常小于 400μm；②粉尘必须充分混合而均匀分布在空气中；③粉尘所在的空间必须有一定的“受限度”；颗粒浓度必须处于一定范围内。通常火三角(燃料、氧化剂、点火源)与空间受限和均匀分散结合可形成粉尘爆炸五边形。对于许多粉尘，爆炸下限介于 20~60g/m^3，爆炸上限介于 2~6kg/m^3。粉尘爆炸的 MIE 比气体爆炸所需要的大两个数量级以上，大多数粉尘爆炸的 MIE 在 5~50mJ。

在一般情况下是不会达到粉尘爆炸浓度的，只有在极少数强粉尘粒子源附近才能出现这种浓度。另外，即使在爆炸浓度下限时，也足以使人呼吸困难，难以忍受，而且此时能见度也已受到严重限制，甚至达到伸手不见五指的程度。因此，人是完全可以感受到这种危险浓度的。但实际发生粉尘爆炸时，爆炸源往往并不处于人的呼吸范围之内。在许多情况下，它是发生在设备内部或局部点，随后这局部爆炸(一次爆炸)将地面粉尘层扬起，使空间达到极限浓度而形成所谓的“二次爆炸”。这种二次爆炸所形成的破坏程度和范围往往比一次爆炸更严重。因此，不能单纯认为空间粉尘浓度没有达到爆炸浓度。

在美国，通常把通过 40 号美国标准筛的细颗粒固体物质叫作粉尘。若为球形颗粒，则粒子直径应为 425μm 以下。一般认为，只有粒径低于此值的粉尘才能参与爆炸快速反应。但此粉尘定义与通常煤矿中使用的定义不同。在煤矿中，把粉尘定义为通过 20 号标准筛(粒径小于 850μm)的固体粒子。煤矿中的实际研究表明，粒径 850μm 的煤粒子还可参与爆炸快速反应。

粉尘粒度是粉尘爆炸中一个很重要的参数；粉尘的表面积比同质量的整块固体的表面积大好几个数量级。例如，把直径 100mm 的球形材料分散成等效直径为 0.1mm 的粉尘时，表面积增加 10000 倍以上。表面积的增加，意味着材料与空气的接触面积增大，这就加速了固体与氧的反应，增加了粉尘的化学活性，使粉尘点火后燃烧更快。整块聚乙烯是很稳定的，而聚乙烯粉尘却可以发生激烈的爆炸，就是这个原因。粉尘粒度是一个统计的概念，因为粉尘是无数个粒子的集合体，是由不同尺寸的粒子级配而成。若不考虑粒子的形状，也无法确定粒子尺寸。对不规则形状粒子的粒度，系通过试验来确定粒度数据。先测定单位体积中的粉尘粒子数，再称量其质量，就可以确定平均粒子尺寸。

粉尘/空气混合物中含有可燃气体或可燃蒸气时，其爆炸下限随可燃气(或蒸气)浓度的增加而急剧地下降。如矿井下经常发生空气瓦斯—煤尘爆炸现象。甲烷的存在使得煤粉的爆炸下限明显降低，同时，煤粉的存在也使得甲烷的爆炸下限值降低。这种叠加效应会直接导致爆炸性混合物的爆炸极限区间的扩大，从而增加了物质的危险性。在大多数事故中，可燃气或可燃蒸气的含量远远低于爆炸下限。有时候，煤矿瓦斯爆炸形成的冲击波导致煤尘的卷扬，又会形成空气瓦斯—煤尘爆炸(二次爆炸)现象。

3.7.2 粉尘爆炸机理和特点

粉尘爆炸是一个非常复杂的过程，受很多物理因素的影响，所以粉尘爆炸机理至今尚不十分清楚。一般认为，粉尘爆炸经过以下发展过程，如图 3-19 所示。首先，粉尘粒子表面通过热传导和热辐射，从点火源获得点火能量，使表面温度急剧升高，达到粉尘粒子的加速分解温度或蒸发温度，形成粉尘蒸气或分解气体，这种气体与空气混合后就能引起点火(气相点火)。另外，粉尘粒子本身从表面一直到内部(直到粒子中心点)，相继发生熔融和气化，迸发出微小的火花，成为周围未燃烧粉尘的点火源，使粉尘着火，从而扩大爆炸(火焰)范围。这一过程与气体爆炸相比，由于涉及辐射能而变得更为复杂。不仅热具有辐射能，光也含有辐射能，因此在粉尘云的形成过程中用闪光灯拍照是非常危险的。

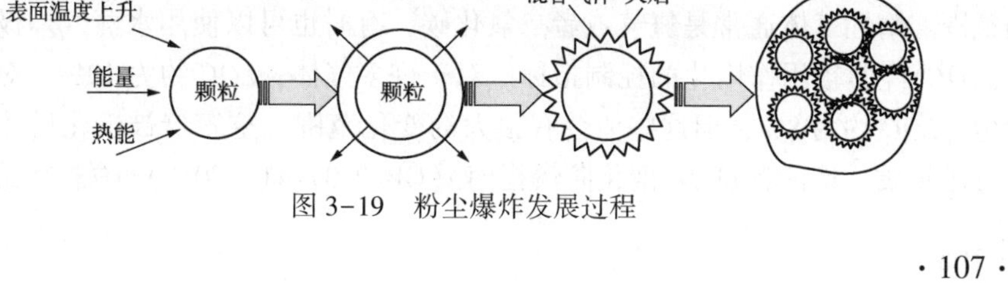

图 3-19　粉尘爆炸发展过程

上述的着火过程是在微小的粉尘粒子处于悬浮状态的短时间内完成的。对较大的粉尘粒子，由于其悬浮时间短，不能着火，有时只是粒子表面被烧焦或根本没有烧过。

粉尘爆炸具有以下特点：①粉尘爆炸速度或爆炸压力上升速度比气体爆炸慢，但燃烧时间长，产生的能量大，破坏程度大。②爆炸感应期较长。粉尘的爆炸过程比气体的爆炸过程复杂，要经过尘粒的表面分解或蒸发阶段，即由表面向中心延烧的过程，所以感应期比气体长得多。③有产生二次爆炸的可能性。④粉尘有不完全燃烧现象。在燃烧后的气体中含有大量的 CO 及粉尘(如塑料粉)自身分解的有毒气体，会伴随中毒死亡的事故。粉尘爆炸过程与可燃气爆炸相似，但有两点区别：一是粉尘爆炸所需的点火能要大得多；二是在可燃气爆炸中，促使温度上升的传热方式主要是热传导，而在粉尘爆炸中热辐射的作用大。

3.8 火灾与爆炸防治技术

如果缺少火三角中三个条件的任何一个，火三角就会被打破，火灾或爆炸就不能发生，这是防火防爆的理论基础。减少火灾或爆炸的潜在方法主要分为两大类：一是防止火灾爆炸的发生，即预防为主，例如：①防止和限制可燃可爆系统的形成；②当燃烧爆炸物质不可避免地出现时，要尽可能消除或隔离点火源。二是阻止和限制火灾爆炸的蔓延扩展，尽量降低火灾爆炸事故造成的损失。

归纳起来减灾的主要措施有：惰化、通风、喷淋系统、控制静电、设计中采用合理的防火间距和防爆设备(所有的电气设备本质上都是引燃源)与安全装置等。化工厂往往采用多种设计方法才能成功地防火防爆。安全装置有阻火器、安全液封、单向阀、阻火闸门、安全阀、防爆片和防爆门等，在第 4 章中再详细介绍。为了防火防爆安全，对火灾爆炸危险性比较大的物料，应该采取安全措施。首先应考虑通过工艺改进，用危险性小的物料代替火灾爆炸危险性比较大的物料。如果不具备上述条件，则应该根据物料的燃烧爆炸性能采取相应的措施，如密闭或通风、惰性介质保护、降低物料蒸气浓度、减压操作以及其他能提高安全性的措施。

3.8.1 惰化

惰化的目的是使用惰性气体吹扫工艺设备中的气体成分，以防止形成可燃性的氛围。惰性气体通常是氮气或者二氧化碳，有时也可以使用水蒸气。极限氧浓度(*LOC*)经常被用作惰化的控制指标。对于许多气体，*LOC* 约为 10%，对于许多粉尘，*LOC* 约为 8%，但这些值会有很大的变化范围。空容器被惰化后才可以充装可燃物质。请读者自学《惰化防爆指南》(GB/T 37241—2018)有关“常见可燃气体、粉尘的极限氧浓度值”“可燃气体和可燃粉尘的爆炸浓度范围”“加压惰化”“真空惰化”“吹扫惰化”的计算方法等内容。

1. 惰性气体保护作用

惰性气体反应活性较差，常用作保护气体。惰性气体保护是指用惰性气体稀释可燃气体、蒸气或粉尘的爆炸性混合物，以抑制其燃烧或爆炸。常用的惰性气体有氮气、二氧化碳、水蒸气以及卤代烃等燃烧阻滞剂。易燃固体物料在粉碎、研磨、筛分、混合以及粉状物料输送时，应施加惰性气体保护。输送易燃液体物料的压缩气体应该选用惰性气体。易燃气体在加工过程中，应该用惰性气体作稀释剂。对于有火灾爆炸危险的工艺装置、储罐、管道等，应该配备惰性气体，以备发生危险时使用。

2. 惰性气体用量

在易燃物料的加工中，惰性气体的用量取决于系统中氧的最高允许浓度。氧的最高允许浓度值因采用惰性气体的不同而有所不同。表 3-8 列出了不同可燃物质采用二氧化碳或氮气稀释时氧的最高允许含量。

表 3-8　不同可燃物质氧的最高允许含量　　%

可燃物质	CO_2稀释	N_2稀释	可燃物质	CO_2稀释	N_2稀释
甲烷	11.5	9.5	丁二醇	10.5	8.5
乙烷	10.5	9	丙酮	12.5	11
丙烷	11.5	9.5	苯	11	9
丁烷	11.5	9.5	一氧化碳	5	4.5
汽油	11	9	二氧化碳	8	
乙烯	9	8	氢	5	4
丙烯	11	9	煤粉	12~15	
乙醚	10.5		硫黄粉	9	
甲醇	11	8	铝粉	2.5	7
乙醇	10.5	8.5	锌粉	8	8

惰性气体的需用量，可根据表 3-8 中的数值用下列公式计算：

$$X=\frac{21-\omega_o}{\omega_o}V \tag{3-43}$$

式中，X 为惰性气体的需用量，L；ω_o为从表 3-8 查得的最高氧含量，%；V 为设备内原有空气容积(即空气总量，其中氧占 21%)。

例如，氧的最高含量为 12%，设备内原有空气容积为 100L，则 $X=(21-12)\times100/12=75$L。这就是说，必须向空气容积为 100L 的设备输入 75L 的惰性气体，然后才能进行操作。而且在操作中每输入或渗入 100L 的空气，必须同时输入

75L 的惰性气体，才能保证安全。必须指出，以上计算的惰性气体是不含有氧和其他可燃物的，如使用的惰性中含有氧，则惰性气体的用量用下式计算：

$$X=\frac{21-\omega_o}{\omega_o-\omega_o'}V \tag{3-44}$$

式中，ω_o'为惰性气体中的含氧量百分比。

例如，在前述条件下，若所加入的惰性气体中含氧 6%，则 $X=(21-12)\times 100/(12-6)=150$L。在向有爆炸危险的气体或蒸气中加入惰性气体时，应避免惰性气体的漏失以及空气的渗入。

从以上计算公式可以看出，不必用惰性气体取代空气中的全部氧，只要稀释到一定程度即可。惰性气体的这种功能称作惰化防爆。有些易燃气体溶解在溶剂中比在气相中稳定，这也是溶剂的惰化作用。比如，在总压 0.7MPa 以下时，溶解在丙酮中的乙炔比气相中的乙炔稳定。

3.8.2 密闭和通风措施

通风的目的是稀释空气中爆炸性蒸气，以预防爆炸并限制可燃性混合物的伤害。化工装置建议采用露天装置，因为露天装置的平均风速高，能安全地稀释装置内可能泄漏的化学物质。有些装置不能露天建设，需要采用局部和稀释通风系统。对于有火灾爆炸危险的厂房的通风，由于空气中含有易燃气体，所以不能循环使用。排除或输送温度超过 80℃ 的空气、燃烧性气体或粉尘的设备，应该用非燃烧材料制成。空气中含有易燃气体或粉尘的厂房，应选用不产生火花的通风机械和调节设备。含有爆炸性粉尘的空气，在进入排风机前应进行净化，防止粉尘进入排风机。排风管道应直接通往室外安全处，排风管道不宜穿过防火墙或非燃烧材料的楼板等防火分隔物，以免发生火灾时，火势顺管道通过防火分隔物。

为了防止易燃气体、蒸气或可燃粉尘泄漏与空气混合形成爆炸性混合物，设备应该密闭，特别是带压设备更需要保持密闭性。如果设备或管道密封不良，正压操作时会因可燃物泄漏使附近空气达到爆炸下限；负压操作时会因空气进入而达到可燃物的爆炸上限。开口容器、破损的铁桶、没有防护措施的玻璃瓶不得盛储易燃液体。不耐压的容器不得盛储压缩气体或加压液体，以防容器破裂造成事故。为了保证设备的密闭性，对于危险设备和系统，应尽量少用法兰连接。输送危险液体或气体，应采用无缝管。负压操作可防止爆炸性气体逸入厂房，但在负压下操作，要特别注意设备清理打开排空阀时，不要让大量空气吸入。

加压或减压设备，在投产或定期检验时，应检查其密闭性和耐压程度。所有压缩机、液泵、导管、阀门、法兰、接头等容易漏油、漏气的机件和部位应该经常检查。填料如有损坏应立即更换，以防渗漏。操作压力必须加以限制，压力过高，轻则密闭性遭破坏，渗漏加剧；重则设备破裂，造成事故。氧化剂如高锰酸钾、氯酸钾、铬酸钠、硝酸铵、漂白粉等粉尘加工的传动装置，密闭性能必须良好，要定期清洗传动装置，及时更换润滑剂，防止粉尘渗进变速箱与润滑油相混，由于蜗轮、蜗杆摩擦生热而引发爆炸。即使设备密封很严，但总会有部分气体、蒸气或粉尘渗漏到室内，必须采取措施使可燃物的浓度降至最低。同时还要考虑到爆炸物的量虽然极微，但也有局部浓度达到爆炸范围的可能。完全依靠设备密闭，消除可燃物在厂房内的存在是不可能的。往往借助于通风来降低车间内空气中可燃物的浓度，一般应控制在爆炸下限1/5以下，如果挥发物既有爆炸性又对人体有害，其浓度应同时控制到满足《工业企业设计卫生标准》的要求。通风可分为机械通风和自然通风；按换气方式也可分为排风和送风。

3.8.3 减压操作

由前面章节可知，可燃物的燃烧范围受压力的影响。一般来说，压力(除CO外)越小，燃烧范围越窄，当压力达到临界压力时，可燃物就不会发生燃烧，所以减压操作可以作为一种防火防爆的措施。

化工物料的干燥，许多是从湿物料中蒸发出其中的易燃溶剂。如果易燃溶剂蒸气在爆炸下限以下的浓度范围，便不会引发燃烧或爆炸。为了满足上述条件，这类物料的干燥，一般是在负压下操作。文献中的爆炸极限数据多为20℃、0.101325MPa下的体积分数。所以由爆炸下限不难计算出溶剂蒸气的分压，如果干燥压力在此分压以下，便不会发生燃烧或爆炸。比如，乙醚的爆炸下限为1.7%，在爆炸下限的条件下，乙醚蒸气的分压为0.101325MPa×1.7%，即0.0017MPa(13mmHg)。爆炸下限下的易燃蒸气的分压即为减压操作的安全压力。

实际上在减压条件下，干燥箱中的空气完全被溶剂蒸气排除，从而消除了爆炸条件。此时溶剂蒸气与空气比较，相对浓度很大，但单位体积的质量数却很小。减压操作应用的实质是爆炸下限下的质量浓度。

3.8.4 自动喷水系统

自动喷水系统可用在指定区域控制火灾。该系统由一组与供水系统连接的喷头组成。喷头安装在高处(通常在房顶或接近房顶)，当喷淋系统启动时，它会在区域上方喷洒出细水雾。喷淋系统需要维护，以确保它们能够持续使用，并具有足够的不间断的水供应。

有时容器需要专门的水保护系统，以使容器壁在火灾期间保持冷却。当容器内部压力远低于最大允许工作压力时，高的表面温度能导致金属失效，具有潜在的灾难性后果。在烃类溢出火灾中，未受到保护的容器能在几分钟内失效。建议在容器周围设置喷水系统来防止这种类型的失效。这些喷水系统常被用于保持容器冷却，冲洗潜在的危险性溢出物和稀释蒸气云。喷淋系统也能够提供足够的时间以便将物质从储罐转移到另一个安全的地方。容器喷水系统通常被设计成自动系统，当探测到火灾和(或)可燃气体混合物时，该系统即启动。当可燃气体浓度为 *LFL* 的一定比例(约为 25%)，或者通过热感探测器探测到火灾时，喷水系统就会启动。

消防水炮是固定式、带有枪式装置的消防栓，它们被安装在生成区域和储罐区。消防栓和水炮布置在工艺单元周围，且相互之间保持合适的间距，以便使工厂内的所有区域都能被两条水流覆盖。消防设计将在第 7 章详细讲述，读者可以先自学《自动喷水灭火系统设计规范》(GB 50084—2017)。

3.8.5 用难燃溶剂代替可燃溶剂

在萃取、吸收等单元操作中，采用的多为易燃有机溶剂。用燃烧性能较差的溶剂代替易燃溶剂，会显著改善操作的安全性。选择燃烧危险性较小的液体溶剂，沸点和蒸气压数据是重要依据。对于沸点高于 110℃ 的液体溶剂，常温(约 20℃)时蒸气压较低，其蒸气不足以达到爆炸浓度。如醋酸戊酯在 20℃ 的蒸气压为(6mmHg)，其蒸气浓度 c：

$$c=MpV/760RT=(130\times6\times100)/(760\times0.083\times293)=44\text{g/m}^3$$

而醋酸戊酯的爆炸浓度范围为 $119\sim541\text{g/m}^3$，常温下浓度只是比爆炸下限的 1/3 略高一些。除醋酸戊酯以外，丁醇、戊醇、乙二醇、氯苯、二甲苯等都是沸点在 110℃ 以上燃烧危险性较小的液体。

在许多情况下，可以用不可燃液体代替可燃液体，这类液体有氯的甲烷及乙烯衍生物，如二氯甲烷、三氯甲烷、四氯化碳、三氯乙烯等。例如，为了溶解脂肪、油脂、树脂、沥青、橡胶以及油漆，可以用四氯化碳代替有燃烧危险的液体溶剂。使用氯代烃时必须考虑其蒸气的毒性，以及发生火灾时可能分解释放出光气。

3.8.6 根据燃烧性物质的特性分别处理

遇空气燃烧或遇水燃烧的物质，应该隔绝空气或采取防水、防潮措施，以免燃烧或爆炸事故发生。燃烧性物质不能与性质相抵触的物质混存、混用；遇酸、碱有分解爆炸危险的物质应该防止与酸、碱接触；对机械作用比较敏感的物质要轻拿轻放。燃烧性液体或气体，应该根据它们的密度考虑适宜的排污方法；根据它们的闪点、爆炸范围、扩散性等采取相应的防火防爆措施。

对于自燃性物质，在加工或储存时应该采取通风、散热、降温等措施，以防其达到自燃点，引发燃烧或爆炸。多数气体、蒸气或粉尘的自燃点都在 400℃ 以上，在很多场合要有明火或火花才能起火，只要消除任何形式的明火，就基本达到了防火的目的。有些气体、蒸气或固体易燃物的自燃点很低，只有采取充分的降温措施，才能有效地避免自燃。有些液体如乙醚，受阳光作用能生成危险的过氧化物，对于这些液体，应采取避光措施，盛放于金属桶或深色玻璃瓶中。

有些物质能够提高易燃液体的自燃点，如在汽油中添加四乙基铅，就是为了提高汽油的自燃点。而另外一些物质，如铈、钒、铁、钴、镍的氧化物，则可以降低易燃液体的自燃点。对于这些情况应予以注意。

3.8.7 燃烧爆炸性物料的处理

在化学工业污水中，往往混有易燃物质或可燃物质，为了防止下水系统发生燃烧爆炸事故，对易燃或可燃物质排放必须严格控制。如果苯、汽油等有机溶剂的废液放入下水道，因为这类溶剂在水中的溶解度很小，而且密度比水小浮于水面之上，在水面上形成一层易燃蒸气。遇火引发燃烧或爆炸，顺流而下，火势会很快蔓延。

【事故案例 3-10】1992 年 4 月 22 日，墨西哥瓜达拉哈拉市发生了一起严重的地下管道爆炸事故，导致爆炸的主要原因是一条成品油输送管道发生了泄漏，泄漏油品进入下水道后形成可燃气体混合物并达到爆炸极限，被不明火源点燃后引起连通的下水道发生连环爆炸，持续时间 4 小时 14 分钟。此次事故共造成 15000 多人无家可归，1470 人受伤，206 人死亡，许多人失踪，1124 座住宅、450 多家商店、600 多辆汽车、8 千米长的街道以及通信和输电线路被毁坏。

【事故案例 3-11】2013 年 11 月 22 日 10 时 25 分，位于山东省青岛经济技术开发区的中国石油化工股份有限公司管道储运分公司东黄输油管道泄漏原油进入市政排水暗渠，在形成密闭空间的暗渠内油气积聚遇火花发生爆炸，造成 62 人死亡、136 人受伤，直接经济损失 75172 万元。事故直接原因：输油管道与排水暗渠交汇处管道腐蚀减薄、管道破裂、原油泄漏，流入排水暗渠及反冲到路面。原油泄漏后，现场处置人员采用液压破碎锤在暗渠盖板上打孔破碎，产生撞击火花，引发暗渠内油气爆炸。主要间接原因：现场处置人员没有对泄漏区域实施有效警戒和围挡；抢修现场未进行可燃气体检测，盲目动用非防爆设备进行作业，严重违规违章。事故认定：山东省青岛市“11·22”中国石化东黄输油管道泄漏爆炸特别重大事故是一起生产安全责任事故。

性质互相抵触的不同废水排入同一下水道，容易发生化学反应，导致事故的发生。如硫化碱废液与酸性废水排入同一下水道，会产生硫化氢，造成中毒或爆炸事故。对于输送易燃液体的管道沟，如果管理不善，易燃液外溢，造成大量易燃液的积存，一旦触发火灾，后果严重。

【事故案例 3-12】2021 年 5 月 4 日，长宁县福荣笋类食品厂污水处理系统因故障停止运行。5 月 24 日下午，企业检修作业时重新开启污水处理系统，造成污水中硫化氢等有毒有害气体溢出，致使正在作业的 2 名员工中毒，随后 6 人

(企业员工3人、厂区周围居民3人)相继前往施救导致中毒。事故共造成8人中毒，其中7人死亡、1人轻伤。

3.9 燃烧爆炸敏感工艺参数的控制

在化学工业生产中，工艺参数主要是指温度、压力、流量、物料配比等。严格控制工艺参数在安全限度以内，是实现安全生产的基本保证。

3.9.1 反应温度的控制

各种化学反应都有其最适宜的温度范围，如果超温，反应物有可能分解起火，造成压力升高，甚至导致爆炸；也可能因温度过高而产生副反应，生成危险的副产物或过反应物。升温过快、过高或冷却设施发生故障，都可能会引起剧烈反应，乃至冲料或爆炸。温度过低会造成反应速率减慢或停滞，温度一旦恢复正常，往往会因为未反应物料过多而使反应加剧，有可能引起爆炸。温度过低还会使某些物料冻结，造成管道堵塞或破裂，致使易燃物料泄漏引发火灾或爆炸。

【事故案例3-13】8月14日凌晨两点多(约2：15)，潍坊山东海利尔公司5#脱溶釜超温超压发生爆炸，致2人死亡。事故装置为年产3000t噻虫胺装置，8月14日0：40，装置5#脱溶釜超过工艺控制温度，DCS自动系统连锁切断了蒸气加热系统，然后内操人员联系外操人员是否将设备切换，外操人员没同意，因为黏度还未达标，要求内操人员暂缓切换；1：00，釜温超温升至110℃，内操、外操人员联系以后，还是没有切换；2：05，温度升高至130℃、140℃，严重超工艺指标，此时才切换，但已经来不及了，2：15脱溶釜发生超压爆炸。

初步调查的主要原因：5#脱溶釜超温，釜内中间体混合物自分解，导致脱溶釜超压发生破裂，工艺处置不力。间接原因：从业人员“三违”行为严重，未严格按操作规程操作，超工艺指标时未及时切换；脱溶釜安全设置不完善；安全教育培训不彻底，操作人员安全风险认识不足；未落实“八抓二十项”等规定，在抓教育培训、抓制度落实、抓苗头隐患、抓日常监管、抓本质安全等方面打了折扣。

1. 移出反应热

化学反应总是伴随着热效应，放出或吸收一定的热量。大多数反应，如各种有机物质的氧化反应、卤化反应、水合反应、缩合反应等都是放热反应。为了使反应在一定的温度下进行，必须从反应系统移出一定的热量，以免因过热而引发爆炸。例如，乙烯氧化制取环氧乙烷是典型的放热反应。环氧乙烷沸点低，只有10.7℃，而爆炸范围极宽：3%~100%，没有氧气也能分解爆炸。此外，杂质存在易引发自聚放热，使温度升高；遇水发生水合反应，也释放出热量。如果反应热不及时移出，温度不断升高会使乙烯燃烧放出更多的热量，从而引发爆炸。

移走反应热的方法有夹套冷却、内蛇管冷却或两者兼用，还有稀释剂回流冷却、惰性气体循环冷却等。例如，合成甲醇是强放热反应，必须及时移走反应热以控制反应温度，同时对废热应加以利用。可在反应器内装配热交换器，混合合成气分两路，其中一路控制流量以控制反应温度。目前，强放热反应的大型反应器，其中普遍装有废热锅炉，靠废热蒸汽带走反应热，同时废热蒸汽作为加热源可以利用。加入其他介质，如通入水蒸气带走部分反应热，也是常用的方法。乙醇氧化制取乙醛就是采用乙醇蒸气、空气和水蒸气的混合气体，将其送入氧化炉，在催化剂作用下生成乙醛。利用水蒸气的吸热作用将多余的反应热带走。

2. 传热介质选择

传热介质，即热载体，常用的有水、水蒸气、碳氢化合物、熔盐、汞和熔融金属、烟道气等。充分了解传热介质的性质，进行正确选择，对传热过程安全十分重要。

① 避免使用性质与反应物料相抵触的介质。应尽量避免使用性质与反应物料相抵触的物质作冷却介质。例如，环氧乙烷很容易与水剧烈反应，甚至极微量的水分渗入液态环氧乙烷中，也会引发自聚放热产生爆炸。又如，金属钠遇水剧烈反应而爆炸。所以在加工过程中，这些物料的冷却介质不得用水，一般采用液体石蜡。

② 防止传热面结垢。在化工中，设备传热面结垢是普遍现象。传热面结垢不仅会影响传热效率，更危险的是在结垢处易形成局部过热点，造成物料分解而引发爆炸。结垢的原因有，水质不好而结成水垢；物料黏结在传热面上形成污垢；特别是因物料聚合、缩合、凝聚、炭化而引起结垢，极具危险性。换热器内传热流体宜采用较高流速，这样既可以提高传热效率，又可以减少污垢在传热表面的沉积。

③ 传热介质使用安全。传热介质在使用过程中处于高温状态，安全问题十分重要。高温传热介质，如联苯混合物(73.5%联苯醚和26.5%联苯)在使用过程中要防止低沸点液体(如水或其他液体)进入，低沸点液体进入高温系统，会立即汽化超压而引起爆炸。传热介质运行系统不得有死角，以免容器试压时积存水或其他低沸点液体。传热介质运行系统在水压试验后，一定要有可靠的脱水措施，在运行前应进行干燥吹扫处理。

3. 热不稳定物质的处理

在化工生产过程中，对热不稳定物质的温度控制十分重要。对于热不稳定物质，要特别注意降温和隔热措施。对能生成过氧化物的物质，在加热之前应该除去。热不稳定物质的储存温度应该控制在安全限度之内。乐果原油储存温度超过55℃；1605原油与乳化剂共用一根保温管道，都曾发生过爆炸事故。对于这些热不稳定物质，在使用时应该注意同其他热源隔绝。受热后易发生分解爆炸的危险物质，如偶氮染料及其半成品重氮盐等，在反应过程中要严格控制温度，反应后必须清除反应釜壁上的剩余物。

3.9.2 物料配比和投料速率控制

1. 物料配比控制

在化工生产中，物料配比极为重要，这不仅决定着反应进程和产品质量，而且对安全也有着重要影响。例如，松香钙皂的生产，是把松香投入反应釜内，加热至240℃，缓慢加入氢氧化钙，生成目的产物和水。反应生成水在高温下变成蒸气。投入的氢氧化钙如果过量，水的生成量也相应增加，生成的水蒸气量过多而容易造成跑锅，与火源接触有可能引发燃烧。对于危险性较大的化学反应，应该特别注意物料配比关系！比如，环氧乙烷生产中乙烯和氧的反应，其浓度接近爆炸范围，尤其是在开车时催化剂活性较低，容易造成反应器出口氧浓度过高，为保证安全，应设置连锁装置，经常核查循环气的组成。

催化剂对化学反应速率影响很大，如果催化剂过量，就有可能发生危险。可燃或易燃物料与氧化剂的反应，要严格控制氧化剂的投料速率和投料量。对于能形成爆炸性混合物的生产，物料配比应严格控制在爆炸极限以外。如果工艺条件允许，可以添加水蒸气、氮气等惰性气体稀释。

2. 投料速率控制

对于放热反应，投料速率不能超过设备的传热能力，否则，物料温度将会急剧升高，引起物料的分解、突沸，造成事故。加料时如果温度过低，往往造成物料的积累，过量，温度一旦适宜反应加剧，加之热量不能及时导出，温度和压力都会超过正常指标，导致事故。如某农药厂保棉丰反应釜，按工艺要求，在不低于75℃的温度下，4h内加完100kg双氧水。但由于投料温度为70℃，开始反应速率慢加之投入冷的双氧水使温度降至52℃，因此将投料速度加快，在1h 20min投入双氧水80kg，造成双氧水与原油剧烈反应，反应热来不及导出而温度骤升，仅在6s内温度就升至200℃以上，使釜内物料汽化引起爆炸。

投料速度太快，除影响反应速率外，也可能造成尾气吸收不完全，引起毒性或可燃性气体外逸。如某农药厂乐果生产硫化岗位，由于投料速度太快，硫化氢尾气来不及吸收而外逸，引起中毒事故。当反应温度不正常时，首先要判明原因，不能随意采用补加反应物的办法提高反应温度，更不能采用先增加投料量而后补热的办法。在投料过程中，值得注意的是投料顺序的问题。例如，氯化氢合成应先加氢后加氯；三氯化磷合成应先投磷后加氯；磷酸酯与甲胺反应时，应先投磷酸酯，再滴加甲胺等，反之就有可能发生爆炸。投料过少也可能引起事故。加料过少，使温度计接触不到料面，温度计显示出的不是物料的真实温度，会导致判断错误，引起事故。

【**江苏天音化工股份有限公司“2·24”爆炸事故 事故案例 3-14**】2005 年 2 月 24 日，江苏天音化工股份有限公司二醇二甲醚反应釜发生爆炸，造成 6 人死亡、11 人受伤。事故的直接原因：乙二醇单甲醚的加料速度过快，导致反应釜内温度和压力急剧上升，操作人员发现后，采取了错误的应急处置措施，将反应釜固体投料口上的闸阀打开，反应釜内的氢气从闸阀口高速冲出，被高速气流产生的静电火花引爆。

3.9.3 物料成分和过反应的控制

对许多化学反应，反应物料中危险杂质的增加都会导致副反应或过反应，引发燃烧或爆炸事故。比如，乙炔和氯化氢合成氯乙烯，氯化氢中游离氯不允许超过 0.005%，因为过量的游离氯与乙炔反应生成四氯乙烷会立即起火爆炸。又如在乙炔生产中，电石中含磷量不得超过 0.08%，因为磷在电石中主要是以磷化钙的形式存在，磷化钙遇水生成磷化氢，遇空气燃烧，导致乙炔和空气混合物的爆炸。反应原料气中，如果其中含有的有害气体不清除干净，在物料循环过程中会不断积累，最终会导致燃烧或爆炸等事故的发生。清除有害气体，可以采用吸收的方法，也可以在工艺上采取措施，使之无法积累。例如高压法合成甲醇，在甲醇分离器之后的气体管道上设置放空管，通过控制放空量以保证系统中有用气体的比例。这种将部分反应气体放空或进行处理的方法也可以用来防止其他爆炸性介质的积累。有时有害杂质来自未清除干净的设备。例如在六六六生产中，合成塔可能留有少量的水，通氯后水与氯反应生成次氯酸，次氯酸受光照射产生氧气，与苯混合发生爆炸。所以这类设备一定要清理干净，符合要求后才能投料。

有时在物料的储存和处理中加入一定量的稳定剂，以防止某些杂质引起事故。如氰化氢在常温下呈液态，储存时水分含量必须低于 1%，置于低温密闭容器中。如果有水存在，可生成氨，作为催化剂引起聚合反应，聚合热使蒸气压力上升，导致爆炸事故的发生。为了提高氰化氢的稳定性，常加入浓度为 0.001%~0.5%的硫酸、磷酸或甲酸等酸性物质作为稳定剂或吸附在活性炭上加以保存。丙烯腈具有氰基和双键，有很强的反应活性，容易发生聚合、共聚或其他反应，在有氧或氧化剂存在或接受光照的条件下，迅速聚合并放热，压力升高，引发爆炸。在储存时一般添加对苯二酚作稳定剂。

许多过反应的生成物是不稳定的，容易造成事故。所以在反应过程中要防止过反应的发生。如三氯化磷合成是把氯气通入黄磷中，产物三氯化磷沸点为 75℃，很容易从反应釜中移出。但如果反应过头，则生成固体五氯化磷，100℃时才升华。五氯化磷比三氯化磷的反应活性高得多，由于黄磷的过氧化而发生爆炸的事故时有发生。苯、甲苯硝化生成硝基苯和硝基甲苯，如果发生过反应，则生成二硝基苯和二硝基甲苯，二硝基化合物不如硝基化合物稳定，在精馏时容易发生爆炸。所以，对于这一类反应，往往保留一部分未反应物，使过反应不至于发生。在某些化工过程中，要防止物料与空气中的氧反应生成不稳定的过氧化物。有些物料，如乙醚、异丙醚、四氢呋喃等，如果在蒸馏时有过氧化物存在，极易发生爆炸。

3.9.4 安全保险装置

安全保险装置主要有信号报警、保险装置和安全连锁。报警装置与测量仪表连接，用声、光或颜色示警。例如在硝化反应中，硝化器的冷却水为负压，为了防止器壁泄漏造成事故，在冷却水排出口装有带铃的导电性测量仪，若冷却水中混有酸，电导率提高，则会响铃示警。可燃气体包括天然气、煤气、烷烃、醇、醛、炔等。为了安全，当可燃气体浓度达到其爆炸下限(*LEL*)的 20%时应报警。《爆炸危险环境电力装置设计规范》(GB 50058)第 3.1.3 条规定：对区域内易形成和积聚爆炸性气体混合物的地点应设置自动测量仪器装置，当气体或蒸气浓度接近爆炸下限值的 50%时，应能可靠地发出信号或切断电源。应注意对可燃气性气体检测仪的保养，应至少每季度检查一次可燃气体探测器是否工作正常。超过服役期(约 10 年)的可燃性气体检测仪应及时更换。石化行业涉及过程控制的可燃气体探测器，可按《石油化工可燃气体和有毒气体检测报警设计标准》(GB/T 50493)的有关规定设置，但其报警信号应接入消防控制室。

信号装置只能提醒人们注意事故正在形成或即将发生，但不能自动排除事故。而保险装置则能在危险状态下自动消除危险状态。例如氨的氧化反应是在氨和空气混合物爆炸极限边缘进行的，在气体输送管路上应该安装保险装置，以便在紧急状态下切断气体的输入。在反应过程中，空气的压力过低或氨的温度过低，都有可能使混合气体中氨的浓度提高，达到爆炸下限。在这种情况下，保险装置就会切断氨的输送，只允许空气流过，因而可以防止爆炸事故的发生。

安全连锁就是利用机械或电气控制依次接通各个仪器和设备，使之彼此发生联系，达到安全运行的目的。例如硫酸与水的混合操作，必须先把水加入设备，再注入硫酸，否则将会发生喷溅和灼伤事故。把注水阀门和注酸阀门依次连锁起来，就可以达到此目的。某些需要经常打开孔盖的带压反应容器，在开盖之前必须卸压。频繁的操作容易疏忽出现差错，如果把卸掉罐内压力和打开孔盖连锁起来，就可以安全无误。

习　题

1. 燃烧“三要素”是什么？何谓燃烧“四面体”？
2. 常见火源都有哪些？应该如何防范其危险性？
3. 闪燃、点燃和自燃这三种不同类型燃烧之间有何区别？其各自的特征参数又是什么？

4. 什么叫最小点火能量？

5. 物质的爆炸极限是如何定义的？哪些因素会对其产生影响？

爆炸实验测试

6. 具备哪些条件粉尘才会爆炸？

7. 简述气体爆炸指数 K_g 和粉尘爆炸指数 K_{st} 的物理意义？

8. 在化工生产中处理具有火灾爆炸危险的物质时，通常会采取哪些防范措施以降低其危险性？

9. 阅读《天津开发区泰科油气技术发展有限公司“1·11”事故调查报告》。

10. 某一混合物各组分 $\varphi/\%$ 如下表格所示，试计算在常温和 1 大气压时的爆炸上、下限。

物料	$\varphi/\%$	物料	$\varphi/\%$
乙烷	0.50	乙烯	0.50
甲烷	1.00	空气	98.00

11. 已知某装置尾气的混合组分和爆炸极限如下表格所示，试求此混合气体在系统内有无爆炸危险？

组分	$\varphi/\%$	爆炸极限 $\varphi/\%$
甲烷	1.75	5~15
乙烷	1.30	3~15.5
丙烷	0.95	2.1~9.5
氮气	75.84	
氧气	20.16	

参 考 文 献

[1] 李振花，王虹，许文．化工安全概论[M]. 3 版．北京：化学工业出版社，2018.

[2] Crowl D A, Louvar J F. 化工过程安全基本原理与应用[M]. 4 版．赵东风，孟奕飞，刘义，等译，青岛：中国石油大学出版社，2021.

[3] 卫宏远，郝琳，白文帅．化工安全[M]．北京：高等教育出版社，2020.

[4] 蒋军成．化工安全[M]．北京：机械工业出版社，2008.

[5] Hansen Travis J., Crowl Daniel A. Estimation of the flammability zone boundaries for flammable gases[J]. Process Safety Progress, 2010, 29(3): 209-215.

[6] 赵衡阳．气体和粉尘爆炸原理[M]．北京：北京理工大学出版社，1996.

[7] 中国安全生产科学研究院．安全生产技术基础(2022 版中级)[M]．北京：应急管理出版社，2022.

[8] 蔡凤英，谈宗山，孟赫，等．化工安全工程[M]. 2 版．北京：科学出版社，2009.

第4章　化工设备和特殊作业安全

化工机械设备是化工生产中所用的机器和设备的总称。主要包括：①化工机器，指主要作用部件为运动的机械，如各种过滤机、破碎机、离心分离机、旋转窑、搅拌机、旋转干燥机以及流体输送机械等。化工机器的划分是不严格的，一些流体输送机械（如泵、风机和压缩机等）在化工行业常被称作化工机械，但同时它们又是各种工业生产中的通用机械。②化工设备，指主要作用部件是静止的或者只有很少运动的机械，如各种容器（槽、罐、釜等）、普通窑、塔器、反应器、换热器、普通干燥器、蒸发器、反应炉、电解槽、结晶设备、传质设备、吸附设备、流态化设备、普通分离设备以及离子交换设备等。由于化工单元操作设备和反应器在其他课程中学习过，本章主要介绍压力容器、储罐和气柜以及化工检修知识。

化工机械设备的安全要求主要有以下几个方面：一是应当有足够的强度，确保设备长期、稳定、安全地运行；二是应当做到密封可靠，如果由于设备密封不严而造成泄漏，将会引起燃烧爆炸、灼伤、中毒等事故；三是必须具备配套的安全保护装置，如自动连锁与安全保护装置可以在设备出现异常时，自动发出警报或自动采取安全措施，以防止事故发生；四是应当具有很强的适用性，如温度、压力等条件有变化时，能完全适应并维持正常运行，而且当发生事故时，可立即采取措施，防止事态扩大，并在短时间内予以修复、排除；五是规范运行操作和检维修管理。

4.1　特种设备简介

《特种设备安全法》第二条至第四条规定：特种设备，是指对人身和财产安全有较大危险性的锅炉、压力容器（含气瓶）、压力管道、电梯、起重机械、客运索道、大型游乐设施、场（厂）内专用机动车辆，以及法律、行政法规规定适用本法的其他特种设备。国家对特种设备实行目录管理。特种设备目录由国务院负责特种设备安全监督管理的部门制定，报国务院批准后执行。特种设备安全工作应当坚持安全第一、预防为主、节能环保、综合治理的原则。国家对特种设备的生产、经营、使用，实施分类的、全过程的安全监督管理。

特种设备依据其主要工作特点，分为承压类特种设备和机电类特种设备。承压类特种设备是指承载一定压力的密闭设备或管状设备，主要包括锅炉、压力容器(含气瓶)、压力管道。机电类特种设备是指必须由电力牵引或者驱动的设备，包括电梯、起重机械、客运索道、大型游乐设施和场(厂)内专用机动车辆等。特种设备的管理，应严格遵守《特种设备安全法》，认真执行《特种设备使用管理规则》(TSG 08—2017)、《特种设备安全监察条例》(国务院令第549号)和《特种设备使用单位落实使用安全主体责任监督管理规定》。

如本教材第1章绪论所述，化工生产中因设备缺陷引起的事故占31%~46%，居诸因素之首。在化工生产过程中，压力容器使用数量多，运行环境恶劣，工作条件复杂，一般承受高温、高压，工作介质多数具有易燃、易爆、有毒及腐蚀性强等特点，一旦发生事故，还会由于内部介质向外扩散而引起中毒、火灾、爆炸等连锁反应，扩大事故后果。因此，对这一类压力容器必须进行安全监察和安全管理。限于篇幅，本书未介绍压力管道、锅炉和移动式压力容器，请读者参考有关书籍。

特种设备安全技术规程、标准与规范目录

4.2 压力容器的安全技术

4.2.1 压力容器的定义

根据《特种设备安全监察条例》(国务院令第549号)定义：压力容器，是指盛装气体或者液体，承载一定压力的密闭设备，其范围规定为最高工作压力大于或者等于0.1MPa(表压)，且压力与容积的乘积大于或者等于2.5MPa·L的气体、液化气体和最高工作温度高于或者等于0.2MPa(表压)，且压力与容积的乘积大于或者等于1.0MPa·L的气体、液化气体和标准沸点等于或者低于60℃的液体的气瓶、氧舱等。

根据《固定式压力容器安全技术监察规程》(TSG 21—2016)(简称《大容规》)(2021年第1号修改单)规定，简单压力容器应同时满足以下条件：①压力容器由筒体和平盖、凸形封头(不包括球冠形封头)，或者由两个凸形封头组成；②筒体、封头和接管等主要受压元件的材料为碳素钢、奥氏体不锈钢或者Q345R；③设计压力小于或者等于1.6MPa；④容积小于或者等于1m^3；⑤工作压力与容积的乘积小于或者等于1MPa·m^3；⑥介质为空气、氮气、二氧化碳、惰性气体、医用蒸馏水蒸发而成的蒸汽或者上述气(汽)体的混合气体；允许介质中含有不足以改变介质特性的油等成分，并且不影响介质与材料的相容性；⑦设计温度大于或者等于-20℃，最高工作温度小于或者等于150℃；⑧非直接受火焰加热的焊接压力容器(当内直径小于或者等于 550mm 时允许采用平盖螺栓连接)。

根据《大容规》规定，固定式压力容器是指安装在固定位置，或者仅在使用单位内部区域使用的压力容器，应同时具备下列条件：①最高工作压力大于或者等于 0.1MPa(表压，不含液体静压力)；②容积大于或者等于 0.03m^{3}并且内直径(非圆形截面指截面内边界最大几何尺寸)大于或者等于 150mm；③盛装介质为气体、液化气体以及最高工作温度高于或者等于标准沸点的液体。

我国规定，凡属压力容器设备均需在当地设区市以上的特种设备安全技术监督机构逐台登记，并受其监督管理。压力容器设计、安装、检验和修理等必须由具相应资质的单位进行。

4.2.2 压力容器的分类

根据不同的要求，压力容器可以有多种分类方法。如按照压力容器在生产工艺过程中的作用原理，分为反应压力容器(代号 R)、换热压力容器(代号 E)、分离压力容器(代号 S)、储存压力容器(代号 C，其中球罐代号 B)。从压力容器的使用特点和安全管理方面考虑，压力容器一般分为固定式和移动式两大类(图 4-1)。这两类容器由于使用方法不同，对它们的技术管理要求也不完全一样。

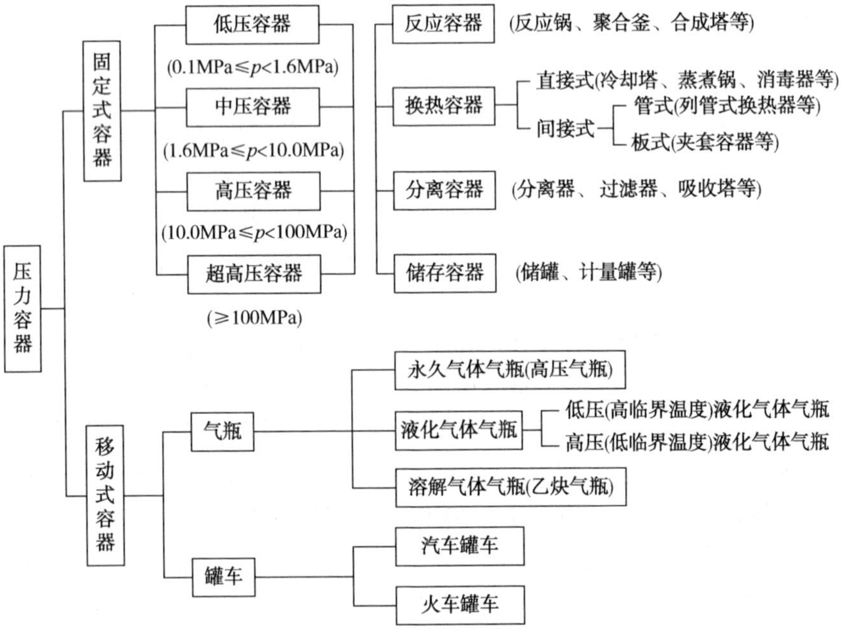

图 4-1 压力容器的分类

其中固定式压力容器是化工生产应用最多的。从安全角度考虑，容器的工作压力越大，发生爆炸事故时的危害也越大。因此，必须对其设计压力进行分级，以便对压力容器进行分级管理与监督。

(1) 按设计压力等级分类

根据《大容规》的规定，按压力容器的设计压力 p 分为低压、中压、高压和超高压 4 个压力等级。具体划分：①低压(代号 L)：$0.1\text{MPa} \leqslant p < 1.6\text{MPa}$；②中压(代号 M)：$1.6\text{MPa} \leqslant p < 10.0\text{MPa}$；③高压(代号 H)：$10\text{MPa} \leqslant p < 100.0\text{MPa}$；④超高压(代号 U)$p \geqslant 100.0\text{MPa}$。低于 0.1MPa 的视为常压容器，不属于压力容器范畴。

(2) 按类别分类

根据《大容规》的规定，按照承压设备的设计压力、容积和介质危害程度，将规程适用范围的压力容器划分为 3 类。第Ⅰ类压力容器潜在危险性最小，设计、制造和使用等要求水平最低；第Ⅱ类压力容器潜在危险性及相应的要求水平居中；第Ⅲ类压力容器潜在危险性最大、设计、制造和使用等要求水平最高。压力容器的类别分类现在采用查图法，其划分的原则过程如下。

首先，把压力容器的介质分为以下两组：①第一组介质：毒性程度为极度危害、高度危害的化学介质、易爆介质、液化气体；②第二组介质：除第一组以外的介质。介质危害性：介质危害性指压力容器在生产过程中因事故致使介质与人体大量接触，发生爆炸或者因经常泄漏引起职业性慢性危害的严重程度，用介质毒性程度和爆炸危害程度表示。①毒性程度：综合考虑急性毒性、最高容许浓度和职业性慢性危害等因素，极度危害最高容许浓度小于 0.1mg/m^3；高度危害最高容许浓度 $0.1 \sim 1.0\text{mg/m}^3$；中度危害最高容许浓度 $1.0 \sim 10.0\text{mg/m}^3$；轻度危害最高容许浓度大于或者等于 10.0mg/m^3。②易爆介质：指气体或者液体的蒸气、薄雾与空气混合物形成的爆炸性混合物，并且其爆炸下限小于 10%，或者爆炸上限和爆炸下限的差值大于或者等于 20%的介质。③介质毒性危害程度和爆炸危险程度的确定，按照《压力容器中化学介质毒性危害和爆炸危险程度分类标准》(HG/T 20660—2017)确定。HG/T 20660 没有规定的，由压力容器设计单位参照《职业性接触毒物危害程度分级》(GBZ 230—2010)确定介质组别。

其次，依据压力容器的介质特性选择适合介质组别的类别划分图，根据设计压力 p(单位：MPa)和容积 V(单位：m^3)，找到坐标点，确定容器类别。①第一组介质，压力容器分类如图 4-2 所示；②第二组介质，压力容器分类如图 4-3 所示。当坐标点位于图 4-2 或图 4-3 的分类线上时，按照较高的类别划分。简单压力容器统一划分为第Ⅰ类压力容器。

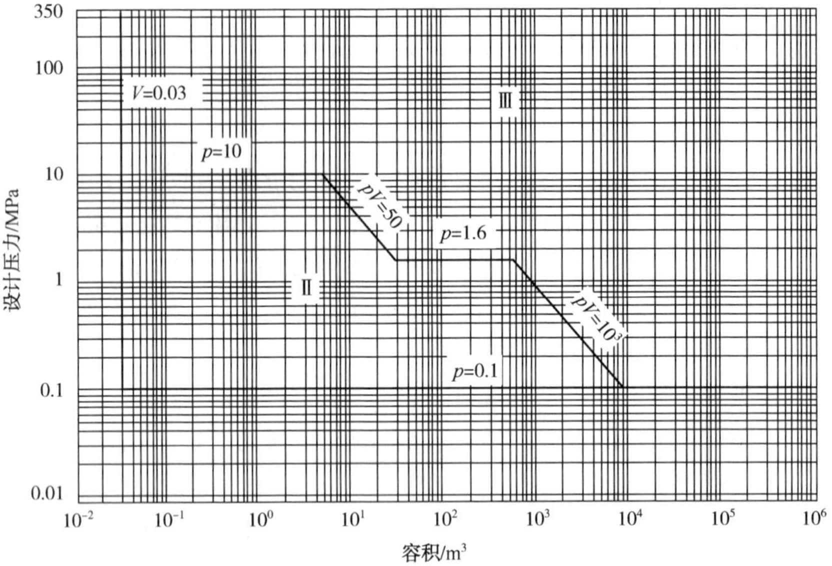

图 4-2　第一组介质压力容器分类图

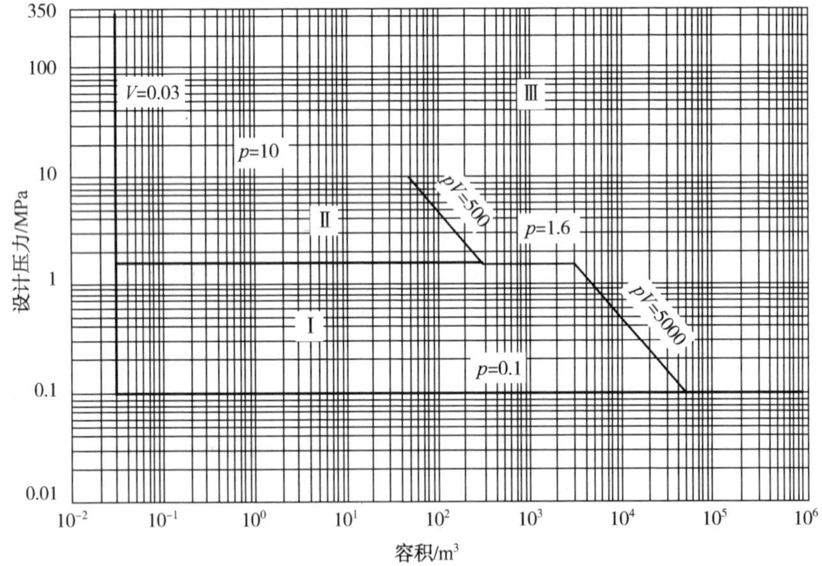

图 4-3　第二组介质压力容器分类图

4.2.3　压力容器的破坏形式

压力容器主要的破坏形式有韧性破裂、脆性破裂、疲劳破裂和蠕变破裂。

(1) 韧性破裂

韧性破裂是容器在压力作用下，器壁上产生的应力达到材料的强度极限，使壳体产生较大的塑性变形，最终导致破裂。韧性破裂的特征主要表现在：①破裂容器器壁有明显的伸长变形；②断口呈暗灰色纤维状，断口不齐平；③一般不产生碎片。

（2）脆性破裂

破坏发生在低应力状态下，绝大多数发生在材料的屈服点以下。破坏时没有或者有很少的塑性变形，有些压力容器在脆性破裂以后，如将碎片拼接起来，测量其周长与原来相比没有明显的变化。破坏大多发生在温度较低的情况下，而且往往在室温低于容器的使用温度时或进行水压试验时发生。脆性破裂的容器往往在一瞬间发生断裂，并以极快的速度扩展。

（3）疲劳破裂

疲劳破裂是材料经过长期的交变载荷后，在比较低的应力状态下，没有明显的塑性变形而突然发生的损坏。疲劳破裂一般是从应力集中的地方开始，即在容易产生峰值应力的开孔、接管、转角以及支承部位处。受交变压力作用的高应力区，当材料所受的应力超过屈服极限时，能逐渐产生微小裂纹，裂纹两端在交变应力作用下不断扩展，最后导致容器的破坏。疲劳破裂时的应力一般都低于材料的抗拉极限。疲劳破裂不产生脆性破裂那样的脆断裂片。

（4）蠕变破裂

材料在高于一定温度下受到外力作用，即使内部的应力小于屈服强度，也会随时间的增长而缓慢产生塑性变形，即蠕变。产生蠕变的材料，其金相组织有明显的变化，如晶粒粗大珠光体的球化等，有时还会出现蠕变的晶界裂纹。碳钢温度超过 300~400℃这个阶段时发生蠕变。蠕变破裂的发生，需经过较长一段时间的高温下的外力载荷，破坏应力低于材料在使用温度下的强度极限。压力容器发生蠕变破裂时，具有比较明显的塑性变形，变形量的大小视材料的塑性而定。设计时，应根据压力容器的使用温度，选用合适的材料。制造中进行焊接及冷作加工时，为不影响材料的抗蠕变性能，应防止材料产生晶间裂缝。运行中必须防止容器局部过热。

4.2.4 压力容器的安全管理

为了保证压力容器的安全运行，不仅要求设计可靠、质量合格，还必须保证正确操作、合理维护和定期检验，应建立完善的压力容器安全管理的规章制度。由于压力容器的使用条件复杂，每一台容器都应有各自的操作规程。压力容器使用管理、登记等内容在《特种设备使用管理规则》（TSG 08—2017）中规定，使用单位对压力容器使用安全管理、设置安全管理机构，配备安全管理负责人、安全管理人员和作业人员，办理使用登记，建立各项安全管理制度，制定操作规程，并且进行检查。

1. 压力容器技术档案

压力容器的技术档案应包括原始技术资料和使用记录。压力容器的技术档案应包括：压力容器的产品合格证，质量说明书，登记卡片，设计、制造、安装技术等原始的技术文件和资料，监察鉴定记录，验收单，检修方案及实际检修情况记录，运行累计时间表，年运行记录，理化检验报告，事故及应急处理措施，竣工图以及中高压反应容器和储运容器的主要受压元件强度计算书等。

2. 安全操作规程

压力容器要分级管理，专人负责操作，操作人员必须完全熟悉操作的全部内容，严格按照操作规程进行操作。操作规程至少应包括以下内容：①压力容器的正确操作方法；②压力容器的最高允许压力和温度；③开、停车的操作程序和注意事项；④压力容器运行中的检查项目和部位，可能出现的异常现象及判断方法和应采取的紧急措施；⑤压力容器停用时的维护和检查。

在压力容器的运行过程中，操作人员要严格遵守安全操作规程，注意观察容器内介质的反应情况，压力、温度的变化及有无异常现象等，及时进行调节和处理。认真做好设备运行记录，记录数据应准时、正确。

3. 岗前培训

压力容器的操作人员属于特殊工种，上岗前必须对他们进行安全教育和培训考核，合格并发给安全操作证后，方可上岗操作。考核大纲请参考《特种设备作业人员考核规则》(TSG Z6001—2019)。

4. 平稳操作

平稳操作主要是指缓慢地进行升温、加压和结束时降温、降压，运行期间保持温度、压力的相对稳定。因为加载速度过快会降低材料的断裂韧性，可能使存在微小缺陷的容器产生脆性断裂破坏。在高温或零下温度运行的容器，如果急骤升温或降温，会使壳体产生较大的温度梯度，从而产生过大的热应力。所以，无论是开车、停车，还是在容器运行期间都要避免壳体温度的突然变化，以免产生过大的热应力。

5. 防止超负荷运行

防止容器超负荷运行，主要是防止超压、超温运行。如果发现容器在运行中的压力或温度不正常时，要按操作规程进行调整。除了在连接管道或压力容器阀门上设置连锁装置，还可以实行“安全操作挂牌制度”，即在一些关键性的操作位置上挂牌，用明显标志或文字说明阀门的开关方向、程度和注意事项等，以防止出现操作失误。

6. 加强压力容器的安全检查及日常保养

对运行中的压力进行安全检查的主要内容：①容器的压力、温度、液位等操作条件是否在规定范围内；②容器连接部位有无泄漏或渗漏现象；③安全装置及附件、计量仪表等是否保持在完好状态；④容器的防腐层要经常保持完好；⑤及时消除容器振动和摩擦；⑥杜绝物料的跑、冒、滴、漏等。

7. 及时紧急停止运行

压力容器在运行过程中，出现下列紧急情况时，操作人员应采取紧急措施，按规定程序停止容器的运行并及时报告有关部门。对于连续生产的压力容器，采取紧急措施使其停止运行时，必须及时与前后有关操作岗位取得密切联系。

① 压力容器的工作压力、介质温度或壁温超过规定的极限值，经采取各种措施仍无法控制的，并有继续恶化的趋势；②压力容器的受压部件出现裂缝、鼓包变形、焊缝或可拆连接处泄漏等危及安全的缺陷；③容器的安全附件全部失效，接管管件断裂或紧固件损坏，难以保证容器的安全运行；④操作岗位发生火灾，直接威胁容器的安全运行；⑤高压容器的信号孔或警报孔泄漏。

4.2.5 压力容器的定期检验

压力容器定期检验，是指特种设备检验机构按照一定的时间周期，在压力容器停机时，根据《大容规》的规定对在用压力容器的安全状况所进行的符合性验证活动。在用压力容器，按照《大容规》中第 7 章“使用管理”和第 8 章“定期检验”内容的规定，进行定期自行检查(包括月度检查、年度检查)和定期检验。

1. 月度检查

月度检查内容主要为压力容器本体及其安全附件、装卸附件、安全保护装置、测量调控装置、附属仪器仪表是否完好，各密封面有无泄漏，以及其他异常情况等。当年度检查与月度检查时间重合时，可不进行月度检查。

2. 年度检查

压力容器使用单位应当实施压力容器的每年一次的年度检查，年度检查至少包括压力容器安全管理情况检查、压力容器本体及运行状况检查和压力容器安全附件检查等。对年度检查中发现的压力容器安全隐患要及时消除。

3. 定期检验的周期

定期检验是指压力容器停机时进行的检验和安全状况等级评定。定期检验由具备资质的特种设备检验机构进行。《大容规》本次修订将金属、非金属压力容器的检验分开描述，分别叙述检验周期、检验项目及内容、检验结果评定(评级)。将超高压容器的定期检验统一到金属压力容器的定期检验中，包括统一检验周期、检验项目及内容、安全状况等级评定等。金属压力容器一般应当于投用后 3 年内进行首次定期检验。下次的检验周期，由检验机构根据压力容器的安全状况等级，按照以下要求确定：①安全状况等级为 1、2 级的，一般每 6 年一次；②安全状况等级为 3 级的，一般 3~6 年一次；③安全状况等级为 4 级的，应当监控使用，其检验周期由检验机构确定，累计监控使用时间不得超过 3 年；④安全状况等级为 5 级的，应当对缺陷进行处理，否则不得继续使用。

压力容器安全状况等级的评定按照《大容规》中第 8 章“定期检验”的规定。压力容器安全状况等级分为 1 级至 5 级，1 级最好，5 级最差。压力容器安全状况符合其规定条件的，可以适当缩短或者延长检验周期。压力容器安全状况为 1、2 级，且符合一定条件的，其检验周期最长可延至 12 年。

使用单位应当在压力容器定期检验有效期届满的 1 个月以前，向特种设备检验机构提出定期检验申请，并且做好定期检验相关的准备工作。定期检验完成后，由使用单位组织对压力容器进行管道连接、密封、附件(含安全附件及仪表)和内件安装等工作，并且对其安全性负责。以此提示使用单位注重定期检验完成后压力容器的管道连接、密封、附件(含安全附件及仪表)和内件安装等工作，同时也进一步明确安全责任。

4. 定期检验的内容

压力容器定期检验包括外部检验、内外部检验和耐压试验，外部检验可以在压力容器运行过程中进行，检验内容包括：①压力容器的本体、接口部位、焊接接头等的裂纹、过热、变形、泄漏等。②检漏孔、信号孔的漏液、漏气；疏通检漏管；排放(疏水、排污)装置。③压力容器与相邻管道或构件的异常振动、响声，相互摩擦。④进行安全附件检查。⑤支承或支座的损坏，基础下沉、倾斜、开裂，紧固件的完好情况。⑥运行的稳定情况，安全状况等级为 4 级的压力容器监控情况。内外部检验是在压力容器停运时检验，其检验内容：①外部检验的全部项目。②结构检验。重点检查的部位有：筒体与封头连接处、开孔处、焊缝、封头、支座或支承、法兰、排污口。③几何尺寸。凡是有资料可确认容器几何尺寸的，一般核对其主要尺寸即可。对在运行中可能发生变化的几何尺寸，如筒体的不圆度、封头与筒体鼓胀变形等，应重点复核。④表面缺陷。主要有腐蚀与机械损伤、表面裂纹、焊缝咬边、变形等。应对表面缺陷进行认真地检查和测定。⑤壁厚测定。测定位置应有代表性，并有足够的测定点数。⑥材质。确定主要受压元件材质是否恶化。⑦保温层、堆焊层、金属衬里的完好情况。⑧焊缝埋藏缺陷检查。⑨安全附件检查。⑩紧固件检查。

5. 耐压试验

定期检验过程中，使用单位或者检验机构对压力容器的安全状况有怀疑时，应当进行耐压试验。耐压试验由使用单位负责实施，检验机构负责检验。耐压试验除非设计规定要用气体进行耐压试验，一般都用液体进行。需要进行气密性试验的压力容器，要在液压试验合格后进行。

6. 泄漏试验

对于介质毒性危害程度为极度、高度危害，或者设计上不允许有微量泄漏的压力容器，应当进行泄漏试验。泄漏试验包括气密性试验和氨、卤素、氦检漏试验。试验方法的选择，按照压力容器设计图样的要求执行。泄漏试验由使用单位负责实施，检验结构负责检验。泄漏试验的要求请参考《大容规》中“泄漏试验”的规定。

4.2.6 压力容器的安全附件

1. 泄压概念

失控条件下，反应器内典型的压力变化如图 4-4 所示，曲线 C 是没有泄压系统时的压力变化情况。反应失控后反应器内温度升高，反应速率随之增加，又反过来放出更多的热量。直到反应物全部被泄放后，反应器内的温度和压力都将持续增加。反应物全部消耗完后，热量生成停止，反应器逐渐冷却，压力随后降低。完整的曲线 C 建立在反应器能够承受失控反应的全部压力的假设上。

曲线 A 是通过安全阀的蒸气或气体排放。当压力增加至泄压设备开启压力时，安全阀打开，蒸气排出，压力立即下降，并持续至安全阀关闭。此时的压力应低于安全阀开启压力，两者之差称为压降。曲线 B 表示通过安全阀的两相流（泡沫泄压）。当泄压为两相流时，安全阀开启后，压力仍将持续上升，超出泄压设备开启压力的部分即超压。但压力增长量相对于没有泄压设备的情况，同样有所降低。由图 4-4 可知，气液两相流的泄压特性和蒸汽或气体单相流泄压差别很大。

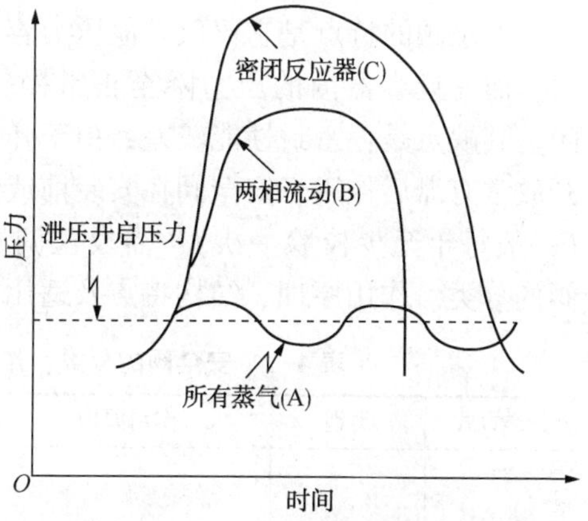

图 4-4 反应失控压力随时间变化曲线

为满足工厂安全和环境的要求，泄压设备与其他的后续处理设备协同作用，共同构成一个整体封闭的系统，实现对泄放出来的流体的妥善处置。如图 4-5 所示，泄放出的流体首先被排向分液器，在这里实现液体和蒸气的分离，液体被收集，蒸气被排向另一个处理单元，可能包括冷凝器、洗涤器、火炬或它们之间的组合等。

压力容器的安全附件按使用性能或用途来分，一般包括以下四大类型：①为防止设备误操作连锁装置，如连锁开关、联动阀等；②警报装置，如压力警报器、水位监测仪等；③计量装置，如压力表、温度计等；④泄压装置，如安全阀和爆破片等。限于篇幅，本书仅介绍泄压装置。常用的泄压装置有安全阀、爆破片和防爆帽、易熔塞、组合装置等几种。设计时可参考《石油化工装置安全泄压设施工艺设计规范》（SH/T 3210—2020）。

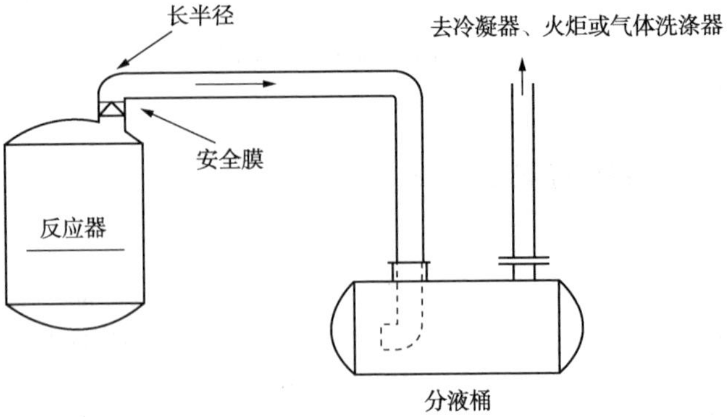

图 4-5　泄压系统示例

2. 安全阀

安全阀的特点是它仅仅排泄压力容器内高于规定部分的压力，而一旦容器内的压力降至正常操作压力时，它即自动关闭。其缺点是：密封性能较差，由于弹簧等的惯性作用，阀的开放常有滞后作用。安全阀在安装前或使用过程中的定期校验（一般每年至少校验一次），需校正调试它的开启压力。安全阀的分类、作用原理、结构特点及适用范围见表 4-1。

安全阀和爆破片标准

表 4-1　安全阀的分类、作用原理、结构特点及适用范围

分类方式	类别	作用原理	结构特点及使用范围
按整体机构及加载方式	杠杆式	利用加载结构（重锤和杠杆）来平衡介质作用在阀瓣上的力	加载结构中重锤质量和位置的变化可以获得较大的开启力或关闭力，调整容易而且较正确；加载不因阀瓣的升高而增加；加载机构对振动敏感，常因振动产生泄漏；结构简单但笨重，限于中、低压系统；适于温度较高的系统；不适于持续运行的系统
	弹簧式	利用压缩弹簧的力来平衡介质作用在阀瓣上的力	通过调整螺母来调整弹簧压缩量，从而按需要来校正安全阀的开启压力；弹簧力随阀的开启高度而变化，不利于阀的迅速开启；结构紧凑，灵敏度较高，安装位置无严格限制，应用广泛；对振动的敏感性小，可用于移动式的压力容器，长期高温会影响弹簧力，不适用于高温系统
	脉冲式	通过辅阀上的加载机构（杠杆式或弹簧式）动作产生的脉冲作用带动主阀动作	结构复杂，通常只适用于安全泄放量很大的系统或者用于高压系统

续表

分类方式	类别	作用原理	结构特点及使用范围
按气体排放方式	全封闭式		排出的气体全部通过排放管排放，介质不外泄，主要用于存有有毒或易燃气体的系统
	半封闭式		排出的气体部分全部通过排放管排放，其他部分从阀盖或阀杆之间的空隙漏出，多用于存有对环境无害气体的系统
	敞开式		没有安装排气管的连接结构，排出的气体从安全阀出口直接排到大气中。多用于存有压缩空气、水蒸气的系统

安全阀的选择应根据压力容器的工作压力、温度、介质特性来确定，一般要考虑以下问题。①类型选择：根据容器的工作压力、温度、介质特性、泄放要求以及容器有否振动等因素综合考虑。②规格选择：公称压力和公称直径的选用。③安全阀阀体、阀瓣、弹簧等材料的选择：按照介质的压力、温度和腐蚀性等选定。压力不高的承压设备大多选用杠杆式安全阀；高压容器多半选用弹簧式安全阀，弹簧式安全阀的结构如图 4-6 所示。流量大、压力高的承压设备应选用全开式；介质为易燃易爆或有毒物质的应选用封闭式。排放不可压缩流体(如水和油等液体)时，应选用微启式安全阀；排放可压缩流体(如蒸气和气体)时，应选用全启式安全阀。当介质具有腐蚀性或易结垢，安全阀的弹簧会因此而导致工作失常时，要采用波纹管安全阀，但波纹管安全阀不适用于酚、蜡液、重石油馏分、含焦粉等介质以及往复式压缩机的场合，因为这些场合波纹管会堵塞或损坏。

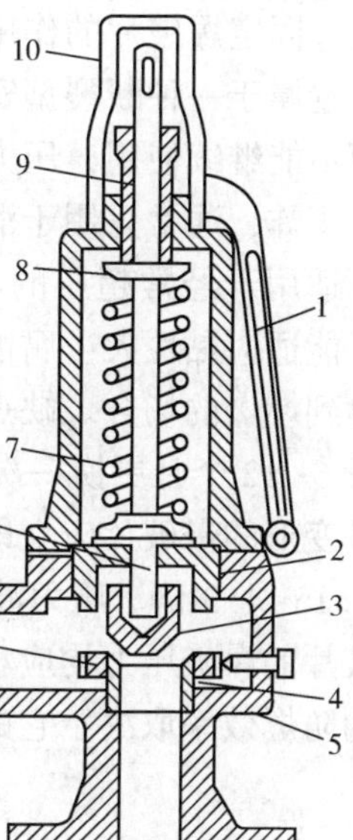

图 4-6　弹簧式安全阀

1—手柄；2—阀盖；3—阀瓣；4—阀座；5—阀体；6—阀杆；7—弹簧；8—弹簧压盖；9—调节螺母；10—阀帽；11—调节环

同一容器使用先导式安全阀时，可允许较高的工作压力，且泄漏量小。流动式导阀由于在正常允许时，有少量介质需要连续排放，不宜用于有害介质的场合；而不流动式导阀适用于有害介质的应用。石油化工一般只采用法兰连接的弹簧式安全阀或先导式安全阀。除波纹管安全阀用于排放水、水蒸气或空气的安全阀外，所有安全阀都要选用带封闭式弹簧罩结构。介质温度大于 300℃时，选用带散热片的弹簧式安全阀。只有介质是水蒸气或空气时，允许选用带扳手的安全阀。扳手主要作用是检查安全阀阀瓣的灵活程度，有时也可用于紧急泄压。

《大容规》规定，安全阀与压力容器之间一般不宜装设截止阀门；为实现安全阀的在线校验，可在安全阀与压力容器之间装设爆破片装置；对于盛装毒性程度为极度、高度、中度危害介质，易燃介质，腐蚀、黏性介质或者贵重介质的压力容器，为便于安全阀的清洗与更换，经过使用的单位主管压力容器安全技术负责人批准，并且制定可靠的防范措施，方可在安全阀(爆破片装置)与压力容器之间装设截止阀门，压力容器正常运行期间截止阀门必须保证全开(加铅封或者锁定)，截止阀门的结构和通径不得妨碍安全阀的安全泄放。

3. 爆破片

爆破片装置由爆破片与夹持器组成，爆破片是其爆破元件，又称防爆膜；夹持器起固定爆破片的作用。爆破片是高压密闭装置防超压的安全附件之一。爆破片装置属于一种断裂型安全泄压装置，它利用膜片的破裂来达到泄压目的，泄压后便不能继续使用，压力容器也被迫停止运行。爆破片主要用于防止超压引起的化学爆炸，通常只用于泄压可能性较小而又不宜安装安全阀的压力容器上。爆破片不适用于经常超压的场合。优点：密封性好、反应迅速，灵敏度高，泄放量大，能适应黏性大、腐蚀性强的介质，特别是因化学反应导致压力瞬间急剧升高或达到燃爆的场合。缺点：不可逆，不能恢复原来状态，造成操作中断。爆破片一般6~12个月更换一次。如果在系统超压后未破裂的爆破片以及正常运行中有明显变形的爆破片应立即更换。爆破片爆破压力的选定一般为容器最高工作压力的1.15~1.3倍。压力波动幅度较大的容器，其比值还可增大。但任何情况下，爆破片的爆破压力均应小于压力容器的设计压力。图4-7为爆破片示意图。爆破片的防爆效率取决于它的厚度、泄压面积和膜片材料的选择。

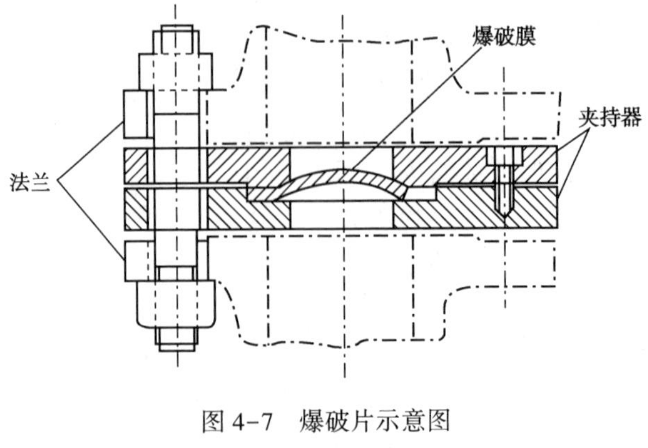

图4-7　爆破片示意图

爆破片的另一个作用是，如果压力容器的介质不洁净、易于结晶或聚合，这些杂质或结晶体有可能堵塞安全阀，使得阀门不能按规定的压力开启，失去了安全阀泄压作用，在此情况下就只得用爆破片作为泄压装置。对于工作介质为剧毒气体或可燃气体(蒸气)里含有剧毒气体的压力容器，其泄压装置应采用爆破片而不宜用安全阀，以免污染环境。因为对于安全阀来说，微量的泄漏是难免的。凡有重大爆炸危险性的设备、容器及管道，都应安装爆破片(如气体氧化塔、球磨机、进炼焦炉的气体管道、乙炔发生器等)。爆破片一般6~12个月更换一次。

安全阀和爆破片的组合大体上可以分为串联和并联两种形式，具体组合则多种多样。具体内容可参考《安全阀与爆破片安全装置的组合》(GB/T 38599—2020)。如图4-8所示，(a)中两种安全装置并联在容器上，当泄压足以使压力恢复正常时，首先由安全阀排放，而压力持续升高(如发生二次反应持续生产气体)时，由爆破片和安全阀共同泄压；(b)中爆破片串联于安全阀之前，适用于对密封和耐腐蚀性要求较高的场合，爆破片对安全阀可以起到保护作用，安全阀也可以使系统暂时继续运行；(c)安全阀串联于爆破片之前，适用于容器内压力有经常性波动的场合，安全阀对爆破片可以起到稳压的作用。

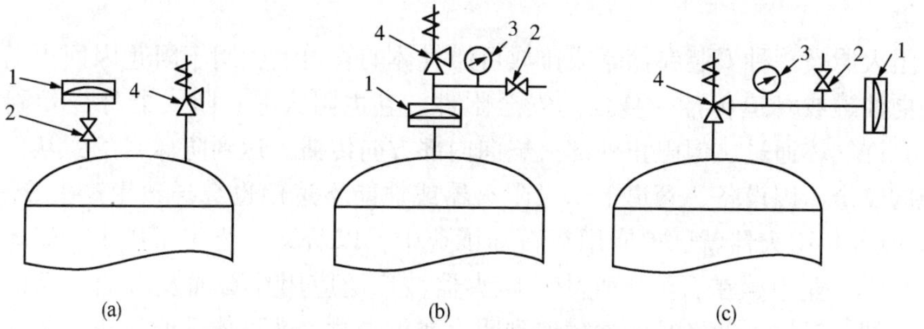

图4-8 安全阀和爆破片组合使用示例

1—爆破片；2—截止阀；3—压力表；4—安全阀

4. 防爆帽

防爆帽又称爆破帽，也是一种断裂性的安全泄压装置。防爆帽的样式较多，它的主要元件就是一个一端封闭、中间具有一薄弱断面的厚壁管。当容器内的压力超过规定，使薄弱断面上的拉伸压力达到材料的强度极限时，防爆帽即从此处断裂，气体由管孔中排出。为了防止防爆帽断裂后飞出伤人，在其外帽常装有套管式保护装置。防爆帽适用于超高压容器，因超高压容器的安全泄压装置不需要很大的泄放面积，且爆破压力较高，防爆帽的薄弱断面可有较大的厚度，使它易于制造。并且防爆帽还具有结构简单、爆破压力误差较小、比较易于控制等优点。

5. 易熔塞

通过易熔合金的熔化使容器内的气体从原来填充有易熔合金的孔中排出，从而泄放压力。主要用于防止容器由于温度升高而发生超压。一般多用于液化气体气瓶。

4.3 阻火及隔爆技术

防火防爆安全装置可以分为阻火隔爆装置与防爆泄压装置两大类，防爆泄压装置已经4.2.6节中介绍。阻火防爆是通过某些隔离措施防止外部火焰蹿入存有可燃爆炸物料的系统、设备、容器及管道内，或者阻止火焰在系统、设备、容器及管道之间蔓延。按照作用机理，可分为机械隔爆和化学抑爆两类。机械隔爆是依靠某些固体或液体物质阻隔火焰的传播；化学抑爆主要是通过释放某些化学物质来抑制火焰的传播。机械阻火隔爆装置主要有工业阻火器、主动式隔爆装置和被动式隔爆装置等。其中工业阻火器装于管道中，形式最多，应用也最为广泛。

1. 工业阻火器

工业阻火器分为机械阻火器、液封阻火器和料封阻火器。工业阻火器常用于阻止爆炸初期火焰的蔓延。一些具有复合结构的机械阻火器也可以阻止爆轰火焰的传播。

阻火器是一种安装在储罐或排放可燃气体的管道上，用于阻止因回火而引起火焰向油罐或管道传播、蔓延的安全附件。它由阻火芯、阻火器外壳及附件构成，允许气体通过，但阻止外部火焰向内部方向传播，达到防爆目的，从而保证设施的安全。因设备、管道上未设阻火器或性能不达标也会导致生产安全事故。早在1928年阻火器就已被应用在石油工业中，以后又广泛用于矿山、煤矿、水运及化学工业中。在石油工业中，阻火器被广泛应用在石油及石油产品的储罐上。当储存轻质石油产品的油罐遇到明火或雷击时，就可能引起火灾。为了防止这种危险的产生而使用阻火器。对于只设放散管的储槽，阻火器的安装位置顺序是：储槽通气管—阻火器—放散管—大气。如储槽设呼吸阀时，阻火器的安装位置顺序是：储槽通气管—阻火器—呼吸阀—大气。但储槽必须同时也设置放散管。放散管的安装仍应符合以上规定的顺序，如图4-9所示。

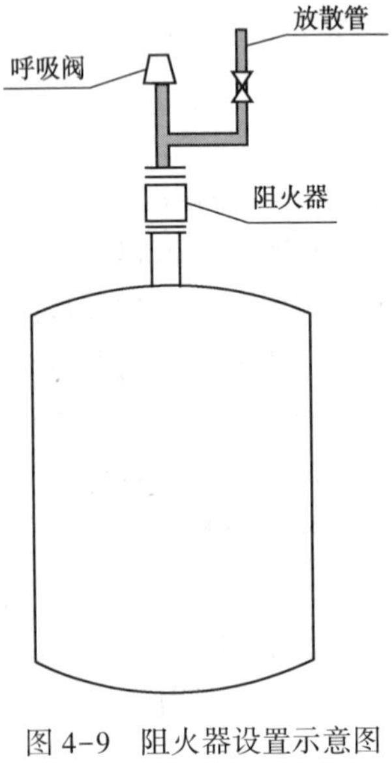

图4-9　阻火器设置示意图

(1) 阻火器工作原理

关于阻火器的工作原理，主要有两种观点：一是基于传热作用；二是基于器壁效应。①传热作用。燃烧所需要的必要条件之一就是要达到一定的温度，即着火点。低于着火点，燃烧就会停止。依照这一原理，只要将燃烧物质的温度降到其着火点以下，就可以阻止火焰的蔓延。当火焰通过阻火元件的许多细小通道之后将变成若干细小的火焰。设计阻火器内部的阻火元件时，则尽可能扩大细小火焰和通道壁的接触面积，强化传热，使火焰温度降到着火点以下，从而阻止火焰蔓延。②器壁效应。燃烧与爆炸并不是分子间直接反应，而是受外来能量的激发，分子键遭到破坏，产生活化分子，活化分子又分裂为寿命短但却很活泼的自由基，自由基与其他分子相撞，生成新的产物，同时也产生新的自由基再继续与其他分子发生反应。当燃烧的可燃气通过阻火元件的狭窄通道时，自由基与通道壁的碰撞几率增大，参加反应的自由基减少。当阻火器的通道窄到一定程度时，自由基与通道壁的碰撞占主导地位，由于自由基数量急剧减少，反应不能继续进行，即燃烧反应不能通过阻火器继续传播。随着阻火器通道尺寸的减小，自由基与反应分子之间碰撞几率随之减少，而自由基与通道壁的碰撞几率反而增加，这样就促使自由基反应减低。当通道尺寸减小到某一数值时，这种器壁效应就造成了火焰不能继续传播的条件，火焰即被阻止。因此器壁效应是防止火焰的主要机理。

（2）阻火器标准

与阻火器设置有关的规范性文件。国家标准《石油储罐阻火器》（GB 5908—2005）、《石油气体管道阻火器》（GB/T 13347—2010）、《压力管道规范 工业管道 第6部分：安全防护》（GB/T 20801.6—2020）、《精细化工企业工程设计防火标准》（GB 51283—2020）等，行业标准《工艺系统工程设计技术规定 第19部分：阻火器的设置》（HG/T 20570.19—1995）、《石油化工储运系统罐区设计规范》（SH/T 3007—2014）、《石油化工石油气管道阻火器选用、检验及验收标准》（SH/T 3413—2019）等，部门规章《压力管道安全技术监察规程——工业管道》（TSG D0001—2009）等都对安装在管道、管端和设备上的阻火器作出了详细的规定。阻火器主要由壳体和滤芯两部分组成。壳体应具有足够的强度，以承受爆炸产生的冲击压力。滤芯是阻止火焰传播的主要构件，常用的有金属网滤芯和波纹型滤芯两种。金属网型滤芯由直径0.23~0.315mm的不锈钢或铜网，多层重叠组成。国内的阻火器通常采用16~22目金属网，为4~12层。波纹型滤芯用不锈钢、铜镍合金、铝或铝合金制成。波纹型阻火器能阻止爆燃的猛烈火焰，并能承受相应的机械和热力作用，流动阻力小，易于清洗和更换。

（3）阻火器的分类

按照性能可分为阻爆燃型和阻爆轰型。阻爆燃型是指用于阻止亚音速传播的火焰蔓延；阻爆轰型是指阻止音速和超音速传播的火焰蔓延。按照使用场合不同可分为放空阻火器和管道阻火器。放空阻火器是指安装在储罐（或者槽车）的放空管道上，用于阻止外部火焰传入储罐（或者槽车）内，分为管端型和普通型：管端型阻火器为阻爆燃型，是指一端与大气相通，为防止灰尘和雨水进入阻火器内部，顶部安装由温度控制开启的防风雨帽；普通型阻火器是指两端与管道相连，通过下游管道与大气相通，分为阻爆燃型和阻爆轰型。管道阻火器安装在密闭管路系统中，用于防止管路系统一端的火焰蔓延到管路系统的另一端，分为阻爆燃型和阻爆轰型。按照阻火器结构可分为填充型、板型、金属丝网型、液封型和波纹型5种。

2. 主动式(监控式)隔爆装置和被动式隔爆装置

主动式、被动式隔爆装置是靠装置某一元件的动作来阻隔火焰的，这与工业阻火器靠本身的物理特性来阻火是不同的。工业阻火器在工业过程中时刻都在起作用，对流体介质的阻力较大，而主动式、被动式隔爆装置只是在爆炸发生时才起作用，因此它们在不动作时对流体介质的阻力小，有些隔爆装置甚至不会产生压力损失。另外，工业阻火器对于纯气体介质才是有效的，对气体中含有杂质(如粉尘、易凝物等)的输送管道，应当选用主动式、被动式隔爆装置为宜。主动式隔爆装置由一灵敏的传感器探测爆炸信号，经放大后输出给执行机构，控制隔爆装置喷洒抑爆剂或关闭阀门，从而阻隔爆炸火焰的传播。

(1) 化学抑制防爆(简称化学抑爆、抑制防爆)装置

化学抑爆是在火焰传播显著加速的初期通过喷洒抑爆剂来抑制爆炸的作用范围及猛烈程度，达到一种主动式的隔爆技术。它可用于装有气相氧化剂中可能发生爆燃的气体、油雾或粉尘的任何密闭设备。例如：加工设备(如反应容器、混合器、搅拌器、研磨机、干燥器、过滤器及除尘器等)、储藏设备(如常压或低压罐、高压罐等)、装卸设备(如气动输送机、螺旋输送机、斗式提升机等)、试验室和中间试验厂的设备(通风柜、试验台等)以及可燃粉尘气力输送系统的管道等。化学抑爆技术可以避免有毒或易燃易爆物料以及灼热物料、明火等蹿出设备，对设备强度的要求较低。适用于泄爆易产生二次爆炸，或无法开设泄爆口的设备以及所处位置不利于泄爆的设备。常用的抑爆剂有化学粉末、水、卤代烷和混合抑爆剂等。爆炸抑制系统主要由爆炸探测器、爆炸抑制器和控制器三部分组成。如图4-10所示，其作用原理：高灵敏度的爆炸探测器探测到爆炸发生瞬间的危险信号后，通过控制器启动爆炸抑制器，迅速将抑爆剂喷入被保护的设备中，将火焰扑灭从而抑制爆炸进一步发展。

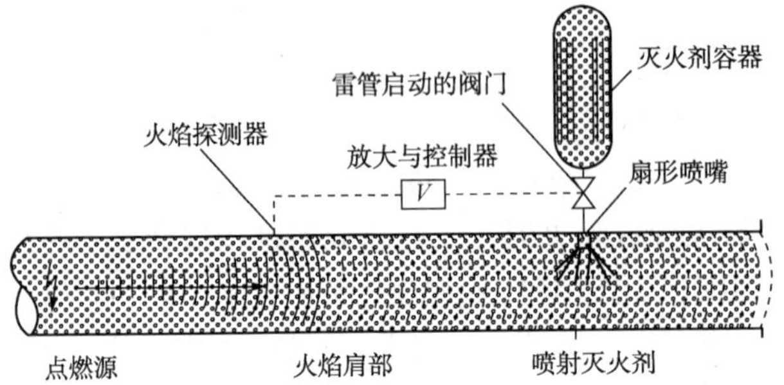

图4-10　自动灭火剂阻火器

(2) 自动断路阀和管道换向隔爆装置

被动式隔爆装置主要有自动断路阀(图 4-11)、管道换向隔爆装置(图 4-12)等形式，是由爆炸波推动隔爆装置的阀门或闸门来阻隔火焰。

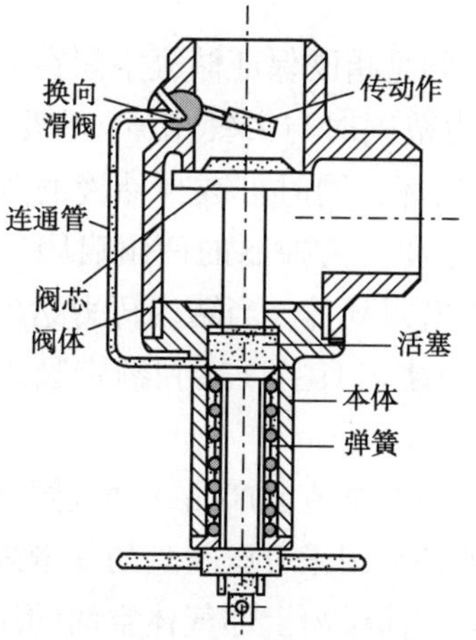

图 4-11 自动断路阀

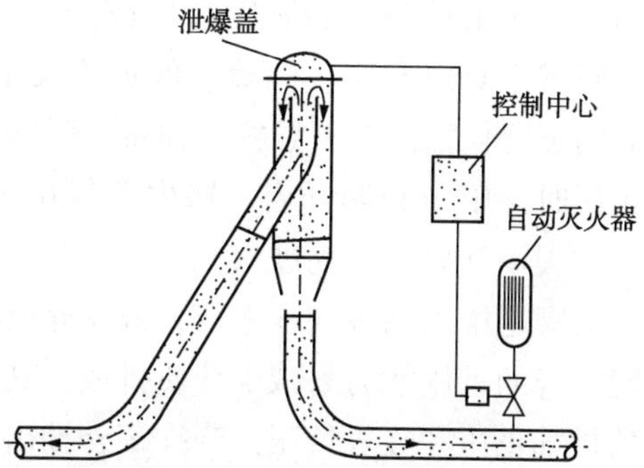

图 4-12 管道换向隔爆装置

3. 其他阻火隔爆装置

(1) 单向阀

单向阀又称止逆阀、止回阀。它的作用是仅允许液体(气体或液体)向一个方向流动，遇到倒流时即自行关闭，从而避免在燃气或燃油系统中发生液体倒流，或高压蹿入低压造成容器管道的破裂，或发生回火时火焰倒吸和蔓延等事故。

在工业生产上，通常在系统中流体的进口和出口之间，与燃气或燃油管道及设备相连接的辅助管线上，高压与低压系统之间的低压系统上，或压缩机与油泵的出口管线上安置单向阀。生产中用的单向阀有升降式、摇板式、球式等几种。

(2) 阻火阀门

阻火阀门是为了阻止火焰沿通风管道或生产管道蔓延而设置的阻火装置。在正常情况下，阻火阀门受环状或条状的易熔金属的控制，处于开启状态。一旦着火，温度升高，易熔金属即会熔化，此时阀门失去控制，受重力作用自动关闭，将火阻断在阀门一边。易熔金属元件通常由铋、铅、锡、汞等金属按一定比例组成的低熔点金属制成。由于赛璐珞、尼龙、塑料等有机材料在高温时也容易燃烧或者失去强度，所以也有用这类材料代替易熔合金来控制阻火阀门的。

(3) 火星熄灭器(防火罩、防火帽)

由烟道或车辆尾气排放管飞出的火星也可能引起火灾。因此，通常在可能产生火星设备的排放系统，如加热炉的烟道，汽车、拖拉机的尾气排放管等，安装火星熄灭器，用以防止飞出的火星引燃可燃物料。

4.4 呼吸阀

1. 呼吸阀原理

呼吸阀是一种用于常压罐的安全设施。呼吸阀是指既保证储罐空间在一定压力范围内与大气隔绝，又能在超过或低于此压力范围时与大气相通(呼吸)的一种阀门。其作用是防止储罐因超压或真空导致破坏，同时可减少储液的蒸发损失。呼吸阀主要由阀座、阀罩、保护罩及由真空和压力控制的两组启闭装置组成。启闭装置包括阀瓣、导杆、弹簧、弹簧座及密封环等。当罐内压力达到额定呼出正压时，压力阀瓣开启，罐内蒸气排出；当罐内真空度达到额定吸入负压时，真空阀瓣开启，空气进入。

呼吸阀是维护储罐气压平衡，减少介质挥发的安全节能产品，呼吸阀充分利用储罐本身的承压能力来减少介质排放，其原理是利用正负压阀盘的重量来控制储罐的排气正压和吸气负压；当往罐外抽出介质，使罐内上部气体空间的压力下降，达到呼吸阀的操作负压时，罐外的大气将顶开呼吸阀的负压阀盘，使外界气体进入罐内，使罐内的压力不再继续下降，让罐内与罐外的气压平衡，来保护储罐的安全装置。呼吸阀分为一般型和防冻型(全天候)两种。

2. 呼吸阀分类

(1) 紧定式呼吸阀

紧定式呼吸阀通常用于低压直通管道，密封性能完全取决于塞子和塞体之间的吻合度好坏，其密封面压紧是依靠拧紧下部的螺母来实现的。一般用于 $PN \leqslant 0.6\mathrm{MPa}$。

(2) 填料式呼吸阀

填料式呼吸阀是通过压紧填料来实现塞子和塞体密封的。由于有填料，因此密封性能较好。通常这种呼吸阀有填料压盖，塞子不用伸出阀体，因而减少了一个工作介质的泄漏途径。这种呼吸阀大量用于 $PN \leqslant 1\mathrm{MPa}$ 的压力。

实际应用中呼吸阀分为标准型呼吸阀、防冻型呼吸阀、防冻型防火呼吸阀、呼吸人孔、真空稳压阀、泄压阀。

(3) 自封式呼吸阀

自封式呼吸阀是通过介质本身的压力来实现塞子和塞体之间的压紧密封的。塞子的小头向上伸出体外，介质通过进口处的小孔进入塞子大头，将塞子向上压紧，此种结构一般用于空气介质。

(4) 油封式呼吸阀

现在呼吸阀的应用范围不断扩大，出现了带有强制润滑的油封式呼吸阀。由于强制润滑使塞子和塞体的密封面间形成一层油膜。这样密封性能更好，开闭省力，防止密封面受到损伤。

3. 呼吸阀标准

呼吸阀标准主要有《道路运输易燃液体危险货物罐式车辆呼吸阀》(QC/T 1064—2017)、《石油储罐附件　第 1 部分：呼吸阀》(SY/T 0511. 1—2010)、《油舱呼吸阀》(CB 692—94)、《低温先导式呼吸阀》(JB/T 12135—2015)等。

机械呼吸阀(重力式或阀盘式)保护油罐和减少油品蒸发损耗。机械呼吸阀是原油、汽油等易挥发性油品储罐的专用附件，安装在拱顶油罐顶部，其作用是自动控制油罐气体通道的启闭，对油罐起到超压保护的作用且减少油品的蒸发损耗。先导式呼吸阀是由一个主阀和一个导阀组成，两阀先后动作来联合完成呼气或吸气动作。导阀借助合适的材料制成的薄膜来控制主阀的动作，导阀在很低的工作压力下，仍可以输出足够的作用力来控制主阀的动作。导阀一旦打开，主阀就完全打开；导阀一旦关闭，主阀就迅速关闭。液压安全阀保护油罐安全。液压安全阀是与机械呼吸阀配套使用的，安装在机械呼吸阀的旁边，平时是不动作的，只有当机械呼吸阀由于锈蚀、冻结而失灵时才工作，所以其安全压力和真空度的控制都高于机械呼吸阀 10%。液压安全阀也兼有“紧急通气”作用，当呼吸阀并未失效，在有火情情况下，提供紧急呼气；南方炎热夏季，骤降大雨致罐内负压过高时，提供紧急吸气。

4.5　储罐和气柜

储罐是指石油化工生产中用于储存盛放气体、液体、液化气体等各种介质，维持稳定压力，起到缓冲、持续进行生产和运输物料作用的容器(或设备)。按照容积大小可分为小型储罐和大型储罐。小型储罐又分为立式和卧式；大型储罐按其形状可分为锥顶罐、拱顶罐、浮顶罐、球形罐等。石油炼制装置多采用大型储罐，小型储罐在化肥、化工、炼油生产中也得到了广泛应用。

1. 中小型储罐

由圆筒体和两个封头焊接而成，通常器内为低压，其结构比较简单，如图 4-13 所示。随罐内所需压力的增加，可依次选用蝶形、椭圆形、半球形封头的机构型式。当容器内含有颗粒状、粉末状的物料或是黏稠液体时，它的底部常用锥形封头，以利于汇集和卸下这些物料。有时，为了使气体均匀分布或改变气体速度，也可以采用锥形封头。

2. 球形罐

其结构如图 4-14 所示，属于大型储罐。主要用于大型液化气体储罐。

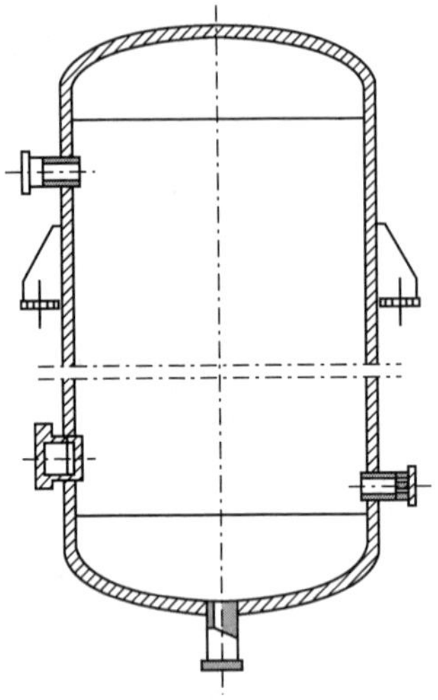

图 4-13　圆筒形容器

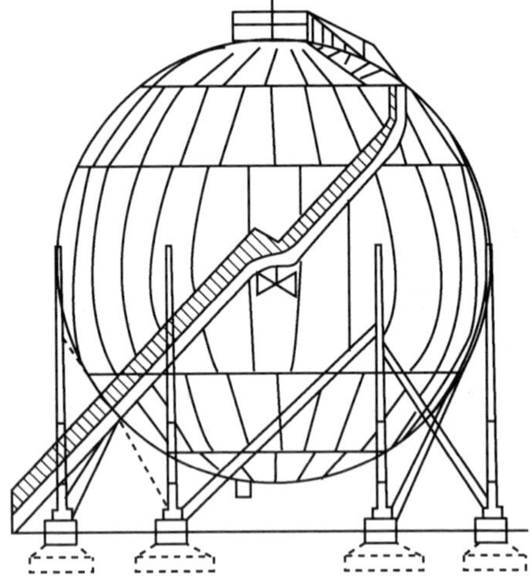

图 4-14　球形罐

3. 大型储罐

主要用于储存不带压力、腐蚀性较小的液体和煤气。其罐顶形式有三种，即锥顶、拱顶和浮顶等，如图 4-15 所示。立式拱顶罐由于罐顶以下的气相空间大，油品的蒸发损耗会增大，所以，立式拱顶罐不宜储存挥发性较高的化学品，适宜于储存挥发性较低的化学品。浮顶罐是带有浮顶、上部敞口的立式圆筒形罐，它利用浮顶把液面和大气隔开，因而大大减少了化学品的蒸发损耗，降低了火灾危险性，因此浮顶罐被广泛用于储存原油、汽油和其他易挥发油。浮顶罐的浮顶与罐壁是相对运动的。根据储罐外壳是否封顶分为外浮顶储罐和内浮顶储罐两种。外浮顶罐通常用于储存原油，内浮顶罐一般储存轻质油品。外浮顶储罐不仅可以降低油品蒸发损耗，而且特别适宜建造大容积储罐。但由于外浮顶面直接暴露于大气中，储存的油品容易被雨雪、灰尘等污染，所以外浮顶储罐多用于储存原油，用于储存成品油的较少。安全管理请参考《钢质原油储罐运行安全规范》(SY/T 6306—2020)。内浮顶罐是装有浮顶的拱顶罐，兼有拱顶罐防雨、防尘和浮顶罐降低蒸发损耗的优点，多用于储存航空燃料、汽油、溶剂油、芳烃、甲醇、MTBE 等品质较高的易挥发油品。严禁内浮顶罐运行中浮盘落底。柴油介质采用拱顶罐储存。

4. 储罐附件简介

在各种储罐上，通常都装有下列普通附件。扶梯和栏杆、人孔、透光孔、量油孔、脱水管、泡沫发生器、接地线。轻质油品储罐专用附件主要有呼吸阀、安全阀、阻火器、喷淋装置。除了上述附件或附属设施，常压和低压储罐一般还有人孔、测量仪表、高低液位报警器、放水管、转动扶梯、紧急排水口、高位带芯

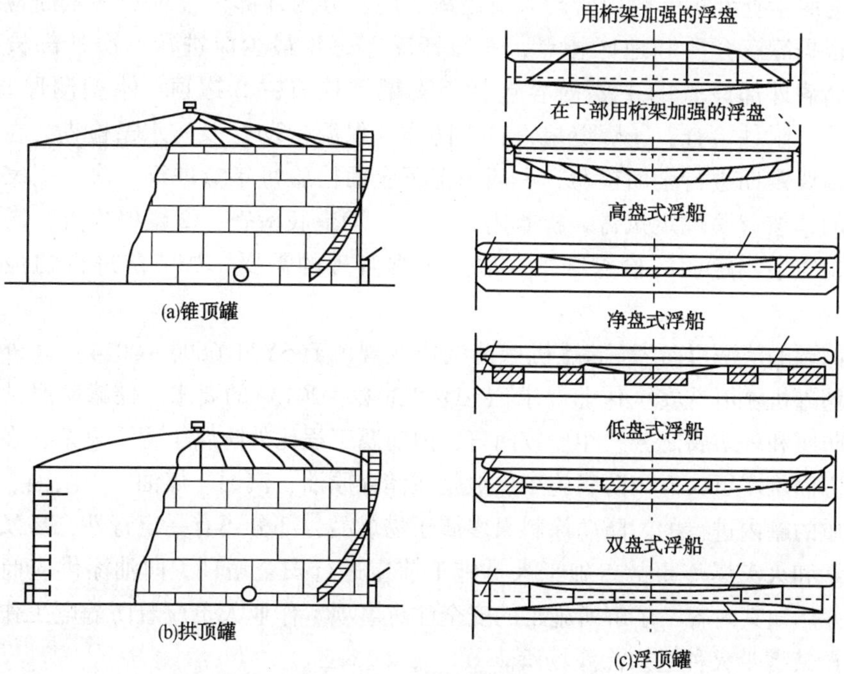

图 4-15　罐顶的结构型式

人孔等。内浮顶罐和一般拱顶罐相比，由于结构不同，并根据其使用性能要求，装有独特的各种专用附件。内浮顶罐专用附件主要有通气孔、静电导出装置、防转钢绳、自动通气阀、浮盘支柱、扩散管、密封装置及二次密封装置、中央排水管。储罐应按规范要求，安装高低液位报警、高高液位报警和自动切断连锁装置。储罐发生高低液位报警时，应到现场检查确认，采取措施，严禁随意消除报警。

5. 储罐的安全管理

储罐使用过程中的检查维护通常分为日常巡回检查维护，定期、不定期检查维护。日常巡检主要是观察储罐的液位、压力、温度是否正常，有无发生裂缝、腐蚀、鼓包、变形、泄漏现象，各人孔、出口阀门盘根、法兰等是否有物料的跑、冒、滴、漏现象；检查与储罐相关的阀门是否完好，开关状态是否符合运行工艺的要求；观察常压容器罐区内基础、防火堤、隔堤、排污等设施是否完好，有无损坏；储罐呼吸阀、阻火器、量油孔、泡沫发生器、转动扶梯、自动脱水器、高低液位报警器、人孔、透光孔、排污阀、液压安全阀、通气管、浮顶罐密封装置、罐壁通气孔、液位计等附件是否完好等。

化学品罐区管理

定期检查维护一般由管理人员组织实施，分为外部检查维护和全面检查维护。根据罐存介质和地区特点，一般情况下每年最少应进行一次外部检查维护，储罐外部检查的主要内容包括：①罐体检查；②罐顶、罐壁测厚检查；③配件、附件检查；④焊缝检查；⑤防腐、保温(冷)层及防水檐检查。在用常压储罐要定期进行全面检验，一般情况下全面检验每年应进行一次，国家另有规定的，按有关规定执行。检验内容如下：①罐底检查；②罐壁检查；③罐壁焊缝检查。不定期的检查维护一般是根据管理的需要，如节前进行的检查维护等。

储罐的清洗可参考《储罐机械清洗作业规范》(SY/T 6696—2014)、《外浮顶原油储罐机械清洗安全作业要求》(AQ/T 3042—2013)的要求。储罐防腐蚀工程有内防腐和外防腐之分。相比较而言，内防腐工程比外防腐工程更复杂，在安全管理方面难度更大。内防腐施工一般是在储存原油、汽油、煤油、石脑油、芳烃等介质的罐内进行的。防腐涂料大多属于易燃品，部分还有一定毒性，易发生人身中毒和火灾爆炸事故。施工人员施工前应进行安全培训，向油漆供应商索取SDS并熟知其内容，了解所施工的安全注意事项。作业人员应着防静电工作服和鞋，严禁携带火种进入涂漆场所。

《石油化工储运系统罐区设计规范》(SH/T 3007—2014)规定了石油化工储运系统罐区储罐的选用和常压、低压、压力储罐区的设计原则及技术要求。适用于石油化工和煤化工企业的液体物料(包括原料、中间原料、成品及辅助生产物料)储运系统储罐区的新建、改建、扩建工程设计，不适用于液化烃和液氮的低温常压储罐区、液化气天然气储罐区设计。

石油库一般指油田、销售企业收发和储存原油、成品油、半成品油、溶剂油、润滑油、沥青和重油等储运设施。罐区指炼化企业收发和储存原油、成品油、半成品油、溶剂油、润滑油、沥青和重油等储运设施。石油天然气站场石油库应符合《石油天然气工程设计防火规范》(GB 50183—2004)规定。石油化工企业罐区应符合《石油化工企业设计防火标准(2018 年版)》(GB 50160—2008)规定。石油库应符合《石油库设计规范》(GB 50074—2014)规定。

罐区防火堤是在储罐发生泄漏、沸溢时的第一道防护措施，其技术方面应满足《储罐区防火堤设计规范》(GB 50351—2014)的相关要求。地上储罐组应设防火堤。防火堤内的有效容量，不应小于罐组内一个最大储罐的容量。

6. 气柜

气柜是储存、回收化工企业低压瓦斯(煤气)和调节瓦斯(煤气)管网压力的重要设施。气柜有双膜干式、干式、湿式、高压式、曼式等形式。湿式气柜是最简单常见的一种气柜，通常用于煤气储存，它由水封槽和钟罩两部分组成。钟罩是没有底的、可以上下活动的圆筒形容器。如果储气量大时，钟罩可以由单层改成多层套筒式，各节之间以水封环形槽密封。干式煤柜是相对于采用水为密封介质的湿式煤气柜而言的，其密封形式为非水密封，为具有活塞密封结构的现场煤气储存设备。干式气柜是内部设有活塞的圆筒形或多边形立式气柜，活塞直径约等于外筒内径，其间隙靠稀油或干油气密封，随储气量增减，活塞上下移动。大容量干式气柜在技术与经济两方面均优于湿式气柜，我国已有容量(单位10^3m^3)为 20、30、50、100、150 等系列气柜。气柜容积大于或等于 10000Nm^3时宜选用干式气柜。目前炼化企业基本采用干式气柜。本节以干式气柜为例讲解其构造、安全管理。

(1) 干式气柜的结构

干式气柜由柜体、底板、顶盖和活塞四大部分组成。柜体包括走廊、爬梯、采光窗、柜容指示仪(显示柜内储气容量)和安全放散管。底板包括底部油沟和瓦斯进出口。顶盖包括中心通风帽、空气引入口、鞍式天窗和顶盖栏杆。活塞包括活塞油槽、密封导轮和切向导轮。干式气柜按照密封结构分为稀油密封型(M. A. N)、干油密封型(Klonne)和卷帘密封型(Wiggins)3 种。

活塞置于气柜内部，可以升降。瓦斯的进柜压力是靠活塞的自重平衡的。当活塞的结构质量不能满足瓦斯压力的要求时，可以用活塞上面的混凝土配重块来调整。气柜活塞上配重块严禁随意挪动，以防破坏活塞的平衡而影响其安全运行。导轮用以减少活塞升降时的摩擦阻力，保持水平升降，防止柜壁立柱的磨损。北向采用固定导轮，南向由于受日晒时间较长，温度变化大，采用弹簧导轮。固定导轮与钢轨的间隙用垫片来调节。为避免导轮与导轨摩擦产生火花，导轮采用铜质。气柜内部的瓦斯是靠密封油来实现密封的。

(2) 气柜的运行、维护和检修

气柜内储存的低压瓦斯不但易燃易爆，而且瓦斯中还含有硫化氢，所以，要正确操作气柜，确保气柜处于良好的运行状态。气柜的安全应执行国家相关法律、法规和《工业企业煤气安全规程》(GB 6222—2005)、《工业企业干式煤气柜安全技术规范》(GB 51066—2014)和《煤气柜工程施工及验收规范》(YB 4410—2014)的有关规定。气柜的检修周期一般为 2~5 年，气柜的检修内容及检查内容参考《气柜维护检修规程》(SHS 01036—2004)的规定。气柜的安全管理应以防火防爆、防中毒为重点。

博兴县“10·8”重大爆炸事故调查报告

4.6 化工单元操作安全

4.6.1 化工单元操作的危险性

化工单元操作的危险性主要是由所处理物料的危险性所决定的。其中，处理易燃物料或含有不稳定物质物料的单元操作的危险性最大。在进行危险单元操作过程中，除了要根据物料理化性质采取必要的安全对策，还要特别注意以下情况的产生。

① 防止易燃气体物料形成爆炸性混合体系。处理易燃气体物料时要防止与空气或其他氧化剂形成爆炸性混合体系。特别是负压状态下的操作，要防止空气进入系统而形成系统内爆炸性混合体系。同时也要注意在正压状态下操作易燃气体物料的泄漏，与环境空气混合，形成系统外爆炸性混合体系。

② 防止易燃固体或可燃固体物料形成爆炸性粉尘混合体系。在处理易燃固体或可燃固体物料时，要防止形成爆炸性粉尘混合体系。

③ 防止不稳定物质的积聚或浓缩。处理含有不稳定物质的物料时，要防止不稳定物质的积聚或浓缩。在蒸馏、过滤、蒸发、过筛、萃取，结晶、再循环、旋转、回流、凝结、搅拌、升温等单元操作过程中，有可能使不稳定物质发生积聚或浓缩，进而产生危险。

a. 不稳定物质减压蒸馏时，若温度超过某一极限值，有可能发生分解爆炸。

b. 粉末过筛时容易产生静电，而干燥的不稳定物质过筛时，微细粉末飞扬，可能在某些地区积聚而发生危险。

c. 反应物料循环使用时，可能造成不稳定物质的积聚而使危险性增大。

d. 反应液静置中，以不稳定物质为主的相，可能因分离而形成分层积聚。不分层时，所含不稳定的物质也有可能在局部地点相对集中。在搅拌含有有机过氧化物等不稳定物质的反应混合物时，如果搅拌停止而处于静置状态，那么，所含不稳定物质的溶液就附在壁上，若溶剂蒸发了，不稳定物质被浓缩，往往成为自燃的火源。

e. 在大型设备里进行反应，如果含有回流操作时，危险物在回流操作中有可能被浓缩。

f. 在不稳定物质的合成反应中，搅拌是一个重要因素。在采用间歇式反应操作过程中，化学反应速度很快。大多数情况下，加料速度与设备的冷却能力是相适应的，这时反应是扩散控制，应使加入的物料马上反应掉，如果搅拌能力差，反应速度慢，加进的原料过剩，未反应的部分积蓄在反应系统中，若再强力搅拌，所积存的物料会一起反应，使体系的温度上升，往往造成反应无法控制。一般的原则是搅拌停止的时候停止加料。

g. 在对含不稳定物质的物料升温时，控制不当有可能引起突发性反应或热爆炸。如果在低温下将两种能发生放热反应的液体混合，然后再升温而引起反应，这将是特别危险的。在生产过程中，一般将一种液体保持在能起反应的温度下，边搅拌边加入另一种物料以进行反应。

4.6.2 常见化工单元安全操作规程

化工单元操作指各种化学品生产过程中具有共同物理变化特点的通用物理操作，例如物料输送、传热、蒸馏、粉碎、冷冻等。任何危险化学品的生产都离不开化工单元操作，它在化工生产中的应用十分普遍。这里重点介绍常见化工单元的基本操作规程。

4.6.2.1 物料输送的安全操作要点

在化工生产过程中，经常需将各种原材料、中间体、产品以及副产品和废弃物，由前一个工序输往后一个工序，或由一个车间输往另一个车间或输往储运地点。这些输送过程是借助于各种输送机械设备实现的。由于所输送物料的形态不同，危险特性不同，采用的输送设备各异，因而保证其安全运行的操作要点及注意事项也就不同。

1. 固体块状物料和粉状物料输送的安全操作要点

固体块状物料与粉状物料的输送，在实际生产中多采用皮带输送机、螺旋输送器、刮板输送机、链斗输送机、斗式提升机以及气力输送(风送)等形式。

(1) 输送设备的安全注意事项

皮带、刮板、链斗、螺旋、斗式提升机这类输送设备连续往返运转，可连续加料，连续卸载。存在的危险性主要有设备本身发生故障以及由此造成的人身伤害。

① 防止人身伤害事故。

a. 在输送设备的日常维护中，润滑、加油和清扫工作是操作者致伤的主要作业点。在设备没有安装自动注油和清扫装置的情况下，一律停车进行维护操作。

b. 特别关注设备对操作者严重危险的部位。例如：皮带同皮带轮接触的部位，齿轮与齿轮、齿条、链带相啮合的部位。严禁随意拆卸这些部位的防护装置，避免重大人身伤亡事故。

c. 注意链斗输送机下料器的摇把反转伤人。

d. 不得随意拆卸设备突起部位的防护罩，避免设备高速运转时突起部分将人刮倒。

② 防止设备事故。

a. 防止皮带运行过程中，因高温物料烧坏皮带，或因斜偏刮挡撕裂皮带的事故发生。

b. 严密注意齿轮负荷的均匀、物料的粒度以及混入其中的杂物。防止因为齿轮卡料而拉断链条、链板，甚至拉毁整个输送设备的机架。

c. 防止链斗输送机下料器下料过多，料面过高，造成链带拉断。

(2) 气力输送系统的安全注意事项

气力输送即风力输送，它主要凭借真空泵或风机产生的气流动力以实现物料输送，常用于粉状物料的输送。气力输送系统除设备本身因故障损坏，最大的安全问题是系统的堵塞和由静电引起的粉尘爆炸。

① 避免管道堵塞引起爆炸。

a. 具有黏性或湿度过高的物料较易在供料处及转弯处黏附在管壁上，最终造成堵塞。悬浮速度高的物料，比悬浮速度低的物料较易沉淀堵塞。

b. 管道连接不同心、连接偏错或焊渣突起等易造成堵塞。

c. 大管径长距离输送管比小管径短距离输送管更易发生堵塞。

d. 输料管的管径突然扩大，物料在输送状态中突然停车易造成堵塞。

e. 最易堵塞的是弯管和供料附近的加速段，水平向垂直过渡的弯管部位。

② 防止静电引起燃烧。

粉料在气力输送系统中，因管壁摩擦而使系统产生静电，这是导致粉料爆炸的重要原因之一。因此，必须采取下列措施加以消除。

a. 粉料输送应选用导电性材料制造管道，并应良好接地。如采用绝缘材料管道且能防静电时，管外采取接地措施。

b. 应对粉料的粒度、形状与管道直径大小，物料与管道材料进行匹配，优选产生静电小的配置。

c. 输送管道直径要尽量大些，力求使管路的弯曲和管道的变径缓慢。管内应平滑，不要装设网格之类部件。

d. 输送速度不应超过规定风速，输送量不应有急剧的变化。

e. 粉料不应堆积管内，应定期使用空气或惰性气体进行管壁清扫。

2. *液态物料输送的安全操作要点*

化工生产中被输送的液态物料种类繁多，性质各异，温度、压力又有高低之分，因此，所用泵的种类较多。通常可分为离心泵、往复泵、旋转泵(齿轮泵、螺杆泵)、流体作用泵四类。其中，离心泵在化工生产中应用最为普遍。

(1) 离心泵的安全操作要点

① 避免物料泄漏引发事故。

a. 保证泵的安装基础坚固，避免因运转时产生机械振动造成法兰连接处松动和管路焊接处破裂，使物料泄漏。

b. 操作前及时压紧填料函(松紧适度)，以防物料泄漏。

② 避免空气吸入导致爆炸。

a. 开动离心泵前，必须向泵壳内充满被输送的液体，保证泵壳和吸入管内无空气积存，同时避免“气缚”现象。

b. 吸入口的位置应适当，避免吸入口产生负压，空气进入系统导致爆炸或抽瘪设备。一般情况下泵入口设在容器底部或液体深处。

③ 防止静电引起燃烧。

a. 在输送可燃液体时，管内流速不应大于安全流速。

b. 管道应有可靠的接地措施。

④ 避免轴承过热引起燃烧。

a. 填料函的松紧应适度，不能过紧，以免轴承过热。

b. 保证运行系统有良好的润滑。

c. 避免泵超负荷运行。

⑤ 由于电机的高速运转，泵和电机的联轴节处容易发生对人员的绞伤。因此，联轴节处应安装防护罩。

(2) 往复泵、旋转泵的安全操作要点

往复泵和旋转泵(齿轮泵、螺杆泵)用于流量不大、扬程较高或对扬程要求变化较大的场合；齿轮泵一般用于输送油类等黏性大的液体。

往复泵和旋转泵，均属于正位移泵，开车时必须将出口阀门打开，严禁采用关闭出口管路阀门的方法进行流量调节。否则，将使泵内压力急剧升高，引发爆炸事故。一般采用安装回流支路进行流量调节。

(3) 流体作用泵的安全操作要点

流体作用泵是依靠压缩气体的压力或运动着的流体本身进行流体的输送，如常见的酸蛋、空气升液器、喷射泵等。这类泵无活动部件且结构简单，在化工生产中有着特殊的用途，常用于输送腐蚀性流体。

酸蛋、空气升液器等是以空气为动力的设备、必须有足够的耐压强度、良好的接地装置。输送易燃液体时，不能采用压缩空气压送，要用氮气、二氧化碳等惰性气体代替空气，以防止空气与易燃液体的蒸气形成爆炸性混合物，遇点火源造成爆炸事故。

3. 气体物料输送的安全操作要点

气体与液体不同之处是具有可压缩性，在其输送过程中当气体压强发生变化，其体积和温度也随之变化。对气体物料的输送必须特别重视在操作条件下气体的燃烧爆炸危险。

(1) 通风机和鼓风机的安全操作要点

① 保持通风机和鼓风机转动部件的防护罩完好，避免人身伤害事故。

② 必要时安装消音装置，避免通风机和鼓风机对人体的噪声伤害。

(2) 压缩机的安全操作要点

① 压缩机在运行中不能中断润滑油和冷却水，否则，将导致高温，引发事故。

② 气体在高压条件下，极易发生泄漏，应经常检查阀门、设备和管道的法兰、焊接处和密封等部位，发现问题应及时修理更换。

③ 严禁空气与易燃性气体在压缩机内形成爆炸性混合物。必须彻底置换压缩机系统中空气后，方能启动压缩机。在压送易燃气体时，进气吸入口应该保持一定余压，以免造成负压吸入空气。

④ 管内易燃气体流速不能过高，管道应良好接地，以防止产生静电引起事故。

⑤ 严禁油类与氧压机的接触，一般采用含甘油 10%左右的蒸馏水作润滑剂。严禁乙炔与压缩机铜制部件的接触。

⑥ 经常检查压缩机调节系统的仪表，避免因仪表失灵发生错误判断，操作失误引起压力过高，发生燃烧爆炸事故。避免因操作失误使冷却水进入汽缸，发生水锤，引发事故。

(3) 真空泵的安全操作要点

① 输送易燃气体时，确保设备密封，防止负压吸入空气引发爆炸事故。

② 输送易燃气体时，尽可能采用液环式真空泵。

4.6.2.2 加热的安全操作要点

加热指将热能传给较冷物体而使其变热的过程，是促进化学反应和完成蒸馏、蒸发、干燥、熔融等操作的必要手段，一般有直接火加热、水蒸气式热水加热、载体加热以及电加热等方法。

1. 直接火加热的安全操作要点

直接火加热是指采用直接火焰式烟道气加热的方法，其加热温度可达1030℃。采用的设备为反应器、管式加热炉等。

① 将加热炉门同加热设备间用砖墙完全隔离，使厂房内不存在明火。炉膛构造应采用烟道气辐射方式加热，避免火焰直接接触设备，以防止因高温烧穿加热锅和管子。

② 加热锅内残渣应经常清除，以免局部过热引起锅底破裂。

③ 加热锅的烟囱、烟道等灼热部位，要定期检查、维修。

④ 容量大的加热锅发生漏料时，可将锅内物料及时转移。

⑤ 使用煤粉为燃料的炉子，应防止煤粉爆炸，在制粉系统上安装爆破片。煤粉漏斗应保持一定储量，不许倒空，避免因空气进入形成爆炸性混合物。

⑥ 使用液体或气体燃烧的炉子，点火前应吹扫炉膛，排除可能积存的爆炸性混合气体，以免点火时发生爆炸。

2. 水蒸气、热水加热的安全操作要点

对于易燃易爆物质，采用水蒸气式热水加热的方法温度容易控制，比较安全。但在处理与水会发生反应的物料时，不能使用此方法。

① 应定期检查蒸气夹套和管道的耐压强度，装设压力计和安全阀，以免容器或管道炸裂。

② 加热操作时，要密切注意设备的压力变化，通过排气等措施，及时调节压力，以免在升温过程中发生超压爆炸事故。

③ 加热操作时，应保持适宜的升温速度，不能过快，否则可能失去控制，使加热温度超过工艺要求的温度上限，发生冲料、过热燃烧等事故。

④ 高压水蒸气加热的设备和管道应很好保温，避免烤着易燃物品以及发生烫伤事故。

3. 载体加热的安全操作要点

载体加热方法一般采用矿物油、有机物等作为载体。其加热温度一般可达1000℃。

① 油类作载体加热时，若用直接火通过充油夹套进行加热，且在设备内处理有燃烧、爆炸危险的物质，则需将加热炉门与反应设备用砖墙隔绝，或将加热炉设于车间外面，将热油输送到需要加热的设备内循环使用。油循环系统应严格密闭，不准热油泄漏，要定期检查和清除油锅、油管上的沉积物。

② 使用二苯混合物作载体加热时，特别注意不得混入低沸点杂质(如水等)，也不准混入易燃易爆杂质，否则在升温过程中极易产生爆炸危险。因此必须杜绝加热设备内胆或加热夹套内水的渗漏，在加热系统进行水压试验，检修清洗时严禁混入水。还要妥善存放二苯混合物，严禁混入杂质。

③ 使用无机物作为载体加热时，操作时特别注意在熔融的硝酸盐浴中，如加热温度过高、硝酸盐落入加热炉燃烧室中或有机物落入硝酸盐浴内，均能发生燃烧或爆炸。水、酸类物质流入高温盐浴或金属浴中，会产生爆炸危险。采用金属浴加热，操作时还应防止金属蒸气对人体的危害。

4. 电加热的安全操作要点

① 用电炉加热易燃物质时，应采用封闭式电炉。电炉丝与被加热的器壁应有良好的绝缘，以防短路击穿器壁，使设备内易燃的物质漏出，产生着火、爆炸。

② 用电感加热时应保证设备的安全可靠程度。如果电感线圈绝缘破坏或受潮发生漏电、短路，产生电火花、电弧，或接触不良发热，均能引起易燃易爆物质着火、爆炸。

③ 注意被加热物料的危险特性，严禁物料过热分解发生爆炸。热敏性物料不应选择电加热。

④ 加强通风以防止形成爆炸性混合物。加强检查维护，及时发现问题，及时处理。

4.6.2.3 冷却、冷凝和冷冻的安全操作要点

冷却、冷凝在生产环节中容易被忽视，实际上它很重要，严重影响着生产的安全。

1. 冷却、冷凝的安全操作要点

① 根据被冷却物料的温度、压力、理化性质以及所要求冷却的工艺条件，正确选用冷却剂和冷却设备。

② 严格检查冷却设备的密闭性，不允许物料蹿入冷却剂中，也不允许冷却剂蹿入被冷却的物料中(特别是酸性气体)。

③ 冷却操作时，冷却介质不能中断，否则会造成热量积聚，系统温度压力骤增，引起爆炸。

④ 开车前首先清除冷凝器中的积液，然后通入冷却介质，最后通入高温物料。停车时，应首先停止通入被冷却的高温物料，再关闭冷却系统。

⑤ 有些凝固点较高的物料，被冷却后变得黏稠甚至凝固，在冷却时要注意控制温度，防止物料卡住搅拌器或堵塞设备及管道，造成事故。

⑥ 不凝缩可燃气体排空时，应充惰性气体保护。

⑦ 检修冷却设备、冷凝器必须彻底清洗、置换。

2. 氨冷冻压缩机的安全操作要点

① 电气设备采用防爆型。

② 在压缩机出口方向，应在汽缸与排气阀之间设置一个能使氨通到吸入管的安全装置，以防压力超高。为避免管路爆裂，在旁通管路上不应有任何阻气设施。

③ 易于污染空气的油分离器应设于室外。压缩机要采用低温不冻结且不与氨发生化学反应的润滑油。

④ 制冷系统压缩机、冷凝器、蒸发器以及管路，应有足够的耐压程度且气密性良好，防止设备、管路裂纹、泄漏。同时要加强安全阀、压力表等安全装置的检查和维护。

⑤ 制冷系统因发生事故或停电而紧急停车，应注意其对被冷冻物料的排空处理。

⑥ 装冷料的设备及容器，应注意其低温材质的选择，防止低温脆裂。

⑦ 避免含水物料在低温下冻结堵塞管线，造成增压，引发爆炸事故。

4.6.2.4 粉碎与筛分的安全操作要点

1. 粉碎的安全操作要点

粉碎操作最大的危险性是可燃粉尘与空气形成爆炸性混合物，遇点火源发生

粉尘爆炸事故。在粉碎时，须注意如下安全事项。

① 保持操作室通风良好，以减少粉尘含量。

② 在粉碎、研磨时料斗不得卸空，盖子要盖严。

③ 应消除粉末输送管道的粉末沉积。

④ 要注意设备的润滑，防止摩擦发热。对研磨易燃易爆物料的设备要通入惰性气体进行保护。

⑤ 可燃物研磨后，应先行冷却，然后装桶，以防发热引起燃烧。

⑥ 发现粉碎系统中粉末阴燃或燃烧时，需立即停止送料，并采取措施断绝空气来源，必要时通入二氧化碳或氮气等惰性气体保护。但不宜使用加压水流或泡沫进行扑救，以免可燃粉尘飞扬，引起事故扩大。

⑦ 粉碎操作应注意定期清洗机器，避免由于粉碎设备高速运转、挤压产生高温使机内存留的原料熔化后结块堵塞进出料口，形成密闭体发生爆炸事故。

2. 筛分的安全操作要点

筛分最大的危险性是可燃粉尘与空气形成爆炸性混合物，遇点火源发生粉尘爆炸事故。操作者无论进行人工筛分还是机械筛分，都必须注意以下安全问题。

① 在筛分操作过程中，粉尘如具有可燃性，需注意因碰撞和静电而引起燃烧、爆炸。

② 粉尘如具有毒性、吸水性或腐蚀性，需注意对呼吸器官及皮肤的保护，以防引起中毒或皮肤伤害。

③ 要加强检查，注意筛网的磨损和避免筛孔堵塞、卡料，以防筛网损坏和混料。

④ 筛分设备的运转部分应加防护罩，以防绞伤人体。

⑤ 振动筛会产生大量噪声，应采取隔离等消声措施。

4.6.2.5 熔融与混合的安全操作要点

1. 熔融的安全操作要点

从安全技术角度出发，熔融的主要危险决定于被熔融物料的危险性、熔融时的黏稠程度、中间副产物的生成、熔融设备、加热方式等方面。因此，操作时应考虑如下安全问题。

① 避免物料熔融时对人体的伤害。被熔融固体物料固有的危险性对操作者的安全有很大的影响。例如，碱熔过程中的碱，它可使蛋白质变成胶状碱性蛋白化合物，又可使脂肪变为胶状皂化物质。所以，碱比酸具有更强的渗透能力，且深入组织较快。因此，碱灼伤比酸灼伤更为严重。在固碱的熔融过程中，碱液飞溅至眼部，其危险性非常大，不仅使眼角膜和结膜立即坏死糜烂，同时渗入损坏眼球内部，致使视力严重减退、失明或眼球萎缩。

② 注意熔融物中杂质的危害。熔融物的杂质对安全操作的影响非常大。在

碱熔过程中，碱和磺酸盐的纯度是影响该过程安全的最重要因素之一。碱和磺酸盐中若含有无机盐杂质，应尽量除去，否则，杂质不熔融，呈块状残留于熔融内。块状杂质的存在，妨碍熔融物的混合，并能使其局部过热、烧焦，致使熔融物喷出烧伤操作人员。因此，必须经常消除锅垢。如沥青、石蜡等可燃物中含水，熔融时极易形成喷油而引发火灾。

③ 降低物质的黏稠程度。熔融设备中物质的黏稠程度与熔融时的安全操作有密切的关系。熔融时黏度大的物料极易黏结在锅底，当温度升高时易结焦，产生局部过热引发着火爆炸。为使熔融物具有较大的流动性，可用水将碱适当稀释。当氢氧化钠或氢氧化钾有水存在时，其熔点就显著降低，从而使熔融过程可以在危险性较小的低温下进行。如用煤油稀释沥青时，必须注意在煤油的自燃点以下进行操作，以免发生火灾。

④ 防止溢料事故。进行熔融操作时，加料量应适宜，盛装量一般不超过设备容量的三分之二，并在熔融设备的台子上设置防溢装置，防止物料溢出与明火接触发生火灾。

⑤ 选择适宜加热方式和加热温度。熔融过程一般在 150～350℃ 下进行，通常采用烟道气加热，也可采用油浴或金属浴加热。加热温度必须控制在被熔融物料的自燃点以下，同时应避免所用燃料的泄漏引起爆炸或中毒事件。

⑥ 熔融设备。熔融设备分为常压设备和加压设备两种。常压设备一般采用铸铁锅，加压设备一般采用钢制设备。对于加压熔融设备，应安装压力表、安全阀等必要的安全设施及附件。

⑦ 熔融过程的搅拌。熔融过程中必须不间断地搅拌，使其加热均匀，以免局部过热、烧焦，导致熔融物喷出，造成烧伤。对于液体熔融物可用桨式搅拌，对于非常黏稠的糊状熔融物，则采用锚式搅拌。

2. 混合的安全操作要点

混合操作是一个比较危险的过程。易燃液态物料在混合过程中蒸发速度较快，产生大量可燃蒸气，若泄漏，将与空气形成爆炸性混合物；易燃粉状物料在混合过程中极易造成粉尘漂浮而导致粉尘爆炸。对强放热的混合过程，若操作不当也具有极大的火灾爆炸危险。因此，混合时须注意以下安全事项。

① 混合易燃、易爆或有毒物料时，混合设备应很好密闭，并通入惰性气体进行保护。

② 混合可燃物料时，设备应很好接地，以导除静电，并在设备上安装爆破片。

③ 混合设备内不允许落入金属物件。

④ 利用机械搅拌进行混合的操作过程，其桨叶必须具备足够的强度。

⑤ 不可随意提高搅拌器的转速，尤其在搅拌非常黏稠的物质时。否则，极

易造成电机超负荷、桨叶断裂及物料飞溅等事故。

⑥ 混合过程中物料放热时，搅拌不可中途停止。否则，会导致物料局部过热，可能产生爆炸。因此，在安装机械搅拌装置的同时，还要辅助以气流搅拌或增设冷却装置。危险物料的气流搅拌混合尾气应该回收处理。

⑦ 进入大型机械搅拌设备内检修时，其设备应切断电源并将开关加锁，以防设备突然启动造成重大人员伤亡。

4.6.2.6 过滤的安全操作要点

过滤的主要危险来自于所处理物料的危险特性：悬浮液中有机溶剂的易燃易爆特性或挥发性、气体的毒害性或爆炸性、有机过氧化物滤饼的不稳定性。因此，操作时必须注意以下安全事项。

① 在有爆炸危险的生产中，最好采用转鼓等真空过滤机。

② 处理有害或爆炸性气体时，采用密闭式的加压过滤机操作，并以压缩空气或惰性气体保持压力。在取滤渣时，应先释放压力，否则会发生事故。

③ 离心过滤机超负荷运转、工作时间过长、转鼓磨损或腐蚀、启动速度过高均有可能导致事故的发生。当负荷不均匀时运转会发生剧烈振动，不仅磨损轴承，且会使转鼓撞击外壳而发生事故。转鼓高速运转也可能导致其由外壳中飞出造成重大事故。

④ 离心过滤机无盖或防护装置不良时，工具或其他杂物有可能落入其中，并以很大速度飞出伤人。杂物留在转鼓边缘也可能引起转鼓振动造成其他危险。

⑤ 开停离心过滤机时，不要用手帮忙转停以防发生事故。操作过程力求加料均匀。

⑥ 清理器壁必须待过滤机完全停稳后进行，否则，铲勺会从手中脱飞，使人受伤。

⑦ 有效控制各种点火源。

4.6.2.7 蒸发和干燥的安全操作要点

1. 蒸发的安全操作要点

蒸发操作的安全技术要点就是控制好蒸发的温度，防止物料产生局部过热及分解导致的事故。根据蒸发物料的特性选择适宜的蒸发压力、蒸发器形式和蒸发流程是十分关键的。

① 被蒸发的溶液，皆具有一定的特性。如溶质在浓缩过程中可能有结晶、沉淀和污垢生成。这些将导致传热效率的降低，并产生局部过热，促使物料分解、燃烧或爆炸。因此，对加热部分需经常清洗。

② 对热敏性物料的蒸发，须考虑温度控制问题。为防止热敏性物料的分解，可采用真空蒸发，以降低蒸发温度；或尽量缩短溶液在蒸发器内停留时间和与加热面的接触时间，可采用单程型蒸发器。

③ 由于溶液的蒸发产生结晶和沉淀，而这些物质又是不稳定的，则更应注意严格控制蒸发温度。

2. 干燥的安全操作要点

干燥过程的主要危险有干燥温度、时间控制不当造成物料分解爆炸以及操作过程中散发出来的易燃易爆气体或粉尘与点火源接触而产生燃烧爆炸等。因此，干燥过程的安全技术主要在于严格控制温度、时间及点火源。

① 易燃易爆物料干燥时，干燥介质不能选用空气或烟道气。同时，采用真空干燥比较安全，因为在真空条件下易燃液体蒸发速度快，干燥温度可适当控制低一些，以防止由于高温引起物料局部过热和分解，从而大大降低了火灾、爆炸危险性。注意真空干燥后清除真空时，一定要使温度降低后方能放入空气。否则，空气过早放入，会引起干燥物着火或爆炸。

② 易燃易爆及热敏性物料的干燥要严格控制干燥温度及时间，保证温度计、温度自动调节装置、超温超时自动报警装置以及防爆泄压装置的灵敏运转。

③ 正压操作的干燥器应密闭良好，防止可燃气体及粉尘泄漏至作业环境中，并要定期清理墙壁积灰。干燥室不得存放易燃物。

④ 干燥物料中若含有自燃点很低的物质和其他有害杂质，必须在干燥前彻底清除。

⑤ 在操作洞道式、滚筒式干燥器时，须防止机械伤害，应设有联系信号及各种防护装置。

⑥ 在气流干燥中，应严格控制干燥气流风速，并将设备接地，以避免物料迅速运动相互激烈碰撞、摩擦产生静电。

⑦ 滚筒式干燥器应适当调整刮刀与筒壁间隙，将刮刀牢牢固定。尽量采用有色金属材料制造的刮刀，以防止刮刀与滚筒壁摩擦产生火花。用烟道气加热的滚筒式干燥器，应注意加热均匀，不可断料，滚筒不可中途停止运转。如有断料或停转，应切断烟道气，并通入氮气保护。

4.6.2.8 蒸馏的安全操作要点

在安全技术上，除应根据蒸馏的加热方法采取相应的安全措施外，还应按物料的性质和工艺要求正确选择蒸馏方法、蒸馏设备及操作压力，严格遵守工艺规程。特别要注意以下安全要点。

1. 常压蒸馏的安全操作要点

① 在常压蒸馏中，易燃液体的蒸馏不能采用明火作热源，采用水蒸气或过热水蒸气加热较为安全。

② 蒸馏腐蚀性液体，应防止塔壁、塔盘腐蚀，否则会致使易燃液体或蒸气逸出，遇明火或灼热炉壁产生燃烧。

③ 蒸馏自燃点很低的液体，应注意蒸馏系统的密闭，防止因高温泄漏遇空

气产生自燃。

④ 对于高温的蒸馏系统，应防止冷却水突然漏入塔内。否则，水迅速汽化致使塔内压力突然增高，从而将物料冲出或发生爆炸。开车前应将塔内和蒸气管道内的冷凝水放尽，然后使用。

⑤ 在常压蒸馏系统中，还应注意防止管道被凝固点较高的物质凝结堵塞，使塔内压力增加而引起爆炸。

⑥ 用直接火加热蒸馏高沸点物料时，应防止产生自燃点很低的树脂油状物，它们遇空气会自燃。还应防止因蒸干、残渣酯化结垢引起局部过热产生的着火、爆炸事故。油焦和残渣应经常清除。

⑦ 塔顶冷凝器中的冷却水或冷冻盐水不能中断。否则，未冷凝的易燃蒸气逸出后使系统温度增高，窜出的易燃蒸气遇明火还会引起燃烧。

2. 减压蒸馏的安全操作要点

① 真空蒸馏设备的密闭性是很重要的。蒸馏设备中温度很高，一旦吸入空气，对某些易爆物质(如硝基化合物)有引起爆炸或着火的危险。因此，真空蒸馏所用的真空泵应安装单向阀，防止突然停泵造成空气进入设备。

② 当易燃易爆物质蒸馏完毕，待其蒸馏锅冷却，充入氮气后，再停止真空泵运转，以防空气进入热的蒸馏锅引起燃烧或爆炸。

③ 真空蒸馏应注意其操作顺序，先打开真空阀门，然后打开冷却器阀门，最后打开蒸气阀门。否则，物料会被吸入真空泵，并引起冲料，使设备受压甚至产生爆炸。

④ 易燃物质进入真空蒸馏的排气管，应通至厂房外，管道上应安装阻火器。

3. 加压蒸馏的安全操作要点

① 加压蒸馏设备的气密性和耐压性十分重要，应安装安全阀和温度、压力调节控制装置，严格控制蒸馏温度与压力。

② 在蒸馏易燃液体时，应注意系统的静电消除。特别是苯、丙酮、汽油等不易导电液体的蒸馏，更应将蒸馏设备、管道良好接地。室外蒸馏塔应安装可靠的避雷装置。

③ 蒸馏设备应经常检查、维修。

4.7 化工检修安全技术

化工装置和设备在长周期运行中，由于受外部负荷、内部应力和相互磨损、腐蚀、疲劳以及自然浸湿等因素影响，容易造成事故隐患和缺陷。因此，需要对装置和设备定期进行计划检修，及时消除缺陷和隐患，实现装置稳定、高效运行。要严格遵守检修工作的各项规章制度，进行安全检查。化工装置在停车过程中，要进行降温、降压、降低进料量操作，一直到切断原燃料的进料，然后进行设备清空、吹扫、置换等工作。生产装置经过停工检修后，在开车运行前要进行一次全面的安全检查验收。

【事故案例 4-1】2010 年 1 月 7 日，兰州石化公司 316$^{\#}$罐区发生火灾爆炸事故，造成 6 人死亡、1 人重伤、5 人轻伤。发生原因：316$^{\#}$罐区碳四球罐出料管弯头存在缺陷，致使弯头局部脆性开裂，导致易燃易爆的碳四物料泄漏并扩散，遇焚烧炉明火引起爆炸。该公司未按规程规定对事故管线进行定期检验，未按规定落实事故管线更换计划和对储罐进出物料管道设置自动切断装置，致使事故状态下无法紧急切断泄漏源，导致泄漏扩大并引发事故。

4.7.1 化工检修的分类

化工装置检修可分为计划检修和计划外检修。企业根据设备管理的经验和设备实际状况，制定设备检修计划，按计划进行的检修称为计划检修。根据检修的内容、周期和要求不同，计划检修又可分为小修、中修和大修。运行中设备突然发生故障或事故，必须进行不停工或临时停工的检修和抢修称为计划外检修。由于各企业有自己的特点，计划外检修作业量和性质也各有显著差别，一般遇到的有泄漏(接缝、孔眼、阀门压盖、法兰连接等处)，阻塞(管道、阀门、热交换器等)，转动装置失灵(联轴器、轴承、三角皮带等)等情况。计划外检修事先极难预料，无法计划安排，而检修作业的工作量和作业质量好坏对安全生产影响很大。

盘锦浩业化工
“1·15”爆炸事故

【事故案例 4-2】2022 年 11 月 3 日 22 时 27 分许，位于滁州市来安县的安徽金禾实业股份有限公司溶剂回收车间发生一起爆燃事故，造成 1 人死亡。据初步调查，该公司溶剂回收车间乙酸乙酯分层槽进料管道一法兰处发生物料泄漏，1 名值班维修工人在现场处置时发生爆燃。事故暴露出企业设备安全管理不到位、应急处置管理存在漏洞、作业人员违反处置操作规程等突出问题。

4.7.2 化工检修的特点

化工生产的危险性决定了化工装置检修的危险性。化工设备和管道中大多残存着易燃易爆有毒的物质，化工装置检修又离不开动火、动土、进罐入塔等特殊作业，故客观上具备了发生火灾、爆炸、中毒、灼烧等事故的条件，稍有疏忽就会发生重大事故。化工装置检修所具有的频繁性、复杂性和危险性大的特点，决定了化工安全检修的重要地位，企业要加强高风险检维修作业安全管理。

【事故案例 4-3 和 4-4】2022 年 5 月 31 日，山西运城圣奥化工有限公司发生爆炸事故，造成 3 死、3 伤，事故原因：在维修冰机过程中，因切割过程中火星溅落，引爆下方地沟中的爆炸性混合气体，造成部分厂房坍塌。同日，浙江绍兴美诺华药物化学有限公司发生火灾事故，幸未造成人员伤亡，事故原因：叉车在转移渗漏的甲苯吨桶过程中，吨桶底部(金属)与地面摩擦产生火花，引燃吨桶物料，后因企业应急处置不到位导致火势蔓延升级。

4.7.3 危险化学品企业特殊作业安全规范

化工企业生产经营过程中离不开特殊作业，而开展特殊作业尤其是开展动火作业和受限空间是造成事故多发的主要原因之一。据统计，约有40%以上的化工生产安全事故与从事特殊作业有关，特殊作业环节事故多发主要是企业特殊作业管理制度执行不到位，作业前风险识别不清，作业过程中风险管控不到位以及监护人应急处置能力不足等原因。

《危险化学品企业特殊作业安全规范》(GB 30871—2022)将涉及动火、进入受限空间、盲板抽堵、高处作业、吊装、临时用电、动土、断路8种危险性较大的作业定为特殊作业，做出了更严格的安全管理规定，并规定了一些安全技术措施。该规范是企业制定化工检修安全制度的重要依据。

修订后的标准技术要求由原来的部分条款强制调整为全文条款强制，适用范围调整为生产、经营(带储存)危险化学品的企业和化工及医药企业，明确了上述企业在其生产区域内进行特殊作业应执行标准的相关要求。新标准聚焦动火、受限空间等事故多发作业类型，明确了企业应建立作业前许可管理制度，制定重大风险管控措施，强化逐级审批和作业监护的要求，进一步强化了作业过程的安全管理、审批人和监护人职责及应急措施的落实，并提出了特级动火需采集视频图像、进入受限空间作业需连续检测气体浓度等具体要求。

动火作业方面，扩大了特级动火划分范围，将在运行状态下的火灾爆炸危险场所生产装置设备、管道、储罐、容器等部位上进行的动火作业(包括带压不置换动火作业)和运行中的重大危险源罐区防火堤内动火作业，划为特级动火。在设备及管道外部动火，应在动火点10m范围内进行气体分析；在设备及管道外壁动火，还应对设备及管道内部的气体进行分析。进入受限空间作业方面，强化风险管控，例如介质隔离时，不得用阀门代替盲板。进一步强调了进入受限空间内作业前必须分析的气体类别及浓度要求，确定最低氧含量由原来的18%提高到19.5%；进入受限空间作业需连续检测气体浓度等具体要求。

进一步明确了作业监护人的要求。例如，作业期间，企业和作业单位均应设监护人，监护人应由具有生产/作业实践经验的人员担任，监护人经专项培训考试合格；作业期间，监护人不得擅自离开且不得从事与监护无关的事；确需离开作业现场时，应收回作业票(证)，暂停作业；监护人员须在受限空间外进行监护，严禁在无任何防护措施的情况下进入受限空间；监护人应对进入受限空间的人员及其携带的工器具种类、数量进行登记等。

临时用电作业方面，在临时用电票证中补充了可燃气体分析的内容，将临时用电作为动火作业的一种。盲板抽、堵作业方面：同一盲板的抽、堵作业，应分别办理盲板抽、堵作业票(证)。一张作业票只能进行一块盲板的一个作业。

盲板抽堵风险管控

安全作业证必须填写批准之前查找出来的作业危险因素及其应对措施，必须填写为安全作业需要做的各项准备工作。安全作业证制度是一项行之有效的安全生产制度，必须严格执行。安全作业证审批要求严格，审批人员应到现场核查图纸，查验标志，检查确认安全措施之后方可签发。同一作业涉及几种特定作业时，要办几种作业证，如在高空进行动火作业前，要办动火作业证和高空作业证。

《特种作业人员安全技术培训考核管理规定》第五条规定：特种作业人员必须经专门的安全技术培训并考核合格，取得《中华人民共和国特种作业操作证》(以下简称特种作业操作证)后，方可上岗作业。特种作业的范围由特种作业目录规定，如电工作业、焊接与热切割作业、高处作业、制冷与空调作业等。

1. 动火作业

8 种特殊作业中，根据危险程度进行分级管理，其安全作业证由不同层次的管理部门或人员审批，例如，固定动火区外的动火作业分为特级、一级和二级动火作业；遇节假日、公休日、夜间或其他特殊情况，动火作业应升级管理。

特级动火作业：在火灾爆炸危险场所处于运行状态下的生产装置设备、管道、储罐、容器等部位上进行的动火作业(包括带压不置换动火作业)；存有易燃易爆介质的重大危险源罐区防火堤内的动火作业。特级动火作业证由主管厂长或总工程师审批。一级动火作业是指在火灾爆炸危险场所进行的除特级动火作业以外的动火作业，管廊上的动火作业按一级动火作业管理。其作业证由主管安全(防火)部门审批。除了特级和一级动火作业，禁火区内的其他动火作业都属于二级动火作业，其作业证由动火点所在车间主管负责人审批。生产装置或系统全部停车，装置经清洗、置换、分析合格并采取安全隔离措施后，根据其火灾、爆炸危险性大小，经危险化学品企业生产负责人或安全管理负责人批准，动火作业可按二级动火作业管理。特级、一级动火安全作业票有效期不应超过 8h；二级动火安全作业票有效期不应超过 72h。

2. 受限空间作业

受限空间：进出受限，通风不良，可能存在易燃易爆、有毒有害物质或者缺氧，对进入人员的身体健康和生命安全构成威胁的封闭、半封闭设施及场所。包括反应器、塔、釜、槽、罐、炉膛、锅筒、管道以及地下室、窑井、坑(池)、管沟或其他封闭、半封闭场所。受限空间内使用的照明电压不应超过36V，并满足安全用电要求；在潮湿容器、狭小容器内作业电压不应超过12V。作业前30min内，对受限空间进行气体检测，检测合格后方可进入；检测人员进入或探入受限空间检测时，应佩戴个体防护设备；作业中断时间超过60min时，应重新进行气体检测。受限空间内气体检测内容及要求如下：①氧气含量为19.5%～21%(体积分数)，在富氧环境下不应大于23.5%(体积分数)；②有毒物质允许浓度符合GBZ 2.1的规定；③可燃气体、蒸气浓度符合以下规定。a. 当被测气体或蒸气的爆炸下限大于或等于4%时，其被测浓度应不大于0.5%(体积分数)；b. 当被测气体或蒸气的爆炸下限小于4%时，其被测浓度应不大于0.2%(体积分数)。

作业时，作业现场应配置移动式气体检测报警仪，连续检测受限空间内可燃气体、有毒气体及氧气浓度，并2h记录一次；气体浓度超限报警时，应立即停止作业、撤离人员、对现场进行处理，重新检测合格后方可恢复作业。

监护人应在受限空间外进行全程监护，不应在无任何防护措施的情况下探入或进入受限空间；在风险较大的受限空间作业时，应增设监护人员，并随时与受限空间内作业人员保持联络。监护人员对进入受限空间的人员及其携带的工器具种类、数量进行登记，作业完毕后再次进行清点，防止遗漏在受限空间内。作业期间发生异常情况时，未穿戴个体防护设备的人员严禁入内救援。受限空间安全作业票有效期不应超过24h。

【事故案例4-5】2022年5月11日9时45分许，安徽昊源化工集团有限公司气化车间渣锁斗B检修作业中发生一起中毒和窒息事故，造成3人死亡，直接经济损失560.32万元。调查报告认定，该起较大事故是一起生产安全责任事故。事故的直接原因：昊源化工相关作业人员未认真落实受限空间作业安全管理有关规定，在办理受限空间作业票证时，取样人员未按照有关要求取样，未能检测出渣锁斗底部二氧化碳气体浓度超标；渣锁斗内通风不彻底；作业人员进入渣锁斗进行作业前，安全措施确认人未对照安全措施进行逐一确认，有关人员进入渣锁斗作业未落实有关安全措施，造成人员窒息死亡。事故的间接原因：系统空气置换期间，事故渣锁斗排渣阀关闭后至事故发生时一直未打开，导致事故渣锁斗内气体置换不彻底，渣锁斗内存在窒息性气体；未能有效组织开展员工安全培训教育，从业人员的安全意识淡薄，受限空间应急救援知识和技能缺乏，施救人员未做好安全防护的情况下进入施救，导致伤亡扩大；地方政府相关部门履行安全监督管理职责不力。

压力容器爆炸事故案例

内蒙古中高化工有限公司“10·22”较大生产安全事故调查报告

强化设备完好性管理预防压力管道失效事故

习　　题

1. 阅读《大容规》中“定期检验”的内容。第Ⅰ、Ⅱ、Ⅲ类压力容器是怎样划分的?

2. 压力容器有几种破坏形式?简述其破坏特征。

3. 压力容器常用的安全附件有哪些?安全附件的作用是什么?

4. 作为压力泄放装置,安全阀和爆破片有何区别?安全阀的选择原则是什么?

5. 搜集压力容器事故案例并分析、总结事故原因和预防措施。例如重庆天原化工厂“4·16”氯气泄漏重大爆炸事故、北京东方化工厂储罐区爆炸特别重大事故。也可参考《承压类特种设备事故案例分析(2002—2017)》第47~60页内容。

6. 阅读《特种设备事故报告和调查处理规定》(国家市场监督管理总局令第50号)。

参　考　文　献

[1] 陈群. 化工生产安全技术[M]. 2版. 北京:中国石化出版社,2018.

[2] 中国安全生产科学研究院. 安全生产技术基础(2022版)[M]. 北京:应急管理出版社,2022.

[3] 赵彬侠,王晨,黄岳元,等. 化工环境保护与安全技术概论[M]. 3版. 北京:高等教育出版社,2021.

[4] 李振花,王虹,许文. 化工安全概论[M]. 3版. 北京:化学工业出版社,2018.

[5] 蒋军成. 化工安全[M]. 北京:机械工业出版社,2008.

[6] 卫宏远,郝琳,白文帅. 化工安全[M]. 北京:高等教育出版社,2020.

[7] 呼日查. 安全阀与爆破片的组合应用[J]. 石油和化工设备,2013,16(7):64-65.

[8] 蒋军成,王志荣. 工业特种设备安全[M]. 2版. 北京:机械工业出版社,2019.

[9] 孙仁山,李赵. 承压类特种设备事故案例分析(2002—2017)[M]. 北京:中国劳动社会保障出版社,2019.

[10] 舒文华,汤晓英,吴兴华. 特种设备典型事故技术分析实例[M]. 北京:化学工业出版

社，2022.
[11] 吴旭正．特种设备典型事故案例集(2005—2013)[M]．北京：化学工业出版社，2015.
[12] 宋有强，陈敬良，许敬德，等．NB/T 47012—2020《制冷装置用压力容器》标准解读[J]．制冷与空调，2022，22(6)：5-9.
[13] 国家市场监督管理总局关于 2021 年全国特种设备安全状况情况的通报．
[14] 中国化学品安全协会．GB 30871—2022 危险化学品企业特殊作业安全规范应用问答[M]．北京：中国石化出版社，2022.
[15] 中国安全生产科学研究院．安全生产专业实务化工安全(2022 版)[M]．北京：应急管理出版社，2022.

第 5 章　化学反应过程热风险分析与评估

化工事故有不少与化学反应失控有关。美国化工安全与危险调查委员会(U. S. Chemical Safety and Hazard Investigation Board，CSB)调查了 1980—2002 年发生的 167 起失控化学反应性事故，结果表明，36%源于化学物质的不相容性，35%源于反应热失控，10%源于物质对撞击或热的敏感性，其他未知因素占比 19%。应急管理部危化监管一司于 2021 年 3 月 26 日发布了《精细化工反应安全风险评估规范(征求意见稿)》，2022 年 12 月 30 日正式实施，标准号为 GB/T 42300—2022。该规范明确了精细化工反应安全风险评估的范围：①国内首次使用的新工艺、新配方投入工业化生产的以及国外首次引进的新工艺且未进行过反应安全风险评估的。②现有的工艺路线、工艺参数或装置能力发生变更的工艺，且没有反映安全风险评估报告的。③因为反应工艺问题发生过生产安全事故的工艺。④除上述情形外，属于精细化工的重点监管危险化工工艺及金属有机物合成反应(包括格氏反应)并且企业未明确掌握其反应安全风险的。⑤新建精细化工企业应在编制可行性研究报告或项目建议书前，完成反应安全风险评估。

【事故案例 5-1】2006 年 7 月 28 日上午，江苏省盐城市射阳县盐城氟源化工有限公司临海分公司 1 号厂房(由硝化工段、氟化工段和氯化工段三部分组成)在投料试车过程中没有冷却水的情况下，持续向氯化反应釜内通入氯气，并打开导热油阀门加热升温，氯化反应釜发生爆炸事故，致使 22 人死亡、29 人受伤，其中 3 人重伤。

【事故案例 5-2】2012 年 2 月 28 日上午，位于河北省赵县的克尔化工有限公司发生爆炸事故，致使 29 人死亡、46 人受伤，工厂被夷为平地。事故直接原因：该工厂一车间的 1 号反应釜底部放料阀(用导热油伴热)处导热油泄漏着火，造成釜内反应产物硝酸胍和未反应完的硝酸铵局部受热，急剧分解发生爆炸，继而引发存放在周边的硝酸胍和硝酸铵爆炸。

【事故案例 5-3】2022 年 3 月 19 日 12 时 30 分许，宁波四明化工有限公司烷氧胺车间发生爆燃，13 时 15 分许明火扑灭，事故未造成人员伤亡，直接经济损约 460 万元。直接原因：烷氧胺车间烷氧胺盐酸盐水溶液减压浓缩工序长时间超温运行未及时有效处置，釜内烷氧胺盐酸盐部分分解，导致釜内压力、温度明显升高，后物料进一步加剧分解，产生甲醇、氨气等易燃易爆物质，遇点火源引发空间爆燃。

宁波四明化工有限公司 “3·19”事故调查报告

临汾染化集团 “12·28”爆炸事故调查报告

连云港聚鑫生物科技有限公司 “12·9”爆炸事故调查报告

本章主要介绍化学反应热效应的基本概念和基础知识，化学反应过程中的热量平衡和热失控，化学反应过程中的热风险的定义，热风险的系统评估方法和评估所需数据的实验获取，热风险评估的流程。

5.1 基本概念和基础知识

5.1.1 化学反应的热效应

1. 反应热

精细化工和医药化工行业中的大部分化学反应是放热的。显然，一旦发生事故，能量的释放量越大，潜在的后果会越严重以及损失就越大。因此，反应热是进行化学反应风险评估的一个重要数据。用于描述反应热的参数有摩尔反应焓 ΔH_r(kJ/mol)和比反应热 Q'_r(kJ/kg)。

(1) 摩尔反应焓

摩尔反应焓是指在一定状态下单位摩尔反应物料反应时放出的热量。如果是在标准状态下，则称为标准摩尔反应焓。按照惯例，放热反应的摩尔反应焓为负值，而吸热反应的摩尔反应焓为正值。表 5–1 列出了一些典型反应的摩尔反应焓值。

表 5–1 反应焓的典型值

反应类型	摩尔反应焓 ΔH_r/(kJ/mol)	反应类型	摩尔反应焓 ΔH_r/(kJ/mol)
中和反应(HCl)	−55	氢化反应(硝基类)	−560
中和反应(H_2SO_4)	−105	胺化反应	−120
硝化反应	−130	重氮化反应	−65
磺化反应	−150	环氧化反应	−100
加氢反应(烯烃)	−200	聚合反应(苯乙烯)	−60

(2) 比反应热

是单位质量物料反应时放出的热量。比反应热和摩尔反应焓的关系：

$$Q'_r = \rho^{-1} c(-\Delta H_r) \tag{5-1}$$

式中，ρ 为反应物料的密度，kg/m^3；c 为反应物料的浓度，mol/m^3；ΔH_r为摩尔反应焓，kJ/mol。显然，比反应热取决于反应物料的浓度，不同的工艺和操作方式均会影响比反应热的数值。

摩尔反应焓和比反应热可以通过两种途径获得：①通过量热设备测量获得，该方法可以模拟反应的实际工艺。关于量热设备的相关内容将在5.3节进行介绍。②通过计算摩尔生成焓 ΔH_f得到，摩尔反应焓等于产物的摩尔生成焓的总和与反应物的摩尔生成焓的总和之差：

$$\Delta H_r^{298K} = \sum_{产物} \Delta H_{f,\ i}^{298K} - \sum_{反应物} \Delta H_{f,\ i}^{298K} \tag{5-2}$$

常见物质的标准摩尔生成焓可以参见热力学性质表；此外，也可以通过基团贡献法计算得到，如Benson基团法。在实际计算过程中，要注意该方法得到的生成焓是假定分子处于气相状态中，因此，对于液相反应必须通过冷凝潜热来修正。

需要注意，摩尔反应焓也会随着操作条件的不同在很大的范围内变化。例如，根据磺化剂的种类和浓度的不同，磺化反应的反应焓会在−150～−60kJ/mol的范围内变动。此外，反应过程中的结晶热和混合热也可能会对实际热效应产生影响。因此，建议尽可能根据实际条件通过量热设备测量反应热。

2. 分解热

化工行业所使用的相当部分的化合物都是处于所谓的亚稳定状态。如果输入一个附加的能量（如温度升高），可能会使这样的化合物变成高能和不稳定的中间状态，这个中间状态可通过难以控制的能量释放使自身转化成更稳定的状态。图5-1显示了这样的一个反应路径。沿着反应路径，能量首先增加，然后降到一个较低的水平，分解热 ΔH_d(J/g)沿着反应路径释放。它通常比一般的反应热数值大，但比燃烧热低。分解产物往往未知或者组分的比例不易确定，这意味着很难由标准生成焓估算分解热。

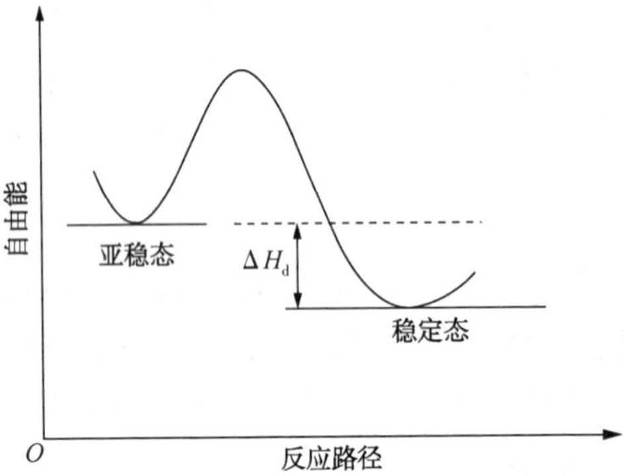

图5-1　自由能沿着反应路径的变化

3. 热容

反应体系的热容 C_p，是指体系温度上升1K时所需要的能量，单位是kJ/K。工程上常用单位质量的热容，即比热容来表示，通常用 C_p'表示，单位kJ/(K·kg)。典型物质的比定压热容见表5-2。相对而言，水的比定压热容较高，无机化合物的比定压热容较低，有机化合物的比定压热容比较适中。混合物的比定压热容可以根据常用的混合规则由不同化合物的比定压热容取质量平均值估算得到：

$$C'_{\mathrm{p}}=\frac{\sum^{i} M_i C'_{\mathrm{p}}}{\sum^{i} M_i} \tag{5-3}$$

表 5-2　典型物质的比定压热容

化合物	比定压热容 C'_{p}/[kJ/(K·kg)]	化合物	比定压热容 C'_{p}/[kJ/(K·kg)]
水	4.2	甲苯	1.69
甲醇	2.55	*p*-二甲苯	1.72
乙醇	2.45	氯苯	1.3
2-丙醇	2.58	四氯化碳	0.86
丙酮	2.18	氯仿	0.97
苯胺	2.08	10%NaOH 水溶液	1.4
乙烷	2.26	100%硫酸	1.4
苯	1.74	氯化钠	4.0

比定压热容随着温度升高而增加。例如，液态水在 20℃时比定压热容为 4.182kJ/(K·kg)，在 100℃时为 4.216kJ/(K·kg)，它的变化通常用维里方程来描述：

$$C'_{\mathrm{p}}(T)=C'_{\mathrm{p0}}(1+aT+bT^2+\cdots) \tag{5-4}$$

当反应物料的温度可能在较大的范围内变化时，为了获得精确的结果，就需要采用该方程计算。但是对于凝聚相物质，比定压热容随温度的变化较小，可以忽略。就安全问题而言，通常采用在较低工艺温度下的比定压热容值进行绝热温升的计算。

4. 绝热温升 ΔT_{ad}(Adiabatic Temperature Rise)

ΔT_{ad}是指绝热条件下反应放出的热量完全释放导致物料的温升值。一个在反应器中正常进行的反应，当反应器冷却系统失效时，反应体系将进入绝热状态。在这种情况下，目标反应所释放的能量将全部用来使体系温度升高，

因此，温升与释放的能量成正比。对于大多数人而言，能量大小的数量级难以估算，因此，利用绝热温升来评估失控反应的严重度是一个比较方便的做法，因而也是比较常用的判据。它可以由以下计算式得到：

$$\Delta T_{\mathrm{ad}}=\frac{(-\Delta H_{\mathrm{r}})c_{\mathrm{A0}}}{\rho C'_{\mathrm{p}}}=\frac{Q'_{\mathrm{r}}}{C'_{\mathrm{p}}} \tag{5-5}$$

式(5-5)的中间一项表明绝热温升是摩尔反应焓、反应物初始浓度、反应体系密度和比定压热容的函数。因此，它取决于工艺条件，尤其是加料方式和物料浓度。该式右边一项涉及比定压热容，由于量热实验的测试结果常以比反应热来

表示，这提醒我们，当对测试结果进行解释时，必须考虑其工艺条件，尤其是浓度。

体系的绝热温升越高，则体系达到的最终温度将越高，这将可能引起反应物料的进一步分解(二次分解)，一旦发生二次分解，所放出的热量将远远超过目标反应，从而大大增加失控反应的风险。为了估算反应失控的潜在严重度，表 5-3给出了某目标反应及其失控后引发的二次分解的典型能量和可能导致的后果。

表 5-3　目标反应和分解反应典型能量

能量	目标反应	分解反应
比反应热/(kJ/kg)	100	2000
绝热升温/K	50	1000
1kg 反应混合物导致甲醇汽化质量/kg	0.1	1.8
转化为机械势能，相当于把 1kg 物体举起的高度/km	10	200
转化为机械动能，相当于把 1kg 物体加速到的速度/(km/s)	0.45	2

显然，目标反应本身可能并没有多大危险，但分解反应却可能产生严重后果。为了说明这点，把热能转化为溶剂(如甲醇)的蒸发量或与之相当的机械能。从表 5-3 可以看出，一旦引发二次分解反应，1kg 反应物料可能导致 1.8kg 甲醇的蒸发，溶剂蒸发会导致密闭反应容器的压力增大，随后有可能发生容器破裂并形成可以爆炸的蒸气云，如果蒸气云被点燃，会导致严重的室内爆炸；从机械能的角度看，相当于把 1kg 物体举起 200km 或加速到 2km/s。

5.1.2　压力效应

化学反应发生失控后，除了导致 5.1.1 节介绍的热效应，其破坏作用也会导致压力效应。压力效应主要有以下几个方面。

① 目标反应过程中生成的气体物质，如脱羧反应生成的 CO_2等；②二次分解反应常常导致小分子产生，这些物质常呈气态，从而造成容器内压力增大；③整个反应过程(包括目标反应和二次分解反应)中，低沸点组分挥发形成的蒸气，这些低沸点组分可能是溶剂，也可能是反应物，如甲苯磺化反应过程中的甲苯。

化学反应的热失控通常伴随着压力增长，因此必须对目标反应及其可能引发的二次分解反应的压力效应进行评估。

1. 气体释放

分解反应常产生气体。操作条件不同，气体释放的影响也是不同的。在密闭容器中，压力增长可能导致容器破裂，并进一步导致气体泄漏或气溶胶的形成乃

至容器爆炸，首先可以利用理想气体定律近似估算压力，即

$$pV = nRT \tag{5-6}$$

式中，p 为封闭体系中由于生成气体形成的压力，Pa；V 为封闭体系的体积，m^3；R 为摩尔气体常数，8.314J/(mol·K)；n 为产生气体的物质的量，mol；T 为体系中气体的温度，K。

在开放容器中，气体产物可能导致气体、液体的溢出或气溶胶的形成，这些也可能产生二次效应，如中毒、燃烧、火灾，甚至无约束蒸气云爆炸或者粉尘爆炸。因此，对于评估事故的潜在严重度而言，反应或分解过程中释放的气体量也是一个重要的因素。生成的气体量同样可以利用理想气体定律来估算：

$$V = \frac{nRT}{p} \tag{5-7}$$

这里主要从静态角度给出了气体释放产生的终态压力及总量，解决实际工程问题时还需要考虑气体释放的产气速率等动态问题。目前，尚没有可靠方法可以预测产气速率，该参数主要通过测试获得。

2. 蒸气压

封闭的反应体系随着体系的温度升高，低沸点组分逐渐挥发，体系中反应蒸气压也相应增加，产生的压力可以通过 Clausiua-Clapeyron 方程进行估算：

$$\ln \frac{p}{p_0} = -\frac{\Delta H'_v}{R}\left(\frac{1}{T} - \frac{1}{T_0}\right) \tag{5-8}$$

式中，T_0、p_0为初始状态的温度和压力；R 为摩尔气体常数，8.314J/(mol·K)；$\Delta H'_v$为摩尔蒸发焓，kJ/mol。

由于体系的蒸气压随着温度呈指数关系增加，温升的影响(如在失控反应中)可能会很大，为了工程应用的方便，可以用一个经验法则说明这个问题，即温度每升高 20K，蒸气压加倍。

3. 溶剂蒸发量

如果反应体系在失控过程中达到溶剂的沸点，那么体系中的低沸点溶剂将大量蒸发。如果产生的蒸汽出现泄漏，将可能带来二次效应：形成爆炸性的蒸汽云，遇到合适的引燃源将发生严重的爆炸。溶剂蒸发量可以由反应热或分解热来计算，即

$$m_v = \frac{Q_r}{-\Delta H'_v} = \frac{m_r Q'_r}{-\Delta H'_v} \tag{5-9}$$

式中，m_v为溶剂蒸发量，kg；m_r为反应物料的总质量，kg；Q_r为反应热，$Q_r = m_r Q'_r$；$\Delta H'_v$为比蒸发焓，即单位质量蒸发物料的蒸发焓，kJ/kg。

通常情况下，反应体系的温度低于溶剂的沸点。冷却系统失效后，反应释放能量首先将反应物料加热到溶剂的沸点，然后其余部分的能量将用于物料蒸发。

溶剂蒸发量可以由到沸点的温差来计算，即

$$m_v = \left(1 - \frac{T_b - T_0}{\Delta T_{ad}}\right)\frac{Q_r}{\Delta H'_v} \tag{5-10}$$

式中，T_b为溶剂沸点；T_0为反应体系开始失控时的温度。

4. 溶剂的蒸气流量

如果反应体系中有足够的溶剂，且溶剂蒸发后能安全回流或者蒸馏到冷凝管、洗涤器中，那么溶剂挥发可以使反应体系温度稳定在沸点附近，就安全而言，这相当于为反应体系提供了一道移热的“安全屏障”。另外，大量溶剂蒸发通过回流重新回到反应器中对保持反应物料的稳定也是有利的。为此，需要计算溶剂的蒸发流量，并通过该参数评估蒸馏装置、回流装置、洗涤装置的能力是否匹配。

溶剂蒸发过程中的蒸气质量流量可以用下式计算：

$$q_v = \frac{q'_{rx} m_r}{\Delta H'_v} \tag{5-11}$$

式中，q_v为容器的蒸气质量流量，kg/s；q'_{rx}为反应的比放热速率，kW/kg。作为初步近似，如果压力接近大气压，蒸气可看成理想气体，则蒸气密度：

$$\rho_v = \frac{pM_v}{RT_b} \tag{5-12}$$

式中，ρ_v是蒸气密度 kg/m^3；M_v是蒸气的摩尔质量，kg/mol；T_b是溶剂的沸点。那么蒸气流速可以根据蒸气管的横截面积来计算：

$$u = \frac{q_{rx}}{(-\Delta H'_v)\rho_v A} \tag{5-13}$$

式中，u 是蒸气流速 m/s；q_{rx}是反应的比放热速率，$q_{rx} = M_r q'_{rx}$，kW；A 是蒸汽管的横截面积，m^2。如果蒸汽管的内径为 d，那么蒸气流速还可以表示：

$$u = \frac{4Rq'_{rx} m_r T_b}{\pi(-\Delta H'_v) d^2 p M_v} \tag{5-14}$$

蒸汽流速是评价反应器在沸点温度是否安全的基本信息，该信息对反应器采用蒸发冷却模式工作或反应器发生故障后温度到达沸点附近的紧急处理尤为重要。

5.1.3 化学反应热平衡

考虑工艺热风险时，必须充分理解热平衡的重要性，这方面的知识不仅可以用来解析实验室规模的量热数据，而且对于反应器或储存装置的工业放大同样适用。

1. 热平衡项

化学热力学中规定放热为负，吸热为正。在本章中，从实用性和安全性的角度出发，规定所有导致温度升高的影响因素为正。热平衡中不同表达项有以下几种。

(1) 热生成

热生成对应于反应的比放热速率，是反应速率、反应体积和摩尔反应焓的函数，即

$$q_{rx}=(-r_A)V(-\Delta H_r) \tag{5-15}$$

式中，ΔH_r为摩尔反应焓，kJ/mol；r_A为反应速率，mol/(m^3 · s)；V为反应体积，m^3。

对于单一反应 A→P，如果是 n 级反应，反应速率 r_A可以表示为以下形式：

$$-r_A=kc_{A,0}^n(1-X_A)^n \tag{5-16}$$

式中，X_A为 A 物质的转化率。这表明反应速率随着转化率的增加而降低。该方程强调了这样一个事实：放热速率是转化率的函数，因此，在非连续反应器或储存过程中，放热速率会随时间发生变化。间歇反应不存在稳定状态。在连续搅拌反应釜中，放热速率为常数；在管式反应器中放热速率随位置变化而变化。根据阿伦尼乌斯模型，速率常数 k 是温度的指数函数：

$$k=k_0e^{-E/(RT)} \tag{5-17}$$

式中，k_0为频率因子，也称指前因子，由于反应速率的单位是以 mol/(m^3 · s)来表示的，所以速率常数和指前因子的单位取决于反应级数，为 m^{n-3} · mol^{1-n}/s；E 为反应的活化能，单位是 kJ/mol。式中，摩尔气体常数 R 取 8. 314J/(mol · K)。范特霍夫规则可粗略地用于考虑温度对反应速率的影响，即温度每上升 10K，反应速率加倍。

因此，式(5-15)可以表示：

$$q_{rx}=k_0e^{-E/(RT)}c_{A,0}^n(1-X_A)^nV(-\Delta H_r) \tag{5-18}$$

就安全问题而言，这里必须考虑两个重要方面：①反应的比放热速率是温度的指数函数；②反应的比放热速率与反应体积成正比，故随反应器线尺寸的立方值(L^3)而变化。

(2) 热移出

对于反应介质和载热体之间的热交换，存在以下几种途径：热传导、热辐射、强制对流和自然对流，这里只考虑强制对流。载热体通过反应器壁面的热移出 q_{ex}与总传热系数 U、总传热面积 A 及传热驱动力成正比，这里的驱动力是指反应介质与载热体之间的温差：

$$q_{ex}=U/A(T_c-T_r) \tag{5-19}$$

式中，总传热系数 U 跟反应体系物理化学性质有关，单位是 W/(m^2 · K)。当反应体系的物理化学性质发生显著变化，总传热系数 U 也将发生变化，成为时间的函数，通常反应体系的黏度变化会极大地影响 U 的值。

在式(5-19)中，传热系数 U 起到重要作用。因此，需要根据不同反应物料的特性，实际测量其在具体反应器中的综合传热系数。对于反应器内物料组分给定的情形，雷诺数对传热系数的影响很大。这意味着对于搅拌釜式反应器，搅拌桨类型、形状以及转速都将影响传热系数。有时必须对沿反应器壁的温度梯度和热交换的推动力(温度差)进行限制，以避免器壁的结晶或结垢。这可以通过限制载热体的最低温度使其高于反应物料的熔点来实现。在其他情况下，可以通过限制冷却介质的温度或流速来达到目的。

就安全问题而言，这里必须考虑两个重要方面：①热移出是反应介质与载热体之间温差的线性函数；②由于热移出速率与总传热面积成正比，故随反应器线尺寸的平方值(L^2)而变化。

反应热生成速率与反应器线尺寸的立方值(L^3)成正比，而热移出速率与反应器线尺寸的平方值(L^2)成正比，这意味着当反应器尺寸必须增大时(如工艺放大)，热移出能力的增加远不及热生成速率，因此，很可能出现热失衡现象。以一个搅拌釜式反应器为例来说明，假设该反应器是一个高度与直径大约为 1∶1 的圆柱体，表 5-4 给出了这个反应器在不同规模下的尺寸参数。

表 5-4　反应器在不同规模下的尺寸参数

规模	反应器体积/m^3	总传热面积/m^2	比表面积/m^{-1}	比冷却能力/[W/(kg·K)]
研究实验	0.0001	0.01	100	30
实验室规模	0.001	0.03	30	9
中试生产	0.1	1	10	3
生产规模Ⅰ	1	3	3	0.9
生产规模Ⅱ	10	13.5	1.35	0.4

注：将反应器盛装介质至公称容积，其总传热系数为 300W/(m^2·K)，密度为 1000kg/m^3，反应器内反应介质与载热体之间的温差为 50K。

特别要注意的是，当该反应器从实验室规模按比例放大到生产规模Ⅰ时，反应器的比表面积和比冷却能力大约缩小了两个数量级，这在实际生产中很重要，因为在实验室规模中没有发现放热效应，并不意味着在更大规模的情况下反应是安全的。

(3) 热累积

热累积体现了体系能量随温度的变化规律，即

$$q_{ac} = \frac{\mathrm{d}\sum^{i}(M_i C'_p T_i)}{\mathrm{d}t} = \left(\frac{\mathrm{d}M_i}{\mathrm{d}t} C'_p T_i\right) + \sum^{i}\left(M_i C'_p \frac{\mathrm{d}T_i}{\mathrm{d}t}\right) \tag{5-20}$$

该式通常用于计算连续反应器。对于非连续反应器，如果没有气体生成，总质量不会发生变化，热累积可以简化为如下表达式：

$$q_{ac} = \sum^{i}\left(M_i C'_p \frac{\mathrm{d}T_i}{\mathrm{d}t}\right) \tag{5-21}$$

式中，i 是反应物料的各组分和反应器本身。原则上，在计算总的热累积时，要考虑反应体系的每一个组成部分，既要考虑反应物料，也要考虑反应器，通常是考虑跟反应体系直接接触的部分。然而实际过程中，对于工业生产规模的搅拌釜式反应器，相比于反应物料的热容，反应器本身的热容常可以忽略不计。通过下面的例子来说明：一个 $10m^3$ 的搅拌釜式反应器，反应物料热容的数量级大约为 20000kJ/K，而与反应介质接触的金属质量大约 400kg，反应器热容大约为 200kJ/K，即大约为总热容的 1%。另外，就安全问题而言，这种误差会导致更保守的评估结果，所以是可以接受的。然而，对于某些特定的应用场合，容器的热容是必须要考虑的，如连续反应器，尤其是管式反应器，可以有意识地增大反应器本身的热容，从而增大总热容，来实现反应器的安全。

（4）物料流动引起的对流热交换

在连续体系中，加料时原料的入口温度并不总是和反应器出口温度相同，反应器进料温度(T_0)和出料温度(T_f)之间的温差导致物料间产生对流热交换。热移出与比定压热容、体积流率($\dot{v}$)成正比，即

$$q_{ex}=\rho \dot{v} C'_p(T_f-T_0) \tag{5-22}$$

（5）加料引起的显热

对于半间歇反应器，如果加料物质的入口温度(T_d)与反应器内物料温度(T_f)不同，那么进料的热效应必须在热平衡的计算中予以考虑。这个效应通常被称为加料显热：

$$q_{fd}=\dot{m}_{fd} C'_{pfd}(T_{fd}-T_r) \tag{5-23}$$

式中，$\dot{m}_{fd}$表示加料物质的质量流量，单位是 kJ/s。此效应在半间歇反应器中尤为重要。如果加料物质和反应器内物料之间温差大，或加料速率很高时，加料引起的显热可能起主导作用，通常情况下，加料物质的入口温度低于反应器内物料温度，就安全问题而言，显热明显有助于反应器冷却。在这种情况下，一旦停止进料，可能导致反应器内温度突然升高，在实际操作中，要特别注意这一点。

（6）搅拌装置

搅拌器与反应物料摩擦会产生机械能耗散，最终转变为热能。大多数情况下，相对于化学反应释放的热量，这可忽略不计。然而，对于黏性较大的反应物料(如聚合反应)，这点必须在热平衡中考虑。当反应物料存放在一个带搅拌的容器中时，搅拌器的能耗(转变为体系的热能)可能会很重要。它可以由下式估算：

$$q_s=N_e\rho n^3 d_d^5 \tag{5-24}$$

式中，N_e为搅拌器的功率数，也称为牛顿数或湍流数，不同几何形状搅拌器的功率数不同，感兴趣的读者可以参考有关书籍；n 为搅拌器的转速，r/min；d_s，为搅拌器的叶尖直径，m。

(7) 热散失

出于安全原因(如设备的热表面可能引起人体的烫伤)和经济原因(如设备的热散失),工业反应器都是隔热的。然而,在温度较高时,热散失可能变得比较重要。热散失的计算可能很烦琐枯燥,因为热散失通常要考虑辐射热散失和自然对流热散失。如果需要对其进行估算,可利用以下简化表达式进行计算:

$$q_{\text{loss}}=\alpha(T_{\text{amb}}-T_{\text{r}}) \tag{5-25}$$

式中,T_{amb}为环境温度,K;α 为总热散失系数,W/K,单位质量物料的总热散失系数定义为比热散失系数,W/(kg·K)。表 5-5 对比了不同容积反应器的比热散失系数的数值。从表中可以看出,工业反应器和实验室设备的热散失可能相差 2 个数量级,这就解释了放热化学反应在小规模实验室中发现不了其热效应,而在大规模设备中却可能变得很危险。

表 5-5 不同容积反应器的比热散失系数

反应器	比热散失系数/[W/(kg·K)]
2.5m^3反应器	0.054
5m^3反应器	0.027
12.7m^3反应器	0.020
25m^3反应器	0.005
10mL 试管	5.91
DSC-DTA	0.5~5
1L 杜瓦瓶	0.018

2. 热平衡及其简化表达式

如果考虑上述所有因素,可建立如下的热平衡方程:

$$q_{\text{ac}}=q_{\text{rx}}+q_{\text{ex}}+q_{\text{fd}}+q_{\text{s}}+q_{\text{loss}} \tag{5-26}$$

然而,在大多数情况下,只包括式(5-26)右边前两项的简化热平衡表达式对于安全问题来说已经足够了。考虑一种简化热平衡,忽略如搅拌器带来的热输入或热散失之类的因素,则间歇反应器的热平衡可写成

$$q_{\text{ac}}=q_{\text{rx}}+q_{\text{ex}} \tag{5-27}$$

$$\rho VC_{\text{p}}'\frac{\text{d}T_{\text{r}}}{\text{d}t}=(-r_{\text{A}})V(-\Delta H_{\text{r}})-UA(T_{\text{r}}-T_{\text{e}}) \tag{5-28}$$

对一个 n 级反应,着重考虑温度随时间的变化,于是:

$$\frac{\text{d}T_{\text{r}}}{\text{d}t}=\Delta T_{\text{ad}}\frac{-r_{\text{A}}}{c_{\text{A0}}}-\frac{UA}{\rho VC_{\text{p}}'}(T_{\text{r}}-T_{\text{e}}) \tag{5-29}$$

式中,$\frac{UA}{\rho VC_{\text{p}}'}$项是反应器热时间常数的倒数。利用该时间常数可以方便地估算出反应器从室温升温到工艺温度的时间。

5.1.4 绝热条件下的反应速率

绝热条件下进行放热反应，导致温度升高，并因此使反应加速，但同时反应物的消耗导致反应速率降低。因此，这两个效应相互对立：温度升高导致速率常数和反应速率指数性增加，而反应物消耗使反应减慢。这两个变化相反的因素的综合作用结果将取决于两个因素的相对重要性。

绝热条件下进行的一级反应，速率随温度的变化：

$$-r_A = k_0 e^{-E/(RT)} c_{A0}(1-X_A) \tag{5-30}$$

由式(5-30)可知，绝热条件下温度和转化率呈线性关系。反应热不同，一定转化率导致的温升有可能支配平衡，也有可能不支配平衡。为了说明这点，分别计算两个反应的速率与温度的函数关系：第一个反应是弱放热反应，绝热温升 ΔT_{ad} 只有 20K，而第二个反应是强放热反应，绝热温度为 200K，结果列于表 5-6 中。对于绝热温升只有 20K 的反应，反应速率仅仅在第一个 4K 过程中缓慢增加，随后反应物的消耗占主导，反应速率下降，这不能视为热爆炸，而只是一个自加热现象。对于绝热温升为 200K 的反应，反应速率在很大的温度范围内急剧增加。反应物的消耗仅仅在较高温度时才有明显的体现。这种行为称为热爆炸。

表 5-6 不同反应热的反应绝热条件下的反应速率

温度/℃	100	104	108	112	116	120	—	200
反应速率常数/s^{-1}	1.00	1.27	1.61	2.02	2.53	3.15	—	118
反应速率($\Delta T_{ad}=20K$)	1.00	1.02	0.96	0.81	0.51	0.00	—	
反应速率($\Delta T_{ad}=200K$)	1.00	1.25	1.54	1.90	2.33	2.84	—	59

图 5-2 显示了一系列具有不同反应热，但具有相同初始放热速率和活化能的反应绝热条件下的温度变化。对于较低反应热的情形，即 $\Delta T_{ad}<200K$，反应物的消耗导致一条 S 形曲线的温度—时间关系，这样的曲线并不体现热爆炸的特性，而只是体现了自加热的特性。很多放热反应不存在这种效应，意味着反应物的消耗实际上对反应速率没有影响。事实上，只有在高转化率情形时才出现速率降低。对于总反应热高(相应绝热温升>200K)的反应，即使大约 5%的转化就可导致 10K 的温升或者更多。因此，由温升导致的反应加速远远大于反应物消耗带来的影响，这相当于认为它是零级反应。基于这样的原因，从热爆炸的角度出发，常常将反应级数简化成零级。这也代表了一个保守的近似，零级反应比具有较高级数的反应有更短的热爆炸形成时间。

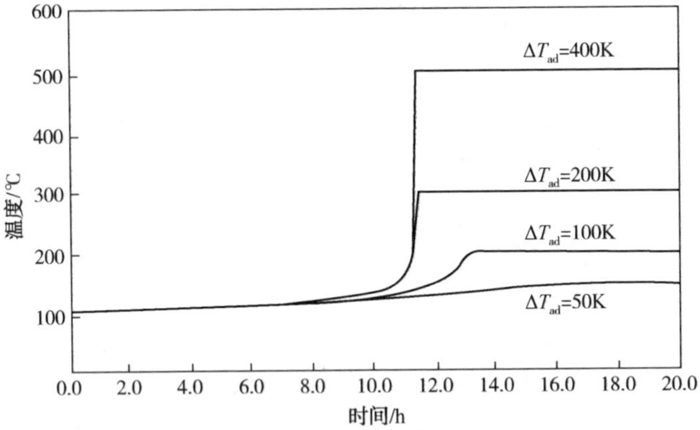

图 5-2　不同反应热的反应绝热温度与时间的函数关系

5.1.5　失控反应

1. 热爆炸

若冷却系统的冷却能力低于反应的热生成速率，反应体系的温度将升高。温度越高，反应速率越大，反过来又使热生成速率进一步加大。因为反应热生成速率随温度呈指数增加，而反应器的冷却能力随着温度只是线性增加，于是冷却能力不足，温度进一步升高，最终发展成反应失控或热爆炸。

2. Semenov 热温图

考虑一个零级动力学强放热反应的简化热平衡。反应放热速率 q_{rx} 随温度呈指数关系变化。反应移热速率 q_{ex} 随温度呈线性变化，直线的斜率为 UA，与横坐标的交点是冷却介质的温度 T_c。热平衡可通过 Semenov 热温图(图 5-3)体现出来。热量平衡是指反应放热速率等于移热速率($q_{rx}=q_{ex}$)的平衡态，这发生在 Semenov 热温图中放热曲线 q_{rx} 和移热曲线 q_{ex} 的两个交点上。

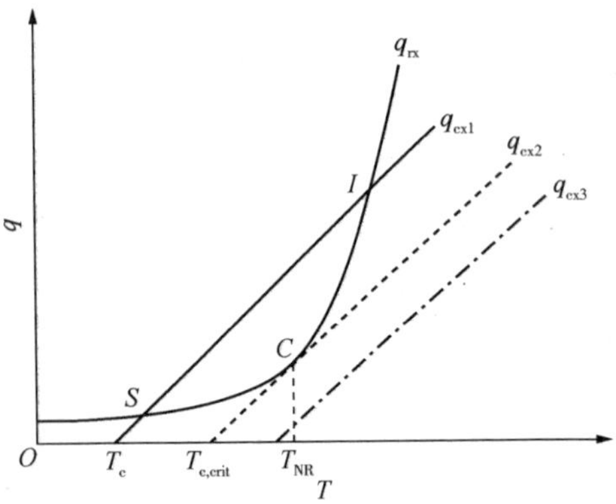

图 5-3　Semenov 热温图

首先分析交点 S，当温度由 S 点向高温移动时，热移出占主导地位，温度降低直到反应放热速率等于移热速率，系统恢复到其稳态平衡；反之，温度由 S 点向低温移动时，反应放热会占主导地位，温度升高直到再次达到稳态平衡。因此，较低温度下的交点 S 是一个稳定平稳点。对较高温度处交点 I 作同样的分析，发现系统变得不稳定，从 I 点向低温方向的一个小偏差，热移出占主导地位，温度降低直到再次到达 S 点；从 I 点向高温方向的一个小偏差，导致产生过量热，因此形成失控条件。

移热曲线和温度轴的交点代表冷却系统的温度 T_c。因此，当冷却系统温度较高时，相当于移热曲线向右平移。当移热曲线由 q_{ex1} 向右平移到 q_{ex2} 时，两个交点 S 和 I 相互逼近，直到它们重合为一点 C。C 点对应于切点，是一个不稳定工作点。此时冷却系统的温度叫临界温度 $T_{c,crit}$（注意：本书中临界温度与热力学上的临界温度无关），相应的反应体系的温度称为不回归温度 T_{NR}，表示一旦反应体系越过这个温度，失控将不可避免。当冷却系统的温度大于 $T_{c,crit}$ 时，移热曲线 q_{ex3} 与放热曲线 q_{rx} 没有交点，意味着热平衡方程无解，失控也将不可避免。

3. 参数敏感性

若反应器在临界冷却温度 $T_{c,crit}$ 运行，冷却系统温度的一个无限小增量也会导致失控状态，这就是所谓的参数敏感性，即操作参数的一个小的变化导致状态由受控变为失控。此外，除了冷却系统温度改变会产生这种情形，传热系数的变化也会产生类似的效应。

从公式(5-19)可知，由于移热曲线的斜率等于 UA，总传热系数 U 的减小会导致其斜率的降低，从 q_{ex1} 变化到 q_{ex4}，从而形成临界状态（图 5-4 中的 C），这可能在热交换系统存在污垢、反应器内壁结皮或固体物沉淀的情况下发生。在传热面积 A 发生变化（如工艺放大时），也可以产生同样的效应。即使在操作参数如 U、A 和 T_c 发生很小变化时，也可能导致状态由受控变为失控。其后果就是反应器稳定性对这次参数具有潜在的高的敏感性，实际操作时反应器很难控制。因此，化学反应器的稳定性分析需要了解反应器的热平衡知识，从这个角度来说，临界温度的概念也很有用。

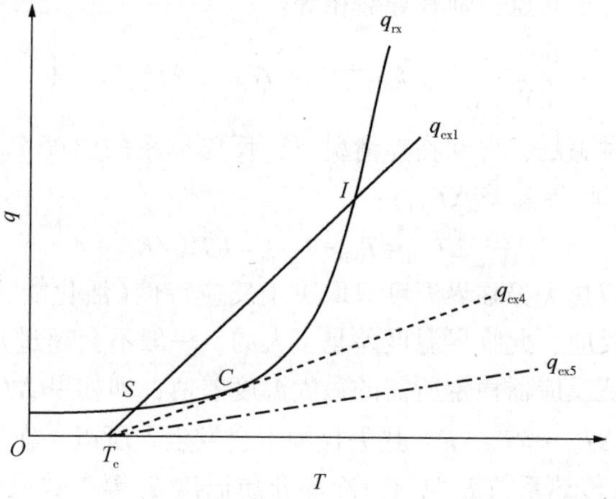

图 5-4　Semenov 热温图：反应器传热参数 UA 发生变化的情形

4. 临界温度

如上所述，如果反应器运行时的冷却介质温度接近其临界温度(上限温度)，冷却介质温度的微小变化就有可能会导致过临界的热平衡，从而发展为失控状态。因此，为了分析操作条件的稳定性，了解反应器运行时冷却体系温度是否远离或接近临界温度就显得很重要了。这可以利用 Semenov 热温图(图 5-5)来评估。

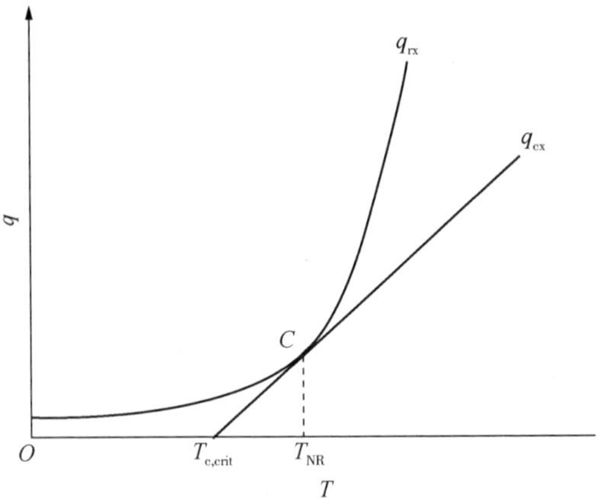

图 5-5　Semenov 热温图：临界温度的计算

考虑零级反应的情形，在临界情况，放热速率可以表示：

$$q_{rx}=k_0 e^{-E/(RT_{NR})}Q_r \tag{5-31}$$

反应的放热速率与反应器的移热速率相等：

$$q_{rx}=q_{ex}\Leftrightarrow k_0 e^{-E/(RT_{NR})}Q_r E/(RT_{NR}^2)=UA \tag{5-32}$$

由于两线相切于此点，则其导数相等：

$$\frac{dq_{rx}}{dT}=\frac{dq_{ex}}{dT}\Leftrightarrow k_0 e^{-E/(RT_{NR})}Q_r E/(RT_{NR}^2)=UA \tag{5-33}$$

两个方程同时满足，得到临界情况下，反应体系的温度 T_{NR} 和冷却系统的温度 $T_{c,crit}$ 的差值(即临界温差 ΔT_{crit})：

$$\Delta T_{crit}=T_{NR}-T_{c,crit}=RT_{NR}^2/E \tag{5-34}$$

此式表明反应热失控临界温度只取决于反应特性(活化能)和冷却介质温度。对于一般的化学反应，此临界温度差是不大的，一般不会超过几十度。实际上这个临界差值是保证反应器稳定所需的最大温度差值，即如果 $\Delta T_{crit}>RT_{NR}^2/E$，热失控将发生；如果 $\Delta T_{crit}<RT_{NR}^2/E$，热失控则不会发生。所以，在一个给定的反应器(指该反应器的总传热系数 U 与 A、冷却介质温度 T_0 等参数已知)中进行特定的反应(指该反应的热力学参数 Q_r 及动力学参数 k_0、E 已知)，只有当反应体系温

度(T_r)与冷却系统温度(T_c)之间的差值小于该临界温差时，才能保持反应体系(由化学反应与反应器构成的体系)稳定。显然，从道理上讲，这可以作为反应体系是否能稳定运行的一个判据。

如果需要对反应体系的稳定性进行分析与评估，需要知道几方面的参数：反应的热力学、动力学参数和反应器冷却系统的热交换参数、操作条件等。可以运用同样的原则来评估物料储存过程的稳定性，即需要知道分解反应的热力学、动力学参数、储存容器的热交换、环境温度等参数。

5. 绝热条件下最大反应速率到达时间

失控反应的另一个重要参数就是绝热条件下最大反应速率到达时间(Time to Maximum Rate under Adiabatic Condition，TMR_{ad})，或称为绝热条件下热爆炸的形成时间，也有文献称为绝热诱导期，为热风险评估体系中常用的评价参数。TMR_{ad}指绝热条件下放热反应从起始至达到最大反应速率所需要的时间，其代表的是失控条件下用于采取保护措施的时间，TMR_{ad}越长，可用于采取措施的时间越长，失控反应发生的可能性越低。由于推导过程的复杂性，这里仅给出有关结论，对推导过程有兴趣的读者可以参考本章参考文献[1]的184~185页和参考文献[2]的47~49页。

如果反应过程的机理不变(即动力学参数不变)，则不同引发温度 T 下的TMR_{ad}的一个近似解：

$$TMR_{ad}=\frac{C_p'RT^2}{q_{rx}'(T)E}-\frac{C_p'RT_m^2}{q_{rx}'(T_m)E} \tag{5-35}$$

式中，T_m为体系到达最大反应速率时对应的温度，与初始温度(T)有关；$q_{rx}'(T)$、$q_{rx}'(T_m)$分别为温度 T、T_m下的比放热速率。若活化能 E 较大时，式(5-35)中最后一项相比于前一项足够小，可以忽略不计。由于 $q_{rx}'(T)$是温度的指数函数，所以 TMR_{ad}随温度呈指数关系降低，且随活化能的增加而降低。

6. T_{D24}

进行工艺热风险评估时，还需要用到一个很重要的参数，绝对条件下最大反应速率到达时间(TMR_{ad})为24h的温度，用 T_{D24} 表示。该参数常常作为制定工艺温度的一个重要依据。绝热诱导期随温度呈指数关系降低，如图5-6所示，一旦通过实验测试得到了绝热诱导期与温度的关系，可以由图解或求解有关方程获得 T_{D24}。读者可以参考本章参考文献[2]的

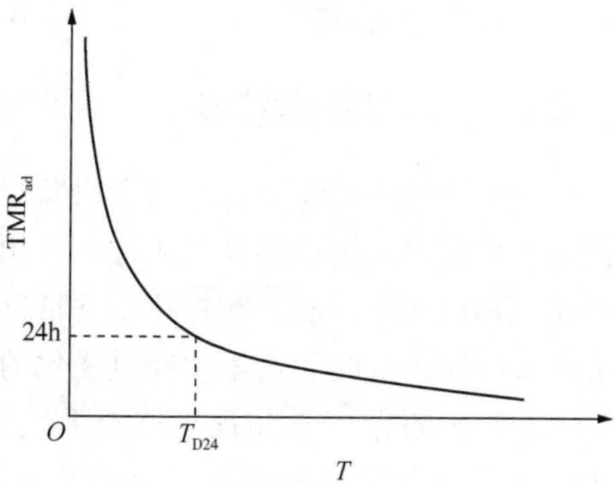

图5-6　TMR_{ad}与温度的关系变化

250~253 页的测定与计算示例。

5.2　化学反应热风险的评估方法

5.2.1　热风险

热风险测试与评估内容包括：① 反应安全风险评估应包括物料分解热评估、失控反应严重度评估、失控反应可能性评估、失控反应风险可接受程度评估和反应工艺危险度评估。②反应安全风险评估应对原料、催化剂、中间产品、产品、副产物、废弃物，以及蒸馏、分馏处理过程涉及的各相关物料进行热稳定性测试，对化学反应过程开展热力学和动力学研究测试与分析。③涉及硝化、氯化、氟化、重氮化、过氧化工艺的精细化工生产装置应完成有关产品生产工艺全流程的反应安全风险评估。

从传统意义上说，风险被定义为潜在事故的严重度和发生可能性的组合。因此，风险评估必须既评估其严重度又评估其可能性。显然，这样分析的结果有助于设计各种风险降低措施。现在的问题是：对于特定的化学反应或工艺，其固有热风险的严重度和发生可能性到底是什么含义？

化学反应的热风险就是由反应失控及其相关后果(如引发的二次效应)带来的风险。所以，必须搞清楚一个反应怎样由正常过程“切换”到失控状态。为了进行这样的评估，除了上节的热爆炸理论，还需要掌握风险评估的相关内容，这就是学习本节的意义所在。为了进行严重度和发生可能性的评估，必须对事故情形包括其触发条件及导致的后果进行辨识、描述。通过定义和描述事故的引发条件和导致结果来对其严重度和发生可能性进行评估。对于热风险，最糟糕的情况是发生反应器冷却失效，或通常所认为的反应物料或物质处于绝热状态。这里，要考虑冷却失效的情形。

5.2.2　冷却失效模型

以一个放热间歇反应为例来说明失控情形时化学反应体系的行为。对其行为的描述，目前普遍接受的是 R. Gygax 提出的冷却失效模型。该模型认为：在室温下将反应物加入反应器，搅拌状态下将反应体系加热到目标反应温度，然后使其保持在反应停留时间和产率都经过优化的水平上。反应完成后，冷却并清空反应器(图 5-7 中虚线)。假定反应器处于目标反应温度 T_p 时发生冷却失效(图 5-7 中点 4)，如果未反应物质仍存在于反应器中，则继续进行的反应将导致温度升高。此温升取决于未反应物料的量，即取决于工艺操作条件。温度将到达工艺反应能够达到的最高温度(Maximum Temperature of the Synthesis Reaction，MTSR)。该温度有可能引发反应物料的分解(称为二次分解反应)，而二次分解反应放热会导致温度进一步上升(图 5-7 中阶段 6)，到达最终温度 T_{end}。

目标反应失控有可能会引发二次反应。目标反应与二次反应之间存在的这种差别可以使评估工作简化，因为这两个由 MTSR 联系在一起的反应阶段事实上是分开的，允许分别进行研究。下面的问题代表了 6 个关键点，这些关键点有助于建立失控模型，并为确定风险评估所需的参数提供指导。

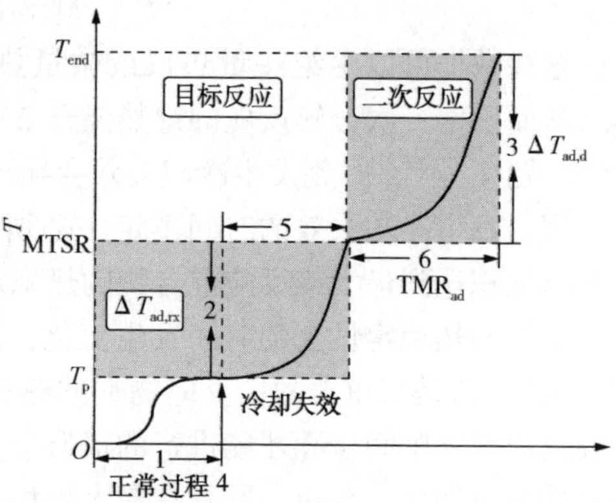

图 5-7　冷却失效模型

问题 1：正常反应时，通过冷却系统是否能够控制工艺温度？

正常操作时，必须保证足够的冷却能力来控制反应器的温度，从而控制反应历程，工艺研发阶段必须考虑到这个问题。为了确保能够有效移除反应体系放出的热量，冷却系统必须具有足够的冷却能力。此外，需要特别注意：反应物料可能出现的黏性变化(如聚合反应)，反应器壁面可能出现的积垢问题，以及反应器应在动态稳定性区内运行(即反应器内的目标反应是否存在参数敏感的问题)。

对于这个问题，必须获得反应的比放热速率 q_{rx} 和反应器的冷却能力 q_{ex}，这些数据可以通过反应量热仪获得(将在 5.3 节介绍)。

问题 2：目标反应失控后体系温度会达到什么样的水平？

冷却失效后，如果反应混合物中仍然存在未转化的反应物，则这些未转化的反应物将在不受控的状态下继续反应并导致绝热温升，这些未转化的反应物被认为是物料积累，产生的热量与累积百分数成正比。所以，要回答这个问题就需要研究反应物的转化率和时间的函数关系，以确定未转化反应物的累积度 X_{ac}。由此可以得到工艺反应能够达到的最高温度 MTSR：

$$\mathrm{MTSR}=T_P+X_{ac}\Delta T_{ad,rx} \tag{5-36}$$

这些数据可以通过反应量热仪获得。反应量热仪可以提供目标反应的反应热，从而确定目标反应的绝热温升 $\Delta T_{ad,rx}$。对比放热速率进行积分就可以确定物料的转化率，从而进一步获得物料的累积度 X_{ac}。

问题 3：二次反应失控后温度将达到什么样的水平？

由于 MTSR 高于设定的工艺温度，有可能出现二次反应。不受控制的二次反应，将进一步导致温度失控。由二次反应的放热量可以计算出绝热温升，并确定从 MTSR 开始后所到达的最终温度：

$$T_{end}=\mathrm{MTSR}+\Delta T_{ad,d} \tag{5-37}$$

这些数据可以由绝热量热仪或微量热仪获得，这两类量热仪可以提供分解热，从而确定二次分解反应的绝热温升 $\Delta T_{ad,d}$。

问题 4：什么时刻发生冷却失效会导致最严重的后果？

因为发生冷却失效的时间不定，必须假定其发生在最糟糕的瞬间，也就是，在物料累积达到最大或反应混合物的热稳定性最差的时候。未转化反应物的量及反应物料的热稳定性会随时间发生变化，因此知道在什么时刻累积度最大(潜在的放热最大)是很重要的。反应物料的热稳定性也会随时间发生变化，这常常发生在反应需要中间步骤才能进行的情形中。因此，为了回答这个问题必须同时了解目标反应和二次反应。既具有最大累积又存在最差热稳定性的情况是最糟糕的情况。显然，必须采取安全措施予以解决。

对于这个问题，可以通过反应量热仪获取物料累积方面的信息，同时组合采用绝热量热仪或微量热仪来研究物料的热稳定性问题。

问题 5：目标反应发生失控有多快？

从工艺温度开始到达 MTSR 需要经过一定的时间。然而，为了获得较好的经济效益，工业反应器常常在较高的目标反应温度(反应速率很快)下运行。因此，正常工艺温度之上的温度升高将导致反应明显加速。大多数情况下，这个时间很短(如图 5-7 阶段 5 所示)。

可通过反应量热仪获得反应在 T_p 温度下的比放热速率 $q'_{rx}(T_p)$，估算目标反应失控后的绝热诱导期 $\mathrm{TMR}_{ad,rx}$：

$$\mathrm{TMR}_{ad,rx}=\frac{C'_p R T_p^2}{q'_{rx}(T_p)E_{rx}} \tag{5-38}$$

问题 6：从 MTSR 开始，分解反应失控有多快？

MTSR 温度下，有可能触发二次反应，从而导致进一步的失控，二次反应的动力学对确定事故发生可能性起着重要的作用。可通过绝热量热仪获得反应在 MTSR 温度下的比放热速率 $q'_{rx}(T_{MTSR})$，估算二次反应失控后的绝热诱导期 $\mathrm{TMR}_{ad,d}$：

$$\mathrm{TMR}_{ad,d}=\frac{C'_p R(T_{MTSR})^2}{q'_{rx}(T_{MTSR})E_d} \tag{5-39}$$

一般来说，式(5-39)基于零级反应，计算结果相对保守。对于评估要求很高的场合，建议采用更加精确的模型进行计算。

以上 6 个关键问题说明了工艺热风险知识的重要性。从这个意义上说，它体现了工艺热风险分析和建立冷却失效模型的系统方法。一旦模型建立，后面就是对工艺热风险进行实际评估，这需要评估标准。评估标准：根据物料分解热评估物料的爆炸危险性，根据绝热温升评估失控反应的严重度，根据最大反应速率到达时间评估失控反应的可能性，结合相关温度参数进行工艺危险度评估，确定反应工艺危险度等级。

5.2.3 物料分解热评估判据

根据物料分解热评估物料的爆炸危险性。对反应物料进行测试，获得物料的分解放热情况，开展风险评估，评估判据参见表5-7。

表5-7 物料的分解热评估判据

等级	后果及说明	ΔH_d/(J/g)
4	分解放热量很大，潜在爆炸危险性很高	分解热≥3000
3	分解放热量大，潜在爆炸危险性高	1200<分解热<3000
2	分解放热量较大，潜在爆炸危险性较高	400≤分解热≤1200
1	潜在爆炸危险性	分解热<400

分解放热量是物质分解释放的能量，分解放热量大的物质，绝热温升高，存在较高的燃爆危险性。实际应用过程中，要通过风险研究和风险评估，界定物料的安全操作温度，避免超过规定温度，导致爆炸事故的发生。

5.2.4 严重度评估标准

所谓严重度即指失控反应不受控的能量释放可能造成的破坏。由于精细化工行业的大多数反应是放热的，反应失控的后果与释放的能量有关。绝热温升与反应热成正比，因此，可以采用绝热温升作为严重度评估的一个直观的判据。

最终温度越高，失控反应的后果越严重。如果温升很高，反应混合物中一些组分可能蒸发或分解产生气态化合物，因此，体系压力将会增加。这可能导致容器破裂和其他严重破坏。

绝热温升不仅是影响温度水平的重要因素，而且对失控反应的动力学行为也有重要影响。通常而言，如果活化能、初始比放热速率和起始温度相同，释放能量大的反应会导致快速失控或热爆炸，而释放能量低的反应(绝热温升低于100K)所对应的温升速率较低(图5-2，参见5.1.4节)。如果目标反应(问题2)和二次分解反应(问题3)在绝热条件下进行，则可利用所达到的温度水平来评估失控严重度。

表5-8建议性地给出了失控反应严重度的评估判据。如果按照三等级进行评估，则可以将位于四等级顶层的两个等级("灾难性"和"危险")可合并为一个等级("高")。这个判据是由瑞士苏黎世保险公司在其推出的苏黎世危险性分析法(Zurich Hazard Analysis，ZHA)中提出，通常用于精细化工行业。

这个判据基于这样的事实：如果绝热条件下温升达到或超过200K，则温度-时间的函数关系将产生急剧变化(图 5-2)，导致剧烈的反应和严重的后果。另一方面，对应于绝热温升为 50K 或更小的情形，反应物料不会导致热爆炸，这时温度-时间曲线较平缓，相当于体系自加热而不是热爆炸，因此，如果没有类似溶解性气体导致压力增长带来的危险时，则这种情形的严重度是“低”的。

表 5-8　失控反应严重度的评估判据

三等级分级	四等级分级	四等级	ΔT_{ad}/K	Q'/(kJ/kg)的数量级
高	灾难性	4	$\Delta T_{ad} \geqslant 400$	>800
	危险	3	$200 \leqslant \Delta T_{ad} < 400$	400~800
中	中等	2	$50 < \Delta T_{ad} < 200$	100~400
低	可忽略	1	$\Delta T_{ad} \leqslant 50$ 且无压力影响	<100

需要强调的是，当目标反应失控导致物料体系温度升高后，影响严重度的因素除了绝热温升、体系压力，还应该考虑溶剂的蒸发速率、有毒气体或蒸气的扩散范围等因素，这样建立的严重度判据才比较全面、科学，但相对而言，这样的判据体系比较复杂，读者可参考本章文献[1]的第 117~119 页。本章仅考虑将绝热温升作为严重度的判据。

5.2.5　可能性评估判据

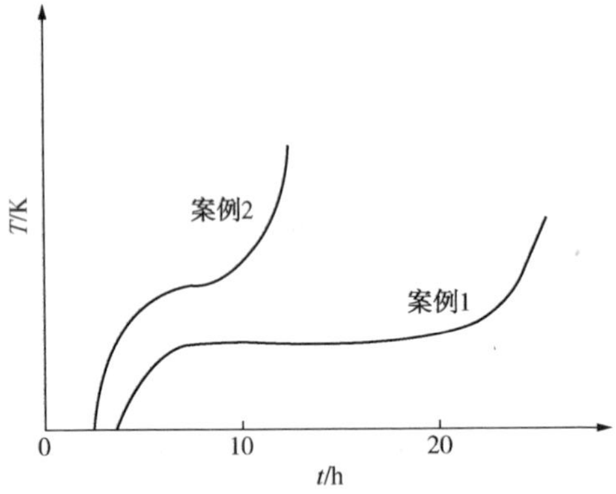

图 5-8　失控曲线

目前还没有可以对事故发生可能性进行直接定量的方法，或者说还没有能直接对工艺热风险领域中的失控反应发生可能性定量的方法。然而，如果考虑如图 5-8 所示的失控曲线，则发现这两个案例的差别是很大的。在案例 1 中，由目标反应导致温度升高后，将有足够的时间来采取措施，从而实现对工艺的再控制，或者说有足够的时间使系统恢复到安全状态。比较两个案例发生失控的可能性，案例 2 比案例 1 引发二次分解失控的可能性大。尽管不能轻易地对可能性进行定量，但至少可以半定量地进行评估。

利用时间尺度可对事故发生可能性进行评估，如果在冷却失效(问题 4)后，有足够的时间(问题 5 和问题 6)在失控变得剧烈之前采取应急措施，则发生失控的可能性就降低了。

对于可能性的评估，通常使用由 ZHA 法提出的六等级分级评估判据，参见表 5-9。如果使用简化的三等级评估判据，则可以将等级“频繁发生”和“很可能发生”合并为同一级的“高”，而等级“很少发生”、“极少发生”和“几乎不可能”合并为同一级“低”，中等等级“偶尔”变为“中”。对于工业规模的化学反应(不包括存储和运输)，如果在绝热条件下失控反应最大速率到达时间超过 1 天，则认为其发生可能性是“低”。如果最大速率到达时间小于 8h(一个班次)，则发生可能性是“高”。这些时间尺度仅仅反映了数量级的差别，实际上取决于许多因素，如自动化程度、操作者的培训情况、电力系统的故障频率、反应器大小等。只有对已知严重度评估采取了一些措施，其发生可能性的分类才有意义。另外，这种分类仅适用于反应过程，而不适用于储存过程。《精细化工反应安全风险评估规范》采用四等级分级，即将六等级的“很少发生”、“极少发生”和“几乎不可能”合并为“1 级”($TMR_{ad} \geqslant 24$)。

表 5-9　失控反应发生可能性的评估判据

三等级分级	六等级分级	四等级	TMR_{ad}/h
高	频繁发生	4	$TMR_{ad} \leqslant 1$
	很可能发生	3	$1<TMR_{ad} \leqslant 8$
中	偶尔发生	2	$8<TMR_{ad}<24$
低	很少发生	1	24~50
	极少发生		50~100
	几乎不可能发生		>100

5.2.6　矩阵评估判据

风险矩阵是以失控反应发生后果严重度和相应的可能性进行组合，得到不同的风险类型，从而对失控反应的反应安全风险进行评估，并按照可接受风险、有条件接受风险和不可接受风险，分别用不同的区域表示，具有良好的辨识性。《精细化工反应安全风险评估规范》以最大反应速率到达时间作为风险发生的可能性，失控体系绝热温升作为风险的严重程度、通过组合不同的严重度和可能性等级，对化工反应失控风险进行矩阵评估。风险评估矩阵参见图 5-9。

失控反应风险可接受程度分为可接受风险、有条件接受风险和不可接受风险。风险分级原则如下：Ⅰ为可接受风险，生产过程中按设计及规范要求采取控制措施，并提高安全管理水平。Ⅱ为有条件接受风险，生产过程中按设计及规范要求采取控制措施，还应配置额外的控制措施，保证控制措施的有效性，应进一步通过工艺优化降低风险等级，并提高安全管理水平。Ⅲ为不可接受风险，应优先选择通过工艺优化降低风险等级。对于风险高但应开展产业化的项目，生产过程中应按设计及规范要求采取控制措施，配置额外的控制措施，采取必要的区域

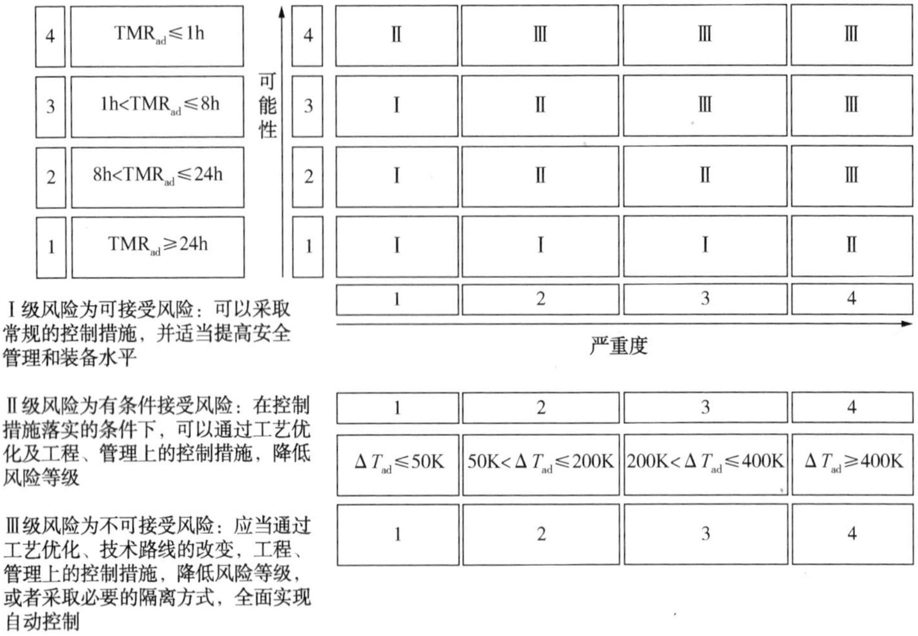

图 5-9　失控反应风险可接受程度评估标准

隔离，全面实现自动控制，并提高安全管理水平。

5.2.7　工艺危险度评估判据

1. 基本概念

图 5-7 所示的冷却系统失效情形利用温度尺度来评估严重度，利用时间尺度来评估发生可能性。一旦发生冷却故障，温度从工艺操作温度(T_p)出发，首先上升到工艺反应能够达到的最高温度(MTSR)，在该温度必须检查是否会出现由二次反应引起的进一步升温。这个问题可以通过 MTSR 到达二次反应最大放热速率的时间(即 TMR$_{ad}$)来回答。时间越长，MTSR 引发二次反应的可能性就越低。从实际热失控风险评估的角度出发，可以比较 MTSR 与 T_{D24}的大小，来评估冷却失效情形下，二次反应被引发的可能性情况。如果 MTSR 低于 T_{D24}，则表明 MTSR 温度到达二次反应最大放热速率的时间大于 24h，根据表 5-9 的分类标准，此时失控反应的可能性很低。

除了上述 3 个温度参数之外，还有另外一个重要的温度参数，即技术最高温度(Maximum Temperature for Technical Reasons，MTT)，是指反应体系温度允许的最高值。这取决于结构材料的强度、反应器的设计参数，如压力或温度等。常压反应体系，技术最高温度取设计温度和体系泡点的低值；密闭反应体系，技术最高温度取体系允许最大压力对应的温度和设计温度的低值。因此，考虑到温度尺度，对于放热化学反应，以下 4 个温度可以视为热风险评估的特征温度：

（1）工艺温度（T_p）

工艺温度是指目标工艺的操作温度（Temperature of Process）。目标反应出现冷却失效情形的温度，对于整个失控模型来说，是一个初始引发温度。冷却失效时，如果反应体系同时存在物料最大量累积和物料具有最差稳定性的情况，在考虑控制措施和解决方案时的初始温度，确定为工艺操作温度。

（2）工艺反应能够达到的最高温度（MTSR）

MTSR 是指冷却失效情况下，反应体系温度能够达到的最高值。这个温度本质上取决于未转化反应物料的累积度，反应物料的累积程度越大，反应发生失控后，体系能达到的最大温度 MTSR 越大。因此，该参数在很大程度上取决于反应动力学、进料批量与进料快慢等工艺设计。

（3）绝对条件下最大反应速率到达时间（TMR_{ad}）

为 24h 的温度（T_{D24}），它是反应物料热稳定性不出现问题的最高温度。这个温度取决于反应混合物的热稳定性。

（4）技术最高温度（MTT）

对开放体系而言，即为沸点，对于封闭体系是最大允许压力（安全或爆破片设定压力）所对应的温度。

2. 危险度分级

根据这 4 个温度参数出现的不同次序，可以对工艺热风险的危险度进行分级，对应的危险度指数为 1～5 级，如图 5-10 所示。该指数不仅对风险评估有用，对选择和确定足够的风险降低措施也非常有帮助。

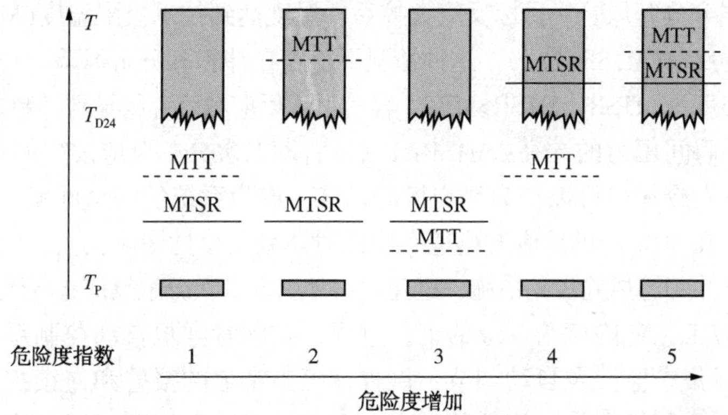

图 5-10　根据 T_p、MTSR、MTT 和 T_{D24} 4 个温度水平对危险度分级

需要说明的是，根据图 5-10 对合成工艺进行的热风险分级体系主要基于 4 个特征温度参数，没有考虑压力效应、溶剂蒸发速率、反应物料液位上涨等更加复杂的因素。因而是一种初步的热风险分级体系。对复杂分级体系感兴趣的读者可以参考本章参考文献[1,2]。

(1) 1级危险度情形($T_p \leq \text{MTSR} < \text{MTT} < T_{D24}$)

反应危险性较低。在目标反应发生失控后，若没有达到技术极限温度($\text{MTSR} < \text{MTT}$)，且由于MTSR低于T_{D24}，不会触发分解反应。只有当反应物料在热累计情况下停留很长一段时间后，才有可能达到MTT，此时蒸发冷却能充当一个辅助的安全屏障。这样的工艺热风险较低。

所以对于该危险度情形，反应物料不应长时间停留在热累积状态，此外应配置常规的自动控制系统(Distributed Control Systems，DCS或Programmable Logic Controller，PLC)，对主要反应参数进行集中监控及自动调节。

(2) 2级危险度情形($T_p \leq \text{MTSR} < T_{D24} < \text{MTT}$)

潜在分解风险。目标反应失控后，温度达不到技术极限温度($\text{MTSR} < \text{MTT}$)，且不会触发分解反应($\text{MTSR} < T_{D24}$)。情况类似于1级危险度情形，但是由于MTT高于T_{D24}，如果反应物料长时间停留在热累积状态，可能会引发分解反应，温度达到MTT。在这种情况下，如果在MTT时放热速率很高，温度到达沸点可能会发生危险。只要反应物料不长时间停留在热累积状态，则工艺过程的热风险较低。

那么对于该危险度情形，在配置常规DCS的基础上，还要设置偏离正常值的报警和连锁控制，在非正常条件下有可能超压的反应系统，应设置爆破片或安全阀等泄放设施。宜根据设计及规范要求设置但不限于爆破片、安全阀。应根据安全完整性等级(Safety Integrity Level，SIL)评估建议，设置相应的安全仪表系统(Safety Instrumented System，SIS)。

(3) 3级危险度情形($T_p \leq \text{MTT} \leq \text{MTSR} < T_{D24}$)

存在冲料和分解风险。目标反应失控后，温度达到技术极限温度($\text{MTSR} > \text{MTT}$)，但不触发分解反应($\text{MTSR} < T_{D24}$)。这种情况下，存在冲料和分解风险。失控体系可能达到的最高温度为MTSR，$\text{MTSR} > \text{MTT}$，容易引起反应料液沸腾导致冲料危险的发生，甚至导致体系瞬间压力的升高；$\text{MTSR} < T_{D24}$，引发二次分解反应发生的可能性不大，体系物料的蒸发冷却也可以作为热交换的措施，成为系统的安全屏障。三级危险度时，反应体系在MTT时的反应放热速率快慢对体系安全性影响很大，应充分考虑紧急减压、紧急冷却等风险控制措施，避免冲料和引发二次分解反应，导致爆炸事故。

对于反应工艺危险度为3级的工艺过程，在配置常规自动控制系统，对主要反应参数进行集中监控及自动调节，设置偏离正常值的报警和连锁控制，以及设置爆破片和安全阀等泄放设施的基础上，还要设置紧急切断、紧急终止反应、紧急冷却降温等控制设施。应根据安全预评价、危险与可操作性分析和SIL等级要求，设置相应的SIS。

(4) 4级危险度情形($T_p \leq \text{MTT} < T_{D24} < \text{MTSR}$)

冲料和分解风险较高，潜在爆炸风险。在工艺反应发生失控后，温度将达到技术极限温度($\text{MTSR} > \text{MTT}$)，并且从理论上说会触发分解反应($\text{MTSR} > T_{D24}$)。冲料和分解风险较高，潜在爆炸风险。在这种情况下，工艺安全取决于 MTT 时目标反应和分解反应的放热速率。蒸发冷却、紧急泄压和紧急冷却可以起到安全屏障的作用。情况类似于 3 级危险度情形，但有一个重要的区别：如果技术措施失效，则将引发二次分解反应。

所以，需要一个可靠的技术措施。它的设计与 3 级危险度情形一样，但还应考虑到二次反应附加的放热速率，因为放热速率加大后的风险更大。需要强调的是，对于该级危应度情形，由于 MTSR 高于 T_{D24}，这意味着如果温度不能稳定 MTT 水平，则可能引发二次反应。因此，二次反应的潜能不可忽略，且必须包括在反应严重度的评价中，即应该采用体系总的绝热温升($\Delta T_{ad}=\Delta T_{ad,rx}+\Delta T_{ad,d}$)进行严重度分级。

(5) 5 级危险度情形($T_p<T_{D24}<$MTSR<MTT 或 $T_p<T_{D24}<$MTT<MTSR)

爆炸风险较高。失控体系可能达到的最高温度 MTSR>T_{D24}，失控体系很容易引发二次分解反应，二次分解反应不断放热，体系温度很可能超过技术最高温度 MTT，导致反应体系处于更加危险的状态。这种情况下，单纯依靠蒸发冷却和降低反应系统压力等措施已经不能满足体系安全保障的需要。这是因为温度为 MTT 时，二次反应的放热速率太高，会导致危险的压力增长。因此，5 级危险度是一种非常危险的情形，普通的技术措施不能解决 5 级危险度的情形，应通过工艺优化、区域隔离等更为有效的应急措施，避免爆炸风险。另外，其严重的评价同 4 级危险度一样，需同时考虑到目标反应及二次反应的潜能。

因此，对于该级危险度情形，目标反应和二次反应之间没有安全屏障。所以，只能采用骤冷或紧急放料措施。由于大多数情况下分解反应释放的能量很大，必须特别关注安全措施的设计。为了降低严重度或至少是减少触发分解反应的可能性，非常有必要重新设计工艺。作为替代的工艺设计，应考虑下列措施的可能性：降低浓度，将间歇反应变换为半间歇反应，优化半间歇反应的操作条件从而使物料累积最小化，转为连续操作等。

对于反应工艺危险度为 4 级和 5 级的工艺过程，尤其是风险高但要实施产业化的项目，要优先开展工艺优化或改变工艺方法降低风险；再配置常规自动控制系统，对主要参数进行集中监控及自动调节；应设置偏离在正常值的报警和连锁控制；宜根据设计及规范要求设置但不限于爆破片、安全阀，设置但不限于紧急终止反应、紧急冷却控制设施；应根据 SIL 评估要求，配置独立的 SIS。对于反应工艺危险度达到 5 级并要实施产业化的项目，在设计时，应设置在防爆墙隔离区域中，并设置完善的超压泄爆设施，实现全面自控，除装置安全技术规程和岗位操作规程中对于进入隔离区有明确规定的，反应过程中操作人员不应进入所限制的空间内。

5.2.8 MTT 作为安全屏障时的注意事项

在 3 级和 4 级危险度情形中，技术最高温度(MTT)发挥了重要的作用。在开放体系中，这个极限可能是沸点，这时应该按照这个特点来设计蒸馏或回流系统，其能力必须完全适应失控温度下的蒸气流速。尤其需要注意可能出现的蒸气管溢流或反应物料的液位上涨问题，这两种情况都会导致压力损失加剧。冷凝器也必须具备足够的冷却能力，即使是在蒸气流速很高的情况也必须如此。此外，回流系统的设计必须采用独立的冷却介质。

在封闭体系中，MTT 为反应器压力达到泄压系统设定压力时的温度。这时，在压力达到设定压力之前，可以对反应器采取控制减压的措施，这样可以在温度仍然可控的情形下对反应进行调节。

如果反应体系的压力升高到紧急泄压系统(安全阀或爆破片)的设定压力，压力增长速率可能足够快从而导致两相流和相当高的释放流速。必须提醒的是，紧急泄压系统的设计必须由具有资质的部门专门设计并考虑热失控放热动力学的升温速率(dT/dt)与两相流体的特性。

5.3 评估参数的实验技术

对一个具体工艺的热风险进行评估，必须获得相关的放热速率、放热量、绝热温升、分解温度等参数，而这些参数的获取必须通过量热测试。开展反应安全风险评估使用的研究设备包括但不限于下述设备：差示扫描量热仪、快速筛选量热仪、绝热加速度量热仪、低热惯量量热仪、微量热仪、常压反应量热仪、高压反应量热仪、水分测定仪、高效液相色谱仪和气相色谱仪。

5.3.1 量热仪的运行模式

大多数量热仪都可以在不同的温度控制模式下运行。常用的温控模式如下。

(1) 等温模式

采用适当的方法调节环境温度从而使样品温度保持恒定，这种模式的优点是可以在测试过程中消除温度效应，不出现反应速率的指数变化，直接获得反应的转化率。缺点是如果只单独进行一个实验不能得到有关温度效应的信息，如果需要得到这样的信息，必须在不同的温度下进行一系列的实验。

(2) 恒温模式

环境温度保持恒定，而样品温度随着热量发生变化。这种模式可以很好地模拟工厂实际工艺情况，而且能够得到同时考虑物料消耗和温度效应的热流曲线。

(3) 动态模式

样品温度在给定温度范围内呈线性(扫描)变化。这类实验能够在较宽的温度范围内显示热量变化情况，且可以缩短测试时间。这种方法非常适合反应放热情况的初步测试。对于动力学研究，温度和转化率的影响是重叠的。因此，对于动力学问题的研究还需要采用更复杂的评价技术。

(4) 绝热模式

样品温度源于自身的热效应，这种方法可直接得到热失控曲线，但是测试结果必须利用热修正系数进行修正，因为样品释放的热量有一部分用来升高样品温度。

5.3.2 几种常用的量热仪

1. 反应量热仪

常见的商用反应量热仪包括：梅特勒公司生产的反应量热仪(Reaction Calorimeter，RC1e)、英国赫伊尔公司(HEL)全自动反应量热仪 Simular 和仰仪科技公司的 RC HP-1000A 自动反应量热仪等。这里以 RC1e 为例，说明反应量热仪的工作原理。该型量热仪(图 5-11)以实际工艺生产的间歇、半间歇反应釜为真实模型，可在实际工艺条件的基础上模拟化学工艺过程的具体过程及详细步骤，并能准确地监控和测量化学反应的过程参量，如温度、压力、加料速率、混合过程、反应热流、热传递数据等。得出的结果可较好地放大至实际工厂的生产条件。其工作原理如图 5-12 所示。

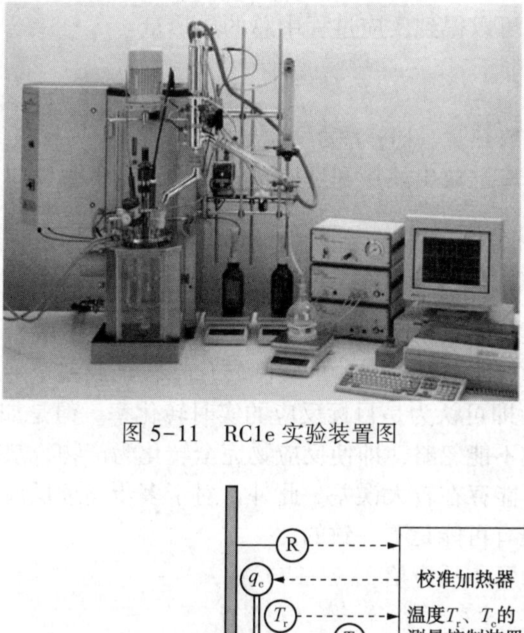

图 5-11　RC1e 实验装置图

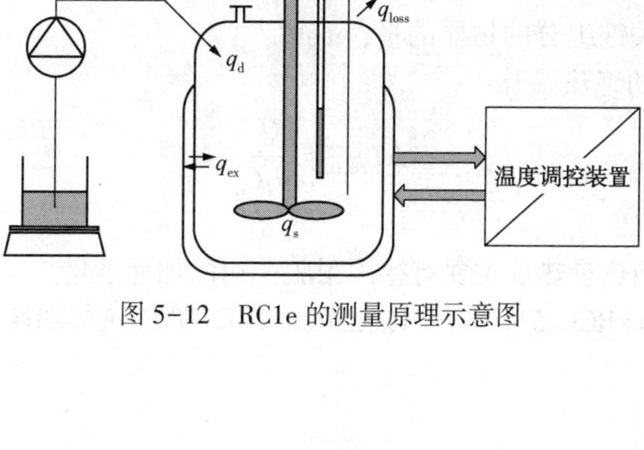

图 5-12　RC1e 的测量原理示意图

图 5-12 显示，RC1e 的测试系统主要由 6 部分组成：RC1e 主机、反应釜、控制器、最终控制部件、计算机及各种传感器。实验过程中，计算机根据热传感器所测得的反应物料的温度 T_r、夹套温度 T_c 等参数来控制 RC1e 主机运行，控制器根据相应传感器所测数据（如压力、加料等），按照计算机设定的程序控制系统的加料、电磁阀、压力、控制器等部件，这样可实现对反应体系的在线检测和控制。

RC1e 的测试基于如下热平衡理论（不考虑回流情形）：

$$q_{ac}=q_{rx}+q_{ex}+q_d+q_s+q_{loss}+q_c \tag{5-40}$$

对比 5.1.3 节提出的热平衡方程（5-26），其中多出了一项 q_c。q_c 为校准功率，即校准加热器的功率，W。校准功率的产生是由 RC1e 的工作原理决定的，RC1e 在校准阶段，需要通过校准加热器对体系输出功率，在反应阶段，校准加热器是不工作的，如果忽略搅拌效应和热损失，反应放热速率可以由下式得到：

$$q_{rx}=q_{ac}-q_{ex}-q_d \tag{5-41}$$

对上式积分便可以得到反应过程中总的放热量：

$$Q_r=\int_{t_0}^{t_{end}} q_{rx}\mathrm{d}t \tag{5-42}$$

式中，Q_r 为总放热量，kJ；t_0 为反应开始时刻；t_{end} 为反应结束时刻。

由任意时刻反应已放出热量和反应总放热的比可得到反应的热转化率 X：

$$X=\frac{\int_{t_0}^{t} q_{rx}\mathrm{d}t}{Q_r} \tag{5-43}$$

需要注意的是，如果半间歇反应过程中物料稀释热、混合热等物理热效应相对于反应热效应可忽略，且反应物的实际转化率较高或完全转化为产物时，任意时刻的热转化率 X 即可认为是目标反应的实时转化率。但是如果物料热效应相对于反应热效应来说不能忽略，即使反应物完全转化为产物，热转化率 X 与反应物的实际转化率也可能存在较大误差。此外，对于多步连续反应，热转化率和实际的物料转化率也很有可能是不一致的。

该反应过程的摩尔反应焓：

$$\Delta H_r=\frac{Q_r}{n_k} \tag{5-44}$$

式中，n_k 为关键组分的物质的量，mol。

该反应过程的绝热温升：

$$\Delta T_{ad,rx}=\frac{Q_r}{M_r C_p'} \tag{5-45}$$

2. 绝热量热仪

常见的商用绝热量热仪主要有德国耐驰公司的加速度量热仪（Accelerating Rate Calorimeter，ARC）ARC-254、仰仪科技公司的 TAC-500A 绝热加速量热仪、自动压力跟踪绝热加速量热仪(Automatic Pressure Tracking Adiabatic Calorimeter)、杜瓦瓶量热仪(Dewar Calorimeter)、高性能绝热量热仪(Phi-tech Ⅱ)、泄放口尺寸测试装置(Vent Sizing Package，VSP)和反应系统筛选装置(Reactive System Screening Tool，RSST)等。

(1) 绝热加速量热仪

以 ARC 为例进行说明。该绝热量热仪，其绝热性不是通过隔热而是通过调整炉膛(图 5-13)温度，使其始终与所测得的样品池(也称样品球)外表面热电偶的温度一致来控制热散失。因此，在样品池与环境间不存在温度梯度，也就没有热流动。测试时，样品置于 $10cm^3$ 的钛质(或其他合金材质)球形样品池(S)中，样品量为 1~10g(根据样品的放热量、放热速率调整样品量)。样品池安放于辐射加热器(9)的中心，炉腔温度通过温度控制系统进行精确调节。样品池还可以与压力传感器(2)连接，从而进行压力测量。

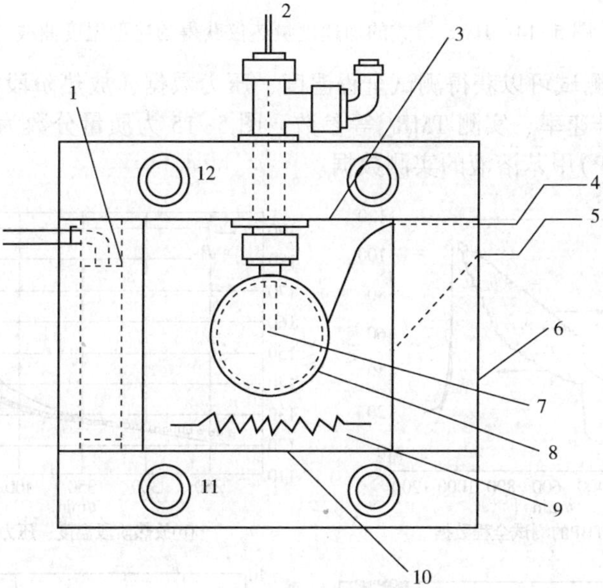

图 5-13　加速度量热仪的原理

注：图为加热炉以及放置在其中心位置的样品球

1—加热器；2—压力传感器；3—顶部区域热电偶；4—样品池热电偶；5—夹套热电偶；6—夹套；7—内部热电偶；8—球形样品池；9—辐射加热器；10—底部区域热电偶；11—底部区域；12—顶部区域

该设备有两种工作模式。

① 加热-等待-搜索(Heat-Wait-Search，HWS)模式。

此模式为主要工作模式。通过设定的一系列温度步骤来检测放热反应的开始温度。对于每个温度步骤，在设定的时间内系统达到稳定状态，然后控制器切换到绝热模式。如果在某个温度步骤中检测到放热温升速率超过某设定的水平值(一般为 0.02K/min)，炉膛温度开始与样品池温度同步升高，使其处于绝热状态。如果温升速率低于这一水平，则进入下一个温度步骤(图 5-14)。

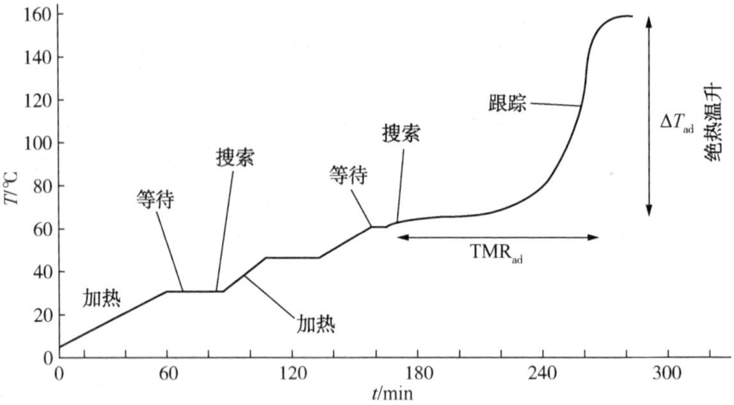

图 5-14　HWS 模式的加速度量热仪获得的典型温度曲线

基于 ARC 测试可以获得测试全程温度、压力数据，放热阶段的温度、压力、温升速率、压升速率、实测 TMR_{ad} 等参数，图 5-15 为质量分数为 20%二叔丁基过氧化物(DTBP)甲苯溶液的实测数据。

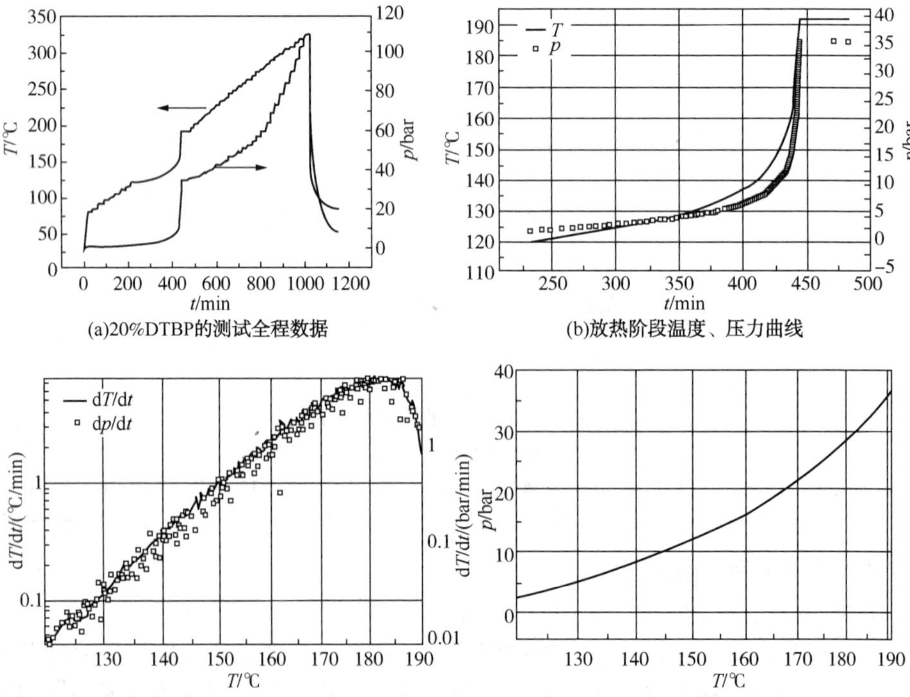

(a)20%DTBP的测试全程数据

(b)放热阶段温度、压力曲线

(c)20%DTBP放热阶段温升速率、压升速率曲线

(d)放热阶段压力-温度关系

图 5-15　20% DTBP 的测试曲线

注：1bar = 10^5 Pa

由此可以得到如下的实测结果。

样品名称：20%DTBP；最大温升速率对应温度/℃：180.80；

样品质量/g：5.263；　最大温升速率对应温度/(℃/min)：7.85；

样品比热容 $C'_{p,s}$/[J/(g·k)]：2.0(输入值)；最大压升速率/(bar/min)：5.84；

样品池材质：钛合金；　最终温度/℃：191.409；

样品池质量/g：7.024；　最大压力/bar：35.63；

样品池 $C'_{p,s}$/[J/(g·K)]：0.523；　绝热温升/℃：71.11；

Phi-factor：1.349；　反应热/J：1009.67；

起始温度/℃：120.303；　比反应热/(J/g)：191.84；

起始温度对应温升速率/(℃/min)：0.04。

② 等温老化模式。

样品被直接加热到预定的初始温度，在此温度下仪器检测产生如上所述的热效应。

特别要说明的是，这里的绝热状态实际上是“准绝热状态”，之所以称为“准”，是因为样品释放的热量有一部分不可避免地用来加热样品池。因此，必须对测试结果进行修正。通常采用样品池的热修正系数，也称为热惯量(Thermal Inertia)Φ 来进行修正：

$$\Phi=\frac{M_s C'_{ps}+M_c C'_{pc}}{M_s C'_{ps}} \tag{5-46}$$

其中，M_s和 M_c分别表示样品和样品池的质量，理想绝热条件的热修正系数 $\Phi=1$。在正常操作条件下，该系数为1.05~1.2时测试精度较高。热修正系数取决于样品池中物料的装载量。反应体系的温度可以通过下式进行修正：

$$T_f=T_0+\Phi\Delta T_{ad} \tag{5-47}$$

如果 $\Phi=4$，测得的绝热温升为100℃，则在实际绝热条件下温升可能达到400℃，这就是热修正系数的重要意义。由于在400℃范围内可能产生或触发不同的反应，这将导致一个比测量值更高的放热。绝热量热仪的一个很大的优点是能够同时得到绝热条件下温度-时间曲线和压力-时间曲线，缺点是这些曲线在运用时必须进行修正。

对温度进行修正比较简单且直接，但是对反应动力学的修正很复杂。反应速率是温度的函数，因此实验过程中给定转化率时的温度值与理想绝热条件下的温度值不同，所以，在该转化率下的反应速率必须进行修正，则只能通过假设速率方程(动力学模型)来实现。由于内容的复杂性，这里不做介绍，感兴趣的读者可以参考书籍[3]。

(2) VSP 量热仪和 Phi-tech Ⅱ 量热仪

与 ARC 相比，Phi-tech Ⅱ 和 VSP 增加了一个压力补偿功能，即跟踪样品球中的压力变化，同时炉膛中充气，保持两者之间的压力差在一定范围内，从而起到降低样品池壁厚，减少热惯量，提高测试精度的作用。

VSP 量热仪(图 5-16)的设计目的是用于获取紧急泄放系统设计中所需要的实验数据。利用该仪器可以测试各种不同失控反应，特别是两相流泄放中的温度压力变化数据。该设备使用 110mL 或者 112mL(体积大小与生产厂家有关)的试样容器，呈圆柱形，带磁力搅拌。设备加热炉中可以外接气源，以平衡测试池内部和外部压力，这允许测试池具有相对薄的材料，因此其具有低热容、低 Φ 的特点。测试池可以在密闭或敞开模式下操作，后者使用通气管进入外部泄放池。Phi-tech Ⅱ(图 5-17)的原理与 VSP 大致相似，均是通过温度补偿，即压力补偿来实现样品池的低热容、低 Φ 值，其功能与 VSP 大致相当。

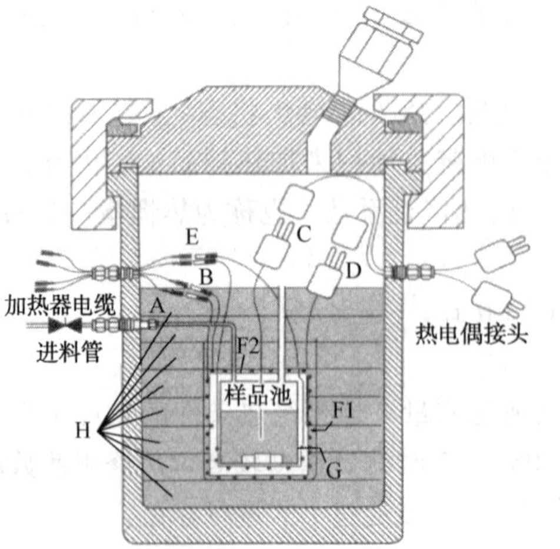

图 5-16　泄放尺寸测试装置(VSP)结构

A—加料管接头；B—控制电加热器插头；C—样品池温度(热电偶)；D—控制用加热器温度(热电偶)；E—样品池加热器插头；F1—控制用加热器底部；F2—控制用加热器上盖；G—样品池加热器；H—绝热层

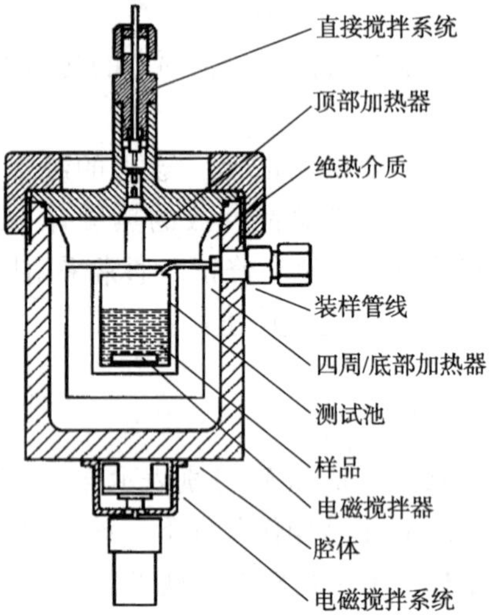

图 5-17　Phi-tech Ⅱ装置结构

3. 微量热仪

微量热仪有很多类型，包括差示扫描量热仪(Differential Scanning Calorimeter，DSC)、混合反应微量热仪 C80、HEL 公司的 TSU 快速筛选量热仪(Thermal Screening Unit，TSU)、THT 公司的 RSD 快速筛选量热仪、热反应性监测仪(Thermal Activity Monitor，TAM)、仰仪科技公司的 RSC-400A 快速筛选量热仪等。

(1) DSC

DSC 的工作原理可参考“仪器分析”书籍。DSC 广泛运用于工艺安全领域，这是由于它在进行实验筛选时具有多种功能，而且只需要很少量的样品，仅为毫克量级，因此可以研究每个放热现象，即使在很恶劣条件下进行测试对实验人员或仪器也没有任何危险。此外，扫描温度从室温升至500℃，以4K/min升温速率仅需要2h，即在较短的时间内就能获得定量的数据。因此，对于筛选实验来说，DSC已经成为应用非常广泛的仪器。应用DSC可以进行物质热焓、比热容、分解热等参数的测试。DSC的灵敏度范围通常为2~20W/kg，这个放热速率对应于绝热条件下4~40℃/h温升速率。AKTS(Advanced Kinetics and Technology Solutions)和TSS(Thermal Safety Software)软件可以帮助分析DSC的实验结果。

需要注意的是，由于DSC测试样品量为毫克量级，温度控制大多采用非等温、非绝热的动态模式，样品池、升温速率等因素对测试结果影响较大，所以DSC的测试结果不能直接应用于工程实际。通过动态DSC测试，可以获得如下典型的DSC曲线(图5-18)，获得起始分解温度 T_a 或 T_0，峰值温度 T_p、最大放热速率 q_{max} 以及对峰面积的积分 Q'。这里的 T_a 指曲线偏离基线的温度，而 T_0 指放热峰最大斜率的切线与基线的交点，也称为外推起始温度。一般而言，T_a、T_p 均会随着温升速率的增加而往高温区移动，但如果物质的分解机理一致，那么在不同温升速率下的比放热量 Q' 理论上应该是一致的。

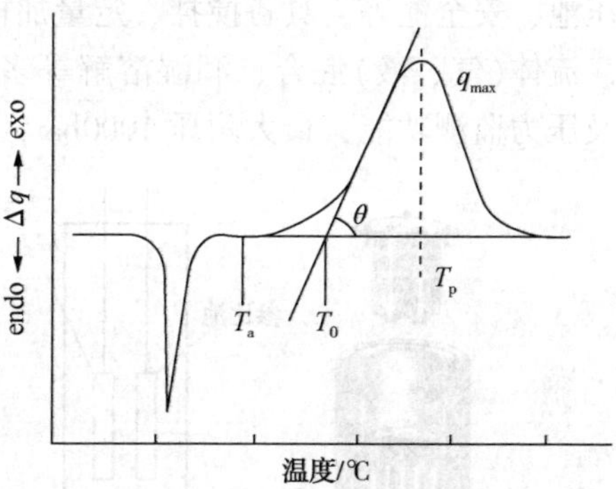

图5-18　典型DSC曲线

由于样品中可能含有挥发性物质，在扫描过程中，这些物质可能蒸发，并产生两个结果；蒸发吸热对热平衡产生负影响，也就是说测量信号会掩盖放热反应；实验中部分样品的蒸发散失可能导致对测试结果的错误解释。因此，为测定样品的潜能值，实验必须采用密闭耐压坩埚。市场上的50μL的镀金密闭坩埚，其耐压可以达到150bar，非常适合实验研究。

DSC非常适合测定分解热。另外，如果反应物料在很低温度下混合(低温可以减慢反应速率)，同时从很低的温度开始扫描，那么也可以测定反应热。这样做，必须清醒地意识到DSC中的样品是不能搅拌的，也无法在反应过程中添加其他物料。不过，DSC坩埚尺寸小，物质扩散时间短，即使不搅拌，通过扩散也能达到混合。DSC在热风险评估的案例可以参考本章文献[4]的第247~264页。

(2) C80

C80微量热仪是法国塞塔拉姆(Setaram)公司经典微量热仪，用于研究反应热和反应物料的热稳定性。如图5-19所示，在反应炉内部有一个样品池(通常叫反应容器）和参比池，实验样品量通常在几百毫克到几克之间（通常根据被测样品的反应剧烈程度和生成气体的量来确定，一般反应越剧烈，生成的气体量越大，实验样品量越少）。参比池内放与样品池同等质量的惰性物质（一般用热力学性能稳定的 $\alpha-Al_2O_3$）。样品池和参比池采用卡尔维（CALVET）量热原理的三维传感器（3D-sensor），全方位探测样品热效应。C80 配备多种样品池，具有混合、搅拌、定量加样等功能。与 DSC 一样，可以在等温和扫描模式下工作；温度范围：室温~300℃；升温速率：0.001~2℃/min；可以选配多种样品池：安培瓶池、翻转混合池、膜混合池、流体循环池、液体比热池、真空池、吸附池、高压测压池、安全池等，具备搅拌、定量加样、流体循环、高压等功能，模拟固液混合、流体（气、液）混合、润湿溶解等多相混合及反应操作的实际反应过程。高压及压力监测功能，最大耐压 1000bar，应用于过程安全研究。

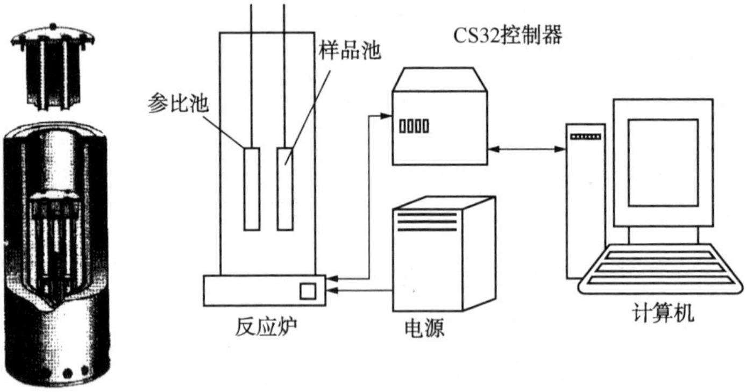

图 5-19　C80 基本结构及工作原理

C80 可以通过设置不同的实验程序（等速升温、台阶升温、变速升温、恒温等）测定各类化学以及物理过程（溶解、熔解、结晶、吸附和脱附、化学反应等）的热效应，同时还可以测定比热容、热导率等热物性参数。如果用测压专用反应容器，还可以测定各类物理化学过程的压力随时间的关系。通过解析测定得到的实验结果，可以求得各类化学物质化学反应过程的化学动力学参数（化学反应级数、活化能及指前因子等）和热力学参数（反应热、比热容等），从而可以求解其化学反应动力学机理。

DSC 一般适用于二次分解反应的筛选，但如果是配备有搅拌、加料、压力传感器等的 C80，则可以先通过等温实验模拟目标反应，进而对产物体系进行线性升温，从而获得物料二次分解的信息。图 5-20 中举例说明了一个特别有效的实验组合，首先反应在 30℃ 进行，在信号返回到基线后，通过温度扫描测量分解热和相应的压力效应。因此，通过一个组合实验，就可以研究反应的能量特性。

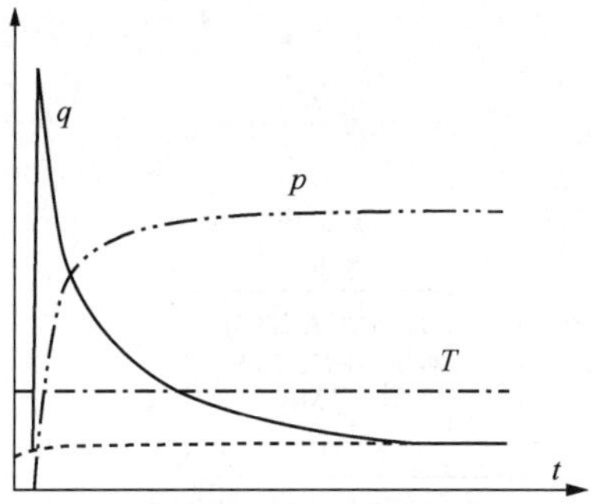

(a)等温模式下某反应的测试结果

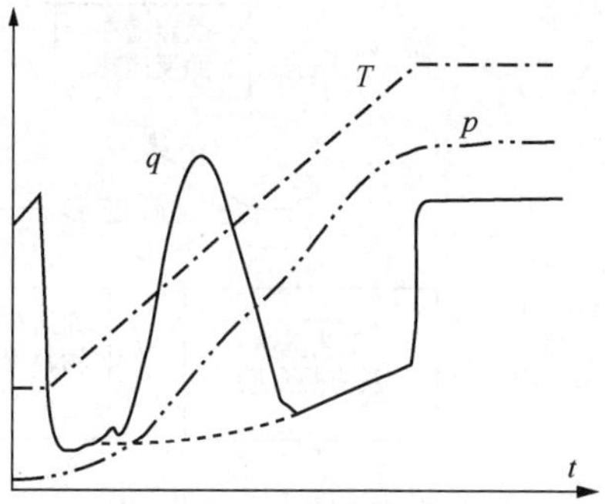

(b)动态模式下终态反应物料热稳定性测试结果

图 5-20　C80 典型测试结果

q—放热速率；p—压力；T—温度；t—时间

5.4　化学反应热风险的评估程序

5.4.1　热风险评估的一般规则

读者从上面的介绍可能觉得用于热风险评估的数据和概念很复杂且不易搞懂。实际上，有两个规则可以简化程序并将工作量降低到最小。

① 简化评估法将问题尽可能地简化，从而把所需要的数据量减少到最小，这种方法比较经济，适合于初步的评估。②深入评估法从最坏情形出发，需要更多更准确的数据才能做出评估。

如果由简化评估法得到的结果为正结果(即被评估的工艺操作在安全上可行)，则应保证有足够大的安全裕度；如果简化法评估得到的是一个负结果，也就是说得到的结果不能保证工艺操作的安全，这意味着需要更加准确的数据来做最后的决定，即需要进一步采用深入的更加复杂的体系与方法进行评估。通过这样的评估，可为一些工艺参数的调整提供充分的依据，并解决安全上的难点问题。

5.4.2　热风险评估的实用程序

冷却失效情形中描述的 6 个关键问题使得我们能够对化工工艺的热风险进行识别和评估，首先，需要构建一个冷却失效情形，并以此作为评估的基础。图 5-21提出的评估程序，将严重度和可能性分开进行考虑，并考虑到了安全实验室中获取数据的经济性。其次，在所构建情形的基础上，确定危险度等级，从而有助于选择和设计风险降低措施。

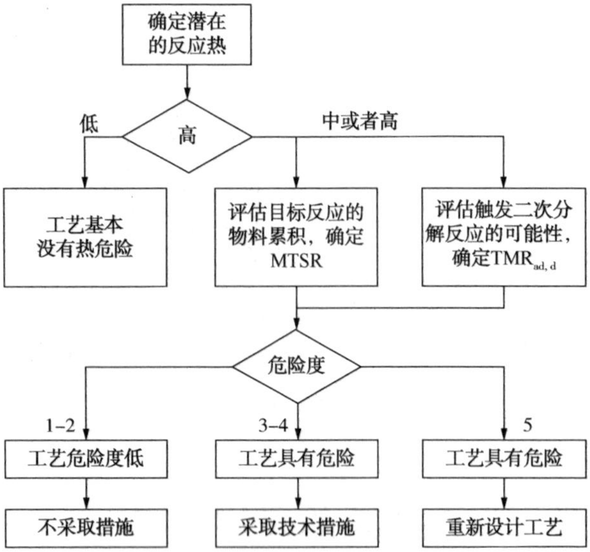

图 5-21　简化法的热风险评估程序

如果采用简化评估法得到了负结果，则需要开展进一步的深入评估。为了保证评估工作的经济性(只对所需的参数进行测定)，可以采用如图 5-22 所示的评估程序。在程序的第一部分假定了最坏条件，如对于一个反应，假设其物料累积度为 100%。

评估的第一步是对反应物料所发生的目标反应进行鉴别，考察反应热的大小、放热速率的快慢，对反应物料进行评估，考察其热稳定性。这些参数可以通过对不同阶段(反应前、反应期间和反应后)的反应样品进行 DSC 实验获得。显然，在评估样品的热稳定性时，可以选择具有代表性的反应物料进行分析。如果没有明显的放热效应(如绝热温升低于 50K)，且没有超压，那么在此阶段就可以结束研究工作。

如果发现存在显著的反应放热，必须确定这些放热是来自目标反应还是二次分解反应：如果来自目标反应，必须研究放热速率、冷却能力和热累积，即 MTSR 有关的因素，如果来自二次反应，必须研究其动力学参数以确定 MTSR 时的 $TMR_{ad,d}$。具体评估步骤如下。

① 首先考虑目标反应为间歇反应，此时物料累积度为 100%，计算间歇反应的 MTSR。

② 计算 $TMR_{ad,d}$ 为 24h 的温度 T_{D24}。如果所假设的最坏情况的后果不可接受，这的结论必须基于准确的参数。

③ 采用反应量热的方法确定目标反应中反应物的累积情况。反应量热法可以确定物料的真实累积情况，因此可以得到真实的 MTSR。反应控制过程中，要

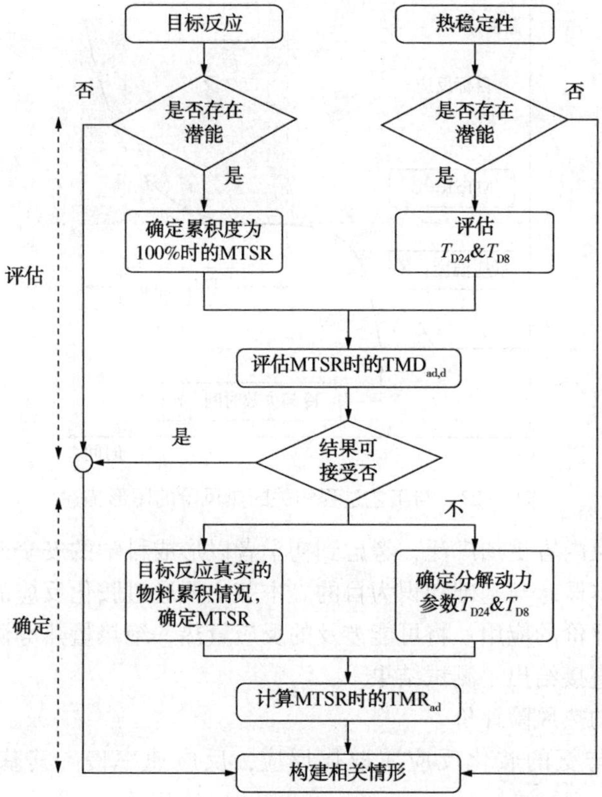

图 5-22　基于参数准确性递增原则的热风险评估程序

考虑最大放热速率与反应器冷却能力相匹配的问题，气体释放速率与洗涤器气体处理能力相匹配的问题等。

④ 根据复杂性递增原则，必须根据二次反应动力学确 TMR 与温度的函数 $TMR_{ad,d}$ 关系，由此可以确定诱导期为 24h 的温度 T_{D24}。

然后，将这些数据概括成如图 5-23 所示的形式，通过该图可以对给定工艺的热风险进行快速的检查与核对。这个程序基于准确度递增原则，仅需要确定评估所需的数据。如果评估基于简单试验，那么预留的安全裕度是比较大的。然而，如果具有更多的准确数据，可以将安全裕度减少到很小的范围，从而可以回避涉及更复杂的工艺热安全问题的研究。

5.5　化学反应热风险评价示例

本章基于可能最糟糕情形所建立的目标反应冷却失效导致反应失控的模型不仅仅适用于间歇反应，对于半间歇反应也同样适用。然而，对于半间歇反应热危

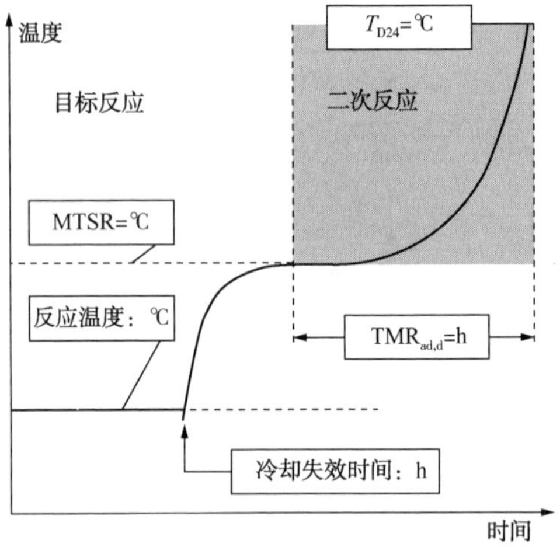

图 5-23　与工艺过程相关的热风险的图形描述

险性的评价涉及内容更加广泛，考虑到初学者以形成科学的安全理念、建立评价思路、掌握基本概念与基础知识为目的。本节主要通过胺化反应的热风险评价案例说明热风险评价的应用。将可能涉及的反应量热、绝热量热等测试及数据处理的过程略去，直接给出了测试结果。

胺化反应的热风险评价

卤代芳烃与氨的胺化反应属取代反应，反应速率慢。其基本反应方程式如下：

$$Ar—Cl+2NH_3 \xrightarrow{180℃} Ar—NH_2+NH_4Cl$$

在允许最大工作压力为 10MPa(g)(“g”代表表压)的 $1m^3$ 的高压釜中，将氯代芳烃化合物转变为相应的苯胺化合物。为了中和反应过程中生成的 HCl 气体，维持 pH 值为碱性以避免腐蚀问题，反应使用了大大超过化学计量比(4∶1)的氨水(30%)。反应的工艺温度为 180℃，停留时间为 8h 的反应转化率达到 90%。

请评价这个工艺过程的热风险，并确定其危险度等级。评价时，从保守的角度出发，允许忽略加热反应器期间的转化率。

具体的物料使用量，315kg 的氯代芳烃化合物(约 2kmol)和 453kg 的 30%氨水(约 8kmol)。

两种反应物均在室温下投料。为了将氯代芳烃化合物充分转化，反应器加热到反应温度 180℃的工艺温度后维持反应 12h。

有关数据：目标反应(包括中和反应)的摩尔反应焓 $-\Delta H_r$ = 175kJ/mol；反应物料的比热容：C'_p = 3.2kJ/(kg·K)；最终反应物料的比分解热：Q'_D = 840kJ/kg；二次分解反应诱导期为 24h 的温度 T_{D24} = 280℃；17.7%(质)氨溶液的蒸气压(bar)：

$$\ln p = 11.62 - 3735/T \tag{5-48}$$

评价过程：

该工艺为在180℃进行的间歇反应工艺，绝热温升：

$$\Delta T_{ad} = \frac{Q'_r}{C'_p} = \frac{175 \times 2000}{768 \times 3.2} \approx 143\text{K}$$

故胺化反应失控的严重度为“中等”。

从最糟糕的情况出发，假定胺化反应一开始就发生失控，则可达到温度：

$$\text{MTSR} = T_p + \Delta T_{ad} = 180 + 143 = 323℃ = 596\text{K}$$

此时，根据式(5-48)可知，反应体系的压力将达到约21.1MPa。该温度高出T_{D24}(553K)43K，意味着将引发较强烈的二次分解反应，导致进一步的升温：

$$\Delta T_{ad} = \frac{Q'_r}{C'_p} = \frac{840}{3.2} = 363\text{K}$$

分解反应的严重度为“高”。

根据式(5-48)，反应体系大约在260℃时将到达允许的最大压力10MPa：这个温度可以视为技术因素允许的最高温度(MTT)。

因此，特征温度的高低顺序为T_p<MTT<T_{D24}<MTSR，对应于危险度等级4，所以投产时，必须采取足够的控制技术措施。

习　题

1. 当前我国的精细化工企业符合哪些情形就需要进行反应安全风险评估工作？

2. 放热反应冷却失效情形中的6个关键问题分别是什么？

3. 失控反应严重度的评估准则是什么？失控反应发生可能性的评估判据是什么？

4. 工艺危险度等级分为哪5级？

5. 常见的反应热分析仪器有哪些？

6. 重氮化是将亚硝酸钠加入胺的水溶液中(2.5mol/kg)进行的反应，在一个工业规模公称容积为4m^{3}搅拌釜式反应器中，最终反应物料量为4000kg，反应温度为5℃，反应迅速。从安全角度研究，认为其实际累计率约为10%。热数据：

目标反应：$-\Delta H_r = 65\text{kJ/mol}$　　$C'_p = 3.5\text{kJ/(kg·K)}$

分解反应：$-\Delta H_d = 150\text{kJ/mol}$　　$T_{D24} = 30℃$

问题：(1)评估该工业规模反应的热风险；(2)确定反应的危险度等级；(3)是否需要处理热风险的措施？

7. 在搅拌釜式反应器中以半间歇方式进行缩合反应。以丙酮为溶剂，最终物料量为2500kg，反应温度为40℃。第二种反应物按化学计量比以恒定的加料速率在 2h 内加入。在这些条件下，最多累计率为 30%。数据：

① 目标反应：$Q_r'=230\text{kJ/kg}$　$C_p'=1.7\text{kJ/(kg·K)}$

② 分解反应：$Q_d'=150\text{kJ/kg}$　$T_{D24}=130℃$

③ 物理数据：丙酮 $T_b=56℃$

问题：(1)评估该工业规模下反应的热风险；(2)确定反应的危险度等级；(3)是否需要处理热风险的措施？

8. 磺化反应在 96%的硫酸溶剂中以半间歇方式进行。总物料量为 6000kg，最终浓度为 3mol/L。反应温度为 110℃，20%发烟硫酸以超过化学计量比 30%的量在 4h 内以恒定速率加入。在这些条件下，加料大约 3h 时，达到最大 50%的累计率。数据：

① 目标反应：$Q_r'=150\text{kJ/kg}$　$C_p'=1.5\text{kJ/(kg·K)}$

② 分解反应：$Q_d'=350\text{kJ/kg}$　$T_{D24}=140℃$

问题：(1)评估该工业规模下反应的热风险；(2)确定反应的危险度等级；(3)是否需要处理热风险的措施？

9. 在常压反应釜中进行氧化反应，先加入 281.2kg HNO_3，再加 4.27kg 催化剂 $Cu(NO_3)_2$，开启搅拌，将体系加热到 85℃。稳定后开始滴加 22.5kg(约 0.12kmol)某酮类化合物，滴加完毕后保温反应 10h。已知反应过程的放热量为 $Q=48\text{kJ}$，反应物的平均热容为 820kJ/K。试求反应体系的比反应热和绝热温升，并根据严重度判据确定该反应的严重度等级。

10. 在允许最大压力为 10MPa 的 $1m^3$的高压釜中，将 315kg(2kmol)卤代芳烃化合物转化为苯胺化合物。为了中和生成的 HCl 气体，反应使用了化学计量比为 4∶1 的 30%的氨水(453kg)，维持体系的 pH 值为碱性以避免腐蚀问题，反应的工艺温度为 180℃。已知目标反应(包括中和反应)的摩尔反应焓$-\Delta H_r=175\text{kJ/mol}$，反应物的平均比定压热容 C_p'为 3.2kJ/(K·kg)反应物料的比分解热 Q_r'为 840kJ/kg，二次分解反应诱导期为 24h 的温度 $T_{D24}=280℃$，溶液的蒸气压(bar)：

$$\ln p=11.26-3735/T$$

请使用危险度评估判据，确定该反应体系的危险度等级。

11. 在一个常压反应釜中进行一个硝化反应，先加入 367kgH_2SO_4(既是催化剂也是溶剂)，开启搅拌，再加入 51.3kg(0.315kmol)芳香类反应物 A，将体系加热到 25℃。稳定后开始滴加 70kg HNO_3(摩尔比 1.2∶1)，滴加完毕后保温反应 8h，得到硝化产物 B。已知目标反应的摩尔反应焓$-\Delta H_r=210\text{kJ/mol}$，反应物的平均比定压热容 C_p'为 2.1kJ/(K·kg)目标反应的 $TMR_{ad,d}=15h$。试根据矩阵评估判据确定该反应的风险等级。

参 考 文 献

[1] 陈网桦，陈利平，郭子超. 化工过程热风险[M]. 2 版. 北京：化学工业出版社，2020.

[2] 弗朗西斯·施特塞尔. 化工工艺的热安全——风险评估与工艺设计[M]. 陈网桦, 彭金华, 陈利平, 译. 北京: 科学出版社, 2009.
[3] 卫宏远, 郝琳, 白文帅. 化工安全[M]. 北京: 高等教育出版社, 2020.
[4] 赵劲松, 陈网桦, 鲁毅, 等. 化工过程安全[M]. 北京, 化学工业出版社, 2015.
[5] 程春生, 秦福涛, 魏振云. 化工安全生产与反应风险评估[M]. 北京: 化学工业出版社, 2011.
[6] 程春生, 胥维昌, 魏振云, 等. 精细化工反应风险与控制[M]. 北京: 化学工业出版社, 2020.
[7] Stoessel F. Thermal Safety of Chemical Processes: Risk Assessment and Process Design (Second) [M]. Germany: Wiley-VCH Verlag, 2020.
[8] 张峰, 王勇, 谢传欣. 化工工艺安全分析[M]. 北京: 中国石化出版社, 2019.
[9] 王睿, 郝琳, 杨晓武, 等. 基团贡献法在估算反应热过程中的系统性验证及校正[J]. 物理化学学报, 2016, 32(6): 1404-1415.
[10] 卫宏远, 白文帅, 郝琳. 化工过程安全评估[M]. 北京: 化学工业出版社, 2020.
[11] 王凯全. 化工安全工程学[M]. 北京: 中国石化出版社, 2007.
[12] Barton J, Rogers R. Chemical reaction hazards (Second edition)[M]. UK: Institution of Chemical Engineers, 1997.
[13] Gygax R. Chemical reaction engineering for safety[J]. Chemical Engineering Science, 1988, 43(8): 1759-1771.
[14] Bai W S, Hao L, Guo Z C, et al. A new criterion to identify safe operating conditions for isoperibolic homogenous semi-batch reactions [J]. Chemical Engineering Journal, 2017, 3088-17.
[15] Stoessel F. Application of reaction calorimetry in chemical engineering [J]. Journal of Thermal Analysis, 1997, 49(3): 1677-1688.
[16] Yu G D, Y L, Zheng L , et al. Comprehensive study on the catastrophic explosion of ammonium nitrate stored in the warehouse of Beirut port[J]. Process Safety and Environmental Protection, 2021, 152: 201-219.
[17] Duh Y S, Sun Y J, Lin X, et al. Characterization on thermal runaway of commercial 18650 lithium-ion batteries used in electric vehicles: A review[J]. Journal of Energy Storage, 2021, 41: 102888.

第 6 章　职业危害与防护

在生产劳动过程中，作业环境条件异常、设备设施缺陷或其他突发原因，可能导致各种职业危害损害作业人员的健康，甚至危及生命。能量意外释放的事故致因理论认为，职业危害是各种危害性物质进入人体机体后，累积达到一定的量，与体液和组织发生物理化学作用，释放出化学能，扰乱或破坏机体的正常生理功能，引起暂时性或持久性的病理改变，甚至危及生命。因此，需要认识生产场所中的各种职业危害因素的能量来源及其可能对作业场所中人员造成的伤害，采取有效的防护措施，预防与控制职业危害的发生，保护劳动者的健康。

《国家职业病防治规划(2021—2025 年)》指出，一些用人单位工作场所粉尘、化学毒物、噪声等危害因素超标严重，劳动者职业健康权益保障存在薄弱环节。以习近平新时代中国特色社会主义思想为指导，落实“防、治、管、教、建”五字策略，强化政府、部门、用人单位和劳动者个人四方责任。强化用人单位主体责任，严格落实职业病危害项目申报、建设项目职业病防护设施“三同时”、职业病危害因素检测评价、劳动者职业健康检查和健康培训等制度。以粉尘、化学毒物、噪声和辐射等职业病危害严重的行业领域为重点，持续开展职业病危害因素监测和专项治理，加强职业活动中新兴危害的辨识评估和防控。

国家职业病防治规划（2021—2025 年）

6.1　职业病危害因素与职业病

6.1.1　职业病危害因素

职业病危害，是指对从事职业活动的劳动者可能导致职业病的各种危害。职业病危害因素包括职业活动中存在的各种有害的化学、物理、生物因素以及在作业过程中产生的其他职业有害因素。

1. 按来源分类

接触职业病危害因素，也可能使某些非职业病的发病率增高，或者使某些个体的非职业病加剧，生产环境中多种因素可能导致病损，这些情况并非职业病而称为职业相关疾病或职业性多发病，但也属于职业病危害。职业病危害因素存在于生产过程、劳动过程和生产环境中。各种职业病危害因素，在生产劳动中有时单独存在，有时几种危害因素联合存在，从而构成了不同企业部门、不同生产车间职业病危害因素的不同特点。

（1）生产过程中产生的危害因素

① 生产性粉尘。生产过程中产生的，较长时间悬浮在生产环境空气中的固体微粒，称为生产性粉尘。例如，炼油生产过程中，有石油焦粉尘、使用的催化剂硅酸铝（粉末状）等；催化剂生产过程中，有金属粉尘、水泥粉尘；其他如聚氯乙烯粉尘、苯酐粉末、石棉、滑石粉、碳酸钠等。

② 化学因素，指生产过程中产生的，存在于工作环境中的化学有毒物质。例如，氯乙烯生产过程中，有氯气、氯化氢、乙烯、二氯乙烷、氯乙烯等毒物；苯乙烯生产过程中，有苯、甲苯、乙苯、苯乙烯等毒物；丁苯橡胶生产过程中，有丁二烯、苯乙烯、高芳烃、过氧化二异丙苯、乙二胺四乙酸四钠盐、萘磺酸钠甲醛缩合物、氯化钾、甲醛次硫酸氢钠、亚硝酸钠等十几种毒物；丙烯腈生产过程中，有丙烯、氨、丙烯腈、乙腈、氰化氢等毒物。

③ 物理因素。a. 异常气象：如高温、低温、高湿等。b. 异常气压：如高气压、低气压等。c. 噪声：来自机器自身的撞击、转动、摩擦，如压缩机、锅炉、鼓风机、球磨机、泵等；来自流体在管线、容器内的流动和撞击及压力突变产生的噪声，如高压蒸气的放空等；来自电机交变力而产生的噪声，如发电机、变压器等。d. 振动：如循环压缩机转动时引起包括厂房在内的振动；钻井、采油、转油等石油开采作业都有振动产生；其他如使用风动工具、电动工具、运输工具等。

④ 生物因素，例如附着于皮毛上的炭疽杆菌、甘蔗渣上的真菌，医务工作者可能接触到的生物传染性病原物等。

（2）劳动过程中的危害因素

① 劳动组织和制度不合理，劳动作息制度不合理等。②精神性职业紧张。③劳动强度过大或生产定额不当。④个别器官或系统过度紧张，如视力紧张等。⑤长时间不良体位或使用不合理的工具等。

（3）生产环境的有害因素

① 自然环境因素，如炎热季节中的太阳辐射（室外露天作业）；油田企业夏季野外作业。②厂房建筑或布置不合理，如有毒岗位与无毒岗位设在同一工作间内。③环境污染，不合理生产过程导致环境污染，如氯气回收、精制、液化等岗位产生的氯气泄漏，有时造成周围环境的污染。

2. 按有关规定分类

职业病危害因素按照《职业病危害因素分类目录》（国卫疾控发〔2015〕92 号）确定，包括粉尘 52 种、化学因素 375 种、物理因素 15 种、放射性因素 8 种、生物因素 6 种、其他因素 3 种。

6.1.2 职业病特点和分类

职业病危害因素达到一定程度，并在一定条件下，对劳动者健康发生的损伤，称为职业性损伤。职业性损伤可以分为外伤、职业病和职业性多发病三类。职业病与职业病危害因素具有一定的因果关系，但应排除非职业性致病因素。

1. 职业病的特点

(1) 职业病的病因明确

《中华人民共和国职业病防治法》(以下简称《职业病防治法》)中第二条规定，职业病是指企业、事业单位和个体经济组织等用人单位的劳动者在职业活动中，因接触粉尘、放射性物质和其他有毒、有害物质等因素而引起的疾病。这就明确了职业病的病因指的是对从事职业活动的劳动者可能导致职业病的各种职业病危害因素。职业病的发生与其接触的职业病危害因素的种类、性质、浓度或强度有关。有些职业病病人，在医学检查时往往无特殊表现，或表现为一般症状，如头晕、头痛、无力、食欲减退以及白细胞减少等，如果该病人在劳动过程中经常接触浓度较高的苯，按照职业病诊断标准，应考虑到是否属接触苯导致的职业病病变。也就是说某种疾病如果与职业病危害因素无法联系，就不能称为有职业病病变。从另一个角度讲，只要控制和消除职业病危害因素这个职业病病因，职业病就不会发生。

(2) 职业病的表现多样

职业病的发病表现多种多样，有急性的，有慢性的，还有接触职业病危害后经过一定时间缓缓发生的，也有长期潜伏性的。如吸入氯气、氨气等刺激性气体后，立即出现流泪、畏光、结膜充血、流涕、呛咳等症状，严重者可发生喉头水肿、化学性肺炎；如吸入二氧化氮、光气、硫酸二甲酯等刺激性气体后，往往要经过数小时至 24h 的潜伏期才出现较明显的呼吸系统症状。从事开矿、石英喷砂等接触大量矽尘作业者，经过几年或 10 余年后可发生矽肺，还有接触石棉、苯氯乙烯等致癌物者，往往接触 1~20 年后才显示职业性癌肿。

2. 职业病的范围

由于职业病危害因素的种类很多，导致职业病的范围很广，不可能把所有的职业病的防治都纳入《职业病防治法》的调整范围。根据我国的经济发展水平，并参考国际通行做法，当务之急是严格控制对劳动者身体健康有危害的几类职业病，因此将职业病的范围限定于对劳动者健康危害大的几类职业病，并授权国务院卫生行政部门会同国务院劳动保障行政部门依据《职业病防治法》规定、调整并公布新的职业病分类和目录。职业病危害项目的申报遵照《职业病危害项目申报办法》。根据《职业病防治法》的规定，《职业病防治法》的具体使用对象：中华人民共和国领域内的可能产生职业病危害的企业、事业单位和个体经济组织及其劳动者；从事劳动卫生服务的劳动卫生技术服务机构及其工作人员；工会组织及其成员；各级政府及其对职业病防治工作实施监督管理的部门及其工作人员；本规定以外的用人单位，产生职业病危害的，其职业病防治活动可参照本法执行；中国人民解放军参照执行本法的办法，由国务院、中央军事委员会制定。

2013年12月23日，国家卫生计生委、人力资源和社会保障部、安全生产监督管理总局、全国总工会4部门联合印发《职业病分类和目录》(国卫疾控发〔2013〕48号)。该《职业病分类和目录》(见表6-1)将职业病分为职业性尘肺病(13种)及其他呼吸系统疾病(6种)、职业性皮肤病(9种)、职业性眼病(3种)、职业性耳鼻喉口腔疾病(4种)、职业性化学中毒(60种)、物理因素所致职业病(7种)、职业性放射性疾病(11种)、职业性传染病(5种)、职业性肿瘤(11种)、其他职业病(3种)，共十大类132种，这十类职业病的主要区别就是其职业病危害因素不同。

表6-1 职业病分类和目录

类别	职业病名称
职业性尘肺病及其他呼吸系统疾病	(一) 尘肺病 1. 矽肺；2. 煤工尘肺；3. 石墨尘肺；4. 炭黑尘肺；5. 石棉肺；6. 滑石尘肺；7. 水泥尘肺；8. 云母尘肺；9. 工尘肺；10. 铝尘肺；11. 电焊工肺；12. 铸工尘肺；13. 根据《尘肺病诊断标准》和《尘肺病理诊断标准》可以诊断的其他尘肺 (二)其他呼吸系统疾病 1. 过敏性肺炎；2. 棉尘病；3. 哮喘；4. 金属及其化合物粉尘肺沉着病(锡、铁、锑、钡及其化合物等)；5. 刺激性化学物所致慢性阻塞性肺疾病；6. 硬金属肺病
职业性皮肤病	1. 接触性皮炎；2. 光接触性皮炎；3. 电光性皮炎；4. 黑变病；5. 痤疮；6. 溃疡；7. 化学性皮肤灼伤；8. 白斑；9. 根据《职业性皮肤病的诊断总则》可以诊断的其他职业性皮肤病
职业性眼病	1. 化学性眼部灼伤；2. 电光性眼炎；3. 白内障(含放射性白内障、三硝基甲苯白内障)
职业性耳鼻喉口腔疾病	1. 噪声聋；2. 铬鼻病；3. 牙酸蚀病；4. 爆震聋

续表

类别	职业病名称
职业性化学中毒	1. 铅及其化合物中毒(不包括四乙基铅)；2. 汞及其化合物中毒；3. 锰及其化合物中毒；4. 镉及其化合物中毒；5. 铍病；6. 铊及其化合物中毒；7. 钡及其化合物中毒；8. 钒及其化合物中毒；9. 磷及其化合物中毒；10. 砷及其化合物中毒；11. 铀及其化合物中毒；12. 砷化氢中毒；13. 氯气中毒；14. 二氧化硫中毒；15. 光气中毒；16. 氨中毒；17. 偏二甲基肼中毒；18. 氮氧化合物中毒；19. 一氧化碳中毒；20. 二硫化碳中毒；21. 硫化氢中毒；22. 磷化氢、磷化锌、磷化铝中毒；23. 氟及其无机化合物中毒；24. 氰及腈类化合物中毒；25. 四乙基铅中毒；26. 有机锡中毒；27. 羰基镍中毒；28. 苯中毒；29. 甲苯中毒；30. 二甲苯中毒；31. 正己烷中毒；32. 汽油中毒；33. 一甲胺中毒；34. 有机氟聚合物单体及其热裂解物中毒；35. 二氯乙烷中毒；36. 四氯化碳中毒；37. 氯乙烯中毒；38. 三氯乙烯中毒；39. 氯丙烯中毒；40. 氯丁二烯中毒；41. 苯的氨基及硝基化合物(不包括三硝基甲苯)中毒；42. 三硝基甲苯中毒；43. 甲醇中毒；44. 酚中毒；45. 五氯酚(钠)中毒；46. 甲醛中毒；47. 硫酸二甲酯中毒；48. 丙烯酰胺中毒；49. 二甲基甲酰胺中毒；50. 有机磷中毒；51. 氨基甲酸酯类中毒；52. 杀虫脒中毒；53. 溴甲烷中毒；54. 拟除虫菊酯类中毒；55. 铟及其化合物中毒；56. 溴丙烷中毒；57. 碘甲烷中毒；58. 氯乙酸中毒；59. 环氧乙烷中毒；60. 上述条目未提及的与职业有害因素接触之间存在直接因果联系的其他化学中毒
物理因素所致职业病	1. 中暑；2. 减压病；3. 高原病；4. 航空病；5. 手臂振动病；6. 激光所致眼(角膜晶状体、视网膜)损伤；7. 冻伤
职业性放射性疾病	1. 外照射急性放射病；2. 外照射亚急性放射病；3. 外照射慢性放射病；4. 内照射放射病；5. 放射性皮肤疾病；6. 放射性肿瘤(含矿工高氡暴露所致肺癌)；7. 放射性骨损伤；8. 放射性甲状腺疾病；9. 放射性性腺疾病；10. 放射性复合伤；11. 根据《职业性放射性疾病诊断标准(总则)》可以诊断的其他放射性损伤
职业性传染病	1. 炭疽；2. 森林脑炎；3. 布鲁氏菌病；4. 艾滋病(限于医疗卫生人员及人民警察)；5. 莱姆病
职业性肿瘤	1. 石棉所致肺癌、间皮瘤；2. 联苯胺所致膀胱癌；3. 苯所致白血病；4. 氯甲醚、双氯甲醚所致肺癌；5. 砷及其化合物所致肺癌、皮肤癌；6. 氯乙烯所致肝血管肉瘤；7. 焦炉逸散物所致肺癌；8. 六价铬化合物所致肺癌；9. 毛沸石所致肺癌、胸膜间皮瘤；10. 煤焦油、煤焦油沥青、石油沥青所致皮肤癌；11. β-萘胺所致膀胱癌
其他职业病	1. 金属烟热；2. 滑囊炎(限于井下工人)；3. 股静脉血栓综合征、股动脉闭塞症或淋巴管闭塞症(限于刮研作业人员)

3. 职业性致癌因素

与职业有关的、能引起恶性肿瘤的有害因素称为职业性致癌因素。由职业性致癌因素所致的癌症称为职业癌。经过流行病学调查和动物实验，有明确证据表明对人有致癌作用的物质，称为确认致癌物，如苯、沥青、煤焦油、芳香胺、石棉、铬、芥子气、氯甲甲醚、氯乙烯、放射性物质等，见表6-2。职业性肿瘤的接触行业及工种见表6-3。

表6-2　确认的主要职业性致癌物

致癌物	致癌部位	致癌物	致癌部位
煤焦油	唇、皮肤、鼻	砷及其化合物	皮肤、肺、喉等
苯并芘	肺、皮肤	1-萘胺、3-萘胺	膀胱、肾盂等
沥青	皮肤	联苯胺、4-氨基联苯	膀胱
页岩油	皮肤	芥子气	肺、气管、喉、鼻
矿物油	皮肤、喉	氯甲醚、二氯甲醚	肺
木馏油	皮肤、唇	异丙基油	鼻窦、喉、肺
石棉	肺、胸膜间皮瘤	氯乙烯	肝血管瘤
铬酸盐	鼻腔、喉、肺	氯丁二烯	皮肤、肺
镍及其盐类	鼻腔、鼻窦、肺、喉	苯	白血病
焦炉逸散物	肺	硬木屑	鼻
甲醛	鼻咽、鼻窦	放射性物质	肺、皮肤、白血病、骨骼
铍及其化合物	肺	镉及其化合物	肺、前列腺、睾丸

表6-3　职业性肿瘤的接触行业及工种

职业性肿瘤名称	接触致癌物行业及接触工种
石棉所致肺癌、间皮瘤	石棉纺织、石棉橡胶制品、石棉水泥制品，石棉的开采选矿运输，石棉制品应用等，接触青石棉更为严重
联苯胺所致膀胱癌	染料化工业中制造联苯胺及联苯胺生产染料的工人，此外在有机化学合成橡胶、塑料、印刷行业亦常用
苯所致白血病	橡胶、树脂、漆、脂的溶剂或稀释剂，以及药物、染料、洗涤剂、化肥、农药、苯酚、苯乙烯合成的原料
氯甲醚、双氯甲醚所致肺癌	用于甲基化和离子交换树脂的原料，甲醇、甲醛、氯化氢合成双氯甲醚、氯甲甲醚、蚊香、造纸
砷及砷化物所致肺癌与皮肤癌	含砷矿开采、冶炼，制药、农药、铜和铝合金，应用三氧化二砷、五氧化三砷、砷酸盐、三氯化砷、雌黄、种子消毒、杀虫、木材防腐、颜料
氯乙烯所致肝血管肉瘤	生产和使用VC或PVC

续表

职业性肿瘤名称	接触致癌物行业及接触工种
焦炉逸散物所致肺癌	炼焦、煤气及煤制品，炼焦干馏、熄焦
六价铬化合物所致肺癌	铬酸盐制造厂、镀铬、铬颜料生产、毛染色
毛沸石所致肺癌、胸膜间皮瘤	毛沸石的开采、选矿等
煤焦油、煤焦油沥青、石油沥青所致皮肤癌	煤焦油、煤焦油沥青、石油沥青的生产和使用
β-萘胺所致膀胱癌	涂料及颜料制造等

6.2 职业病三级预防

职业病三级预防体系是指：消除或控制职业病危害因素(病因预防)，职工职业健康监护(临床前期预防)，职业病病人和工伤人员的治疗康复(临床预防)。

职业病防治法律、法规和标准

6.2.1 职业病的病因预防

引起职业性危害的充分条件是，劳动者与职业病危害因素接触时间较长或职业病危害因素的作用强度较大。职业病病因预防，应当从职业病危害发生源、接触者、传播途径三方面入手，重点控制职业病危害因素的作用强度和接触时间。具体规定可参考《用人单位职业病防治指南》(GBZ/T 225—2010)。

1. 发生源控制

预防职业性危害，首先要进行职业病危害因素辨识，即弄清企业存在哪些职业病危害因素，这些职业病危害因素的作用强度如何，可能造成哪些职业性危害，存在哪些有损职工健康的有害作业，有害作业危害程度属于什么级别。

应当在职业病危害因素辨识的基础上，有针对性地提出预防控制技术措施和职业卫生管理措施。改变工艺可以从根本上消除职业病危害发生源或减少其危害性。例如，用无毒或低毒的溶剂代替毒性较高的溶剂。再如，将产品剂型由粉状改为浆状，以避免粉尘危害。职业病危害发生源是有毒气体或粉尘的，要特别注意防止其泄漏并控制其浓度，其控制措施包括密封、监控、通风、除尘等技术。采用密闭、隔离等措施，将职业病危害发生源屏蔽起来，尽量减少人员与发生源接触机会，是常用的技术措施。

2. 接触者控制

接触者控制常采用以下措施：个体防护、特殊群体保护、个体医学监护、劳动组织管理、培训教育等，这些都是重要的职业卫生管理措施。生产经营单位必须为从业人员提供符合国家标准、行业标准的职业危害防护用品，并督促、教育、指导从业人员，按照使用规则正确佩戴、使用防护用品，不得以发放钱物替代发放职业危害防护用品。单位应当建立、健全从业人员防护用品管理制度，对职业危害防护用品，进行经常性的维护、保养，确保防护用品有效。

3. 传播途径控制与劳动环境测定

（1）传播途径控制

传播途径控制的重点是尽可能避免人员与发生源接触，降低职业病危害因素的作用强度。与发生源控制不同的是，传播途径控制的重点是劳动环境。《职业病防治法》第十七条要求，新建、扩建、改建建设项目和技术改造、技术引进项目(以下统称建设项目)可能产生职业病危害的，建设单位在可行性论证阶段应当进行职业病危害预评价。企业选址、总体布局、通风、除尘及各种职业病防护设施的设计，必须符合国家职业卫生标准要求，为创造优良的劳动环境打好基础。

（2）劳动环境测定

劳动环境测定是指对劳动环境中各种有害因素和不良环境条件的测定，是劳动环境评价的依据。只有经常进行劳动环境测定和评价，才能确定劳动环境是否符合职业卫生要求。劳动环境中有害因素测定的基本方法：测定劳动者接触有害因素的时间和强度(浓度)，并作出评价。企业应当建立、健全职业危害日常监测管理制度，设专人负责作业场所职业危害因素的日常监测，保证监测系统持续正常工作。《工作场所有害因素职业接触限值　第1部分：化学有害因素》(GBZ 2.1—2019)(第一号修改单，国卫通〔2022〕14号)和《工作场所有害因素职业接触限值　第2部分：物理因素》(GBZ 2.2—2007)规定了工作场所的职业接触限值。《工作场所空气有毒物质测定》(GBZ/T 300)和《工作场所空气中粉尘测定》(GBZ/T 192)和《工作场所物理因素测量》(GBZ/T 189)系列标准规定了测量和分析方法。此外还有《工作场所空气中有害物质监测的采样规范》(GBZ/T 159—2017)和《工作场所有毒气体检测报警装置设置规范》(GBZ/T 223—2009)等。

6.2.2　职业健康监护和临床预防

《用人单位职业健康监护监督管理办法》(国家安全监管总局令第49号)规定，职业健康监护是指劳动者上岗前、在岗期间、离岗时、应急的健康检查和职业健康监护档案管理。职业健康监护属于二级预防，其目的是早期发现职业病、职业健康损害和职业禁忌证，通过早期发现、早期诊断、早期治疗，防止病情恶化，便于用人单位和劳动者本人及时采取调配工作岗位等干预措施。职业性健康检查的项目和检查周期应按《职业健康监护技术规范》(GBZ 188—2014)的规定执行。为加强职业健康检查工作，规范职业健康检查机构管理，保护劳动者健康权益，2019 年修订了《职业健康检查管理办法》(国家卫生健康委员会令第 2 号)。

职业病第三级预防又称临床预防，是在明确诊断后，使患者得到及时、合理的治疗处理，防止疾病恶化及复发，防止劳动能力丧失；对慢性职业病患者，通过医学监护，预防并发症和伤残；通过功能性和心理康复治疗，达到病而不残或残而不废和延长寿命的目的。三级预防必须认真贯彻《工伤保险条例》。职业病的诊断遵照《职业病诊断与鉴定管理办法》(国家卫生健康委员会令 2021 年第 6 号)和《职业病诊断通则》(GBZ/T 265—2014)。

（1）诊断依据

① 病人的职业史。包括工作单位、参加工作时间、车间、工作岗位(工种)、接触职业病危害因素种类、防护设施和个体防护用品、职业病危害因素的浓度(强度)。②职业病危害接触史和现场危害调查与评价。职业病危害接触史包括接触职业病危害因素的种类、浓度或强度、接触时间；现场危害调查包括职业病防护设施运转状态、个人防护用品佩戴情况，同一作业场所的其他作业工人是否受到伤害或有类似的表现，工作场所职业病危害因素检测结果及评价分析。③临床表现以及辅助检查结果等。临床表现包括患者的症状与体征，根据其临床表现和患者的职业接触史、现场调查情况，有针对性地进行实验室检查并做出相应的分析，如职业病危害因素的危害作用与病人的临床表现是否相符；按照危害因素的浓度(强度)与疾病发病规律是否相符；病人发病过程和病情进展或出现的临床表现，与拟诊断疾病的规律是否相符。

（2）诊断机构

职业病诊断必须由取得省级以上人民政府卫生行政部门批准的医疗卫生机构依照确定的职业病范围进行，如尘肺诊断、职业中毒诊断、职业性物理因素损伤疾病的诊断、职业性皮肤病的诊断、职业性耳鼻喉口腔疾病的诊断、职业性放射病的诊断等。承担职业病诊断的医疗卫生机构不得超出确定的诊断范围进行职业病诊断。为了有效地保护劳动者的健康权益，承担职业病诊断的医疗卫生机构应对上述条件依法进行综合分析后，没有证据否定职业病危害因素与病人临床表现之间的必然联系的，在排除其他致病因素后，应当诊断为职业病。

(3)职业病诊断标准

现行的职业病诊断标准已达 110 项，包括职业病基础标准、职业中毒诊断标准、尘源性疾病诊断标准、振动所致疾病诊断标准、异常气象所致疾病诊断标准、异常气压所致疾病诊断标准、职业性皮肤病诊断标准、职业性眼病诊断标准、职业性耳鼻喉口腔疾病诊断标准、职业性变应性疾病诊断标准、职业性传染性疾病诊断标准、职业性肿瘤诊断标准、职业性损伤性疾病诊断标准、职业性放射性疾病诊断标准等，而且每一个诊断标准还包括诊断原则、诊断及分级标准、治疗原则、劳动能力鉴定、健康检查要求、职业禁忌证等部分。

6.3 工业毒物危害与防护

6.3.1 工业毒物及危害

1. 工业毒物及来源

当某种物质进入机体，累积到一定量后，就会与机体组织发生生物化学或生物物理变化，干扰或破坏机体的正常生理功能，引起暂时性或永久性的病理状态，甚至危及生命，我们把这种物质称为毒物。工业毒物是指工业生产过程中接触到的化学毒物。工业毒物的来源是多方面的：①化工生产中所使用的原材料，如生产甲醛使用的甲醇；②生产过程中的中间体或副产物，如生产苯胺的中间产品硝基苯；③生产的最终产品，如农药；④生产所用的催化剂，如乙炔法生产氯乙烯所用的催化剂氯化汞；⑤生产过程中的溶剂，如常用的有机溶剂乙醇和丙酮；⑥生产原料和产物所含带的杂质，如合成氨原料气中的一氧化碳和硫化氢等；⑦合成塑料、合成橡胶、合成纤维过程中所用到的增塑剂、防老剂、稳定剂等，多数都是有毒物质。

毒物对机体有不同程度的有害性，但具备有害性特征的物质并不一定是毒物，从广义上讲，世界上没有绝对有毒和绝对无毒的物质。物质是否属于毒物要经过毒理学研究之后才能确定。具体讲某物质是否是毒物，则与它的数量及作用条件有直接关系。这就是说，虽然在体内有潜在性有毒物质存在，但并不意味着发生了中毒。在我们人体内，含有一定数量的铅、汞，但不能说由于这些物质的存在就判定我们发生了中毒。通常一个物质只有达到中毒剂量时才是毒物。实际上，任何物质当服用达到中毒剂量时，都可成为有毒物质。如氯化钠日常可作为食用，但一次服用200~250g就会致死。毒物的作用条件也很重要，当条件改变时，甚至一般非毒物的物质也具有毒性。如氮在911MPa下有显著的麻醉作用。至于职业中毒的发生，则与毒物本身的性质，毒物侵入人体的途径及数量，接触时间及身体状况，防护条件等多种因素有关。

导致急性中毒的化学物质主要有一氧化碳、硫化氢、氯气等，苯、铅及化合物、三硝基甲苯、砷及化合物是导致慢性中毒的主要化学物质，有机溶剂引起中毒的情况非常突出。职业中毒病例是除尘肺病外发生次数最多的职业病；急性职业中毒病例在每年职业中毒病例中占据比例较小，而慢性职业中毒病例较多。

2. 工业毒物的毒性

(1) 毒性及其评价指标

毒物的剂量与反应之间的关系，用“毒性”一词来表示。毒性的计算单位一般以化学物质引起实验动物某种毒性反应所需的剂量表示。对于吸入中毒，则用空气中该物质的浓度表示。某种毒物的剂量(浓度)越小，表示该物质毒性越大。通常用实验动物的死亡数来反映物质的毒性。常用的评价指标有以下几种。

① 绝对致死剂量或浓度(LD_{100}或LC_{100})，是指使全组染毒动物全部死亡的最小剂量或浓度。②半数致死剂量或浓度(LD_{50}或LC_{50})，是指使全组染毒动物半数死亡的剂量或浓度。③最小致死剂量或浓度(MLD 或 MLC)，是指使全组染毒动物中有个别动物死亡的剂量或浓度。④最大耐受剂量或浓度(LD_0或LC_0)，是指使全组染毒动物全部存活的最大剂量或浓度。

上述各种“剂量”通常是用毒物的毫克数与每千克体重之比(即 mg/kg)来表示。“浓度”常用每立方米(或升)空气中所含毒物的毫克或克数(即 mg/m^3、g/m^3、mg/L)来表示。致死浓度(LC)用于气体、蒸气或粉尘/薄雾的吸入暴露。吸入毒性值基于对动物的 4h 实验室测试。

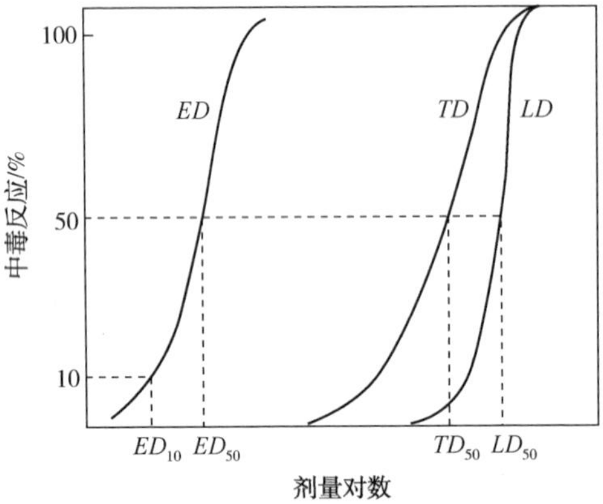

图 6-1　剂量对数曲线与各种类型反应的关系

如图 6-1 所示，一般以反应对剂量的对数作图。如果关注的反应是死亡或致命，则反应-剂量对数曲线称为致死剂量(LD)曲线。如果关注目标对象中 50%死亡的剂量称为LD_{50}剂量。其他数据如LD_{10}或LD_{90}有时也会采用。如果关注的反应不严重或者可恢复(如轻微眼睛刺激)，那么反应-剂量对数曲线称为有效剂量(ED)曲线。ED_{50}和ED_{10}等数据也经常采用。最后，如果关注的反应是中毒(非致命但不可逆的伤害，如肝脏或肺损伤)，那么反应-剂量对数曲线称为毒性剂量(TD)曲线。反应-剂量对数曲线通常根据急性毒性数据绘制，慢性毒性数据常会明显不同。此外，这些数据还受年龄、性别和进入途径的影响，比较复杂。如果包含几种化学物质，那么毒性可能发生加和作用(综合效应是单个效应的加和)、协同作用(综合效应大于单个效应)、增效作用(一种化学物质的存在增加了另一种化学物质的效应)或者拮抗作用(两种化学物质效应相互抵消)。

(2) 相对毒性

毒物可通过基于 LD，ED 或 TD 曲线的相对毒性进行比较。如果化学物质 A 的反应-剂量对数曲线位于化学物质 B 的反应-剂量对数曲线的左侧，那么物质 A 的毒性更大。在比较两条反应-剂量对数曲线时，如果仅有部分数据，此时应慎重。如果不同曲线的斜率相差很大，则可能出现如图 6-2 中所示的情形。如果只有曲线上半部分，看起来物质 A 比物质 B 毒性大，而全部数据表明，在较低剂量时物质 B 的毒性更大，在较高剂量时物质 A 的毒性更大。

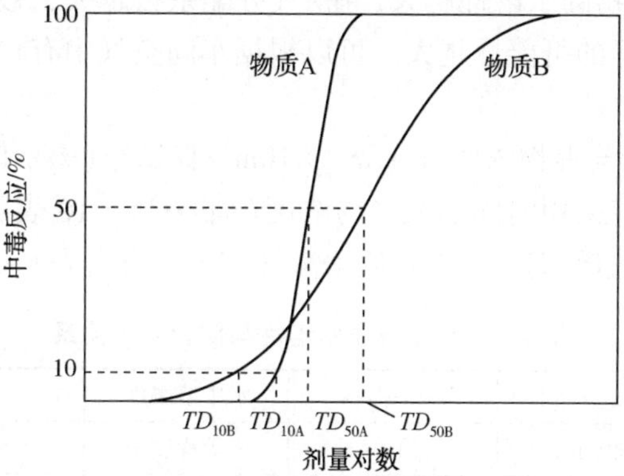

图 6-2　不同剂量下，具有不同相对毒性的两种物质

（3）毒物的急性毒性分级

毒物的急性毒性可根据动物染毒实验资料 LD_{50}进行分级，据此将毒物分为剧毒、高毒、中等毒、低毒和微毒五级，详见表 6-4。

表 6-4　化学物质的急性毒性分级

毒物分级	大鼠一次经口 LD_{50}/(mg/kg)	6 只大鼠吸入 4h 死亡 2~4 只的浓度/(mg/kg)	兔涂皮肤 LD_{50}/(mg/kg)	对人可能致死剂量	
				g/kg	总量/g(以 60kg 体重)
剧毒	<1	<10	<5	<0.05	0.1
高毒	1~50	10~100	5~44	0.05~0.5	3
中等毒	50~500	100~1000	44~350	0.5~5.0	30
低毒	500~5000	1000~10000	350~2180	5.0~15.0	250
微毒	5000~15000	10000~100000	2180~22590	>15.0	>1000

注：摘自《化学物质毒性全书》。

3. 工业毒物进入人体的途径和危害

（1）工业毒物进入人体的途径

工业毒物进入人体的途径有三种，即呼吸道、皮肤和消化道，其中最主要的是呼吸道，其次是皮肤，经过消化道进入人体仅在特殊情况下才会发生。

① 经呼吸道进入。毒物经呼吸道进入人体是最主要、最危险、最常见的途径。因为凡是呈气态、蒸气态或气溶胶状态的毒物均可随时伴随呼吸过程进入人体；而且人的呼吸系统从气管到肺泡都具有相当大的吸收能力，尤其肺泡的吸收能力最强，肺泡壁极薄且总面积大约有 55~120m^2，其上有丰富的微血管，由肺泡吸收的毒物会随血液循环迅速分布全身；在全部职业中毒者中，大约有 95%是经呼吸道吸入引起的。

生产性毒物进入人体后，被吸收量的大小取决于毒物的水溶性和血/气分配系数，血/气分配系数是指毒物在血液中的最大浓度(mg/L)与肺泡内气体浓度(mg/L)之比值。毒物的水溶性越大，血/气分配系数越大，被吸收在血液中的毒物也越多，导致中毒的可能性越大。可以根据车间空气中有毒物质的浓度估算接触者的吸收量：

$$估算剂量(mg/kg)=毒物浓度(mg/m^3)\times 10m^3\times 储留率(\%)/体重(kg) \quad (6-1)$$

式中，毒物浓度采用时间加权平均浓度(mg/m^3)；10 表示 8h 内人的大约通气量，单位为 m^3；储留率与化学物质水溶性有关，可由表 6-5 得到。

表 6-5　化学物质水溶性与储留率的关系

水中溶解度	g/%	储留率/%	水中溶解度	g/%	储留率/%
基本不溶	<0.1	10	中等程度溶	5~10	50
难溶	0.1~0.5	30	易溶	50~100	80

② 经皮肤进入。毒物经皮肤进入人体的途径主要有表皮屏障和毛囊，极少数是通过汗腺导管进入。皮肤本身是人体具有保护作用的屏障，如水溶性物质不能通过无损的皮肤进入人体内。但是当水溶性物质与脂溶性或类脂溶性物质共存时，就有可能通过屏障进入人体。毒物经皮肤进入人体的数量和速度，除了与毒物的脂溶性、水溶性、浓度和皮肤的接触面积有关，还与环境中气体的温度、湿度等条件有关，能经过皮肤进入人体的毒物有以下三类：①能溶于脂肪或类脂质的物质。此类物质主要是芳香族的硝基、氨基化合物，金属有机铅化合物以及有机磷化合物等，其次是苯、二甲苯、氯化烃类等物质。②能与皮肤的脂酸根结合的物质。此类物质如汞及汞盐、砷的氧化物及其盐类等。③具有腐蚀性的物质。此类物质如强酸、强碱、酚类及黄磷等。

③ 经消化道进入。毒物从消化道进入人体，主要是由于不遵守卫生制度，或误服毒物，或发生事故时毒物喷入口腔等所致。

(2) 职业中毒的类型

职业中毒按照发生时间和过程分为急性中毒，慢性中毒和亚急性中毒三种类型。

① 急性中毒。急性中毒是由于大量的毒物于短时间内侵入人体后突然发生的病变现象。急性中毒大多数是由于生产设备的损坏、违反操作规程、无防护地进入有毒环境中进行紧急修理等引起的。通常未超过一次换班时间内发生的中毒，称为急性中毒。不过，有一些急性中毒并不立刻发作，往往经过一定的短暂时间后才表现其明显症状，如砷化氢、氮的氧化物中毒等。

② 慢性中毒。慢性中毒是由于比较小量的毒物持续或经常地侵入人体内逐渐发生病变的现象。职业中毒以慢性中毒最多见。慢性中毒发生是由于毒物在人体内积蓄的结果。因此，凡有积蓄性的毒物都可能引起慢性中毒，如铅、汞、锰

等。中毒症状往往要在从事有关生产后几个月，几年，甚至好多年后才出现，而且早期症状都很轻微，故常被忽视而不能及时发觉。因此，在工业生产中，预防慢性职业中毒的问题，实际上较急性中毒更为重要。一些化学物质急性毒性不大，而慢性中毒却很高，所以化学物质的急性毒性分级与慢性分级不能一概而论。

③ 亚急性中毒。介于急性中毒与慢性中毒之间，病变时间较急性中毒长，发病症状较急性中毒缓和的中毒，称为亚急性中毒，如二硫化碳、汞中毒等。

(3) 职业中毒对人体的危害

职业中毒可对人体多个系统或器官造成损害，主要包括神经系统、呼吸系统、血液和造血系统、消化系统和泌尿系统等。

① 神经系统。慢性中毒早期常见神经衰弱综合征和精神症状，一般为功能性改变，脱离接触后可逐渐恢复。铅、锰中毒可损伤运动神经、感觉神经，引起周围神经炎。震颤常见于锰中毒或急性一氧化碳中毒后遗症。重症中毒时可发生脑水肿。

② 呼吸系统。一次吸入某些气体可引起窒息，长期吸入刺激性气体能引起慢性呼吸道炎症，可出现鼻炎、鼻中隔穿孔、咽炎、支气管炎等上呼吸道炎症。吸入大量刺激性气体可引起严重的呼吸道病变，如化学性肺水肿和肺炎。

③ 血液系统。许多毒物对血液系统能够造成损害，根据不同的毒性作用，常表现为贫血、出血、溶血、高铁血红蛋白以及白血病等。铅可引起低血色素贫血，苯及三硝基甲苯等毒物可抑制骨髓的造血功能，表现为白细胞和血小板减少，严重者发展为再生障碍性贫血。一氧化碳与血液中的血红蛋白结合形成碳氧血红蛋白，使组织缺氧。

④ 消化系统。毒物对消化系统的作用多种多样。汞盐、砷等毒物大量经口进入时，可出现腹痛、恶心、呕吐与出血性肠胃炎。铅及铊中毒时，可出现剧烈的持续性的腹绞痛，并有口腔溃疡、牙龈肿胀、牙齿松动等症状。长期吸入酸雾，牙釉质破坏、脱落，称为酸蚀症。吸入大量氟气，牙齿上出现棕色斑点，牙质脆弱，称为氟斑牙。许多损害肝脏的毒物，如四氯化碳、溴苯、三硝基甲苯等，可引起急性或慢性肝病。

⑤ 泌尿系统。汞、铀、砷化氢、乙二醇等可引起中毒性肾病，如急性肾功能衰竭、肾病综合征和肾小管综合征等。

⑥ 其他。生产性毒物还可引起皮肤、眼睛、骨骼病变。许多化学物质可引起接触性皮炎、毛囊炎。接触铬、铍的工人皮肤易发生溃疡。如长期接触焦油、沥青、砷等可引起皮肤黑变病，甚至诱发皮肤癌。酸、碱等腐蚀性化学物质可引起刺激性眼炎，严重者可引起化学性灼伤，溴甲烷、有机汞、甲醇等中毒，可发生视神经萎缩，以至失明。有些工业毒物还可诱发白内障。

6.3.2 职业性接触毒物阈限值和危害程度分级

1. 阈限值

如图 6-1 所示，反应-剂量对数曲线上的最小值称为阈限剂量。低于该阈值，没有任何可被察觉的影响。实际上，只有当化学物质剂量为零时，反应才会为零，但是很少剂量所引起的反应是察觉不到的。国家卫生健康委员会发布的《工作场所有害因素职业接触限值　第 1 部分：化学有害因素》(GBZ 2.1—2019 及修改单)规定了工作场所空气中 359 种有毒物质、49 种粉尘和 3 种生物因素的职业接触限值，28 种职业接触生物限值(生物监测指标和接触限值)，表 6-6 为几种物质的示例。需要注意的是，这里的暴露是指发生在日常工作的时间内，即每天工作 8h，每周 5d 的暴露。不适用于评估连续不间断暴露或其他超时工作阶段的中毒潜在性。对于不同工时制度职业接触的评价参考 GBZ 2.1—2019 中附录的规定。某些毒物(特别是致癌物质)是不允许有任何程度的暴露的，这些毒物的阈限值为零。对于表中没有的数据，可以参考国外的数据。比如美国政府工业卫生师协会(ACGIH)和美国劳工部职业安全与健康管理局(OSHA)提供的数据。

表 6-6　GBZ 2.1—2019(第 1 号和第 2 号修改单)中部分物质的职业接触限值

名称	MAC/(mg/m^3)	PC-TWA/(mg/m^3)	PC-STEL/(mg/m^3)	备注
氨	—	20	30	—
苯	—	3	6	皮，G1
丙酮	—	300	450	
丙烯腈	—	1	2	皮，G2B
丙烯酸	—	6	—	皮
光气	0.5	—	—	—
过氧化氢	—	1.5	—	—
甲醇	—	25	50	皮
甲醛	0.5	—	—	敏，G1
氯	1	—	—	—
氯化氢及盐酸	7.5	—	—	—
一甲胺	—	5	10	—
环氧氯丙烷	—	1	2	皮，G2A

注：备注中标“皮”的物质，表示可用皮肤、黏膜和眼睛直接接触蒸气、液体和固体，通过完整的皮肤吸收引起全身效应。

备注中标“敏”的物质，是指已被人或动物资料证实该物质可能有致敏作用，但并不表示致敏作用是制定 PC-TWA 所依据的关键效应，也不表示致敏效应是制定 PC-TWA 的唯一依据。

备注中标“G1”“G2A”“G2B”的物质，作为参考性资料。国际癌症研究中心(IARC)将潜在化学致癌性物质分类为 G1：确认人类致癌物；G2A：可能人类致癌物；G2B：可疑人类致癌物。

GBZ 2.1—2019 规定的化学有害因素职业接触限值(OELs)分三类。

① 时间加权平均容许浓度(PC-TWA)：以时间为权数规定的 8h 工作日、40h 工作周的平均容许接触浓度，单位 mg/m^3。

$$C_{TWA}=(C_1T_1+C_2T_2+\cdots+C_nT_n)/8 \quad (6-2)$$

式中，C_{TWA}为 8h 时间加权平均接触浓度，mg/m^3；8 为一个工作日的标准工作时间，h；工作时间>1h 但<8h 者，原则上仍以 8h 计；C_1，$C_2\cdots C_n$为 T_1，$T_2\cdots T_n$时间段测得的相应空气中化学有害因素的浓度；T_1，$T_2\cdots T_n$为 C_1，$C_2\cdots C_n$浓度下劳动者相应接触的时间。

② 短时间接触容许浓度(PC-STEL)：在实际测得的 8h 工作日、40h 工作周平均接触浓度遵守 PC-TWA 的前提下，容许劳动者短时间(15min)接触的加权平均浓度，mg/m^3。

③ 最高容许浓度(MAC)：在一个工作日内、任何时间、工作地点的化学有害因素均不应超过的浓度，mg/m^3。

④ 峰接触浓度(PE)：在最短的可分析的时间段内(不超过 15min)确定的空气中特定物质的最大或峰值浓度。对于接触具有 PC-TWA 但尚未制定 PC-STEL 的化学有害因素，应使用峰接触浓度控制短时间的接触。在遵守 PC-TWA 的前提下，容许在一个工作日内发生的任何一次短时间(15min)超出 PC-TWA 水平的最大接触浓度。

⑤ 若多种化学物质结构相近，或作用于同一器官、系统，或具有相似的毒性作用，或已知可产生相加作用时，可用下式进行评价：

$$(C_1/L_1+C_2/L_2+\cdots+C_n/L_n)=\text{比值} \quad (6-3)$$

式中，C_1、C_2、C_n：各物质的实际浓度；L_1、L_2、L_n：各物质的允许浓度限值。比值结果≤1，表示未超接触限值，>1 表示超过限值。

【例 6-1】乙酸乙酯的 PC-TWA 为 $200mg/m^3$，劳动者接触状况：$400mg/m^3$，接触 3h；$60mg/m^3$，接触 2h；$120mg/m^3$，接触 3h。代入公式(6-2)：

$C_{TWA}=(400\times3+60\times2+120\times3)/8=210mg/m^3>200mg/m^3$，超过该物质的 PC-TWA。

【例 6-2】同样是乙酸乙酯，若劳动者接触状况：$300mg/m^3$，接触 2h；$200mg/m^3$，接触 2h；$180mg/m^3$，接触 2h；不接触，2h。代入公式(6-2)：

$C_{TWA}=(300\times2+200\times2+180\times2+0\times2)/8=170mg/m^3<200mg/m^3$，则未超过该物质的 PC-TWA。

【例 6-3】某车间空气中有苯、甲苯、二甲苯三种毒物共存，经分析检测浓度分别为 $3mg/m^3$、$15mg/m^3$、$25mg/m^3$，这三种物质的 PC-TWA 分别是 $6mg/m^3$、$50mg/m^3$、$50mg/m^3$，该车间空气中有毒物质的浓度是否符合卫生标准？

解：苯、甲苯、二甲苯三种毒物共存时，它们的联合作用可认为是相加作用，按式(6-3)计算：

$$5/3+15/50+25/50=2.47>1$$

计算结果说明该车间空气中有毒物质的浓度超过卫生标准要求，必须进行整改。

【例 6-4】实际测得的某工作场所化学有害因素 C_{TWA} 如下：丙酮 120mg/m^3、环己酮 10mg/m^3、甲乙酮 100mg/m^3；测定的 C_{STE} 如下：丙酮 225mg/m^3、甲乙酮 400mg/m^3。丙酮的 PC-TWA、PC-STEL 分别为 300mg/m^3 和 450mg/m^3；环己酮的 PC-TWA 为 50mg/m^3；甲乙酮的 PC-TWA 和 PC-STEL 分别为 300mg/m^3 和 600mg/m^3。对其混合接触进行评价。

三种物质的临界不良健康效应均为上呼吸道刺激，可视为相加作用：丙酮还有中枢神经系统损害。评价结果如下：

$I_{TWA}=120/300+10/50+100/300=0.4+0.2+0.33=0.93$

$I_{STE}=225/450+0+400/600=0.5+0+0.67=1.17$

8h 混合接触比值<1，没有超过 OELs；短时间混合接触比值>1，超出 OELs。

2. 职业性接触毒物危害程度分级

职业性接触毒物是指劳动者在职业活动中接触的以原料、产品、半产品、中间体、反应副产物和杂质等形式存在，并可经呼吸道、皮肤或口进入人体而对劳动者健康产生危害的物质。按照危害程度大小，《职业性接触毒物危害程度分级》(GBZ 230—2010)根据毒物危害指数 THI 值(Toxicant Hazardous Index)将职业性接触毒物分为四个等级：极度危害(Ⅰ级)THI≥65、高度危害(Ⅱ级)65>THI≥50、中度危害(Ⅲ级)50>THI≥35、轻度危害(Ⅳ级)THI<35。分级和评分依据、权重系数请参考 GBZ 230 的“表 1 职业性接触毒物危害程度分级和评分依据”，分级原则如下。

①《职业性接触毒物危害程度分级》是以毒物的急性毒性(急性吸入 LC_{50} 和急性经皮 LD_{50})、扩散性、蓄积性、致癌性、生殖毒性、致敏性、刺激与腐蚀性、实际危害后果与预后等 9 项指标为基础的定级标准。实际危害后果与预后主要包括急性中毒发病状况、慢性中毒患病状况、慢性中毒后果。

职业性接触毒物危害程度分级和评分依据

② 分级原则是根据急性毒性、影响毒性作用的因素、毒性效应、实际危害后果等 4 大类 9 项分级指标进行综合分析、计算毒物危害指数。每项指标均按照危害程度分 5 个等级并赋予相应分值(轻微危害：0 分；轻度危害：1 分；中度危害：2 分；高度危害：3 分；极度危

害：4 分)；同时根据各项指标对职业危害影响作用的大小赋予相应的权重系数。依据各项指标加权分值的总和，即毒物危害指数确定职业性接触毒物危害程度的级别。急性毒性指标包括急性毒性(急性吸入 LC_{50} 和急性经皮 LD_{50})；毒性效应指标包括刺激与腐蚀性、致敏性、生殖毒性、致癌性；影响毒物作用的因素指标包括扩散性和蓄积性。

③ 我国的产业政策明令禁止的物质或限制使用(含贸易限制)的物质，依据产业政策，结合毒物危害指数划分危害程度。将我国政府已列入禁止使用名单的物质直接列为极度危害。列入限制使用(含贸易限制)名单的物质，毒物危害指数低于高度危害分级的，直接列为高度危害；毒物危害指数在极度或高度范围内的，依据毒物危害指数确定。

职业性接触毒物危害指数的计算示例请参考表 6-7。56 种常见接触毒物的按照 GBZ 230—2010 的危害程度分级，结果见表 6-8，需要说明的是 GBZ 230—2010 是代替《职业性接触毒物危害程度分级》(GB 5044—85)，GB 5044 是以急性毒性、急性中毒发病状况、慢性中毒患病状况、慢性中毒后果、致癌性和最高容许浓度等六项指标为基础的定级标准。GB 5044 中我国接触的 56 种常见毒物的危害程度的分级结果按照 GBZ 230—2010 分级时，会有部分物质的危害程度发生变化。

表 6-7 职业性接触丙酮危害指数计算举例

积分指标		文献资料数据	危害分值(*F*)	权重系数(*k*)
急性吸入 LC_{50}	气体/(cm^3/m^3)	50，100(8h 大鼠吸入)	0	5
	蒸气/(mg/m^3)			
	粉尘和烟雾/(mg/m^3)			
急性经口 LD_{50}/(mg/kg)		5800(大鼠)	0	
急性经皮 LD_{50}/(mg/kg)		>15700(兔)	0	1
刺激与腐蚀性		强刺激性	3	2
致敏性		无致敏性	0	2
生殖毒性		生殖毒性资料不足	1	3
致癌性		非分类致癌物	0	4
实际危害后果与预后		可引起不逆损害	3	5
扩散性(常温或工业使用时状态)		无色易挥发液体	2	3
蓄积性(或生物半减区)		生物半减期 19~31h	1	1
毒物危害指数		$THI = \sum_{i=1}^{n}(k_i \cdot F_i) = 31$		
职业危害程度分级		轻度危害(Ⅳ级)		

注：无急性吸入毒性数据的物质，参照急性经口毒物分级。

表 6-8　职业性接触毒物危害程度分级

危害程度级别	THI 值	常见的职业性接触毒物举例
极度危害	≥65	汞及其化合物、苯、砷及其无机化合物、氯乙烯、铬酸盐、重铬酸盐、铍及其化合物、羰基镍、八氟异丁烯、氯甲醚、氰化物、丙烯腈、硫酸二甲酯、甲苯二异氰酸酯
高度危害	65~50	铅及其化合物、二硫化碳、氯、硫化氢、甲醛、苯胺、氟化氢、五氯酚及其钠盐、铬及其化合物、钒及其化合物、溴甲烷、金属镍、砷化氢、敌敌畏、光气、氯丁二烯、一氧化碳、氯化氢及盐酸、三氯乙烯、苯酚、硝酸、氮氧化物、对硫磷、黄磷等
中度危害	50~35	苯乙烯、硫酸、甲苯、二甲苯、二甲基甲酰胺、六氟丙烯、四氟乙烯、氨、锰及其无机化合物、氯丙烯、四氯化碳、硝基苯、敌百虫、三硝基甲苯
轻度危害	<35	溶剂汽油、丙酮、氢氧化钠、甲醇

6.3.3　工业毒物的控制与预防

为了保护职工在生产活动过程中的安全与健康，防止职业中毒事故的发生，必须从工艺和设备的技术改造、通风排毒、毒物净化、个体防护、管理与法制等方面采取综合措施，才能达到理想的要求，保证职工在生产活动过程中的安全与健康。具体规定可参考《使用有毒物品作业场所劳动保护条例》和《工作场所防止职业中毒卫生工程防护措施规范》(GBZ/T 194—2007)。

1. 生产工艺和设备的技术改造

生产工艺和设备的技术改造是防治毒物污染源的根本途径，是防止职业中毒事故发生的最主要方法。生产工艺和设备技术改造主要包括：以无毒低毒代替有毒高毒，生产过程中设备的密闭化、机械化、自动化等。因此，在治理有毒物质污染时，首先应考虑尽可能采用新材料、新工艺、新设备，从技术改造入手，根本改变生产环境、改善劳动条件、保障职工的安全与健康。

应当定期对车间内空气进行毒物浓度的测定与评价，以便检查防止职业毒害技术措施的效果，研究改进措施。在有毒区域的重点部位，宜设置固定式有毒气体检测报警设施，连续测定有毒气体的浓度。具体规定请参考《工作场所有毒气体检测报警装置设置规范》(GBZ/T 223—2009)和《石油化工可燃气体和有毒气体检测报警设计标准》(GB/T 50493—2019)的“5.5 测量范围及报警值设定”的要求，GB/T 50493—2019 重新明确了可燃气体和有毒气体的定义。可燃气体又称易燃气体，是甲类

生产工艺设备的技术改造

气体或甲、乙$_A$类可燃液体气化后形成的可燃气体或可燃蒸气；有毒气体是指劳动者在职业活动中，通过皮肤接触或呼吸可导致死亡或永久性健康伤害的毒性气体或毒性蒸气，常见的有毒气体：一氧化碳、氯乙烯、硫化氢、氯、氰化氢、丙烯腈、二氧化氮、苯、氨、碳酰氯、二氧化硫、甲醛、环氧乙烷、溴等。GB/T 50493—2019 规定的具体内容如下。

（1）测量范围应符合下列规定

① 可燃气体的测量范围应为 0～100%LEL(爆炸下限)。②有毒气体的测量范围应为 0～300%OEL(职业接触限值)。当现有探测器的测量范围不能满足上述要求时，有毒气体的测量可为 0～30%IDLH(直接致害浓度)；环境氧气的测量范围可为 0～25%(体积百分比)。③线型可燃气体测量范围为 0～5LEL·m。

（2）报警设定值应符合下列规定

① 可燃气体的一级报警设定值应小于或等于 25%LEL。②可燃气体的二级报警设定值小于或等于 50%LEL。③有毒气体的一级报警设定值应小于或等于 100%OEL，有毒气体的二级报警设定值应小于或等于 200%OEL。当现有探测器的测量范围不能满足测量要求时，有毒气体的一级报警设定值不得超过 5% IDLH，有毒气体的二级报警设定值不得超过 10%IDLH。④环境氧气的过氧报警设定值宜为 23.5%，环境欠氧报警设定值宜为 19.5%。⑤线型可燃气体测量一级报警设定值应为 1LEL·m；二级报警设定值应为 2LEL·m。

2. 排毒与净化措施

（1）排毒措施

在有毒有害作业场所应用通风排毒技术可以保证作业场所空气的清新，将作业场所空气中有毒有害物质的浓度控制在国家有关标准规定的最高允许浓度范围内，保证职工的健康和生产的正常运行。产生和使用有毒有害物质的企业一般都采用了通风排毒措施，但有些企业的排毒效果不理想，没有达到国家规定标准的要求。根据实际情况的了解和分析，造成通风排毒效果不佳的主要原因：生产工艺布局不合理，没有采用局部通风，气流没有合理组织，通风系统和设备未进行设计和计算，安装质量差，管理不善等。好的通风系统和设备应该具备：排毒效果好、投资低、能耗低、不影响工人操作、管理维护简便。为达到这些要求，在采用通风排毒方法时，应充分考虑以下原则。

① 通风系统的优化设计。设计时，应根据有毒物质的用量、气体的浓度、最小控制风速、作业场所的浓度要求、有毒物质的排放标准、气体的爆炸极限等进行设计计算，建立合理的通风系统，确定所需的风量、风压，并根据风量和风压，选择合适的风机；在通风设备安装时，要保证施工质量，防止系统漏风，保证通风排毒的有效性。对通风系统所有的连接处都应保证密封，整个系统不得产生漏风。

② 选择合理的通风方式和合理气流组织。在选择通风排毒方式时，应首先考虑局部排风方式，其次考虑局部排风与全面通风相结合的方式。根据现场实际情况，选用合适的排风罩，以保证有效地排毒排尘；进入作业场所的新鲜空气应先经作业人员的呼吸带，禁止进入的新鲜空气先经污染源，再经作业人员的呼吸带。进风口与排风口的位置必须保持一定的距离，防止排出的污染物又被吸入作业场所而造成污风循环。

③ 合理调整生产工艺，满足通风排毒的要求。将有毒与无毒、毒性大(或浓度大)与毒性小(或浓度小)的作业尽可能分开。例如，如果涂装作业将配漆、喷漆、烘干等工序共用一个车间或厂房，没有专门的喷漆室，在喷涂作业时，整个车间或厂房内漆雾弥漫，导致各工序互相影响，尽管采取了通风措施，但不能达到预期效果。如果把上述工序分开布置，可另采用局部通风，就可收到很好的效果。

④ 加强通风排毒系统的管理与维护。通风排毒系统的管理不善、维护不当，也是造成生产场所环境恶劣的重要原因之一。对通风排毒系统应有专人管理，对设备应进行定期维修，对通风系统和车间的气体浓度应定期检测，以充分发挥通风排毒系统和设备的作用。

（2）毒物净化措施

工业生产中，由通风排毒系统排出的有害气体、烟尘等有毒有害物质，必须净化到排放标准后，方可排入大气。毒物净化方法很多，常见的毒物净化方法主要有冷凝法、吸附法、燃烧法和吸收法。各种生产工艺排出的有毒有害气体种类繁多，性质各异。为此，应根据不同有毒有害物质的化学性质和物理性质，以及作业条件等具体情况分别采用不同的净化方法。

3. 卫生防护

（1）个体防护

个体防护在防毒综合措施中起辅助作用，但在特殊场合下却具有重要作用，例如进入高浓度毒物污染的密闭容器操作时，佩戴正压式空气呼吸器就能保护操作人员的安全健康，避免发生急性中毒。应根据工作场所存在毒物的种类、浓度(剂量)情况选择适合的呼吸防护器材，每个接触毒物的工作者都应学会使用，掌握注意事项。常用的有隔离式防毒面具、过滤式防毒面具、防毒口罩和正压式空气呼吸器等。为防止毒物沾染皮肤，接触酸碱等腐蚀性液体及易经皮肤吸收的毒物时，应穿耐腐蚀的工作服，戴橡胶手套、工作帽，穿胶鞋。为了防止眼损伤，可戴防护眼镜。

使用有毒物品作业场所劳动保护条例

（2）个人卫生

保持良好的个人卫生状况，可减少毒物对人体健康影响的机会。有毒物危害的车间应设置盥洗设备、淋浴室及存衣室，配备个人专用更衣箱。接触经皮肤吸收及局部作用危险性大的毒物，要有皮肤和眼冲洗设施。饭前班后应及时冲洗和更换衣服。严禁在有毒有害岗位进食、吸烟。提倡戒烟、少量饮酒。

（3）职业健康体检

职业健康检查，包括上岗前、定期、离岗时和应急健康体检。上岗前体检是指新进厂、调入有毒有害岗位的职工的健康体检，其目的一是发现职业禁忌者，给就业者安排适合的工作；二是作为职业病危害追踪观察的基础资料，以便对职业病的诊断与治疗。上岗前体检不同于招工体检，前者的要求高于后者。在岗期间体检是指按照职工接触不同的毒物，每间隔一定的时期就进行一次的体检，其目的在于早期发现职业损伤和职业病患者，以便诊断治疗和采取预防措施。将职业性体检的资料收集、整理，建立职工健康档案。组织上岗前、在岗期间、离岗时和离岗后医学随访及应急健康体检，其目的是发现疑似职业病或职业病病人，以早期诊断治疗。每一个从事有毒作业的职工，都应积极参加职业性体检，不得借故推辞。

（4）接触控制

接触控制的目的是通过对工作场所职业危害因素的监测，并对其实行定性定量评价，进而控制接触。接触控制的主要手段是监测，它分为区域（车间，岗位）定点监测、个体监测和生物监测三类。个体监测和生物监测是对从事有毒有害作业的个体采样分析，先获得个体接触资料，再通过若干个体资料推算群体接触水平。区域定点监测是以作业环境的作业点（检测点）采样分析，获得环境资料，进而推算在该环境中作业人群或个体的接触水平。车间空气中有毒物质的测定要定时定点，在工人接触量最大、生产工艺或产量改变时，设备大检修或抢修后，正常生产时和不同季节都应采样分析。工人在上班时经常操作、巡检、观察、停留的地点均应设定检测点。采样时采样器一定要放在工人的呼吸带，以保证所采样品的真实性。采样测定后所得的数据应进行统计分析，对其作业环境作出评价，提出治理建议，监测结果应及时报告上级和有关部门，以便对超标岗位采取治理措施。

【事故案例 6-1】2004 年 4 月 15 日晚，重庆天原化工总厂工人在操作中发现，2 号氯冷凝器的列管出现穿孔，有氯气泄漏，厂里随即进行紧急处置。16 日凌晨 2：00 左右，这一冷凝器发生局部的三氯化氮爆炸，氯气随即弥漫。当地政府当即组织对工厂的其他氯罐进行排氯，但在这一过程中，发生了爆炸。厂内 7 个氯气罐均已开始泄漏氯气。现场附近的重庆江北区有 8 万人被疏散，嘉陵江对岸的渝中区及化龙桥片区等地区共有 6.8 万人被疏散。重庆氯气泄漏事件造成 9 人失踪死亡，3 人受伤。

山东洪达化工
“11·13”中毒事故

对本次事故进行了较详细的分析，事故的原因是氯罐及相关设备陈旧；处置时爆炸的原因是工作人员违规操作：按照原来的事故处理方案，是让氯气在自然压力下通过铁管排放，当专家组成员离开现场回指挥部研讨方案时，重庆天原总厂违规操作，让工人用机器从氯罐向外抽氯气，以加快排放速度，结果导致罐内温度升高，引发爆炸。

【事故案例 6-2】2020 年 9 月 14 日，位于甘肃高台工业园区盐池工业园的张掖耀邦化工科技有限公司污水处理厂发生较大硫化氢气体中毒事故，造成 3 人死亡，直接经济损失 450 万元。事故的直接原因：企业污水处理厂当班人员违反操作规程将盐酸快速加入含有大量硫化物的 6 号废水池内进行中和，致使大量硫化氢气体短时间内快速溢出，且当班人员在未穿戴安全防护用品的情况下冒险进入危险场所，吸入高浓度的硫化氢等有毒混合气体，导致人员中毒。

4. 急性中毒的现场抢救原则

① 救护者应做好个人防护；②切断毒物源；③采取有效措施防止毒物继续侵入人体(a. 救离现场、去除污染；b. 消除毒物，防止沾染皮肤和黏膜；c. 毒物进入眼睛时；d. 毒物经口腔引起急性中毒时)。④ 促进生命器官功能恢复：在急救时如遇到危及生命的严重现象，要当机立断，立即作紧急处理，千万不能等待诊断后再处理。特别是中毒者心跳、呼吸停止时，要立即就地抢救，尽快使心肺复苏。

吸入的毒物：应尽快使患者脱离中毒环境，呼吸新鲜空气，解开衣服，必要时给予氧气吸入及进行人工呼吸。由皮肤和黏膜吸收的毒物：除去污染毒物的衣服，一般用清水清洗体表、毛发及甲缝内毒物(不可用热水，因其可使血管扩张，增加毒物吸收)，冲洗必须彻底。皮肤处理的好坏，特别对能从皮肤吸收的毒物是关键，但往往不被重视，因而导致发生严重中毒。由伤口进入的毒物：应在伤口的近心端扎止血带(每隔 15~30min 放松 1min，以免肢体坏死)，局部用冰敷。未被吸收的毒物：可用吸引器或局部引流排毒。眼内溅入毒物时：应立即用清水彻底冲洗，特别对腐蚀性毒物更须反复冲洗，至少不短于 15min。对固体的腐蚀性毒物颗粒：要立即用机械方法取出。对于一切由消化道进入的毒物：除非有禁忌的情况，均应采取催吐、洗胃和导泻的方法以排除毒物。

目前，仅少数毒物可应用特效解毒剂。一般解毒剂可分以下几类。①物理性。如活性炭可吸附毒物；蛋白、牛乳可沉淀重金属等，并对黏膜起保护润滑作用。②化学性。如弱酸能中和强碱；弱碱能中和强酸。二巯基丙醇中的活性巯基，能夺取已与组织中酶系统结合的金属物，使其变成不易分解的配合物，从尿中排出。③生理拮抗性。可以拮抗毒物对机体生理机能的扰乱作用。

在应用解毒剂时必须注意以下几个问题。①抓紧时间、尽早使用。在急性中毒的早期阶段，毒物本身是治疗上需要解决的主要矛盾，因此解毒剂必须尽早使用。②对解毒剂的作用要一分为二对待，解毒剂有其特殊作用的一面，但也有其局限性，因而使其作用受到限制。③合理使用。解毒剂不仅有其局限性，而且往往有一定的副作用及毒性，尤其在用量过大的情况下更易发生，因此在使用时必须做到恰到好处，否则不仅不能“解毒”，反而会使病情变得复杂，甚至带来严重后果。

6.4 生产性粉尘危害与防护

1. 生产性粉尘及性质

粉尘是能够较长时间悬浮于空气中的固体微粒。在生产过程中产生的粉尘称为生产性粉尘。含有游离二氧化硅的粉尘能引起硅沉着病，它是对工人健康危害最严重的一种粉尘。在生产过程中，能遇到各种粉尘，如固体燃料的煤尘、炭黑粉尘、石棉粉尘、尿素粉尘、各种催化剂和助剂粉尘、塑料尘、纤维尘等，这些粉尘都能对人体造成不同程度的危害。

（1）生产性粉尘的来源

生产性粉尘的形成方式有以下几种。①固体物质的机械粉碎，如各种矿石破碎等。②物质的不完全燃烧，如煤粉燃烧不全时产生的煤烟尘等。③物质的研磨、钻孔、碾碎、切削、锯断等过程产生的粉尘。④成品本身呈粉状，如炭黑、有机染料、聚氯乙烯等多种树脂。

（2）生产性粉尘的性质

粉尘的理化性质与其对机体的作用、防尘措施等有着密切的关系。从卫生学的观点看，粉尘的化学成分、颗粒的大小、密度、溶解度、荷电性等对措施的制定都有一定意义。

① 化学成分：它直接影响粉尘对人体的危害程度，特别是粉尘中游离二氧化硅含量的高低更具有实际的卫生意义。可吸入性粉尘的游离二氧化硅含量越高，则引起肺部病变程度越严重，病变的发展速度也越快。

② 分散度：分散度是指物质被粉碎的程度，用来表示粉尘颗粒大小的组成。空气中粉尘颗粒直径较小的微粒占的比例大时，其分散度高；反之，则分散度低。粉尘的分散度愈高则尘粒在空气中的沉降速度愈慢，飘浮时间愈长，被吸入的机会也愈多。分散度与粉尘在呼吸道中的阻留情况有关，直径大的尘粒（10μm左右）在上呼吸道被阻留，可随咳痰、喷嚏而排出体外。直径小的尘粒（5μm以下）可随吸入气流达到呼吸道的深部，其中能够进入肺泡的尘粒多是小于2μm的。因此分散度高的粉尘，尤其是直径小于5μm的尘粒，对人体的危害极大，

因此被称作呼吸性粉尘。因此，粉尘卫生标准中对分别制定有总粉尘和呼吸性粉尘 PC-TWA 的，优先测定呼吸性粉尘的 TWA。总尘即总粉尘，是指进入呼吸道(鼻、咽喉、胸腔气管、细支气管和肺泡)的粉尘，简称总尘。

③ 荷电性：尘粒在粉碎过程中和在流动中因相互摩擦或吸附了空气中的离子而带有电荷。同种粉尘可带正电或带负电。尘粒的荷电性对粉尘在空气中的悬浮性有影响。同性电荷相斥，增加了粉尘的悬浮性，不易沉降；异性电荷相吸，可使尘粒在撞击时凝集而沉降。电除尘器就是利用粉尘的荷电性原理制成的。一般认为，荷电尘粒易被阻留于体内，危害性增加。

④ 密度：粉尘颗粒的密度大小关系到它的沉降速度，密度大的沉降速度则快，在空气中的悬浮性小，容易从空气中清除。

⑤ 吸水性与溶解性：粉尘粒子能够被水湿润的称为亲水性粉尘，不能被水湿润的称为疏水性粉尘，在除尘设计中可以根据其吸水性能而选择湿式或干式除尘设备。当选用湿式除尘设备时，还要考虑有的粉尘在吸水后能形成不溶于水的硬垢，造成设备的堵塞，影响除尘的效果。各种粉尘在水中的溶解度是不一样的。对人体有毒害的尘粒，随着溶解度的增加则对人的危害程度增大。对人体产生机械性刺激的尘粒，其溶解度愈大，则对人体的危害就愈小。

⑥ 爆炸性：某些粉尘在空气中的浓度达到爆炸极限，遇到高温、明火就能发生爆炸。所以要求在有爆炸性粉尘存在的场所，一定要采取通风和防爆措施。

2. 生产性粉尘的危害

在粉尘环境中工作，人的鼻腔只能阻挡吸入粉尘总量的 30%~50%，其余部分就进入了呼吸道内。由于长期吸入粉尘，粉尘的积累引起了机体的病理变化。粉尘微粒直径小于 10μm(尤其 0.5~5μm)的飘尘类，能进入肺部并黏附在肺泡壁上引起尘肺病变。有些粉尘能进入血液中，进一步对人体产生危害。一般引起的危害和疾病有以下几种。

① 尘肺：长期吸入某些较高浓度的生产性粉尘所引起的最常见的职业病是尘肺，尘肺包括矽肺、石棉肺、铁肺、煤尘肺、有机物(纤维、塑料)尘肺以及电焊烟尘引起的电焊工尘肺等。尤其是长期吸入较高浓度的含游离二氧化硅的粉尘，造成肺组织纤维化而引起的矽肺最为严重，可导致肺功能减退，最后因缺氧而死亡。1987 年国务院发布了《中华人民共和国尘肺病防治条例》。

【事故案例 6-3】六安“矽肺村”——西河口村，自 20 世纪 80 年代起，村里的青壮年先后到沿海地区为私人矿主开采金矿，接触高浓度粉尘，且没有任何防护设施。自 1997 年起，这些外出务工人员陆续被发现患有矽肺病。截至 2006 年年底，西河口村发现有“矽肺病”症状的患者有 150 人以上，已经有 10 多人死于矽肺病，这些数据还在慢慢上升。

② 中毒：由于吸入铅、砷、锰、氰化物、化肥、塑料、助剂、沥青等毒性粉尘，在呼吸道溶解被吸收进入血液循环引起中毒。

③ 上呼吸道慢性炎症：某些粉尘如棉尘、毛尘、麻尘等，在吸入呼吸道时附着于鼻腔、气管、支气管的黏膜上，长期刺激作用和继发感染，而引发慢性炎症。

④ 皮肤疾患：粉尘落在皮肤上可堵塞皮脂腺、汗腺而引起皮肤干燥、继发感染，发生粉刺、毛囊炎等。沥青粉尘可引起光感性皮炎。

⑤ 眼疾患：粉尘、金属粉尘等，可引起角膜损伤，沥青粉尘可引起光感性结膜炎。

⑥ 致癌作用：接触放射性矿物粉尘易发生肺癌，石棉尘可引起胸膜间皮瘤，铬酸盐、雄黄矿等可引起肺癌。生产性粉尘除了对劳动者的身体健康造成危害，对生产亦有很多不良影响，如加速机械磨损、降低产品质量、污染环境、影响照明等。最值得注意的是，许多易燃粉尘在一定条件下会发生爆炸。

3. 预防措施

在推行"革、水、风、密、护、管、查、教"的原则下，应采取综合预防措施。具体地说："革"，即工艺改革和技术革新，这是消除粉尘危害的根本途径；"水"，即湿式作业，可防止粉尘飞扬，降低环境粉尘浓度；"风"，加强通风和抽风措施，常在密闭、半密闭发尘源的基础上，采用局部抽出式机械通风，将工作面的含尘空气抽出，并可同时采用局部送入式机械通风，将新鲜空气送入工作面；"密"，即把尘源密闭，对产生粉尘的设备，尽可能密闭，并与排放结合，经除尘处理后再排入大气；"护"，即几个防护，是防尘、降尘措施的补充，特别在技术措施未能达到的地方必不可少；"管"，经常性的维修与管理工作；"查"，定期检查环境空气中粉尘浓度和接触者的定期身体检查；"教"，加强宣传教育。

具体的实施措施如下。

(1) 法律、法规和标准的措施是保障

《职业病防治法》充分体现了对职业病预防为主、防治结合的方针，为控制粉尘危害和防治尘肺病的发生提供了明确的法律依据。此外，粉尘危害严重的行业还制定了本行业的防尘规程，如《耐火材料企业防尘规程》(GB 12434—2008)、《水泥生产粉尘技术规程》(GB/T 16911—2008)、《铅冶炼防尘防毒技术规程》(GB/T 17398—2013)、《铝电解生产防尘防毒技术规程》(GB/T 17397—2012)、《电焊条生产行业防尘防毒技术规程》(GB 30188—2013)。

2019 年修订的《工业场所有害因素职业接触限值　第 1 部分：化学有害因素》(GBZ 2. 1—2019) 规定的粉尘标准为 49 项，主要指标为时间加权平均浓度指标(mg/m^3)，以总尘、呼尘表示。进一步完善了粉尘监测检测方法的要求，对分别制定有总粉尘和呼吸性粉尘 PC-TWA 的，优先测定呼吸性粉尘的 TWA。多数粉尘标准中制定了该粉尘所含游离二氧化硅的含量，在应用中要给予注意。石棉粉尘的危害性是由其粉尘和纤维特性决定的，因此其 PC-TWA 有粉尘和纤维两种表示方法，粉尘是(mg/m^3)，纤维是以每毫升空气中石棉纤维数(f/mL)表示。

粉尘作业请参考《工作场所职业病危害作业分级 第 1 部分：生产性粉尘》(GBZ/T 229. 1—2012)和《高危粉尘作业与高毒作业职业卫生管理条例(征求意见稿)》(安健函〔2013〕90 号)。高危粉尘作业是指用人单位的劳动者在职业活动中从事接触石棉、游离二氧化硅含量在 10%以上粉尘的作业，或者接触其他粉尘且罹患尘肺风险较高的作业。

(2) 采取技术措施控制粉尘

① 改革工艺过程，革新生产设备。改革工艺过程，革新生产设备是消除粉尘危害的主要途径，如使用遥控操纵、计算机控制、隔离室监控等措施避免工人接触粉尘。使用含石英低的原材料代替石英原料，寻找石棉的替代品等。

《高危粉尘作业与高毒作业职业卫生管理条例(征求意见稿)》(安健函〔2013〕90 号)部分条款

② 密闭尘源。对生产点的设备进行密闭，防止粉尘外溢，通常与通风除尘措施配合使用。所有破碎、筛分、清理、混碾、粉状物料的运输、装卸、储存等过程均应尽量密闭。

③ 湿式作业，通风除尘。采用喷雾洒水，通风和负压吸尘等经济而简单实用的方法，能较大地降低作业场地的粉尘浓度。在露天开采和地下矿山中应用较为普遍。热电厂的输煤过程，可以在皮带运输的尾部(有位差大处)加上水幕或喷雾；金属铸件采用水瀑清砂，以减少粉尘飞扬。

④ 抽风除尘。对不能采取湿式作业的场所，可以适用密闭抽风除尘的方法。采用密闭尘源和局部抽风相结合，防止粉尘外溢，抽出的空气经过除尘处理后排入大气。

⑤ 个人防护。因生产条件暂时得不到改善的场所，可以采取个人防护。如炉膛内拆卸耐火砖外逸的粉尘，用通风除尘或湿式作业难以做到，这就要强调戴防尘口罩防尘。

⑥ 粉尘监测。测定粉尘中的游离二氧化硅、粉尘浓度和分散度，特别是对粉尘浓度的日常测定，对制定防尘措施，是十分重要的依据。具体请参考《工作场所空气中粉尘测定》(GBZ/T 192. 1~6—2007)。

⑦ 定期健康检查。发现有严重鼻炎、咽炎、气管炎、哮喘者应脱离粉尘作业。长期吸入粉尘，群体气管炎等可明显增多、肺通气功能下降，要考虑粉尘的影响，应及时改善生产作业环境条件。

⑧ 加强管理。根据《职业病防治法》规定，企业用人单位应当建立、健全职业病防治责任制，包括粉尘沉着病防治责任制。国家实行职业卫生监督制度，加强对存在粉尘作业单位进行卫生监督管理是职业卫生监督工作的重要组成部分。

6.5 职业病危害作业分级评价

职业病危害作业分级评价的目的在于评价工作场所职业病危害作业的卫生状况，区分该作业对接触者危害程度的大小，在综合评估各个有害因素的健康危害程度、劳动者接触水平等基础上实施职业卫生监督管理。《工作场所职业病危害作业分级》(GBZ/T 229)规定了工作场所中生产性粉尘、化学物、高温、噪声4个部分的有害作业分级评价，这是应用于当前职业病危害评价工作中的指导性文件。

职业病危害作业分级评价的标准主要有以下几个，请读者参考《有毒作业场所危害程度分级》(AQ/T 4208—2010，后将标准号调整为 WS/T 765—2010)、《工作场所职业病危害作业分级　第1部分：生产性粉尘》(GBZ/T 229.1—2012)、《工作场所职业病危害作业分级　第2部分：化学物》(GBZ/T 229.2—2012)、《工作场所职业病危害作业分级　第3部分：高温》(GBZ/T 229.3—2012)、《工作场所职业病危害作业分级　第4部分：噪声》(GBZ/T 229.4—2012)。

GBZ/T 229.2—2012 中有毒作业分级按照化学物的危害程度、化学物的职业接触比值和劳动者的体力劳动强度三个要素的权重数。其中化学物的危害程度分轻度危害、中度危害、重度危害和极度危害四级，对应权重数(W_D)为1、2、4、8的等比数列；化学物的职业接触比值(B)为现场测量的工作场所空气中化学物质浓度与标准值之比，以1为分界线，对应权重数(W_B)为0和B，职业接触限值包括时间加权平均容许浓度、短时间接触容许浓度或最高容许浓度三种；劳动者的体力劳动强度分轻、中、重和极重四种，对应权重数(W_L)为1.0、1.5、2.0、2.5的等差数列。根据三个权重的乘积大小，将作业场所危害程度分相对无害作业、轻度危害作业、中度危害作业和重度危害作业四级。根据不同分级进行差别管理。

6.6 个体防护装备

《安全生产法》第四十五条 生产经营单位必须为从业人员提供符合国家标准或者行业标准的劳动防护用品，并监督、教育从业人员按照使用规则佩戴、使用。

《职业病防治法》第二十二条 用人单位必须采用有效的职业病防护设施，并为劳动者提供个人使用的职业病防护用品。

化学灼伤危害及防护

用人单位为劳动者个人提供的职业病防护用品必须符合防治职业病的要求；不符合要求的，不得使用。

个人防护装备，又称“劳动防护用品”，是指从业人员为防御物理、化学、生物等外界因素伤害所穿戴、配备和使用的护品的总称。在《职业病防治法》第三十四条中又称为“个人使用的职业病防护用品”。劳动防护用品分为特种劳动防护用品和一般劳动防护用品。安全帽、安全带及防护绝缘鞋、防护手套、自吸过滤式防毒面具等列入特种劳动防护用品目录的属于特种劳动防护用品，未列入目录的劳动防护用品为一般劳动防护用品。个体防护装备包括呼吸防护器、安全帽、防护服、防护眼镜和面罩、防噪声用具、坠落防护用具、电工绝缘用品及皮肤防护用品等。当工程技术措施还不能消除或完全控制职业性有害因素时，个人防护装备是保障健康的重要防护手段。防护用品的选择要根据现场情况(如毒物、粉尘的性质、浓度、氧气含量)及其防护特性确定。

应根据辨识的作业场所危害因素和危害评估结果，结合个体防护装备的防护部位、防护功能、适用范围和防护装备对作业环境和使用者的适合性，选择合适的个体防护装备。常用个体防护装备的分类、防护功能及适用范围参见《个体防护装备配备规范　第1部分：总则》(GB 39800.1—2020)中的表1。个体防护装备的配备应按照GB 39800.1—2020中的有关规定，并根据行业特点结合《个体防护装备配备规范　第2部分：石油、化工、天然气》(GB 39800.2—2020)、《个体防护装备配备规范　第3部分：冶金、有色》(GB 39800.3—2020)、《个体防护装备配备规范　第4部分：非煤矿山》(GB 39800.4—2020)、《个体防护装备配备规范　第5部分：建材》(GB 39800.5—2020)、《煤矿职业安全卫生个体防护用品配备标准》(AQ 1051)等标准的相关规定进行科学合理配备。GB 39800.1—2020规定了个体防护装备(即劳动防护用品)配备的总体要求，包括配备原则、配备流程、作业场所危害因素的辨识和评估、个体防护装备的选择、追踪溯源、判废和更换、培训和使用等。本书仅简单介绍呼吸防护装备。

呼吸防护用品的作用是防尘、防毒和防窒息，根据结构和作用原理，可分为过滤式呼吸防护器和供气式呼吸防护器两大类。我国80%以上的职业病都是由呼吸危害导致的。呼吸防毒劳动防护用具的选用原则见表6-9。

表6-9　呼吸防毒防护用具选用表

<table>
<tr><th colspan="4">品类</th><th>使用范围</th></tr>
<tr><td rowspan="6">过滤式</td><td rowspan="3">全面罩式</td><td colspan="2">头罩式面具</td><td rowspan="6">毒性气体的体积浓度低，一般不高于1%，具体选择按《呼吸防护 自吸过滤式防毒面具》(GB 2890—2022)进行</td></tr>
<tr><td rowspan="2">面罩式面具</td><td>导管式</td></tr>
<tr><td>直接式</td></tr>
<tr><td rowspan="3">半面罩式</td><td colspan="2">双罐式防毒口罩</td></tr>
<tr><td colspan="2">单罐式防毒口罩</td></tr>
<tr><td colspan="2">简易式防毒口罩</td></tr>
<tr><td rowspan="7">隔离式</td><td rowspan="4">自给式</td><td rowspan="2">供氧(气)式</td><td>氧气呼吸器</td><td rowspan="3">毒性气体浓度高，毒性不明或缺氧的可移动性作业</td></tr>
<tr><td>空气呼吸器</td></tr>
<tr><td rowspan="2">生氧式</td><td>生氧面具</td></tr>
<tr><td>自救器</td><td>上述情况短暂时间事故自救用</td></tr>
<tr><td rowspan="3">隔离式</td><td rowspan="2">送风长管式</td><td>电动式</td><td rowspan="2">毒性气体浓度高，缺氧的固定作业</td></tr>
<tr><td>人工式</td></tr>
<tr><td colspan="2">自吸长管式</td><td>同上，导管限长<10m，管内径>18mm</td></tr>
</table>

1. 过滤式呼吸器

过滤式呼吸器是依靠过滤元件将空气污染物过滤后用于呼吸的呼吸器。分为自吸过滤式呼吸器和动力送风过滤式呼吸器。《呼吸防护 自吸过滤式防颗粒物呼吸器》(GB 2626—2019)将防颗粒物滤料分KN和KP两类。KN类是防非油性的颗粒物，KP类是防非油性和油性的颗粒物。非油性的颗粒物很常见，包括各种粉尘，如煤尘、岩尘、水泥尘、木粉尘等，还包括酸雾、油漆雾、焊接烟等。典型的油性颗粒物，如油烟、油雾、沥青烟、焦炉烟气和柴油机尾气中的颗粒物等。KN类不适合油性颗粒物的防护。

《呼吸防护 自吸过滤式防毒面具》(GB 2890—2022)规定：单独防一类气体的过滤元件是普通类过滤元件，标记为P(普通)；防一种以上气体的多功能过滤元件，标记为D(多功能)。防毒过滤元件有1~3个容量规格，1表示容量最低。在相同浓度下，大容量的过滤元件防毒时间通常更长。对具有同时防毒和颗粒物的综合过滤元件(带滤烟层)，标记为Z(综合)。普通过滤件包括以下几种。A型：用于防护沸点>65℃的有机气体或蒸气，如苯、四氯化碳、硝基苯、环己烷等；B型：用于防护无机气体或蒸气，例如氯化氢、氢氰酸、氯气等；E型：用于防护二氧化硫和其他酸性气体或蒸气；K型：用于防护氨及氨的有机衍生物；CO

型：用于防护一氧化碳气体；H_2S 型：用于防护硫化氢气体；Hg 型：用于防护汞蒸气；AX 型：用于防护沸点不大于 65℃的有机气体或蒸气；SX 型：用于防护某些特殊化合物。

【事故案例 6-4】1996 年，河南某化工厂安排清洗 600m^3 硝基苯大罐，工段长从车间借了 3 个防毒面罩、2 套长导管防毒面具作清洗大罐用，经泵工试用后有 1 个防毒面罩不符合要求(出气阀粘死)，随手放在值班室里。大罐清洗完毕，收拾工具(长导管面具、胶衣等)后，人员下班。大约 17 时，一名工人发现原料车间苯库原料泵房 QB-9 蒸气往复泵 6 号泵上盖石棉垫冲开一道约 4cm 缝，苯从缝隙处往外喷出，工人在慌乱中戴着那个不符合要求的防毒面罩进入泵房，关闭蒸气阀门时，因出气阀老化粘死，工人吸入大量苯蒸气，呼吸不畅，窒息死亡。

2. 供气式呼吸器

供气式呼吸器也称隔绝式呼吸器，将使用者的呼吸道完全与污染物空气隔绝，呼吸空气来自污染环境之外。按其供气方式又分为自带式和外界输入式两类。最通常的是按照《自给开路式压缩空气呼吸器》(GB/T 16556—2007)中分类方法即按照使用场合来分，可分为工业空气呼吸器、消防和应急空气呼吸器。按照面罩的结构不同，可分为半面罩式空气呼吸器和全面罩式空气呼吸器。按照使用时面罩内压力状况来分，可分为负压式空气呼吸器和正压式空气呼吸器。空气呼吸器通常由全视野面罩总成、供气阀总成、减压器总成、背架背带总成、气瓶总成等五大部分组成。GB/T 16556—2007 就空气呼吸器的气密性、面罩性能、报警器性能、流量、呼吸阻力、耐高温性、耐低温性、结构、材料等方面进行了严格的技术规定。消防和应急空气呼吸器可以分别参考《正压式消防空气呼吸器》(XF 124—2013)、《长管空气呼吸器》(XF 1261—2015)和《呼吸防护 自给开路式压缩空气逃生呼吸器》(GB 38451—2019)。

立即威胁生命和健康(Immediately Dangerous to Life and Health，IDLH)浓度是选择呼吸防护用品过程中确定有害环境危害程度的重要判据。《呼吸防护用品的选择、使用与维护》(GB/T 18664—2002)附录中有 317 种物质的 IDLH 浓度，呼吸防护用品的选择可以直接参考 GB/T 18664—2002 附录 D 的例子。空气呼吸器的保管、清洗、维修、定期检查和检测可以参考《工业空气呼吸器安全使用维护管理规范》(AQ/T 6110—2012)。长管呼吸器是指使佩戴者的呼吸器官与周围空气隔绝，并通过长管得到可供呼吸空气的防护用品。长管呼吸器按供气方式分为自吸式长管呼吸器、连续供气式长管呼吸器和按需供气式长管呼吸器。2023 年 12 月，应急管理部公布了《呼吸防护 长管呼吸器》(代替 GB 6220—2009)。

曾经多次发生过因呼吸面罩的呼吸嘴盖罩没有打开而使被保护人员窒息死亡的事故。空气呼吸器不但没有起到保护作用，反而成为杀手。因此可以说空气呼吸器的使用培训是空气呼吸器使用过程中最关键的环节，使用者进行培训合格后，方可佩戴空气呼吸器，企业安全管理人员在此投入再大的精力都不为过。

【事故案例 6-5】2005 年 9 月 2 日，在北京市朝阳区某施工现场发生了一起作业人员佩戴过滤式防毒面具进行井下作业时发生意外，导致作业人员死亡的事故。而实际上，在井下这类相对封闭的空间作业应选择隔绝式防毒面具。作业时，一般选择长导管面具，它是通过一根长导管使作业者呼吸井外清洁空气保证作业安全。

6.7 工作场所职业病危害警示标识

GBZ 158—2013

苯示例

《职业病防治法》第二十四条规定：

第二十四条 产生职业病危害的用人单位，应当在醒目位置设置公告栏，公布有关职业病防治的规章制度、操作规程、职业病危害事故应急救援措施和工作场所职业病危害因素检测结果。

对产生严重职业病危害的作业岗位，应当在其醒目位置，设置警示标识和中文警示说明。警示说明应当载明产生职业病危害的种类、后果、预防以及应急救治措施等内容。

《工作场所职业卫生管理规定》第十五条规定：

第十五条 产生职业病危害的用人单位，应当在醒目位置设置公告栏，公布有关职业病防治的规章制度、操作规程、职业病危害事故应急救援措施和工作场所职业病危害因素检测结果。

存在或者产生职业病危害的工作场所、作业岗位、设备、设施，应当按照《工作场所职业病危害警示标识》(GBZ 158)的规定，在醒目位置设置图形、警示线、警示语句等警示标识和中文警示说明。警示说明应当载明产生职业病危害的种类、后果、预防和应急处置措施等内容。

存在或者产生高毒物品的作业岗位，应当按照《高毒物品作业岗位职业病危害告知规范》(GBZ/T 203)的规定，在醒目位置设置高毒物品告知卡，告知卡应当载明高毒物品的名称、理化特性、健康危害、防护措施及应急处理等告知内容与警示标识。

《工作场所职业病危害警示标识》(GBZ 158—2013)规定了在工作场所设置的可以使劳动者对职业病危害产生警觉，并采取相应防护措施的图形标识、警示线、警示语句和文字，适用于可产生职业病危害的工作场所、设备及产品，根据工作场所实际情况，组合使用各类警示标识。标准规定了图形标识、警示线、警示语句、有毒物品作业岗位职业病危害告知卡、使用有毒物品作业警示标识的设置、其他职业病危害工作场所警示标识的设置、设备警示标识的设置、产品包装警示标识的设置、储存场所警示标识的设置和职业病危害事故现场警示线的设置。在四个规范性附录中规定了警示图形标准规格及设置、图形标识的分类及使用范围、基本警示语句、有毒物品作业岗位职业病危害告知卡。

6.8 职业病危害现状评价和综合风险评估

职业病危害现状评价的主要内容是对作业人员职业病危害接触情况、职业病危害预防控制的工程控制情况、职业卫生管理等方面进行评价，在掌握生产经营单位职业病危害预防控制现状的基础上，找出职业病危害预防控制工作的薄弱环节或者存在的问题，并给生产经营单位提出予以改进的具体措施或建议。职业病危害现状评价的具体规定请参考以下标准：《职业卫生技术服务工作规范》(GBZ 331—2024)、《职业病危害评价通则》(GBZ/T 277—2016)、《用人单位职业病危害现状评价技术导则》(WS/T 751—2015)。

《工作场所职业卫生管理规定》(卫生健康委员会令第 5 号)第二十条规定，职业病危害严重的用人单位，应当委托具有相应资质的职业卫生技术服务机构，每年至少进行一次职业病危害因素检测，每三年至少进行一次职业病危害现状评价。职业病危害一般的用人单位，应当委托具有相应资质的职业卫生技术服务机构，每三年至少进行一次职业病危害因素检测。检测、评价结果应当存入本单位职业卫生档案，并向卫生健康主管部门报告和劳动者公布。

职业病危害严重的用人单位，是指建设项目职业病危害风险分类管理目录中所列职业病危害严重行业的用人单位。《建设项目职业病危害风险分类管理目录》(2021 版)将建设项目职业病危害风险等级“较重”删除，简化为“严重”和“一般”两类。

《关于开展职业卫生分类监督执法试点工作的通知》(国疾控综监督二函〔2022〕50 号)规定用人单位开展职业病危害综合风险评估。

① 用人单位可自行或委托职业卫生技术服务机构完成职业病危害综合风险评估。主要包括三项内容：一是开展职业病危害风险分级。根据劳动者接触职业病危害因素性质、接触水平、接触人数等指标判定职业病危害风险等级，分为Ⅰ级、Ⅱ级、Ⅲ级。Ⅰ级风险最低，Ⅲ级风险最高。具体方法见国疾控综监督二函〔2022〕50 号的附件 1。二是开展职业卫生管理状况分级。通过用人单位职业卫生管理自查确定职业卫生管理状况等级，分为 A 级(90 ~100 分)、B 级(70 ~89 分)、C 级(70 分以下)。具体方法见国疾控综监督二函〔2022〕50 号的附件 2。三是职业病危害综合风险评估。用人单位根据职业病危害风险和职业卫生管理状况分级结果综合评估，得出职业病危害综合风险类别，分为甲类、乙类、丙类，其

中甲类风险最低，丙类最高。具体方法见国疾控综监督二函〔2022〕50 号的附件 3。

② 用人单位根据职业病危害综合风险评估情况，完成《用人单位职业病危害综合风险评估报告》(以下简称《评估报告》(见国疾控综监督二函〔2022〕50 号)的附件 4，报送属地监督执法行政部门或监督机构存档备查。

用人单位职业病危害综合风险评估每三年开展一次。期间职业病危害因素性质、接触水平和接触人数以及职业卫生管理状况等发生重大变化，用人单位应重新进行职业病危害综合风险评估，并报送《评估报告》。新建的用人单位应在正式投产 2 个月内完成职业病危害综合风险评估，并报送《评估报告》。

习　　题

1. 职业危害因素分为哪几类？什么是职业病？我国规定的职业病有哪几大类？预防职业病的“三级预防”的含义是什么？

2. 阅读《职业病防治法》《工作场所职业卫生管理规定》《使用有毒物品作业场所劳动保护条例》《用人单位职业健康监护监督管理办法》和《职业病危害项目申报办法》。

3. 什么是毒物和工业毒物？毒物侵入人体的途径有哪些？我国现行的职业接触限值有哪几类？简述防尘防毒的对策措施。

参 考 文 献

[1] 陈群．化工生产安全技术[M].2 版．北京：中国石化出版社，2018.
[2] 蔡凤英，谈宗山，孟赫．化工安全工程[M].2 版．北京：科学出版社，2009.
[3] 温路新，李大成，刘敏，等．化工安全与环保.2 版．北京：科学出版社，2020.
[4] Crowl D A，Louvar J F. 化工过程安全基本原理与应用[M].4 版．赵东风，孟奕飞，刘义，酒江坡，译．青岛：中国石油大学出版社，2021.
[5] 卫宏远，郝琳，白文帅．化工安全[M]. 北京：高等教育出版社，2020.
[6] 李涛．工作场所化学品安全使用[M]. 北京：化学工业出版社，2022.
[7] 陈沅江，刘影，田森．职业卫生与防护[M].2 版．北京：机械工业出版社，2019.
[8] 徐龙君，张巨伟．化工安全工程[M]. 徐州：中国矿业大学出版社，2011.
[9] 樊晶光，王海椒，李晗．我国职业中毒现状及防治建议[J]. 伤害医学，2017，6(2)：1-4.
[10] 孙国翔，周川，杨小兵，等.1993—2016 年我国职业中毒现状分析及防治对策[J]. 中国安全生产科学技术，2018，14(10)：187-192.
[11] 徐海娟，李来玉，黄汉林，等.《职业性接触毒物危害程度分级》解读[J]. 中国卫生标准管理，2010，1(4)：59-63.
[12] 中国安全生产科学研究院．安全生产管理(2022 版)[M]. 北京：应急管理出版社，2022.

第7章 化工安全设计

化工安全设计是化工设计的一个重要组成部分，它包括企业厂址选择与总平面布局、化工过程安全设计、安全装置及控制系统安全设计、化工公用工程安全设计等方面内容。设计不当可能给企业安全生产造成难以弥补的先天性缺陷，从化工项目建设阶段就开始谋划保障化工企业的安全性，是最可靠也是最节约的。

安全设计应事前充分审查与各个化工设计阶段相关的安全性，制定必要的安全措施。另外，通常在设计阶段，各技术专业也要同时进行研究，对安全设计一定要进行特别慎重的审查，完全消除考虑不周和缺陷的问题，例如，对于设备，在进入制造阶段以后就难以发现问题，即使万一发现问题，也很难采取完备的改善措施。考虑到大多数高校学习“化工安全与环保”课程时，已经学习或正在学习“化工设计”课程，对与“化工设计”课程相关的内容，例如厂址选择原则等做了精简处理。

7.1 化工安全设计管理

7.1.1 化工安全设计相关制度

《建设项目安全设施“三同时”监督管理暂行办法》(国家安全生产监督管理总局2010年第36号令)第三条规定：建设项目安全设施，是指生产经营单位在生产经营活动中用于预防生产安全事故的设备、设施、装置、构(建)筑物和其他技术措施的总称。第四条规定：生产经营单位是建设项目安全设施建设的责任主体。建设项目安全设施必须与主体工程同时设计、同时施工、同时投入生产和使用(以下简称“三同时”)。安全设施投资应当纳入建设项目概算。《危险化学品建设项目安全监督管理办法》第二条规定：中华人民共和国境内新建、改建、扩建危险化学品生产、储存的建设项目以及伴有危险化学品产生的化工建设项目(包括危险化学品长输管道建设项目，以下统称建设项目)，其安全管理及其监督管理，适用本办法。

《化工建设项目安全设计管理导则》(AQ/T 3033—2022)是我国工程建设项目安全设计管理领域较早发布的标准之一，是指导化工工程项目安全设计的重要标准，也是相关生产企业、政府部门审查安全设计的重要依据。强化基于风险的本质安全设计要求，力求从设计源头上预防和降低化工建设项目的安全风险。分别说明前期设计、基础工程设计、详细工程设计、施工安装、投料试车和项目建成6个工程阶段的安全设计管理重点，并将近年来国家的相关标准和规定整合到各个工程阶段中，增加安全设计过程管理的可操作性。如，根据国家相关部门意见的要求，补充精细化工项目在前期设计阶段应开展反应风险评估，项目选址应符合外部安全防护距离标准要求等。《石油化工设计安全检查标准》(SH/T 3206—2019)规定了石油化工工程设计文件的安全检查，以及设计人员在工程设计阶段对设计内容进行安全自查的要求。适用于新建、改建或扩建的石油炼制、石油化工和以煤为原料制取燃料及化工品的工程项目。《危险化学品生产建设项目安全风险防控指南(试行)》(应急〔2022〕52号)强化源头准入和本质安全设计，明确危险化学品生产建设项目决策咨询服务、安全审查、安全设施建设、试生产、安全设施竣工验收等环节的安全风险和管控措施，提高危险化学品生产建设项目安全风险防控水平，防止无序违规发展，实现危险化学品生产建设项目“优生”。规定了安全设施设计及专篇编制、“两重点一重大”建设项目防控措施、工艺及设备设计、总平面布置、自动化控制及安全仪表系统、可燃和有毒气体检测报警、危险与可操作性分析与安全完整性定级评估、爆炸危险区域划分及防雷防静电、建(构)筑物设计、消防及应急救援设施、火炬和安全泄放系统、公用工程与辅助设施、定岗定员要求等13个方面的安全风险防控设计要点。

7.1.2 本质安全设计和分层保护思想

1. 本质安全设计简介

危险化学品生产、储存的装置和设施建设工程，如果安全设计不到位，就等于工厂建成后存在本质安全问题。因此应强化基于风险的本质安全设计，力求从设计源头预防和降低化工建设项目的安全风险。

本质安全是指通过设计等手段使生产设备或生产系统本身具有安全性，即使误操作或发生故障的情况下也不会造成事故。一般包括两方面的内容：①失误-安全功能。指操作者即使操作失误，也不会发生事故或伤害，或者说设备、设施和技术工艺本身具有自动防止人的不安全行为的功能。②故障-安全功能。指设备、设施或生产工艺发生故障或损坏时，还能暂时维持正常工作或自动转变为安全状态。上述两种安全功能应该是设备、设施和技术工艺本身固有的，即在它们的规划设计阶段就被纳入其中，而不是事后补偿的。本质安全是生产中“预防为主”的根本体现，也是安全生产的最高境界。由于技术、资金和人们对事故的认识等，目前还很难做到本质安全，只能作为追求的目标。

本质安全化设计通过利用材料或工艺来消除或减少风险。本质安全化寻求从根源上消除危险，而不是接受并试图减轻影响。其基本思路是从根本上消除形成事故的条件，常采用四类优化，即最小化(强化)、代替(替代)、缓和(减弱和限制影响)和简化(简化和容错)，见表 7-1。

表 7-1　本质安全化技术

类型	典型技术
最小化(强化)	将较大的间歇反应器改为较小的连续反应器
	减少原料的储存量
	改进控制以减少危险的中间化学品的用量
	减少过程持续时间
代替(替代)	使用机械泵密封代替衬垫
	使用焊接管代替法兰连接
	使用低毒溶剂
	使用机械压力表代替水银压力计
	使用高沸点、高闪点以及其他低危险性的化学品
	使用水代替热油作为热量转移载体
缓和(减弱和限制影响)	用真空方式来降低沸点
	降低过程温度和压力
	降低储罐温度
	将危险性物质溶解于安全的溶剂中
	在反应器不可能失控的条件下进行操作
	将控制室设置在远离操作区
	隔离泵房与其他房间
	隔离噪杂的管线和设备
	为控制室和储罐设置防护屏障
简化(简化和容错)	保持管道系统整洁，以便于从视觉上查看
	设计易于理解的控制面板
	设计容易且能安全维护的设备
	挑选需要较少维护的设备
	挑选故障率低的设备
	增设能抵御火灾和爆炸的防护屏障
	将系统和控制划分为易于理解和熟悉的单元
	给管道涂上标记以方便巡检
	为容器和控制器贴上标记以容易理解

化工本质安全可以分为3个层次，是一种洋葱结构，其核心层为工艺本质安全，中间层为设备仪表本质安全，最外层为安全防护措施及管理措施，如图7-1所示。工艺本质安全主要是根据物料基本的物理和化学特征，即化学品的数量、性质和工艺路线等，预防设备损坏、人员伤害和环境破坏，而不是单纯依靠控制系统、连锁系统、报警和操作程序来阻止事故的发生。从长期来看，本质安全的工艺是最安全和最经济有效的。

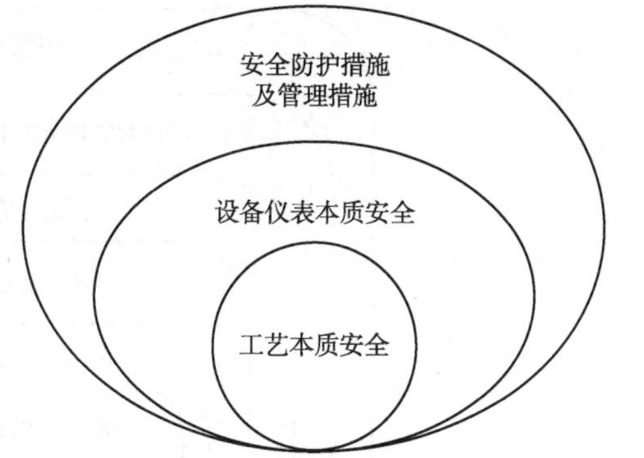

图7-1　化工本质安全层次结构图

设备仪表本质安全就是设备仪表由于自身设计的特点带来的安全，即使由于操作者出现失误或不安全行为，也能保证操作者、设备或系统的安全而不发生事故。本质安全的设备仪表主要分为两类：失误安全型和故障安全型。

安全防护措施及管理措施就是在选定了原料、技术路线和产品方案后，在设计和运行阶段，通过增加安全防护措施和实施有力的安全生产管理方案，增加装置运行的安全性和可靠性。安全防护措施和实施有力的安全生产管理方案，增加装置运行的安全性和可靠性。安全防护措施及管理措施主要包括地理位置选择、工厂总平面布置、防火防爆设施、安全环保消防措施、应急救援措施和安全管理制度建设等内容。

2. *分层保护思想论*

如图7-2所示，化工过程安全需要通过多层次保护来实现。第一层次保护就是过程设计阶段，即本质安全化设计，本质安全化主要针对的层次为设计阶段。采用本质安全化设计的过程对操作失误和不正常情况往往具有更好的容错能力。分层保护是化工安全工作中非常重要的指导思想。化工生产中，多一个保护层就少一分风险。以上几个保护层由内向外，相互独立，在安全生产中各自发挥独特的作用。

① 工艺过程设计。这一层次是风险控制系统的基础，主要是指化工工艺过程力求达到本质安全。化工工艺设计中，要尽可能消除生产过程中的各种不安全、不卫生因素，改善劳动条件，预防安全事故，保证安全生产。②工艺过程控制。这一层次的关注点是将工艺条件及设备运行参数控制在设定值，使化工生产持续稳定地进行，主要技术措施是采用可靠的过程控制系统。③危险源控制。这一层次的关注点是降低危险事故发生的概率。对于化工生产，这一层次包括危险化学品的空间控制（密封技术与腐蚀控制技术等）、浓度控制（通风、置换、除尘

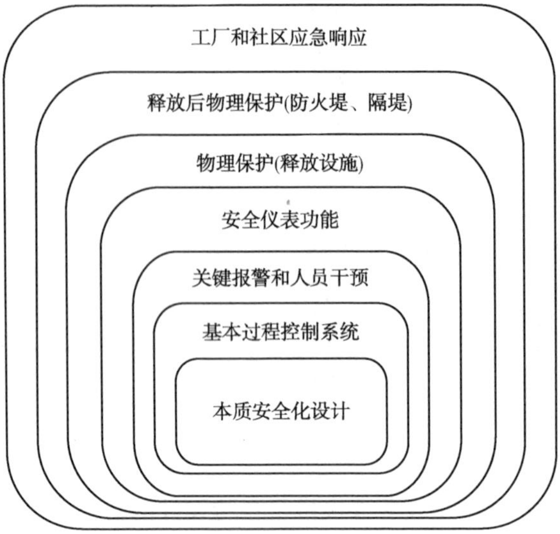

图 7-2　典型化工工程保护层

技术等）及紧急控制（安全仪表系统、爆炸泄压技术等）。④抑制减轻措施。这一层次是指减轻安全事故损失的各种安全设施和保护措施。⑤全厂紧急响应。指企业主导的安全事故应急救援预案的制定与实施。⑥社会紧急响应。指企业所在地政府主导的生产安全事故社会应急救援。

7.2　安全距离和总平面布置

7.2.1　安全距离

化工厂厂址的选择还应从国民经济建设计划和城市布局的角度考虑。避免重复建厂，造成以后销售困难和运输费用昂贵的缺陷；选在工业区建厂则可以利于城市的总体发展，便于利用工业区在公用工程供应方面的优越条件，合理配置给水、排水，以及供电、运输系统及其他公用设施；考虑城市和企业未来发展的空间。在安全生产中常使用安全距离这一概念。为了防止火灾蔓延及二次事故的发生，工艺装置区和储运设施区内的各种设施之间（包括建筑、工艺和储运设施等）必须保持安全距离。该距离又称为防火间距。化工行业主要的防火设计标准：《建筑设计防火规范（2018 年版）》（GB 50016—2014）、《石油化工企业设计防火标准（2018 年版）》（GB 50160—2008）、《精细化工企业工程设计防火标准》（GB 51283—2020）、《煤化工工程设计防火标准》（GB 51428—2021）和《钢铁冶金企业设计防火标准》（GB 50414—2018），需要注意 2023 年 6 月 1 日实施的《建筑防火通用规范》（GB 55037—2022）废止了部分防火标准的强制性条文。

1.《石油化工企业防火设计规范》

根据《石油化工企业防火设计规范(2018 年版)》(GB 50160—2008)规定，石油化工企业与相邻工厂或设施的防火间距不小于表 7-2 的规定。

表 7-2　石油化工企业与相邻工厂或设施的防火间距

相邻工厂或设施		防火间距/m				
		液化烃罐组(罐外壁)	甲、乙类液体罐组(罐外壁)	可能携带可燃液体的高架火炬(火炬筒中心)	甲、乙类工艺装置或设施(最外侧设备外缘或建筑物的最外侧轴线)	全厂性或区域性重要设施(最外侧设备外缘或建筑物的最外侧轴线)
居民区、公共福利设施、村庄		300	100	120	100	25
相邻工程(围墙或用地边界线)		120	70	120	50	70
厂外铁路	国家铁路线(中心线)	55	45	80	35	—
	厂外企业铁路线(中心线)	45	35	80	30	—
国家或工业区铁路编组站(铁路中心线或建筑物)		55	45	80	35	25
厂外公路	高速公路、一级公路(路边)	35	30	80	30	—
	其他公路(路边)	25	20	60	20	—
变配电站(围墙)		80	50	120	40	25
架空电力线路(中心线)		1.5 倍塔杆高度且不小于 40m	1.5 倍塔杆高度	80	1.5 倍塔杆高度	—
Ⅰ、Ⅱ国家架空通信线路(中心线)		50	40	80	40	—
通航江、河、海岸边		25	25	80	20	—
地区埋地输油管道	原油及成品油(管道中心)	30	30	60	30	30
	液化烃(管道中心)	60	60	80	60	60

续表

相邻工厂或设施	防火间距/m				
	液化烃罐组（罐外壁）	甲、乙类液体罐组（罐外壁）	可能携带可燃液体的高架火炬（火炬筒中心）	甲、乙类工艺装置或设施（最外侧设备外缘或建筑物的最外侧轴线）	全厂性或区域性重要设施（最外侧设备外缘或建筑物的最外侧轴线）
地区埋地输气管道（管道中心）	30	30	60	30	30
装卸油品码头（码头前沿）	70	60	120	60	60

注：1. 本表中相邻工厂指除石油化工企业和油库以外的工厂；

2. 括号内指防火间距起止点；

3. 当相邻设施为港区陆域、重要物品仓库和堆场、军事设施、机场等，对石油化工企业的安全距离有特殊要求时，应按有关规定执行，液化烃罐组与电压等级 330~1000kV 的架空电力线路的防火间距不应小于 100m，单罐容积≥50000m^3 的甲、乙类液体储罐与居民区、公共福利设施、村庄的防火间距不应小于 120m；

4. 丙类可燃液体罐组的防火距离，可按甲、乙类可燃液体罐组的规定减少 25%；

5. 丙类工艺装置或设施的防火距离，可按甲、乙类工艺装置或设施的规定减少 25%；

6. 地面敷设的地区输油（输气）管道的防火距离，可按地区埋地输油（输气）管道的规定增加 50%；

7. 当相邻工厂围墙内为非火灾危险性设施时，其与全厂性或区域性重要设施防火间距最小可为 25m；

8. 表中"—"表示无防火间距要求或执行相关规范。

2.《危险化学品生产装置和储存设施外部安全防护距离确定方法》

安全距离设计标准有很多，这是最基本的安全防护措施。除此之外，对一些危险性较大的部分，其他计算方法更合理，详细内容请参考相关书籍和《危险化学品生产装置和储存设施外部安全防护距离确定方法》（GB/T 37243—2019），GB/T 37243 针对的是爆炸物、有毒气体或易燃气体。

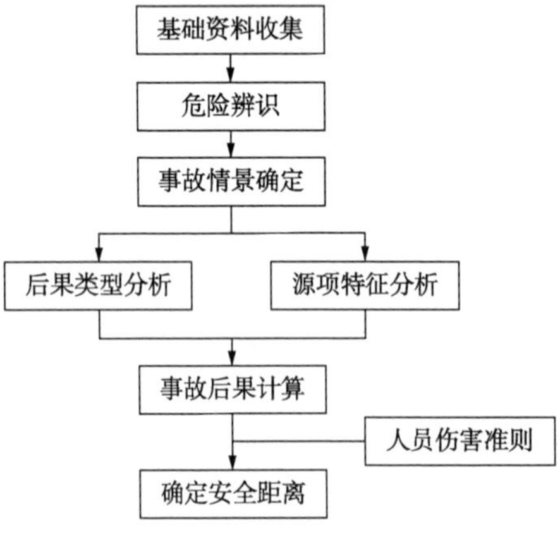

图 7-3　基于事故后果的化工装置外部安全距离计算步骤

（1）基于事故后果的化工装置外部安全距离设计

对于事故潜在危害大、社会影响恶劣的化工装置，通常基于事故后果严重度确定外部安全距离，一般考虑的是重大事故，计算过程如图 7-3 所示。事故后果包括火灾、危险物质泄漏、扩散及各种爆炸如沸腾液体扩散蒸气爆炸和蒸气云爆炸等。蒸气云爆炸产生的破坏作用最强，在爆炸中心能产生大量的热辐射和强烈的爆炸冲击波。《石油化工企业设计防火标准(2018年版)》(GB 50160—2008)中的防火间距主要考虑局部设备火灾事故的影响范围，没有考虑重大火灾、爆炸等事故的影响范围。

(2) 基于定量风险的化工装置外部安全距离设计

对于工艺危险、复杂，危险化学品数量多，事故后果有时严重，但整体事故风险可通过一系列安全措施控制的化工装置，可采用定量风险评价方法，计算此类化工装置的个人风险和社会风险，并根据可接受的风险标准来确定装置的外部距离。该法综合考虑事故后果的严重性和发生可能性。计算步骤如图7-4~图7-6所示。

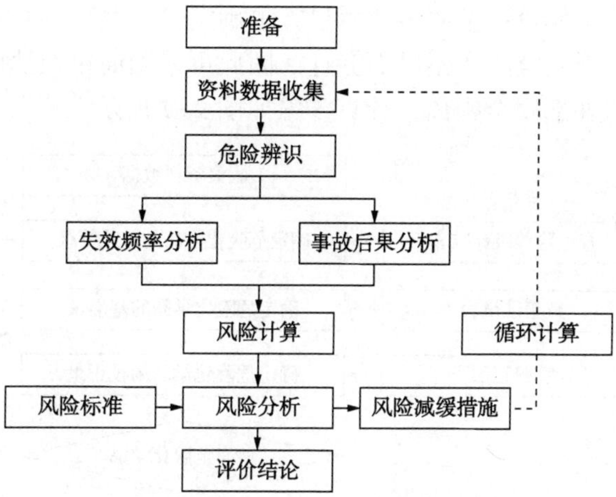

图7-4　基于定量风险评价的化工装置外部安全距离的计算步骤

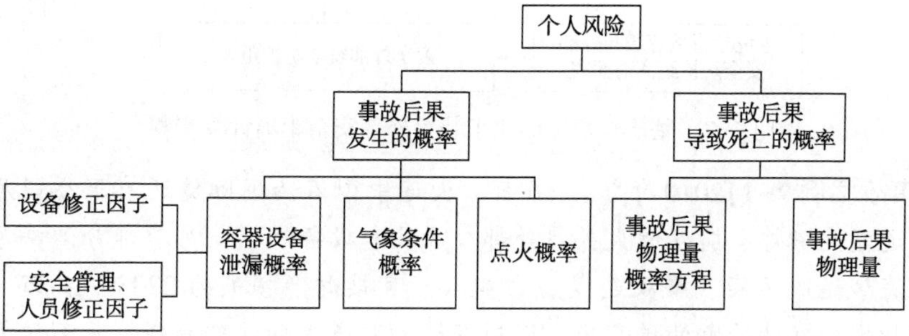

图7-5　个人风险的计算模型

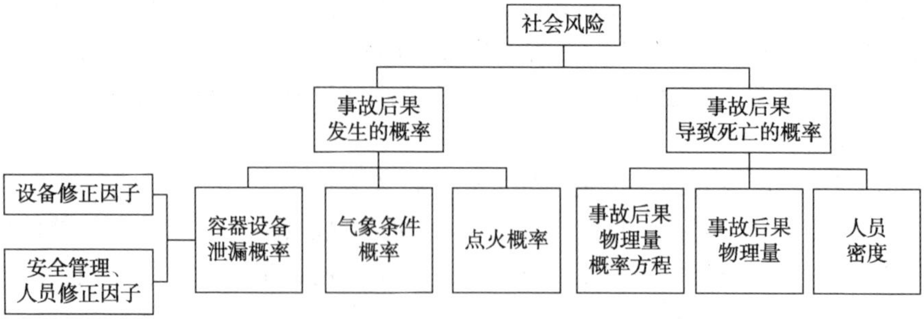

图 7-6　社会风险的计算模型

(3) 基于指数法的化工装置外部安全距离设计

对于规模较小、品种单一、工艺简单的化工企业，基于定量风险评价确定安全距离会增加评估工作量；按照事故后果方法确定安全距离则会造成安全距离过大，导致化工企业因安全距离不足而搬迁。因此可采用简单快捷的危险指数法确定此类化工企业的外部安全距离，计算步骤如图 7-7 所示。

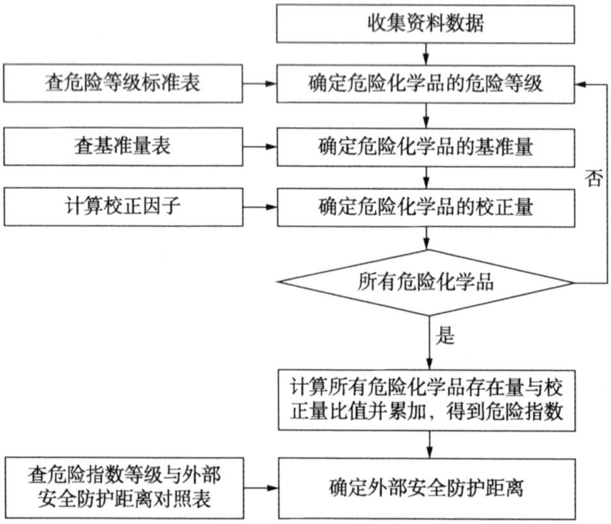

图 7-7　基于指数法的化工装置外部安全距离计算步骤

【事故案例 7-1】2010 年 7 月 16 日，大连中国石油国际储运有限公司原油库输油管道发生爆炸，引发大火并导致部分原油和设备烧损，另有部分泄漏原油流入附近海域造成污染。事故造成伤亡 4 人，直接财产损失为 22330.19 万元。事故直接原因：在油轮卸油过程中，违规在输油管道上加注含有强氧化剂过氧化氢的原油脱硫剂，油轮停止卸油后，负责加脱硫剂的单位未接到停止输油的通知，仍在继续添加脱硫剂，致使管道内局部区域过氧化氢的浓度不断加大，发生强氧化反应，放出大量热而引起爆炸。爆炸之后，由于储油罐布置太密集引发附近油罐着火。配电室和水泵房都被烧毁，只能依靠消防车救火，大火持续了15h才扑灭。在输油过程中加脱硫剂，既未经科学论证和风险辨识，也没有正规设计，甚至没有安全操作规程。这种违规行为是事故的起因。储油罐布置太密集，导致二次火灾事故。配电室和水泵房等公用设施与储油罐之间没有适当的安全距离，事故发生不久就被烧毁，致使无法供电、供水，消防设施失效，储罐电动阀门无法关闭，这些是事故扩大的主要原因。

7.2.2 总平面布置

全厂布局也称总图布置或企业总平面布置，是在选定的厂址上，进行全厂总平面的区域规划即功能分区，通常划分为工艺装置区、储运设施区、公用设施区、辅助设施区、工厂管理区和生活区。一般化工设计中平面布置主要遵守以下标准，《工业企业总平面设计规范》(GB 50187—2012)、《石油化工工厂布置设计规范》(GB 50984—2014)、《工业企业设计卫生标准》(GBZ 1—2100)和《化工企业总图运输设计规范》(GB 50489—2009)。石油化工企业总平面布置的防火间距，设备、建筑物平面布置的防火间距可分别参考《石油化工企业设计防火标准(2018年版)》(GB 50160—2008)中的“表4.2.12”和“表5.2.1”的规定。分期建设项目宜一次整体规划，使各单体建筑均在其功能区内有序合理分布，避免后期建设破坏原功能分区。化工厂具有易燃、易爆、有毒的特点，厂区应充分考虑安全布局、严格遵守防火、卫生等安全规范和标准的有关规定，重点是防止火灾和爆炸的发生。全厂布局时应注意以下几点。

① 总平面布置应符合防火、防爆的基本要求，体现以防为主、以消为辅的方针，并有疏散和灭火的设施。

② 应满足安全、防火、卫生等设计规范、规定和标准的要求，合理布置间距、朝向及方位。

③ 为迅速排放可燃有毒气体，防止其弥漫，厂区的长轴与主导风向最好垂直或≥45°夹角，可利用穿堂风，加速气流扩散。示例如图7-8所示。

GB 50160—2008
的规定

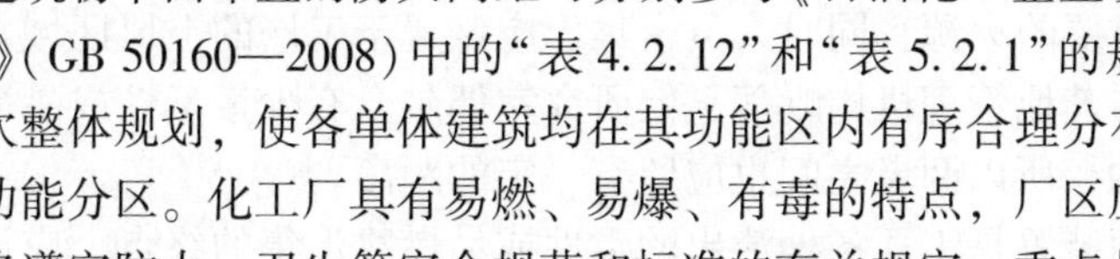

图7-8 有爆炸危险小跨度单层厂房平面配置图

1—生产设备；2—操作场所；3—配电室；4—更衣室；5—车间办公室

④ 工艺装置是一个易燃、易爆、有毒的特殊危险的地区，为了尽量减少其对工厂外部的影响，一般布置在厂区的中央部分。根据工艺流程的流向和运转的

顺序规划机器设备的位置，以不交叉为原则，按照从原料投入到中间制品，再到成品的顺序进行布置规划。

⑤ 工艺装置区宜布置在人员集中场所及明火或散发火花地点的全年最小频率风向的上风侧；在山区或丘陵地区，应避免布置在窝风地带，以防止火灾、爆炸和毒物对人体的危害。

⑥ 要求洁净的工艺装置应布置在大气含尘浓度较低、环境清洁的地段，并应位于散发有害气体、烟、雾、粉尘的污染源全年最小频率风向的下风侧。例如，空气分离装置，应布置在空气清洁地段并位于散发乙炔、其他烃类气体、粉尘等场所的全年最小风频风向的下风侧。

⑦ 原料及成品储存区。配置规划时应注意避免各装置之间的原料、中间产品和成品之间的交叉运输，且应规划成最短的运输路线；储存甲、乙类物品的库房、罐区、液化烃储罐宜归类分区布置在厂区边缘地带；成品、灌装站不得规划在通过生产区、罐区等一类的危险地带；液化烃或可燃液罐组，不应毗邻布置在高于装置、全厂性重要设施或人员集中场所的位置上，并且不宜紧靠排洪沟。

⑧ 辅助生产区。维修车间、化验室和研究室等要远离工艺装置区和储存区。维修车间是重要的火源，同时人员密集，应该置于工厂的上风区域。研究室按照职能情况应与其他管理机构毗邻，但研究室偶尔会有少量毒性或易燃物释放进入其他管理机构，所以两者之间也应留有一定的距离。

废水处理装置是工厂各处流出的毒性或易燃物汇集的终点，应该置于工厂的下风远程区域。高温焚烧炉等的安全问题应结合工厂实际慎重考虑。作为火源，应将其置于工厂的上风区，但是严重的操作失误会使焚烧炉喷射出相当量的易燃物，对此则应将它置于工厂的下风区。一般把焚烧炉置于工厂的侧面风区域，与其他设施隔开一定的距离。

⑨ 公用设施区应该远离工艺装置区、储存区和其他危险区，以便遇到紧急情况时仍能保证水、电、汽等的正常供应；锅炉设备、总配变电所和维修车间等因有成为引火源的危险，所以要设置在处理可燃流体设备的上风向。全厂性污水处理场及高架火炬等设施，宜布置在人员集中场所及明火或散发火花地点的全年最小风频风向的上风侧。

采用架空电力线路进出厂区的总变配电所，应布置在厂区边缘，并位于全年最小风频率的下风向；辅助生产设施的循环冷却水塔(池)不宜布置在变配电所、露天生产装置和铁路冬季主导风向的上风侧和受水雾影响设施全年主导风向的上风侧。

7.3　建筑物的安全设计

建筑物的安全设计首先要熟悉化工生产的原材料和产品性质，根据确定的生产危险等级，考虑厂房建筑结构形式、相应的耐火等级、合理的防火分隔设计和完善的安全疏散设计等内容。

7.3.1 生产及储存的火灾危险性分类

火灾危险性是指火灾发生的可能性与暴露于火灾或燃烧产物中而产生的预期有害程度的综合反应。为了确定生产的火灾危险性类别，以便采取相应的防火、防爆措施，必须对生产过程的火灾危险性加以分析，主要是了解生产中的原料、中间体和成品的物理、化学性质及其火灾爆炸的危险程度，反应中所用物质的数量，采取的反应温度、压力以及使用密闭的还是敞开的设备等条件，综合全面情况来确定生产及储存的火灾危险性类别。其中，生产和储存的火灾危险性分类分为甲、乙、丙、丁、戊级；可燃气体的火灾危险性分类分为甲、乙级；可燃液体的火灾危险性分类分为甲、乙、丙级。《建筑设计防火规范》中生产及储存物品的火灾危险性分类原则见表 7-3 和表 7-4。

表 7-3 生产的火灾危险性分类

火灾危险性类别	使用或产生下列物质生产的火灾危险性特征
甲	(1)闪点小于 28℃的液体； (2)爆炸下限小于 10%的气体； (3)常温下能自行分解或在空气中氧化能导致迅速自燃或爆炸的物质； (4)常温下受到水或空气中水蒸气的作用，能产生可燃气体并引起燃烧或爆炸的物质； (5)遇酸、受热、撞击、摩擦、催化及遇有机物或硫黄等易燃的无机物，极易引起燃烧或爆炸的强氧化剂； (6)受撞击、摩擦或与氧化剂、有机物接触时能引起燃烧或爆炸的物质； (7)在密闭设备内操作温度不小于物质本身自燃点的生产
乙	(1)闪点不小于 28℃，但小于 60℃的液体； (2)爆炸下限不小于 10%的气体； (3)不属于甲类的氧化剂； (4)不属于甲类的易燃固体； (5)助燃气体； (6)能与空气形成爆炸性混合物的浮游状态的粉尘、纤维和闪点不小于 60℃的液体雾滴
丙	(1)闪点不小于 60℃的液体； (2)可燃固体

续表

火灾危险性类别	使用或产生下列物质生产的火灾危险性特征
丁	(1)对不燃烧物质进行加工，并在高温或熔化状态下经常产生强辐射热、火花或火焰的生产； (2)利用气体、液体、固体作为燃料或将气体、液体进行燃烧作其他用的各种生产； (3)常温下使用或加工难燃烧物质的生产
戊	常温下使用或加工不燃烧物质的生产

注：1. 同一座厂房或厂房的任一防火分区内有不同火灾危险性生产时，厂房或防火分区内的生产火灾危险性类别应按火灾危险性较大的部分确定；当生产过程中使用或产生易燃、可燃物的量较少，不足以构成爆炸或火灾危险时，可按实际情况确定。

2. 当符合下述条件之一时，可按火灾危险性较小的部分确定：

①火灾危险性较大的生产部分占本层或本防火分区建筑面积的比例小于5%或丁、戊类厂房内的油漆工段小于10%，且发生火灾事故时不足以蔓延至其他部位或火灾危险性较大的生产部分采取了有效的防火措施。②丁、戊类厂房内的油漆工段，当采用封闭喷漆工艺，封闭喷漆空间内保持负压、油漆工段设置可燃气体探测报警系统或自动抑爆系统，且油漆工段占所在防火分区建筑面积的比例不大于20%。

表 7-4　储存物品的火灾危险性分类

火灾危险性类别	储存物品的火灾危险性特征
甲	(1)闪点小于28℃的液体； (2)爆炸下限小于10%的气体，受到水或空气中水蒸气的作用能产生爆炸下限小于10%气体的固体物质； (3)常温下能自行分解或在空气中氧化能导致迅速自燃或爆炸的物质； (4)常温下受到水或空气中水蒸气的作用，能产生可燃气体并引起燃烧或爆炸的物质； (5)遇酸、受热、撞击、摩擦及遇有机物或硫黄等易燃的无机物，极易引起燃烧或爆炸的强氧化剂； (6)受撞击、摩擦或与氧化剂、有机物接触时能引起燃烧或爆炸的物质
乙	(1)闪点不小于28℃，但小于60℃的液体； (2)爆炸下限不小于10%的气体； (3)不属于甲类的氧化剂； (4)不属于甲类的易燃固体； (5)助燃气体； (6)常温下与空气接触能缓慢氧化，积热不散引起自燃的物品
丙	(1)闪点不小于60℃的液体； (2)可燃固体
丁	难燃烧物品
戊	不燃烧物品

注：1. 同一座仓库或仓库的任一防火分区内储存不同火灾危险性物品时，仓库或防火分区的火灾危险性应按火灾危险性最大的物品确定。

2. 丁、戊类储存物品仓库的火灾危险性，当可燃包装重量大于物品本身重量1/4或可燃包装体积大于物品本身体积的1/2时，应按丙类确定。

根据储存液化烃、易燃和可燃液体的火灾危险性，《石油库设计规范》(GB 50074—2014)将储存物质分甲、乙、丙三类；按油库容量的大小分为6个等级，具体内容请参考GB 50074。

7.3.2 建筑物的耐火等级

建筑物的耐火等级对预防火灾发生、限制火灾蔓延扩大和及时扑救有密切关系。属于甲类危险性的生产设备在易燃的建筑物内一旦发生火灾，就很快被全部烧毁。如果设在耐火等级合适条件的建筑物内，就可以限制灾情的扩展，免于遭受更大的损失。建筑物的构件根据其材料的燃烧性能可分为三类：①非燃烧体；②难燃烧体；③燃烧体。对任一建筑构件按时间-温度标准曲线进行耐火试验，从受到火的作用时起，到失去支持能力，或完整性被破坏，或失去隔火作用时为止的这段时间，称为耐火极限，通常以h表示。

国家《建筑设计防火规范》中，把建筑物的耐火等级分为四级，对建筑物的11个主要构件的耐火性能做出了规定。在制定建筑物耐火等级时是以楼板的耐火极限作为基准来考虑的，因为楼板是承受人和物的建筑构件，其他的构件则根据建筑物遭受火灾时造成的危害程度区别对待。如承重墙柱在火灾时比楼板危险更大，其耐火极限比楼板要求就高些。吊顶、隔墙等级比楼板低一些。一级建筑的楼板耐火极限为1.5h，二级为1h，这样大部分一级、二级建筑物就不致被烤垮。在确定建筑物耐火等级时，必须按照规定使主要构件的耐火极限时间全部能达到要求，不能以某一个构件的耐火极限来提高整个建筑物的耐火等级。要根据具体工程的实际情况选用适当的耐火等级。对于那些火灾危险性特别大的、使用大量可燃物质和贵重器材设备的建筑，在条件允许的情况下，应尽量采用耐火等级较高的建筑物。各级建筑物构件的燃烧性能和耐火极限均不应低于表7-5的规定。

表7-5 不同耐火等级厂房和仓库建筑构件的燃烧性能和耐火极限 h

构件名称		耐火等级			
		一级	二级	三级	四级
墙	防火墙	不燃性3.00	不燃性3.00	不燃性3.00	不燃性3.00
	承重墙	不燃性3.00	不燃性2.50	不燃性2.00	难燃性0.50
	楼梯间和前室的墙、电梯井的墙	不燃性2.00	不燃性2.00	不燃性1.50	难燃性0.50
	疏散走道两侧的隔墙	不燃性1.00	不燃性1.00	不燃性0.50	难燃性0.25
	非承重外墙、房间隔墙	不燃性0.75	不燃性0.50	不燃性0.50	不燃性0.25
柱		不燃性3.00	不燃性2.50	不燃性2.00	难燃性0.50
梁		不燃性2.00	不燃性1.50	不燃性1.00	难燃性0.50

续表

构件名称	耐火等级			
	一级	二级	三级	四级
楼板	不燃性 1.50	不燃性 1.00	不燃性 0.75	难燃性 0.50
屋顶承重构件	不燃性 1.50	不燃性 1.00	难燃性 0.50	可燃性
疏散楼梯	不燃性 1.50	不燃性 1.00	不燃性 0.75	可燃性
吊顶(包括吊顶搁栅)	不燃性 0.25	难燃性 0.25	难燃性 0.15	可燃性

注：二级耐火等级建筑内采用不燃材料的吊顶，其耐火极限不变。

7.3.3 建筑物的防火结构

1. 防火墙、防火壁、防火门和防火堤

防火墙应有 4h 以上的耐火极限，所以防火墙上不应开设门、窗、洞口，必须开设时，应设置固定的或火灾时能自动关闭的甲级防火门、窗。防火壁的作用也是为了防止火灾蔓延。防火墙是建在建筑物内，而防火壁是建在两座建筑物之间，或者建在有可燃物存在的场所，像屏风一样单独屹立。其主要目的是防止火焰直接接触，同时还能够隔阻燃烧的辐射热。防火壁不承重，所以不必具有防火墙那样的强度，只要具有适当的耐火性能即可。

防火门通常安装在防火墙上，按其耐火极限可分为甲级、乙级和丙级防火门，其耐火极限分别不应低于 1.20h、0.90h 和 0.60h。可燃液体储罐特别是罐区应当设置防火堤，其作用是当发生火灾时，防止燃烧着的液体到处流淌，限制火灾范围。防火堤内的有效容积应大于最大的储罐地上部分的容积。防火堤的高度应当比按有效容积计算的高度再高出 1m 左右。详细内容请读者参考《储罐区防火堤设计规范》(GB 50351—2014)。

2. 厂房的耐火等级、层数和占地面积

① 各种生产类别的厂房(建筑物、构筑物)的耐火等级、层数和占地面积应符合表 7-6 的规定。

② 特别贵重的机器、仪表、仪器等应设在一级耐火等级的建筑内。

需要注意的是《建筑防火通用规范》(GB 55037—2022)废止了《建筑设计防火规范(2018 年版)》(GB 50016—2014)的部分强制性条文。

表 7-6 厂房的层数和每个防火分区的最大允许建筑面积

生产的火灾危险性类别	厂房的耐火等级	最多允许层数	每个防火分区最大允许占地面积/m^2			
			单层厂房	多层厂房	高层厂房	地下厂房、半地下厂房、厂房的地下室、半地下室等
甲	一级 二级	宜采用单层	4000 3000	3000 2000	— —	— —

续表

生产的火灾危险性类别	厂房的耐火等级	最多允许层数	每个防火分区最大允许占地面积/m^2			
			单层厂房	多层厂房	高层厂房	地下厂房、半地下厂房、厂房的地下室、半地下室等
乙	一级	不限	5000	4000	2000	—
	二级	6	4000	3000	1500	—
丙	一级	不限	不限	6000	3000	500
	二级	不限	8000	4000	2000	500
	三级	2	3000	2000	—	—
丁	一、二级	不限	不限	不限	4000	1000
	三级	3	4000	2000	—	—
	四级	1	1000	—	—	—
戊	一、二级	不限	不限	不限	6000	1000
	三级	3	5000	3000	—	—
	四级	1	1500	—	—	—

注：1. 防火分区之间应用防火墙分隔。除甲类厂房外的一、二级耐火等级厂房，当其防火分区的建筑面积大于本表规定且设置防火墙确有困难时，可采用防火卷帘或防火分隔水幕分隔。采用防火卷帘时，应符合《建筑设计防火规范》(GB 50016-2014)第 6.5.3 条的规定；采用防火分隔水幕时，应符合《自动喷水灭火系统设计规范》(GB 50084)的规定。

2. 除麻纺厂房外，一级耐火等级的多层纺织厂房和二级耐火等级的单层、多层纺织厂房，其每个防火分区的最大允许建筑面积可按本表的规定增加 0.5 倍，但厂房内的原棉开包、清花车间与厂房内其他部位之间均应采用耐火极限不低于 2.5h 的防火隔墙分隔，需要开设门、窗、洞口时，应设置甲级防火门、窗。

3. 一、二级耐火等级的单层、多层造纸生产联合厂房，其每个防火分区的最大允许建筑面积可按本表的规定增加 1.5 倍。一、二级耐火等级的湿式造纸联合厂房，当纸机烘缸罩内设置自动灭火系统，完成工段设置有效灭火设施保护时，其每个防火分区的最大允许建筑面积可按工艺要求确定。

4. 一、二级耐火等级的谷物筒仓工作塔，当每层工作人数不超过 2 人时，其层数不限。

5. 一、二级耐火等级卷烟生产联合厂房内的原料、备料及成组配方、制丝、储丝和卷接包、辅料周转、成品暂存、二氧化碳膨胀烟丝等生产用房应划分独立的防火分隔单元，当工艺条件许可时，应采用防火墙进行分隔。其中制丝、储丝和卷接包车间可划分为一个防火分区，且每个防火分区的最大允许建筑面积可按工艺要求确定，但制丝、储丝及卷接包车之间应采用耐火极限不低于 2h 的防火隔墙和 1h 的楼板进行分隔。厂房内各水平和竖向防火分隔之间的开口应采取防止火灾蔓延的措施。

6. 厂房内的操作平台、检修平台，当使用人数少于 10 人时，平台的面积可不计入所在防火分区的建筑面积内。

7. “—”表示不允许。

③ 在小型企业中，面积不超过 300m^2独立的甲、乙类厂房，可采用三级耐火等级的单层建筑。

④ 使用或产生丙类液体的厂房和有火花、炽热表面、明火的丁类厂房均应采用一、二级耐火等级的建筑。但上述丙类厂房面积不超过 500m^2，丁类厂房面

积不超过 $1000m^2$，也可采用三级耐火等级的单层建筑。

⑤ 锅炉房应为一、二级耐火等级的建筑，但每小时锅炉的总蒸发量不超过 4t 的燃煤锅炉房可为采用三级耐火等级的建筑。

⑥ 油浸变压器室、高压配电装置室的耐火等级不应低于二级。

⑦ 变电所、配电所不应设在有爆炸危险的甲、乙类厂房内或贴邻建造，但供上述甲、乙类专用的 10kV 及以下的变电所、配电所，当采用无门窗洞口的防火墙隔开时，可一面贴邻建造。乙类厂房的配电所必须在防火墙上开窗时，应设非燃烧体的密封固定窗。

⑧ 多功能的多层或高层厂房内，可设丙、丁、戊类物品库房，但必须采用耐火极限不低于 3h 的非燃烧体墙和 1.5h 的非燃烧体楼板与厂房隔开。

⑨ 甲、乙类生产不应设在建筑物的地下室或半地下室内。

⑩ 厂房内设置甲、乙类物品的中间仓库时，其储量不宜超过一昼夜的需要量。中间仓库应靠外墙布置，并应采用耐火极限不低于 3h 的非燃烧体墙和 1.5h 的非燃烧体楼板与其他部分隔开。

3. 泄压设施

有爆炸危险的甲、乙类厂房，如果不宜采用敞开式或半敞开式的厂房结构，应设置泄压设施。泄压设施宜采用轻质屋面板、轻质墙体和易于泄压的门、窗等（门、窗均应向室外开启），不应采用普通玻璃。作为泄压设施的轻质屋面板和轻质墙体的单位质量不宜超过 $60kg/m^2$。屋顶上的泄压设施应采取防冰雪积聚的措施。散发较空气轻的可燃气体、可燃蒸气的甲类厂房，宜采用轻质屋面板的全部或局部作为泄压面积。

泄压设施应避开人员密集场所和主要交通道路，并宜靠近有爆炸危险的部位。有爆炸危险的甲、乙类生产部位，宜设置在单层厂房靠外墙的泄压设施或多层厂房顶层靠外墙的泄压设施附近。有爆炸危险的设备宜避开厂房的梁、柱等主要承重构件布置。爆炸危险区域应设有两个以上出入口，其中至少有一个通向非爆炸危险区域，其出入口的门应向爆炸危险性较小的区域侧开启。

厂房的容积越大，厂房全部泄压设施的总泄压面积应当越大。有爆炸危险的厂房的总泄压面积与厂房容积的比值称泄压比，单位为 m^2/m^3。不同的可燃气体、可燃蒸气、粉尘或纤维等爆炸物的泄压比不同；同样的爆炸物在不同容积的厂房中的泄压比也不同。《建筑设计防火规范》第 3.4.6 条规定了我国有爆炸危险的甲、乙类厂房的泄压面积计算办法。有爆炸危险的甲、乙类仓库，宜参照执行甲、乙类厂房的规定，采取防爆措施、设置泄压设施。

4. 防爆墙

防爆墙的作用与泄压装置的作用相反，但目的是一致，都是为了当发生爆炸时，减轻爆炸的危害。比如石油化工的控制室和建筑物的抗爆设计要符合《石油化工建筑物抗爆设计标准》(GB 50779—2022)的要求。

7.3.4 安全疏散距离

厂房的安全疏散距离是指厂房内最远工作地点到外部出口或楼梯的最大允许距离。规定安全疏散距离的目的在于缩短人员疏散的距离，使人员尽快安全地疏散到安全地点。厂房内最远工作地点到外部出口或楼梯的距离，不应超过表7-7的规定。

表7-7 厂房内任一点至最近安全出口的直线距离 m

生产的火灾危险性类别	耐火等级	单层厂房	多层厂房	高层厂房	地下或半地下厂房(包括地下室或半地下室)
甲	一、二级	30	25	—	—
乙	一、二级	75	50	30	—
丙	一、二级	80	60	40	30
	三级	60	40	—	—
丁	一、二级	不限	不限	50	45
	三级	60	50	—	—
	四级	50	—	—	—
戊	一、二级	不限	不限	75	60
	三级	100	75	—	—
	四级	60	—	—	—

人员疏散时能安全达到安全出口即可认为到达安全地带。甲类厂房的最大疏散距离定为30m、25m，是以人流的疏散速度为1m/s，或允许疏散时间为30s、25s确定的。而乙、丙类厂房较甲类厂房火灾危险性小，蔓延速度也慢些，故乙类厂房的最大疏散距离参照国外规范75m。实际上火灾时的环境比较复杂，厂房内物品和设备布置以及人员的心理和生理因素对疏散有直接影响，设计人员应根据不同的生产工艺和环境，充分考虑人员的疏散需要来确定疏散距离以及厂房的布置与选型，尽量均匀布置安全出口，缩短人员的疏散距离。

7.4 其他安全设计

7.4.1 雷电的安全设计

1. 防雷

(1) 雷电种类及其危害

雷电的种类主要有直击雷、感应雷和球雷三种。直击雷是雷云与某物体接近时，物体感应产生相反电荷并聚集在突出部位，当雷云与物体之间的电势差较大时，击穿空气层而放电，闪电直接击中该物体。感应雷又称雷电感应，是闪电放电时在附近导体上产生静电感应或电磁感应导致的高电压再放电，又称二次雷击或间接雷击。球雷是雷电放电时形成的发红光、橙光、白光或其他颜色光的火球。球雷是一团处在特殊状态下的带电气体。在雷雨季节，球雷可能从门、窗、烟囱等通道侵入室内。

直击雷和感应雷都能在架空线路或在空中金属管道上产生沿线路或管道的两个方向迅速传播的闪电冲击波(闪电电涌)，又称雷电侵入波。直击雷和感应雷都能在空间产生辐射电磁波。雷电侵入波是直击雷或感应雷，沿着从室外入室的金属管道或者导线(包括电源线、电话线、信号传输线等)传入室内的现象。雷电侵入波沿室内导线传播，使建筑物内电子、电器设备受损，此类案例在雷电事故中比例相当大。入室导线改用地下电缆，是避免雷电侵入波的有效措施。雷电的主要危害有火灾和爆炸、电击、设备与设施毁坏和大规模停电。

【事故案例 7-2】北京时间 2022 年 8 月 6 日上午，古巴马坦萨斯省一储油基地遭雷击后发生火灾，火灾及引发的爆炸已造成至少 1 人死亡、121 人受伤以及 17 名消防员失踪，超过 1300 人紧急撤离。

各级应急管理部门和有关油气企业要认真吸取事故教训，继续深入开展“夏季四防”专项检查，一是对照《油气储存企业安全风险评估细则(试行)》，重点检查油气储罐区设备设施防雷、防静电措施落实情况，确保避雷针、呼吸阀、阻火器、接地线等处于安全可靠状态。二是加强视频监控、火灾报警及油罐一、二次密封油气浓度的检测，确保设备完好、油气浓度不超标。三是充分发挥雷电预警系统作用，建立健全雷电分级响应机制，及时监测雷电预警信息，落实现场人员撤离、消防应急准备等相关措施。四是加强危化品安全生产风险监测预警系统巡查抽查，及时防范化解各类安全风险，确保安全生产形势稳定。

(2) 防雷的基本措施

防雷的保护对象是人体、设备、线路和建筑物等。由于雷电无孔不入，化工企业通常需要一个整体雷电防护体系，雷电防护的主要措施如图 7-9 所示。接地是防雷的主要措施，也是其他各种防雷措施的基础。具体的防雷措施，应按照《石油化工装置防雷设计规范(2022 年版)》(GB 50650—2011)、《石油化工仪表系统防雷设计规范》(SH/T 3164—2021)、《煤化工装置防雷设计规范》(QX/T 310—2015)、《石油与石油设施雷电安全规范》(GB 15599—2009)、《建筑物防雷设计规范》(GB 50057—2010)、《建筑物电子信息系统防雷技术规范》(GB 50343—2012)、《建筑物防雷工程施工与质量验收规范》(GB 50601—2010)、《雷电防护》(GB/T 21714.1～4—2015)、《雷电防护系统部件(LPSC)》(GB/T 33588.1~7—2020)、《雷电防护系统部件(LPSC) 第 8 部分：雷电防护系统隔离部件的要求》(GB/Z 33588.8—2022)、《雷电防护装置设计技术评价规范》(QX/T 106—2018)、《爆炸危险场所雷击风险评价方法》(GB/T 32936—2016)、《爆炸和火灾危险场所防雷装置检测技术规范》(GB/T 32937—2016)、《雷电灾害应急处置规范》(GB/T 34312—2017)、《防雷安全检查规程》(QX/T 400—2017)等有关标准的规定实施。

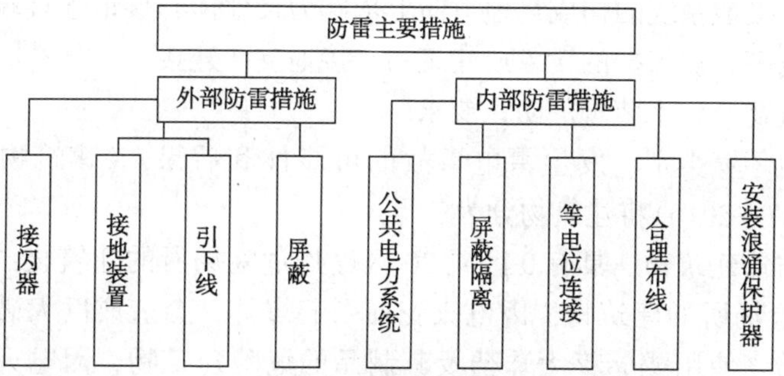

图 7-9　主要防雷措施

直击雷的防护就是户外防雷。防直击雷的避雷装置通常由接闪器、引下线和接地体组成。接地体是埋入土壤中或混凝土基础中引导电流入地的导体。引下线为连接接地体与接闪器的金属导体。建筑物的所有外露金属构件(包括管道)都应与引下线良好连接。接闪器、引下线和接地体通体要有良好的导电性,附近不得有金属管道和电气线路。原因是当避雷装置遭受雷击时,接闪器、引下线和接地体上都有很高的电压,如果附近有导电体,可能对该导电体发生危险的放电,这种现象称为反击。在独立避雷针、架空避雷线(网)的支柱上,严禁悬挂电话线、广播线、电视接收天线及低架空线等。

接闪器由避雷针、避雷线、避雷带、避雷网四种中的一种或多种组成。以避雷针作为接闪器时,由于自身的高度,避雷针可使与之接近的雷云电场发生畸变,开始电离并下行先导放电;避雷针在强电场作用下产生尖端放电,形成向上先导放电;两者会合形成通路,雷电经引下线和接地体泻入大地,使保护对象免受雷击。如果避雷装置的对地电阻不够小,雷电不仅不能顺利入地,保护对象将反受其害,此种案例屡见不鲜。避雷线也称为架空地线,是有良好接地的金属导线,主要用于输电线路的防雷。避雷带、避雷网主要用于高大民用建筑的防雷,包括沿屋脊、屋檐、屋角、檐角等易受雷击部位敷设有良好接地的金属网络,还包括用作接闪的金属屋面和金属构件等。对于钢筋混凝土结构的建筑物,楼顶的接闪器均与建筑物内钢筋连接,一旦遭雷击,雷电流通过这些钢筋泄入建筑物的基础钢筋网而入地。

装卸油台、露天油罐、露天储气罐等应采取防直击雷的措施。露天装设的有爆炸危险的金属储罐和工艺装置,当其壁厚不小于 4mm 时,允许不再装设接闪器，但必须接地；接地点不应少于两处，其间距离不应大于30m，冲击接地电阻不应大于30Ω。如金属储罐和工艺装置击穿后不对周围环境构成危险，则允许其壁厚不小于2.5mm时不再装设接闪器。

防雷的基本思想不是堵截而是疏导。防雷的基本途径是引导雷电流向大地泄放，而不能让其随机选择放电通道。防雷系统需要通过低电阻的接地系统把雷电流泄入大地。接地系统的构成自地下向上依次为接地体、接地连接端头、接地干线、接地支线等。被保护的设备或建筑物与接地支线连接。

(3) 建筑物及化工装置的防雷要求

根据危险环境类别、发生雷电事故的可能性和后果，《建筑物防雷设计规范》(GB 50057—2010)将建筑物分为三类。

第一类防雷建筑物。具有0区或20区爆炸危险场所的建筑物；只有1区或21区爆炸危险场所的建筑物，因电火花而引起爆炸，会造成巨大破坏和人身伤亡者，凡制造、使用或储存大炸药及其制品的危险建筑物，因电火花而引起爆炸，会造成巨大破坏和人身伤亡者。

第二类防雷建筑物。具有1区或21区爆炸危险场所的建筑物，且电火花不易引起爆炸不致造成巨大破坏和人身伤亡者；具有2区或21区爆炸危险场所的建筑物；制造、使用或储存火炸药及其制品的危险建筑物，且电火花不易引起爆炸或不致于造成巨大破坏和人身伤亡者；预计雷击次数大于0.25次/a的住宅、办公楼等一般性民用或工业建筑物。

第三类防雷建筑物，预计雷击次数(按GB 50057提供的方法计算)≥0.01次/a，且≤0.05次/a的人员密集的公共建筑物，以及火灾危险场所，预计雷击次数≥0.05次/a，且≤0.25次/a的住宅、办公楼等一般性民用或工业建筑物，在年平均雷暴日>15d/a的地区，高度在15m及以上的烟囱、水塔等孤立的高耸建筑物；在年平均雷暴日<15d/a的地区，高度在20m及以上的烟囱、水塔等孤立的高耸建筑物。

工业建(构)筑物的防雷要求：各类防雷建筑物都应采取防直击雷和防雷电侵入波的措施；第一、二类防雷建筑物，尚应采取防雷电感应的措施。《建筑物防雷设计规范》对于以上三类防雷建筑物的各种防雷措施、各种防雷设施及其安装要求都有明确规定。例如，对于各类建筑物防雷接地装置的接地电阻值有详细规定。再如，一幢建筑物防雷接地常用多根引下线，不同类型的防雷建筑物，其引下线之间的距离等在以上规范都有规定。

化工生产装置的防雷设计，应根据生产性质、环境特点及被保护设施的类型，选择相应防雷设施，有关设计规定见《石油化工装置防雷设计规范》等标准。除了防雷装置要合理设计和正确施工，还要建立健全必要的防雷检查、维护制度。对于重要设施，应在每年雷雨季前做定期检查，如有特殊情况，还要做临时性的检查。检查中应测量全部接地装置的接地电阻，防止因导线的导电性差或接地不良起不到保护作用。如发现接地电阻有很大变化时，应对接地系统进行全面检查，必要时可补打接地极。为了防止感应雷导致的电磁感应，平行敷设的管道、构架、电缆相距不到100mm时，须用金属线跨接；跨接点之间的距离不应超过30m；交叉相距不到100mm时，交叉处也应用金属线跨接。管道接头、弯头、阀门等连接处的过渡电阻大于0.03Ω时，连接处也应用金属线跨接。根据《建筑物防雷装置检测技术规范》(GB/T 21431—2015)，具有爆炸和火灾危险环境的防雷建筑物检测间隔时间为6个月，其他防雷建筑物检测时间为12个月。

(4) 人身防雷

雷暴时，非工作必须，应尽量减少在户外或野外逗留；如有条件，可进入有宽大金属构架或有防雷设施的建筑物、汽车或船只。雷暴时，应尽量离开小山、小丘、隆起的小道，应尽量离开海滨、湖滨、河边、池塘旁，应尽量避开电力设施、铁丝网、铁栅栏、金属晾衣绳、旗杆、电线杆、烟囱、宝塔、孤独的树木、铁轨附近，应尽量离开没有防雷保护的小建筑物或其他设施。在户外避雨时，要注意离开墙壁或树干8m以外。

雷暴时，不要在河里游泳或划船。应停止高空作业，应避免田间工作，避免露天行走，不应持有高出人体的金属器具。雷暴时，在户内应注意防止雷电冲击波的危险，应离开照明线、动力线、电话线、广播线、收音机和电视机电源线、收音机和电视机天线，以及与其相连的各种金属设备，以防止这些线路或设备对人体二次放电。雷暴时人体最好离开可能传来雷电冲击波的线路和设备1.5m以上。雷雨天气，还应关闭门窗，以防止球雷进入室内造成危害。

7.4.2 静电的安全设计

化工企业静电预防科普

化工厂中，常见的点火源是静电电荷积累并突然放电产生的火花。静电可能是最难以捉摸的点火源，尽管已为减轻此风险做了大量的努力，但由静电引起的严重爆炸和火灾事故仍然困扰着化工行业。静电积累到一定电势时，将放电产生静电火花，静电火花作为点火源可能引起火灾爆炸事故，这是静电的主要危害。静电电击人体时，人受到惊吓，可能摔倒或导致二次事故，静电火花还可能干扰计算机或者妨碍生产过程，影响产品质量。静电安全防护主要是防止静电意外放电，可以从控制静电的产生与积累入手。静电控制要区分带电体是导体还是绝缘体。

化工企业应按照《化工企业静电接地设计规程》(HG/T 20675—1990)、《化工企业静电安全检查规程》(HG/T 23003—1992)、《石油化工静电接地设计规范》(SH/T 3097—2017)、《液体石油产品静电安全规程》(GB 13348—2009)、《防止静电事故通用导则》(GB 12158—2006)[注意：2022年12月将GB 13348和

GB 12158合并为《防止静电事故通用要求》(征求意见稿)]、《防静电工程施工与质量验收规范》(GB 50944—2013)、《静电防护管理通用要求》(GB/T 39587—2020)、《爆炸性环境　第26部分：静电危害指南》(GB/T 3836.26—2019)、《橡胶工业静电安全规程》(GB 4655—2003)、《导(防)静电地面设计规范》(GB 50515—2010)和《石油化工粉体料仓防静电燃爆设计规范》(GB 50813—2012)、《防止静电、雷电和杂散电流引燃的措施》(SY/T 6319—2016)等标准的有关规定，从技术上和管理上做好静电防护工作。

【事故案例7-3】2022年8月16日18时17分，湖北省武汉有机实业有限公司一环氧氯丙烷罐(约60t物料)发生闪爆着火事故。初步分析事故原因可能为：环氧氯丙烷充装过程中，因天气炎热，可燃气体加速挥发集聚，充装过程防静电措施不到位导致环氧氯丙烷罐发生闪爆着火。危险化学品生产、储存、使用企业要深刻吸取事故教训，要认真辨识和管控易燃液体储存、充装、转运等环节安全风险，严格落实相关国家标准和作业安全管理制度要求，避免同类事故再次发生。一是易燃液体应远离火种、热源，工作场所严禁吸烟；二是使用不产生火花的工具，使用防爆型电器和设备；三是采取防静电措施，防止静电积聚；四是防止蒸气泄漏，避免与禁忌类物质接触。

【事故案例7-4】2020年9月28日，天门市岳口镇岳口工业园天门楚天生物科技有限公司(以下简称楚天生物公司)发生一起爆炸事故，造成6人死亡、1人受伤，直接经济损失542.5万元。事故的直接原因：楚天生物公司在使用压滤试验机对二硝基蒽醌滤料进行压滤作业时，滤料在压力作用下流动，与聚丙烯纤维滤布摩擦产生静电，能量积聚达到滤料的静电爆发临界值后，引发滤料起火分解，压滤试验机内温度和压力急剧升高，从而导致压滤试验机内的二硝基蒽醌爆炸。

1. 静电的产生

静电产生的方式有很多。其中，最常见的方式是接触-分离起电。如图7-10所示，当两种物体接触，其间距小于25×10^{-8}cm时，由于不同物质束缚最外层电子的能力不同，将发生电子转移。因此，界面两侧处会出现大小相等、极性相反的两层电荷。这两层电荷称为双电层。其间的电位差称为接触电位差。当两种物体迅速分离时即可能产生静电。感应起电也是比较常见的起电方式。如图7-11所示，当导体B与接地体C相连时，在带电体A的感应下，端部出现正电荷；当导体B离开接地体C时，导体B成为带电体。

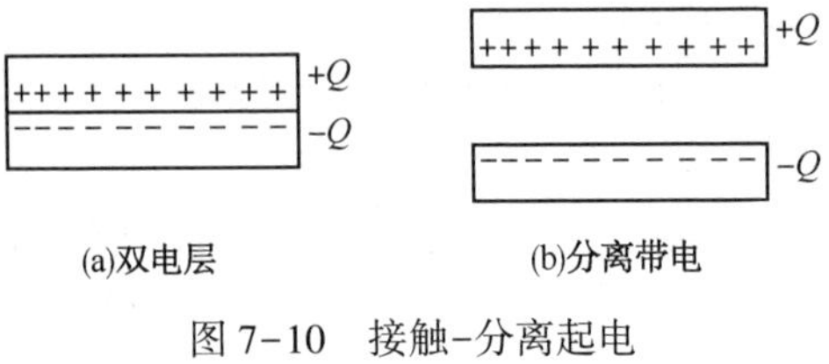

(a)双电层　　(b)分离带电

图7-10　接触-分离起电

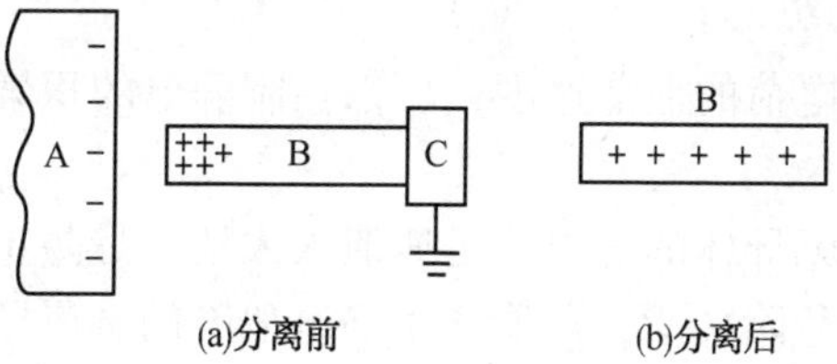

图 7-11　感应起电

除上述两种起电方式外，破断、挤压、吸附也能产生静电。液体在流动、过滤、搅拌、喷雾、喷射、飞溅、冲刷、灌注、剧烈晃动等过程中会产生静电。如图 7-12 所示，紧贴分界面的电荷层只有一个分子直径的厚度，是不随液体流动的固定电荷层；与其相邻的异性电荷层为数十至数百倍分子直径厚度的随液体流动的滑移电荷层。如果液体在管道内呈紊流状态，则滑移层的电荷被搅动，不局限在某一范围，而近似地沿管道断面均匀分布。显然，液体流动时，一种极性的电荷随液体流动，形成所谓的流动电流。由于流动电流的出现，管道的终端容器里将积累静电。

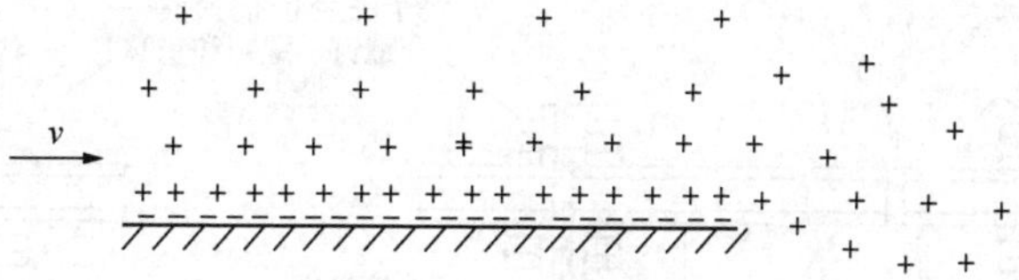

图 7-12　液体静电

下列过程比较容易产生和积累静电：①固体物质大面积的摩擦，固体物质在压力下接触而后分离，固体物质在挤出、过滤时与管道、过滤器摩擦，固体物质的粉碎、研磨。②粉体物料筛分、过滤、输送、干燥，悬浮粉尘高速运动。③在混合器中搅拌各种高电阻率物质。④高电阻率液体在管道中高速流动，液体喷出管口，液体注入容器发生冲击、冲刷和飞溅。⑤液化气体、压缩气体或高压蒸气在管道中高速流动和由管口喷出。⑥穿化纤布料衣服、穿高绝缘鞋的人员操作、行走、起立等。

容易得失电子，而且电阻率很高的材料才容易产生和积累静电。生产中常见的乙烯、丙烷、丁烷、原油、汽油、轻油、苯、甲苯、二甲苯、硫酸、橡胶、赛璐珞、塑料等都比较容易产生和积累静电。工业中，常见的静电积聚的例子：通过管道抽吸不导电的液体；混合不能互溶的液体；利用气动输送固体；泄漏的蒸气与未接地导体接触。工厂中，对于可能存在可燃性蒸气的操作，电荷积聚超过 0.1mJ 就被认为是危险的。该数量级的静电很容易产生。例如，在地毯上仅行走所产生的静电积聚平均为 20mJ，电压超过几千伏。

2. 控制静电的积累

加快带电体上静电荷的泄漏速度，可以控制静电的积累速度甚至消除静电。

(1) 静电接地

静电接地能使静电导体的静电荷迅速泄入大地，是防止导体静电危害的主要措施。在爆炸、火灾危险场所，可能产生静电危险的金属导体均可采用等电势连接后接地，也可与防雷接地系统等形成共用接地。在用槽车运输汽油、二硫化碳、甲苯和苯等易燃静电绝缘体过程中，液体与槽车壁发生强烈摩擦，槽车的橡胶轮胎与地面的摩擦，都会产生大量静电，装载此类液体的汽车罐车、铁路罐车和装卸栈台，应设静电专用接地线。接地和搭接的例子如图 7-13 和图 7-14 所示。

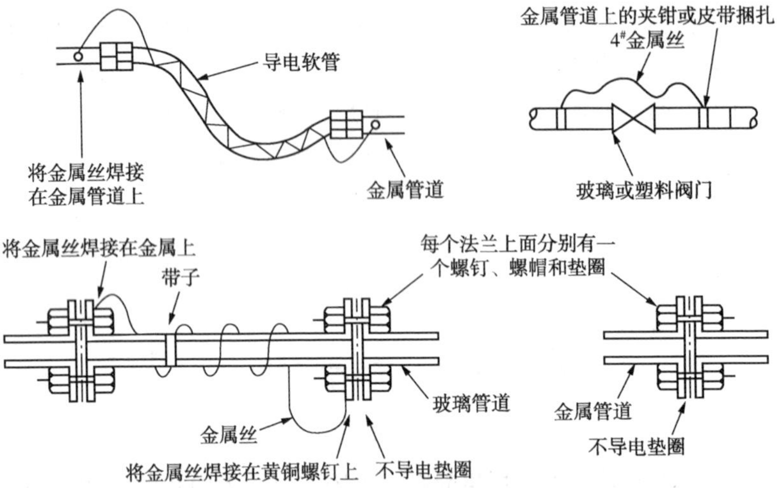

图 7-13　阀门、管道和法兰的搭接

(2) 抗静电添加剂和增湿

抗静电添加剂的作用是增加非导体材料的导电性或者吸湿性，以加大带电体的静电泄漏速度。应根据使用对象、目的、物料工艺状态及成本、毒性、腐蚀性等具体条件选择适当抗静电添加剂，如橡胶中常加入炭黑、金属粉等添加剂。当空气相对湿度达到 70%左右时，固体表面会形成一层水膜，表面电阻大大降低，有利于静电泄滑。在生产工艺许可的条件下对于亲水性非导体，可采用空气增湿或定期向地面洒水等手段消除静电荷。应当注意，增湿的方法不宜用于消除高温绝缘体上的静电。

(3) 静电消除器

常用静电消除器的原理是利用空气电离产生大量正、负电荷，并用风机将电离空气吹出，形成一股带正、负电荷的气流，当物体表面带电荷时。它会吸引气流中的异性电荷、从而使物体表面上的静电中和，达到消除静电的目的。静电消除器主要用来消除非导体上的静电。尽管不一定能把带电体上的静电完全消除

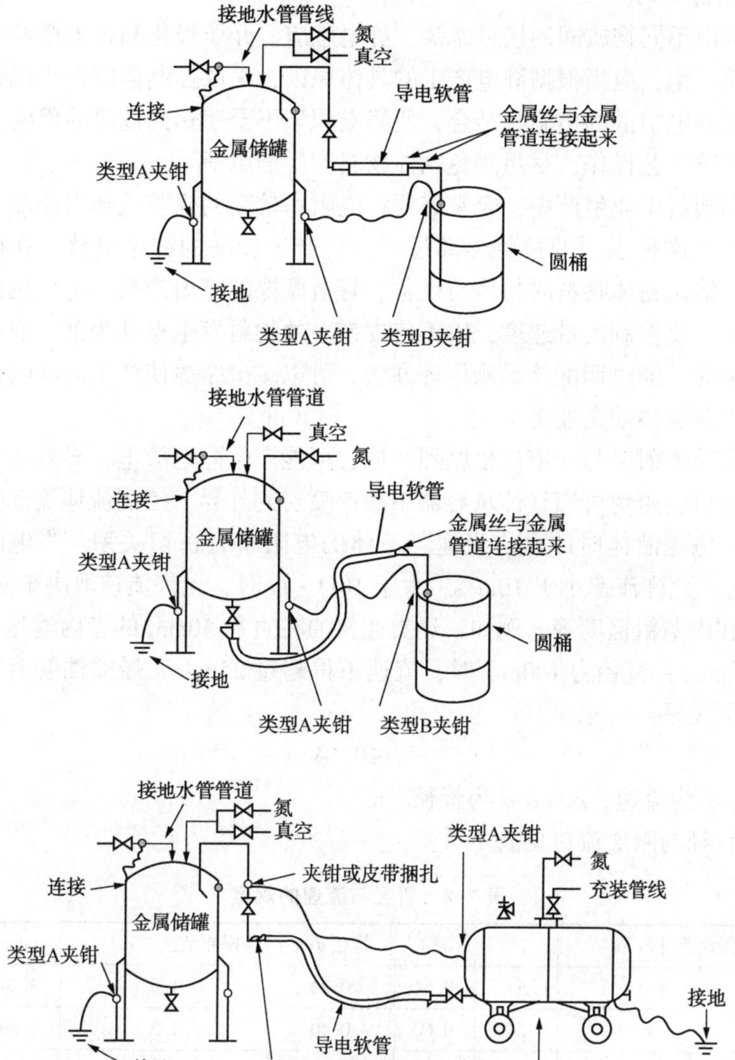

槽罐车或卡车的卸载

图 7-14　储罐与容器的搭接和接地

掉，但可消除至安全范围以内。橡胶、塑料、纤维薄膜、纸张、粉体等非导体生产过程中，应根据工艺特点、作业环境和非导体性质，选择适当的静电消除器，消除带电体上积累的静电荷。静电消除器有多种。按照工作原理和结构的不同，静电消除器可分为感应式中和器、高压式中和器、放射线式消除器和离子风式中和器。在要求较高的场所，还可以采用组合型的静电中和器。

3. 控制静电的产生

静电可由不同物质间的接触摩擦、静电感应、介质极化和带电微粒的附着等物理过程而产生，应当根据静电产生的具体原因，采取控制静电产生的措施，而且应与促使静电消散的措施相结合，使静电积累不至于达到危险的程度。

（1）改善工艺操作，尽量避免固体物料产生静电荷

橡胶和塑料工业生产中，经常需要将电阻率较高的橡胶或塑料制品叠在一起或迅速剥离，这种强烈的接触分离过程，会产生较高的静电电势。在研磨、搅拌、筛分、输送粉体物料时粉体与设备、管道摩擦能撞击产生静电。用皮带输送固体物料时，要控制皮带速度，以不使皮带上的物料发生振动为准。有多种物质摩擦或接触时，通过调配接触顺序等办法，可以减少摩擦使产生的静电较少。

（2）控制流体输送速度

气体高速喷射时与管道产生剧烈摩擦，可能产生静电放电，导致火灾与爆炸事故，要尽可能避免可燃气体从容器中高速喷射到外界。控制流体流动速度可以减少静电。输送液体时的允许流速与液体的电阻率有密切关系：当电阻率小于 10Ω·m 时，允许流速小于 10m/s；大于 10Ω·m 时，允许流速取决于液体性质、管道直径和内壁粗糙度等。例如，烃类燃料油在直径 50mm 的管内输送，流速不得超过 3.6m/s；直径为 100mm 时，流速不得超过 25m/s。烃类油管直径与流速应满足如下关系：

$$v^2 d \leqslant 0.64 \tag{7-1}$$

式中，v 为流速，m/s；d 为管径，m。

不同管径的限值流速见表 7-8。

表 7-8　管径与流速的规定

管径 d/m	限制流速/(m/s)	v^2	$v^2 d$	管径 d/m	限制流速/(m/s)	v^2	$v^2 d$
0.01	8	64	0.64	0.20	1.8	3.24	0.648
0.025	4.9	24	0.60	0.40	1.3	1.69	0.676
0.05	3.5	12.25	0.61	0.60	1.0	1.0	0.60
0.10	2.5	6.25	0.625				

（3）液体静电的安全防护

在过滤、搅拌、运输与灌注过程中，流动的液体与容器壁及部件之间必然存在摩擦及快速分离过程，容易产生静电。改进液体灌注方式和保证静电泄漏消散时间是重要的安全措施。灌注易燃液体时，液体与管道壁的摩擦、液体注入容器时的冲击和飞溅都可能产生静电，所以向容器内灌注易燃液体时，必须严格控制流速，并减轻液体注入容器时的冲击和飞溅。具体做法：改变灌注管头的形状，如用 T 型或 Y 型；可以改变灌注管头的位置，如延伸至容器的底部。例如，汽车

加油站设计与施工规范规定，加油站汽车油罐车必须采用密闭卸油方式，严禁喷溅卸油方式。

停止灌注后，液体趋于静止，液体中的静电荷向器壁和液面集中，并可渐渐泄漏消散。完成这一过程需要一定时间，试验表明，接地条件下向储罐灌注重柴油，装到容量的90%时，停泵并开始计时，液面静电电位的峰值出现在5~10s，静电泄漏消散时间为70~80s。由此可知，刚停泵就进行下一步操作(如取样、测温、转送或拆除接地线等)易发生事故，应当在保证足够的静置时间后再操作。

对甲、乙类油品注入储罐后进行检测、取样、测温作业，中国石化制定的《易燃、可燃液体防静电安全规程》具体规定了表7-9所列的静置时间。

表7-9　油品注入储罐后的静置时间

电导率/(s/m)	储油设备容积/m^3			
	<10	10~50	50~500	500~1000
	静置时间/min			
$>10^{-6}$	1	1	1	2
$10^{-12}\sim10^{-6}$	2	3	10	30
$10^{-14}\sim10^{-12}$	4	5	60	120
$<10^{-14}$	10	15	120	240

(4) 静电屏蔽

静电屏蔽是指用接地的金属罩(金属壳、网、线匝)，将带电体(或非带电体)全部或局部封闭起来，屏蔽罩内的带电体不能影响外界，外界也不能影响屏蔽罩内的非带电体。屏蔽是防止静电感应产生静电的基本手段。

(5) 防止人体静电危害

人体与衣服发生摩擦可能带上静电。人体在静电场中会感应带电。作为独立带电体的人接近金属物体时，能对金属放电，产生的电火花可能引爆油类蒸气与空气的混合气体。人体带电时往往自己没有感觉，人体成为一个活动的、很容易被忽视的点火源，必须高度重视。

重点防火、防爆作业区的入口处，应设置人体静电导除装置，进入作业区人员先触摸该装置，将人体静电导入大地。必要时在车间铺设防静电地板(导电地板)，具体要求请参考《导(防)静电地面设计规范》(GB 50515—2010)。

气体爆炸危险区域等级属0区、1区且最小点燃能量在0.25mJ以下者，工作人员应穿戴静电防护服、工作鞋、工作帽、手套等。静电防护服是为防止静电积聚，用防静电织物为面料缝制的工作服。防静电织物是在纺织时均匀地混入了导电性纤维的织物。导电性纤维是全部或部分使用金属或有机物的导电材料或亚导电材料制成的纤维。服装应尽可能全部使用防静电织物，不使用衬里，必须使用衬里，如衣袋、加固布时，衬里的暴露面积应占全部防护服暴露面积的 20%以下。静电防护服一般不得使用金属附件，必须使用时，应保证穿着时金属附件不直接外露。静电防护服的检验须由国家指定的防护用品质量监督部门进行。

7.4.3 安全仪表系统与功能安全

1. 安全仪表系统(Safety Instrumented System，SIS)

为了保障安全，化工过程常常包含各种保护层，如过程设计(包含本质安全理念)、基本过程控制系统、报警与人员干预、主动防护设施(如压力泄放阀 PSV)、安全仪表系统、被动防护设施(防火堤、防爆墙等)以及各级应急预案等。其中，SIS 是最关键的一层，当过程偏离了预期条件或状态时，SIS 会通过中断进料、紧急放空、停止加热等紧急停车的干涉方式将过程恢复到安全状态，从而避免事故的发生，或者减轻事故的后果。化工 SIS 包括紧急停车系统(Emergency Shut-down System，ESD)、火气系统、燃烧器管理系统，高完整性压力保护系统等。SIS 的设计可参考以下标准：《石油化工安全仪表系统设计规范》(GB/T 50770—2013)、《过程工业领域安全仪表系统的功能安全》(GB/T 21109.1~3)、《电气/电子/可编程电子安全相关系统的功能安全》(GB/T 20438.1~7—2017)和《安全仪表功能(SIF)安全完整性等级(SIL)验证导则》(T/CCSAS 045—2023)。

SIS 的使用目的在于必要时可通过执行安全功能，将化工过程的风险降低到可接受的水平。安全功能的作用在于降低风险。然而无限制地降低风险是不现实的，在确定了必要的风险降低要求之后，如其他保护层无法提供足够的风险削减，则需要 SIS 能够正确地降低风险，这就引出了 SIS 的另一个概念，即功能安全完整性等级(Safety Integrity Level，SIL)。

【事故案例 7-5】：2012 年 5 月 16 日 07 时 45 分左右，江西海晨鸿华化工有限公司(以下简称鸿华公司)发生一起爆炸事故，造成 3 人死亡，2 人受伤。鸿华公司的主要产品为年产 2000t 的间-β 羟乙基砜-苯胺。2012 年 5 月 14 日 09 时，磺化车间一班次 2 名操作工按照投料比例加入氯磺酸至反应釜中，加入催化剂和滴加硝基苯后，由于蒸气压力不够，当班没有进行升温操作；下一班次同样没有进行升温操作。15 日 08 时另一班次操作人员接班后，10 时开始对反应釜进行升温，持续 2h。15 日 20 时，该车间一班次 2 名操作工(原 5 月 14 日投料者)接班后检查反应釜温度为 120℃，继续采取保温措施，16 日 05 时送样化验，发现反应釜中硝基苯含量大于 6%(正常值为小于 0.1%)。16 日 07 时 45 分左右发生爆炸事故，当场造成 1 人死亡，2 人失踪，2 人受伤。

爆炸事故的直接原因：磺化釜回流片式冷凝器由于搪瓷破裂，钢板被盐酸腐蚀穿孔后，造成片式冷凝器循环冷却水进入磺化釜，与氯磺酸发生剧烈反应，产生大量氯化氢和三氧化硫，温度和压力急剧上升，从而引起冲料和爆炸。

虽然事故发生的直接原因是设备故障以及人员操作失误，但在事故发生时该企业已安装的联锁控制系统没有起到安全保护的作用，而正是由于安全仪表的失效使得工艺生产过程在温度、压力过高时不能及时地紧急停车，从而导致了人员的死伤以及工厂的经济损失。

2. 安全仪表系统的安全完整性等级

IEC61511 中安全完整性(Safety Integrity)的定义：在所有规定条件下，一定时间内，SIS 圆满地执行所要求的安全仪表功能的平均可能性。SIL 分为 4 个等级，安全完整性随数字增大而提高，SIL 越高，SIS 在实现安全功能时出现故障的概率越低，即可靠性越高。需注意的是，SIL 并不是对过程风险的衡量，也不是某个系统或元件的性质，而是对 SIS 的安全仪表功能水平的衡量。

但是受系统结构、软硬件性能、工作环境及检修维护计划的影响，SIS 本身的可靠性非常值得关注。在过程工业的典型工程项目中，初步风险评价应该在基本工艺流程设计的早期进行。随着设计的深化，在详细设计阶段可能会发现新的危险因素。因此，当详细设计完成以后，有必要进行最终的风险评价。最终的分析要确认设计的安全保护层是否足以保障装置的安全。另一项重要的议题是评判安全系统本身的失效是否会导致新的过程危险，如果是则必须设置新的安全功能应对这些过程危险。定性的 SIS 选择方法有风险矩阵法、风险图法。半定量方法有保护层分析(国内用得最多)、故障树分析等。

7.4.4 火炬系统

一般来讲，一个完整的火炬系统包括火炬放空系统和火炬气回收系统。火炬放空系统主要由火炬管网、分液罐、水封罐、火炬及自动点火系统组成；火炬气回收系统主要由低压气分液罐、气柜、压缩机组及缓冲罐组成。火炬系统的原则工艺流程如图 7-15 所示。在正常生产条件下，火炬气经脱油、气柜稳压、压缩升压及缓冲罐缓冲后并入燃料气管网，实现节能环保的目的。在事故状态下，火炬气冲破水封，在火炬头处安全燃烧，达到安全环保的目的。

火炬系统是用来处理石油化工厂、炼油厂、化工厂及其他工厂或装置无法回收和再加工的可燃气体和可燃有毒气体及蒸气的特殊燃烧设施，是保证工厂安全生产、减少环境污染的一项重要措施。处理的办法是设法将可燃气体和可燃有毒气体及蒸气转变为不可燃的惰性气体；将有害、有臭、有毒物质转化为无害、无臭、无毒物质，然后排空。目前，火炬视为生产流程的有机组成部分，从某种意义上来说，从火炬的燃烧情况，也可以推断出生产装置的运转正常与否。火炬的主要作用如下：①安全输送和燃烧处理装置正常生产情况下排放出的易燃易爆气体；②处理装置试车、开车、停车时产出的易燃易爆气体；③作为装置紧急事故时的安全措施。

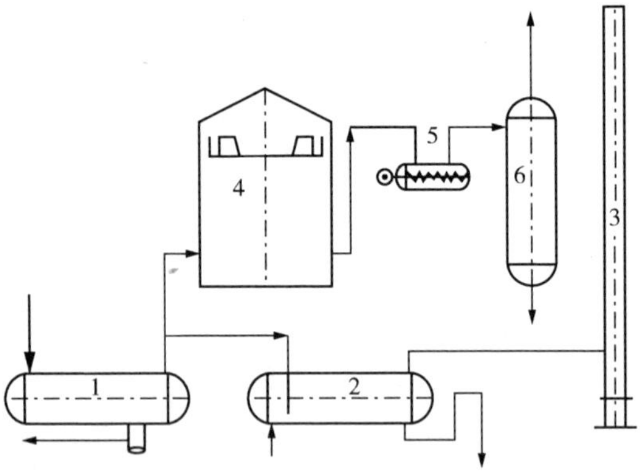

图 7-15　火炬系统原则流程图

1—分液罐；2—水封罐；3—火炬；4—气柜；5—压缩机；6—缓冲罐

火炬设计标准主要有：《石油化工可燃性气体排放系统设计规范》(SH 3009—2013)、《石油化工排气筒和火炬塔架设计规范》(SH/T 3029—2014)、《工艺系统工程设计技术规定　第 12 部分 火炬系统设置》(HG/T 20570. 12—1995)。

设计基本原则。①稳定燃烧，在设计的最大气量和最小气量之间的任何气量下，在预计的气体成分变化范围之内，在恶劣的气候条件中都能产生稳定的火焰；火炬系统能阻挡或分离火炬气中直径大于 30μm 的液滴，使之不被夹带到火焰中而造成“火雨”事故。要有可靠的长明灯或气体可靠的点燃装置。②燃烧完全，使易燃和有害物质尽可能完全转化为不燃和无害物质，火焰几乎不产生烟雾，一般称为无烟火炬。③无噪声。火炬是“明火”，要考虑与气体装置及设备的安全距离。

火炬系统由火炬气排放管网和火炬装置(简称火炬)组成。火炬系统的设计内容一般包括火炬气排放管网和火炬装置两部分。排放管网的设计内容包括火炬气管道和凝液回收输送设备和管道的工艺、配管、土建、电气等的设计。火炬装置的设计内容包括火炬头、火炬筒体、分液罐、水封罐、点火器、泵等设备，及相应的工艺配管、电气、电信、自控、土建、给排水、环境保护等设计。火炬结构：①火炬烧嘴；②常燃烧嘴；③消烟装置；④防止回火装置；⑤火炬筒；⑥常燃烧嘴点火装置(点火器)。

按照支撑结构，火炬装置分为高架式、地面式与坑式火炬三类。图 7-16 为高架式火炬装置及其控制系统。高架火炬系统的主体是火炬筒，火炬筒的顶部为燃烧器，也称火炬头，是火炬气燃烧的场所，燃烧所需的氧气来自大气。火炬头下部为密封器，其作用是在没有火炬气排放时，通过吹扫氮气，使火炬筒内保持正压，防止外界空气进入火炬筒，称为气体密封。

作为燃气装置，火炬装置必须有高度可靠的点火系统。常用的点火系统包括专用的点火气源(比例适当的可燃气体与压缩空气的混合气体)；由专用的电源

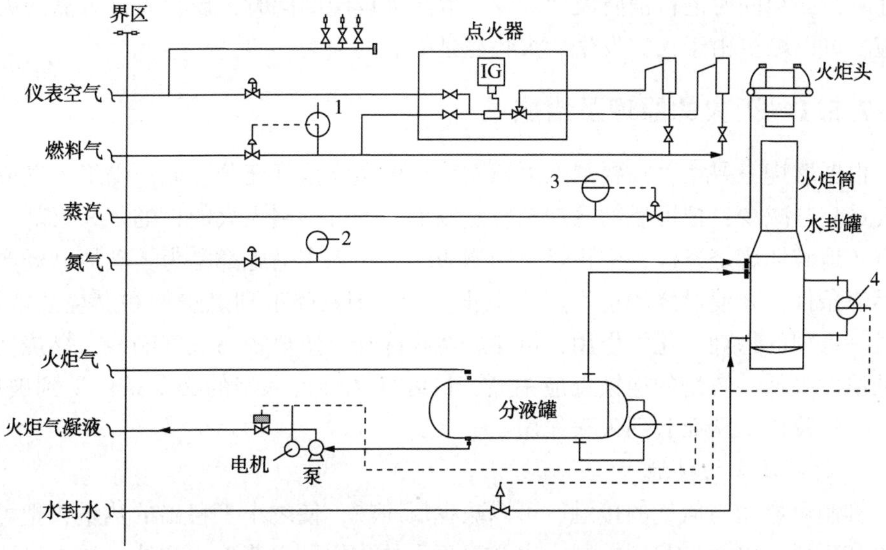

图 7-16　高架式火炬装置及其控制系统

1—压力指示控制报警；2—限流孔板；3—液位指示控制报警开关；4—液位指示控制报警

点燃混合气体；点燃后的火焰通过传焰管送至火炬筒顶部燃烧，俗称长明灯。

火炬筒、分液罐与水封罐连同管网等组成火炬气放空系统。在进入火炬筒之前，火炬气首先进入分液罐，将火炬气携带的水分等冷凝液分离下来，通过凝液泵排放回收。分液罐的液位过低，火炬气可能随冷凝液排放出来；液位过高，冷凝液可能被火炬气带到火炬筒(俗称下火雨)，影响火炬气燃烧。该液位通过冷凝液泵自动调节，液位过高或过低将报警。

分离冷凝液后的火炬气进入保持一定水位的水封罐，其入口在水面下方，当火炬气的压力超过该水位的静压时，火炬气进入火炬筒。当水封罐上游万一出现压力突然降低情况时，火炬筒燃烧着的火炬气也不可能倒回水封罐上游设备(回火)，水封罐相当于一个止回阀。

【事故案例 7-6】2014 年 9 月 7 日，宁夏捷美丰友化工有限公司发生氨气液混合物从主火炬筒顶部喷出事故，造成 200m 范围内 41 人急性氨中毒。事故的直接原因：设置在两台氨蒸发器壳侧设备出口管线上的安全阀起跳后，液氨直接进入氨事故火炬管线，加之氨事故火炬未设置气液分离罐，致使液氨从事故火炬口喷出，气化后扩散，发生事故。

7.5　消防设计

为保障生产装置的安全稳定，根据“预防为主，防消结合”的方针，在化工设计时，必须同时进行消防设计。在采取防火设施的同时，设置先进可靠的灭火设施，可以减少由于火灾发生后火势蔓延引起的损失。

7.5.1 灭火的原理及措施

根据燃烧三要素，只要消除可燃物或把可燃物浓度充分降低；隔绝氧气或把氧气量充分减少；把可燃物冷却至燃点以下，均可达到灭火的目的。灭火剂是能够有效地破坏燃烧条件，中止燃烧的物质。一切灭火措施都是为了破坏已经产生的燃烧条件，并使燃烧的连锁反应中止。灭火剂被喷射到燃烧物和燃烧区域后，通过一系列的物理、化学作用，可使燃烧物冷却、燃烧物与氧气隔绝、燃烧区内氧的浓度降低、燃烧的连锁反应中断，最终导致维持燃烧的必要条件受到破坏，停止燃烧反应，从而起到灭火作用。

1. 抑制反应物接触

抑制可燃物与氧气的接触，可以减少反应热，使之小于移出的热量，把可燃物冷却到燃点以下，起到控制火灾乃至灭火的作用。水蒸气、泡沫、粉末等覆盖在燃烧物表面上，都是使可燃物与氧气脱离接触的窒息灭火方法。矿井火灾的密闭措施，则是大规模抑制与氧气接触的灭火方法。水的蒸发潜热较大，与燃烧物质接触被加热汽化吸收大量的热，使燃烧物质冷却降温，从而减弱燃烧的强度。水遇到燃烧物后汽化生成大量的蒸汽，能够阻止燃烧物与空气接触，并能稀释燃烧区的氧，使火势减弱。

对于固体可燃物，抑制其与氧气接触的方法除移开可燃物，还可以将整个仓库密闭起来防止火势蔓延，也可以用挡板阻止火势扩大。对于可燃液体或蒸汽的泄漏，可以关闭总阀门，切断可燃物的来源。如果关闭总阀门尚不足以抑制泄漏时，可以向排气管道排放，或转移至其他罐内，减少可燃物的供给量。对于可燃蒸气或气体，可以移走或排放，降低压力以抑制喷出量。如果是液化气，由于蒸发消耗了潜热而自身被冷却，蒸气压会自动降低。此外，容器冷却也可降低压力，所以火灾时喷水也起抑制可燃气体供给量的作用。

2. 减小反应物浓度

氧气浓度在15%以下，燃烧速度就会明显变慢。减小氧气浓度是抑制火灾的有效手段。在火灾现场，水、不燃蒸发性液体、氮气、二氧化碳以及水蒸气都有稀释降低可燃物浓度的作用。降低可燃物蒸气压或抑制其蒸发速度，均能收到降低可燃气体浓度的效果。

3. 降低反应物温度

把火灾燃烧热排到燃烧体系之外，降低温度使燃烧速度下降，从而缩小火灾规模，最后将燃烧温度降至燃点以下，起到灭火作用。低于火灾温度的不燃性物质都有降温作用。对于灭火剂，除利用其显热外，还可利用它的蒸发潜热和分解热起降温作用。冷却剂只有停留在燃烧体系内，才有降温作用。水的蒸发潜热较大，降温效果好，但多数情况下水易流失到燃烧体系之外，利用率不高。强化液、泡沫等可以弥补水的这个弱点。

4. 初期灭火

火灾发生后，许多情形下火灾规模都是随时间呈指数扩大。在灾情扩大之前的初期迅速灭火，是事半功倍的明智之举。火灾扩大之前，一个人用少量的灭火剂就能扑灭的火灾称为初期火灾。初期火灾的灭火活动称为初期灭火。对于可燃液体，其灭火工作的难易取决于燃烧表面积的大小。一般把 $1m^2$ 可燃液体表面着火视为初期灭火范围。通常建筑物起火 3min 后，就会有约 $10m^2$ 的地板、$7m^2$ 的墙壁和 $5m^2$ 的天花板着火，火灾温度可达 700℃左右。此时已超出了初期灭火范围。为了做到初期灭火，应彻底清查、消除能引起火灾扩大的条件。要有完善的防火计划，火灾发生时能够恰当应对。对消防器材应经常检查维护，紧急情况时能及时投入使用。

5. 水

(1) 灭火作用

水是应用历史最长、范围最广、价格最廉的灭火剂。对于水溶性可燃、易燃液体的火灾，如果允许用水扑救，水与可燃、易燃液体混合，可降低燃烧液体浓度以及燃烧区内可燃蒸气浓度，从而减弱燃烧强度。由水枪喷射出的加压水流，其压力可达几兆帕。高压水流强烈冲击燃烧物和火焰，会使燃烧强度显著降低。

(2) 灭火形式

经水泵加压由直流水枪喷出的柱状水流称作直流水；由开花水枪喷出的滴状水流称作开花水；由喷雾水枪喷出，水滴直径小于 100μm 的水流称作雾状水。直流水、开花水可用于扑救一般固体如煤炭、木制品、粮食、棉麻、橡胶、纸张等的火灾，也可用于扑救闪点高于 120℃，常温下呈半凝固态的重油火灾。雾状水大大提高了水与燃烧物的接触面积，降温快、效率高，常用于扑灭可燃粉尘、纤维状物质、谷物堆囤等固体物质的火灾，也可用于扑灭电气设备的火灾。与直流水相比，开花水和雾状水射程均较近，不适于远距离使用。

(3) 注意事项

禁水性物质如碱金属和一些轻金属，以及电石、熔融状金属的火灾不能用水扑救。非水溶性，特别是密度比水小的可燃、易燃液体的火灾，原则上也不能用水扑救。如汽油、煤油、柴油等。苯类、醇类、醚类、酮类、酯类及丙烯腈等大容量储罐，如用水扑救，则水会沉在液体下层，被加热后会引起爆沸，形成可燃液体的飞溅和溢流，使火势扩大。硫酸、盐酸和硝酸引发的火灾，不能用水流冲击，因为强大的水流能使酸飞溅，流出后遇可燃物质，有引起爆炸的危险。酸溅在人身上，能灼烧人。直流水不能用于扑救电气设备的火灾，浓硫酸、浓硝酸场所的火灾以及可燃粉尘的火灾。原油、重油的火灾，浓硫酸、浓硝酸场所的火灾，必要时可用雾状水扑救。

7.5.2 灭火器及其应用

1. 灭火器类型选择

根据其盛装的灭火剂种类有泡沫灭火器、干粉灭火器、二氧化碳灭火器等多种类型。根据其移动方式则有手提式灭火器(GB 4351—2023)、背负式灭火器、推车式灭火器(GB 8109—2023)等几种类型。灭火器的选择主要依据以下几种因素。①场所火灾种类：不同火灾分类需要用不同的灭火器材，如碱金属着火不能用水，BC类干粉灭火剂不能扑灭A类火灾。②场所危险等级：结合火灾种类，确定灭火器的保护距离和配置基准；非必要场所不应配置卤代烷灭火器。③灭火效能和通用性：同一类火灾可用不同类型灭火器，或者同一类型灭火器可扑灭不同类的火灾，但在灭火剂用量和灭火速度上会有差异，也就是灭火有效程度上有差异。所以灭火器的选择需要考虑效能和通用性。④对保护物品的污损程度：如机房火灾，干粉、水型和泡沫灭火器灭火后对电子元器件有腐蚀或污损等影响，但用气体灭火器就可以避免。⑤设置点的环境温度、湿度：温度过低，灭火器的喷射性能降低，过高则灭火器内压力升高容易造成安全性能降低。湿度过高也会降低一些容易吸湿灭火器的有效期。⑥使用灭火器人员的体能：非自动启动的灭火器需人力操作，要为建筑场所配置适用的灭火器，也应考虑该场所使用灭火器人员的体能(年龄、性别、体质和操作能力等)，然后正确选择灭火器类型、规格、型式等。

2. 灭火器配置、使用与保养

小型灭火器配置的种类与数量，应根据火险场所险情、消防面积、有无其他消防设施等综合考虑。小型灭火器是指10L泡沫、8kg干粉、5kg二氧化碳等手提式灭火器。应根据装置所属的类别和所占的面积配置不同数量的灭火器。易发生火灾的高险地点，可适当增设较大的泡沫或干粉等推车式灭火器。化工厂房、库房、露天设备、生产装置区、储罐区，除应设置固定灭火设施，还应设置灭火器，以便扑救初期火灾。灭火器应放置在使用方便的地方，并注意有效期限。要防止喷嘴堵塞，压力或质量小于一定值时，应及时加料或充气。常用的灭火器类型及其性能、用途见表7-10。

宁波锐奇日用品有限公司“9·29”重大火灾事故教育警示片

泡沫灭火器适合扑救脂类、石油产品等B类火灾以及木材等A类物质的初期火灾，但不能扑救B类水溶性火灾，也不能扑救带电设备及C类和D类火灾。二氧化碳灭火器是利用其内部充装的液态二氧化碳的蒸气压将二氧化碳喷出灭火，其利用降低氧气含量，造成燃烧区窒息而灭火。一般当氧气的含量低于12%或二氧化碳浓度达30%~35%时，燃烧中止。由于二氧化碳是一种无色的气体，灭火不留痕迹，并有移动的电绝缘性能等特点，且不含水、不导电、无腐蚀性，对绝大多数物质无破坏作用，所以可以用来扑灭贵重设备、精密仪器和600V以下电器、图书档案火灾。它还适于扑救一般可燃液体和固体火灾，特别是那些用水、泡沫、干粉等灭火剂容易玷污损坏的固体物质火灾。但是二氧化碳不宜用来扑灭金属钾、镁、钠、铝等及金属过氧化物(如过氧化钾、过氧化钠)、有机过氧化物、氯酸盐、硝酸盐、高锰酸盐、亚硝酸盐、重铬酸盐等氧化剂的火灾。因为二氧化碳从灭火器中喷射出时，温度降低，使环境空气中的水蒸气凝聚成小水滴，上述物质遇水即发生反应，释放大量的热，同时释放出氧气，使二氧化碳的窒息作用受到影响。因此，上述物质用二氧化碳灭火效果不佳。

灭火器知识

表7-10　常用的灭火器类型、性能及用途

类型	泡沫灭火器	二氧化碳灭火器	干粉灭火器
规格	10L、65~130L	2kg以下、2~3kg、5~7kg	8kg、50kg
药剂	筒内装有碳酸氢钠、发沫剂和硫酸铝溶液	瓶内装有压缩成液体的二氧化碳液体	钢管内装有碳酸氢钠或碳酸铵盐干粉。并备有盛装压缩气体的小钢瓶
用途	扑救固体物质或其他易燃液体火灾。不能扑救忌水和带电设备火灾	扑救电气设备、精密仪器，油类和酸类火灾。不能扑救钾、钠、镁、铝等物质火灾	扑救石油、石油产品、油漆、有机溶剂、天然气设备火灾
性能	10L喷射时间60s，接近着火地点，射程8m。65L喷射170s，射程13.5m	接近着火地点，保持8m	8kg喷射时间14~18s，射程4.5m。50kg喷射时间50~55s，射程6~8m
使用方法	倒过来稍加摇动或打开开关，药剂即喷出	一手拿着喇叭筒对着火源，另一手打开开关即可喷出	提起圈环，干粉即可喷出
保养和检查	放在使用方便的地方。注意使用期限。防止喷嘴堵塞。冬季防冻，夏季防晒。一年一检查，泡沫低于4倍时应换药	每月测量一次，当小于原量1/10时，应充气	置于干燥通风处，防潮防晒。一年检查一次气压，若重量减少1/10时，应充气

干粉灭火器由一种或多种具有灭火能力的细微无机粉末组成，主要包括活性灭火组分、疏水成分、惰性填料。窒息、冷却、辐射及对有焰燃烧的化学抑制作用是干粉灭火效能的集中体现，其中化学抑制作用是灭火的基本原理，起主要灭火作用。干粉灭火剂中的灭火组分是燃烧反应的非活性物质，当进入燃烧区域火焰中时，捕捉并终止燃烧反应产生的自由基，降低了燃烧反应的速率，当火焰中干粉浓度足够高，与火焰的接触面积足够大，自由基终止速率大于燃烧反应生成的速率，链式燃烧反应被终止，从而火焰熄灭。干粉灭火器以液态二氧化碳或氮气作动力，将灭火器内干粉灭火剂喷出进行灭火。按使用范围可分为普通干粉和多用干粉两大类。普通干粉也称 BC 干粉，是指碳酸氢钠干粉、改性钠盐、氨基干粉等，主要用于扑灭可燃液体、可燃气体以及带电设备火灾。多用干粉也称 ABC 干粉，是指磷酸铵盐干粉、聚磷酸铵干粉等，它不仅适用于扑救可燃液体、可燃气体和带电设备的火灾，还适用于扑救一般固体物质火灾，但都不能扑救轻金属火灾。

化工厂内需用灭火器的种类及数量，应根据保护部位的燃烧物料性质、火灾危险性、可燃物的数量、厂房和库房的占地面积，以及固定灭火设施对扑救初期火灾的可能性等因素，综合考虑决定。化工露天生产装置区及危险性较大地点，除设置手提式灭火器，还应设置一定数量的较大的泡沫、干粉等手推式灭火器。中小型化工厂在缺乏全厂性消防设施的条件下，除设置小型灭火器，宜根据火灾危险性增设手推式灭火器。

7.5.3 消防设施

《中华人民共和国消防法》第七十三条规定，消防设施是指火灾自动报警系统、自动灭火系统、消火栓系统、防烟排烟系统以及应急广播和应急照明、安全疏散设施等。消防器材是指灭火器等移动灭火器材和工具。消防设施主要包括建筑室内消火栓系统、建筑室外消火栓系统、自动喷水灭火系统、水喷雾灭火系统、气体灭火系统、泡沫灭火系统、细水雾灭火系统、火灾自动报警系统和防烟与排烟系统以及建筑灭火器等系统、设施。这些系统、设施的设计应符合国家有关标准、规范。

防雷、防静电和
消防标准

火灾和应急
疏散模拟软件简介

1. 火灾自动报警系统

火灾自动报警系统是由触发装置、火灾报警装置、火灾警报装置和电源等部分组成的通报火灾发生的全套设备，如图 7-17 所示，复杂系统还包括消防控制设备。

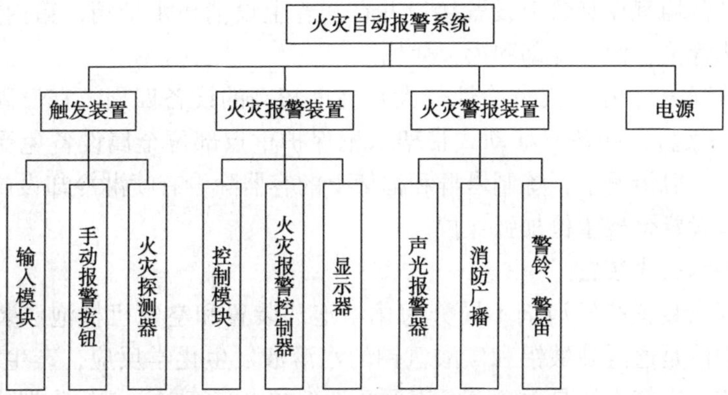

图 7-17　火灾自动报警系统的组成

2. 自动灭火系统

自动灭火系统主要包括自动水灭火系统、自动气体灭火系统和自动泡沫灭火系统。其中水灭火系统包括室内外消防栓系统、自动喷水灭火系统、水幕和水喷雾灭火系统。

(1) 露天生产装置区消防给水灭火设施

① 喷淋装置。喷淋装置由喷淋头、支管、干管、总管、报警阀、控制盘、水泵、重力水箱等组成。当防火对象起火后，喷淋头自动打开喷水，具有迅速控制火势或灭火的特点。喷淋头有易熔合金锁封喷淋头和玻璃球阀喷淋头两种形式。对于前者，防火区温度达到一定值时，易熔合金熔化锁片脱落，喷口打开，水经溅水盘向四周均匀喷洒。对于后者，防火区温度达到释放温度时，玻璃球破裂，水自喷口喷出。可根据防火场所的火险情况设置喷头的释放温度和喷淋头的流量。喷淋头的安装高度为 3.0~3.5m，防火面积为 7~9m^2。冷却喷淋设备，为了及时冷却高度超过 30m 的炼制塔、蒸馏塔或容器，宜设置固定喷淋冷却设备，可用喷水头也可用喷淋管。

② 消防水幕装置。水幕装置是能喷出幕状水流的管网设备。它由水幕头、干支管、自动控制阀等构成，用于隔离冷却防火对象。每组水幕头需在与供水管连接的配管上安装自动控制装置，所控制的水幕头一般不超过 8 只。供水量应能满足全部水幕头同时开放的流量，水压应能保证最高最远的水幕头有 3m 以上的压头。在化工露天生产装置区有用消防水幕对设备或建筑物进行分隔保护的，阻止火势扩大。消防水幕应是均匀且连续性良好的雾状水帘。

③ 消防供水竖管。采用低压消防给水系统的露天生产装置区内，对于高度大于 20m 的框架、塔群联合平台等，根据火灾危险性和灭火冷却的需要，应设置消防供水竖管。当平台、框架的保护面积小于或等于 50m^2时，竖管的直径可为 75mm；保护面积大于 50m^2时，竖管的直径应为 100mm。竖管应沿梯子一侧安设。每层平台均宜在竖管上设置接口并在竖管上设消防水带箱，箱内放置水带、水枪和泡沫管枪，便于冷却和灭火使用。

④ 带架水枪。在火灾危险性较大且高度较高的设备四周，宜设固定式带架水枪(亦称水炮)，并备置移动式带架水枪保护重点部位金属设备免受火灾辐射热的威胁。一般情况下，炼制塔群和框架上的容器除设有喷淋冷却设施和水幕分隔设施，宜设置带架水枪加强保护。

(2) 泡沫灭火装置

泡沫灭火装置按发泡剂不同分为化学泡沫装置和空气机械泡沫装置两种类型。化学泡沫是通过硫酸铝和碳酸氢钠的水溶液发生化学反应，产生二氧化碳，而形成泡沫。空气泡沫是由含有氟表面活性剂的水溶液在泡沫发生器中通过机械作用而产生的，泡沫中所含的气体为空气，空气泡沫也称为机械泡沫。按泡沫发泡倍数分为低倍数、中倍数和高倍数三种类型。按设备形式分为固定式、半固定式和移动式三种类型。泡沫灭火装置一般由泡沫液罐、比例混合器、混合液管线、泡沫室、消防水泵等组成。扑救大面积油类或储罐火灾的空气泡沫灭火设施有泡沫消防车、泡沫比例混合器、泡沫产生器、泡沫枪等。根据安装方式不同，分为移动式、半固定式和固定式三种。目前移动式和半固定式应用日益广泛。特别是采用曲臂升高灭火炮车和大功率泡沫消防车，以及泡沫液运输车组成移动式泡沫站是当前石油化工灭火的新技术。固定泡沫站一般由消防水泵、泡沫比例混合器、泡沫产生器(又称泡沫室)、水池和泡沫液储罐组成。

(3) 蒸气灭火装置

蒸气灭火装置一般由蒸气源、蒸气分配箱、输汽干管、蒸气支管、配气管等组成。把蒸气释放到燃烧区，使氧气浓度降至一定程度，从而终止燃烧。试验得知，对于汽油、煤油、柴油、原油的灭火，燃烧区每立方米空间内水蒸气的量应不少于 0. 284kg。经验表明，饱和蒸气的灭火效果优于过热蒸气。

(4) 二氧化碳灭火装置

二氧化碳灭火装置一般由储气钢瓶组、配管和喷头组成。按设备形式分为固定和移动两种类型。按灭火用途分为全淹没系统和局部应用系统。二氧化碳灭火用量与可燃物料的物性、防火场所的容积和密闭性等有关。

(5) 氮气灭火装置

氮气灭火装置的结构与二氧化碳灭火装置类似，适于扑灭高温高压物料的火灾。用钢瓶储存时，1kg 氮气的体积为 0. 8m^3，灭火氮气的储备量不应少于灭火估算用量的3倍。

(6) 干粉灭火装置

干粉是微细的固体颗粒，有碳酸氢钠、碳酸氢钾、磷酸二氢铵、尿素干粉等。密闭库房、厂房、洞室灭火干粉用量每立方米空间应不少于0.6kg；易燃、可燃液体灭火干粉用量每平方米燃烧表面应不少于2.4kg。空间有障碍或垂直向上喷射，干粉用量应适当增加。

(7) 烟雾灭火装置

烟雾灭火装置由发烟器和浮漂两部分组成。烟雾剂盘分层装在发烟器筒体内。浮漂是借助液体浮力，使发烟器漂浮在液面上，发烟器头盖上的喷孔要高出液面350~370mm。烟雾灭火剂由硝酸钾、木炭、硫黄、三聚氰胺和碳酸氢钠组成。硝酸钾是氧化剂，木炭、硫黄和三聚氰胺是还原剂，它们在密闭系统中可维持燃烧而不需要外部供氧。碳酸氢钠作为缓燃剂，使发烟剂燃烧速度维持在适当范围内而不至于引燃或爆炸。烟雾灭火剂燃烧产物85%以上是二氧化碳和氮气等不燃气体。灭火时，烟雾从喷孔向四周喷出，在燃烧液面上布上一层均匀浓厚的云雾状惰性气体，使液面与空气隔绝，同时降低可燃蒸气浓度，达到灭火目的。

7.6 电气防火防爆安全设计

7.6.1 生产场所爆炸性环境分类与分级

1. 爆炸危险区域分级

如何界定爆炸危险区域，如何针对不同类型的危险区域、危险物质，选择不同的防爆电气设备，是爆炸危险环境电力设计的关键。《爆炸危险环境电力装置设计规范》(GB 50058—2014)规定了这两类爆炸危险区域的分级原则及危险区域范围的确定方法，将爆炸危险环境分为两类六个区域。在划分爆炸危险场所的类别和等级时，应考虑可燃物质(可燃气体、液体和粉尘)在场所内的数量、爆炸极限和自燃点、设备条件和工艺过程、厂房体积和结构、释放源级别、通风设施等情况，进行综合全面的评定。爆炸危险区域范围的确定，应根据以上分级原则，结合爆炸性气体的性质、通风条件、扩散障碍物等因素综合确定。例如，当通风良好时，可降低爆炸危险区域等级；反之应提高爆炸危险区域等级。某一危险区域的范围可以是整个厂房或厂房的一部分，也可以是化工装置附近的空间，还可以是化工装置内部，甚至是化工装置内部的一部分。应尽量将电气设备安装在爆炸危险性小或没有爆炸危险性的区域。

爆炸性气体环境应根据爆炸性气体混合物(含液体蒸气及薄雾)出现的频繁程度和持续时间进行分区，分区应符合下列原则。

0 区：连续出现或长期出现爆炸性气体混合物的环境；1 区：在正常运行时可能出现爆炸性气体混合物的环境；2 区：在正常运行时不太可能出现爆炸性气体混合物的环境，或即使出现也仅是短时间存在的爆炸性气体混合物的环境。

爆炸性粉尘(含纤维)环境分区遵循下列规定。

20 区：空气中的可燃性粉尘云或持续地，或长期地，或频繁地出现于爆炸性环境中的区域；21 区：在正常运行时，空气中的可燃性粉尘云很可能偶尔出现于爆炸性环境中的区域；22 区：在正常运行时，空气中的可燃性粉尘云一般不可能出现于爆炸性环境中的区域，即使出现，持续时间也是短暂的。

2. 爆炸性气体的分级、分组

在爆炸危险环境下的电力设计中，将爆炸性气体分为三类：Ⅰ类，矿井甲烷；Ⅱ类，爆炸性气体(包括蒸气、薄雾)；Ⅲ类，爆炸性粉尘(包括纤维)。化工生产仅涉及Ⅱ、Ⅲ类。根据最大试验安全间隙(MESG)或最小点燃电流比(MICR)，《爆炸危险环境电力装置设计规范》将Ⅱ类爆炸性气体分为 A、B、C 三级，分别用ⅡA、ⅡB、ⅡC 表示。ⅡA、ⅡB、ⅡC 三个级别的 MESG 值与 MICR 值均依次减小，爆炸危险性依次增大。试验表明，当燃烧着的气体通过狭小缝隙时，只要该缝隙的宽度小到某个临界值，火焰将熄灭。爆炸性气体在 0.1MPa、20℃的标准试验条件下测定的、火焰不能通过的最大狭缝间隙称最大试验安全间隙。最小点燃电流比为易燃物质的最小点燃电流值(MIC)与实验室用甲烷的最小点燃电流值之比。引燃温度越低的爆炸性气体，发生燃爆的危险性越大。引燃温度又称自燃点或自燃温度，是在规定试验条件下，可燃物质不需外来火源即发生燃烧的最低温度。根据引燃温度，爆炸性气体又分为六组，分别用 T1、T2、T3、T4、T5、T6 表示，爆炸性气体的分级及分组见表 7-11。

3. 爆炸性粉尘的分级

我国《爆炸危险环境电力装置设计规范》(GB 50058—2014)中把爆炸性粉尘环境中的粉尘分为三级，具体如下。①ⅢA 级：为可燃性飞絮，如棉花纤维、麻纤维、丝纤维、毛纤维、木质纤维、人造纤维等；②ⅢB 级：非导电性粉尘，如聚乙烯、苯酚树脂、小麦、玉米、砂糖、染料、可可、木质、米糠、硫黄等粉尘；③ⅢC 级：导电性粉尘，如石墨、炭黑、焦炭、煤、铁、锌、钛等粉尘。

7.6.2 防爆电气设备

1. 防爆电气设备类型

在化工生产中要求在爆炸性环境使用的电气设备应当具有一定的防爆功能。爆炸性环境使用的电气设备与爆炸危险物质的分类相对应，被分为Ⅰ类、Ⅱ类、Ⅲ类。Ⅰ类电气设备用于

开远市龙腾冶炼厂煤焦油储罐爆炸调查报告

表 7-11　爆炸性气体的分级及分组

类和级	MESG	MICR	组别及引燃温度/℃					
			T1	T2	T3	T4	T5	T6
			$T>450$	$300<T\leqslant450$	$200<T\leqslant300$	$135<T\leqslant200$	$100<T\leqslant135$	$85<T\leqslant100$
ⅡA	0.9~1.14	0.8~1.0	甲烷、乙烷、丙烷、丙酮、氯苯、苯乙烯、氯乙烯、甲苯、苯胺、甲醇、一氧化碳、乙酸乙酯、乙酸、丙烯腈	丁烷、乙醇、丙烯、丁醇、乙酸丁酯、乙酸戊酯、乙酸酐	戊烷、己烷、庚烷、癸烷、辛烷、汽油、硫化氢、环己烷	乙醚、乙醛		亚硝酸乙酯
ⅡB	0.5~0.9	0.45~0.8	二甲醚、民用煤气、环丙烷	环氧乙烷、环氧丙烷、丁二烯、乙烯	异戊二烯			
ⅡC	≤0.5	≤0.45	水煤气、氢、焦炉煤气	乙炔			二硫化碳	硝酸乙酯

煤矿瓦斯气体环境，Ⅰ类防爆型式考虑了甲烷和煤粉的点燃及地下用设备的机械增强保护措施。Ⅱ类电气设备用于爆炸性气体环境，具体分为ⅡA、ⅡB、ⅡC三类。Ⅲ类电气设备用于爆炸性粉尘环境，具体分为ⅢA、ⅢB、ⅢC三类。

2. 设备保护级别

引入设备保护级别(Equipment Protection Level，EPL)目的在于指出设备的固有点燃风险，区别爆炸性气体环境、爆炸性粉尘环境和煤矿有甲烷的爆炸性环境。

防控非防爆电气设备引发的爆炸风险，应把好“五道关”

① 用于煤矿有甲烷的爆炸性环境中的Ⅰ类设备EPL分为Ma、Mb两级；②用于爆炸性气体环境的Ⅱ类设备EPL分为Ga、Gb、Gc三级；③用于爆炸性粉尘环境的Ⅲ类设备EPL分为Da、Db、Dc三级。

其中，Ma、Ga、Da级的设备具有“很高”的保护等级，该等级具有足够的安全程度，使设备在正常运行中、在预期的故障条件下或者在罕见的故障条件下不会成为点燃源。对Ma级来说，甚至在气体突出时设备带电的情况下也不可能成为点燃源。Mb、Gb、Db级的设备具有“高”的保护等级，在正常运行过程中，在预期的故障条件下不会成为点燃源。对Mb来说，在从气体突出到设备断电的时间范围内，预期的故障条件下不可能成为点燃源。Gc、Dc级的设备具有“加强”的保护等级，在正常运行过程中不会成为点燃源，也可采取附加保护，保证在点燃源有规律预期出现的情况下(如灯具的故障)，不会点燃。

3. 防爆电气设备防爆结构型式

用于爆炸性气体环境的防爆电气设备结构型式及符号分别是：①隔爆型(d)；②增安型(e)；③本质安全型(i)；④浇封型(m)；⑤无火花型(nA)；⑥火花保护型(nC)；⑦限制呼吸型(nR)；⑧限能型(nL)；⑨油浸型(o)；⑩正压型(p)；⑪充砂型(q)等设备。用于爆炸性粉尘环境的防爆电气设备结构型式及符号分别是：①隔爆型(t)；②本质安全型(i)；③浇封型(m)；④正压型(p)。

由于篇幅所限，请读者自学以下标准。《化工园区综合评价导则》(GB/T 39217—2020)、《化工园区公共管廊管理规程》(GB/T 36762—2018)、《绿色化工园区评价导则》(HG/T 5906—2021)、《生产设备安全卫生设计总则》(GB 5083—2023)、《危险场所电气防爆安全规范》(AQ 3009—2007)、《爆炸危险场所防爆安全导则》(GB/T 29304—2012)、《爆炸性环境》(GB/T 3836.1~35)、《爆炸性环境　爆炸预防和防护　第1部分：基本原则和方法》(GB/T 25285.1—2021)。

【事故案例7-7】1989年8月12日，黄岛油库因雷电导致特大火灾爆炸事故，大火持续104h，消防干警牺牲14人，油库职工牺牲5人，烧毁油罐5座，烧掉原油36000t，并造成海洋污染。油罐建在山坡上是该事故扩大的重要原因。油罐区、加油站发生雷电事故的危害不可小视。该事故外因：储罐受到雷击产生感应火花，火花引起储罐的油气爆炸起火，造成储罐火灾的发生。而内因主要有以下几个方面：①储罐结构不合理。所用的储罐是非金属储罐，是为了适宜当时钢材缺乏的情况而建造的，存在着容易因雷电感应而产生火花的先天性缺陷。因为该结构的储罐内钢筋和金属配件相互不连接，不能成为一个完整的导体，受雷击后，所产生的感应电流不能排除，钢筋与金属配件之间电压增大，产生火花，引起罐内油气燃烧爆炸。该结构储罐国内已经发生火灾20多起，这种非金属储罐不宜再使用。②油库缺乏自救能力。不能及时扑灭初期火灾，造成火势扩大，致使扑救困难。③储罐设计的位置不合理。该储罐是1974年建造，当时为节约能源，便于自流，所以储罐居高临下建造。储罐着火爆炸后，油火因势利导，倾泻而下，形成一片火海，给扑救火灾带来许多困难。④着火储罐安装的泡沫发生器首先受到破坏，根本没有起到灭火作用。⑤油库内设置的消防车库、消防泵，因位于地势偏低的位置，在储罐着火后首先受到破坏，根本没有发挥其作用。⑥消防车道路的设计不合理(该规划设计没有按规范进行)。消防车进入罐区困难，对扑救储罐火灾造成许多不便，给予火势蔓延的时间，延缓了灭火救援的时间。⑦储罐上的阻火器选择不当(该规划设计选用老式金属网阻火器)。由于无人检查，阻火器内的金属网早已完全被腐蚀掉，成为空壳，形同虚设。储罐上的阻火器应选用波纹型阻火器。

习　题

1. 讨论分层保护各保护层的作用。

2. 总平面布置一般按哪些使用功能分区？应注意的安全问题有哪些？

3. 从建筑设计角度分析化工厂房的防火措施和防火、防爆设施。

4. 生产及储存物品的火灾危险性的分类原则是什么？具体又分为哪几类？

5. 分析防止静电产生的措施和防止静电积累的措施。

6. 水的灭火原理是什么？哪些物质着火时不能用水来灭火？

7. 利用去工厂实习的机会，调查一个化工厂，分析其在全厂布局、安全疏散、建筑物、防静电和消防等方面的具体举措。

8. 乙炔经压缩机压缩达0.45MPa送入炔化反应器，在催化剂乙炔铜的作用下与甲醛(37%)进行反应，生成丁炔二醇。反应式如下：

$$C_2H_2+2HCO \xrightarrow[70\sim100℃]{催化剂} C_4H_6O_2$$

已知：乙炔爆炸极限为1.5%~82%(体积分数)；甲醛爆炸极限为7.0%~73%(体积分数)，闪点85℃(37%，不含甲醇)，最高容许浓度(MA)为3mg/m^3，是致癌物；$C_4H_6O_2$闪点152℃。该地区主导风向为东南风。试回答，在进行该工段工艺工程设计时，应考虑的安全问题：(1)各物质的主要危险危害性是什么？(2)生产车间的火灾危险性属于哪一类别？为什么？(3)生产过程、设备应采取哪些安全预防措施？(4)车间配置时，应如何合理布置？(5)火灾时可用哪些灭火剂？(6)乙炔泄漏着火时，应如何灭火？(7)如何根据物料危险特性正确合理地选用防爆电气？

9. 阅读《危险化学品建设项目安全设施设计专篇编制导则》(安监总厅管三〔2013〕39号)，了解设计专篇编制的主要内容。

10. 请查阅资料，完成新能源事故预防与应急救援的课程论文。

参 考 文 献

[1] 陈群. 化工生产安全技术[M]. 2版. 北京：中国石化出版社，2018.

[2] 温路新，李大成，刘敏，等. 化工安全与环保. 2版. 北京：科学出版社，2020.

[3] 蔡凤英，谈宗山，孟赫，等. 化工安全工程[M]. 2版. 北京：科学出版社，2009.

[4] 蒋军成，潘勇. 化工过程本质安全化设计[M]. 北京：化学工业出版社，2020.

[5] 蒋军成，潘勇，周汝. 化工安全设计[M]. 北京：中国标准出版社，2021.

[6] 方士珍，张红伟. 炼油厂火炬系统的工艺设计[J]. 安徽化工，2010，36(3)：67-70.

[7] 刘彦伟，朱兆华，徐丙根. 化工安全技术[M]. 北京：化学工业出版社，2012.

[8] 本书编委会. 工业静电与雷电防护手册[M]. 北京：中国石化出版社，2016.

[9] 焦雪，丁海芳，田芳. 化工企业防雷安全指导手册[M]. 北京：知识产权出版社，2020.

[10] 黄有波，吕淑然. 建筑火灾仿真工程软件—PyroSim从入门到精通[M]. 北京：化学工业出版社，2017.

[11] 王春雪，吕淑然. 人员应急疏散仿真工程软件—Pathfinder从入门到精通[M]. 北京：化学工业出版社，2016.

[12] 李胜利，李孝斌. FDS火灾数值模拟[M]. 北京：化学工业出版社，2019.

[13] 李驰原. 基于数值模拟的几种典型建筑火灾扑救研究[M]. 北京：化学工业出版社，2020.

[14] 中国安全生产科学研究院. 安全生产专业实务化工安全[M]. 北京：应急管理出版社，2022.

[15] 中国安全生产科学研究院. 安全生产技术基础[M]. 北京：应急管理出版社，2022.

[16] 胡敏. 安全设计诊断与安全风险评估若干问题探析[J]. 炼油技术与工程，2022，52(12)：58-64.

第 8 章　风险辨识与评估

危险无处不在，但是危险并非总能在事故发生前被辨识出来。辨识危险因素并降低风险是预防事故的关键。在化工厂的每个过程中都要不断地提出以下问题：①危害有哪些？②哪里会出错？如何出错？③后果可能是什么？④多久会发生一次？⑤风险是什么？⑥如何管控风险？

问题①指的是风险辨识。问题②和问题③是风险评估/分析的一部分。问题④指可能性(发生频率或概率)的估计。问题⑤是综合问题③和④的结果来估计风险，这个过程称为风险分析。问题⑥侧重于风险评价，它是基于前面问题的结果将风险降低到可接受水平的决策。

非基于情景的方法主要有安全检查表分析、预先危险性分析，取决于审查小组的经验；而基于情景的方法则使用预测和分析方法来定义特定的事件情景，主要有危险与可操作性分析、事件树分析、事故树分析、故障模式和影响分析、故障假设分析法(What-if)，保护层分析和定量风险分析等。基于情景的方法要比基于非情景的方法复杂和冗长，因为情景可能非常多，而且都必须全部被明确识别。若按照评估结果指标的量化程度可将其分为定性评估方法、半定量评估方法和定量评估方法。定性评估方法主要有安全检查表法、预先危险性分析、作业危害分析、故障模式及影响分析、故障假设分析法、危险与可操作性分析、人的可靠性分析法；半定量评估方法主要有作业条件危险性评价法、Dow 火灾爆炸指数、保护层分析；定量分析方法主要有事件树、事故树和定量风险分析。在大多数评估中，往往需要不同评估方法配合使用。一般首先采用定性评价方法进行全系统的风险辨识，确定潜在的事故场景，然后根据定性评估的结果采用半定量评估结果选出风险高的危害因素或事故场景进行定量分析评价。

8.1　安全评价

8.1.1　安全评价的分类

安全评价[请参考《安全评价通则》(AQ/T 8001)]以实现系统安全为目的，经现场勘验和信息采集，应用安全系统工程的原理和方法，识别、分析、预测系统生命周期内不同阶段存在的安全风险，提出安全风险控制对策措施和建议，有效管控安全风险，做出安全风险可控程度的结果综述的活动。在系统生命周期不同阶段进行的安全评价可划分为安全预评价、安全验收评价、安全现状评价或专项安全评价；或者按照系统的特点划分为：区域安全风险评价、城市安全风险评价等。

① 安全预评价［请参考《安全预评价导则》（AQ/T 8002）］在系统生命周期内的可行性研究或设计阶段，通过对建设项目的选址、总图布置、工艺与设备设施、安全管理体系构建等方面的分析，运用安全系统工程的方法，进行安全风险的识别及其风险大小的判定，提出合理可行的安全风险控制对策、措施及建议，使系统安全风险控制在可接受范围内，并做出预测性评价结果综述的活动。

② 安全验收评价［请参考《安全验收评价导则》（AQ/T 8003）］在系统生命周期的试运行阶段，经现场勘验和信息采集，核查系统安全设施与主体工程同时设计、同时施工、同时投入生产和使用的落实情况，考察安全管理体系的运行效果，评价整体系统的安全运行状况和安全风险控制效果，提出合理、可行的安全风险控制对策、措施及建议，并做出评价结果综述的活动。

③ 安全现状评价是在系统生命周期内的生产运行、维护阶段，通过对系统实际运行状况及管理状况的调查、分析，运用安全系统工程的方法，进行安全风险的识别及其风险大小的判定，查找该系统生产运行、维护过程中存在的风险因子并判定其权重，提出合理、可行的安全风险控制对策、措施及建议，使系统在运行、维护期内的安全风险控制在可接受的范围内，并做出评价结果综述的活动。

④ 专项安全评价针对某一特定系统（如单一重大风险，某项技术、某种材料、某项工艺、某台设备等）或某种特殊要求，识别和分析评价对象存在的安全风险，确定其风险等级，提出合理、可行的安全风险控制对策、措施及建议，并做出评价结果综述的活动。

⑤ 区域安全风险评价以实现区域整体安全为目的，以区域规划和区域运行现状为基础，通过识别、分析区域内部及周边地区安全风险的关联性，预测事故发生的概率，模拟事故后果并分析其可能波及的范围，造成的人员伤亡、财产损失、社会影响及风险等级，提出科学、合理、可行的区域安全风险控制措施、区域安全规划及区域应急救援体系建设等建议，做出评价结果综述的活动。所谓“区域”是指“化工园区、工业园区、经济开发区和各类功能区”。区域风险评价应以区域的整体安全性为着眼点，计算社会风险与个人风险并进行安全容量估算，重点研究企业间以及区块间的相互影响以及可能造成的连锁事故，对区域内各企业内部的安全风险不再重复评价。

也就是说化工园区安全评价一方面要将园区视为单一企业、系统，以传统的安全评价角度进行研究；另一方面要突出化工园区自身的特点，考虑危险源之间、企业之间相互影响的可能性。整体、局部相结合，各方面综合考虑进行研究与评价。2023 年 5 月，应急管理部发布了《化工园区整体性安全风险评估导则》(征求意见稿)，也可以参考各省颁布的地方标准，例如《化工园区整体性安全风险评价导则》(DB37/T 4213—2020)、《化工园区整体性安全风险评估导则》(DB41/T 2250—2022)、《化工园区整体性安全风险评价导则》(DB43/T 1784—2020)、《化工园区区域安全风险评估导则》(DB44/T 2281—2021)和《化工园区(集中区)整体性安全风险评价导则》(DB51/T 2590—2019)。

事故多米诺效应(Accident Domino Effect)是指一个单位的某个单元发生事故，可能会引起其他单元或邻近单位发生次级事故，因此有可能发生三级或更高级别的事故，即事故的多米诺效应。化工园区安全评价要重点分析化工园区主要危险源事故后果、安全相关性(事故多米诺效应)、推算化工园区安全容量以及分析个人风险和社会风险的符合性。根据池火灾模型、蒸气云爆炸模型、高斯烟羽模型等事故后果模型计算造成人员伤亡和财产损失的范围，并评估多米诺效应的可能性及传导链条。多米诺效应分析，针对距离较近的企业从火灾热辐射、爆炸超压等方面分析计算引发多米诺效应的距离，从而确定园区企业之间是否存在多米诺效应的危害。

⑥ 城市安全风险评价以实现城市整体安全、可持续发展为目的，以城市运行现状和城市发展规划为基础，全面识别、分析城市所在地域、行业领域的安全风险，预测事故发生的概率，可能波及的范围，造成的人员伤亡、财产损失、社会影响及风险等级，提出科学、合理、可行的城市风险控制措施、综合防灾减灾措施、城市安全规划、应急救援体系建设、城市安全容量及城市安全管理等建议，做出评价结果综述的活动。

在做安全评价时，使用单一方法往往得不到满意的结果。在实际应用中，应具体情况具体分析，根据分析对象和要求的不同，选用相应的分析方法。安全评价的程序主要包括前期准备，辨识与分析危险、有害因素，划分评价单元，定性、定量评估，提出安全对策、措施及建议，作出安全评价结论，编制安全评价报告。

8.1.2 危险和有害因素辨识

根据《生产过程危险和有害因素分类与代码》(GB/T 13861—2022)，危险和有害因素是指可对人造成伤亡、影响人的身体健康甚至导致疾病的因素。危险、有害因素分类的方法多种多样，安全评价中常按导致事故的直接原因、参照事故类别和按职业健康的方法进行分类。

1. 危险和有害因素的术语和定义

生产过程：劳动者在生产领域从事生产活动的全过程。

危险和有害因素：可对人造成伤亡、影响人的身体健康甚至导致疾病的因素。

人的因素：在生产活动中，来自人员自身或人为性质的危险和有害因素。

物的因素：机械、设备设施、材料等方面存在的危险和有害因素。

环境因素：生产作业环境中的危险和有害因素。

管理因素：管理和管理责任缺失所导致的危险和有害因素。

2. 按导致事故的直接原因进行分类

《生产过程危险和有害因素分类与代码》(GB/T 13861—2022)将生产过程中的危险和有害因素分为4类。

(1) 人的因素

① 心理、生理性危险和有害因素。②行为性危险和有害因素。

(2) 物的因素

① 物理性危险和有害因素。②化学性危险和有害因素。③生物性危险和有害因素。

(3) 环境因素

① 室内作业场所环境不良。②室外作业场所环境不良。③地下(含水下)作业环境不良。④其他作业环境不良。

(4) 管理因素

① 职业安全卫生组织机构和人员配备不健全。②职业安全卫生责任制不完善或未落实。③职业安全卫生管理规章制度不完善或未落实。④职业安全卫生投入不足。⑤应急管理缺陷。⑥其他因素管理缺陷。

3. 参照事故类别进行分类

参照《企业职工伤亡事故分类》(GB 6441)，综合考虑起因物、引起事故的诱导性原因、致害物、伤害方式等，将危险因素分为20类。

① 物体打击；②车辆伤害；③机械伤害；④起重伤害；⑤触电；⑥淹溺；⑦灼烫；⑧火灾；⑨高处坠落；⑩坍塌；⑪冒顶片帮；⑫透水；⑬放炮；⑭火药爆炸；⑮瓦斯爆炸；⑯锅炉爆炸；⑰容器爆炸；⑱其他爆炸；⑲中毒和窒息；⑳其他伤害。

此种分类方法所列的危险、有害因素与企业职工伤亡事故处理(调查、分析、统计)和职工安全教育的口径基本一致，为安全生产监督管理部门、行业主管部门职业安全卫生管理人员和企业广大职工、安全管理人员所熟悉，易于接受和理解，便于实际应用。但尚待在应用中进一步提高其系统性和科学性。

4. 按职业健康进行分类

参考《职业病危害因素分类目录》，将危害因素分为粉尘、化学因素、物理因素、放射性因素、生物因素和其他因素类，具体内容请参考第6章。

8.2 安全检查表法

8.2.1 安全检查表分析步骤

安全检查表法(Safety Cheek List, SCL)是安全工作中最传统的一种方法。目前安全检查表法是安全系统工程中最基础、最简便、应用最广泛的分析方法，可用于工程活动或过程周期的任何阶段。SCL 可以检查出危险因素，但不能分析出与危险因素相关的事故发生可能性和事故后果等事故情况。

应用 SCL 开展安全分析主要有三个步骤。

(1) 选择或编制安全检查表

编制安全检查表主要依据：有关最新的法律法规、标准、规范、规程、手册；国内外事故案例；行业和本单位的经验；其他分析方法所确定的危险有害因素和安全措施。编制人员一般为经验丰富的工程师、操作人员、管理人员、安技人员组成的小组。检查表宜使用前编制，重点突出，规定具体的检查方法，并有合格标准。各类检查表不宜通用，不存在各行业通用的标准化的安全检查表。

(2) 应用检查表进行安全分析

检查小组现场视察并比较实际操作情况与检查表中的项目是否符合，若不符合要求，则记录缺陷。

(3) 检查结果归档

将检查结果以报告形式给出，指出主要缺陷，改进方法、措施。跟踪危险源的状态。

8.2.2 安全检查表的分类和形式

按用途可将安全检查表分为 5 类：① 设计审查用的安全检查表：设计之前，为设计者提供的安全检查表；在“三同时”审查中使用的安全检查表。②厂级安全检查表：突出要害部位，注意力集中在大面的检查上。③车间用的安全检查表。④工段及岗位用的安全检查表：防止人身及误操作引起的事故方面。⑤专业性安全检查表。

安全检查表一般将检查项目以表格的形式列出。表的格式没有统一的规定，通常有 3 种。

① 将检查要点、设计要求等列于表中作为检查内容，通过文字等形式描述检查结果，见表 8-1。②将检查内容以提问的形式列于表中，检查结果以“√”“×”表示。这种检查表适用于检查内容较简单的系统。③用评分的方法来表达检查结果，表中可以列出分值范围和评分依据，见表 8-2。

表 8-1　常压金属储罐(　　)月检查表

罐区名称：　　　　储罐位号：　　　　检查日期：　　　　年　　月　　日

序号	检查项目	检查标准	检查结果	情况说明
1	呼吸阀	无卡涩、锈蚀、结焦、结晶、冻堵等		
2	阻火器	网上无杂物、锈蚀、结焦、结晶、冻堵，阻火网规整完好		
3	通气孔	网无破损、堵塞		
4	量油孔	清洁、附件齐全		
5	泡沫发生器	易碎玻璃完好、挡板齐全完好		
6	脱水器	仪表完好、阀门无内漏、保温完好		
7	透光孔	封闭严密、螺栓齐全		
8	液位计	准确、清洁、盒盖齐全完好		
9	液位报警器	完好		
10	采样器	完好无泄漏、支架牢固		
11	排污阀	无内漏、开关灵活		
12	进出口阀门	无内漏、开关灵活		
13	加热盘管	无渗漏、不渗油		
14	罐体	无严重变形、裂纹，盘梯无较大变形		
15	管线、阀门支架	牢固、无移位、无倾斜		
16	转动浮梯及导轨	运转灵活、无脱轨、无开焊变形		
17	中央排水孔	阀门无内漏、开关灵活、排水管无内漏		
18	紧急排水口	阀门无内漏、开关灵活、排水管通畅		
19	外浮盘	外浮盘上无水、油及杂物，无缺损变形		
20	罐区排水系统	完好通畅		
21	基础	基础无下沉、倾斜、开裂现象		
22	标识	清晰、无破损		
23	保温	保温层无破损、脱落、潮湿		
24	静电接地检查	静电接地完好、符合要求		
25	紧固件	紧固、无锈蚀		
26	其他			

检查人：　　　　　　　　确认人：

表 8-2　气柜安全评价检查表

序号	评价内容	评价标准	应得分	实得分
1	气柜各节及柜顶无泄漏	一处泄漏扣 2 分	10	
2	各节水封槽保持满水，水槽保持少量溢流水	一节不符合扣 5 分	20	
3	导轮、导轨运行正常，油盖有油	达不到要求不得分	20	
4	各节之间防静电连接完好、可靠	不符合要求不得分	10	
5	气柜接地线完好无损，电阻不大于 10Ω	达不到要求不得分	10	
6	配备可燃性气体检测报警器，定期校验，保证完好	一个不好不得分	10	
7	高低液位报警准确完好	一个不准确不得分	20	
合计			100	

8.3　预先危险性分析

8.3.1　概念和分析步骤

预先危险性分析(Preliminary Hazard Analysis，PHA)，是在每项工程活动之前，如设计、施工、生产之前，或技术改造后制定操作规程和使用新工艺之前，对系统存在的危险性类型、来源、出现条件、导致事故的后果以及有关措施等，做一概略分析，以便提出安全防范措施。使用预先危险性分析方法时，首先对生产目的、工艺过程以及操作条件和周围环境，作比较充分的调查了解。然后按系统和子系统一步一步地查找危险性，其危险性分析的步骤如下。

(1) 根据经验

根据过去的经验，分析对象出现事故的可能类型。

(2) 调查危险源

危险因素存在于哪个子系统中。调查可采用安全检查表法、经验方法和技术判断的方法。

(3) 识别转化条件

研究危险因素转变为危险状态的触发条件和危险状态转变为事故(或灾害)

的必要条件，并进一步谋求防治办法，检验这些办法的效果。

(4) 划分危险等级

把预计到潜在危险性划分危险等级。其分级的目的是要排列出先后顺序和重点，以便优先处理。预先危险性分析中仅能作为定性评价，其等级如下。

1 级：安全的，无人员伤亡或系统损坏。

2 级：临界的，处于事故的边缘状态，暂时还不会造成人员伤亡和系统的损坏。因此，应予排除或采取控制措施。

3 级：危险的，会造成人员伤亡和系统损坏，要立即采取措施。

4 级：破坏性的，会造成灾难事故，必须予以排除。

(5) 实现事故预防措施

找出消除或控制危险性的措施，指定负责措施的部门和人员，并按照一定的表格进行记录以便查找和落实措施。在危险性不能控制的情况下，可以改变工艺路线，至少也要找出防止人员受伤或物质损失的方法。

(6) 结果汇总

以表格的形式汇总分析结果。典型的结果汇总表包括序号，危险源名称，主要的事故及事故类型，发生事故的原因，可能的结果，事故发生可能性，危险性级别，建议的和决定采取的安全措施等。

8.3.2 PHA 分析举例

以油库大修为例，进行 PHA 分析。某厂油库原为 20 世纪 70 年代所建，由于当时历史原因，未对其安全性进行论证，运行 10 余年后，通过多次安全消防检查，发现油库地下室内因设计缺陷，造成地下室通风不良，不能保证室内油气浓度低于爆炸极限下限，同时因墙体未做防潮处理，以致在暑季油气中蜡质物在墙壁上凝聚，电气防爆性能已完全失效，甚至连绝缘都处于不可靠状态。另外，油罐、管道均未设防静电接地设施，亦未做电气连接。总之，危险因素甚多，经厂务会议研究决定，结合一次大修，解决油库安全问题；在此项工程的设计、施工前，先对这项工程存在的危险因素、事故发生条件、造成事故的后果宏观地概略地分析。其目的是预先提出防范措施，避免由于考虑不周，使工程中各类危险因素发展为事故。危险因素的辨识与分析见表 8-3。

表 8-3　油库大修预先危险性分析表

序号	工序	危险因素	触发事件	形成事故	后果	危险等级	预防措施
1	油品清除	地下室油气浓度达到爆炸极限范围	碰撞摩擦火花、电气火花	爆炸、火灾	人身伤亡、财产损失	3 级	油品清除前门打开通风，作业人员不得穿化纤衣物，鞋底不准有铁钉，作业时严禁撞击，切断室内一切电路，配用防爆电筒
2	罐侧墙开通风洞孔	地下室油气达到爆炸极限范围	碰撞火花	爆炸、火灾	人身伤亡、财产损失	3 级	油罐内注满清水，排净残油，开洞施工时边拆边浇水，室内水泥地面垫湿草袋，施工时消防配合
3	罐体要设防静电接地装置	焊接高温	罐内残油发生化学变化，溢出燃爆气体	燃爆	人身灼烫	2 级	焊接作业前测试油气浓度在爆炸极限范围之外，通风，焊接点尽可能远离罐壁体，作业中可靠通风，消防监护
4	罐体反接地体防腐蚀处理	防腐蚀作业中材料高温	作业区油气浓度达到爆炸极限范围	燃爆	人身灼烫	2 级	防腐作业前及作业中心必须可靠通风
5	罐口改造					1 级	卸装罐盖防止火花
6	地下室通风、采光改造工程	地下室内油气聚集	明火进罐引燃	燃爆	人身灼烫	2 级	同 3
7	罐体抽水放水					1 级	必须使用防爆工具
8	管道连接施工	地下室及空罐内残油气	明火引燃	燃爆	人身灼烫	1 级	施工前，测试油气浓度并采取通风置换措施，使油气浓度在爆炸极限范围之外

8.4 作业危害分析

8.4.1 概述

作业危害分析（Job Hazard Analysis, JHA）又称作业安全分析（Job Safety Analysis, JSA）、作业危害分解（Job Hazard Breakdown, JHB），该方法适用于化工企业作业活动前的风险分析。该方法是为了安全地完成某项工作（或作业活动），把工作（或作业活动）内容划分为若干个子步骤，依据安全健康管理法律、法规、标准规范，以及企业安全健康管理要求对每一个子步骤包含的潜在危险、有害因素进行辨识，针对辨识结果制定安全风险管控措施的工作过程。JHA 是一种定性风险分析方法。此方法适用于检查维修作业、分析化验、管理活动以及涉及正常生产维护、开停车、异常或紧急情况下的处理等的操作活动。

8.4.2 作业危害分析的步骤

作业危害分析的主要步骤如下。

① 确定或选择待分析的作业，划分作业步骤。理想情况下，所有作业都要进行作业危害分析，但首先要确保对关键性的作业实施分析。把工作（或作业活动）分解为若干个相连的工作子步骤。通常情况下，工作（或作业活动）内容相对简单的，可以划分为 5~7 工作子步骤，划分过多或过少的工作子步骤都可能影响危险有害因素识别效果，工作量较大、内容较多的工作（或作业活动）可以划分出更多数量的工作子步骤。

② 辨识每一步骤危险、有害因素。根据《生产过程危险和有害因素分类与代码》（GB/T 13861）的规定，辨识每一步骤的危险源及潜在事件。根据《企业职工伤亡事故分类》（GB 6441）的规定，分析危险源及潜在事件可能造成的后果。

③ 制定安全风险管控措施。针对每一起危险源及潜在事件可能造成的后果，从工程控制、管理措施、安全教育培训、个体防护、应急处置等方面制定风险管控措施。

④ 评估风险、判定等级。根据企业风险管理制度判定每一起危险源及潜在事件可能造成的后果的安全风险等级。

⑤ 填写工作危害分析评价记录，见表 8-4。

表 8-4　工作危害分析评价记录

（记录受控号）单位：　　　岗位：　　　工作（或作业活动）名称：　　　No：

序号	作业步骤	危险源或潜在事件（人、物、作业环境、管理）	主要后果	现有控制措施					L	S	R	评价级别	建议新增（改进措施）	安全风险管控措施负责人
				工程技术	管理措施	安全教育培训	个体防护	应急处置						

分析人：　　　日期：　　　审核人：　　　日期：　　　审定人：　　　日期

注：1. 审核人为所在岗位/工序负责人，审定人为上级负责人。

2. 评价级别是运用风险评价方法确定的风险等级。

3. 安全风险管控措施负责人是指每一项风险管控措施的落实人员，需要注意的是不同的安全风险管控措施应由不同专业、不同岗位的人员负责落实。

4. 企业可结合安全管理实际参照表格形式制定其他形式表格。

5. L—危险源或潜在事件造成风险的可能性等级；S—危险源或潜在事件造成风险的严重度等级；R—危险源或潜在事件造成风险的风险度等级，$R=LS$。

8.4.3 应用举例

气柜的检修作业是一种高风险的作业，必须加强风险管控。确定对策时，从工艺处理、作业风险的控制措施两个方面加以考虑。某企业检修气柜工作危害分析见表 8-5。

表 8-5　某化工企业检修气柜工作危害分析表

工作/任务：检修气柜　　　区域/工艺过程：气柜

序号	工作步骤	危害或潜在事件	主要后果	现有安全控制措施	L	S	R	建议改正/控制措施
1	准备工作	防护用品佩戴不合格	中毒、窒息、爆炸	进行安全教育，检查防护用品完好性及佩戴方式	2	5	10	
		不按要求着装	产生静电，引发爆炸	进行安全教育，按规范着装和穿戴劳保用品	2	5	10	
		未带瓦斯、硫化氢检测仪	中毒、窒息、爆炸	携带便携式检测仪，列表检查确认	2	5	10	
		未带工具袋	工具掉落伤人	佩戴工具袋，列表检查确认	1	4	4	

续表

序号	工作步骤	危害或潜在事件	主要后果	现有安全控制措施	L	S	R	建议改正/控制措施
2	拆卸、开侧窗、天窗通风	工具非防爆	爆炸	使用防爆工具，列表检查确认	2	5	10	
		作业不熟练	碰伤、坠落	进行教育培训，监督佩戴安全带	1	4	4	
		残留有毒爆炸物质	中毒、窒息、爆炸	气柜柜底彻底除油、清淤，置换至合格，岗位培训，作业时佩戴空气呼吸器，使用防爆工具，将气柜加盲板隔离	3	5	15	
		工具摆放位置有误	从高处坠落伤人	把工具放在不易碰落位置	1	4	4	
		平台有杂物	绊倒、坠落、摔伤	作业前检查平台	1	4	4	
3	进气柜作业	采样数据不准确或未采样分析	化验结果有误造成中毒、窒息、爆炸	采样位置分上、中、下，应具有代表性，使用化验分析与便携检测仪互相验证的方法检测数据	3	5	15	
		无票作业	中毒、窒息、爆炸	开具作业票落实安全措施	3	5	15	
		无监护人	中毒、窒息、爆炸	委派有资质的监护人，落实监护人职责	3	5	15	

注：$R=LS$。

通过工作危害分析可知，人孔拆卸和进入气柜内作业风险最高，风险度$R\geqslant15$，有可能出现人员中毒、窒息或者爆炸的危险，必须采取安全措施，避免上述风险。需要提示的是，表8-5仅仅是分析结果示例，在实践应用过程中，企业应注意安全控制措施的完整性，以及每一项措施要有具体的人员进行落实、签字确认。

8.5 故障模式及影响分析

8.5.1 故障模式及影响分析概念和分析步骤

故障模式及影响分析(Failure Mode and Effects Analysis, FMEA)是一种结构化的分析方法。FMEA 分析应由不同专业的人员共同进行分析，团队成员应真正了解和理解工艺细节。参考标准是《系统可靠性分析技术　失效模式和影响分析(FMEA)程序》(GB/T 7826—2012)。FMEA 可根据分析对象的特点，将分析对象划分为：系统、子系统、设备及元件等不同的分析层级，然后分析不同层级上可能发生的故障模式及其产生的影响，以便采取相应的对策，提高系统的安全可靠性。故障模式亦是指系统、子系统或元件发生的每一种故障的形式。例如，一个阀门故障可以有 4 种故障模式：内漏、外漏、打不开、关不严。

FMEA 的分析过程包括以下分析步骤。

① 明确系统本身的范围与功能，包括系统结构信息、边界、系统状态和环境条件等。将分析对象划分为系统、子系统、设备及元件等不同的分析层级。

② 绘制功能框图，确定系统的功能关系、分析范围层级。

在应用 FMEA 之前，要将系统(包括包含软件的硬件，或者过程)按等级分解成更基本的要素。可以构建用框图表示实际元件或部件的结构，利用这些信息可更准确识别潜在的失效模式和失效原因。当系统逐级分解到基本单元时，一个或多个故障模式导致了某个故障影响发生，同样，该故障影响则是更高层次的故障原因，称为部件故障。依此类推，部件故障是模块故障的原因，模块故障则是子系统故障的原因，同样，子系统层的故障可导致更高层次的故障。

确定分析系统的约定层次是十分重要的。一般来说，对关键子系统可深入分析，次要的可以分析得浅些，有的可以不分析。对功能件或外购件不必进一步分析。

③ 建立故障模式清单，分析故障模式及其影响。

FMEA 分析从最底层要素开始，分析采用自下而上的方式进行，直到识别出系统的最终影响。随着分析的深入，较低层次的故障影响可能会成为其高一层次产品故障模式的原因。

④ 确定故障等级：根据故障模式对系统、子系统影响程度不同而划分的等级。故障等级由各公司自己确定。

⑤ 研究故障的检测方法，判断故障模式的征兆特征，提出预防措施。

⑥ 填写 FMEA 表格。FMEA 以列表方式记录详细的分析资料，一般要包括元件、故障模式、故障原因、故障影响、措施等。

8.5.2 FMEA 例子

针对控制阀进行 FMEA 分析，该控制阀用于调节冷却水的流量以控制某间歇式反应器的温度。反应器内为放热反应，可能会导致反应失控。

解答：团队将认识到这只是待分析系统的一部分。然后，他们将会创建结果表，见表 8-6。表格创建后，团队将分析结果汇总在结果表中。团队对表 8-6 的评估得出以下建议(以风险等级为准)：①添加冗余的温度指示(即两种温度计需要来自不同制造商以防止共因失效)；②提高备用氮气源，当气压降低时激活；③添加另一个水源，该水源在水流量减少时激活。

表 8-6 FMEA 结果表

日期：2020-02-02　页码：1/10　团队成员：John A.，Joseph S. 和 Jacob Z.

工厂：聚醚　　　　　　　　　系统：反应器冷却

项目	标识	描述	失效模式	失效模式原因	影响	现有保护措施	措施/建议	风险等级
1	控制反应器温度的气动控制阀	控制冷却水流量，故障开	故障开	供气不足，温度读取失败	反应器冷却及单体积聚，重启可能导致失控	高流量报警，低温报警	考虑冗余温度读取，冗余空气源或使用氮气来弥补空气不足	10
2	控制反应器温度的气动控制阀	控制冷却水流量，故障开	故障关	高压，阀门弹簧失效，阀门堵塞	反应器温度升高，产品质量不佳	低流量报警，高温报警	考虑冗余气压控制，水源冗余	3
3	控制反应器温度的气动控制阀	控制冷却水流量，故障开	阀门漏水	腐蚀，阀门密封泄漏	大量泄漏会使反应器冷却及单体积聚，重启可能会导致失控	高流量报警，低温报警	考虑冗余温度读取，冗余空气源会使用氮气来弥补空气不足	8
4	控制反应器温度的气动控制阀	控制冷却水流量，故障开	水从冷却盘管系统漏出，管道故障	腐蚀，管道密封失效	大量泄漏会降低冷却效果，温度升高，产品质量不佳	低流量报警，高温报警	水源冗余	4

8.6 故障假设分析法

8.6.1 方法概述和分析步骤

1. 方法概述

故障假设分析法(What-if)是对某一生产或操作过程的创造性分析方法。分析人员应对工艺熟悉，通过提出一系列“如果…怎么办?”的问题(故障假设)，来发现可能和潜在的事故隐患，找出造成事故的潜在因素，从而对系统进行彻底检查。在分析会上围绕所确定的安全分析项目对工艺过程或操作进行分析，鼓励每个分析人员对假定的故障问题发表不同看法。

What-if/检查表分析是一种将 What-if 与检查表方法结合在一起的混合方法。该方法是将 What-if 分析的考虑潜在的事故后果与检查表方法的系统性结合起来，互相取长补短。

2. 分析步骤

What-if 由 3 个步骤组成，即分析准备、完成分析、编制分析结果文件。

(1) 分析准备

① 人员组成。进行这项分析应由 2~3 名专业人员组成小组。小组成员要熟悉生产工艺，有评价危险性的经验并了解分析结果的意义，最好有班组长和工程技术人员参加。

② 确定分析目标。首先要考虑取得什么结果作为目标，目标又可进一步加以限定，如结果会是何种事故。目标确定之后就要确定分析哪些系统。分析某一系统时应注意它与其他系统的相互作用，避免漏掉其危险性。分析时应与相关的负责人、一线操作人员进行交流。

③ 资料准备。What-if 需要的资料包括工厂平面布置图、工艺流程图、工艺流程及仪表控制和管路图及操作规程等。这些资料最好在分析会议之前准备妥当。

④ 准备基本问题。准备工作的最后一步是准备一些基本问题，它们是分析会议的“种子”。

(2) 完成分析

小组首先要了解生产情况和工艺过程，包括原有的安全设备和措施，必要时还要向现场操作人员提问，然后准备好提出的问题。其次按准备好的问题，从工艺进料开始，提出如果发生那种情况，操作人员应该怎么办? 逐一得出正确的答案，填入表中。一直进行到成品产出为止。小组每天工作 4~6h 最为理想。

(3) 编制分析结果

将提出的问题及产生的原因、后果、现有措施和建议措施加以整理，使用表格的形式记录下来。

8.6.2 应用实例

在生产磷酸二铵的过程中，如反应完全，则得到磷酸二铵；如磷酸用量不足、反应不完全，过量氨逸出，会损害操作人员的健康；如氨量不足，虽不会产生危险性，但得不到合适的产品。专业小组研究后的结果见表 8-7。

表 8-7 讨论内容整理

如果…怎么办	结果/危险性	建议/措施
磷酸浓度不合格	氨过量排入作业区	操作前检验磷酸浓度
A 阀未打开或堵塞	氨未反应，排入作业区	设报警装置，从 A 阀流入反应器的流量小时，关闭 B 阀
进入反应器的氨过量	氨排入作业区	设报警装置，从 B 阀流入反应器的流量大时，关闭 A 阀

8.7 危险与可操作性分析

8.7.1 HAZOP 的概念及术语

1974 年 6 月 1 日 16 时许，英国 Nypro 公司发生了己内酰胺装置爆炸事故，该事故催生了 HAZOP 分析的诞生。国家安全生产监督管理总局于 2013 年发布了推荐性行业标准《危险与可操作性分析（HAZOP 分析）应用导则》（AQ/T 3049—2013），2017 年颁布了《危险与可操作性分析（HAZOP 分析）应用指南》（GB/T 35320—2017），将其作为重点推广的危险分析方法。2013 年，国家安全生产监督管理总局颁布《安全监管总局关于加强化工过程安全管理的指导意见》（安监总管三〔2013〕88 号），其中第三（五）条要求："……对涉及重点监管危险化学品、重点监管危险化工工艺和危险化学品重大危险源（以下统称"两重点一重大"）的生产储存装置进行风险辨识分析，要采用危险与可操作性（HAZOP）技术，一般每 3 年进行一次。对其他生产储存装置的风险辨识分析，针对装置不同的复杂程度，选用安全检查表、工艺危害分析、预先危险性分析、故障类型和影响分析（FMEA）、HAZOP 技术等方法或多种方法组合，可每 5 年进行一次。企业管理机构、人员构成、生产装置等发生重大变化或发生安全生产事故时，要及时进行风险辨识分析。企业要组织所有人员参与风险辨识分析，力求风险辨识分析全覆盖。"

HAZOP 分析由一组多专业背景的人员以会议的形式，按照 HAZOP 执行流程对工艺过程中可能产生的危险和可操作的问题进行分析研究。首先将分析装置划分为若干个小的节点，然后使用一系列的参数和引导词，采取头脑风暴的方式进行安全审查，评估装置潜在的设备上或操作上的偏差，找出产生偏差的原因，并且定性地分析偏差可能导致的危害和可操作性问题，提出补充的安全措施和建议。HAZOP 是先找出系统运行过程中工艺状态参数(如温度、压力、流量等)的变动以及操作、控制中可能出现的偏差，然后分析每一偏差产生的原因和造成的后果，据此采取对策。偏差是指参数偏离设计意图。设计意图是设计者期望的或规定的参数值范围，一般是指正常运行状态时的系统功能和参数，偶尔也可以指：①异常操作条件和不希望的行为，如严重的波动、管道中的水锤、电压的振荡；②老化、腐蚀、侵蚀和其他导致材料性能恶化的因素；③期望寿命、可靠性、可维护性和维修支持。

偏差可以简单地表达为：偏差=工艺参数+引导词。如“无”这个引导词跟参数“流量”组合在一起，表示“无流量”。

其中，工艺参数广义上包含两类：一类是概念性的工艺参数，指系统或设备功能，如反应、混合等；另一类是物质、设备的状态参数等具体的工艺参数，如压力，温度等。因此这里的工艺参数就代表了设计意图。常用的 HAZOP 分析工艺参数混合、分离、反应、添加剂、信号、电压，流量、温度、压力、pH 值、组成、黏度、液位、时间、频率、速度等。引导词是特定的用于描述对设计意图偏离的词或短语。HAZOP 分析中的引导词见表 8-8。

表 8-8　引导词及其含义

引导词	基本含义	实际意义
No	没有，空白：设计目的的完全否定	设计成操作要求的指标和事件完全不发生，如无流量、无催化剂
More	过多：量的增加	同标准值相比，数值偏大，如温度、压力、流量等数值偏高
Less	过少：量的减少	同标准值相比，数值偏小，如温度、压力、流量等数值偏低
As Well As	额外：性质的变化/增加	在完成既定功能的同时，伴随多余事件发生，如物流在输送过程中发生组分及相变化
Part of	不完整：性质的变化/减少	只完成既定功能的一部分，如组分的比例发生变化、无某些组分
Reverse	相反：设计目的的逻辑取反	出现和设计要求完全相反的事或物，如流体反向流动、加热而不是冷却、反应向相反的方向进行
Other Than	异常：完全替代	出现和设计要求不相同的事或物，如发生异常事件或状态、开停车、维修、改变操作模式
Sooner Than	过早或顺序出错	时间与设计意图不同，多用于间歇过程
Later Than	过晚或顺序出错	时间与设计意图不同，多用于间歇过程

工艺参数与引导词组合后需要解释其所代表的偏差的意义，见表8-9，此时需要注意：①根据所结合的工艺参数的不同，引导词的含义需要做适当的表达，或根据某些具体的工艺参数对一些引导词进行修改。例如当“过量”与“压力”组合时代表压力高，若直接表达为“压力过量”则不合适。②对于概念性的工艺参数，当与引导词组合成偏差时常发生歧义，如“过量+反应”可能是指反应速度快，或者是指生成了大量的产品，此时需要分析人员提前做好偏差意义的解释。③有些引导词与工艺参数组合后可能无意义或不能称之为“偏差”，如“伴随+压力”“空白+温度”“相逆+腐蚀”。

表8-9　引导词和工艺参数构成偏差的实际意义举例

引导词	工艺参数	偏差的意义
No(空白)	Flow(流量)	No Flow(无流量)
More(过量)	Flow(流量)	More Flow(流量大)
Less(减量)	Flow(流量)	Less Flow(流量小)
As Well As(伴随)	Flow(流量)	As Well As Flow(输送过程中有其他物质)
Part of(部分)	Flow(流量)	Part of Flow(物质含量不足)
Reverse(相逆)	Flow(流量)	Reverse Flow(反向输送)
Other Than(异常)	Flow(流量)	Other Flow(输送的不是该物质)
More(过量)	Pressure(压力)	High Pressure(压力高)
As Well As(伴随)	One Phase(一相)	Two Phase(两相)
Other Than(异常)	Operation(操作)	Maintenance(维修)

8.7.2　HAZOP分析的实施步骤

HAZOP分析将不同工艺过程划分为适当的节点，采用不同的引导词，尽量找出偏离设计意图的所有偏差。分析步骤如下。

(1) 建立分析小组

分析小组的人数应尽可能少，一般4~7人，但须具备所需的技术、操作技能、经验。分析小组成员一般包括组长、秘书、工艺工程师、仪表/控制工程师、安全工程师、操作人员等。在系统生命周期的不同阶段，适合HAZOP分析的小组成员可能是不同的。HAZOP分析需要小组成员的共同努力，每个成员均有明确的分工。

(2) 准备分析所需要的图纸和文件资料

第2阶段的任务主要是制定工作计划、收集数据、确定会议记录的方式、预计分析所花时间、安排时间进度表。分析计划包括：分析的任务和工作范围、详细的技术资料(工艺单元及各参数的设计意图；工艺单元的元件、物质及属性；

管线、设备流程图、布置图)、列出引导词并解释偏差的意义、参考资料清单、会议安排(包括时间和地点等会议日程和管理安排)、记录的格式和分析所使用的模板。收集的信息应包括过程流程图(PFD 图)、管路及仪表布置图(PID 图)、工厂布置图、物质安全数据表(MSDS)、操作规程、热量和物质平衡、装置数据表、开车、停车及应急程序等。会议安排的次数和时间需要注意：每个分析节点平均需 20~30min，每个设备分配 2~3h。每次会议持续时间不要超过 4~6h(最好安排在上午)，而且分析会议应连续举行。最好把装置划分成几个相对独立的区域，每个区域讨论完毕后，会议组做适当修整，再进行下一区域的分析讨论。对于大型装置或工艺过程，可以考虑组成多个分析组同时进行，由某个分析组的组织者担任协调员，协调员首先将过程分成相对独立的若干部分，然后分配给各个组去完成。

(3) 实施分析

第 3 阶段分析流程如图 8-1 所示。

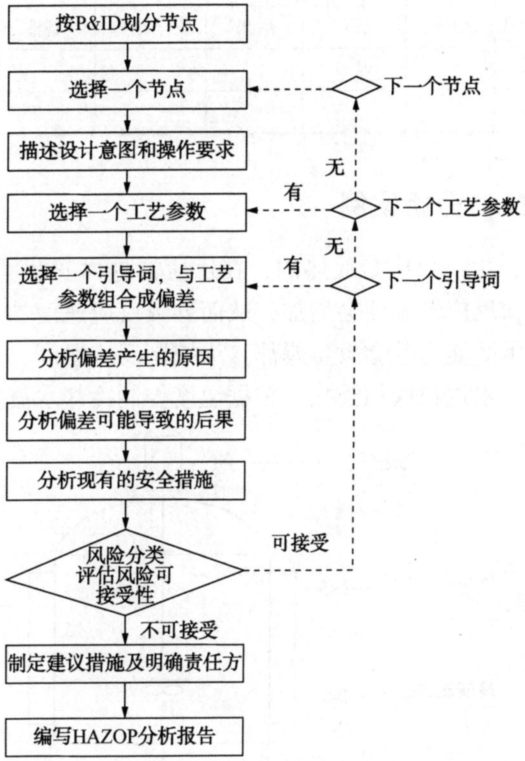

图 8-1　HAZOP 分析流程图

实施分析时由组长主持分析工作，首先陈述分析计划，让成员熟悉该系统分析目的和范围；解释将要使用的引导词、工艺参数；介绍已知的危险源、操作问题和相关的危险区域。组长和分析成员应在分析会议之前就风险矩阵对项目的适用性进行确认，必要时可以更新。

(4) 结果归档

第 4 阶段需要完成的任务有记录分析结果、生成分析报告、确保措施的执行。必要的话重新分析某些工艺单元，生成最终的报告。HAZOP 分析结果主要以表格形式展现，HAZOP 分析工作表见表 8-10。

表 8-10　HAZOP 分析工作表

<table>
<tr><td colspan="6">标题：</td><td colspan="4">页码：第　页/共　页</td></tr>
<tr><td colspan="4">图纸编号：</td><td colspan="3">版本号：</td><td colspan="3">日期：</td></tr>
<tr><td colspan="7">HAZOP 小组：</td><td colspan="3">会议日期：</td></tr>
<tr><td colspan="10">分析部分：</td></tr>
<tr><td colspan="4">设计意图：</td><td colspan="3">物料：
源：</td><td colspan="3">行动：
目的地：</td></tr>
<tr><td>序号</td><td>引导词</td><td>工艺参数</td><td>偏差</td><td>原因</td><td>后果</td><td>安全措施</td><td>备注</td><td>建议安全措施</td><td>执行人</td></tr>
<tr><td></td><td></td><td></td><td></td><td></td><td></td><td></td><td></td><td></td><td></td></tr>
<tr><td></td><td></td><td></td><td></td><td></td><td></td><td></td><td></td><td></td><td></td></tr>
</table>

8.7.3 HAZOP 分析案例

如图 8-2 所示，由于反应是放热的，在反应器外面安装了夹套冷却水系统。当冷却能力下降时，反应器温度会增加，从而导致反应速度加快、压力增加。若压力超过反应器的承受能力就会发生爆炸。为控制反应温度，在反应器上安装了温度测量仪并与冷却水进口阀门连接，根据温度控制冷却水流量。

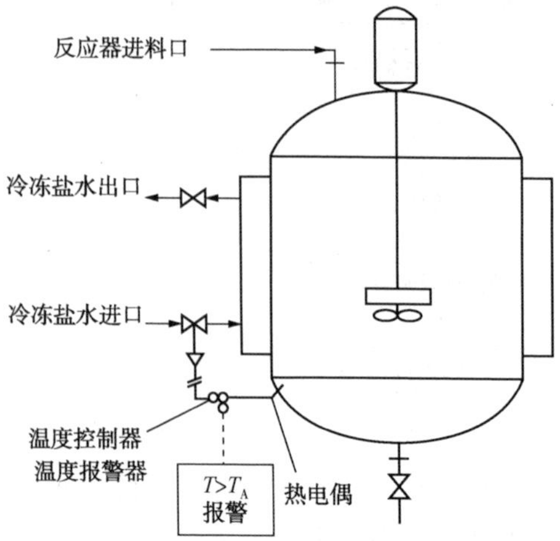

图 8-2　放热搅拌釜反应器的温度控制

该系统在反应中的安全性主要取决于温度的控制，而温度又与冷却水流量有关，因此冷却水流量的控制是至关重要的。下面用引导词对冷却水流量进行HAZOP分析，结果列入表8-11。

表8-11　反应器系统HAZOP分析结果

序号	引导词	偏差	原因	后果	建议措施
1	无	无冷却水	①冷却水源无水；②冷却管道堵塞；③阀门损坏未打开；④气压使阀门关闭	①反应器内温度升高；②热量失控，反应器爆炸	①设备备用冷却水源；②安装过滤器，防止杂物进入管线堵塞管道；③安装备用控制阀；④安装备用控制器；⑤安装高温报警器；⑥安装高温紧急关闭系统；⑦安装冷却水流量计和低流量报警器
2	过量	冷却水流量偏高	①控制阀失效，开度过大；②控制器失效，开度过大；③温度传感器损坏，测量失误	反应器温度降低，产物减少	①安装备用控制阀；②安装备用控制器；③安装现场直接显示仪表
3	相逆	冷却水逆向流动	①冷却水源失效导致反向流动；②冷却水出口存在背压而反向流动	①冷却异常；②反应过程失控	①在管道上加装止逆阀；②安装高温报警器；③安装高温紧急关闭系统；④安装冷却水流量计和低流量报警器
	额外	冷却水进入反应器	反应器壁破损，冷却水压力高于反应器内压力	①反应器内物质被稀释；②产品报废；③反应器过满	①安装反应产物分析装置；②安装高液位报警装置；③安装溢流装置；④安装检查维修设备
		产品进入夹套	反应器壁破损，反应器内压力高于冷却水压力	①冷却水被污染；②产率下降；③冷却能力下降；④材料被腐蚀	①安装冷却水水质分析仪；②冷却水管道上安装止逆阀，防止回流；③定期检查维修设备

通过研究，对这个反应器系统应增加如下几项安全措施：①安装高温报警器系统，以便温度超过规定值时能提醒操作者；②安装高温紧急关闭系统，当反应温度过高时，自动关闭整个系统；③在冷却水进水管和出水管上分别安装止逆阀，防止物料漏入夹套时污染水源；④确保冷却水水源，防止污染和供应中断；⑤安装冷却水流量计和低流量报警器，当冷却水流量小于规定值时能及时报警。

另外，在管理方面也要加强，如定期检查设备，保持完好、无渗漏。对工人加强安全教育，严格执行操作规程等。

8.8 事件树分析

8.8.1 事件树分析的概念和步骤

事件树分析(Event Tree Analysis，ETA)是从给定的一个初始原因事件开始，按时间进程采用追踪方法，对构成系统的各要素(事件)的状态(成功或失败)逐项进行二者择一的逻辑分析，分析初始条件的事故原因可能导致的事件序列的结果，将会造成什么样的状态，从而定性与定量地评价系统的安全性，并由此获得正确的决策。事件序列是以图形表示的，其形状呈树枝形，故称为事件树。具体内容请参考《可信性分析技术　事件树分析(ETA)》(GB/T 37080—2018)。一起事故的发生，是许多事件按时间顺序相继出现的结果，后一事件是在前一事件出现的情况下发生的，后一事件选择某一种可能发展途径的概率是在前一事件做出某种选择的情况下的条件概率。

事件树分析的过程可以分为以下 6 步。

① 确定系统，寻找可能导致系统严重后果的初始事件，初始事件通常为故障事件、事故原因事件。

② 分析各系统组成要素并进行功能分解(除了系统的部件、元件外，也包括安全设施、操作人员应采取的安全措施和程序等)。

③ 分析各要素的因果关系及其成功、失败的两种状态，逐一列举由此引起的事件。

④ 建造事件树。根据因果关系及状态，由左向右展开。把可以发挥功能的状态画在上面的分支，不能发挥功能的状态画在下面的分支。

⑤ 进行事件树的简化。

⑥ 进行定量的计算。事件树分析的定量计算就是根据每个事件发生概率来计算每个分支的发生概率及系统故障(或事故)发生的概率，或系统的可靠度。每个分支为相继发生的事件的积事件，因为事件发生概率为条件概率，所以各分支的发生概率为相继发生的事件的概率的积。如果能估计出各分支事件的后果大小，如经济损失，再结合各后果事件的概率，就可以计算出系统的风险大小。

8.8.2 事件树分析案例

某反应系统如图 8-3 所示。该反应是放热过程，为此在反应器的夹套内通入冷却水以移走反应热。如果冷却水流量减少，会使反应器温度升高、反应速率加快，导致反应失控。在反应器上安装有温度测量控制系统，并与冷却水入口阀门连接，根据温度控制冷却水流量。为安全起见，安装了高温报警仪，当温度超过规定值时自动报警，以便操作者及时采取措施。

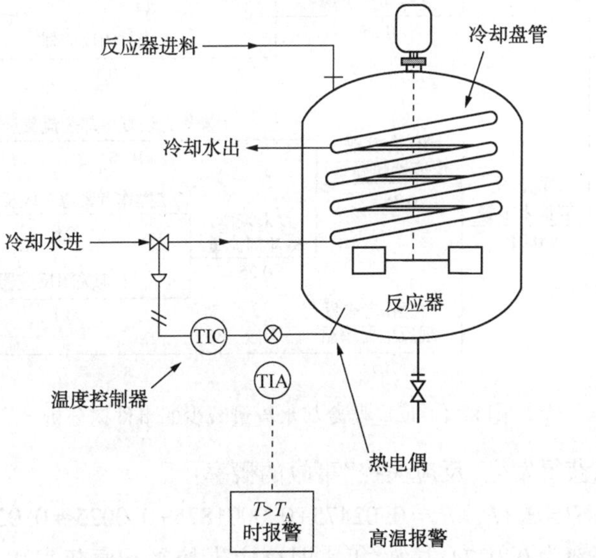

图 8-3　具有高温报警和温度控制器的反应器

现以冷却剂损失(即冷却水流量减少)为初始事件进行事件树分析。确认出 4 种安全功能设施(措施)，并按照以下逻辑发生。第一种安全功能设施(B)是高温报警器，第二种安全功能措施(C)是正常检查期间操作员注意较高的反应器温度，第三种安全功能措施(D)是操作员通过及时纠正问题，恢复冷却水的流量，最后(E)是操作者对反应器进行紧急关闭。安全功能故障率见表 8-12。事件树如图 8-4 所示。

表 8-12　反应器温度控制步骤及故障率

安全功能	B 高温报警仪报警	C 操作者发现超温	D 操作者恢复冷却水流量	E 操作者紧急关闭反应器
故障率	0.01	0.25	0.25	0.1

可以看出，导致反应失控的可能途径有三种(图 8-4 中的③、⑥、⑦)，如果知道每个环节的故障率，还可以进行如下所示的定量分析，计算出事故发生的概率。

$$P_3=P(B)\times P(D')\times P(E')=(1-0.01)\times 0.25\times 0.1=0.02475 \tag{8-1}$$

$$P_6=P(B')\times P(C)\times P(D')\times P(E')=0.01\times(1-0.25)\times 0.25\times 0.1=0.0001875 \tag{8-2}$$

$$P_7=P(B')\times P(C')=0.01\times 0.25=0.0025 \tag{8-3}$$

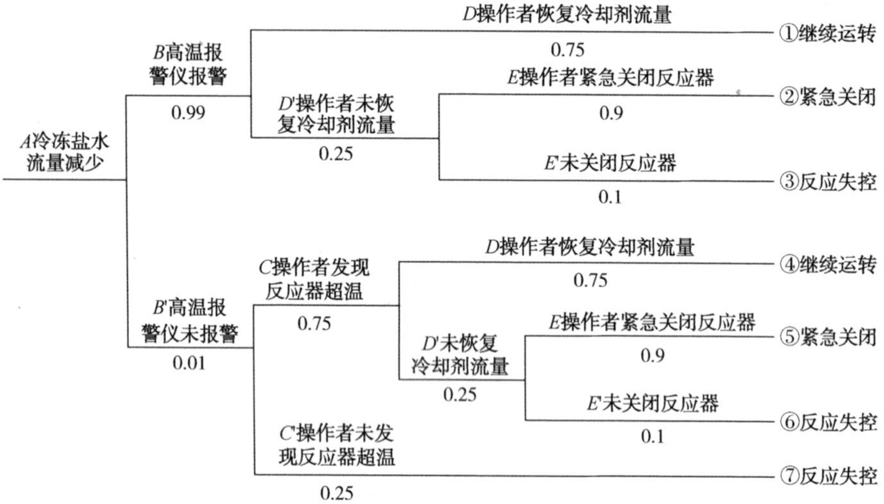

图 8-4　反应器冷却水流量减少的事件树分析

由此可以获得发生“反应失控”事故的概率：

$$P=P_3+P_6+P_7=0.02475+0.0001875+0.0025\approx 0.0274 \qquad (8-4)$$

该事故概率为 0.0274 失效/年，即反应失控平均每年发生 0.0274 次，即平均每 36.5 年发生一次，这被认为是十分严重的。需要采取解决措施，比如增加一个高温反应器关闭系统，在反应器温度超过某一固定值时，该控制系统将自动关闭反应器。紧急关闭温度要比报警值高，以便给操作者提供恢复冷却水流量的机会。

8.9　事故树分析

8.9.1　事故树分析的概念和步骤

事故树分析(Fault Tree Analysis，FTA)，又称故障树(失效树)分析，故障树分析的称谓先出现，更倾向于对设备故障等引起的事故的分析，而事故树分析则还包含人、环境和管理等因素的安全分析。FTA 是安全评价最常用的方法之一，也是风险定量评估中最有用的技术之一。目前许多国家都在研究和应用 FTA，FTA 在航空、机械、冶金、化工等工业部门都得到了普遍的推广和应用。我国的标准有《故障树分析程序》(GB/T 7829—1987)和《故障树名词术语和符号》(GB/T 4888—2009)。

FTA 定义：故障树分析就是在设计过程中或现有的生产系统和作业中，通过对可能造成系统事故或导致灾害后果的各种因素(包括硬件、软件、人员、环境等)进行分析，根据工艺流程先后次序和因果关系绘出逻辑图(即事故树)，从而确定系统故障原因的各种可能组合方式及其发生概率，进而计算系统故障率，并据此采取相应的措施，以提高系统的安全和可靠性。

FTA 分为 9 个步骤。

① 确定和熟悉系统。确定分析系统的边界和范围，例如化工装置分析到哪一个设备、哪一个阀门为止。然后详细了解工艺、设备、操作环境及控制系统和安全装置等。

② 调查事故。包括已发生的事故，同类系统的事故，可能发生的事故(其他分析方法得出的结果)。

③ 确定顶上事件。危险性大的事件(后果严重，发生概率大)，其他分析方法确定的结果事件。

④ 调查原因事件。调查所有原因事件(直接原因)。

⑤ 建造事故树。从顶上事件开始，按照演绎法，运用逻辑推理，一级一级找出所有原因事件，直到基本原因事件为止，按照逻辑关系，用逻辑门连接输入输出关系(即上下层事件)，画出事故树。

⑥ 修改、简化事故树。

⑦ 定性分析。求最小割集、最小径集，确定各基本事件的结构重要度；为制定安全措施的先后次序，轻重缓急提供依据。

⑧ 定量分析。确定基本事件发生概率，求顶上事件发生概率，求概率重要度、临界重要度。

⑨ 制定安全对策。

以上步骤不一定每步都做，可根据需要和可能确定。例如，对在生产岗位上工人掌握操作控制要点用的，画出事故树图即可。而要进行定量分析，必须有各种元件故障率和人失误率数据，否则无法计算。

8.9.2 事故树的符号表示

(1) 事件符号

事件及符号见表 8-13。

表 8-13 事件及其符号

名称	符号	意 义
基本事件(圆形符号)	○	事故树中最基本的原因事件，不能继续往下分析，处在事故树的底端
顶上事件或中间事件(矩形符号)	□	由其他事件相互作用而引起的事件，这些事件可以进一步往下分析，中间事件处于事故树的中间，顶上事件处于事故树的顶端，是事故树分析中所关心的结果事件

续表

名称	符号	意义
省略事件(菱形符号)		原则上应进一步探明其原因但暂时不必或暂时不能探明其原因的事件，也处于事故树的底端，如二次事件(系统之外的原因事件)
正常事件(房型符号)		正常情况下应该发生的事件(也称激发事件)

(2) 逻辑门符号

逻辑门及其符号见表 8-14。

表 8-14　逻辑门及其符号

名称	符号	意义
与门		所有下面输入事件都发生，上面输出事件才发生
或门		任何一个或多个输入事件发生，输出事件就发生，即所有输入事件都不发生时输出事件才不发生
条件与门	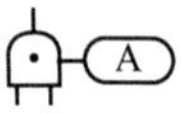	所有下面输入事件都发生，同时满足条件 A，上面输出事件才发生
条件或门	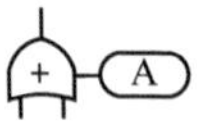	任何一个或多个输入事件发生，同时满足条件 A，输出事件就发生

8.9.3　事故树编制举例

编制事故树是事故树分析中最基础，也是最关键的一环。只有事故树编制得切合实际，才能得到正确的定性定量结果，从而为制定安全防范措施提供可靠的依据。下面以氯乙烯悬浮聚合生产聚氯乙烯过程中可能发生的“反应失控聚合釜爆炸”事故为例，说明事故树的编制方法。

在氯乙烯悬浮聚合生产聚氯乙烯的过程中，是将溶有引发剂的氯乙烯单体在搅拌作用下，分散成液滴状悬浮于水中，再加入分散剂，使之在一定温度和压力下聚合成颗粒均匀和稳定的聚氯乙烯粒子。聚合反应为放热反应，为及时移走反应热，反应时在聚合釜夹套中通冷却水。反应温度、搅拌速度和引发剂的加入量都直接影响反应速度。反应速度越快则放热越多，釜内的压力也随之升高。当温度升到一定值时，反应无法控制，就会引起聚合釜爆炸，所以在聚合过程中各种工艺参数的控制是非常重要的。

现在聚合反应从加料到出料全过程所有操作参数都采用计算机控制和监测，

并设有事故紧急处理系统。当反应发生异常，计算机会自动将终止剂加入聚合釜，在几秒钟内终止聚合反应，以防止热大量积聚而爆炸。同时聚合釜上还安装了安全阀和紧急排放口，当安全阀满足不了压力排放要求时，将自动或手动打开紧急排放系统，进一步泄压，防止爆炸。

针对这一系统，以"反应失控聚合釜爆炸"为顶上事件进行事故树分析。首先将顶上事件写在图上方矩形方框内。由聚合反应系统知道，只有当"反应异常压力升高""泄压系统失效"和"紧急处理系统失效"三者都发生且满足"压力超过聚合釜承受能力"时才会发生反应失控聚合釜爆炸，因此第一层逻辑门为条件与门。接下来分析"反应异常压力升高"和"紧急处理系统失效"的直接原因，"泄压系统失效"的原因不再分析下去，故用省略事件符号表示。造成"反应异常压力升高"的原因是"温度过高"或"搅拌停止"或"引发剂过量"，这三个原因中任一个发生，上面事件就会发生，故它们之间为或门关系；"紧急处理系统失效"的原因可能是"计算机控制系统失效"，或者是"加终止剂系统失效"，二者之间也是或门关系。进一步分析第三层原因，"温度过高"是由于"温控失效"或"冷却能力下降"；"搅拌停止"是"电机及传动系统故障"或"停电"造成；"引发剂过量"由"引发剂浓度过高"或"引发剂加得过多"所致，因此这些事件之间都是或门关系。

引起"温控失效"的原因是"温度监测系统故障"或"温度调节系统故障"；"冷却能力下降"的原因是"冷却水流量过低"或"冷却水温度高"；"引发剂加得过多"的原因是加引发剂的"监测系统失效"或"切断功能失常"，故它们之间也都是或门关系。而引起"引发剂浓度过高"必须是"甲苯溶剂加得少"并且"分析失误"两者同时发生才有可能，因而这两者是与门关系。

"切断功能失常"是由"阀门故障"或"阀门控制失效"引起，所以这两者之间是或门关系。有些原因事件还可以继续往下分析，但考虑到事故树的规模和分析深度不再进行下去，因此事故树分析到此为止。根据上面的分析，把上下层原因事件用相应的逻辑门连接起来，即得到如图 8-5 所示的事故树。

8.9.4 事故树的定性分析

事故树定性分析是对事故树中各基本事件不考虑发生的概率高低，只考虑发生和不发生两种情况。通过定性分析可知道哪一个或哪几个基本事件发生顶上事件就会发生，哪一个或哪几个基本事件不发生顶上事件就不会发生，哪一个基本事件发生对顶上事件发生影响大，哪一个影响小，从而可以采取经济有效的措施，防止事故发生。定性分析包括求最小割集、最小径集以及分析各基本事件的结构重要度，在此基础上确定安全防范对策。限于篇幅，基本事件的结构重要度分析未介绍，请读者参考相关书籍。

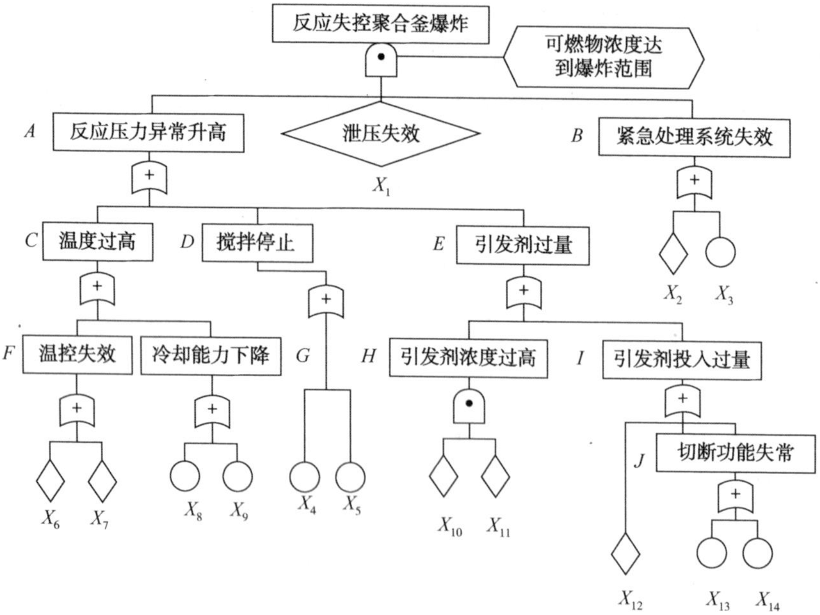

图 8-5 “反应失控聚合釜爆炸”事故树图

X_1—泄压系统失效；X_2—计算机控制失效；X_3—加终止剂系统失效；

X_4—电机及传动系统故障；X_5—停电；X_6—温度调节系统故障；X_7—温度监测系统故障；

X_8—冷却水流量过低；X_9—冷却水温度过高；X_{10}—甲苯溶剂加得少；X_{11}—分析失误；

X_{12}—监测系统失效；X_{13}—阀门故障；X_{14}—阀门控制系统失效

1. 最小割集及其求法

事故树中所有的基本事件都发生，则顶上事件必然发生。但是在大多数情况下并非如此，只要某几个甚至某一个基本事件发生就可以引起顶上事件发生。割集(Cut Set)，又称截集、截止集，是指事故树中某些基本事件的集合，当这些基本事件都发生时，顶上事件必然发生。

在一个割集中可能有多余或重复的事件出现，割集和割集之间也有相互包含的情况，必须经过整理和化简，除去那些多余和重复事件，以得到最小割集。最小割集：如果在某个割集中任意除去一个基本事件就不再是割集了，这样的割集就为最小割集。也就是说导致顶上事件发生的最低限度的基本事件组合。在最小割集里任意去掉一个基本事件，顶上事件就不会发生。要了解事故发生有哪些模式，必须求出事故树的最小割集。

最小割集的求解有许多种，其中还可以用计算机求解，这里只介绍两种手工求法：布尔代数化简法和行列法。

(1) 布尔代数化简法

这种方法要首先列出事故树的布尔表达式，即从事故树的第一层输入事件开始，“或门”的输入事件用逻辑加表示，“与门”的输入事件用逻辑积表示；再用第二层输入事件代替第一层，第三层输入事件代替第二层，直至事故树中全体基本事件都代完为止。在代换过程中条件与事件之间总是用逻辑积表示。布尔表达式整理后得到若干个逻辑积的逻辑和，每个逻辑积就是一个割集，然后利用布尔代数的有关运算定律化简，就可求出最小割集。

用布尔代数化简的几个主要运算定律如下：

① 分配率：$a\cdot(b+c)=(a\cdot b)+(a\cdot c)$；$a+(b\cdot c)=(a+b)\cdot(a+c)$；

② 幂等律：$a+a=a$；$a\cdot a=a$；

③ 吸收律：$a+a\cdot b=a$；$a\cdot(a+b)=a$；

④ 互补律：$a+a'=1$；$a\cdot a'=0$；

⑤ 德·莫根律：$(a+b)'=a'\cdot b'$；$(a\cdot b)'=a'+b'$；

式中，1—全集，即一个集合中所有子集合的全体元素构成的集合；

0—空集，即没有任何元素的集合；

a'—补集，全集 1 中不属于集合 A 的元素的全体构成的集合称为 A 的补集。

在事故树中，事件不发生就是事件发生的补事件。

下面以图 8-6 为例，求最小割集。

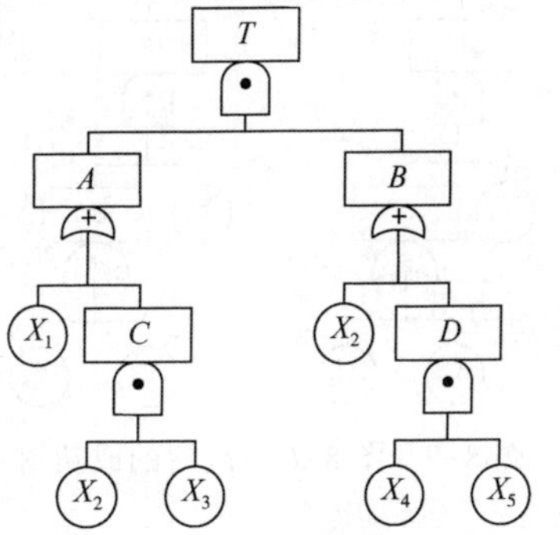

图 8-6　事故树图

$$
\begin{aligned}
T &= A\cdot B\\
&=(X_1+C)(X_2+D)\\
&=(X_1+X_2X_3)(X_2+X_4X_5)\\
&=X_1X_2+X_2X_3X_2+X_1X_4X_5+X_2X_3X_4X_5\\
&=X_1X_2+X_2X_3+X_1X_4X_5+X_2X_3X_4X_5\\
&=X_1X_2+X_2X_3+X_1X_4X_5+X_2X_3X_4X_5\\
&=X_1X_2+X_2X_3+X_1X_4X_5
\end{aligned}
$$

该事故树有 3 个最小割集：

$$K_1=\{X_1, X_2\};\ K_2=\{X_2, X_3\};\ K_3=\{X_1, X_4, X_5\}$$

(2) 行列法

行列法又称代换法，该法是从顶上事件开始，依次将上层事件用下一层事件代替，直到所有基本事件都代完为止。在代换过程中，“或门”连接的事件纵向排列，“与门”连接的事件横向排列。最后会得到若干个基本事件的逻辑积，用布尔代数运算定律化简，就得到最小割集。

下面仍以图 8-6 为例，用行列法求事故树的最小割集：

$$T\to AB\to\begin{cases}X_1B\\CB\end{cases}\to\begin{cases}X_1B\\X_2X_3B\end{cases}\to\begin{cases}X_1X_2\\X_1D\\X_2X_3X_2\\X_2X_3D\end{cases}\to\begin{cases}X_1X_2\\X_1X_4X_5\\X_2X_3X_2\\X_2X_3X_4X_5\end{cases}\to\begin{cases}X_1X_2\\X_1X_4X_5\\X_2X_3\end{cases}$$

计算结果，该事故树有 3 个最小割集：

$$K_1=\{X_1,\ X_2\};\ K_2=\{X_1,\ X_4,\ X_5\};\ K_3=\{X_2,\ X_3\}$$

此法求得的结果与布尔代数法相同。

2. 最小径集及其求法

在事故树中，若所有的基本事件都不发生则顶上事件肯定不会发生，但往往某个或几个基本事件不发生顶上事件就不会发生。能使顶上事件不发生的基本事件的集合叫径集(Path Set)。径集是表示系统不发生故障的模式。在径集中同样也存在相互包含和重复事件的情况，必须化简求出最小径集。最小径集：如果在某个径集中除去一个基本事件就不再是径集了，这样的径集就称为最小径集。也就是不能导致顶上事件发生的最低限度的基本事件的组合。

最小径集从成功树求解。把事故树中事件用其逆事件代替(即故障事件用其对立的非故障事件代替)，把逻辑与门用或门代替，或门用与门代替，并把全部事件的发生变成不发生，就是在所有事件右上角都加“′”，使之变成原事件补的形式。这样便得到了原事故树的成功树。可见，成功树是原事故树按照反演规则转化而来的。求成功树的最小割集就是原事故树的最小径集。画成功树的原理就是根据德·莫根定律。

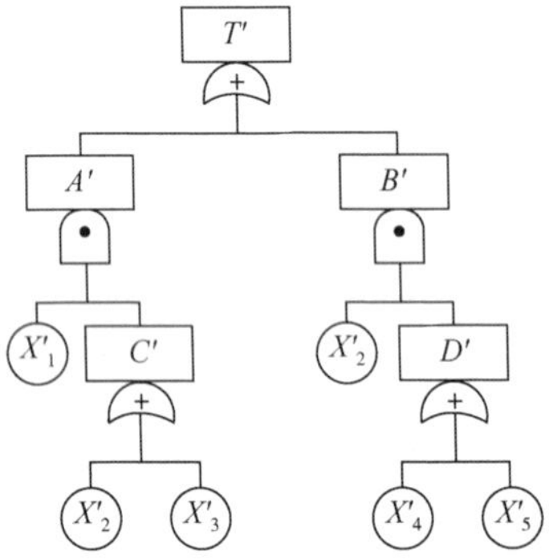

图 8-7　图 8-6 事故树的成功树

下面仍以图 8-6 所示的事故树为例，求最小径集。首先画出事故树的对偶树—成功树，如图 8-7 所示，求成功树的最小割集。

$$T'=A'+B'=X_1'C'+X_2'D'=X_1'(X_2'+X_3')+X_2'(X_4'+X_5')$$
$$=X_1'X_2'+X_1'X_3'+X_2'X_4'+X_2'X_5'$$

成功树有 4 个最小割集，就是事故树的 4 个最小径集：

$$P_1=\{X_1,\ X_2\};\ P_2=\{X_1,\ X_3\};\ P_3=\{X_2,\ X_4\};\ P_4=\{X_2,\ X_5\}$$

用最小径集表示的事故树结构式：

$$T'=P_1\cdot P_2\cdot P_3\cdot P_4=(X_1+X_2)(X_1+X_3)(X_2+X_4)(X_2+X_5)$$

3. 最小割(径)集在事故树分析中的作用

(1) 最小割集在事故树分析中的作用

① 最小割集表示系统的危险性。每一个最小割集表示顶上事件发生的一种可能。事故树有几个最小割集，顶上事件发生就有几种可能，一定意义上说，最小割集越多，说明系统危险性大。②表示顶上事件发生的原因组合。顶上事件发生，必然是某个最小割集中基本事件同时发生的结果。掌握最小割集对调查事故原因、掌握事故发生规律有帮助。③便于提出预防措施。每个最小割集代表一种

事故模式。根据最小割集可直观地判断哪种事故模式危险。若各基本事件发生概率相同，为降低系统的危险性，对含基本事件少的最小割集应优先考虑采取安全措施。④利用最小割集判定基本事件的结构重要度，定量计算顶上事件发生概率。

（2）最小径集在事故树分析中的作用

① 表示系统的安全性。每个最小径集代表一种防止事故发生的途径。②可根据最小径集中包含基本事件个数多少、技术难易、耗时耗资等选择最佳控制方案。③判定结构重要度，计算事件概率。

8.9.5 事故树的定量分析(求顶上事件发生概率)

下面以图 8-8 所示的事故树为例，说明顶上事件发生概率的计算。

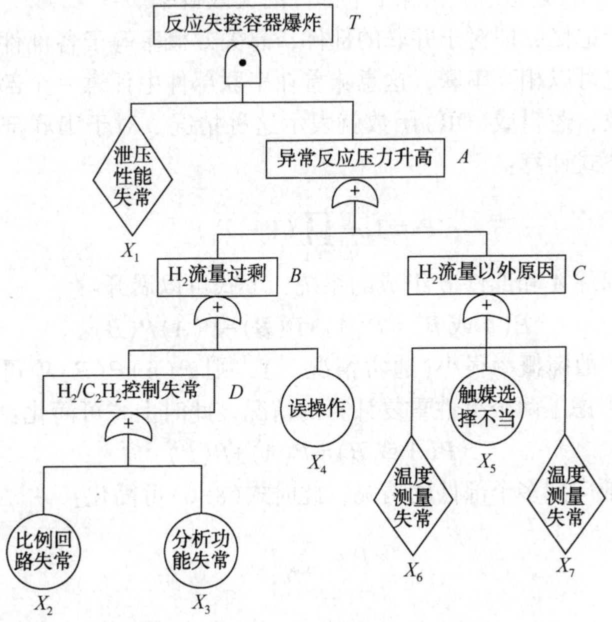

图 8-8 反应失控容器爆炸事故树图

假设事故树中各基本事件的故障概率分别是：

$$P_{X1}=0.01；P_{X2}=0.02；P_{X3}=0.03；P_{X4}=0.04；$$

$$P_{X5}=0.05；P_{X6}=0.06；P_{X7}=0.07。$$

首先求出中间事件 D 的故障率，逐层向上推算，最后可计算出顶上事件的发生概率。

$P_D \approx P_{X2}+P_{X3}=0.02+0.03=0.05$

$P_B \approx P_D+P_{X4}=0.05+0.04=0.09$

$P_C \approx P_{X5}+P_{X6}+P_{X7}=0.05+0.06+0.07=0.18$

$P_A \approx P_B+P_C=0.09+0.18=0.27$

$P_T \approx P_{X1} \cdot P_A = 0.01 \times 0.27 = 0.0027$

以上是近似计算的结果，各基本事件的故障概率都很小，且事故树中没有重复事件出现。各基本事件故障率比较大时，使用式(8-6)应将括号展开计算，其原理介绍如下。

化工厂事件通常是众多工艺部件之间相互复杂作用的结果。整个过程的失效概率可由单个部件的失效概率计算得到。工艺部件间以两种不同的方式相互作用。在某些情况下，过程失效需要许多部件的同时失效，该并联结构可用逻辑与(AND)函数表示，这意味着需将单个部件的失效概率相乘：

$$P = \prod_{i=1}^{n} P_i \tag{8-5}$$

式中，n 为部件总数；P_i为第 i 个部件的失效概率。

该规则易于记忆，即对于并联的部件，总失效概率等于各部件失效概率的乘积。工艺部件也可以相互串联，这意味着在串联部件中任意一个部件的失效都将导致过程的失效，逻辑或(OR)函数就表示这种情况。对于串联部件，过程的整体失效概率由下式计算：

$$P = 1 - \prod_{i=1}^{n} (1 - P_i) \tag{8-6}$$

对于只有部件 A 和部件 B 组成的系统，上式可以展开：

$$P(A \text{ 或 } B) = P(A) + P(B) - P(A)P(B) \tag{8-7}$$

如果元件的故障概率很小(通常情况下)，则 $P(A)P(B)$ 项可以忽略，乘积项 $P(A)P(B)$ 考虑了两个事件重复计算的情况。此时上式可简化：

$$P(A \text{ 或 } B) = P(A) + P(B)$$

该结论可推广到多个部件的情况，此时式(8-6)可简化：

$$P = \sum_{i=1}^{n} P_i$$

8.10 定量风险分析

定量风险分析(Quantitative Risk Assessment，QRA)是指对某设施或作业活动中事故发生的概率和后果进行定量分析，并与风险可接受标准相比较的系统方法。其核心是基于概率分析模型和事故后果模型，并结合系统或装置的布局、人员/设备分布等信息，对系统的显著事故场景进行全面分析，计算得到关注区域范围内的人员/设备的伤害/损伤概率(个体风险)及区域内人员死亡/设备损伤的整体风险(社会风险)。QRA 的整个分析计算过程十分复杂，需要大量的专业知识、资源和实践，需要进行事故场景筛选、区域网格划分等适当的简化才能实施。一般需要借助计算软件才能实施。本章仅对 QRA 分析简单介绍，感兴趣的读者可以参考《化工企业定量风险评价导则》(AQ/T 3046—2013)和相关书籍。QRA 的主要步骤如下：①定义初始事件和事件发展序列。例如，冷却水故障会导致失控反应，使反应器超压，从而导致泄压阀打开，排出反应器内物料。②使用源模型估算释放速度。以反应器为例，需要一个源模型估算通过泄放设备的泄放量。③使用扩散模型估算释放时下风向的化学浓度。④利用影响模型估算事件对人、环境和财产造成的后果。⑤使用事件树和事故树估算潜在的事件发生频率。⑥通过结合后果和频率来估计风险。⑦组合所有场景的风险估计，以估计总体风险。⑧确定风险是否可以接受。

8.11 作业条件危险性评价法

作业条件危险性评价方法是一种简单易行的用于评价操作人员在具有潜在危险性环境中作业时的危险性的半定量评价方法。该方法认为影响作业条件危险性的因素是事故发生的可能性、人员暴露于危险环境的频繁程度和一旦发生事故可能造成的后果。用这三个因素分值的乘积 $D=LEC$ 来评价作业条件的危险性。D 值越大，作业条件的危险性越大。根据 D 值选择合理的风险控制措施。冶金标准例如《镍冶炼安全生产规范》(GB 30756—2014)、《变形铝及铝合金铸锭安全生产规范》(GB 30078—2013)、《锡冶炼安全生产规范》(YS/T 1108—2016)、《锗单晶安全生产规范》(YS/T 1182—2016)和《铝及铝合金线坯及线材安全生产规范》(YS/T 1016—2014)的附录推荐采用此法。上述三个因素的赋分表分别见表 8-15、表 8-16、表 8-17；D 值见表 8-18，需要注意的是各行业赋分值会有差异。

表 8-15　事故发生的可能性分值 L(Liable)

分数值	10	6	3	1	0.5	0.2	0.1
事故发生的可能性	完全会被预料到	相当可能	可能，但不经常	完全意外，很少可能	可以设想，很少可能	极不可能	实际上不可能

表 8-16　人员暴露于危险环境的频繁程度分值 E(Equency)

分数值	10	6	3	2	1	0.5
暴露于危险环境的频繁程度	连续暴露	每天工作时间内暴露	每周一次或偶然暴露	每月暴露一次	每年几次暴露	非常罕见地暴露

表 8-17　发生事故造成的后果分值 C(Consequence)

分数值	100	40	15	7	3	1
事故造成的后果	大灾难，许多人死亡，或造成重大财产损失	灾难，数人死亡，或造成很大财产损失	非常严重，一人死亡，或造成一定的财产损失	严重，重伤，或较小的财产损失	重大，致残，或很小的财产损失	引人注目，不利于基本的安全卫生条件

表 8-18 危险性等级划分标准 *D*

危险性分值 *D*	≥320	≥160~320	≥70~159	≥20~69	<20
危险程度	极度危险，停产整改	高度危险，需要整改	显著危险，需要整改	比较危险，需要注意	稍有危险，可以接受
风险等级	1	2	3	4	5

8.12 保护层分析

8.12.1 保护层概念

保护层分析(Layer of Protection Analysis，LOPA)是一种半定量方法，也是简化的 QRA 方法。LOPA 用于确定危险场景的危险程度，定量计算危害发生的概率，分析已有保护层的保护能力及失效概率，来确定所采用的保护层是否足够，从而推算得到系统的风险。LOPA 中最重要的部分是确定保护层，保护层必须是独立的保护层(Independent Protection Layer，IPL)。目前 LOPA 技术已经被作为 SIS 设计的重要技术。如图 8-9 所示，有许多保护层类型可以使用。

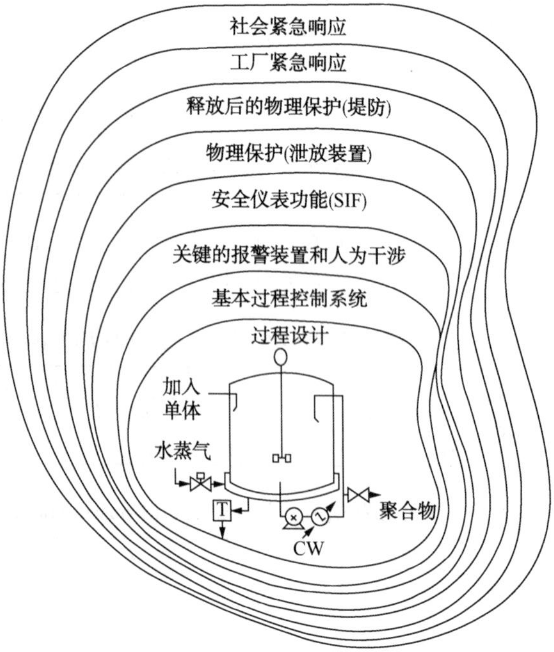

图 8-9 降低特定事故场景发生概率的保护层

某一情景可能需要一个或多个保护层，这主要取决于工厂的复杂程度和事件的潜在严重程度。对于某一给定的情景，只要有一个保护层成功发挥作用就能防止后果的发生。因为没有任何保护层是完全有效的，所以需要为工艺过程添加足够的保护层，以将风险降低至可接受的水平。具体内容请参考《保护层分析(LOPA)方法应用导则》(AQ/T 3054—2015)和《保护层分析(LOPA)应用指南》(GB/T 32857—2016)。

8.12.2 保护层中的频率分析

当进行 LOPA 分析时，可以采用多种方法来确定频率。一种不是很精确的方法包括以下几步。①确定初始事件的失效频率。②对频率数据进行调整，以适合分析情形。例如，如果反应器在一年当中仅使用 1 个月，那么反应器的失效频率应除以 12。检维修过程中发生的失效频率也应该根据实际情况加以调整，例如，如果控制系统每年定期检修 4 次，那么其失效频率应该除以 4。③调整失效频率以考虑每个独立保护层的要求时失效概率(Probability of Failure on Demand, PFD)。通常情况下，事故情形的初始事件的失效频率见表 8-19。

表 8-19 初始事件的典型发生频率

初始事件	来自文献的发生频率范围(每年)	LOPA 使用中的选择值
压力容器残余失效	$10^{-5} \sim 10^{-7}$	1×10^{-6}
管道残余失效，100m，全部破裂	$10^{-5} \sim 10^{-6}$	1×10^{-5}
管道泄漏(10%截面)，100m	$10^{-3} \sim 10^{-4}$	1×10^{-3}
空气罐失效	$10^{-3} \sim 10^{-5}$	1×10^{-3}
垫圈/包装冒气	$10^{-2} \sim 10^{-6}$	1×10^{-2}
缸体破裂的涡轮机/柴油机引擎超速	$10^{-3} \sim 10^{-4}$	1×10^{-4}
第三方的干涉(挖土机、车辆等外部的作用)	$10^{-2} \sim 10^{-4}$	1×10^{-2}
起重机吊装物下落	$10^{-3} \sim 10^{-4}$/吊装	1×10^{-4}/吊装
雷击	$10^{-3} \sim 10^{-4}$	1×10^{-3}
安全阀错误地起跳	$10^{-2} \sim 10^{-4}$	1×10^{-2}
冷却水失效	$1 \sim 10^{-2}$	1×10^{-1}
泵的密封垫失效	$10^{-1} \sim 10^{-2}$	1×10^{-1}
卸载/装载软管失效	$1 \sim 10^{-2}$	1×10^{-1}

续表

初始事件	来自文献的发生频率范围(每年)	LOPA 使用中的选择值
BPCS 仪器线圈失效	$1\sim10^{-2}$	1×10^{-1}
调节器失效	$1\sim10^{-1}$	1×10^{-1}
小的外部火灾(多因素)	$10^{-1}\sim10^{-2}$	1×10^{-1}
大的外部火灾(多因素)	$10^{-2}\sim10^{-3}$	1×10^{-2}
LOTO(停车)程序失效(多种元件过程的总失效)	$10^{-3}\sim10^{-4}$/次	1×10^{-3}/次
操作者的失误(没有完成日常的程序、没有得到很好的培训、很疲劳)	$10^{-1}\sim10^{-3}$/次	1×10^{-2}/次

注：个人公司可以自行选择这些数值，但应该与公司的保守程度或风险容忍标准相一致。失效率也受到预防性维护计划的巨大影响。

每个独立保护层(IPL)的 PFD 在 $10^{-5}\sim10^{-1}$变化，PFD 的经验取值为 10^{-2}，除非经验表明此值更大或更小。CCPS 推荐的 PFD 见表 8-20 和表 8-21。可以采用三个准则来对某一系统的 IPL 的作用进行分类。

表 8-20　被动 IPL 的 PFD

被动的 IPL	注释(假设具有充分的设计基础，检查和维护程序)	来自工业的 PFD	来自 CCPS 的 PFD
围堰	减少储罐满溢、破裂、溢出等造成重大后果的发生频率	$1\times10^{-3}\sim1\times10^{-2}$	1×10^{-2}
地下排水系统	减少储罐满溢、破裂、溢出等造成重大后果的发生频率	$1\times10^{-3}\sim1\times10^{-2}$	1×10^{-2}
敞开的通风口(没有阀门)	防止超压	$1\times10^{-3}\sim1\times10^{-2}$	1×10^{-2}
防火	减少热量输入率并为减压和消防提供额外的时间	$1\times10^{-3}\sim1\times10^{-2}$	1×10^{-2}
抗爆墙或者掩体	通过限制爆炸冲击和保护设备、建筑物等来减少爆炸导致的重大后果的发生频率	$1\times10^{-3}\sim1\times10^{-2}$	1×10^{-3}
本质安全设计	如果正确地执行，能够消除这种场景或大大地减少与这种场景相联系的后果	$1\times10^{-6}\sim1\times10^{-1}$	1×10^{-2}
阻火器	如果正确地进行设计、安装和维护，能够消除潜在的通过管道系统进入容器或储罐的快速回火	$1\times10^{-3}\sim1\times10^{-1}$	1×10^{-2}

表 8-21　主动 IPL 和人员行为的 PFD

IPL 或人员行为	注释[假设具有足够的设计基础、检查和维护程序(主动的 IPL)和充足的文档材料，培训和测试程序(人员行为)]	来自工业的 PFD	来自 CCPS 的 PFD
安全阀	防止系统超出指定的超压，该设备的效果对于服务和经验很敏感	$1\times10^{-5}\sim1\times10^{-1}$	1×10^{-2}
爆破片	防止系统超出指定的超压，该设备的效果对于服务和经验很敏感	$1\times10^{-5}\sim1\times10^{-1}$	1×10^{-2}
基本的过程控制系统	如果与所考虑的初始事件没有联系，那么就将其作为 IPL 来信任，见 IEC 61508—2010	$1\times10^{-2}\sim1\times10^{-1}$	1×10^{-1}
小于 10min 响应时间的操作人员行为	具有所需的编制完好的简单、清楚、可靠的文档	$1\times10^{-1}\sim1$	1×10^{-1}
大于 40min 响应时间的操作人员行为	具有所需的编制完好的简单、清楚、可靠的文档	$1\times10^{-2}\sim1\times10^{-1}$	1×10^{-2}

指定情形的后果发生频率，由下式计算

$$f_i^{C} = f_i^{I} \times \prod_{j=1}^{i} PFD_{ij} \tag{8-8}$$

式中，f_i^C 为对于初始事件特定的后果 C 减轻后的后果发生频率；f_i^I 为初始事件 i 的发生频率；PFD_{ij} 为防止发生指定后果和特定初始事件 i 的第 j 个 IPL 的失效概率。如前所述，PFD 通常为 10^{-2}。

同一后果具有多种情形时，每种情形可用上式来单独计算。后果的发生频率可由下式来确定：

$$f^{C} = \sum_{i=1}^{I} f_i^{C} \tag{8-9}$$

式中，f_i^C 为对于初始事件特定后果 C 减轻后的后果发生频率；I 为具有相同后果的初始事件的总数。

[例]如果某冷却水系统设计有两个 IPL，那么请计算该系统失效的后果发生频率。IPL 是操作人员相互影响的，且具有 10min 响应时间和基本过程控制系统。

解：冷却水失效的发生频率由表 8-19 中得到，为 10^{-1}。PFD 由表 8-20 和表 8-21 进行估算。人员影响的 PFD 为 10^{-1}，基本过程控制系统的 PFD 为 10^{-1}。由式(8-8)计算后果发生频率：

$$f_i^{C} = f_1^{I} \times \prod_{j=1}^{2} PFD_{1j} = 10^{-1} \times 次/年 \times 10^{-1} \times 10^{-1} = 10^{-3}\ 次/年$$

8.13 其他风险辨识方法

其他半定量方法有 Dow 火灾爆炸指数，以及 Dow 火灾爆炸指数方法的改进方法：英国 ICI 公司蒙德火灾爆炸毒性指标评价法和单元危险性快速排序法。有兴趣的读者可以参考本章文献[3，4]。日本劳动省颁布的化工企业“六阶段安全评价法”，我国在此基础上加以改进形成了自己的危险度评价法，也在日常的安全评价工作中可以选用。

Dow 火灾爆炸指数旨在对易燃物质的储存、处理和加工过程中的相对危险性进行评级。该方法从物质系数开始，物质系数仅与化学品类别有关。首先在物质系数基础上考虑一般和特殊工艺危害的影响，例如，在高于闪点或沸点的条件下储存、吸热或放热反应，以及燃烧的加热器。然后应用各种安全系统和方法的补偿值来估计危害的后果以及财产损失的经济(美元)价值。

8.14 风险评价

风险评价是一个将风险分析的结果和风险可接受标准进行比较，然后判断实际风险水平是否可以接受的过程。在进行定量风险评价前，应确定合理的风险可接受标准。风险可接受标准衡量的是“多安全才是足够的安全”的问题工程师必须尽一切努力在合理的限制范围内最小化风险。任何工程师都不应该设计一个他知道会导致某些人员伤亡的工艺过程。风险承受能力也可能随着时间而变化。

8.14.1 个人风险

个人风险是指对附近个人造成的风险，如图 8-10 所示为风险等值线，等值线上数字的单位为(/年)，数字表示每年每天 24h 在现场对个体造成死亡的风险。确定个人风险等值线的步骤如下：①识别所有事件及其所有的后果情形；②估计所有事件后果情形的发生频率；③确定所有后果情形在每个位置的影响范围和致死概率；④通过汇总所有事件后果情形的风险来估计每个位置的个人风险；⑤在地图上汇总所有事件后果情形的风险来估计每个位置的个人风险；⑥绘制各条风险等值线。

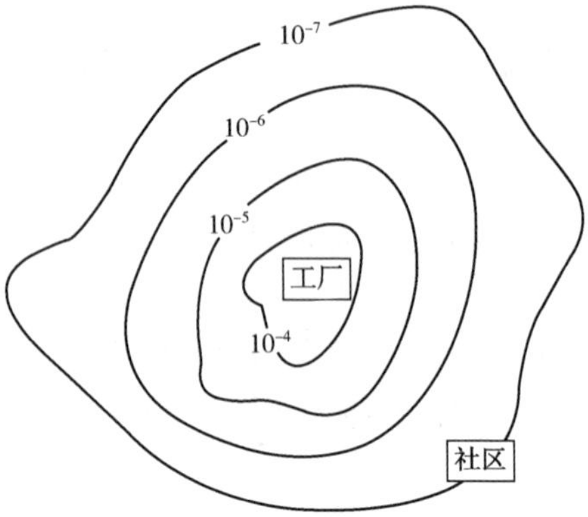

图 8-10 个人风险等值线

8.14.2 社会风险

社会风险是对一群人的风险度量。在个人风险计算的基础上，结合实际的人员分布情况，可以得到不同死亡人数的累积频率，即社会风险值。*F*-*N* 图是显示社会风险的一种方法。*F* 是指经历 *N* 次或更多次死亡的累积频率。典型的 *F*-*N* 图如图 8-11 所示。绘制 *F*-*N* 曲线的过程如下：①确定所有事件和事件后果情形；②估计每个事件后果情形的频率；③估算影响区域和影响区域内每个位置的死亡概率；需要使用源模型、扩散模型和影响模型来完成；④将每个事件后果情形的影响区域与人口分布综合；⑤确定每个事件后果情形的死亡总数(*N*)；⑥使用步骤⑤的结果绘制 *F*-*N* 图。

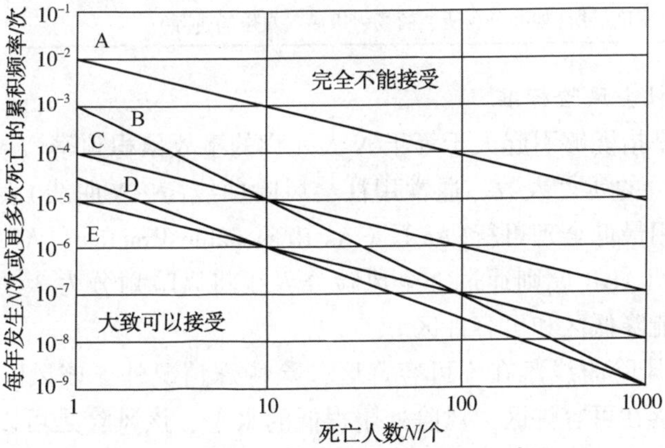

图 8-11 社会风险 *F*-*N* 曲线

图 8-11 包含几个国家或地区的可接受风险，A 表示英国的健康安全(HSE)执行标准——最大可接受的社会风险；B 表示荷兰最大可接受的社会风险；C 表示英国 HSE 标准——对工人和公众的可忽略风险；D 表示澳大利亚新南威尔士州——可忽略的社会风险；E 表示中国香港——可接受的社会风险。

8.14.3 中国可容许风险标准

《危险化学品生产装置和储存设施风险基准》(GB 36894—2018)规定了危险化学品生产装置和储存设施个人风险和社会风险的可接受风险基准值，适用于危险化学品生产装置和储存设施选址和周边土地使用规划时的风险判定。《危险化学品重大危险源监督管理暂行规定》(国家安全生产监督管理总局令第 40 号)规定了我国个人可接受标准值和社会风险可接受标准，本节主要介绍《危险化学品重大危险源监督管理暂行规定》的内容。

GB 36894—2018 的规定

1. 可容许个人风险标准

个人风险是指因危险化学品重大危险源各种潜在的火灾、

爆炸、有毒气体泄漏事故造成区域内某一固定位置人员的个体死亡概率，即单位时间内(通常为年)的个体死亡率。通常用个人风险等值线表示。通过定量风险评价，危险化学品单位周边重要目标和敏感场所承受的个人风险应满足表 8-22 中可容许个人风险标准要求。

表 8-22　可容许个人风险标准

危险化学品单位周边重要目标和敏感场所类别	可容许风险
1. 高敏感场所(如学校、医院、幼儿园、养老院等)； 2. 重要目标(如党政机关、军事管理区、文物保护单位等)； 3. 特殊高密度场所(如大型体育场、大型交通枢纽等)	$<3\times10^{-7}$/年
1. 居住类高密度场所(如居民区、宾馆、度假村等)； 2. 公众聚集类高密度场所(如办公场所、商场、饭店、娱乐场所等)	$<1\times10^{-6}$/年

2. 可容许社会风险标准

社会风险是指能够引起大于等于 N 人死亡的事故累积频率(F)，也即单位时间内(通常为年)的死亡人数。通常用社会风险曲线(F-N 曲线)表示。可容许社会风险标准采用最低合理可行(As Low As Reasonable Practice，ALARP)原则作为可接受原则。ALARP 原则通过 2 个风险分界线将风险划分为 3 个区域，即不可容许区、尽可能降低区和可容许区。

① 若社会风险曲线落在不可容许区，除特殊情况外，该风险无论如何不能被接受。②若落在可容许区，风险处于很低的水平，该风险是可以被接受的，无须采取安全改进措施。③若落在尽可能降低区，则需要在可能的情况下尽量减少风险，即对各种风险处理措施方案进行成本效益分析等，以决定是否采取这些措施。

通过定量风险评价，危险化学品重大危险源产生的社会风险应满足图 8-12 中可容许社会风险标准要求。

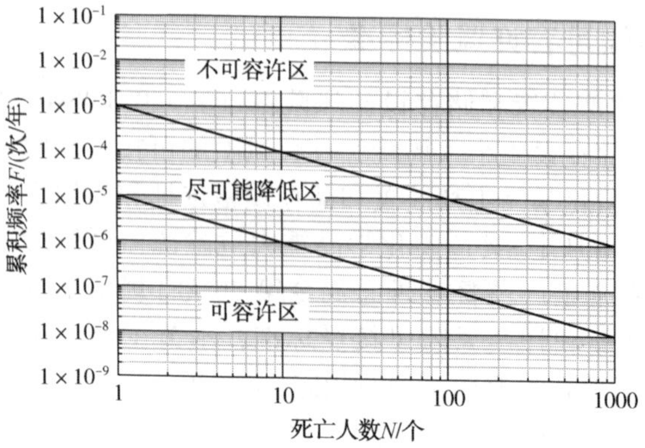

图 8-12　可容许社会风险标准(F-N)曲线

8.15 化工园区风险排查与评估简介

《化工园区安全风险排查治理导则(应急〔2023〕123 号)》规定化工园区安全生产管理机构应至少每五年开展一次化工园区整体性安全风险评估，评估安全风险，提出消除、降低、管控安全风险的对策措施。化工园区整体性安全风险评估应结合国家有关法律、法规和标准规范要求，评估化工园区布局的安全性和合理性，对多米诺效应进行分析，提出安全风险防范措施，降低区域安全风险，避免多米诺效应。在安全条件审查时，危险化学品建设项目单位提交的安全评价报告应对危险化学品建设项目与周边企业的相互影响进行多米诺效应分析，优化平面布局。化工园区安全生产管理机构应依据化工园区整体性安全风险评估结果和相关法规标准的要求，划定化工园区周边土地规划安全控制线，并报送化工园区所在地设区的市级和县级地方人民政府规划主管部门、应急管理部门。土地规划安全控制线是指为预防和减缓化工园区危险化学品潜在安全事故(火灾、爆炸、泄漏等)对化工园区外防护目标的影响，用于限制化工园区周边土地开发利用的控制线。本导则附件提供了《化工园区安全风险排查治理检查表》。

由于事故场景的复杂性和事故分析程度的不同，至今还没有一种公认的多米诺事故场景分析方法。根据分析程度的不同，可将多米诺事故评估方法分为三种：基于阈值的方法(多用于设计阶段和分析可能存在的事故扩展事件)；定量风险分析(多用于分析多米诺场景下各类风险和辨认危险源)；分布参数模型(多用于获取指定场景的详细数据)。基于阈值的方法最为简单，但分析程度较浅。分布参数模型法可得出邻近容器设备受初始事故场景影响的详细数据，但使用起来最为复杂，不够实用。因此，在进行多米诺场景评估过程中，建议选用定量风险分析方法。

《化工园区安全风险排查治理导则》

应急管理部关于印发《化工园区安全风险评估表》《化工园区安全整治提升“十有两禁”释义》的通知。化工园区“十有”：①有规划体系；②有管理机构、人员、管理制度；③有“四至”范围(“四至”范围是指东西南北四个方向的边界)；④有周边土地规划安全控制线；⑤有公用工程和配套功能设施；⑥有封闭化管理；⑦有危险化学品车辆专用停车场；⑧有信息化平台；⑨有化工安全技能实训基地；⑩有消防设施(特勤站)。化工园区“两禁”：①“禁限控”目录和项目安全准入条件；②禁止有居民居住和劳动密集型企业。

《化工园区风险评估表》

《化工园区安全整治提升“十有两禁”释义》

应急管理部办公厅关于印发《化工园区安全风险智能化管控平台建设指南(试行)》和《危险化学品企业安全风险智

能化管控平台建设指南(试行)》的通知(应急厅〔2022〕5号),推动物联网、大数据、云计算、人工智能(AI)、5G等新一代信息技术与化工园区安全风险管控深度融合,建设化工园区安全风险智能化管控平台,推进化工园区安全风险管控信息化、数字化、网络化、智能化。

习　题

1. 某换热器用于加热可燃的、易挥发的溶剂,如图8-13所示。换热后溶剂流体的温度由热电偶测量,控制阀控制流向换热器的蒸气量,以达到所需的设置温度。(1)确定该过程的HAZOP分析节点。(2)以"来自换热器的热溶剂"为对象进行HAZOP分析,并给出提高工艺安全性的修改建议。

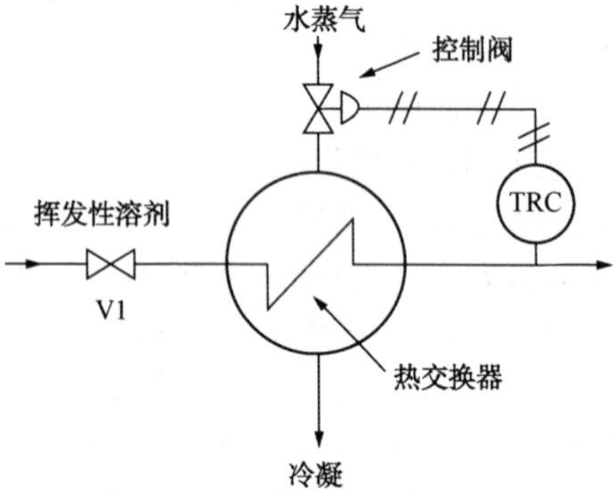

图8-13　使用换热器进行温度控制

2. 如图8-14所示为化学反应器冷却系统流程图及其温度曲线。正常生产中应通过主冷却系统MC将反应器RE的温度控制在T_1以下,MC正常时反应器的温度如图中温度曲线1。如果MC故障则通过控制电路CC启动应急冷却系统。应急冷却系统有两套,每套由泵和阀门构成。如果两套都可以成功启动,则反应器温度如图中温度曲线2;如果只有一套启动成功则反应器温度如图中温度曲线3;如果两套都不能成功启动则反应器温度如图中温度曲线4,将导致反应器温度失控发生爆炸。以MC故障为初始事件进行事件树分析。

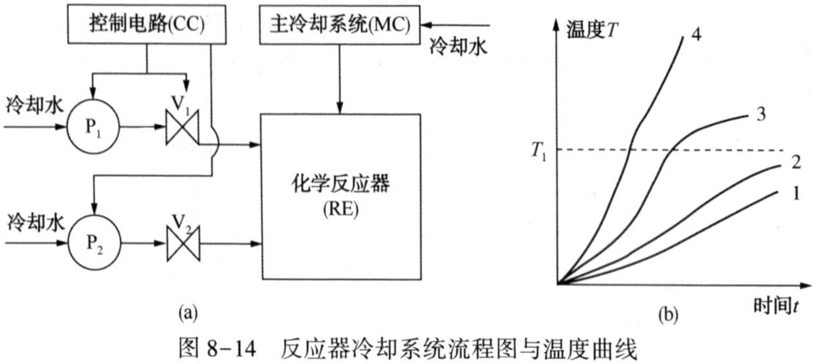

图8-14　反应器冷却系统流程图与温度曲线

3. 阅读《保护层分析(LOPA)方法应用导则》(AQ/T 3054—2015)和《保护层分析(LOPA)应用指南》(GB/T 32857—2016)的附录所提供的保护层分析案例。

4. 分别求出图 8-15、图 8-16 和图 8-17 所示的事故树的最小割集和最小径集。

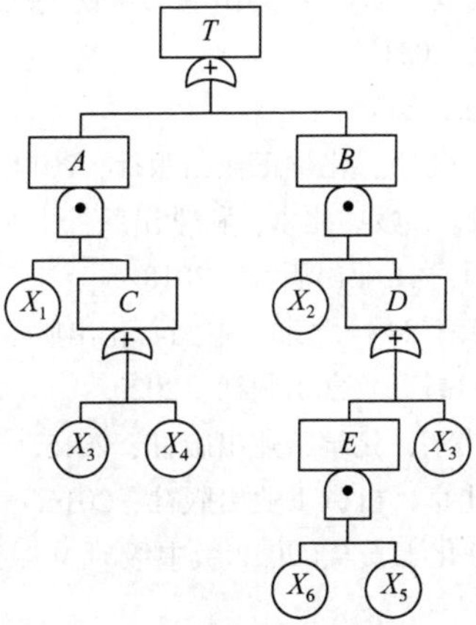

图 8-15 事故树图

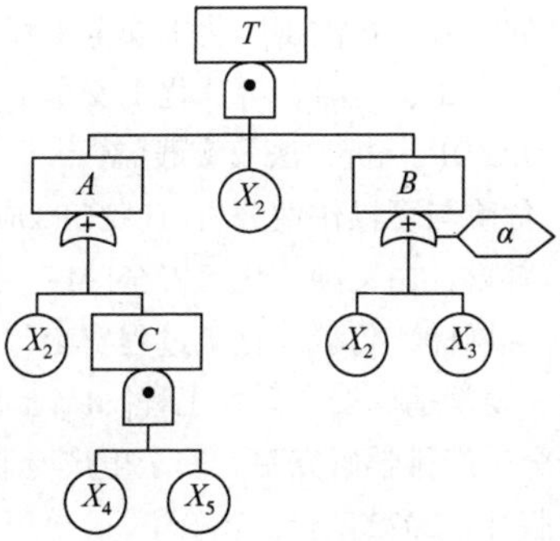

图 8-16 事故树图

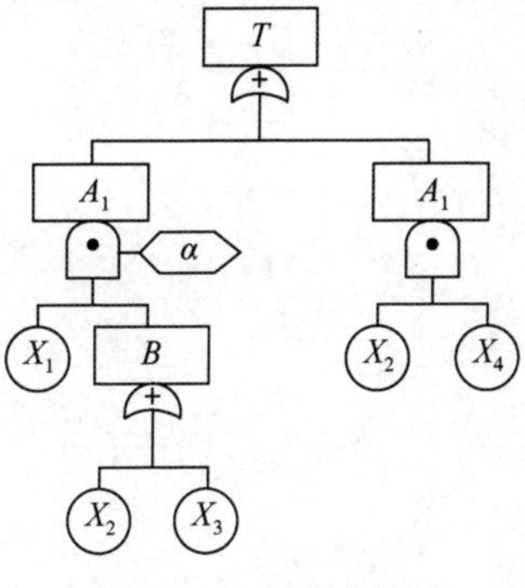

图 8-17 事故树图

5. 已知图 8-18 和图 8-19 所示的事故树各基本事件的故障概率分别是：$X_1=0.01$；$X_2=0.02$；$X_3=0.03$；$X_4=0.04$，请分别求出顶上事件发生概率。

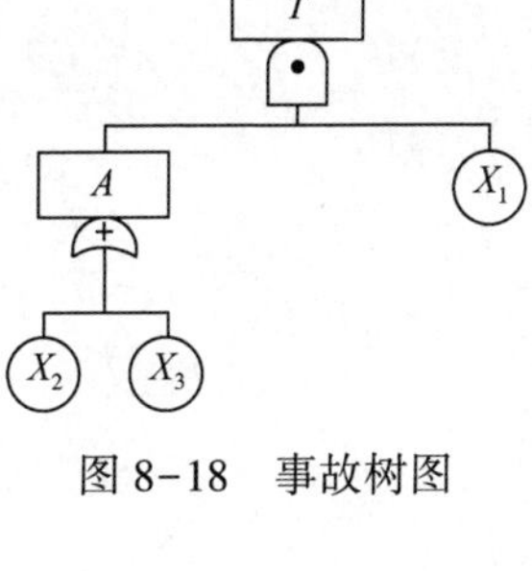

图 8-18 事故树图

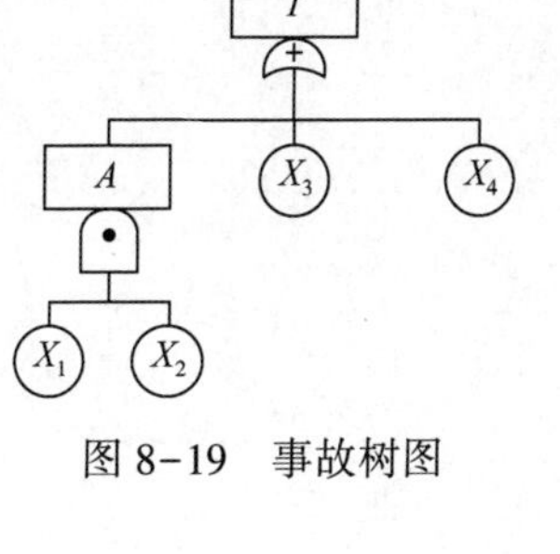

图 8-19 事故树图

参 考 文 献

[1] 张峰，王勇，谢传欣．化工工艺安全分析[M]. 北京，中国石化出版社，2019.

[2] Daniel A. Crowl, Joseph F. Louvar. 化工过程安全基本原理与应用[M].4 版．赵东风，孟亦飞，刘义，等译．青岛：中国石油大学出版社，2021.

[3] 蒋军成．化工安全[M]. 北京：机械工业出版社，2008.

[4] 毕明树，周一卉，孙洪玉．化工安全工程[M]. 北京：化学工业出版社，2014.

[5] 蔡凤英，谈宗山，孟赫，等．化工安全工程[M].2 版．北京：科学出版社，2009.

[6] 粟镇宇．HAZOP 分析方法及实践[M]. 北京：化学工业出版社，2018.

[7] 吴重光．危险与可操作性分析(HAZOP)应用指南[M]. 北京，中国石化出版社，2012.

[8] 卫宏远，郝琳，白文帅．化工安全[M]. 北京：高等教育出版社，2020.

[9] 赵劲松，陈网桦，鲁毅．化工过程安全[M]. 北京，化学工业出版社，2015.

[10] 徐志胜，姜学鹏．安全系统工程[M].3 版．北京，机械工业出版社，2016.

[11] 中国安全生产科学研究院．安全生产专业实务化工安全(2022 版中级)[M]. 北京：应急管理出版社，2022.

[12]周安宁，罗振敏．化工安全与环保概论[M]. 徐州：中国矿业大学出版社，2022.

第 9 章　化工企业安全管理体系

9.1　化工过程安全管理

9.1.1　化工过程安全管理简介

【案例 9-1】印度博帕尔事故。1984 年 12 月 3 日凌晨，位于印度中央邦的博帕尔市(Bhopal)的美国联合碳化物(Union Carbide)下属的联合碳化物(印度)有限公司(UCIL)，发生剧毒化学品甲基异氰酸酯(又叫异氰酸甲酯，简写为 MIC)泄漏事故。该事故导致 6495 人死亡，12.5 万人中毒，接受治疗的受害人高达 20 万人！成为人类工业史上最惨烈的事故灾难。事故发生后，特别是事故涉及美国的化工公司，震惊了美国化工界。为了防范和遏制化工和化学品事故，美国化学工程师协会(AIChE)成立了化工过程安全中心，提出了化工过程安全管理理念。

【案例 9-2】意大利塞维索二噁英泄漏事故。1976 年 7 月 10 日，意大利塞维索的伊克梅萨化工厂逸出三氯苯酚，其中含有剧毒化学品二噁英(简称 TCDD)，造成严重的环境污染，使多人中毒。发生爆炸的反应釜在进行加碱水解反应生成三氯酚时，放热失控，引起压力过高，安全阀失灵，引发爆炸。爆炸过程持续了约 20min，二噁英等有毒化学物质在爆炸后形成污染云团，最终的污染范围涉及赛维索、梅达、地赛欧等 7 个属于米兰省的城市，受影响居民达到 12 万人。约有 2000 名受二噁英严重污染的居民接受了二噁英中毒治疗，其中 447 人症状严重。在受影响的米兰省 7 个城市的居民中包括约 400 名孕妇，其中 26 人被建议堕胎。事故推动欧盟颁布了各成员国共同遵守的工业事故处理法令：《赛维索指令》。

化工过程安全管理(Chemical Process Safety Management，CPSM)是指通过工程和管理措施，对化工过程整个生命周期中各个环节，从根本上管控风险、消除隐患，防控泄漏、火灾、爆炸、中毒等事故。化工过程安全管理是国际先进的重大工业事故预防和控制方法，是企业及时消除安全隐患、预防事故、构建安全生产长效机制的重要基础性工作。化工过程安全管理理念的提出源于印度博帕尔化学品泄漏事故。需要强调的是，化工过程安全管理的定位不是要求企业另立体系，化工过程安全管理不像其他安全管理体系（如安全生产标准化、杜邦管理体系、OHASA 18001 体系、HSE 管理体系）那样，有“管理手册”“程序文件”等，而是指导企业建立安全管理体系的指导性文件。也就是指导化工（危险化学品）企业建立以化工安全管理要素为核心的安全生产管理体系，只要企业满足标准的要素要求即可。任何化工企业的安全管理体系都应该以化工过程安全管理要素为基本要素，同时兼顾职业安全的要求。化工企业各种安全管理体系是载体，其核心要素要覆盖化工过程安全管理要素，各管理体系可以根据企业自身特点，合并或增减某些要素。

9.1.2 化工过程安全管理导则

化工过程安全管理导则 20 个要素和事故案例

《化工企业工艺安全管理实施导则》（AQ/T 3034—2010），于 2011 年 5 月 1 日实施，为化工企业提供系统安全管理的思路和框架。近年我国化工生产企业和危险化学品储存企业过程安全事故频发，安全生产形势严峻，随着危险化学品安全生产工作发展，原有标准中的 12 个管理要素，已无法满足化工企业安全管理的需求，有必要对原标准进行修订完善，全面提升化工过程安全管理水平。

《化工过程安全管理导则》（AQ/T 3034—2022）将标准适用范围调整为危险化学品生产和储存企业；标准名称由《化工企业工艺安全管理实施导则》改为《化工过程安全管理导则》。主要原因是“化工过程安全管理”与目前通常的说法相一致，并与原 2013 年 7 月国家安全生产监督管理总局下发的《关于加强化工过程安全管理的指导意见》（安监总管三〔2013〕88 号）保持一致；化工过程安全管理要素由原标准中的 12 个要素增加到 20 个，要素对比见表 9-1。

表 9-1 AQ/T 3034 标准要素修订前后的设置对比

序号	AQ/T 3034—2022 要素设置	AQ/T 3034—2010 要素设置
1	安全领导力	
2	安全生产责任制	
3	安全生产合规性管理	
4	安全生产信息管理	工艺安全信息
5	安全教育、培训和能力建设	培训
6	风险管理	工艺危险分析

续表

序号	AQ/T 3034—2022 要素设置	AQ/T 3034—2010 要素设置
7	装置安全规划与设计	
8	装置首次开车安全	试生产前安全审查
9	安全操作	操作规程
10	设备完好性管理	机械完整性
11	安全仪表管理	
12	重大危险源安全管理	
13	作业许可	作业许可
14	承包商安全管理	承包商管理
15	变更管理	变更管理
16	应急准备与响应	应急管理
17	事故事件管理	工艺事故事件管理
18	本质更安全	
19	安全文化建设	
20	体系审核与持续改进	符合性审核

9.2 安全生产标准化体系

9.2.1 安全生产标准化工作背景

安全生产标准化工作在20世纪80年代首先由煤炭行业提出。2014年8月修订的《安全生产法》中，明确要求“生产经营单位必须遵守本法和其他有关安全生产的法律、法规，加强安全生产管理，建立、健全安全生产责任制和安全生产规章制度，改善安全生产条件，推进安全生产标准化建设，提高安全生产水平，确保安全生产”。自此，安全生产标准化建设工作以法律要求形式，成为一项我国各行各业进行生产必须开展的工作。2021年6月新修订的《安全生产法》第二十一条，将安全生产标准化建设写入生产经营单位主要负责人对本单位安全生产工作负有的职责中，成为衡量企业负责人是否履行安全生产主体责任的重要依据。

2017 年 4 月，国家标准《企业安全生产标准化基本规范》(GB/T 33000—2016)正式实施。该标准由国家安全生产监督管理总局提出，全国安全生产标准化技术委员会归口，中国安全生产协会负责起草。代替安全生产行业标准《企业安全生产标准化基本规范》(AQ/T 9006)。

应急管理部在深入研究的基础上，组织对《企业安全生产标准化评审工作管理办法(试行)》(安监总办〔2014〕49 号)进行了修订完善，形成了《企业安全生产标准化建设定级办法》(应急〔2021〕83 号)，于 2021 年 10 月 27 日印发。这对进一步规范企业开展安全生产标准化、建立并保持安全生产管理体系、全面管控生产经营活动各环节的安全生产工作、不断提升安全管理水平起到积极的促进作用。

9.2.2 安全生产标准化建设内容与要求

1. 安全生产标准化定义

《企业安全生产标准化基本规范》(GB/T 33000—2016)给出企业安全生产标准化定义：企业通过落实安全生产主体责任，全员全过程参与，建立并保持安全生产管理体系，全面管控生产经营活动各环节的安全生产与职业卫生工作，实现安全健康管理系统化、岗位操作行为规范化、设备设施本质安全化、作业环境器具定置化，并持续改进。《企业安全生产标准化基本规范》将企业安全生产标准化用英文译为 China Occupational Safety and Health Management System(COSHMS)，即中国职业安全健康管理体系，目的是加强与国际通行的相关标准衔接，便于国际职业安全健康领域的学术交流和沟通理解。

安全生产标准化是指通过建立安全生产责任制，制定安全管理制度和操作规程，排查治理隐患和监控重大危险源，建立预防机制，规范生产行为，使各生产环节符合有关安全生产法律、法规和标准规范的要求，人、机、物、环处于良好的生产状态，并持续改进，不断加强企业安全生产规范化建设。进一步展开来说，安全生产标准化是以计划为基础，以目标为引领，以排查治理隐患为核心和抓手，以监控重大危险源为重点，通过建立、健全并落实各级各类人员的安全生产及职业健康责任制，成立安全生产相关机构实现领导和组织统筹协调，落实资金保障安全投入，辨识法律、法规、标准规范等外部要求，制定并遵守合规、全面、适用的企业制度与员工操作规程，开展教育培训及安全文化建设提高全员的安全意识、素质与能力，建立具有企业特点的职业健康管理、应急救援和事故处理体系，规范以危险作业安全为主的各类生产行为，使各生产环节符合有关要求，人员、设备设施、工作环境处于良好的生产状态，定期对安全生产各项工作开展与岗位考核奖励挂钩的绩效评定，并持续改进，形成齐抓共管、综合治理及预防为主的长效机制，不断加强企业安全生产规范化建设。

2. 安全生产标准化的内涵

安全生产标准化体现了“安全第一、预防为主、综合治理”的方针和“以人为本”的科学发展观、依法治国的基本方略，强调企业安全生产工作的规范化、科学化、系统化和法制化，强化风险管理和过程控制，注重绩效管理和持续改进，符合安全管理的基本规律，代表了现代安全管理的发展方向，是先进安全管理思想与我国传统安全管理方法、企业具体实际的有机结合，有效提高企业安全生产水平，从而推动我国安全生产状况的根本好转。《企业安全生产标准化基本规范》(GB/T 33000—2016)包含目标职责、制度化管理、教育培训、现场管理、安全风险管控及隐患排查治理、应急管理、事故管理、持续改进8个一级要素、28个二级要素。《企业安全生产标准化基本规范》将安全生产与职业健康要求一体化，强化企业职业健康主体责任的落实。同时，实行了企业安全生产标准化体系与国际通行的职业健康管理体系的对接。

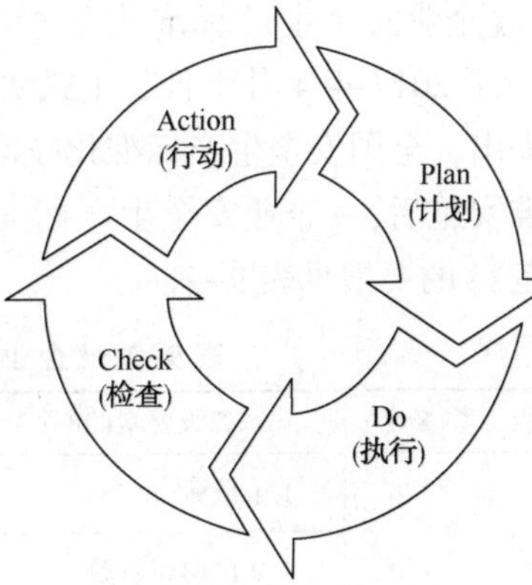

图 9-1 PDCA 动态循环，又名“戴明环”

企业安全生产标准遵循“PDCA”动态管理理念，即采用“策划(Plan)、实施(Do)、检查(Check)、改进(Action)”动态循环的模式，如图9-1所示，要求企业结合自身的特点，建立并保持安全生产标准化系统，实现以安全生产标准化为基础的企业安全生产管理体系有效运行；通过自我检查、自我纠正和自我完善，及时发现和解决安全生产问题，建立安全绩效持续改进的安全生产长效机制，不断提高安全生产水平。

3. 标准和管理办法

《企业安全生产标准化基本规范》(GB/T 33000—2016)适合于工矿商贸企业，适合于危险化学品生产、使用、储存企业及有危险化学品储存设施的经营企业。管理办法有《关于印发危险化学品从业单位安全生产标准化评审标准的通知》(安监总管三〔2011〕93号)、《企业安全生产标准化建设定级办法》(应急〔2021〕83号)、《关于进一步加强危险化学品企业安全生产标准化工作的指导意见》(安监总管三〔2009〕124号)、《关于进一步加强危险化学品企业安全生产标准化工作的通知》(安监总管三〔2011〕24号)、《关于危险化学品从业单位安全生产标准化评审工作有关事项的通知》(安监总厅管三〔2016〕111号)、国家煤矿安全监察局关于印发《煤矿安全生产标准化管理体系考核定级办法(试行)》和《煤矿安全生产标准化管理体系基本要求及评分方法(试行)》的通知(煤安监行管〔2020〕16 号)。行业标准有以下:《溶解乙炔生产企业安全生产标准化实施指南》(AQ 3039—2010)、《硫酸生产企业安全生产标准化实施指南》(AQ 3037—2010)、《电石生产企业安全生产标准化实施指南》(AQ 3038—2010)、《涂料生产企业安全生产标准化实施指南》(AQ 3040—2010)、《合成氨生产企业安全标准化实施指南》(AQ/T 3017—2008)、《氯碱生产企业安全标准化实施指南》(AQ/T 3016—2008)。工贸行业采用《工贸行业企业安全生产标准化建设实施指南》(安委办〔2012〕28 号)、《冶金等工贸企业安全生产标准化建设评审工作管理办法》(安监总管四〔2011〕87 号)。

4.《企业安全生产标准化基本规范》(GB/T 33000—2016)的核心要素

《企业安全生产标准化基本规范》(GB/T 33000—2016)(以下简称《基本规范》)于 2017 年 4 月 1 日起正式实施。据悉,该标准由国家安全生产监督管理总局提出,全国安全生产标准化技术委员会归口,中国安全生产协会负责起草。该标准实施后,《企业安全生产标准化基本规范》(AQ/T 9006—2010)废止。《基本规范》)的要素见表 9-2。

表 9-2 《企业安全生产标准化基本规范》要素

一级要素(8 个)	二级要素(28 个)	一级要素(8 个)	二级要素(28 个)
1. 目标和职责	1.1 目标	4. 现场管理	4.3 职业健康
	1.2 机构和职责		4.4 警示标志
	1.3 全员参与	5. 安全风险管控及隐患排查治理	5.1 安全风险管理
	1.4 安全生产投入		5.2 重大危险源辨识与管理
	1.5 安全文化建设		5.3 隐患排查治理
	1.6 安全生产信息化建设		5.4 预测预警
2. 制度化管理	2.1 法规标准识别	6. 应急管理	6.1 应急准备
	2.2 规章制度		6.2 应急处置
	2.3 操作规程		6.3 应急评估
	2.4 文档管理	7. 事故管理	7.1 调查报告
3. 教育培训	3.1 教育培训管理		7.2 调查和处理
	3.2 人员教育培训		7.3 管理
4. 现场管理	4.1 设备设施管理	8. 持续改进	8.1 绩效评定
	4.2 作业安全		8.2 绩效改进

企业安全生产标准化工作在增强安全发展理念、强化安全生产红线意识、夯实企业安全生产基础、推动落实企业安全生产主体责任、提升安全生产管理水平等方面发挥了重要作用，取得了显著成效。特别是《安全生产法》已将推进企业安全生产标准化建设写入法律条文，成为企业的法定职责。企业安全生产标准化建设越来越受到企业的重视，成为提高企业本质安全、推进隐患排查治理和风险防控的基本措施；越来越受到各级党委政府的重视，成为衡量企业负责人是否履行安全生产主体责任的重要依据。为进一步引导推动广大企业自主开展安全生产标准化建设，建立安全生产管理体系，健全完善安全生产长效机制，提升企业安全生产管理水平，特制定本标准。

新版《基本规范》在总结企业安全生产标准化建设工作实践经验的基础上，突出体现三个特点：

一是突出了企业安全管理系统化要求。新版《基本规范》贯彻落实国家法律、法规、标准规范的有关要求，进一步规范从业人员的作业行为，提升设备现场本质安全水平，促进风险管理和隐患排查治理工作，有效夯实企业安全基础，提升企业安全管理水平。更加注重安全管理系统的建立、有效运行并持续改进，引导企业自主进行安全管理。

二是调整了企业安全生产标准化管理体系的核心要素。为使一级要素的逻辑结构更具系统性，新版《基本规范》将原 13 个一级要素梳理为 8 个：目标职责、制度化管理、教育培训、现场管理、安全风险管控及隐患排查治理、应急管理、事故管理和持续改进。强调了落实企业领导层责任、全员参与、构建双重预防机制等安全管理核心要素，指导企业实现安全健康管理系统化、岗位操作行为规范化、设备设施本质安全化、作业环境器具定置化，并持续改进。

三是提出安全生产与职业健康管理并重的要求。《中共中央国务院关于推进安全生产领域改革发展的意见》中要求，企业对本单位安全生产和职业健康工作负全面责任，要严格履行安全生产法定责任，建立健全自我约束、持续改进的内生机制。建立企业全过程安全生产和职业健康管理制度，坚持管安全生产必须管职业健康。新版《基本规范》将安全生产与职业健康要求一体化，强化企业职业健康主体责任的落实。同时，实行了企业安全生产标准化体系与国际通行的职业健康管理体系的对接。

新版《基本规范》作为企业安全生产管理体系建立的重要依据，以国家标准发布实施，将在企业安全生产标准化实践中发挥积极的推动作用，指导和规范广大企业自主进行安全管理，深化企业安全生产标准化建设成效，引导企业科学发展、安全发展，做到安全不是“投入”而是“投资”，实现企业生产质量、效益和安全的有机统一，能够产生广泛而实际的社会效益和经济效益。

5.《危险化学品从业单位安全标准化通用规范》(AQ 3013—2008)要求和管理要素

本规范采用计划(P)、实施(D)、检查(C)、改进(A)，动态循环、持续改进的管理模式。

原则：①企业应结合自身特点，依据本规范的要求，开展安全标准化。②安全标准化的建设，应当以危险、有害因素辨识和风险评价为基础，树立任何事故都是可以预防的理念，与企业其他方面的管理有机地结合起来，注重科学性、规范性和系统性。③安全标准化的实施，应体现全员、全过程、全方位、全天候的安全监督管理原则，通过有效方式实现信息的交流和沟通，不断提高安全意识和安全管理水平。④安全标准化采取企业自主管理，安全标准化考核机构考评、政府安全生产监督管理部门监督的管理模式，持续改进企业的安全绩效，实现安全生产长效机制。

实施：①安全标准化的建立过程，包括初始评审、策划、培训、实施、自评、改进与提高6个阶段。②初始评审阶段：依据法律、法规及本规范要求，对企业安全管理现状进行初始评估，了解企业安全管理现状、业务流程、组织机构等基本管理信息，发现差距。③策划阶段：根据相关法律、法规及本规范的要求，针对初始评审的结果，确定建立安全标准化方案，包括资源配置、进度、分工等；进行风险分析；识别和获取适用的安全生产法律、法规、标准及其他要求；完善安全生产规章制度、安全操作规程、台账、档案、记录等；确定企业安全生产方针和目标。④培训阶段：对全体从业人员进行安全标准化相关内容培训。⑤实施阶段：根据策划结果，落实安全标准化的各项要求。⑥自评阶段：应对安全标准化的实施情况进行检查和评价，发现问题，找出差距，提出完善措施。⑦改进与提高阶段：根据自评的结果，改进安全标准化管理，不断提高安全标准化实施水平和安全绩效。

管理要素：由10个一级要素和53个二级要素组成见表9-3。

表 9–3 《危险化学品从业单位安全标准化通用规范》管理要素表

一级要素	二级要素
1. 负责人与职责	1.1 负责人
	1.2 方针目标
	1.3 机构设置
	1.4 职责
	1.5 安全生产投入及工伤保险
2. 风险管理	2.1 范围与评价方法
	2.2 风险评价
	2.3 风险控制
	2.4 隐患治理
	2.5 重大危险源
	2.6 风险信息更新
3. 法律法规与管理制度	3.1 法律法规
	3.2 符合性评价
	3.3 安全生产规章制度
	3.4 操作规程
	3.5 修订
4. 培训教育	4.1 培训教育管理
	4.2 管理人员培训教育
	4.3 从业人员培训教育
	4.4 新从业人员培训教育
	4.5 其他人员培训教育
	4.6 日常安全教育
5. 生产设施及工艺安全	5.1 生产设施建设
	5.2 安全设施
	5.3 特种设备
	5.4 工艺安全
	5.5 关键装置及重点部位
5. 生产设施及工艺安全	5.6 检维修
	5.7 拆除和报废
6. 作业安全	6.1 作业许可
	6.2 警示标志
	6.3 作业环节
	6.4 承包商与供应商
	6.5 变更
7. 产品安全与危害告知	7.1 危险化学品档案
	7.2 化学品分类
	7.3 化学品安全技术说明书和安全标签
	7.4 化学事故应急咨询服务电话
	7.5 危险化学品登记
	7.6 危害告知
8. 职业危害	8.1 职业危害申报
	8.2 作业场所职业危害管理
	8.3 劳动防护用品
9. 事故与应急	9.1 事故报告
	9.2 抢险与救护
	9.3 事故调查和处理
	9.4 应急指挥与救援系统
	9.5 应急救援器材
	9.6 应急救援预案与演练
10. 检查与自评	10.1 安全检查
	10.2 安全检查形式与内容
	10.3 整改
	10.4 自评

6.《基本规范》(GB/T 33000—2016)与相关行业规范的关系

《基本规范》为有关行业制定、修订安全生产标准化标准、评定标准提供参考。相关行业的安全生产标准化规范与《基本规范》的总体要求、管理模式是基本相同的，他们从不同行业的角度提出了本行业安全生产标准化的特点要求，相关行业安全生产标准化规范已有相应要求的，企业应优先采用该行业规范；相关行业安全生产标准化规范没有相应要求的，企业应采用《基本规范》的相应要求。对没有制定标准化规范的相关行业，《基本规范》是企业开展安全标准化工作的基础标准。鼓励相关行业在《基本规范》的基础上，针对行业特点，制定具体、细化的行业规范。

9.2.3 安全生产标准化评审

1. 危险化学品安全生产标准化评审标准一级要素和二级要素

《危险化学品从业单位安全标准化评审标准》(安监总管三〔2011〕93号)由12个A级要素和56个B级要素组成，见表9-4。

云南某公司安全生产标准化评审打分案例

苯生产、储存和装卸设施安全隐患

《化工企业生产过程异常工况安全处置准则(试行)》

表9-4 《危险化学品从业单位安全标准化评审标准》管理要素表

A级要素	B级要素	A级要素	B级要素
1. 法律、法律和标准	1.1 法律、法规和标准的识别和获取	3. 风险管理	3.1 范围与评价方法
			3.2 风险评价
	1.2 法律、法规和标准符合性评价		3.3 风险控制
2. 机构和职责	2.1 方针目标		3.4 隐患排查与治理
	2.2 负责人		3.5 重大危险源
	2.3 职责		3.6 变更
	2.4 组织机构		3.7 风险信息更新
	2.5 安全生产投入		3.8 供应商

续表

A级要素	B级要素
4. 管理制度	4.1 安全生产规章制度
	4.2 操作规程
	4.3 修订
5. 培训教育	5.1 培训教育管理
	5.2 从业人员岗位标准
	5.3 管理人员培训
	5.4 从业人员培训教育
	5.5 其他人员培训教育
	5.6 日常安全教育
6. 生产设施及工艺安全	6.1 生产设施建设
	6.2 安全设施
	6.3 特种设备
	6.4 工艺安全
	6.5 关键装置及重点部位
	6.6 检维修
	6.7 拆除和报废
7. 作业安全	7.1 作业许可
	7.2 警示标志
	7.3 作业环节
	7.4 承包商
8. 职业健康	8.1 职业危害项目申报
	8.2 作业场所职业危害管理
	8.3 劳动防护用品
9. 危险化学品管理	9.1 危险化学品档案
	9.2 化学品分类
	9.3 化学品安全技术说明书和安全标签
	9.4 化学品事故应急咨询服务电话
	9.5 危险化学品登记
	9.6 危害告知
	9.7 储存和运输
10. 事故与应急	10.1 应急指挥与救援系统
	10.2 应急救援设施
	10.3 应急救援预案与演练
	10.4 抢险与救护
	10.5 事故报告
	10.6 事故调查
11. 检查与自评	11.1 安全检查
	11.2 安全检查形式与内容
	11.3 整改
	11.4 自评
12. 本地区的要求	

《危险化学品从业单位安全标准化评审标准》中的12个A级要素56个B级要素涵盖了化工企业日常安全管理的方方面面，是一代又一代安全管理人从一次次的事故教训中总结出来的，认真落实执行，企业的安全管理工作就完成了80%以上。

《国家安全监管总局办公厅关于危险化学品从业单位安全生产标准化评审工作有关事项的通知》（安监总厅管三〔2016〕111号）规定了评审记分方法，如下。

《化工和危险化学品生产经营单位重大生产安全事故隐患判定标准(试行)》和《烟花爆竹生产经营单位重大生产安全事故隐患判定标准(试行)》

工贸企业重大事故隐患判定标准

① 每个 A 级要素满分为 100 分，各个 A 级要素的评审得分乘以相应的权重系数(见表 9-5)，然后相加得到评审总分值。评审满分为 100 分，计算方法如下：

$$M = \sum_{i=1}^{n} K_i M_i \quad (9-1)$$

式中，M 为总分值；K_i为权重系数；M_i为各 A 级要素得分值；n 为 A 级要素的数量($1 \leqslant n \leqslant 12$)。

表 9-5　A 级要素权重系数

序号	A 级要素	权重系数(K_i)	序号	A 级要素	权重系数(K_i)
1	法律、法规和标准	0.05	7	作业安全	0.15
2	机构和职责	0.06	8	职业健康	0.05
3	风险管理	0.12	9	危险化学品管理	0.05
4	管理制度	0.05	10	事故与应急	0.06
5	培训教育	0.10	11	检查与自评	0.06
6	生产设施及工艺安全	0.20	12	本地区的要求	0.05

② 当企业不涉及相关 B 级要素时为缺项，按零分计。A 级要素得分值折算方法如下：

$$M_i = \frac{M_{i实} \times 100}{M_{i满}} \quad (9-2)$$

式中，$M_{i实}$为 A 级要素实得分值；$M_{i满}$为扣除缺项后的要素满分值。

③ 每个 B 级要素分值扣完为止。

④ 申请危险化学品从业单位安全生产标准化一级、二级、三级的企业评审

得分均应在 80 分(含)以上，且每个 A 级要素评审得分均应在 60 分(含)以上。

2. 安全生产标准化一级、二级企业必要条件

(1) 一级企业必要条件

① 一级企业建立安全生产预警预报体系；②一级企业有效运行安全文化体系；③一级企业涉及危险化工工艺的化工生产装置设置了安全仪表系统，并建立了安全仪表系统功能安全管理体系；④一级企业涉及危险化工工艺和重点监管危险化学品的化工生产装置进行过危险与可操作性分析(HAZOP)，并定期应用先进的工艺(过程)安全分析技术开展工艺(过程)安全分析；⑤一级企业开展安全生产事故指标对标分析。

(2) 二级企业必要条件

① 二级企业应初步形成安全文化体系；②二级企业建立了健全的安全生产责任制和安全生产规章制度体系，并能够持续改进；③二级企业符合本要素(隐患排查与治理)要求，不得失分，不存在重大隐患；④二级企业应符合本要素(重大危险源)要求，不得失分；⑤二级企业化工生产装置设置自动化控制系统，涉及危险化工工艺和重点监管危险化学品的化工生产装置根据风险状况设置了安全连锁或紧急停车系统等；⑥二级企业动火作业、进入受限空间作业及吊装作业管理制度、作业票证及作业现场不失分；⑦二级企业已建立完善的作业场所职业危害控制管理制度与检测制度并有效实施，作业场所职业危害得到有效控制；⑧二级企业已把承包商事故纳入本企业事故管理。

3.《企业安全生产标准化建设定级办法》(应急〔2021〕83 号)

安全生产标准化工作实行自主评定、外部评审的方式。评审分为一级、二级、三级，一级为最高。标准化定级工作不得向企业收取任何费用。各级定级部门可以通过政府购买服务方式确定从事安全生产相关工作的事业单位或者社会组织作为标准化定级组织单位(以下简称组织单位)，委托其负责受理和审核企业自评报告、监督现场评审过程和质量等具体工作，并向社会公布组织单位名单。各级定级部门可以通过政府购买服务方式委托从事安全生产相关工作的单位负责现场评审工作，并向社会公布名单。企业标准化定级按照自评、申请、评审、公示、公告、颁发证书和牌匾的程序进行，如图 9-2 所示。

第二条 本办法适用于全国化工(含石油化工)、医药、危险化学品、烟花爆竹、石油开采、冶金、有色、建材、机械、轻工、纺织、烟草、商贸等行业企业(以下统称企业)。

第三条 企业应当按照安全生产有关法律、法规、规章、标准等要求，加强标准化建设，可以依据本办法自愿申请标准化定级。

第四条 企业标准化等级由高到低分为一级、二级、三级。

企业标准化定级标准由应急管理部按照行业分别制定。应急管理部未制定行

业标准化定级标准的，省级应急管理部门可以自行制定，也可以参照《企业安全生产标准化基本规范》（GB/T 33000）配套的定级标准，在本行政区域内开展二级、三级企业建设工作。

第五条　企业标准化定级实行分级负责。

应急管理部为一级企业以及海洋石油全部等级企业的定级部门。省级和设区的市级应急管理部门分别为本行政区域内二级、三级企业的定级部门。

第九条　企业标准化等级有效期为 3 年。

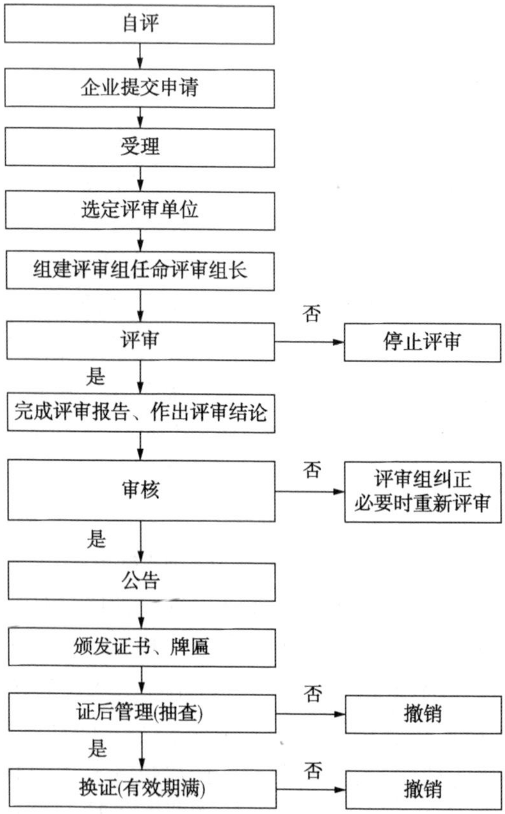

图 9-2　危险化学品从业单位安全标准化评审程序

9.3　HSE 安全管理体系

HSE 管理体系为实现安全、健康与环境工作目标的各相关要素的总和。这些要素通过科学、系统的运行模式有机地融合在一起，相互关联、相互作用，形成动态的三位一体管理体系。H（Health，健康）是指人身体上没有疾病，在心理上保持一种完好的状态；S（Safety，安全）是指在劳动生产过程中，努力改善劳动条件、克服不安全因素，使劳动生产在生命不受伤害、财产不受损失的前提下进行。E(Environment，环境)是指与人类密切相关的、影响人类生活和生产活动的各种自然力量或作用的总和。劳动生产应使环境免遭污染和破坏。请读者参考以下标准：《安全管理体系要求》(GB/T 43500—2023)、《职业健康安全管理体系要求及使用指南》(GB/T 45001—2020)、《环境管理体系要求及指南》(GB/T 24001—2016)。

HSE 管理体系的催生，根本上出于两方面因素。①随着工业生产的发展，HSE 事故不断突现，人们在寻求有效的 HSE 管理方法，期待有一个系统的、结构化的管理模式。②在世界经济贸易活动中，企业的活动、产品或服务中所涉及的职业 HSE 问题受到普遍关注，需要统一的国际标准来规范相关的 HSE 行为，特别是 ISO 9000 和 ISO 14000 标准在全世界范围内的成功实施，促进了国际 HSE 管理体系标准化的发展。1988 年 7 月 6 日在英国北海油田 ALPHA 平台因误启动正在检修的凝析泵，造成大量天然气外泄爆燃起火，使平台上 226 人死亡 167 人，震惊了世界。英国政府派卡伦爵士组织调查组，对该事故进行调查，调查报告找出 140 条原因，提出 106 条建议，结论是应体系化管理。

1. 壳牌 HSE 管理体系的发展

1991 年，壳牌公司委员会颁布 HSE 方针指南。1991 年，在荷兰海牙召开了第一届油气勘探、开发的健康、安全、环保国际会议，HSE 这一概念逐步为大家所接受。1996 年 1 月，ISO/TC 67 分委会发布了《石油天然气工业 HSE 管理体系》(ISO/CD 14690 标准草案)。

2. 中国石油 HSE 管理体系的发展

1996 年 9 月，原中国石油天然气总公司组织人员对 ISO/CD 14690 进行翻译和转化。1997 年 6 月 27 日，发布了行业标准《石油天然气工业 HSE 管理体系标准》(SY/T 6276—1997)，2014 年进行了修订 SY/T 6276—2014。

《健康安全环境管理体系第 1 部分：规范》(Q/SY 08002. 1—2022)的 HSE 管理要素包括七个一级要素：①领导和承诺；②健康安全与环境方针；③策划；④组织结构、职责、资源和文件；⑤实施和运行；⑥检查与纠正措施；⑦管理评审。

3. 中国石化 HSE 管理体系的发展

中国石化在参考国外大型石油化工企业开展 HSE 一体化管理经验的基础上，结合公司的实际情况，编制出中国石化 HSE 管理体系的一个体系(HSE 管理体系)、4 个规范和 5 个指南。HSE 管理体系标准明确了中国石化 HSE 管理的 10 大要素，各要素之间紧密相关，相互渗透，不能随意取舍，以确保体系的系统性、统一性和规范性。HSE 管理规范是在 HSE 管理体系的基础上，依据集团公司已颁发的各种制度、标准、规范，对完成十大要素的具体要求。主要包括油田企业 HSE 管理规范、炼油化工企业 HSE 管理规范、销售企业 HSE 管理规范、施工企业 HSE 管理规范。HSE 管理体系实施的最终落脚点是作业实体，如生产装置、基层队等，在推行 HSE 管理体系中，落实各级职能部门的管理职责，充分发挥职能部门的管理监督作用是十分重要的。5 个指南包括油田、炼化、销售、施工企业 HSE 实施程序编制指南，管理职能部门 HSE 实施计划编制指南。

中国石油天然气集团有限公司 HSE 管理体系手册

中国石油化工集团有限公司 HSE 管理体系手册

职业健康安全与环境管理体系

2001 年 2 月 8 日，发布企业标准《中国石油化工集团公司安全、环境与健康（HSE）管理体系》（Q/SHS 0001.1—2001），《炼油企业 HSE 管理规范》（Q/SHS 0001.3—2001），《炼油化工企业生产车间（装置）HSE 实施程序编制指南》（Q/SHS 0001.7—2001），该标准系列有 10 个。2002 年 9 月，中国石化下发《油田企业 HSE 管理体系环保管理实施要点》。总而言之，HSE 管理体系是国内外油气合作的入场券之一。中国石化明确规定，没有建立 HSE 管理体系的企业不得承包中国石化系统的油气工程。

2021 年，立足于新时代新时期的 HSE 发展要求，中国石化重新修订编制了 HSE 管理体系手册，包括六个一级要素：①领导、承诺和责任；②策划；③支持；④运行过程管控；⑤绩效评价；⑥改进。

习　　题

1.《化工过程安全管理导则》（AQ/T 3034—2022）包括哪些要素？

2. 2012 年 2 月 28 日，河北省赵县克尔化工厂发生爆炸事故，请网上查阅并仔细阅读《河北克尔化工有限公司“2·28”重大爆炸事故调查报告》。分析该事故违反了 AQ/T 3034 标准的哪些要素的要求？

3. 我国 HSE 管理体系主要在哪些企业中建设得比较完善？

4. 简述安全标准化建设的重点内容？

5. 了解《职业健康安全管理体系　要求及使用指南》（GB/T 45001—2020）。

6. 阅读《危险化学品生产单位主要负责人安全生产培训大纲及考核标准》（AQ/T 3029—2010）、《危险化学品生产单位安全生产管理人员安全生产培训大纲及考核标准》（AQ/T 3030—

AQ/T 3034—2022 化工过程安全管理导则

2010)、《危险化学品经营单位主要负责人安全生产培训大纲及考核标准》(AQ/T 3031—2010)、《危险化学品经营单位安全生产管理人员安全生产培训大纲及考核标准》(AQ/T 3032—2010)和《国家安全监管总局办公厅关于印发化工(危险化学品)企业主要负责人安全生产管理知识重点考核内容等的通知》(安监总厅宣教〔2017〕15 号),了解企业安全培训的主要内容。阅读《生产经营单位安全培训规定》(总局令第 3 号,2015 年第二次修订)、《安全生产培训管理办法》(2015 年修订)和《特种作业人员安全技术培训考核管理规定》(总局令第 30 号,2015 年第二次修订),了解有关安全培训的内容和规定。

7. 阅读《企业安全生产费用提取和使用管理办法》(财资〔2022〕136 号)的第五节内容,熟悉危险品生产与储存企业安全生产费用的支出项目。

8. 阅读《生产安全事故调查报告编制指南(试行)》(应急厅〔2023〕4 号)和《中国石油化工股份有限公司茂名分公司“6·8”泄漏起火事故调查报告》。

企业安全生产费用提取和使用管理办法

参 考 文 献

[1] 王浩水. 化工过程安全管理与实践[M]. 北京:中国石化出版社,2022.

[2] 李婧怡,匡卓贤. 过程安全管理体系对 BP Texas 事故探析[J]. 炼油技术与工程,2021,51(6):68-72.

[3] 刘奎,申满对. 石油化工项目设计中初步工艺安全危害分析[J]. 炼油技术与工程,2021,51(7):69-72.

[4] 曲福年. 危险化学品从业单位安全生产标准化指导手册[M]. 北京:化学工业出版社,2018.

[5] 樊晶光. 新版《企业安全生产标准化基本规范》解读[M]. 北京:应急管理出版社,2017.

[6] 中国安全生产科学研究院. 安全生产管理(2022 版中级)[M]. 北京:应急管理出版社,2022.

[7] 王庆慧,张峰,王丹枫,等. 化工安全管理[M]. 北京:中国石化出版社,2018.

[8] 毕海普,袁雄军,刘龙飞. 化工安全导论[M]. 北京:中国石化出版社,2019.

第 10 章　化工废水处理

10.1　化工废水处理概述

10.1.1　化工废水来源和特点

1. 化工废水的来源

化工废水主要来源于化工生产过程，其成分取决于生产过程采用的原料及所用工艺。

① 化工生产过程中，化工原料和化工产品的包装、运输、堆放，因部分物料流失经冲刷而产生的废水。

② 由于工艺条件的限制，生产过程中化学反应不完全而产生的废料，常以废水形式排出。

③ 化工生产过程中副反应产生的废水。

④ 特定工艺产生的废水，如酸洗或碱洗废水、高沸点残液等。

⑤ 地面和设备冲洗水及初期雨水。

⑥ 工艺循环冷却水。一般循环冷却水不含污染物，但因为在冷却水中往往加入防腐剂、杀藻剂等化学物质，排出后也会造成污染问题。如果冷却方式为冷却水与反应物料直接接触，则形成含有污染物的废水。

2. 化工废水的特点

① 水质成分复杂，污染物种类多。由于化工产品种类繁多，生产工艺复杂，所产生的废水往往含有多种污染物。

② 有毒性和刺激性。化工废水中许多污染物对微生物是有毒有害的，如重金属离子、硝基化合物等；还有一些污染物具有刺激性和腐蚀性，如无机酸、碱等。

③ 生物难降解物质多，可生化性差。

④ pH 值变化较大。化工生产废水常含有酸或碱性物质，pH 值变化较大。

⑤ 营养化物质含量高。化工废水中磷、氮含量往往比较高，造成水域富营养化。

⑥ 废水温度较高。

⑦ 油污染较为普遍和废水色度高。

10.1.2　废水污染指标

水质污染指标是评价水质污染程度、进行污水处理工程设计、反映污水处理厂处理效果、开展水污染控制的基本依据。

1. 化学性污染指标

(1) 有机物

废水中的有机物种类非常多、组成复杂，在工程中一般以生化需氧量(Biochemical Oxygen Demand，BOD)、化学需氧量(Chemical Oxygen Demand，COD 或 OC)、总需氧量(Total Oxygen Demand，TOD)和总有机碳(Total Organic Carbon，TOC)等指标来定量描述水中有机污染物的含量。

① 生化需氧量(BOD)。水中有机污染物被好氧微生物分解时所需的氧量称为生化需氧量(以 mg/L 为单位)，间接反映了水中可生物降解的有机物量。BOD 愈高，表示水中耗氧有机污染物愈多。有机污染物被好氧微生物氧化分解的过程，一般可分为两个阶段：第一阶段主要是有机物被转化成二氧化碳、水和氨；第二阶段主要是氨被转化为亚硝酸盐和硝酸盐。污水的生化需氧量通常只指第一阶段有机物生物氧化所需的氧量。微生物的活动与温度有关，测定生化需氧量时以 20℃ 作为测定的标准温度。生活污水中的有机物一般需 20d 左右才能基本上完成第一阶段的分解氧化过程，即测定第一阶段的生化需氧量至少需要 20d 时间，这在实际应用中周期太长。目前以 5d 作为测定生化需氧量的标准时间，简称 5 日生化需氧量(用 BOD_5 表示)。生活污水 5 日生化需氧量约为第一阶段生化需氧量的 70%。

② 化学需氧量(COD)。化学需氧量指在酸性条件下，用强氧化剂将有机物氧化为 CO_2、H_2O 所消耗的氧量。氧化剂一般采用重铬酸钾。由于重铬酸钾氧化作用很强，所以能够较完全地氧化水中大部分有机物和无机性还原物质(但不包括硝化所需的氧量)，此时化学需氧量用 COD_{Cr} 或 COD 表示。如采用高锰酸钾作为氧化剂，则写作 COD_{Mn} 或简称 OC。

与 BOD 相比，COD_{Cr} 能够在较短的时间内较精确地测出废水中耗氧物质的含量，不受水质限制，但废水中的还原性无机物也能消耗部分氧，会造成一定误差。其中 BOD_5/COD 比值可作为衡量废水是否适宜生化法处理的一个指标，比值越大，越容易被生化处理。一般认为 BOD_5/COD 大于 0.3 的废水才适宜采用生化处理。

③ 总需氧量(TOD)。有机物主要元素包括 C、H、O、N、S 等。在高温下(900℃)燃烧后，将分别产生 CO_2、H_2O、NO_2 和 SO_2，所消耗的氧量称为总需氧量(TOD)。一般情况下，TOD>COD。

④ 总有机碳(TOC)。总有机碳包括水样中所有有机污染物的含碳量。

⑤ 油类污染物和有毒有机物。

2. 无机物

① pH值。pH值主要指示水样的酸碱性。天然水体的pH值一般接近中性。当受到酸碱污染时，水体pH值发生变化，破坏自然缓冲作用，抑制微生物生长，妨碍水体自净，使水质恶化、土壤酸化或盐碱化。各种生物都有自己适应的pH值范围，一般要求处理后废水的pH值在6~9。

② 植物营养元素。废水中所含的N和P是植物和微生物的主要营养元素。当废水中N和P的浓度分别超过0.2mg/L和0.02mg/L时，就会引起受纳水体的富营养化，促进各种水生生物(主要是藻类)的活性，刺激它们的异常增殖，这样会造成一系列的危害。

③ 重金属有毒物。重金属有毒物主要为汞、铬、镉、铅、砷(类金属)、锌、镍、铜、钴、锰、钛、钒、钼和铋等，特别是前5种危害更大。

④ 无机非金属有毒物。无机非金属有毒物主要有氰化物、氟化物、含硫化合物、亚硝酸根等。

3. 物理性污染指标

表示污水物理性质的污染指标主要有固体物质、温度、色度、嗅和味等。

水中所有残渣的总和称为总固体(Total Solid，TS)，总固体包括溶解性固体(Dissolved Solid，DS)和悬浮固体(Suspended Solid，SS)。水样经过滤后，滤液蒸干所得的固体即为溶解性固体，滤渣脱水烘干后即是悬浮固体。固体残渣根据挥发性能可分为挥发性固体(Volatile Solid，VS)和固定性固体(Fixed Solid，FS)。将固体在600℃的温度下灼烧，挥发掉的量即是挥发性固体，灼烧残渣则是固定性固体，也称之为灰分。溶解性固体一般表示盐类的含量，悬浮固体表示水中不溶解的固态物质含量，挥发性固体反映固体的有机成分含量。

饮用水、工业用水、渔业用水和灌溉用水等对悬浮固体和溶解性固体均有不同的要求。悬浮固体和挥发性悬浮是重要的水质指标，也是污水处理厂设计的重要参数。

4. 生物性污染指标

生物污染指标主要指废水中的致病性微生物，主要有细菌总数、大肠菌群和病毒。

10.1.3 化工废水处理方法概述

污水按照处理的目标和要求，其处理程度一般可分为一级处理、二级处理和三级处理(深度处理)。

一级处理：主要去除污水中呈悬浮状态的固体污染物，同时还通过中和或均衡等预处理对废水进行调节以便排入受纳水体或二级处理装置。主要包括筛滤、沉淀等物理处理方法。通过一级处理后，废水的 BOD 一般只去除 30%左右，仍需进行二级处理。二级处理：主要去除废水中呈胶体和溶解状态的有机污染物质，采用各种生物处理方法，BOD 去除可达 90%以上。三级处理：又称为深度处理，是在一级、二级处理的基础上，对难降解的有机物、氮、磷等营养性物质进一步处理，以实现污水回收和再利用为目的。采用的方法有混凝、过滤、吸附、离子交换、反渗透、超滤、消毒等。

城市污水的水量大，水质变化相对较小，所以一般城市污水处理的工艺流程比较典型。图 10-1 是城市污水典型处理流程。而各种工业废水的水质千差万别，其处理要求也极不一致，因此，很难形成一种如城市污水一样的典型流程。一般需要几种处理方法组合成处理工艺，才能达到对不同性质的污染物的处理效果。

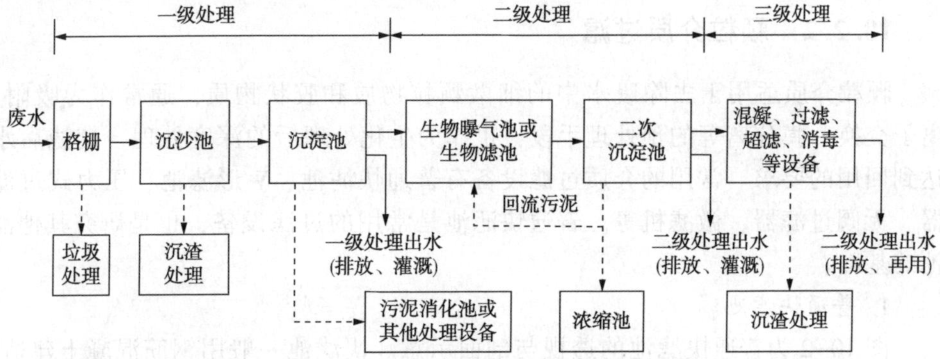

图 10-1　城市污水的三级处理系统

10.2　物理处理法

通过物理方面的重力或机械力作用使污水水质发生变化的处理过程称为污水的物理处理。物理处理可以单独使用，也可与生物处理或化学处理联合使用，与生物处理或化学处理联合使用时又可称为一级处理或初级处理，有一些深度处理方法也采用物理处理。

污水的物理处理法去除对象主要是污水中的漂浮物和悬浮物，采用的主要方法：①筛滤截留法——筛网、格栅、过滤、膜分离等；②重力分离法——沉砂池、沉淀池、隔油池、气浮池等；③离心分离法——旋流分离器、离心机等。

10.2.1　格栅和筛网

1. 格栅

格栅由一组或数组平行的金属栅条、塑料齿钩或金属筛网、框架及相关装置组成，倾斜安装在污水渠道、泵房集水井的进口处或污水处理构筑物的前端，用来截留污水中较粗大漂浮物和悬浮物，防止堵塞和缠绕水泵机组、曝气器、管道阀门、处理构筑物配水设施、进出水口，减少后续处理产生的浮渣，保证污水处理设施的正常运行。处理流量小或所需截留的污染物量较少时，可采用人工清理的格栅。每天的栅渣量大于 0.2m^3时，都应采用机械清渣方法。目前常用的机械清渣的设备有机械格栅、回转式机械格栅、钢丝绳牵引机械格栅、阶梯式机械格栅和转鼓式机械格栅等。清除的格栅可采用带式输送机或螺旋输送机输送，最终清运前宜用螺旋压榨机进行压榨脱水。

2. 筛网

目前，应用于小型污水处理系统回收短小纤维的筛网主要有两种形式，即振动筛网和水力筛网。

10.2.2 颗粒介质过滤

颗粒介质适用于去除废水中的细微颗粒物质和胶状物质，通常作为吸附、离子交换、膜分离等的预处理手段，也作为生化处理后的深度处理，使滤后水达到回用的要求。常用的介质过滤设备有普通快滤池、V 形滤池、压力式过滤器、无阀过滤器、微滤机等。普通快滤池是常用的过滤设备，也是研究其他滤池的基础。

1. 普通快滤池

图 10-2 为普通快滤池的透视与剖面示意。快滤池一般用钢筋混凝土建造，池内有排水槽、滤料层、垫料层和配水系统；池外有集中管廊，配有进水管、出水管、冲洗水管、冲洗水排出管等管道及附件。

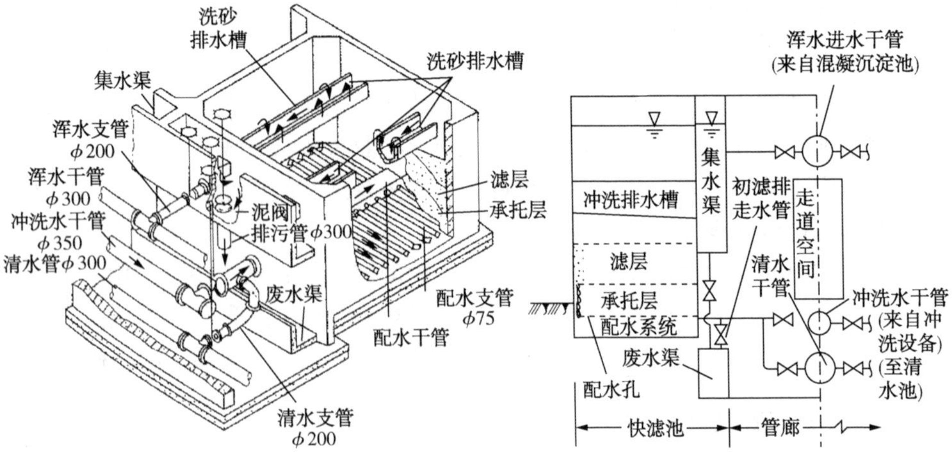

(a)透视图　　(b)剖面图

图 10-2　快滤池构造图

过滤工艺过程包括过滤和反洗两个基本阶段。过滤即截留污染物，反洗即把截留的污染物从滤料层中洗去，使之恢复过滤能力。从过滤开始到结束所延续的时间称为滤池的工作周期，一般应大于 8h，最长可达 48h。从过滤开始到反洗结束称为一个过滤循环。

过滤时，原水自进水管(浑水管)经集水渠、洗砂排水槽分配进入滤池，在池内水自上而下穿过滤料层、垫料层(承托层)，由配水系统收集，并经清水管排出。经过一段时间过滤后，一方面，滤料层被悬浮物质阻塞，水头损失逐渐增大至一个极限值，以致滤池出水量锐减；另一方面，由于水流的冲刷力又会使一些已截留的悬浮物质从滤料表面剥落下来而被大量带出，影响出水水质。当水头损失超过允许值，或者出水的悬浮物浓度超过规定值时，滤池应停止工作，进行反冲洗。

反冲洗时，关闭浑水管及清水管，开启排水阀及反冲洗进水管，反冲洗水自下而上通过配水系统、垫料层、滤料层，并由洗砂排水槽收集，经集水渠内的排水管排走。反洗过程中，由于反洗水的进入会使滤料膨胀流化，滤料颗粒之间相互摩擦、碰撞，附着在滤料表面的悬浮物质被冲刷下来，由反洗水带走。滤池经反冲洗后，恢复过滤和截污的能力，又可重新投入工作。如果开始过滤的出水水质较差，则应排入下水道，直至出水合格，这称为初滤排水。

2. V 形滤池

V 形滤池是粗滤料滤池的一种形式，因两侧(或一侧也可)进水槽设计成“V”形而得名，如图 10-3 所示。这种滤池平面为矩形，池中心设双层渠道，渠道上层用以排除反冲洗废水，渠道下层用以分配反冲洗水和压缩空气。渠道两侧为粗滤料滤层，滤料一般采用较粗、较厚的均匀颗粒的石英砂。滤层下部为长柄滤头配水系统，上部为溢流堰，以便使反冲洗废水均匀地排入排水渠。为防止滤料随水流失，溢流堰顶应高出滤层表面一定高度，并做成 45°斜坡形，以便随水流出的滤料颗粒可以沉淀落回滤层，减少损失。

过滤时，待滤水经池两侧的 V 形渠道流入，渠道下部有水平的配水孔，进水一方面经配水孔流入池内；另一方面经渠道上部溢流流入；进水经滤层自上而下过滤，滤后的水由下部长柄滤头收集，流入滤板下部的底部空间，进入中心配水渠，最后经出水管流出池外。

对滤层进行反冲洗时，关闭出水阀，并部分关闭进水阀，仍保持一定量的进水，同时打开排水阀，滤水位随之溢流堰顶，这时打开反冲洗水阀和反冲洗空气阀，将水及压缩空气一起送入中心配水渠，渠中上部为空气，经渠上部的配气孔流入两侧的底部空间。空气和水在底部空间经长柄滤头均匀分布到滤层下部，自下而上对滤层同时进行气、水反冲洗。反冲洗废水经上部溢流堰流入排水渠，同时进水经 V 形渠下部的小孔水平流入滤层上部，对废水进行表面扫洗。将冲洗含泥水扫向中央排水槽，以加速上部污物的排除。在进行气、水同时反冲洗时，由于气泡高速穿过滤层，常会携带少量滤料脱离滤层，被携滤料受到溢流堰顶的倒斜坡阻挡，随后又回落回滤层。气、水反冲洗结束后，尚需单纯用水反冲洗数分钟，以排除滤层中残留的废水和气泡。

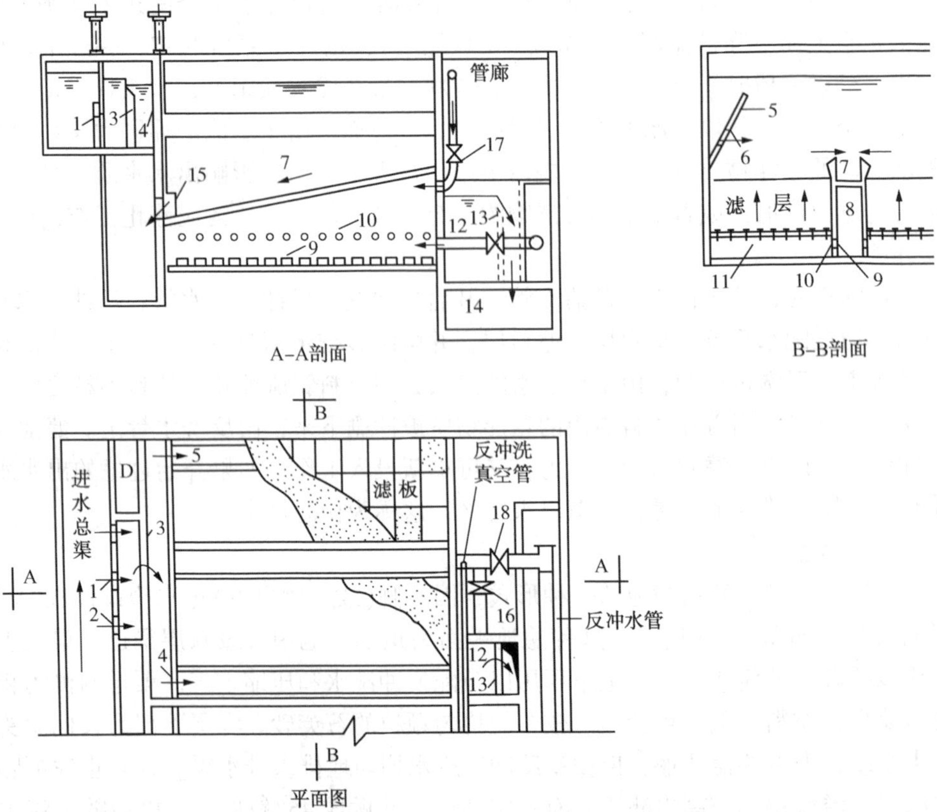

图 10–3　V 形滤池结构示意图

1—进水气动隔膜阀；2—方孔；3—堰口；4—侧孔；5—V 形槽；6—小孔；7—排水渠；8—气、水分配渠；9—配水方孔；10—配气方孔；11—底部空间；12—水封井；13—出水堰；14—清水渠；15—排水阀；16—清水阀；17—进气阀；18—冲洗水阀

反冲洗结束后，关闭反冲洗水管、反冲洗压缩空气管上的阀门以及排水阀门以开启进水阀和出水阀，滤池冲洗进入过滤工作状态。V 形滤池目前在我国普遍应用，适用于大、中型水厂。但其对冲洗操作要求严格，对滤池施工要求严格，而且还需要鼓风机等机械。

3. 重力式无阀滤池

一般快滤池都有复杂的管道系统，并设有各种控制阀门，操作步骤相当复杂，同时也增加了建造费用。无阀滤池是利用水力学原理，通过进出水的压差自动控制虹吸产生和破坏，实现自动运行的滤池。

图 10-4 为重力式无阀滤池示意图。原水自进水管进入滤池后，自上而下穿过滤层 6，滤后水从排水系统 7、8、9，通过联络管 10 进入顶部冲洗水箱 11，待水箱充满后，滤后水由出水管 12 溢流排走。

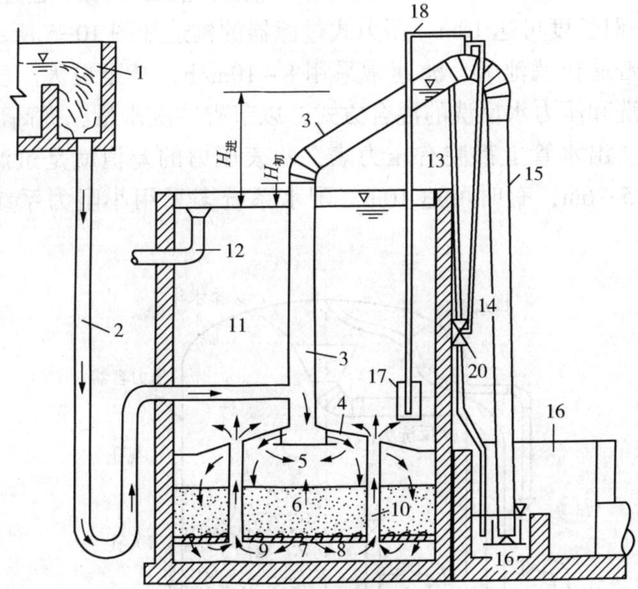

图 10-4　无阀滤池结构示意图

1—进水配水槽；2—进水管；3—虹吸上升管；4—顶盖；5—配水挡板；6—滤层；7—滤头；8—垫板；9—集水空间；10—联络管；11—冲洗水箱；12—出水管；13—虹吸辅助管；14—抽气管；15—虹吸下降管；16—排水井；17—虹吸破坏斗；18—虹吸破坏管；19—锥形挡板；20—水射器

随着过滤时间的延长，过滤阻力逐步增加，进水水位逐渐上升，与进水连通的虹吸上升管 3 中的水位也不断上升，当达到虹吸辅助管 13 的管口时，水从辅助管下落，通过水射器 20 内抽气管 14 抽吸虹吸管顶部的空气，在一个短时间内，虹吸管因出现负压，使上升管 3 和下降管 15 中的水位上升汇合，形成虹吸，冲洗水箱的水便从联络管经排水系统反向流过滤层，再经上升管 3 和下降管 15 进入排水井 16 排走，这就是滤池的反冲洗。直至水箱内水位下降至虹吸破坏管 17 管口以下时，虹吸管吸进空气，虹吸破坏，反冲洗结束，滤池恢复自上而下过滤。

无阀滤池的冲洗强度可用升降锥形挡板 19 进行调整。无阀滤池的运行全部自动，操作方便，工作稳定可靠；结构简单，材料节省，造价比普通快滤池低 30%～50%。但滤池的总高度较大；滤池冲洗时，进水管照样进水，并被排走，浪费了一部分澄清水。这种滤池适用于小型水处理厂。

4. 压力式过滤器

压力式过滤器是将滤料填于密闭的碳钢、不锈钢等材质的罐体内，里面装有和快滤池相似的配水系统和滤料等，利用外加压力克服滤池阻力进行过滤。压力过滤器分为立式和卧式，立式滤池有现成的产品，直径一般不超过3m。卧式直径不超过3m，但长度可达10m。压力式过滤器的构造如图10-5所示。滤料的粒径和厚度都比普通快滤池大，滤速常采用8~10m/h，甚至更大。压力滤池的反洗常用空气助洗和压力水反洗的混合方式，以节省冲洗水量，提高反洗效果。压力过滤器的进、出水管上都装有压力表，两表压力的差值就是过滤时的水头损失，一般可达5~6m，有时可达10m。配水系统多采用小阻力系统中的缝隙式滤头。

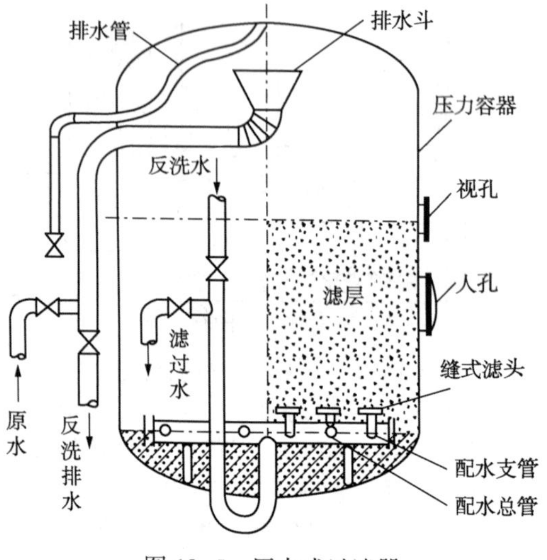

图10-5　压力式过滤器

10.2.3　沉淀法

沉淀法是利用水中悬浮颗粒和水的密度差，在重力场作用下产生下沉作用，以达到固液分离的一种过程。沉砂池常作为一种预处理手段用于去除污水中易沉降的无机性颗粒物。初次沉淀池(简称初沉池)可经济有效地去除污水中悬浮固体，同时去除一部分呈悬浮状态的有机物，以减轻后续生物处理构筑物的有机负荷。二次沉淀池(简称二沉池)主要用来分离浓缩悬浮生长生物处理工艺中的活性污泥、生物膜法工艺中脱落的生物膜等，使处理后的出水得以澄清。污泥浓缩池是将来自二沉池的污泥，或者二沉池及初沉池污泥一起进一步浓缩，以减少体积，降低后续构筑物的尺寸、处理负荷和运行成本等。

1. 沉淀池

根据水流方向常分为下列 4 种沉淀池。

(1) 平流式沉淀池

如图 10-6 所示。废水从池一端进入，按水平方向在池内流动，水中悬浮物逐渐沉向池底，澄清水从另一端溢出。池呈长方形，在进口处的底部设污泥斗，池底污泥在刮泥机的缓慢推动下被刮入污泥斗内。链带式刮泥机维修不方便，现在多采用如图 10-7 所示的行车式刮泥机。

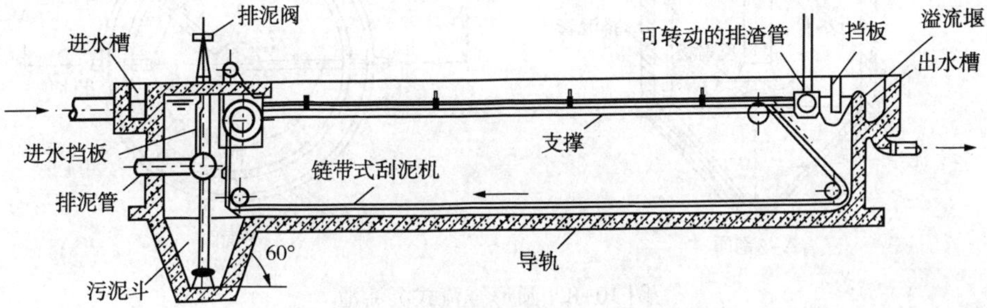

图 10-6　设有链带式刮泥机的平流式沉淀池

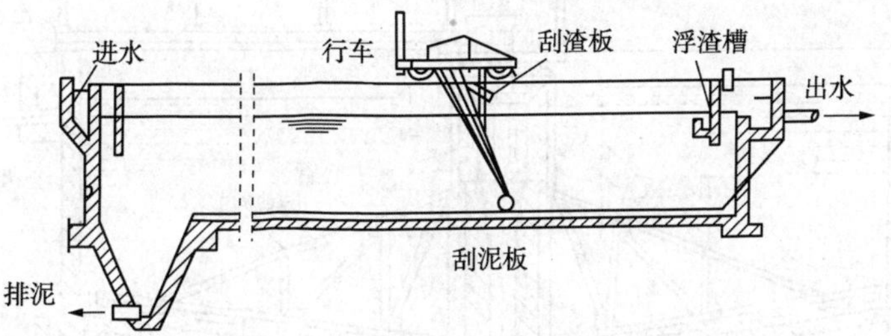

图 10-7　设有行车刮泥机的平流式沉淀池

(2) 竖流式沉淀池

竖流式沉淀池多为圆形，多用于小型水处理厂，如图 10-8 所示。水由中心管的下口流入池中，通过反射板的拦阻向四周分布于整个水平断面上，缓慢向上流动。沉速超过上升流速的颗粒则向下沉降到污泥斗，澄清后的水由池四周的堰口溢出池外。竖流式沉淀池也可做成方形，相邻池子可合用池壁以使布置紧凑。

(3) 辐流式沉淀池

辐流式沉淀池多为圆形，直径较大，一般在 16m 以上，最大可达 100m，池径与有效水深之比宜为 6~12，池周水深 1.5~3m。主要有中心进水(图 10-9)和周边进水(图 10-10)两种形式，沉淀后废水往四周集水槽排出。

传统辐流式沉淀池采用中心进水方式，废水从池底进入中心管，或用明槽自池的上部进入中心管，在中心管的周围常有以穿孔障板围成的流入区，使废水能沿圆周方向均匀分布，呈水平向四周辐流。由于中心导流筒内的流速较大，向下流动时动能较大，易冲击池底污泥，对安装要求高。作为二沉池时，活性污泥在其中难以絮凝，故常用于初沉池。二沉池则多采用周边进水的形式，使布水更均匀，向下的流速较小，对池底无冲击现象；同时，在沉降区内形成回流促使污泥絮凝，提高沉降效果。

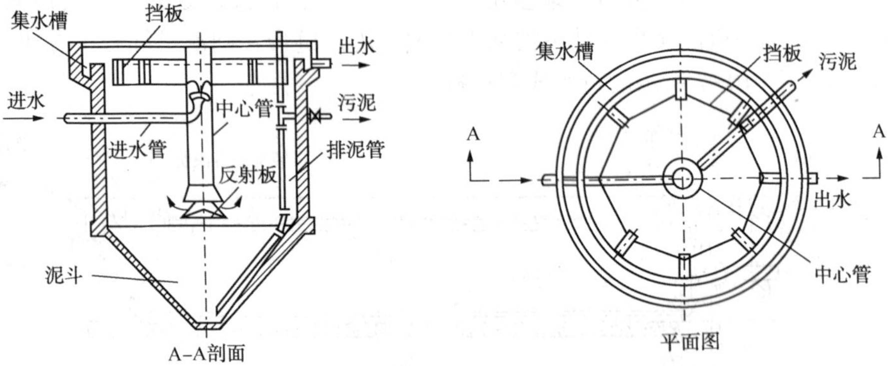

图 10–8　圆形竖流式沉淀池

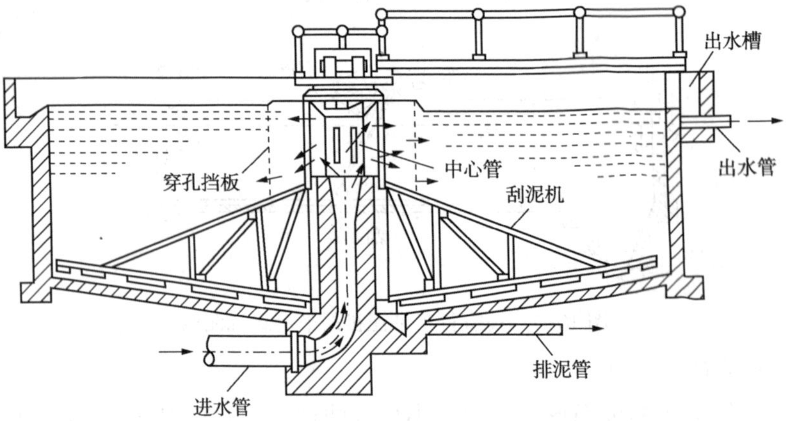

图 10–9　中心进水辐流式沉淀池

(4) 斜板(管)沉淀池

哈真(Hazen)浅池理论认为，把沉淀池水平分成 n 层，就可以把处理能力提高 n 倍，为了解决沉淀池排泥问题，浅池理论在实际应用时，把水平隔板改为在沉淀区设置倾角为 α(通常为 60°)的斜板或斜管。斜板(管)沉淀池由斜板(管)沉淀区、进水配水区、清水出水区、缓冲区和污泥区组成(图 10–11)。

斜板(管)沉淀池的生产能力比普通沉淀池有大幅度提高，但由于池子体积缩小，水流在池中停留时间短，耐冲击负荷差；斜管或斜板间距较小，若施工质量又欠佳，造成变形，很容易导致排泥不畅，产生泛泥现象，使出水水质变差。另外，斜板或斜管的上部在阳光照射下容易滋生藻类，影响运行。因此，城市污水处理厂(尤其是二次沉淀池)不太推广采用斜板(管)沉淀池。但在给水处理厂和一些工业废水如选矿废水、含油污水隔油池中应用较多。

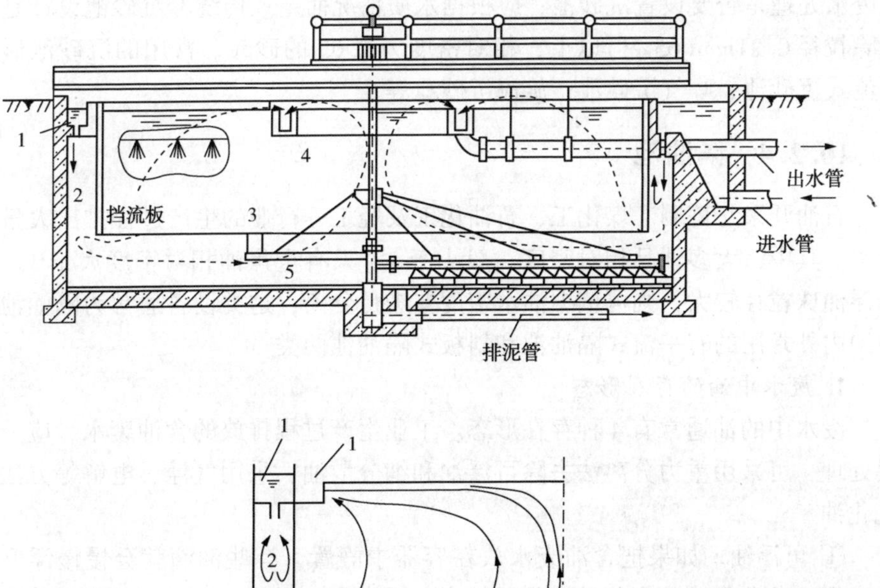

图 10-10　周边进水辐流式沉淀池

1—配水槽；2—导流絮凝区；3—沉淀区；4—集水槽；5—污泥区

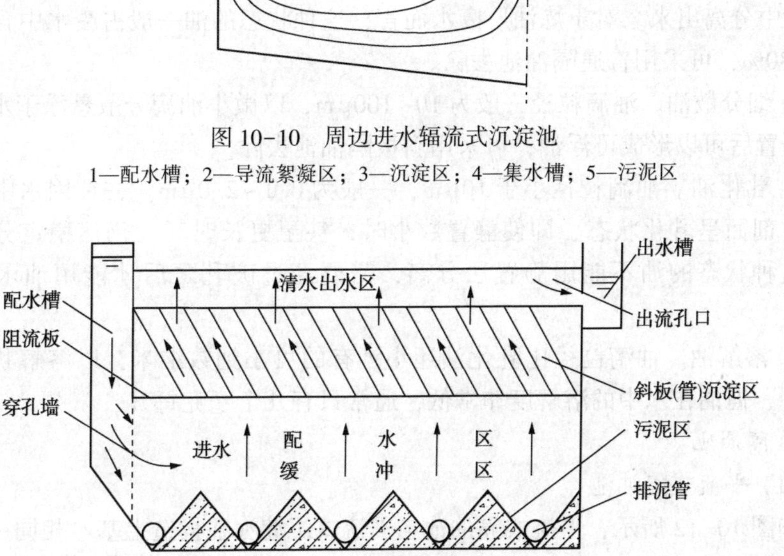

图 10-11　升流式斜板沉淀池

2. 沉砂池

沉砂池的设置目的是去除污水中泥砂、煤渣等相对密度较大的无机颗粒，以免影响后续处理构筑物的正常运行。沉砂池的工作原理是以重力分离或离心力分离为基础，即控制进入沉砂池的污水流速或旋流速度，使相对密度大的无机颗粒下沉，而有机悬浮颗粒则随水流带走。城镇污水处理厂一般均应设置沉砂池，工业废水处理是否要设置沉砂池，应根据水质情况而定。传统上沉砂池设计是基于去除粒径 0. 21mm(65 目)以上，相对密度为 2. 65 的砂粒。常用的沉砂池形式有平流式沉砂池、曝气沉砂池、旋流沉砂池等。

10. 2. 4 隔油池

石油开采与炼制、煤化工、石油化工及轻工等行业的生产过程排出大量含油废水。其中，大多油品相对密度一般小于 1，只有重焦油相对密度大于 1。如果悬浮油珠粒径较大，则可依据油水密度差进行分离，这类设备通常为隔油池。目前国内外常用的有平流式隔油池和斜板式隔油池两类。

1. 废水中油的存在形态

废水中的油通常有 4 种存在形态。工业生产过程排放的含油废水，应分类收集处理，可采用重力分离法去除可浮油和细分散油，采用气浮、电解等方法去除乳化油。

① 可浮油。如果把含油废水放在容器中静置，有些油滴就会慢慢浮升到水的表面。这些悬浮状态的油滴粒径较大，通常大于 100μm，可以依靠油水密度差而从水中分离出来。对于炼油厂废水而言，这种状态的油一般占废水中含油量的 60%～80%，可采用普通隔油池去除。

② 细分散油。油滴粒径一般为 10～100μm，以微小油滴分散悬浮于水中，长时间静置后可以形成可浮油，可采用斜板隔油池去除。

③ 乳化油。油滴粒径小于 10μm，一般为 0. 1～2. 0μm。往往因水中含有表面活性剂而呈乳化状态，即使静置数小时，甚至更长时间，仍然稳定分散于水中。这种状态的油不能用静置法分离，需要经过破乳之后才能用油水密度差分离。

④ 溶解油。油滴粒径比乳化油还小，有的可小到数纳米，以溶解状态存在于水中，但油在水中的溶解度非常低，通常只有几个毫克每升。

2. 隔油池

(1) 平流式隔油池

如图 10-12 所示，平流式隔油池与平流式沉淀池在构造上基本相同。

废水从池的一端经穿孔墙整流后流入，保持池内一定的水平流速(2～5mm/s)，流动过程中，密度小于水的油珠浮出水面，密度大于水的颗粒杂质及重油沉于池底，处理水从池子的另一端经溢流堰进入集水槽，溢流堰前端设置挡板，阻止浮油及浮渣进入集水槽，挡板前端设置集油管收集浮油。集油管可绕轴转动，当浮油积至一定厚度时，将集油管的开槽方向转向水面以下，收集浮油并导出池外。

大型隔油池设有刮油刮泥机，刮板运行时，将浮油刮入出水端，将底部的重油及沉渣刮入集泥斗，经排泥管排出。

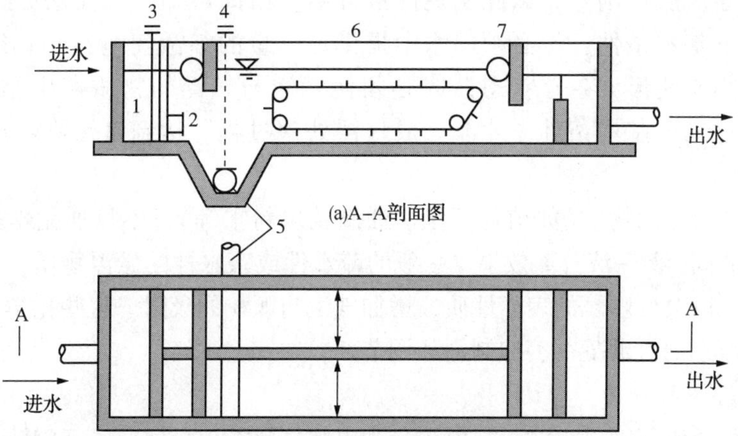

(a)A-A剖面图

(b)平流式隔油池平面图

图 10-12　平流式隔油池

1—布水槽；2—进水孔；3—进水阀；4—排渣阀；5—排泥管；6—刮油刮泥机；7—集油管

(2) 斜板隔油池

对于细分散油同样可以利用浅池理论来提高分离效果，如图 10-13 所示，通常采用波纹形斜板，板间距约 40mm，倾角不小于 45°，废水沿板面向下流动，从出水堰排出，水中油滴沿板的下表面向上流动，经集油管收集排出。

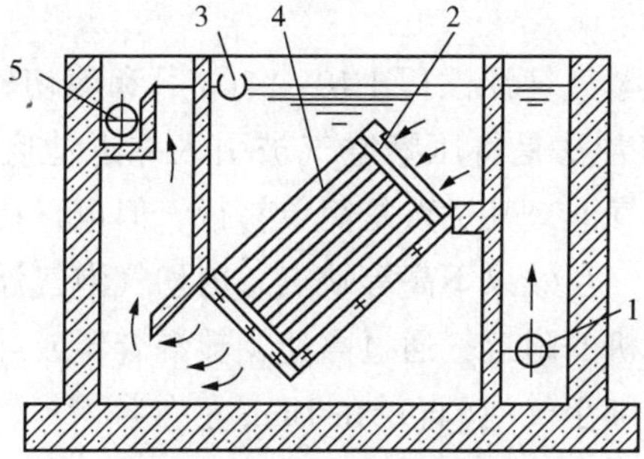

图 10-13　斜板隔油池

1—进水管；2—布水板；3—集油管；4—波纹斜板；5—出水管

10.2.5　气浮法

气浮法是一种有效的固-液和液-液分离方法，常用于对那些颗粒密度接近或小于水的细小颗粒的分离。水和废水的气浮法处理技术是在水中形成微小气泡，使微小气泡与水中悬浮的颗粒黏附，形成水－气－颗粒三相混合体系，颗粒黏附上气泡后，形成表观密度小于水的漂浮絮体，絮体上浮至水面，形成浮渣层被刮除，以此实现固液分离。由此可知，气浮法处理工艺必须满足以下基本条件：①必须向水中提供足够量的细微气泡；②必须使废水中的污染物质能形成悬浮状态；③必须使气泡与悬浮的物质产生黏附作用。有了上述这三个基本条件，才能完成气浮处理过程，达到将污染物质从水中去除的目的。

疏水性很强的物质(如植物纤维、油滴及炭粉末等)，不投加化学药剂即可获得满意的固(液)-液分离效果。一般的疏水性或亲水性的悬浮物质，均需投加化学药剂，以改变颗粒的表面性质，增加气泡与颗粒的吸附。这些化学药剂分为混凝剂、浮选剂、助凝剂、抑制剂和调节剂。

1. 气浮法的分类

按产生微细气泡的方法，气浮法分为电解气浮法、分散空气气浮法和加压溶气气浮法。

（1）电解气浮法

电解气浮过程是将正负相间的多组电极浸泡在废水中，当通以直流电时，废水电解，正负两极间产生的氢气和氧气的细小气泡黏附于悬浮物上，将其带至水面而达到分离的目的。电解气浮法产生的气泡小于其他方法产生的气泡，故特别适用于脆弱絮状悬浮物。主要用于工业废水处理，处理水量约在 10~20m^3/h。由于电耗高、操作运行管理复杂及电极结垢等问题，较难适用于大型生产。

（2）分散气浮法

目前应用的有微孔曝气气浮法[图 10-14(a)]和剪切气泡气浮法[图 10-14(b)]两种形式。微孔气浮法是将压缩空气被引入靠近池底处的微孔板，并被微孔板的微孔分散成细小气泡。其优点是简单易行，但也存在空气扩散装置的微孔易于堵塞、气泡较大、气浮效果不高等缺点。剪切气泡气浮法是将空气引入一个高速旋转混合器或叶轮机的附近，通过高速旋转混合器或叶轮机的高速剪切，将引入的空气切割粉碎成细小气泡(直径在 1mm 左右)。

剪切气泡气浮法目前常用的有叶轮气浮法和涡凹气浮法等。该法的特点是设备不易堵塞，但产生气泡较大，上升速度快，对水体的扰动比较剧烈，撞击和破坏絮状体，故其处理效果较差。主要适用于处理悬浮物浓度高的废水，如洗煤废水及含油脂等废水。通常采用多个单元装置串联，使污水中所含的杂质颗粒逐渐减少到规定的要求。如果在叶片上开孔通气，可以通过调整叶片上出气孔的数量、孔径大小以及叶片的旋转速度来产生更多更小的气泡，如涡凹气浮法(图 10-15)。

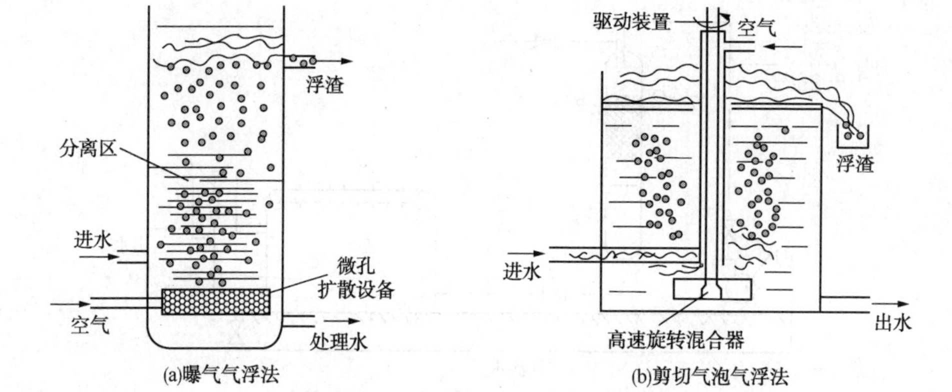

图 10-14　分散空气气浮法示意图

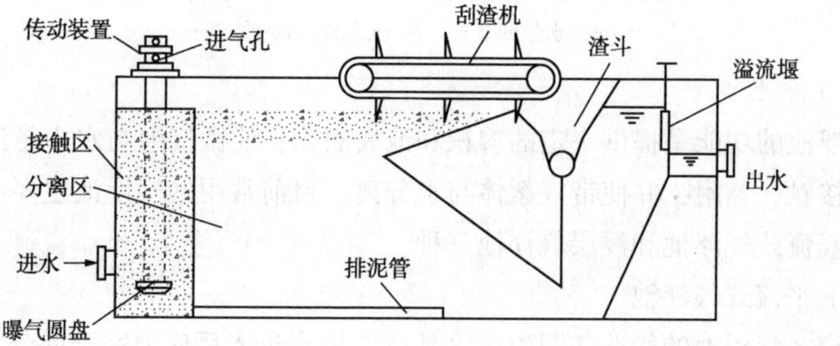

图 10-15　涡凹气浮装置示意图

(3) 加压溶气气浮法

加压溶气气浮法是在加压下将空气溶入水中，在常压下析出，气浮池在常压下运行。其特点是气体溶解量大、产生气泡多。设备维护和工艺流程操作简单、管理方便，因此实际应用较多。加压溶气方式包括空压机溶气和水泵-射流器溶气，如图 10-16 所示。

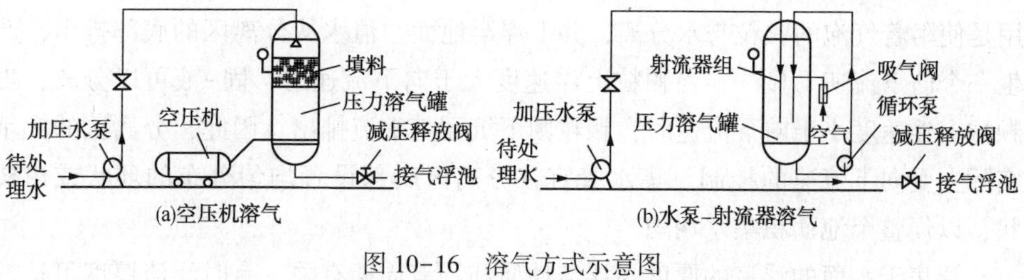

图 10-16　溶气方式示意图

加压溶气气浮常采用部分处理水回流溶气如图 10-17 所示，即将部分澄清液进行回流加压，经压力释放装置后和废水相混合进入气浮池进行固-液分离，这样可以避免废水中杂质可能对溶气和释放造成的不利影响。

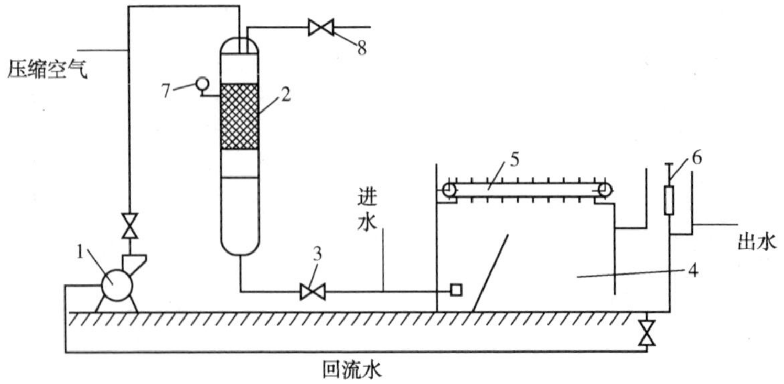

图 10-17　部分回流加压溶气气浮装置示意图

1—加压泵；2—压力溶气罐；3—减压阀；4—分离区；5—刮渣机；

6—水位调节器；7—压力表；8—放气阀

2. 气浮池

气浮池的功能是提供一定的容积和池表面积，使微气泡与水中悬浮颗粒充分混合、接触、黏附，并使带气絮体与水分离。目前常用的气浮池主要有平流式气浮池、竖流式气浮池和浅层气浮池三种。

(1) 平流式气浮池

平流式气浮池的构造如图 10-18 所示。废水进入反应池完全混合后，经挡板底部进入接触室以延长絮体与气泡的接触时间。在接触室，反应絮凝后的原水与载气水充分混合后，均匀分布在气浮池的整个池宽上，进入分离室进行固-液分离。为了防止进口区水流对颗粒上浮的干扰，在气浮池的前部均设置隔板，使已附着气泡的颗粒向池表面浮升。在隔板前面的部分称为接触区，在隔板后面的则称为分离区。在接触区隔板下端的水流上升流速一般可取 20mm/s 左右，而隔板上端的上升流速一般为 5~10mm/s，接触室的停留时间不少于 1min。分离区的作用是使附着气泡的颗粒与水分离，并上浮至池面。清水从分离区的底部排出，产生一个向下流速。显然，当颗粒上浮速度大于向下流速时，固-液可以分离，当颗粒上浮速度小于向下流速时，颗粒则下沉而随水流排出。因此，分离区的大小实际上受向下流速的控制。集水管宜在分离区底部设置均匀分布的环状或树枝状，以便整个池面积集水均匀。

浮集于水面的浮渣的厚度与浮渣性质和刮渣周期有关。有时浮渣厚度可达数十厘米，而有的则很薄，且很易破碎。一般都用机械方法刮渣，刮渣周期一般为 0.5~2h。刮渣机的水平移动速度为 5m/min。采用逆水流方向刮渣可防止浮渣下沉。平流式气浮池的优点是池身浅、造价低、构造简单、运行方便；缺点是分离部分的容积利用率不高等。

（2）竖流式气浮池

竖流式气浮池如图 10-19 所示，池高度可取 4～5m，长宽或直径一般在 9～10m。其优点是接触室在池中央，水流向四周扩散，水力条件较好；缺点是与反应池较难衔接，容积利用率较低。当处理水量大于 150m^3/h、废水中的可沉物质较多时，宜采用竖流式气浮池。

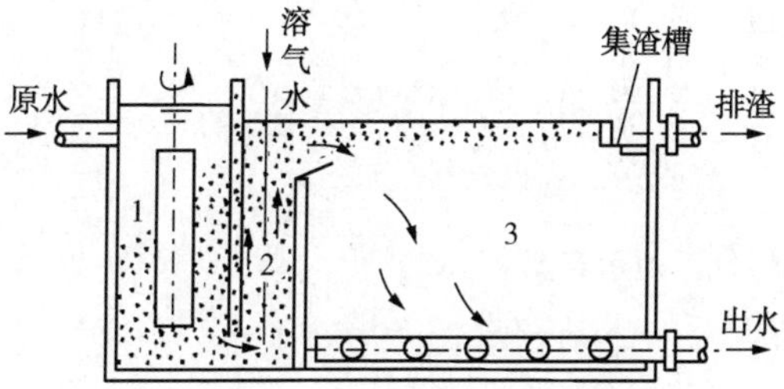

图 10-18　平流式气浮池示意图

1—反应池；2—接触室；3—分离室

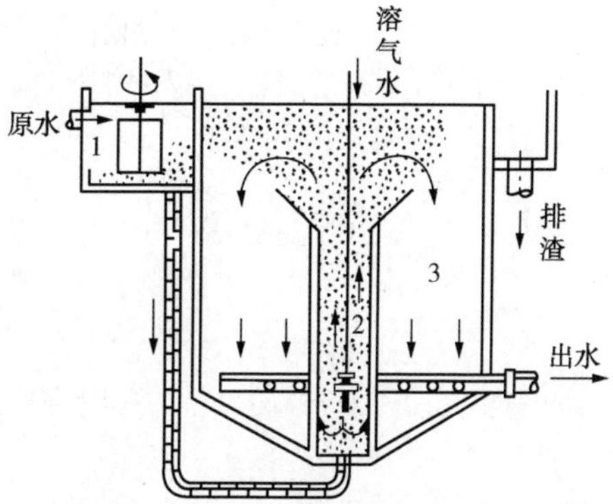

图 10-19　竖流式气浮池示意图

1—混合室；2—接触室；3—分离室

（3）浅层气浮池

如图 10-20 所示，浅层气浮池为圆形，它利用带气絮体上浮速度较快的特点，池深仅 1m 左右。装置由池体、旋转布水结构、溶气释放结构、框架机构、集水机构五部分组成。进水口、出水口与浮渣排出口全部集中在池体中央区域，布水机构、集水机构、溶气释放机构都与框架紧密相连，围绕池体中心转动。通过集中控制与分散控制相结合的方式运行。该装置集凝聚、气浮、撇渣、沉淀及刮泥功能为一体。

浅层气浮池工作时，待处理水采用废水提升泵送至气浮进水管，在气浮进入管口加入絮凝剂，经气浮池底部混合管充分混合，接着与溶气系统产生的微小气泡混合，使微小气泡与絮凝体、污染物进行吸附进入气浮布水系统，通过布水系统使废水进入气浮池体，通过无级调速装置使进入气浮池内的废水在布水区及气浮区达到零速度；絮体及被微气泡吸附的污染物在浮力及零速度作用下迅速进行固-液分离；在清水区上浮的浮渣，被带螺旋的撇泥勺撇走，自流至污泥桶，在重力作用下流至浮渣池；下层的清水通过回转桶下面的清水抽提槽管自流至清水池。

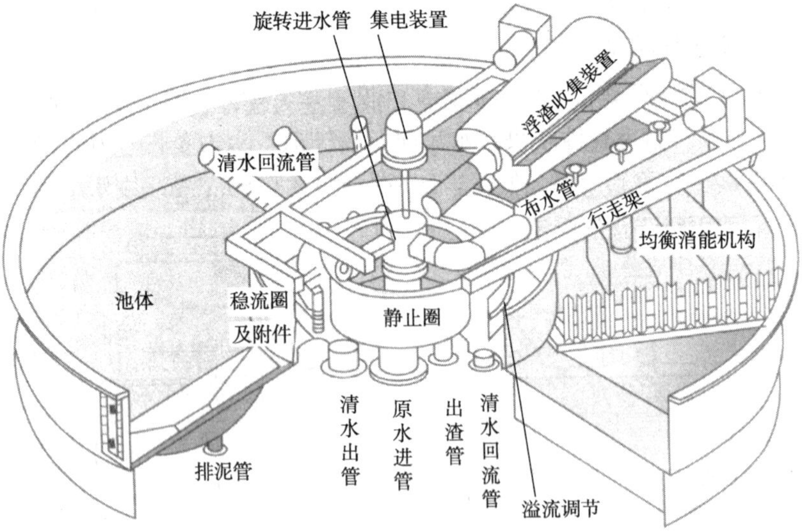

图 10-20　浅层气浮池示意图

10.3　生物处理法

10.3.1　污水生物处理法概述

污水生物处理法是利用自然界中广泛分布的微生物的新陈代谢作用对污水进行净化的处理方法。污水生物处理方法是建立在环境自净作用基础上的人工强化技术，其意义在于创造出有利于微生物生长繁殖的良好环境，增强微生物的代谢功能，促进微生物的增殖，加速有机物的无机化，增进污水的净化进程。

根据参与代谢活动的微生物对溶解氧的需求不同，污水生物处理技术分为好氧生物处理、缺氧生物处理和厌氧生物处理。好氧生物处理是在水中存在溶解氧的条件下(即水中存在分子氧)进行的生物处理过程；缺氧生物处理是在水中无分子氧存在，但存在如硝酸盐等化合态氧存在的条件下进行的生物处理过程；厌氧生物处理是在水中既无分子氧又无化合态氧存在的条件下进行的生物处理过程。好氧生物处理是城镇污水处理所采用的主要方法，高浓度有机污水的处理常常用到厌氧生物处理方法。

根据微生物生长方式的不同，生物处理技术又分成悬浮生长法和附着生长法两类。悬浮生长法是指通过适当的混合方法使微生物在生物处理构筑物中保持悬浮状态，并与污水中的有机物充分接触，完成对有机物的降解。附着生长法的微生物是附着在某种载体上生长，并形成生物膜，污水流经生物膜时，微生物与污水中的有机物接触，完成对污水的净化。悬浮生长法的典型代表是活性污泥法，而附着生长法则主要是生物膜法。

10.3.2　好氧生物处理法

好氧生物处理法是污水中有分子氧存在的条件下，利用好氧微生物(包括兼性微生物，但主要是好氧细菌)降解有机物，使其稳定、无害化的处理方法。好氧生物处理法主要有活性污泥法和生物膜法两大类。好氧生物处理法的反应速率较快，所需的反应时间较短，故处理构筑物容积较小，且处理过程中散发的臭气较少。目前，对中、低浓度的有机污水，或者 BOD_5 小于 500mg/L 的有机污水，适宜采用好氧生物处理法。污水好氧生物处理法的过程可用图 10-21 表示。

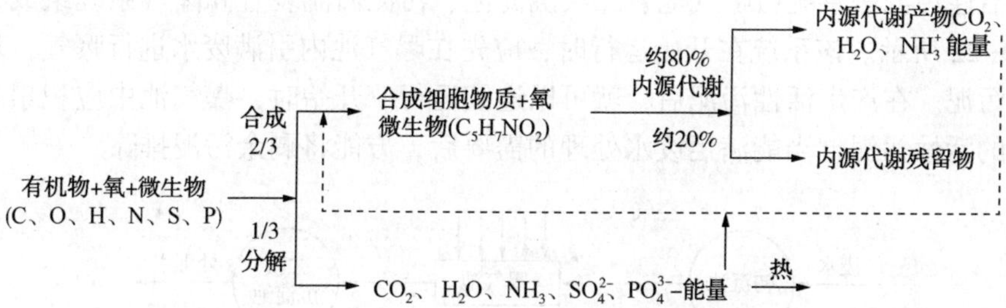

图 10-21　好氧生物处理过程中有机物转化示意图

图 10-21 表明，有机物被微生物摄取后，通过代谢活动，约有 1/3 被分解、稳定，并提供其生理活动所需的能量，约有 2/3 被转化，合成新的细胞物质，即进行微生物自身生长繁殖。后者就是污水生物处理后中的活性污泥或生物膜的增长部分，通常称其为剩余活性污泥或生物膜，又称生物污泥。在污水生物处理过程中，生物污泥经固液分离后，需进一步处理和处置。

1. 活性污泥法

(1) 活性污泥法简介

向富含有机污染物并有活性污泥的混合液中不断地通入空气(曝气)，一定时间后就会出现悬浮态絮花状的泥粒，这就是由好氧菌(及兼性菌)、好氧菌所吸附的有机物和好氧菌代谢活动的产物所组成的聚集体(活性污泥)，它具有很强的分解有机物的能力。停止曝气后，活性污泥在重力作用下沉降，从而使废水得到澄清。这种以活性污泥为主体的生物处理法称为活性污泥法。

活性污泥法对废水的净化作用是通过两个步骤完成的。

第一步为吸附阶段。因活性污泥具有很大的表面积，好氧菌分泌的多糖类黏液具有很强的吸附作用，与废水接触后，在很短时间(10~30min)内便会有大量有机物被污泥吸附，使废水中的 BOD_5 和 COD 出现较明显的降低(可去除 85%~

90%)。在这一阶段也进行吸收和氧化的作用。

第二步为氧化阶段。好氧菌对已吸附和吸收的有机物物质进行分解代谢，使一部分有机物转变为稳定的无机物，另一部分合成为新的细胞质，使废水得到净化；同时通过氧化分解使达到吸附饱和后的污泥重新呈现活性，恢复它的吸附和分解代谢能力。此阶段进行得十分缓慢。实际上在曝气池的大部分容积内都在进行着有机物的氧化和微生物原生质的合成。

要想达到良好的好氧生物处理效果，需满足以下 3 点要求：①向好氧菌提供充足的溶解氧和适当浓度的有机物(作细菌营养料)；②好氧菌和有机物(即需要除去的废物)需充分接触，要有搅拌混合设备；③当好氧菌把废水中有机物吸附分解之后，活性污泥易于与水分离以改善出水水质，同时回流污泥，重新使用。

活性污泥法系统由曝气池、二次沉淀池、污泥回流装置和曝气系统组成，如图 10-22 所示。该系统在开始运行时，应先在曝气池内引满废水进行曝气，培养活性污泥。在产生活性污泥后，就可以连续运行。开始时，曝气池中应积累一定数量的活性污泥，当能满足废水处理的需要后，方能将剩余污泥排除。

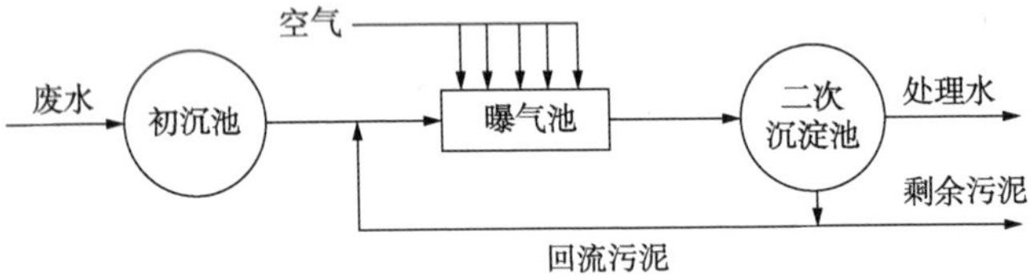

图 10-22　活性污泥法流程示意图

(2) 活性污泥性能指标

① 混合液悬浮固体浓度(Mixed Liquor Suspended Solids，MLSS)。

MLSS 是指 1L 混合液中所含悬浮固体的质量，单位为 mg/L 或 g/L。MLSS 可用下式表示：

$$MLSS = M_a + M_e + M_i + M_{ii}$$

式中，M_a为活性微生物群体的含量；M_e为微生物自身氧化残留物的含量；M_i为原污水挟入的没有被微生物降解的惰性有机物的含量；M_{ii}为原污水挟入的无机物的含量。

② 混合液挥发性悬浮固体浓度(Mixed Liquor Volatile Suspended Solids，MLVSS)。

MLVSS 是指 1L 混合液中所含挥发性悬浮固体的质量，单位为 mg/L 或 g/L。MLVSS 主要是指活性污泥中有机性固体物质的浓度，可用下式表示，式中符号意义同前：

$$MLVSS = M_a + M_e + M_i$$

一般在活性污泥曝气池内常保持 MLSS 浓度在 2~6g/L，多为 3~4g/L。在正常的运转状态下，一定的废水和废水处理系统中 MLVSS/MLSS 比值相对稳定，一般城市污水处理系统曝气池混合液 MLVSS/MLSS 比值在 0.6~0.7。

用 MLSS 表示微生物量是不准确的，因为它包括了活性污泥吸附的无机惰性物质，这部分物质没有生物活性。Mckinney 指出，在生活污水活性污泥法处理中，MLSS 只有 30%~50%为活的微生物体，采用 MLVSS 来表示，也不能排除非生物有机物及已死亡微生物的惰性部分。MLSS 和 MLVSS 虽不能精确表示活性污泥的生物数量，但由于测定方法比较简便，且能在一定程度上表示活性污泥微生物数量的相对值，因此广泛应用于活性污泥处理系统的设计和运行，目前用得最多的是 MLSS。

③ 污泥沉降比(Settled Volume，SV)。

SV 是指一定量的曝气池混合液静置 30min 后，沉淀污泥与原混合液的体积比(用百分数表示)，即

$$SV = \frac{\text{混合液 30min 静置沉淀后的污泥体积}}{\text{混合液体积}} \times 100\%$$

活性污泥混合液经 30min 沉淀后，沉淀污泥可接近最大密度，因此，用 30min 作为测定污泥沉淀性能的依据。沉降比同污泥絮凝性和沉淀性有关。当污泥絮凝性与沉淀性良好时，SV 的大小可间接表示曝气池混合液的污泥数量的多少，故可以用沉降比作指标来控制污泥回流量及排放量。但是，当污泥絮凝沉淀性差时，污泥不能下沉，上清液浑浊，所测得的沉降比将增大。通常，曝气池混合液的沉降比正常范围为 15%~30%。

④ 污泥体积指数(也称污泥容积指数)(Sludge Volume Index，SVI)。

SVI 是指曝气池混合液沉淀 30min 后，1g 干污泥形成的湿污泥的体积，常用单位为 mL/g，但一般不标注单位。SVI 的计算式：

$$SVI = \frac{\text{SV 的百分数} \times 10}{MLSS}$$

例如，曝气池混合液 SV 为 20%，污泥浓度为 2.5g/L，则污泥体积指数：

$$SVI = \frac{20 \times 10}{2.5} = 80$$

通常，当 SVI<100，沉淀性能良好；当 SVI = 100~200 时，沉淀性一般；而当 SVI>200 时，沉淀性较差，污泥易膨胀。一般控制 SVI 在 50~150 为宜，但根据废水性质不同，这个指标也有差异。如废水中溶解性有机物含量高时，正常的 SVI 值可能较高；相反，废水中含无机性悬浮物较多时，正常的 SVI 值可能较低。

(3) 二沉池

二沉池中普遍地存在着 4 个区：清水区、絮凝区、成层沉降区、污泥压缩

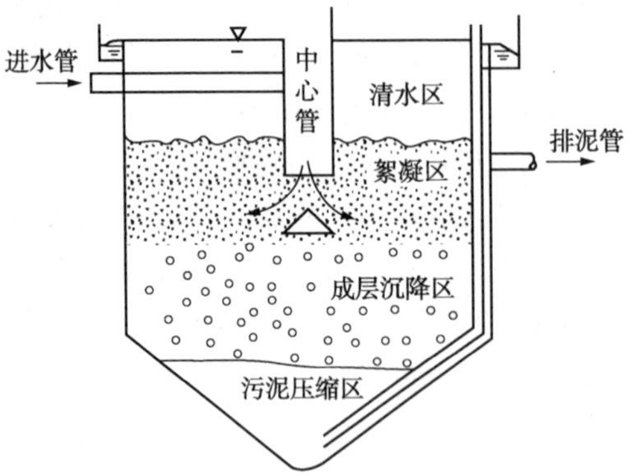

图 10-23　二沉池的沉淀工作状态

区。一般存在着 2 个界面(图 10-23)，泥水界面和压缩界面。

2. *序批式活性污泥法*(Sequencing Batch Reactor，SBR)

SBR 属于“注水-反应-排水”类型的反应器，在流态上属于完全混合，但有机污染物却是随着反应时间的推移而被逐渐降解的。图 10-24 为序批式反应池的基本运行模式，其操作过程由进水、反应、沉淀、出水和闲置 5 个基本过程组成，从污水流入到闲置结束构成一个周期。处理系统中至少需要两个或多个反应器交替运行，SBR 采用特别设计的滗水器排水，以防浮渣或沉降污泥排出影响出水水质。

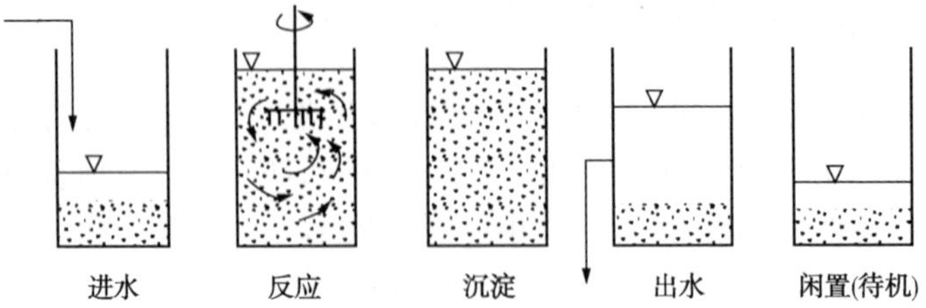

图 10-24　SBR 工作周期示意

3. *循环活性污泥法*(Cyclic Activated Sludge System，CASS)

CASS 是 SBR 的一种变形，池体内用隔墙隔出生物选择区、兼氧区和主反应区 3 个区域，3 个区域的体积比大致为 1∶2∶30。污水首先进入选择区，与来自主反应区的回流混合液(20%~30%)混合，经过厌氧反应后进入主反应区，反应器中的活性污泥不断重复曝气和非曝气过程，将生物反应过程和泥—水分离过程同在一个反应器(池)中完成，CASS 反应工艺如图 10-25 所示。

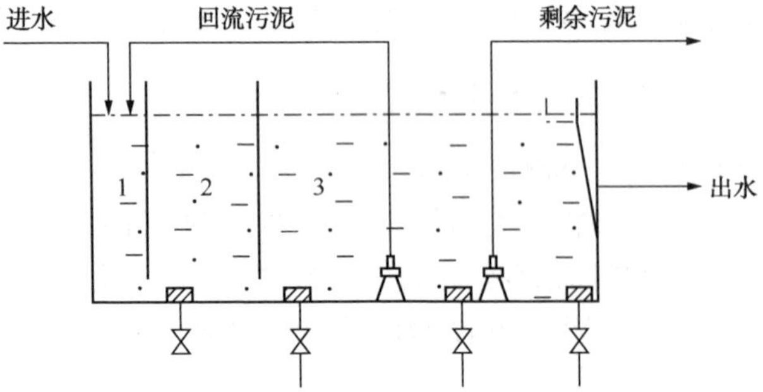

图 10-25　CASS 反应池工艺示意

1—生物选择区；2—兼氧区；3—主反应区

4. 膜生物反应器(Membrane Biological Reactor, MBR)

如图 10-26 所示，MBR 是用微滤膜或超滤膜代替二沉池进行污泥固液分离的污水处理装置，为膜分离技术与活性污泥法的有机结合，出水水质相当于二沉池出水再加微滤或超滤的效果(图 10-27)。因为没有二沉池泥水分离和固体通量的限制，混合液悬浮固体浓度可以比普通活性污泥法高几倍，容积负荷及耐冲击负荷能力比传统生物脱氮脱磷工艺更高。因污泥龄较长，系统硝化反应硝化效果好，在低溶解氧浓度运行时，可以同时进行硝化和反硝化。目前，MBR 还存在系统造价较高、膜组件易受污染、膜使用寿命有限、运行费用高、系统控制要求高、运行管理复杂等缺点。复合式 MBR(图 10-28)在形式上也属于一体式 MBR，所不同的是在生物反应器内加装填料，从而形成复合式 MBR，强化了 MBR 的一些功能。

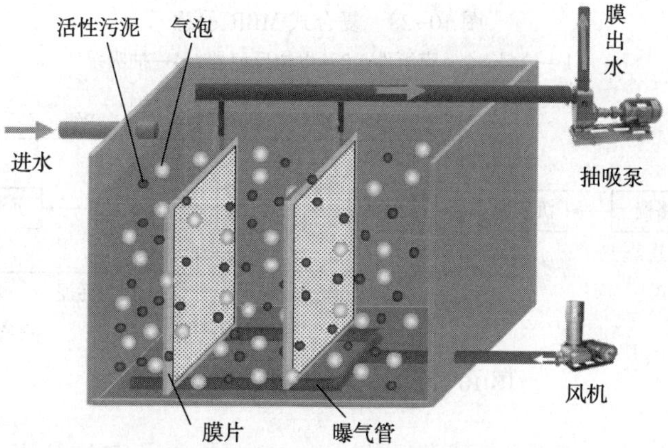

图 10-26　MBR 工作原理示意图

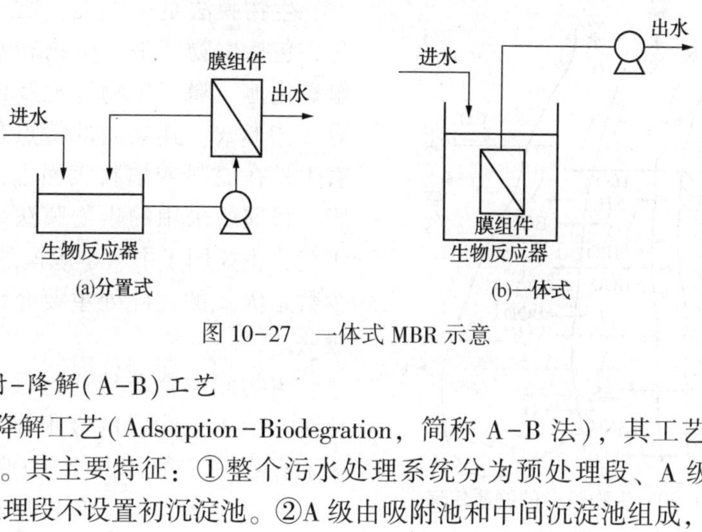

图 10-27　一体式 MBR 示意

5. 吸附-降解(A-B)工艺

吸附-降解工艺(Adsorption-Biodegration，简称 A-B 法)，其工艺流程如图 10-29 所示。其主要特征：①整个污水处理系统分为预处理段、A 级、B 级三段，在预处理段不设置初沉淀池。②A 级由吸附池和中间沉淀池组成，在 A 段中有机物大部分是以吸附、吸收的形式被去除的，占总去除量的90%左右，而氧化作用只占很小比例，10%左右；B 级由曝气池及二次沉淀池组成。③A 级与 B 级各自拥有独立的污泥回流系统，每级能够培育出各自独特的、适合本级水质特征的微生物种群。

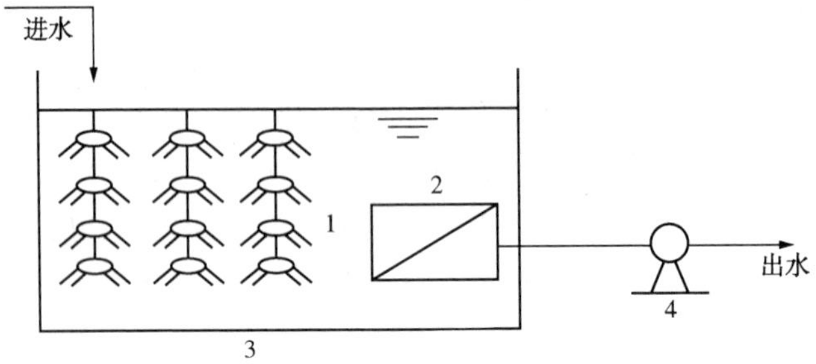

图 10-28　复合式 MBR 示意

1—填料；2—膜组件；3—生物反应器；4—抽吸泵

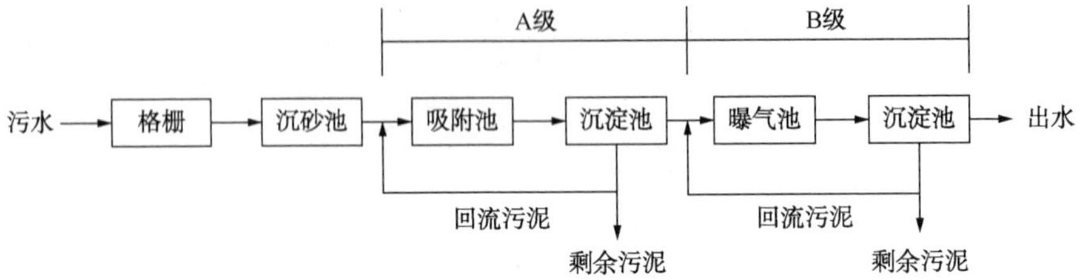

图 10-29　A-B 法工艺流程示意图

10.3.3　好氧生物膜法

生物膜法是一大类生物处理法的统称，包括生物滤池、生物转盘、生物接触氧化池、曝气生物滤池及生物流化床等工艺形式，其共同的特点是微生物附着生长在滤料或填料表面上，形成生物膜。目前所采用的生物膜法多数是好氧工艺，主要用于中、小规模的污水处理，少数是厌氧的，此处主要介绍好氧生物膜法。

生物膜中物质传递过程如图 10-30 所示。由于生物膜的吸附作用，在膜的表面存在一个很薄的水层(附着水层)。废水流过生物膜时，有机物经附着水层

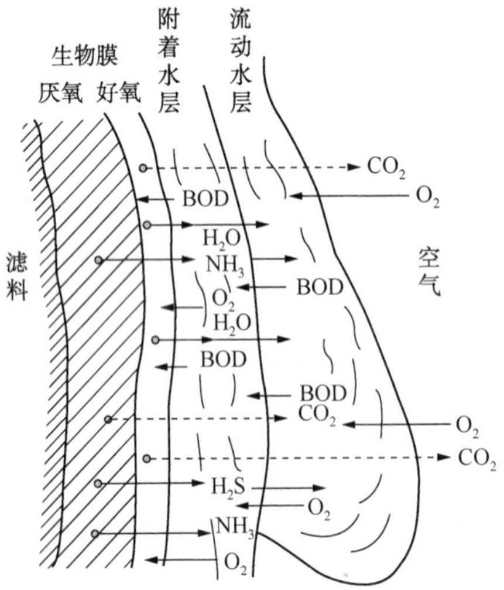

图 10-30　生物膜中的物质传递

向膜内扩散，膜内微生物在氧的参加下对有机物进行分解和机体新陈代谢。

代谢产物沿底物扩散相反的方向，从生物膜传递返回水相和空气中。随着废水处理过程的发展，微生物不断生长繁殖，生物膜厚度不断增大，废水底物及氧的传递阻力逐渐加大。在膜表层仍能保持足够的营养以及处于好氧状态，在这里有机污染物经微生物好氧代谢而降解，终产物是 H_2O、CO_2 等。而在膜深处将会出现营养物或氧的不足，造成微生物内源代谢或出现厌氧层，在这里进行有机物的厌氧代谢，终产物为有机酸、乙酸、醛和硫化氢。由于生物膜不断增厚，超过一定厚度后，吸附的有机物在传递到生物膜内层的微生物以前已经被代谢掉，此处的生物膜因与载体的附着力减小及水力冲刷作用而脱落。老化的生物膜脱落后，载体表面又可重新吸附、生长、增厚生物膜直至重新脱落，从吸附到脱落，完成一个生长周期。在正常运行情况下，整个反应器的生物膜各个部分总是交替脱落的，系统内活性生物膜数量相对稳定，膜厚 2~3mm，净化效果良好。过厚的生物膜并不能增大底物利用速度，却可能造成堵塞，影响正常通风。

1. 生物接触氧化法

生物接触氧化法又称浸没式曝气生物滤池，是在生物滤池的基础上发展演变而来的。目前，在国内的污水处理领域，特别是在有机工业废水生物处理、小型生活污水处理中得到广泛应用，成为污水处理的主流工艺之一。

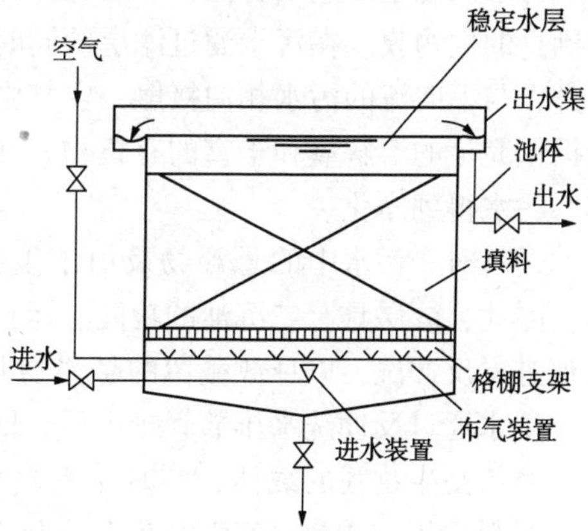

图 10-31　接触氧化池构造示意图

生物接触氧化池内设置填料，填料淹没在污水中，填料上长满生物膜，污水与生物膜接触过程中，水中的有机物被微生物吸附、氧化分解和转化为新的生物膜。从填料上脱落的生物膜，随水流到二沉池后被去除，污水得到净化。空气通过设在池底的布气装置进入水流，随气泡上升时向微生物提供氧气，如图 10-31 所示。生物接触氧化法不需要污泥回流，不存在污泥膨胀问题，运行管理简便，水流属于完全混合型。目前多采用相对密度近似于 1 的悬浮填料。

2. 曝气生物滤池(Biological Aerated Filter，BAF)

BAF，又称颗粒填料生物滤池，常用于污水二级处理后的深度处理，与污泥法相比，BAF 中活性微生物的浓度要高得多，反应器体积小，且不需要二沉池，占地面积小，不发生污泥膨胀，具有模式化结构、便于自动控制和臭气少等优点。

BAF 分为上向流式和下向流式，下面以下向流式为例介绍其工作原理。如图

10-32 所示，BAF 由池体、布水系统、布气系统、承托层、滤层、反冲洗系统等部分组成。池底设承托层，上部为滤层。

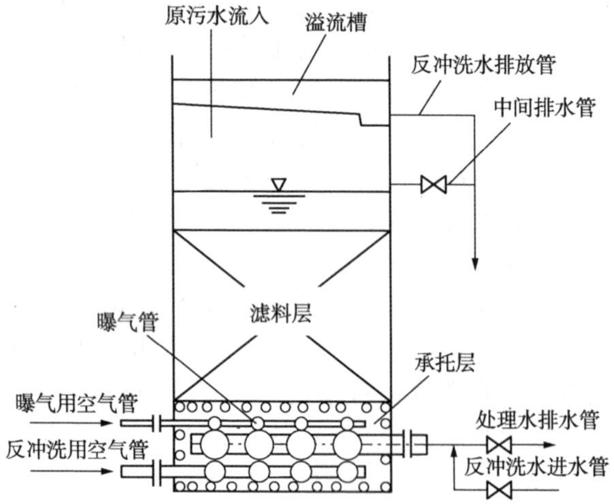

图 10-32　BAF 构造示意图

污水从池上部进入滤池，并通过由滤料组成的滤层，在滤料表面形成有微生物栖息的生物膜。在污水滤过滤层的同时，空气从滤料处通入，并由滤料的间隙上升，与下向流的污水相向接触，空气中的氧转移到污水中，向生物膜上的微生物提供充足的溶解氧和丰富的有机物。在微生物的代谢作用下，有机污染物被降解，污水得到净化。

运行时，污水中的悬浮物及由于生物膜脱落形成的生物污泥，被滤料所截留。因此，滤层具有二沉池的功能。运行一定时间后，因水头损失的增加，需对滤池进行反冲洗，以释放截留的悬浮物并更新生物膜，一般采用气水联合反冲，反冲洗水通过反冲洗水排放管排出后，回流至初沉池。

滤料是生物膜的载体，同时兼有截留悬浮物质的作用，直接影响 BAF 的性能。滤料费用在 BAF 处理系统建设费用中占有较大的比例。一般采用粒径为 5mm 左右的均质陶粒及塑料球形颗粒填料。

BAF 的缺点：①对进水的 SS 要求高，需要采用对 SS 有较高处理效果的预处理工艺。而且，进水的浓度不能太高，否则容易引起滤料结团、堵塞；预处理一般包括沉砂池、初沉池或混凝沉淀池、隔油池等设施，进水悬浮固体浓度应控制在 60mg/L 以下。②反冲洗是决定滤池运行的关键因素之一，滤料冲洗不充分，可能出现结团现象，导致工艺运行失效。反冲洗出水回流入初沉池，对初沉池有较大的冲击负荷。③产泥量略大于活性污泥法，污泥稳定性稍差。

3. 流动床生物膜反应器(Moving Bed Biofilm Reactor，MBBR)

MBBR 利用流化的颗粒填料，很好地解决了传统生物膜法脱落的生物膜堵塞反应器和生物流化床的流化局限问题，不需要污泥回流。MBBR 中悬浮生长的活性污泥的污泥龄相对较短，而附着生长在悬浮填料中的生物膜的更新周期相对较长，从而为生长缓慢的硝化菌提供了有利的生存环境。悬浮污泥中和位于生物膜表面的微生物通常处于好氧状态，而填料部分因受到氧转移的限制，则处于缺氧甚至厌氧的状态，有利于实现反硝化作用。图 10-33 是 MBBR 生物膜内同时发生硝化、反硝化(SND)的反应模式图，由于生物膜中具有丰富的微生物相，包括好氧层中的好氧氨氧化细菌、亚硝酸盐氧化菌、好氧反硝化菌以及缺氧层中的厌氧氨氧化细菌、自氧亚硝酸细菌和反硝化细菌。这些细菌协同作用，提供了良好的 SND 条件，从而很好地实现了同步硝化、反硝化脱氮。MBBR 工艺组成如图 10-34所示，包括：生物填料，曝气系统或搅拌器系统，出水装置，池体。

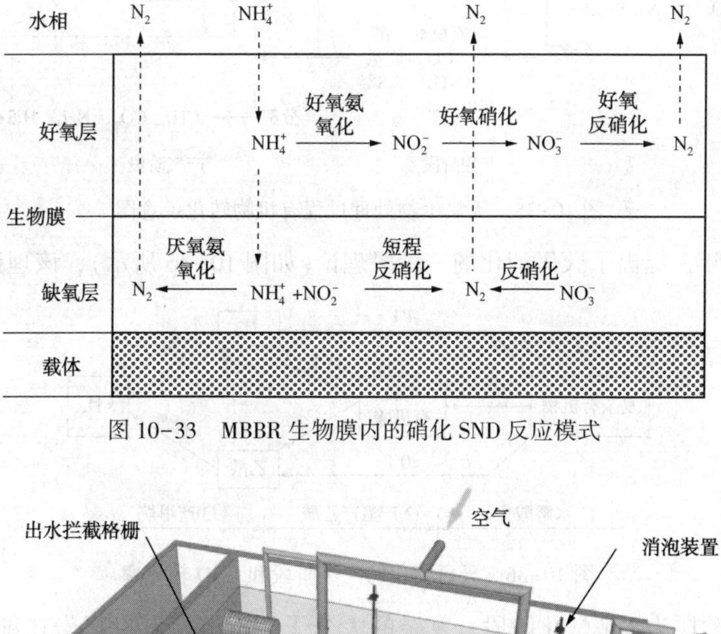

图 10-33　MBBR 生物膜内的硝化 SND 反应模式

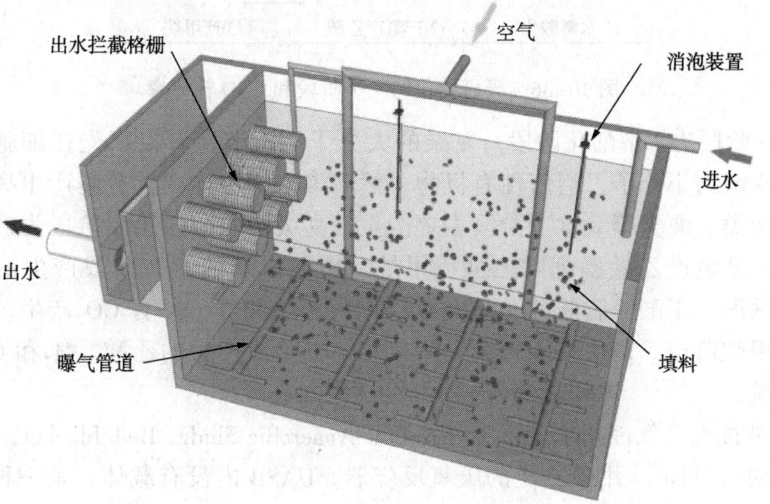

图 10-34　MBBR 工艺组成

10.3.4 厌氧生物处理法

废水厌氧生物处理法是指在无分子氧条件下通过厌氧微生物(包括兼氧微生物)的作用，将废水中的各种复杂有机物分解转化为甲烷和二氧化碳等物质的过程，也称为厌氧消化。厌氧生物处理过程中有机物的转化如图 10-35 所示。厌氧生物处理法具有运行费用低、生物污泥量少、可回收甲烷等优点，缺点是反应速率较慢、反应时间较长，出水往往达不到排放标准，故一般在厌氧处理后串联好氧处理。

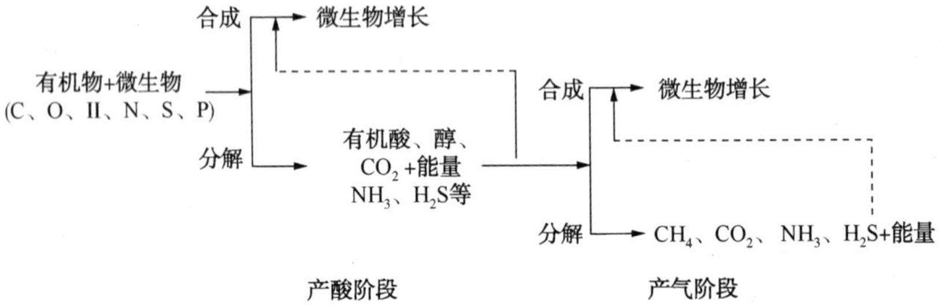

图 10-35 厌氧生物处理过程有机物转化示意图

1979 年，提出了厌氧消化的三阶段理论(如图 10-36 所示)，该理论包括：

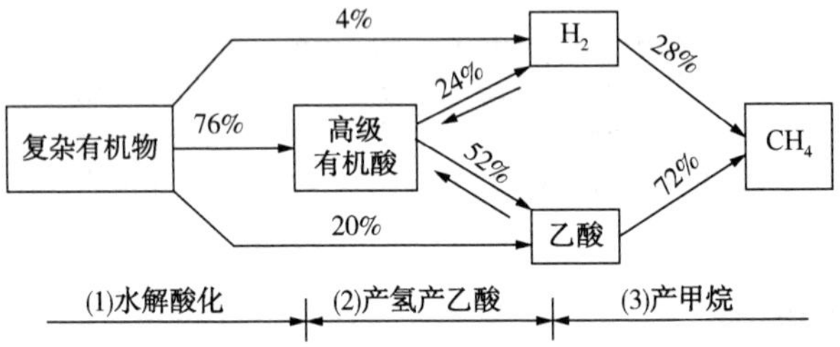

图 10-36 厌氧消化的三个阶段和 COD 转化率

第一阶段为水解酸化阶段。复杂的大分子、不溶性有机物先在细胞外酶的作用下水解为小分子、溶解性有机物，然后渗入细胞体内，分解产生挥发性有机酸、醇类、醛类等。这个阶段主要产生较高级脂肪酸。第二阶段为产氢产乙酸阶段。产氢产乙酸菌把除乙酸、甲烷、甲醇以外的第一阶段产生的中间产物，如丙酸、丁酸等脂肪酸和醇类等转化成乙酸和氢，并有 CO_2产生。第三阶段为产甲烷阶段。产甲烷菌把第一阶段和第二阶段产生的乙酸、H_2和 CO_2等转化为甲烷。

1. 升流式厌氧污泥床反应器(Up-flow Anaerobic Sludge Bed/blanket，UASB)

UASB 是目前应用最广泛的厌氧反应器。UASB 内没有载体，是一种悬浮生长型的反应器。UASB 属于第二代厌氧反应器。

如图 10-37 所示，污水自下而上地通过厌氧污泥反应器。在反应器的底部有一个高浓度(可达 60~80g/L)、高活性的污泥层，大部分的有机物在这里被转化为 CH_4 和 CO_2。由于气态产物(消化气)的搅动和气泡黏附污泥，在污泥层之上形成一个污泥悬浮层。反应器的上部设有三相分离器，完成气、液、固三相的分离。被分离的消化气从上部导出，被分离的污泥则自动滑到悬浮污泥层。出水从澄清区流出。由于在反应器内可以培养出大量厌氧颗粒污泥，使反应器的负荷很高。

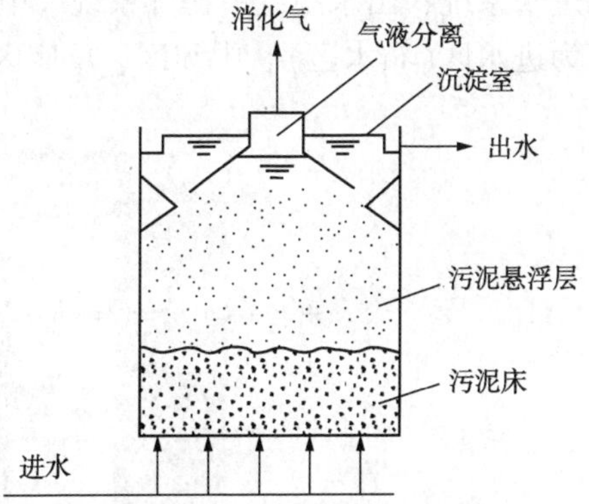

图 10-37　升流式厌氧污泥床反应器示意图

培养和形成活性高、沉淀性能好的颗粒污泥是 UASB 反应器高效运行的关键。影响颗粒污泥生成的因素和条件：进水的 COD 浓度一般宜控制在 4000~5000mg/L，进水中 SS 不宜高于 2000mg/L，控制有毒有害物质的浓度，其中氨氮浓度控制在 1000mg/L 以下，太高会产生明显的抑制。其中对厌氧产甲烷影响大的是水中的硫酸盐含量，一方面硫酸盐还原菌与产甲烷菌竞争基质，另一方面是硫酸根还原产生未离解态的硫化氢对微生物毒性很大。

2. 颗粒污泥膨胀床反应器(Expanded Granular Sludge Bed，EGSB)

1986 年荷兰开发了厌氧颗粒污泥床反应器 EGSB。EGSB 实际上是改进的 UASB，不同之处是 EGSB 采用更大的高径比，并增加了出水回流，上升流速高达 2.5~10m/h，远大于 UASB(0.5~2.5m/h)的上升流速。因此 EGSB 反应器中的颗粒污泥床处于部分或全部膨化状态，再加上产气的搅拌作用，使进水与颗粒污泥充分接触，传质效果更好，可处理较低浓度的有机废水。EGSB 是厌氧流化床与 UASB 两种技术的成功结合，属于第三代厌氧反应器。如图 10-38 所示，其主要是由布水器、反应器主体、三相分离器、集气室及外部进水和出水循环系统等组成。EGSB 可以处理低浓度和含悬浮固体有机物质较高的废水。

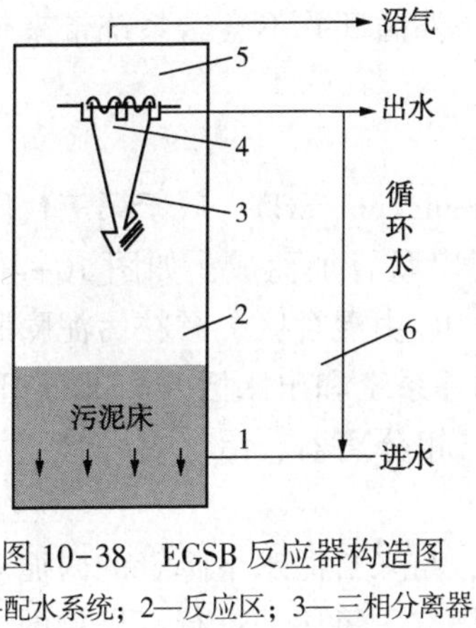

图 10-38　EGSB 反应器构造图

1—配水系统；2—反应区；3—三相分离器；4—沉淀区；5—出水系统；6—出水循环部分

3. 外循环污泥床反应器(External Circulation Sludge Bed，ECSB)

2008 年荷兰又研发出 ECSB。ECSB 主要由进水系统、出水系统、循环系统、中和罐、ECSB 罐等组成，如图 10-39 所示，分为进水区(布水区)、中和区、反应区、出水区、沼气区等。

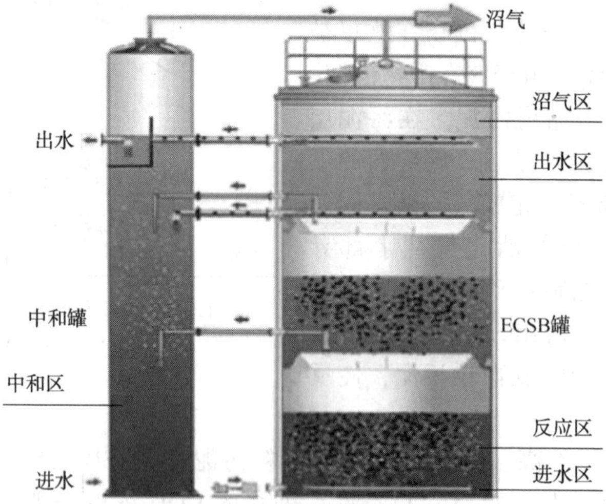

图 10-39　ECSB 反应器构造图

废水进入中和罐，在中和罐中，原废水与循环的厌氧出水进行混合调制。调制好的废水泵送至 ECSB 罐中，废水从 ECSB 罐底部通过进水系统进入，经过两层相分离器后，从反应器顶部排出。ECSB 罐底层为高浓度污泥床，由进水、外部循环及其沼气产生的上升流带动污泥床扩张、膨胀。废水和颗粒污泥的有效接触导致污泥活性高，使得高有机负荷及高转化速率成为可能。ECSB 罐中间层可以进行有效的后处理，同时进一步产生一定的颗粒污泥。通过外循环的方式，强制加强水力搅拌混合作用，强化处理效果和系统抗冲击负荷能力；同时，在运行过程中由于中和罐和 ECSB 罐水位高差几乎相等，外循环并不会给系统带来较大的能量损失。

4. 厌氧内循环反应器

1985 年荷兰开发了内循环反应器(Internal Circulation，IC)，属于第三代厌氧反应器。IC 实际上是由底部和上部 UASB 反应器串联叠加而成，如图 10-40 所示。反应器高径比一般为 4~8，高度为 16~25m。IC 由混合区、颗粒污泥膨胀床区(第一厌氧区)、精处理区(第二厌氧区)、内循环系统和出水区 5 个部分组成，其中内循环系统是 IC 工艺的核心结构，由两级三相分离器、沼气提升管、气液分离器和泥水下降管等组成。

工作原理。废水先进入反应器底部的混合区，与来自泥水下降管的内循环泥水混合液充分混合，然后依次进入第一厌氧区和第二厌氧区，进行有机物的生化降解。第一厌氧区的 COD 容积负荷很高，大部分进水 COD 在此处被降解，产生大量沼气，由于沼气的提升作用，使得沼气、污泥和水得到充分混合，沿沼气提升管上升至反应器顶部的气液分离器，沼气在该处实现泥水分离并被导出处理系统。泥水混合物沿泥水下降管进入反应器底部的混合区，并与进水充分混合后进入第一厌氧区，形成内循环。经第一厌氧区处理后的废水除一部分参与内循环外，其余污水通过一级三相分离器后，进入第二厌氧区的颗粒污泥床区进行剩余 COD 降解与产沼气过程。由于大部分 COD 已在第一厌氧区被降解，所以第二厌氧区的 COD 负荷较低，产气量也较小。该处产生的沼气由二级三相分离器收集，通过集气管进入气液分离器并被导出处理系统。经过第二厌氧区处理后的废水经二级三相分离器作用后，上清液经出水区排走，颗粒污泥则返回第二厌氧区污泥床。

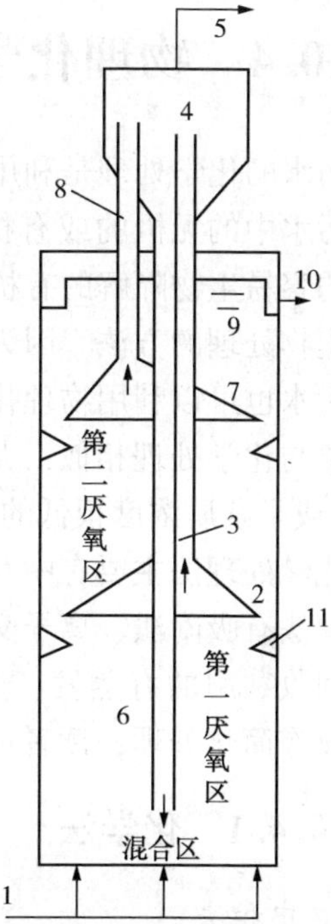

图 10-40 IC 反应器构造图

1—进水；2—一级三相分离器；3—沼气提升管；4—气液分离器；5—沼气排出管；6—回流管；7—二级三相分离器；8—集气管；9—沉淀区；10—出水管；11—气封

5. 厌氧折流板反应器(Anaerobic Baffled Reactor，ABR)

ABR 属于第三代厌氧反应器。ABR 是以多个垂直安装的导流板将反应器分成多个串联的反应室，每个反应室都是一个相对独立的上流式厌氧污泥床系统，顶部为气体收集区，不需要单独设计三相分离器，也无须混合搅拌和回流装置，如图 10-41 所示。

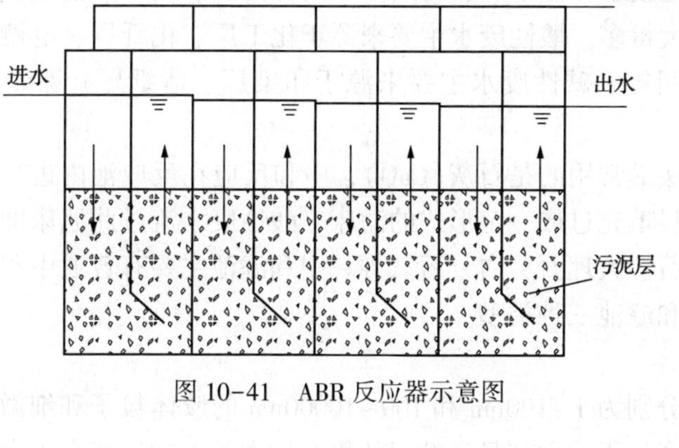

图 10-41 ABR 反应器示意图

10.4 物理化学及化学处理法

污水的化学处理是利用化学反应的作用以去除水中的杂质。它的处理对象主要是污水中的无机的或有机的(难以生物降解的)溶解物质或胶体物质。对于污水中的容易生物降解的有机溶解物质或胶体物质，尤其是当水量较大时，一般都采用生物处理的方法。因为生物处理法不仅有效，而且处理费用低廉。

污水也可以利用物理化学的原理和化工单元操作以去除水中的杂质。它的处理对象与化学处理相似，尤其适用于杂质浓度很高的污水(通常用作物质的回收利用)或是杂质浓度很低的污水(通常作为污水的深度处理)。

化学处理法主要有中和法、化学混凝法、化学沉淀法和氧化还原法，物理化学处理法有吸附法、离子交换法、萃取法、膜析法和超临界处理技术。其他主要用于回收利用的有蒸发、蒸馏、结晶等。考虑本部分内容已经在其他课程学习过，故作简化处理，读者可以参阅相关书籍。

10.4.1 化学法

1. 中和法

中和法适用于废水处理中的下列情况。①废水排入受纳水体前，其 pH 值指标超过排放标准。这时应采用中和处理，以减少对水生植物的影响。②工业废水排入城市下水道系统前进行中和处理，以免对管道系统造成腐蚀。③化学处理或生物处理之前进行中和处理，对生物处理而言，需将处理系统的 pH 值维持在 6.5~8.5，以确保最佳的生物活力。

中和处理方法因废水的酸碱性不同而不同。针对酸性废水，主要有酸性废水与碱性废水相互中和、药剂中和及过滤中和三种方法。而对于碱性废水，主要有碱性废水与酸性废水相互中和、药剂中和两种方法。其中酸性废水的数量和危害都比碱性废水大得多。酸性废水主要来源于化工厂、化纤厂、电镀厂、煤加工厂及金属酸洗车间等。碱性废水主要来源于印染厂、造纸厂、炼油厂和金属加工厂等。

药剂中和法最常用的是石灰(CaO)，中和反应在反应池内进行。过滤中和法是选择碱性滤料填充过成一定形式的滤床，酸性废水流过此滤床即被中和。常用的滤料有石灰石、大理石、白云石三种。中和滤池主要有普通中和滤池、升流式滤池和滚筒中和滤池三种类型。

2. 混凝法

对于粒径分别为 1~100nm 和 100~10000nm 的胶体粒子和细微悬浮物，由于布朗运动、水合作用，尤其是微粒间的静电斥力等，它们能在水中长期保持悬浮状态，所以处理时需向废水中投加化学药剂，使得废水中呈稳定分散状态的胶体和悬浮颗粒聚集为具有沉淀性能的絮体，这称为混凝，然后通过沉淀池去除，这样的处理方法称为混凝法。混凝法优点是设备费用低，处理效果好，管理简单；缺点是要不断向废水中投加混凝剂，运行费用较高。

混凝处理工艺包括混合、反应和絮凝体分离三个阶段。反应池的形式有隔板反应池、涡流式反应池、悬浮反应加隔板反应池和机械搅拌反应池，其中机械搅拌反应池应用较多。机械搅拌加速澄清池将微絮体的絮凝过程和絮凝体与水的分离过程综合于一个构筑物中完成。在澄清池中有高浓度的活性泥渣，废水在池中与泥渣接触时，其中脱稳杂质便被泥渣截留下来，使水获得澄清。图 10-42 所示，它可以分为混合室、第一反应区、第二反应区、回流区、分离室和泥渣浓缩区等几部分，可同时完成混凝处理的三个阶段，也是混凝处理的常用设备。

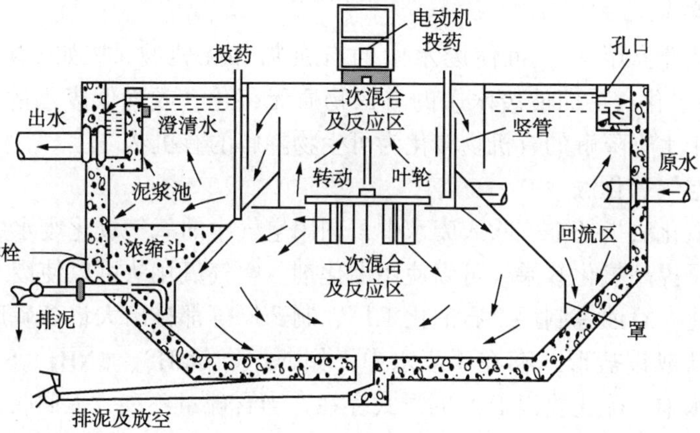

图 10-42　机械搅拌加速澄清池

3. 化学沉淀法

化学沉淀法是向水中投加某些化学药剂，使之与水中溶解性物质发生化学反应，生成难溶化合物，然后通过沉淀或气浮加以分离的方法。该方法可用于给水处理中去除钙、镁硬度，废水处理中去除重金属和某些非金属离子态污染物。化学沉淀法的工艺流程和设备与混凝法类似。沉淀法可以分为氢氧化物沉淀法、硫化物沉淀法和螯合沉淀法。

4. 电解法

电解法又称电化学法，是废水中的电解质在直流电的作用下发生电化学反应的过程。主要适用于处理含重金属离子、含油废水的脱色，有毒生物难降解有机废水等。电解是利用直流电进行溶液氧化还原反应的过程。废水中的污染物在阳极被氧化，在阴极被还原，或者与电极反应产物作用，转化为无害成分被分离除去。一般按照污染物的净化机理可分为电解氧化法、电解还原法、电解凝聚法和电解浮上法。按照阳极材料的溶解特性可分为不溶性阳极电解法和可溶性阳极电解法。

铁碳法主要是利用铁碳床中铁和碳(或加入的惰性电极)构成无数微小原电池，碳的电位高，形成许多微电极，铁的电位低，形成微阳极，在电化学催化作用下，污染物在电极表面发生化学反应，降解有机污染物，因此又可称为内电解法。新生成的电极产物活性极高，能与废水中的有机污染物发生氧化还原反应，使其结构形态发生变化，完成由难处理到易处理、由有色到无色的转变。同时微原电池自身反应产生铁离子和氢氧化铁，其水解产物具有较强的吸附和絮凝作用，在微原电池周围电场的作用下，废水中以胶体存在的污染物可以在短时间内完成电泳沉积过程，从而去除污染物质。实际应用中的金属铁中都含有杂质碳，又由于材料表面的不均匀性，有利于形成腐蚀电池。

5. 化学氧化法

通过化学氧化法，可使废水中的有机物和无机物质(如 CN^-、S^{2-}、Fe^{2+}、Mn^{2+}等)被氧化，从而使废水中的有毒物质无害化，或降低废水的 BOD_5 和 COD 值，使难于生物降解的有机物转化为可生物降解的有机物。

(1) 空气氧化法

空气氧化法指把空气吹入废水中，利用空气中的氧气氧化废水中有害物质的方法。为了提高氧化效果，可以使用催化剂。空气氧化法可以使废水中易于氧化的物质氧化。石油炼制厂、石油化工厂、制药厂等都排出大量含硫废水。硫化物一般以钠盐或铵盐形式存在于废水中，如 Na_2S、NaHS、$(NH_4)_2S$、NH_4HS 等。在酸性废水中，硫化物以 H_2S 的形式存在。当含硫量不高、无回收价值时，可采用空气氧化法脱硫。由于 S^{2-} 在碱性条件下具有较强的还原能力，利用空气中的分子氧氧化脱硫通常在碱性条件下进行。空气氧化脱硫通常在密闭的塔器(空塔、板式塔、填料塔)中进行。

(2) 湿式氧化(Wet Oxidation，WO)与催化氧化法(CWO)

WO 是在高温(125~320℃)和高压(0.5~20MPa)条件下，以空气或氧气为氧化剂，氧化废水中溶解和悬浮的有机物和还原性无机物的一种方法。在 WO 工艺基础上添加适当的催化剂即成为 CWO 工艺。因氧化过程在液相中进行，故 WO 与一般方法相比，WO 具有适用范围广、处理效率高、二次污染低、氧化速度快、装置小、可回收有用物料和能量等优点。湿式氧化系统的主体设备是反应器，通常采用不锈钢鼓泡塔。

(3) 氯氧化法

在废水处理中，可以利用氯系氧化剂氧化分解废水中酚类、醛类、醇类以及洗涤剂、油类、氰化物等，利用氯氧化法还可进行脱色、除臭、杀菌等处理。如电镀废水往往含 CN^-，可加氯氧化为 N_2 和 CO_2。氯系消毒剂包括液氯、漂白粉、漂白精、次氯酸钠、氯胺等。

6. 高级氧化法

高级氧化工艺(Advanced Oxidation Process，AOP)是利用强氧化剂羟基自由基(·OH)有效地破坏水相中污染物的化学反应，可通过加入氧化剂、催化剂或借助紫外光或可见光、超声波等方法产生·OH。目前研究的高级氧化技术有Fenton试剂法、臭氧氧化法、光催化氧化法、超声波催化氧化法、超临界氧化法、微波氧化法等。

(1) Fenton试剂氧化法

Fenton试剂是亚铁离子和过氧化氢的组合，当pH值低时(一般要求pH值控制在3左右)，在Fe^{2+}的催化下过氧化氢就会分解产生·OH，从而引发链反应。作为强氧化剂，在精细化工、医药化工、医药卫生、环境污染治理等方面得到广泛的应用。

(2) 臭氧氧化法

在工业废水处理中，可用臭氧氧化多种有机物和无机物，如酚、氰化物、有机硫化物、不饱和脂肪族及芳香族化合物等。制备臭氧的方法较多，有化学法、电解法、紫外光法、无声放电法等。工业上一般采用无声放电法制取。

无声放电法生产臭氧的原理及装置如图10-43所示。在一对高压交流电极之间(间隙为1~3mm)形成放电电场，由于介电体的阻碍，只有极小的电流通过电场，即在介电体表面的凸点上发生局部放电，因不能形成电弧，故称之为无声放电。当氧气或空气通过此间隙时，在高速电子流的轰击下，一部分氧分子转变为臭氧。

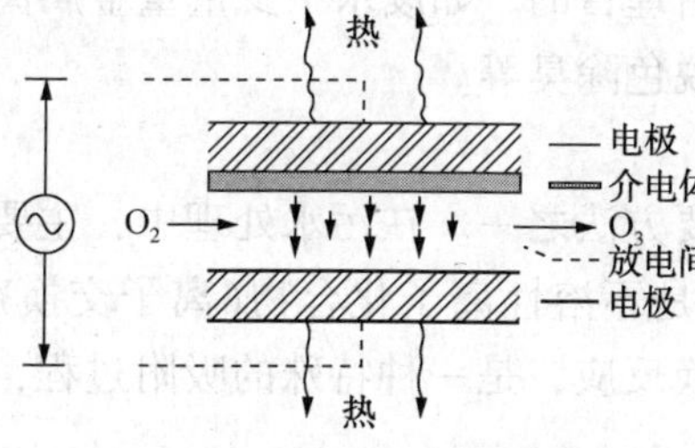

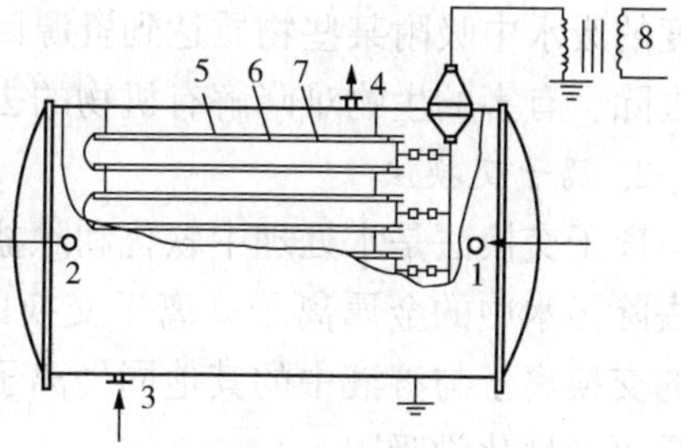

图10-43　臭氧的制备原理与装置

1—空气或氧气进口；2—臭氧化气出口；3—冷却水进口；4—冷却水出口；5—不锈钢管；6—放电间隙；7—玻璃管；8—变压器

臭氧发生器有板式和管式两种。因板式发生器只能在低压下操作，目前多采用管式发生器。管式发生器的外形像列管式换热器，内有几十根甚至上百根相同的放电管[图10-43(b)]。放电管的两端固定在两块管板上，管外通冷却水。每根放电管均由两根同心圆管组成，外壳为金属管(不锈钢管或铝管)，内管为玻璃管作介电体。内管一端封闭，管内壁镀有银膜或铝膜作电极。不锈钢管及玻璃管内膜与高压电源相连。内、外管之间留有1~3mm的环形放电间隙。

水的臭氧处理在接触反应器内进行，常用鼓泡塔、螺旋混合器、蜗轮注入器、射流器等。选择何种反应器取决于反应类型。当过程受传质速度控制时，如无机物氧化、消毒等，应选择传质速率高的螺旋反应器，蜗轮注入器、喷射器等；当过程受反应速度控制时，如有机物和NH_4^+-N的去除，应选用鼓泡塔，以保持较大的液相容积和反应时间。臭氧的消毒能力比氯更强。

7. 化学还原法

通过化学还原法，可使废水中某些高价态、高毒性金属离子还原为低价态或元素态物质，从而使之无毒或低毒后被分离除去。如六价铬离子毒性通常比三价铬大100倍，可用化学还原法将其还原为低价态后通过沉淀分离去除。

氯碱、炸药、制药、仪表等工业废水中常含有剧毒的Hg^{2+}。处理方法是将Hg^{2+}还原为Hg加以分离和回收。采用的还原剂为比汞活泼的金属(铁屑、锌粒、铝粉、钢屑等)、硼氢化钠和醛类等。废水中的有机汞先氧化为无机汞，再进行还原。

10.4.2 物理化学法和相转移法

1. 吸附法

由于吸附法对进水的预处理要求高，吸附剂的价格昂贵，因此在废水处理中，吸附法主要用来去除废水中的微量污染物，达到深度净化的目的。或者从高浓度的废水中吸附某些物质达到资源回收和治理目的。如废水中少量重金属离子的去除、有害的生物难降解有机物的去除、脱色除臭等。

2. 离子交换法

离子交换法是水处理中软化和除盐的主要方法之一。在污水处理中，主要用于去除污水中的金属离子。离子交换的实质是不溶性离子化合物(离子交换剂)上的交换离子与溶液中的其他同性离子的交换反应，是一种特殊的吸附过程，通常是可逆性化学吸附。

3. 膜析法

膜析法是利用天然或人工合成膜以外界能量或化学位差作推动力对水溶液中某些物质进行分离、分级、提纯和富集的方法的统称。目前有扩散渗析法(渗析法)、电渗析法、反渗透法和超滤法等。

4. 其他相转移法

主要有吹脱、汽提法、萃取法、蒸发法和结晶法。此部分内容由于在“化工原理”中已经学习过，请读者参考有关书籍。

10.5 脱氮脱磷基础理论

1. 生物脱氮

污水生物脱氮处理过程中氮的转化主要包括氨化、硝化和反硝化作用，其中氨化可在好氧或厌氧条件下进行，硝化作用是在好氧条件下进行，反硝化作用是在缺氧条件下进行。生物脱氮是指含氮化合物经过氨化、硝化、反硝化后，转变为 N_2 而被去除的过程。

（1）氨化反应

微生物分解有机氮化合物产生氨的过程称为氨化反应，很多细菌、真菌和放线菌都能分解蛋白质及其含氮衍生物，其中分解能量强、并释放出氨的微生物称为氨化微生物。在氨化微生物的作用下，有机氮化合物可用在好氧或厌氧条件下分解、转化为氨态氮。以氨基酸为例，加氧脱氮基反应式：

$$RCHNH_2COOH+O_2 \longrightarrow RCOOH+CO_2+NH_3$$

水解脱氨基反应式：

$$RCHNH_2COOH+H_2O \longrightarrow RCHOHCOOH+NH_3$$

（2）硝化反应

在亚硝化细菌和硝化细菌的作用下，将氨态氮转化为亚硝酸盐（NO_2^-）和硝酸盐（NO_3^-）的过程称为硝化反应。硝化反应的总反应式：

$$NH_4^++2O_2 \longrightarrow NO_3^-+2H^++2H_2O$$

（3）反硝化反应

在缺氧条件下，NO_2^- 和 NO_3^- 在反硝化细菌的作用下被还原为氮气的过程称为反硝化反应。目前公认的从硝酸盐还原为氮气的过程如图 10-44 所示。大多数反硝化细菌是异养型兼性厌氧细菌，在污水和污泥中，很多细菌均能进行反硝化作用。

$$NO_3^- \xrightarrow{\text{硝酸盐还原酶}} NO_2^- \xrightarrow{\text{亚硝酸盐还原酶}} NO \xrightarrow{\text{氧化氮还原酶}} N_2O \xrightarrow{\text{氧化亚氮还原酶}} N_2$$

图 10-44　硝酸盐还原为氮气过程

（4）同化作用

生物处理过程中，污水中的一部分氮（氨氮或有机氮）被同化成微生物细胞的组成部分，并以剩余活性污泥的形式得以从污水中去除的过程，称为同化作用。当进水氨氮浓度较低时，同化作用可能成为脱氮的主要途径。

2. 生物除磷（Biological Phosphorus Removal，BPR）

BPR 最基本的原理即在厌氧-好氧或厌氧-缺氧交替运行的系统中，利用聚磷微生物（Phosphorus Accumulatiing Organisms，PAOs）具有厌氧释磷及好氧（或缺氧)超量吸磷的特性，使好氧或缺氧段中混合液磷的浓度大量降低，最终通过排放含有大量富磷污泥而达到从污水中除磷的目的。BPR 的机理目前尚未完全清楚。

10.6 典型化工废水处理

1. A^2/O 工艺在焦化废水处理中的应用

焦化废水处理设计可参考《焦化废水治理工程技术规范》(HJ 2022—2012)。如图 10-45 所示的 A^2/O 工艺是较常见的焦化废水处理工艺。焦化废水主要由剩余氨水、煤气初冷、脱硫及焦油脱水过程产生的污水及煤气管道水封水等组成。该工艺利用微生物的生物化学作用，将废水中的含氮物质经硝化反硝化脱氮。

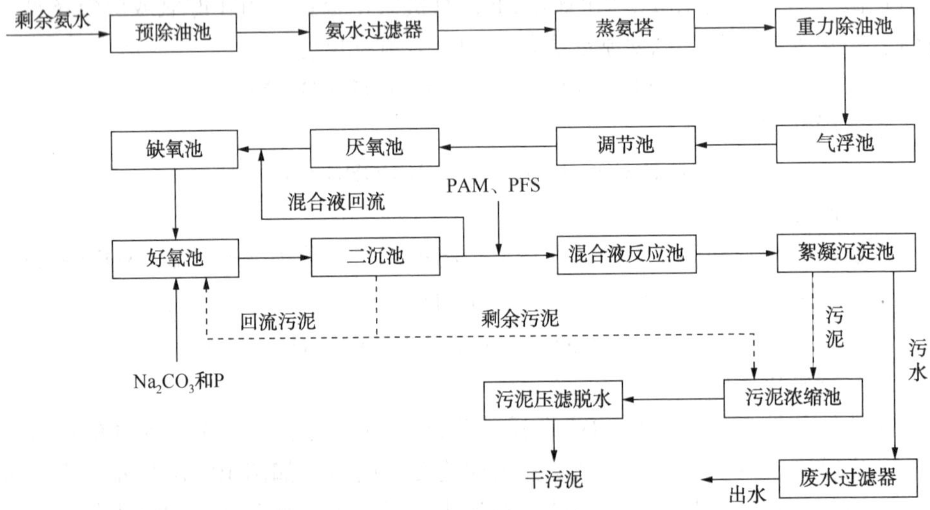

图 10-45 某焦化企业 A^2/O 废水处理工艺流程示意图

(1) 预处理

为防止废水中的高浓度 NH_4^+-N、COD 对微生物的毒害和抑制，对来水进行预处理。预处理系统主要包括对剩余氨水的加碱蒸氨、重力除油、气浮除油等。设置预除油池，以增加焦油与氨水的分离时间，防止剩余氨水中焦油过多，蒸氨过程中，大量重质焦油沉积下来，堵塞蒸氨塔和换热器。同时在原料氨水进蒸氨塔前增加氨水过滤器进一步除去剩余氨水中的焦油。通过预处理后，进入调节池的废水水质 NH_4^+-N 浓度<150mg/L、油含量<80mg/L、酚含量<300mg/L、COD 浓度<17000mg/L。

(2) 生化处理

污水依次通过厌氧池、缺氧池、好氧池，经过一系列的生物化学反应，水中的酚、氰、NH_4^+-N 被转化为 CO_2、H_2O、N_2等。通过微生物的生物化学作用，经硝化反硝化过程，将废水中的含氮物质逐步转化为氮气。

(3) 深度处理

从二沉池出来的污水经混合液反应池、絮凝沉淀池进入废水过滤器进一步降低水中的悬浮物和COD，后设置废水过滤器，以沸石为填料，利用沸石的吸附与离子交换作用有效地去除废水中的NH_4^+-N。

2. 改良SBR工艺在气化废水处理中的应用

某化工有限公司以褐煤为原料，采用BGL碎煤熔渣气化炉技术，生产中间产品液氨，最终产品是尿素，同时副产硫黄、焦油、粗酚。该项目废水处理主要包含低温甲醇洗废水、氨酚回收废水、生活化验处理及其他污水、初期雨水及其地面冲洗水、消防事故污水和过滤器反洗排水。出水经脱盐处理回用作为循环水补充水。以再生水代替新鲜水。该项目是典型的高氨氮煤气化废水处理工程实例，处理后满足《循环冷却水用再生水水质标准》(HG/T 3923—2007)的水质要求。该项目采用以隔油、气浮为主的预处理，以水解酸化、改良SBR、混凝沉淀、曝气生物滤池为主的生化处理，以及以高密度沉淀池、臭氧氧化、滤布滤池为主的深度处理组合工艺，工艺过程如图10-46所示。

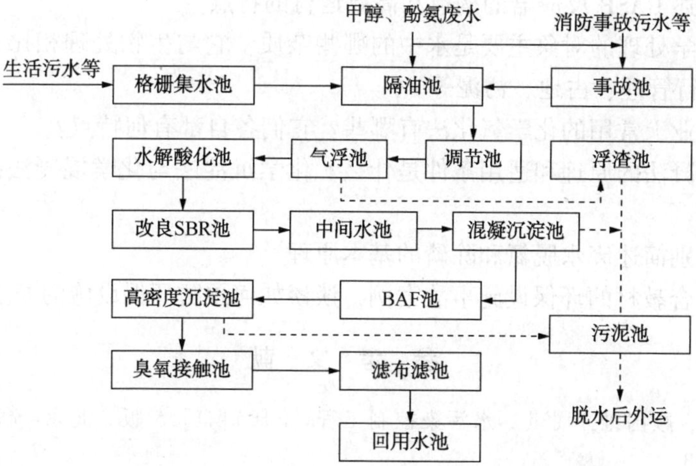

图10-46　某公司气化废水处理工艺流程示意图

污水排放标准

环保设施改造事故案例

习　题

1. 生化需氧量、化学需氧量、总有机碳和总需氧量指标的含义分别是什么？分析这些指标之间的联系与区别？什么是污水的可生化性？如何进行判断？

2. 污水处理一般分为三级，每级的主要处理对象是什么？

3. 废水处理中气浮分离的对象主要是什么？加压溶气气浮法的基本原理是什么？有哪几种基本流程？各有何特点？

4. 在废水处理中，气浮法与沉淀法相比较，各有何优缺点？

5. 简述好氧和厌氧生物处理有机污水的原理和使用条件。

6. 活性污泥法的基本概念和基本流程是什么？

7. 简述污泥沉降比、污泥浓度和污泥指数 3 个活性污泥性能指标概念。

8. 二沉池的功能和构造与一般沉淀池有什么不同？

9. 试述生物膜法处理污水的基本原理。比较生物膜法和活性污泥法的优缺点。

10. 试述生物接触氧化法工艺有哪些主要特征。

11. 试述 UASB 反应器的构造和高效运行的特点。

12. 化学处理的对象主要是水中的哪些杂质？它与生物处理相比有什么特点(成本、运行管理、占地、污泥等)？

13. 工业上常用的化学氧化法有哪些？它们各自都有何特点？

14. 混凝法的原理和适用条件是什么？化学沉淀法与化学混凝法在原理上有何不同？

15. 分别简述废水脱氮和除磷的基本原理。

16. 结合教材的环保设施事故案例，谈谈如何预防环保设施的安全事故。

参 考 文 献

[1] 高廷耀，顾国维，周琪．水污染控制工程(下册)[M].5 版．北京：高等教育出版社，2023.

[2] 戴友芝，肖利平，唐受印．废水处理工程[M].3 版．北京：化学工业出版社，2017.

[3] 解清杰．现代环境工程概论[M]. 北京：中国石化出版社，2019.

[4] 王留成．化工环境保护概论[M]. 北京：化学工业出版社，2016.

[5] 汪大翚，徐新华，赵伟荣．化工环境工程概论[M]. 北京：化学工业出版社，2006.

[6] 朱蓓丽，程秀莲，黄修长．环境工程概论[M].4 版．北京：科学出版社，2016.

[7] 潘涛，李安峰，杜兵．废水污染控制技术手册[M]. 北京：化学工业出版社，2013.

第 11 章　化工废气处理

11.1　化工废气处理概述

1. 化工废气的概念与来源

化工废气是指在化工生产过程各环节所产生并排放出的含有污染物质的气体，包括从生产装置直接产生并排放的含有污染物的气体，也包括与生产过程有关的间接产生的气体，如燃料燃烧、物料储存、装卸操作等产生的含有污染物的气体。

其排放形式有两种：一种是有组织地排放，即化工废气经过气体排放装置有规律地排放，这部分废气只要正确合理选择处理技术和方法，一般比较容易处理达标；另一种是无组织的排放，指不经过气体排放装置的排放，这一部分难以收集和处理。

从生产工艺而言，化工废气污染排放源主要有反应尾气、不凝气、弛放气、呼吸气、烘干挥发气、燃烧气、吹扫及临时排放气等。

2. 化工废气的分类

按所含污染物的化学性质不同，化工废气分为无机物废气、有机物废气和无机有机混合物废气三类。而按废气中污染物存在的物理状态不同，化工废气可分为两类：颗粒污染物废气和气态污染物废气，前者污染物呈悬浮颗粒状，如粉尘、烟尘、酸雾等，常称悬浮颗粒物；后者污染物以气态存在，如 SO_2、NO_x、CO、NH_3、H_2S、低碳烃等，这些由污染源直接排入环境的废气也称为一次污染物废气。一次污染物废气在物理、化学因素作用下发生变化，或与环境中的其他物质发生反应所形成的新污染物称为二次污染物废气。如二氧化硫在大气中被氧化成硫酸盐气溶胶，氮氧化物、碳氢化合物等发生光化学反应生成臭氧、过氧乙酰硝酸酯、甲醛和酮类等，对环境和人体的危害更大。

3. 化工废气处理原则

化工废气处理原则上分为两类：对颗粒污染物主要利用其质量(密度)比气体大的特点，通过外力将其从气体中分离出来，通常称为除尘；对气态污染物则根据其物性，通过采取冷凝、吸收、吸附、燃烧及转化等方法进行处理。

化工废气经处理达标后才能排放至相应级别大气中，即废气处理后排放需同时符合国家关于排放和接纳双方的标准。我国在 1996 年颁布了综合性排放标准《大气污染物综合排放标准》(GB 16297—1996)，还制定了行业性排放标准，如《炼焦化学工业大气污染物排放标准(征求意见稿)》(部分替代 GB 16171—2012)、《储油库大气污染物排放标准》(GB 20950—2020)、《炼钢工业大气污染物排放标准》(GB 28664—2012)、《制药工业大气污染物排放标准》(GB 37823—2019)、《火电厂大气污染物排放标准》(GB 13223—2011)、《锅炉大气污染物排放标准》(GB 13271—2014)等。原则是有行业性标准的行业执行本行业标准，其余执行综合性排放标准。

废气接纳方执行《环境空气质量标准》(GB 3095—2012)。我国的《环境空气质量标准》首次发布于 1982 年，1996 年、2000 年(修改单)和 2012 年先后进行了三次修订。2018 年 7 月 31 日生态环境部批准《环境空气质量标准》(GB 3095—2012)修改单。该标准适用于环境空气质量评价与管理，规定了环境空气功能区分类、标准分级、污染物项目、平均时间及浓度限值、监测方法、数据统计的有效性规定及实施与监督等内容。

11.2 除尘技术

进入大气的固体颗粒和液体颗粒均属于颗粒污染物。一般粒径在 100μm 以上的颗粒物在空气中会很快沉降下来，对环境影响较小，所以我国在评价环境大气质量时一般只考虑动力学当量直径小于等于 100μm 的颗粒物，即总悬浮颗粒物(Total Suspended Particle)。另外，国际上将粒径小于 75μm 的固体悬浮物定义为粉尘，但在工业通风除尘技术中，一般将1~200μm,甚至更大粒径的固体悬浮物均视为粉尘。

化学工业所排放废气中的颗粒污染物，主要是含有硅、铁、镍、钙、钒等氧化物、化合物。有的废气中则含有有毒的重金属粉尘(铬、锰、镉、铅、汞、砷等)、非金属粉尘(石英、石棉等)或有机粉尘(染料、农药、合成树脂、炸药、人造纤维等)。这些颗粒物都会污染环境，影响生物健康，在工业上一般采用除尘技术进行脱除。

粉尘的物理性质，对于确定采用的除尘方法有重要影响。粉尘性质中最重要的是粉尘颗粒尺寸和密度，此外还有比电阻率、荷电性、安息角、滑动角、摩擦性、附着性、颗粒形状、润湿性、腐蚀性、毒性和爆炸性等，这些性质对于除尘装置的选择至关重要。

从气体中去除或捕集固态或液态微粒的设备称为除尘装置或除尘器。根据主要除尘机理，目前常用的除尘器可分为：①机械除尘器；②电除尘器；③袋式除尘器；④湿式除尘器等。

11.2.1 机械除尘器

机械除尘器通常指利用质量力(重力、惯性力和离心力等)的作用使颗粒物与气流分离的装置，包括重力沉降室、惯性除尘器和旋风除尘器等。在工业界的除尘市场上，电除尘器与袋式除尘器占了压倒性优势。

1. 重力沉降室

重力沉降室是通过重力作用使尘粒从气流中沉降分离的除尘装置，它的结构如图 11-1 所示。含尘气流进入重力沉降室后，由于扩大了流动截面积而使气体流速大大降低，使较重颗粒在重力作用下缓慢向灰斗沉降。

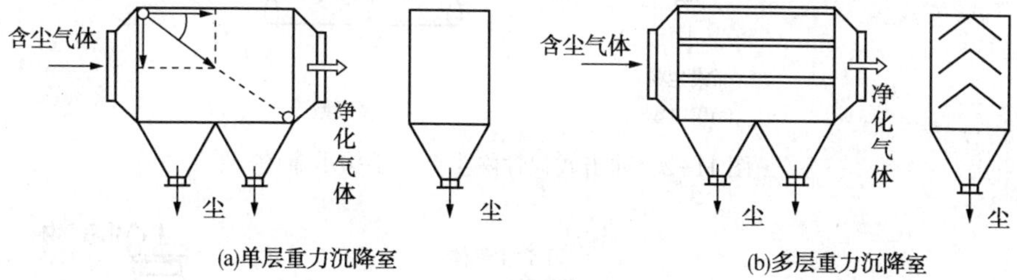

图 11-1 重力沉降室

重力沉降室的主要优点：结构简单，投资少，压力损失小(一般为 50~130Pa)，维修管理容易。但它的体积大，效率低，因此只能作为高效除尘的预除尘装置，除去较大和较重的粒子。

2. 惯性除尘器

为了改善沉降室的除尘效果，可在沉降室内设置各种形式的挡板，使含尘气流冲击在挡板上；气流方向发生急剧转变，借助尘粒本身的惯性力作用，使其与气流分离。惯性除尘器结构类型多种多样，可分为以气流冲击挡板捕集较粗离子的冲击式和通过改变气流流动方向而捕集细粒子的反转式。图 11-2 为冲击式惯性除尘器的结构示意图。在这种设备中，沿气流方向设置一级或多级挡板，使气体中的尘粒冲撞挡板而被分离。图 11-3 为几种反转式惯性除尘器。弯管型(a)和百叶窗型(b)反转式惯性除尘器和冲击式惯性除尘器一样都适于烟道除尘，多层隔板型(c)除尘装置主要用于烟雾的分离。由于惯性除尘器的净化效率不高，故一般只用于多级除尘中的第一级除尘，捕集 10~20μm 及以上的粗尘粒。压力损失依类型而定，一般为 100~1000Pa。

3. 旋风除尘器

(1) 旋风除尘器内气流与尘粒的运动

旋风除尘器是利用旋转气流产生的离心力使尘粒从气流中分离的除尘器。它具有结构简单、应用广泛、种类繁多等特点。普通旋风除尘器由进气管、筒体、锥体和排气管等组成，气流流动状况如图 11-4 所示。含尘气流进入除尘器后，沿外筒内壁由上向下做旋转运动，同时有少量气体沿径向运动到中心区域。当旋转气流的大部分到达锥体底部后，转而向上沿轴心旋转，最后经排出管排出。通常将旋转向下的外圈气流称为外涡旋，旋转向上的中心气流称为内涡旋，两者的旋转方向是相同的。

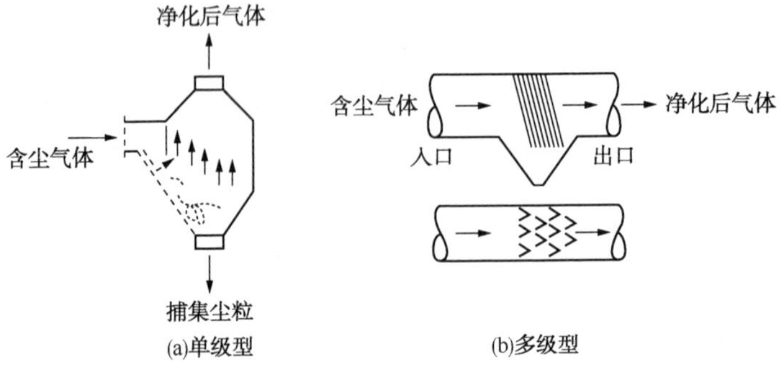

图 11-2　冲击式惯性除尘器的结构示意图

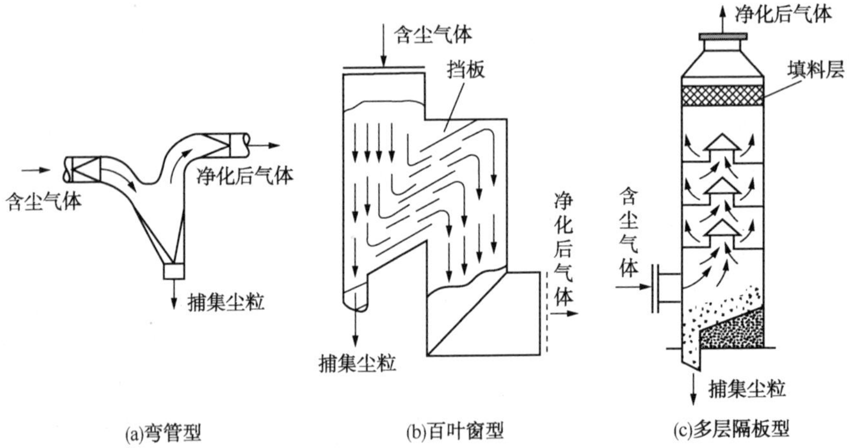

图 11-3　反转式惯性除尘器

气流做旋转运动时，尘粒在离心力作用下逐步移向外壁，到达外壁的尘粒在气流和重力共同作用下沿壁面落入灰斗。

气流从除尘器顶部向下高速旋转时，顶部的压力下降，一部分气流带着细小的尘粒沿外筒内壁旋转向上，到达顶部后，再沿排气管外壁旋转向下，最后到达排出管下端附近被上升的内涡旋带走，从排出管排出，这股旋转气流称上涡旋。

(2) 多管旋风除尘器

常见的多管旋风除尘器有回流式和直流式两种，图 11-5 所示为回流式多管旋风除尘器。在这个装置中每个旋风除尘器由于都是轴向进气，所以在每个除尘器圆筒周边都设置许多导流叶片，以使轴向导入的含尘气流变为旋转运动。就回流式多管旋风除尘器来说，必须注意使每个旋风子的压力损失大体一致，否则，在一个或几个旋风除尘器中可能会发生倒流，从而使除尘效率大大降低。为了防止倒流，要求气流分布尽量均匀，下旋气流进入灰斗的风量尽量减少。也可采用在灰斗内抽风的办法，保持一定负压，一般抽风量约为总风量的10%。

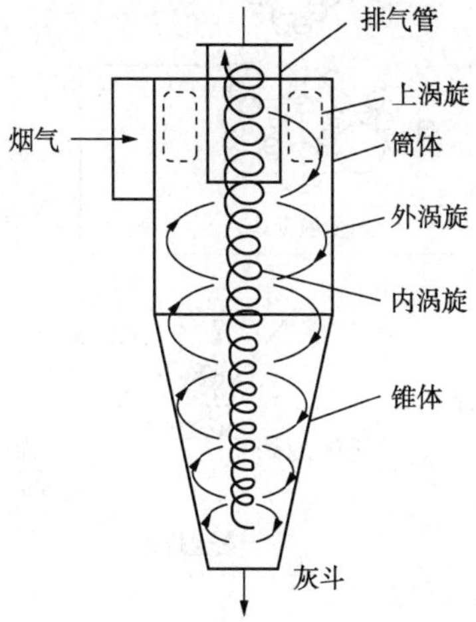

图 11-4　普通旋风除尘器的结构及内部气流

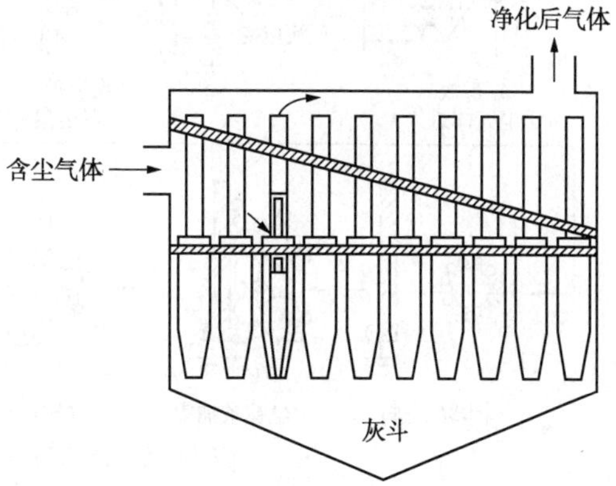

图 11-5　回流式多管旋风除尘器

11.2.2　电除尘器

电除尘器是含尘气体在通过高压电场进行电离的过程中，使尘粒荷电，并在电场力的作用下使尘粒沉积在集尘极上，将尘粒从含尘气体中分离出来的一种除尘设备。电除尘过程与其他除尘过程的根本区别在于：分离力(主要是静电力)直接作用在粒子上，而不是作用在整个气流上。这就决定了它具有分离粒子耗能小、气流阻力也小的特点。由于作用在粒子上的静电力相对较大，所以即使对亚微米级的粒子也能有效地捕集。在收集细粉尘的场合，电除尘器是主要的除尘装置之一。

静电除尘器工作时，在放电极与集尘极之间施加很高的直流电压，两极间形成不均匀电场，在放电电极附近电场强度很大，电压达到一定程度时，放电极产生电晕现象，生成大量电子及阴离子，电子及阴离子在电场作用下向集尘极移动过程中，被废气中的中性分子捕获而形成带负电荷的微粒，当这些带负电的微粒与废气中的粉尘碰撞并附着其上时，粉尘便带上负电荷，在电场力作用下荷负电粉尘移向集尘极并放电，当粉尘堆积到一定厚度时，可采用机械振打等方法进行消除。静电除尘的工作原理包括下述几个步骤：①除尘器供电电场产生；②电子电荷的产生，气体电离；③电子电荷传递给粉尘微粒，尘粒荷电；④电场中带电粉尘微粒移向收尘电极，尘粒驱进；⑤带电粉尘微粒黏附于收集电极的表面，尘粒黏附；⑥从收集电极清除粉尘层，振打清灰；⑦清除的粉尘层降落在灰斗中；⑧从灰斗中清除粉尘，用输排装置运出。静电除尘基本过程如图 11-6 所示。

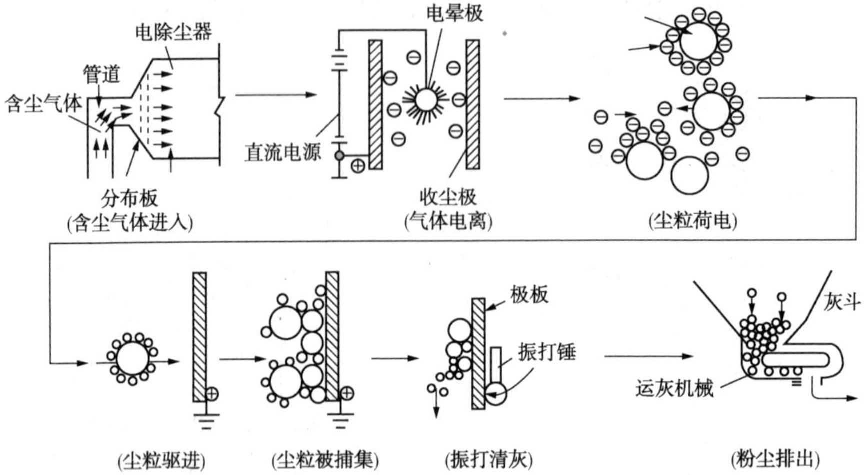

图 11-6　静电除尘基本过程

工业上应用较多的电除尘设备是管式除尘器和板式除尘器。管式除尘器的集尘极为圆筒状(图 11-7)，板式电除尘器的集尘极是平板状(图 11-8)。放电极则均采用线状电极，放电极一般为负极，产生的是负电晕。

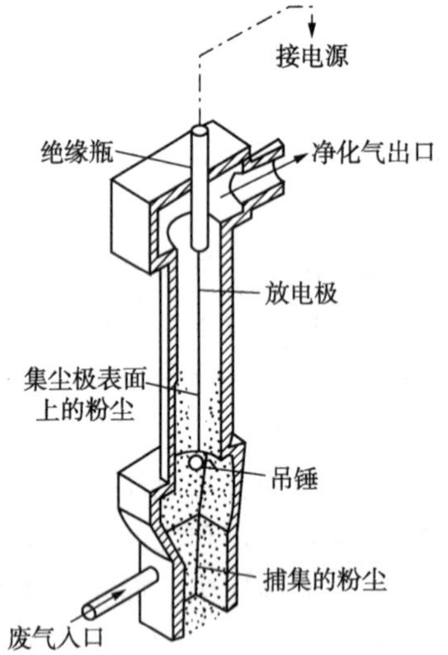

图 11-7　管式静电除尘器

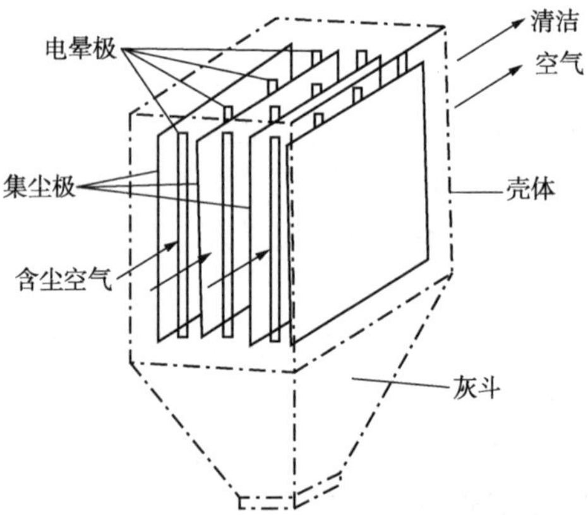

图 11-8　板式静电除尘器

电除尘器的主要优点：①压力损失小，一般为 200~500Pa；②处理烟气量大，可达 $10^5 \sim 10^6 m^3/h$；③能耗低，大约 0.2~0.4kW·h/(1000m^3)；④对细粉尘有很高的捕集效率，可高于 99%；⑤可在高温或强腐蚀性气体条件下操作。

湿式电除尘器(WESP)作为一种除尘设备，如图 11-9 所示，最早于 1907 年应用于硫酸和冶金工业，随后在煤气净化中得到应用。20 世纪 80 年代国外大容量燃煤电厂开始采用 WESP 去除脱硫后烟气中的污染物。近年来 WESP 技术得到快速发展和广泛应用。WESP 与干式电除尘器的集尘原理基本相同。只是 WESP 脱除的对象既可以是干态颗粒，也可以是雾滴(主要是水滴)，与干式电除尘器的本质区别在于清灰方式，干式电除尘器采用机械振打等方式清除电极上的积灰，而 WESP 则采用定期冲洗的方式，使颗粒随着冲刷液流动而清除。

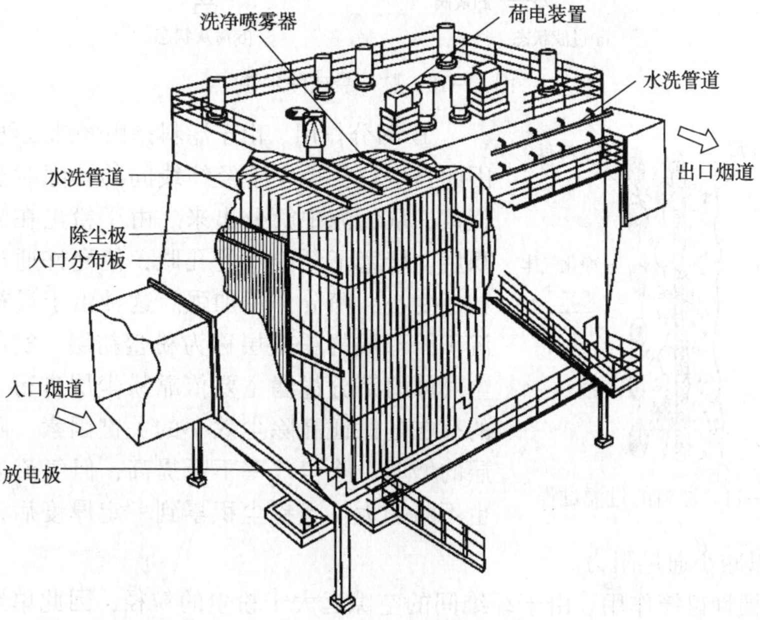

图 11-9　湿式电除尘器

11.2.3　袋式除尘器

袋式除尘器一般按清灰方式命名和分类，可分为机械振动清灰、逆气流清灰和脉冲喷吹清灰。脉冲袋式除尘器的结构和工作原理如图 11-10 所示。含尘气体通过滤袋时粉尘被阻留于滤袋外表面上，净化后的气体由袋内经文丘里洗涤器进入上部净化箱，然后由出口排走。为防止滤袋压扁，布袋内安置笼形支撑结构。清灰是利用 4~7 个标准大气压的压缩空气反吹，产生强度较大的清灰效果。压缩空气的脉冲产生冲击波，使滤袋振动，导致积附在滤袋上的灰层脱落。脉冲持续时间通常为 0.1~0.2s。每清灰一次，称为一个脉冲，全部滤袋完成一个清灰循环的时间称为脉冲周期，通常为 60s。

用滤布做成的滤袋是袋式除尘器中最重要的滤尘部件，图 11-11 为滤料的过滤过程。滤袋是通过以下机制完成捕尘的。

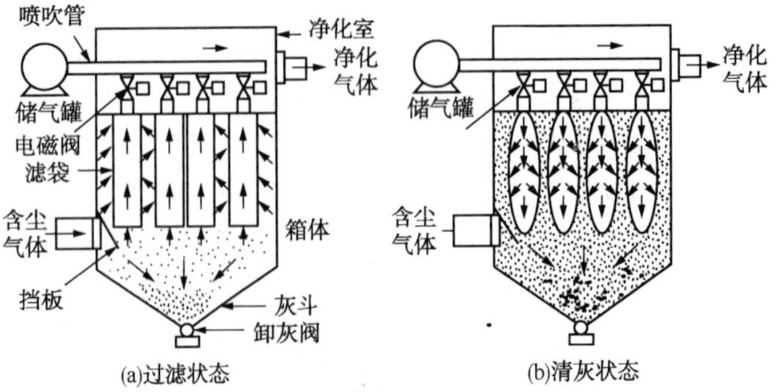

图 11-10　脉冲袋式除尘器

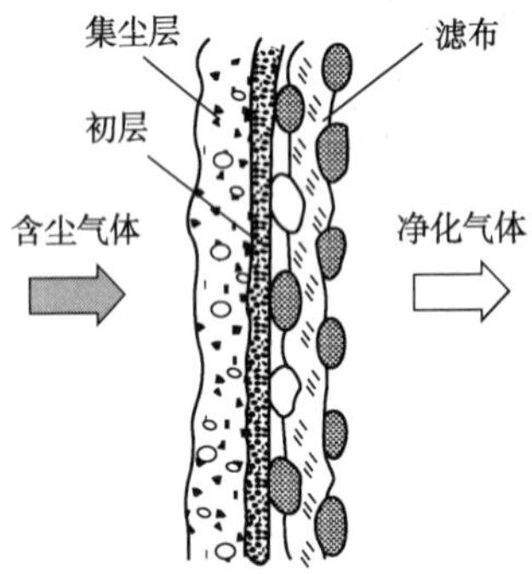

图 11-11　滤料的过滤过程

① 筛分作用。由于滤料是由经纬线纺织而成，因此当尘粒粒径大于经纬线间的孔隙时会被滤料拦截，从气流中筛分出来。由于粉尘在滤料上沉积后，堵塞了纤维间的孔眼，使允许通过的粉尘粒径变小，筛分作用加强。这种由于最初的粉尘沉积而形成的粉尘层称为粉尘初层。实际上，含尘气体的筛分过滤主要依靠粉尘层进行，粉尘层的存在是保证高除尘效率的关键因素。随着粉尘层的增厚，除尘效率不断提高，但气流通过阻力也不断加大，当粉尘积累到一定厚度后，要进行清灰，以减小通过阻力。

② 惯性碰撞作用。由于纤维间的空隙远大于粉尘的粒径，因此单纯依靠织物的空隙截留粉尘粒子的效率很低。但当含尘气流绕流流过滤料纤维时，气流中的尘粒可以由于惯性作用碰撞到纤维上而被捕集。

③ 扩散作用。气流中粒径小于 1μm 的小尘粒会由于气流分子的热运动而做布朗运动，当尘粒在运动中与纤维接触时即可被捕集，这种作用称为扩散作用。

④ 静电作用。当滤布和粉尘带有电性相反的电荷时，由于静电引力，尘粒可被吸引到纤维上而捕获。

⑤ 重力沉降作用。当气流进入除尘器后，因气流速度的降低，大颗粒由于重力作用而下沉。

在袋式除尘器中，集尘过程的完成并非只是一种机理在起作用，而往往是上述各机制综合作用的结果。

袋式除尘器比电除尘器结构简单、投资小、运行稳定，可以回收高电阻率粉尘；与文丘里洗涤器相比，动力消耗小，回收的干颗粒物便于综合利用。但由于过滤速度较低，袋式除尘器一般体积庞大、耗钢量大、滤袋材质差、寿命短、压力损失大、运行费用高等。

11.2.4　电袋除尘器

电袋除尘器是将电除尘技术和袋式除尘技术结合起来的一种新型高效除尘器，集尘效率一般可达99.9%以上。目前电袋除尘技术种类较多，在工业领域获得应用的主要有串联式电袋除尘器和混合式电袋除尘器两种形式。

1. 串联式电袋除尘器

根据电除尘和袋式除尘的连接方式，串联式电袋除尘器又可分为分体式和一体式两种结构形式。分体式结构的基本构思比较简单，就是在电除尘器的下游加一台袋式除尘器，来捕集电除尘器未能捕集的微细粉尘，使粉尘排放浓度能满足相关法规的要求，如图11-12所示。

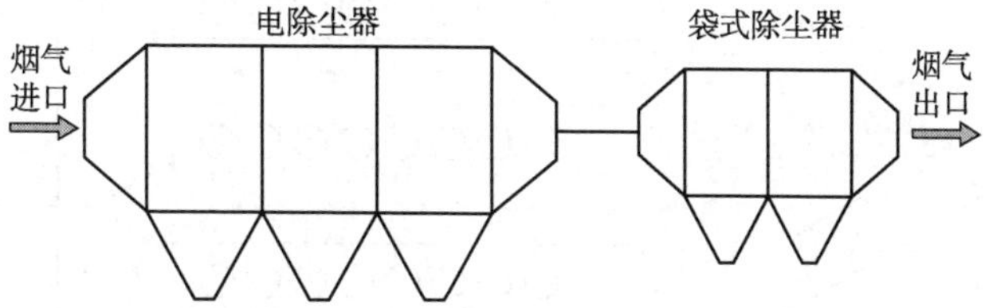

图11-12　分体式串联电袋除尘器

一体式结构如图11-13所示，含尘气体首先进入进口喇叭，经过气流分布板均流后进入电除尘区，在高压电场作用下，尘粒荷电，并在电场力的作用下使大部分的尘粒沉积在集尘极上；余下的少量荷电粉尘进入袋式除尘区通过滤袋的过滤作用而被收集。

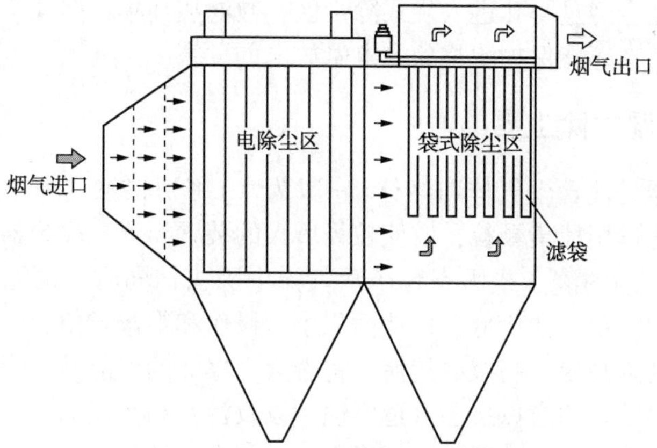

图11-13　一体式串联电袋除尘器

在电除尘区与袋式除尘区之间的过渡区设有气流调节装置，该装置既要保证电除尘区气流分布均匀，避免因后置袋式除尘区的设置，影响电除尘区的气流分布，降低电除尘区的集尘效率；又要引导气流在袋式除尘区合理分布，避免局部气流流速过高，冲刷滤袋，降低滤袋使用寿命。

2. 混合式电袋除尘器

混合式电袋除尘器构造如图 11-14 所示。电除尘的放电极和集尘极与袋式除尘的滤袋交错排列，放电极、集尘极和滤袋布置在同一个单元内。含尘气体首先被导向电除尘区，将 90%左右的粉尘去除，然后含有剩余粉尘的气体通过多孔集尘极板上的小孔流向袋式除尘区的滤袋，经滤袋的过滤作用，捕集剩余的粉尘。

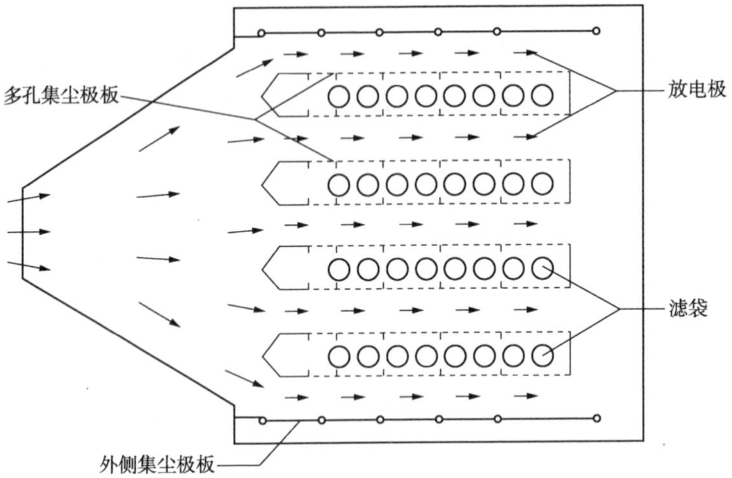

图 11-14　混合式串联电袋除尘器

在滤袋清灰时，脱离滤袋的部分粉尘经过多孔集尘极板的小孔进入电除尘区，在该区域被再次捕集，这就减少了粉尘重返滤袋的机会。集尘极板振打清灰时的二次扬尘也会经过小孔进入袋式除尘区，被滤袋捕集；多孔集尘极板除了捕集荷电的尘粒外，还能保护滤袋免受电晕放电的危害。

11.2.5　湿式除尘器

湿式除尘器是使含尘气体与液体（一般为水）密切接触，利用水滴和颗粒的惯性碰撞及其他作用捕集颗粒，或使粒径增大的装置。湿式除尘器可以有效地将直径为 0.1~20μm 的液态或固态粒子从气流中除去，同时，也能脱除气态污染物。它具有结构简单、造价低、占地面积小、操作和维修方便，一级净化效率高等优点，能够处理高温、高湿的气流，将着火、爆炸的可能性减至最低。但采用湿式除尘器时要特别注意设备和管道腐蚀，以及污水和污泥的处理等问题。湿式除尘过程也不利于副产品的回收。如果设备安装在室外，还必须考虑在冬天设备可能冻结的问题。再者，要使去除微细颗粒的效率也较高，则须使液相更好地分散，但能耗增大。

在工程上使用的湿式除尘器形式很多。总体上可分为低能和高能两类。低能湿式除尘器的压力损失为 0.2~1.5kPa，包括喷雾塔和旋风洗涤器等，在一般运行条件下的耗水量(液气比)为 0.5~3.0L/m^3，对 10μm 以上颗粒的净化效率可达 90%~95%；高能湿式除尘器的压力损失为 2.5~9.0kPa，净化效率可达 99.5%以上，如文丘里洗涤器等。本书仅介绍应用广泛的几类湿式除尘器，即喷淋洗涤装置(图 11-15)、喷雾塔洗涤器(图 11-16)、旋风洗涤器[图 11-15(b)和图 11-17]和文丘里洗涤器(图 11-18)。

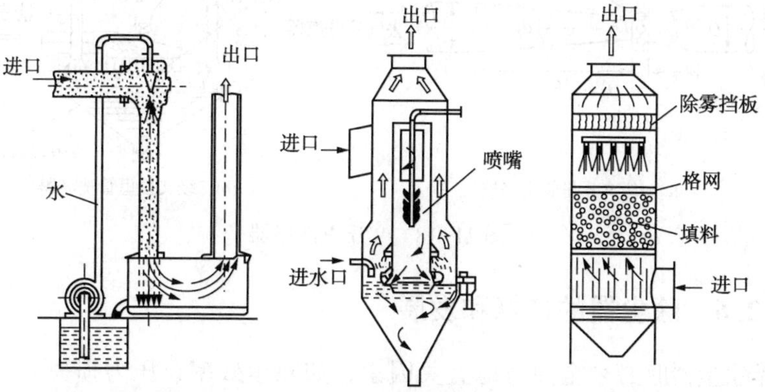

(a)喷射式除尘器　(b)湿式旋风除尘器　(c)填料塔

图 11-15　喷淋洗涤装置

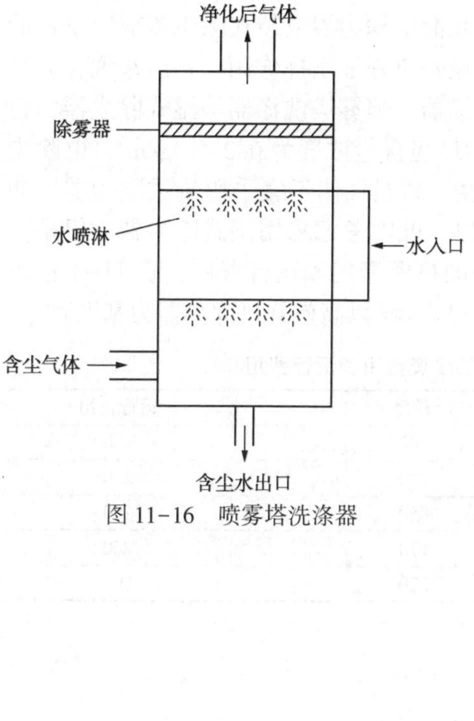

图 11-16　喷雾塔洗涤器

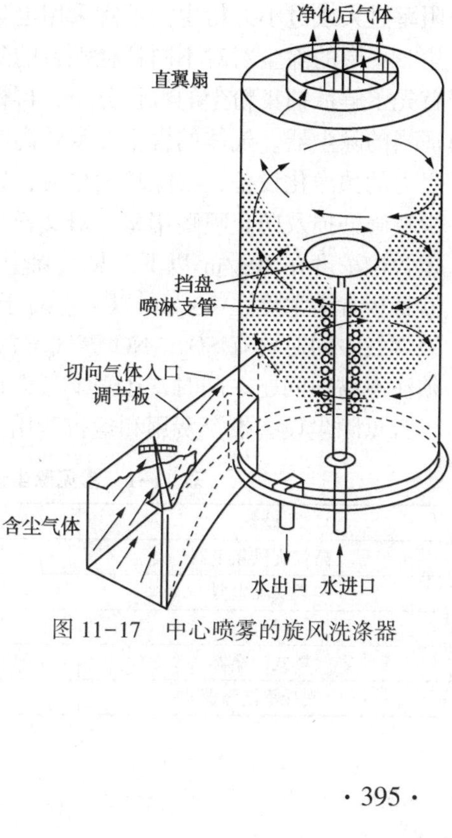

图 11-17　中心喷雾的旋风洗涤器

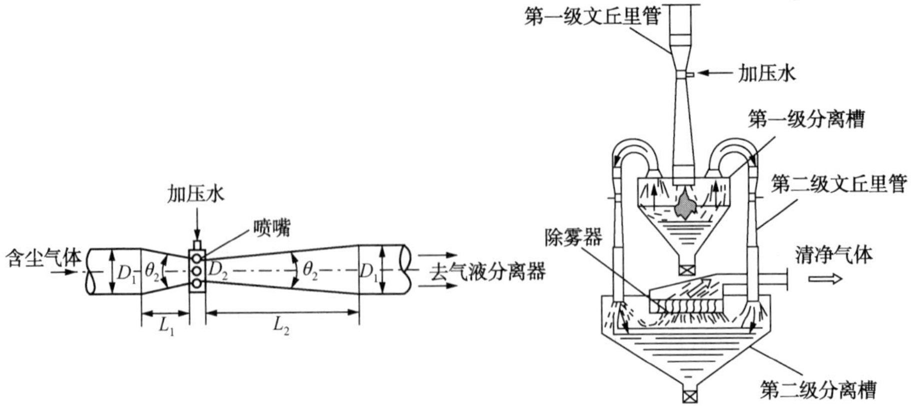

(a)一级文丘里管洗涤器　　(b)二级文丘里管洗涤器

图 11-18　文丘里洗涤器

11.2.6　除尘器的选择和发展

选择除尘器时必须全面考虑有关因素，如除尘效率、压力损失、一次投资、维修管理等，其中最重要的是除尘效率。粉尘颗粒的物理性质对除尘器性能具有较大影响。例如，黏性大的粉尘容易黏结在除尘器表面，不宜采用干粉除尘；电阻率过大或过小的粉尘，不宜采用电除尘；纤维性或憎水性粉尘不宜采用湿法除尘。不同的除尘器对不同粒径颗粒的除尘效率是完全不同的，选择除尘器时必须首先了解欲捕集粉尘的粒径分布，再根据除尘器的除尘分级效率和除尘要求选择适当的除尘器。气体的含尘浓度较高时，在静电除尘器或袋式除尘器前应设置低阻力的预净化设备，去除较大尘粒，以使设备更好地发挥作用。一般来说，为减少喉管磨损及防止喷嘴堵塞，对文丘里洗涤器、喷雾塔洗涤器等湿式除尘器，希望含尘浓度在 $10g/m^3$以下，袋式除尘器的理想含尘浓度为 $0.2\sim10g/m^3$，电除尘器希望含尘浓度在 $30g/m^3$以下。对于高温、高湿气体不宜采用袋式除尘器。如果烟气中同时含有 SO_2、NO 等气态污染物，可以考虑采用湿式除尘器，但是必须注意腐蚀问题。同时，还需要考虑设备的投资费用和运行费用，表 11-1 给出了常见除尘设备投资费用和运行费用的相对比较(以高效旋风除尘器为基准)。

表 11-1　常见除尘设备的投资费用和运行费用

设备	投资费用	运行费用
高效旋风除尘器	100	100
袋式除尘器	250	250
电除尘器	450	150
塔式洗涤器	270	260
文丘里洗涤器	220	500

11.3　气态污染物控制技术

从废气中去除气态污染物，控制气态污染物向大气的排放，常常设计气体吸收、气体吸附、气体催化转化等单元操作。由于篇幅所限，以及这部分内容考虑已经在化工原理、反应工程、化工工艺学课程中学习过，本节不做介绍，请读者参考有关书籍。本书主要介绍二氧化硫、氮氧化物和挥发性有机物污染控制。

11.3.1　二氧化硫尾气的回收与净化简介

1. 高浓度二氧化硫尾气的回收与净化

在冶炼厂、硫酸厂和造纸厂等工业排放尾气中，SO_2的浓度通常为2%～40%，具体的浓度则取决于生产工艺。当SO_2的浓度很高时，对尾气进行回收处理是经济的，通常的方法是利用SO_2生成硫酸。在工业上通常采用3～4段催化剂床层，并采用段间冷却的方法提高SO_2的转化率。通过这种工艺，可保证大约98%的SO_2转化为硫酸。在简单的制酸工艺中(一段工艺)，剩下2%的SO_2直接排空。

随着环保法规的日益严格，二级制酸工艺已得到发展，从而进一步减少了SO_2的排放。其原理：经一级工艺排出的较低浓度SO_2再经过一催化剂床，使SO_2继续转化为SO_3，产生的SO_3再用水吸收生成硫酸。两级工艺通常可使99.7%的SO_2转化为H_2SO_4。从制酸的角度看，由于高浓度SO_2气体的获得(如直接来自工艺废气或由燃烧硫黄产生)非常廉价，第二级催化转化和吸收步骤的费用并不足以由多制得的硫酸来补偿，这完全是为了满足污染控制的要求。图11-19给出了单级吸收工艺和二级吸收工艺的流程图。

当尾气中SO_2的摩尔分数高于4%，同时在附近有酸的市场需求时，制酸厂才有收益。此时，工艺过程的热量可以自给，即反应本身的放热可以提供所有的工艺用热。当SO_2在尾气中的浓度较低时，利用SO_2生产硫酸可能并不经济。其反应热不足以提供工艺用热，需要额外的燃料费用，也增加了工艺的复杂程度。

2. 低浓度二氧化硫烟气脱硫

煤炭和石油燃烧排放的烟气通常含有较低浓度(通常为10^{-4}～10^{-3})的SO_2。由于SO_2浓度低，烟气流量大，烟气脱硫通常是十分昂贵的。烟气脱硫也可按脱硫剂是否以溶液(浆液)状态进行脱硫而分为湿法或干法脱硫。湿法脱硫系统是指利用碱性吸收液或含催化剂粒子的溶液，吸收烟气中的SO_2。干法脱硫系统是指利用固体吸附剂和催化剂在不降低烟气温度和不增加湿度的条件下，除去烟气

中的 SO_2。喷雾干燥法工艺采用雾化的脱硫剂浆液进行脱硫，但在脱硫过程中雾滴被蒸发干燥，最后的脱硫产物也呈干态，因此常称为湿干法或半干法。综合考虑技术成熟度和费用因素，广泛采用的烟气脱硫技术仍然是湿法石灰石脱硫技术，其中湿法抛弃工艺市场占有率最高。

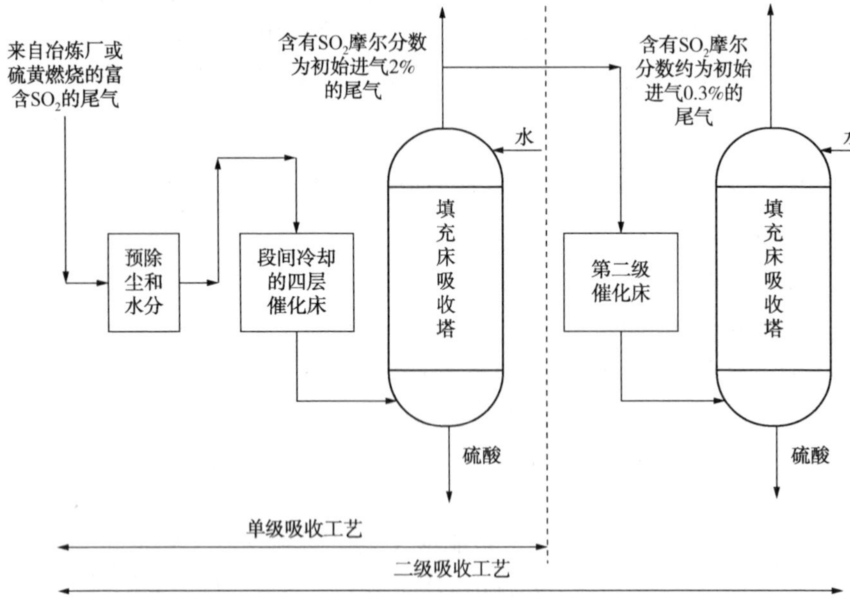

图 11-19　单级吸收工艺和二级吸收工艺的流程图

11.3.2　催化裂化装置脱硫除尘脱硝

FCC 装置再生烟气是炼油企业主要大气污染源，催化裂化装置气体污染主要来源于再生器烧焦时产生的烟气，其中有些装置的 CO 约占 6%～10%（体积比），这种烟气需在 CO 锅炉中采用助燃剂烧掉 CO，使烟气中的 CO 含量降至 0.05%～0.2%（体积比），以防止污染大气，同时回收热量。再生烟气中的 SO_2 含量与原料含硫量存在相关性。再生烟气中的 NO_x 排放量决定于原料中的总氮量和再生工艺类型，一般 FCC 再生烟气中 NO_x 的量为 40～500μL/L。FCC 再生器出来的烟气中含催化剂浓度约为 0.8～1.5g/Nm^3，经三级旋风分离器处理后的烟气，出口的催化剂浓度约为 0.2g/Nm^3。

国内外锅炉烟气脱硫除尘治理技术应用较为广泛，技术成熟。由于 FCC 再生烟气与锅炉烟气特性有一定差异，因此锅炉烟气脱硫除尘技术尚不能应用于 FCC 再生烟气治理。FCC 再生烟气与锅炉烟气差异一是再生烟气排放量较小，且烟气中 SO_2 总量及浓度较低，但受焦炭产率及其硫含量、再生器操作方式和催化剂类型等因素的影响，浓度波动反而较大；二是再生烟气含尘量高，特别是装置流化失常时含量更高，烟气含尘量波动大，“吹灰”时再生烟气中含尘量可达 25g/Nm^3，且烟尘主要是催化剂细粉，硬度大，烟气治理装置的材料和设备的选择需特殊考虑。烟气脱硫设施的连续运行周期应与 FCC 装置相一致，达到 3 年以上，且运转期间不能出现短暂的停车。对于脱硫效率低于 90% 的干法及半干法，其应用将受到限制。国外成熟 FCC 再生烟气处理技术均为湿式洗涤工艺，湿法洗涤技术分为非再生湿法洗涤（抛弃法）工艺和再生湿法洗涤（回收法）工艺两类。采用回收法时，则根据脱硫副产品的销售情况来确定。非再生湿法洗涤工艺是以 NaOH、$Mg(OH)_2$、Na_2CO_3、石灰水等水溶液作为吸收剂对再生烟气进行洗涤，吸收脱除烟气中的 SO_2，生成亚硫酸盐，吸收剂不再生。已工业化非再生湿法洗涤工艺有杜邦贝尔格公司（DuPont-BELCO）的 EDV（Electro-Dynamic Venturei）技术和 Exxon Mobil 公司的 WGS（Wet Gasscrubbing）技术，均使用碱性吸收剂（洗涤液），在脱除 SO_x 过程中需要消耗大量吸收剂，产生大量废水。还有美国诺顿公司（Norton）开发的 VSS 湿法洗涤技术、动力波逆喷塔烟气脱硫技术和国内开发的双循环新型湍冲文丘里除尘脱硫技术。

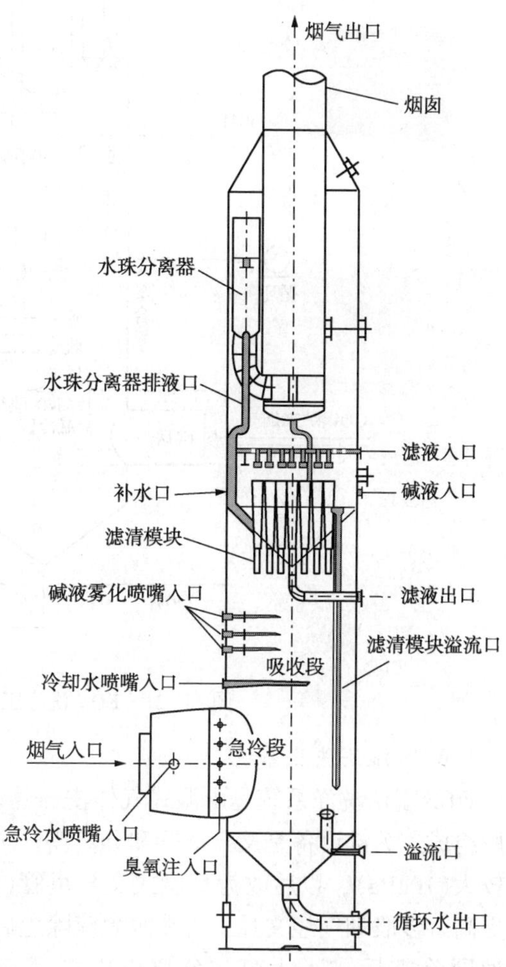

图 11-20　EDV 洗涤塔结构示意

1. 贝尔格 EDV 湿法洗涤系统

EDV 系统是由烟气洗涤系统和排液处理系统两部分所组成的，关键设备为洗涤塔，洗涤塔内结构简单、系统压降小、除尘效率高、能耗较低、装置操作弹性大，可以在 50%～110% 负荷下有效运行。洗涤塔采用模块化设计，内部结构近似空塔，即使出现操作工况波动，也不会产生堵塞情况。洗涤塔内部沿烟气流动方向依次分为急冷区、吸收区、滤清模块、水珠分离器和烟囱，其结构和洗涤工艺原则流程分别如图 11-20

和图 11-21 所示。吸收剂为 NaOH 或 $Mg(OH)_2$，SO_2脱除效率≥95%。

EDV 湿法脱硫塔的排出液经浆液外甩循环泵送至沉淀器，一般沉淀器入口的 TSS 浓度不大于 5000mg/L，经沉淀后的上清液 TSS 浓度不大于 200mg/L，上清液进入氧化罐，经空气氧化，外排盐水的 COD 降至 100mg/L 以下排放。其中沉淀器沉淀下来的含水污泥进入污泥过滤箱，污泥过滤箱内衬有一次性无纺滤布，含水污泥经滤布过滤后形成较干燥的泥饼，泥饼由专门的垃圾处理公司外运、填埋，PTU 单元基本流程如图 11-22 所示。

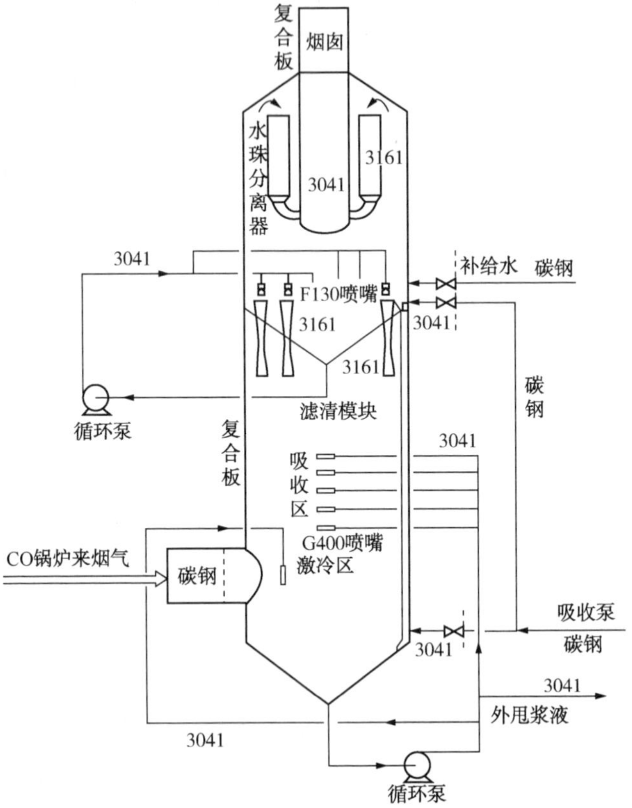

图 11-21　EDV 洗涤工艺原则流程

2. WGS 湿法洗涤系统

WGS 湿法洗涤系统是由湿式气体洗涤器（WGS）和净化处理单元（PTU）两部分所组成。关键设备是文丘里管和分离塔。早期采用喷射式文丘里管（JEV），压降较大（10kPa），以后改为高能式文丘里管（HEV），压降较小（3～5kPa），且效能更高。多股烟气经文丘里管喷水脱硫除尘后进入分离塔，脱硫烟气在分离塔内经丝网除雾后排入大气，分离塔内循环液注入苛性碱（NaOH）或苏打碱性（Na_2CO_3）溶液作为吸收剂（洗涤液）以维持 pH 值，其洗涤原则流程和吸收原理如图 11-23 所示。同 EDV 技术类似，WGS 技术可靠性较高、投资较低，而且稍作改动即可变为 WGS+技术，具有同时实现脱硫和脱硝功能。其缺点同 EDV 技术相同，所排含盐污水难以处理。WGS 湿法洗涤吸收原理与 EDV 技术基本相同，两者差异在于工艺流程和关键设备，某 FCC 装置 WGS 湿法洗涤和净化工艺原则流程如图 11-24 所示。

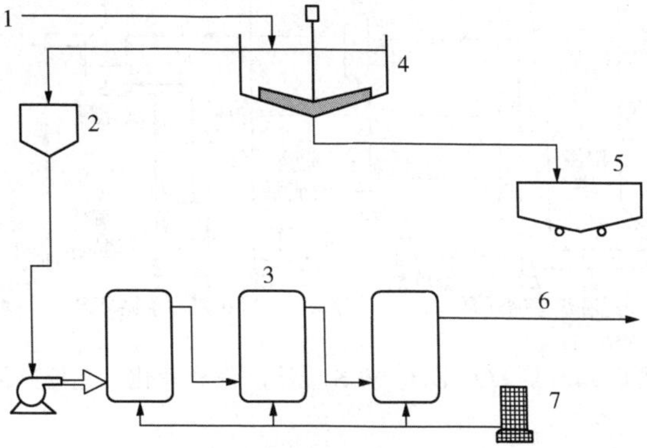

图 11-22　PTU 单元基本流程

1—浆液外甩至沉淀器；2—上清液储罐；3—氧化罐；4—沉淀器；5—污泥过滤箱；6—外排盐水；7—氧化风机

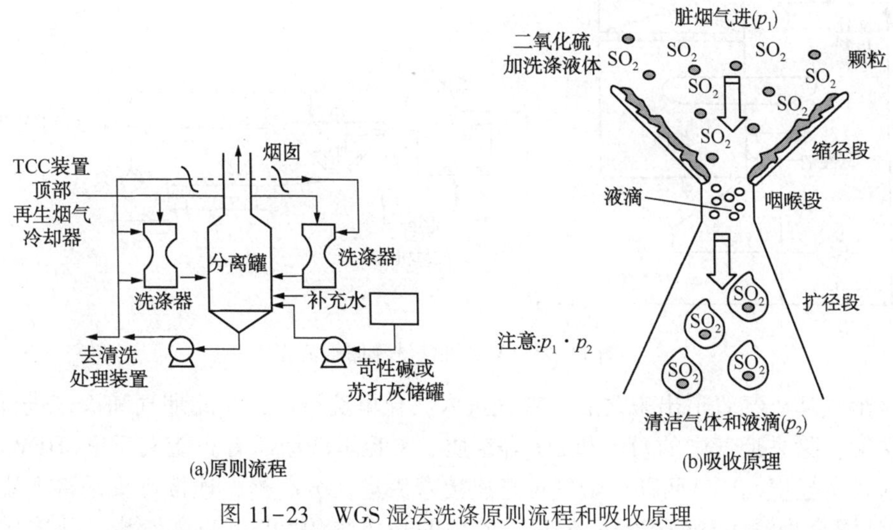

图 11-23　WGS 湿法洗涤原则流程和吸收原理

3. VSS 湿法洗涤系统

美国诺顿公司（Norton）于 2001 年开发出 VSS 湿法洗涤技术以处理 FCC 再生烟气。VSS 和 WGS 湿法洗涤工艺均采用文丘里管系统，前者只设有 1 个文丘里管，而后者则设有 2 个或 4 个文丘里管，因而 WGS 系统投资费用较大且操作复杂。VSS 湿法洗涤系统是由进气管道、文丘里管洗涤器、联接弯头、分离桶、烟囱和净化处理等部分组成的，其流程如图 11-25 所示，使用碱性溶液作为吸收剂。

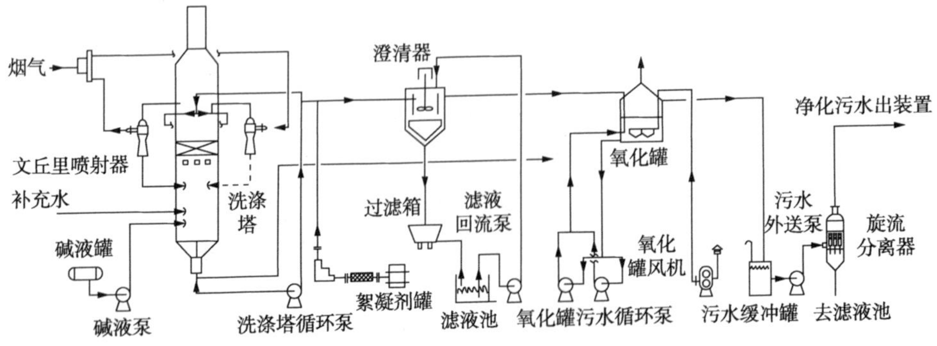

图 11-24 某 FCC 装置 WGS 湿法洗涤和净化工艺原则流程

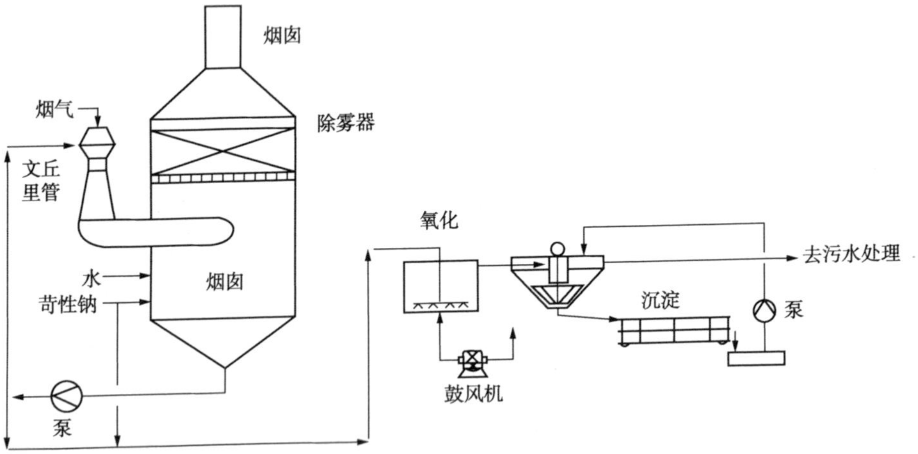

图 11-25 VSS 湿法洗涤原则流程

烟气从进气管道出来之后，首先进入文丘里洗涤器，在此烟气和液体进行充分接触，除去烟气中的粉尘和 SO_x 等杂质。文丘里洗涤器有高能文丘里(HEV)和喷射式文丘里(JEV)两种。烟气再经连接弯头进入分离桶，连接弯头是将下流的气-液混合物输送到分离桶的装置。使用的是传统的"T"型溢流弯头，此连接弯头有助于液滴的凝结和合并，同时可以"缓冲"液滴撞击，降低对设备的腐蚀。离开连接弯头之后，气体进入分离桶。分离桶的主要作用是将干净气体从含有污染物的洗涤液中分离出来，它是一个包含部分内部器件的开放型容器，使液体回收最大化，同时降低了阻塞的可能性。分离桶的底部可以用来储存洗涤浆液，洗

的，急冷吸收塔下部注入自臭氧发生部分来的臭氧。臭氧将烟气中的 NO_x 氧化为 N_2O_5，N_2O_5可在冷却吸收段同时被冷却水洗涤脱除。

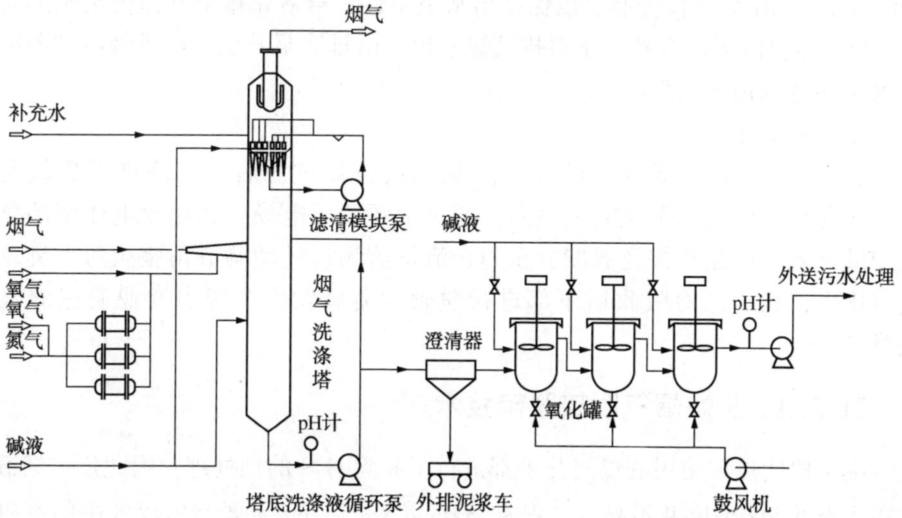

图 11-29　EDV®5000 湿法洗涤脱硫与 LoTOx™脱硝脱硝一体化流程

急冷吸收塔下部塔釜需注入 20%碱液，碱液的注入量由 pH 分析仪控制，以期使塔釜内的液体保持中性(pH 值 6.5~7.5)。塔釜内的液体由急冷水循环泵升压后，大部分返回冷却吸收段作为冷却水，少部分送至废液预处理部分。为维持塔内的液相平衡，向急冷吸收塔中部滤清模块注入补水，并自动溢流至急冷吸收塔下部。

为保证设备安全，急冷吸收塔下部设有紧急水入口。当塔内温度异常升高时，可大量注入紧急水。同时塔底设有溢流口，当塔釜内液位异常升高时，可自动溢流至紧急泄放池。

冷却后的烟气自急冷吸收塔下部上升进入中部的滤清模块。滤清模块可除去烟气中残余的细微颗粒和硫酸酸雾，滤清模块的液体由滤清模块泵循环使用。滤清模块后的烟气经由水珠分离器除去其中夹带的液滴后，经由塔顶部的烟囱高空排放。

(2) 废液预处理部分

自急冷水循环泵来的废液由絮凝剂加入设施向其中注入絮凝剂，在沉清池入口混合罐搅拌后废液进入澄清池内沉淀。澄清池底部被絮凝的块状物沉淀聚集到池底达到一定高度时，由底部的排放阀周期性排出到过滤箱。过滤箱过滤出的水排到滤液池，并由滤液泵送回至澄清池；过滤箱过滤出的废催化剂不定期送出装置外。

澄清池顶部的清液自流至澄清池溢流罐，经澄清池溢流泵升压后送至氧化罐，氧化罐底部由氧化风机注入空气并加入少量20%碱液，在氧化罐搅拌器的作用下，空气和碱液与废液充分接触。大量的曝气可以有效降低排液的COD；碱液的注入量由pH分析仪控制，以保证出水呈中性。自氧化罐上部溢流出来的含盐废水自流至排液罐。含盐废水自排液罐抽出，由排液泵升压后经排液冷却器冷却至40℃后送入污水处理厂。

(3) 臭氧发生部分

混合了一定比例氮气后的氧气经氧气过滤器过滤后分三路进入臭氧发生器，在臭氧发生器的臭氧放电室内，通过中频高压电场，利用放电体使部分氧气变成臭氧，产品气体经温度、压力、流量监测、气动调节角座阀后由臭氧出气口排出，送至急冷吸收塔下部进行脱硝。臭氧发生系统由专业制造商整体供货。

11.3.3 焦炉烟气脱硫脱硝技术

由于现代焦炉使用的煤气几乎都进行了脱除H_2S的预处理，因此焦炉烟道废气中含有的SO_2浓度并不高，一般在200mg/Nm^{3}以下(主要是由煤气中的有机硫燃烧产生)。原国家环保部发布《炼焦化学工业污染物排放标准》(GB 16171—2012)执行如下的排放浓度：机焦和半焦炉$SO_2 \leq$50mg/Nm^3、热回收焦炉$SO_2 \leq$100mg/Nm^3、对于特别排放地区$SO_2 \leq$30mg/Nm^3。2019年，生态环境部、发展改革委、工业和信息化部、财政部、交通运输部等五部委近日联合印发《关于推进实施钢铁行业超低排放的意见》(环大气〔2019〕35号)，要求焦炉烟道气的排放指标(干基，基准氧体积分数8%)：$SO_2 \leq$30mg/Nm^3、$NO_x \leq$150mg/Nm^3、粉尘$\leq$10mg/Nm^3。《炼焦化学工业污染防治可行技术指南》(HJ 2306—2018)对行业污染防治可行技术进行了推荐，颗粒物排放水平最低可控制在小于10mg/m^3，二氧化硫排放水平最低可控制在小于30mg/m^3，氮氧化物排放水平最低可控制在小于150mg/m^3。2021年发布《炼焦化学工业大气污染物排放标准(征求意见稿)》(部分替代GB 16171—2012)颗粒物排放控制在小于15mg/m^3，二氧化硫排放水平控制在小于30mg/m^3，氮氧化物排放水平控制在小于150mg/m^3。

目前针对焦炉烟道气的脱硫工艺路线可分为湿法、半干法和干法3类，其中，干法、半干法应用较多。代表性的干法工艺有活性炭法和碳酸氢钠干法(Sodium Dry Sorbent，SDS)，半干法工艺有旋转喷雾法(Spray Drying Absorption，SDA)和循环流化床法(Circulating Fluidized Bed，CFB)。全国焦炉脱硫工艺几乎使用的都是以下4种技术：SDA法、CFB法、SDS法、活性炭(焦)法。

1. 焦炉烟气脱硫的特点

(1) 烟气量较小

与电厂锅炉尾气、烧结机烟气相比，焦炉排放的烟道气的气量要小得多。使用高炉煤气为燃料的焦炉产生的烟道气也仅有约 $5\times10^5Nm^3/h$，规模远小于燃煤锅炉和烧结机排放烟气，因此，在焦炉上采用两炉/多炉一塔(脱硫塔)的工程较为普遍。

(2) 烟气中含焦油

由于焦炉的特性，燃烧煤气中焦油的残留和焦炉炭化室荒煤气蹿漏均使焦炉排放的烟道气中不可避免地含有一定量的焦油，这些焦油如果未被及时带出脱硫系统，附着在设备上，则将对系统造成很大的危害。这也是各种使用填料塔的工艺和应用最广的石灰石-石膏湿法脱硫工艺(焦油附着在皮带脱水机上，无法正常工作)不适用于焦炉行业的原因。

(3) 烟气温度低

燃煤电厂锅炉烟气的温度一般在 320~400℃，相比之下，焦炉烟道气温度一般为 180~300℃，多数集中在 200~230℃。如果采用高炉煤气或混合煤气加热焦炉，则烟道气温度一般低于 200℃，因此也有一些焦炉会在烟道气排放前增设预热锅炉。一般采用前置脱硫工艺，即脱硫后还要进行脱硝(一般采用反应温度 200℃的中低温 SCR 工艺)，之前在其他行业因经济性不佳而推广不开的钠基脱硫工艺(如 SDS 法)反而因温降小的优势而得以推广。

(4) 焦炉烟气具有“硫低氮高”的特点

燃煤电厂锅炉烟气中 SO_2、NO_x 的含量具有“硫高氮低”的特点，而焦炉烟气因焦炉煤气燃烧前经过脱硫工序已脱除荒煤气中大部分的 H_2S 和有机硫，因而具有“硫低氮高”的特点，SO_2 质量浓度一般为 140~450mg/m^3；NO_x 质量浓度一般为 350~1200mg/m^3。以焦炉煤气为主要燃料的工艺，其烟气中的 SO_2 直接排放浓度为 160mg/m^3 左右、NO_x 直接排放浓度为 600~900mg/m^3(最高时可达 1000mg/m^3 以上)；以高炉煤气等低热值煤气(或混合煤气)为主要燃料的工艺，其烟气中的 SO_2 直接排放浓度为 40~150mg/m^3、NO_x 直接排放浓度为 300~600mg/m^3。

(5) 同步作业率要求高

焦炉与燃煤锅炉和烧结机另一个最大的不同在于其一代炉龄 30 年没有停机年修或大修的时间，因此对同步作业率的要求远高于前两个行业。脱硫装置一般都按一年运行 8400h 以上设计，设备冗余配置要求高，甚至有些工程对主引风机也进行了一用一备的高配设置。

2. SDS 法

SDS 法工艺是一种钠基($NaHCO_3$)干法脱硫技术，$NaHCO_3$ 通过干磨机，磨制成小于 20μm 的粉末，由风机送入长烟道或脱硫塔内，与烟气充分混合，吸收剂在高温下发生爆米花反应，分解为 Na_2CO_3 和水，与烟气反应，脱除 SO_2，生成 Na_2SO_4 为主的脱硫灰。设计时请参考《焦炉烟气 SDS 干法脱硫联合 SCR 脱硝技术规范》(YB/T 4863—2020)。

脱硫原理：

主反应：　$2NaHCO_3(s) = Na_2CO_3(s) + H_2O(g) + CO_2(g)$

$SO_2(g) + Na_2CO_3(s) + 0.5O_2 = Na_2SO_4(s) + CO_2(g)$

副反应：　$SO_3(g) + Na_2CO_3(s) = Na_2SO_4(s) + CO_2(g)$

某焦化厂采用“干法脱硫+中低温 SCR 脱硝+余热回收”焦炉烟气净化工艺。工艺系统主要由 SDS 干法脱硫、布袋除尘及输灰系统、中低温 SCR 脱硝系统、余热回收系统、引风机及烟气系统组成。如图 11-30 所示。焦炉烟道气从焦炉总烟道闸板前抽出，先后经 SDS 反应器脱除 SO_2，进入袋式除尘器脱除颗粒物，再经过 SCR 脱硝反应器脱除 NO_x，净烟气进入换热器回收余热后在引风机作用下从总烟道闸板门后经烟囱达标排放。

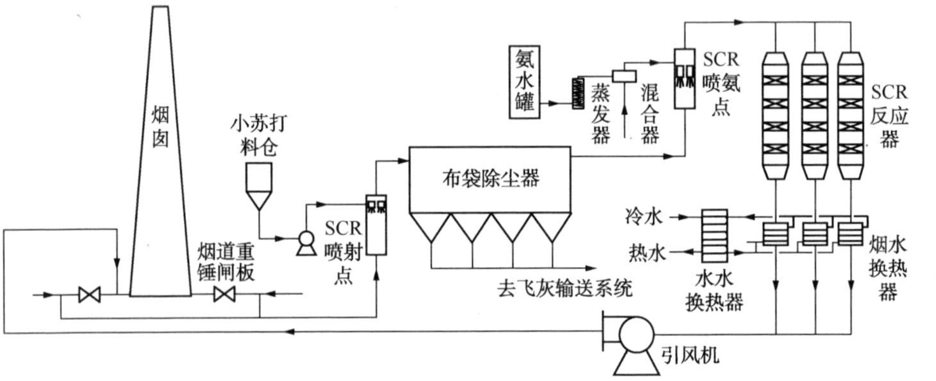

图 11-30　某焦化厂焦炉烟气脱硫脱硝工艺流程

SDS 脱硫采用碳酸氢钠（小苏打）为吸收剂，系统未设置脱硫塔，小苏打通过研磨输送喷射到布袋除尘器前的一段立式高温烟道内脱除烟气中的 SO_2，在烟道内充分反应将 SO_2脱除后，烟气进入布袋除尘器进行除尘处理。脱硫过程反应产生的 Na_2SO_4和少量未完全反应的 $NaHCO_3$粉末被布袋除尘器捕集沉降于除尘器锥底灰斗，通过气力输送系统送到灰仓，再通过灰仓底部散装机排入运灰车外运处理。SCR 脱硝所用氨水为焦化厂化产回收系统自产氨水，氨水蒸发后与烟气混合进入 SCR 反应器前的烟气管路中，随脱硫除尘后烟气一起进入 SCR 反应器催化剂层发生催化反应，NH_3和烟气中的 NO_x反应生成 N_2和 H_2O，达到脱除 NO_x的目的。反应之后的净烟气经烟水换热器回收部分余热后通过引风机送回焦炉烟囱达标排放。考虑环保政策因素影响，催化剂反应层设置为3+1 层，顶层预留 1 层催化剂加装空间，以应对后期环保指标进一步收严的可能。反应器配套催化剂再生的热风炉，以便在催化剂发生钝化，脱硝效果降低时实现催化剂再生。

云南某焦化厂也采用 SDS 干法脱硫+中低温 SCR 脱硝工艺。基于布袋安全和脱硝温度控制，在脱硫前设置激冷水在烟气温度高时降低温度，在脱硝前设置有热风炉在烟气温度低时加热提高入口烟气温度，工艺流程如图 11-31 所示。

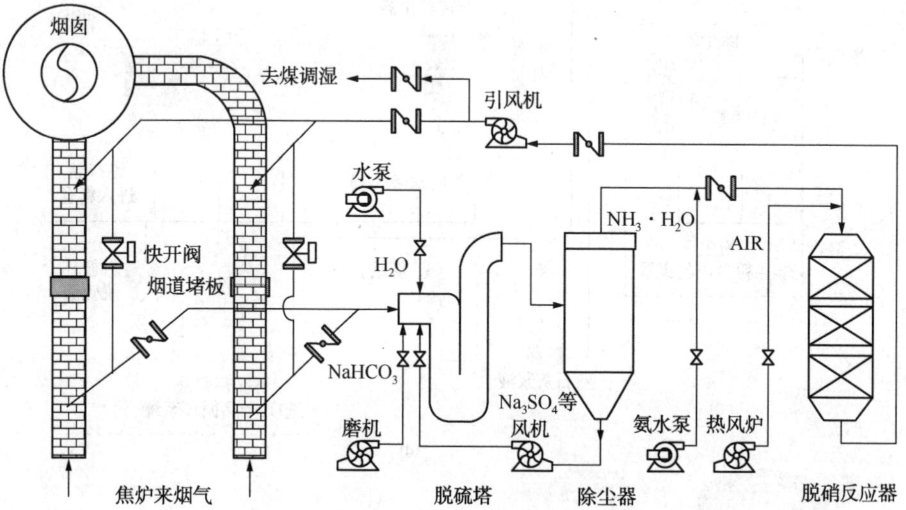

图 11-31　云南某焦化厂焦炉烟气脱硫脱硝工艺流程示意图

3. SDA 法

SDA 法也称旋转喷雾法，是一种半干法脱硫技术，吸收剂可采用钠基（15%~25%Na_2CO_3溶液）和钙基（CaO），均加水制成吸收剂溶（浆）液，通过高速旋转的喷嘴将脱硫剂分散成约 50μm 的雾状液滴喷出，雾状液滴与烟气反应，脱除 SO_2，生成 Na_2SO_4（$CaSO_3$）为主的脱硫灰。其旋转雾化器需进口，价格昂贵，维修不便。当采用 Na_2CO_3溶液作为脱硫剂时的反应原理如下：

$$SO_2+Na_2CO_3 = Na_2SO_3+CO_2$$

$$Na_2SO_3+SO_2+H_2O = 2NaHSO_3$$

同时烟气中含有的 SO_3等酸性气体也会同时被吸收剂吸收，发生如下反应：

$$Na_2SO_3+SO_3 = Na_2SO_4+SO_2$$

因此，脱硫塔的固体产物主要包括亚硫酸钠或亚硫酸氢钠中间品及少量硫酸钠等。

工艺流程示意图如图 11-32（a）和图 11-32（b）所示。

（1）脱硫除尘系统

脱硫系统采用的旋转喷雾干燥脱硫技术从丹麦 GEI 引进，包括脱硫塔及布袋除尘器主体，脱硫剂浆液制备及输送子系统，循环灰制浆子系统，脱硫灰输送外排子系统等。脱硫剂浆液制备及输送子系统中，苏打原料称重后在溶解罐中定量加水配制成 15%~25%浓度的 Na_2CO_3溶液作为脱硫剂，经供液罐后定量泵入置于脱硫塔顶部的浆液顶罐，顶罐内 Na_2CO_3 溶液自流入脱硫塔顶部雾化器，雾化喷入脱硫塔与烟气中的 SO_x 发生反应。

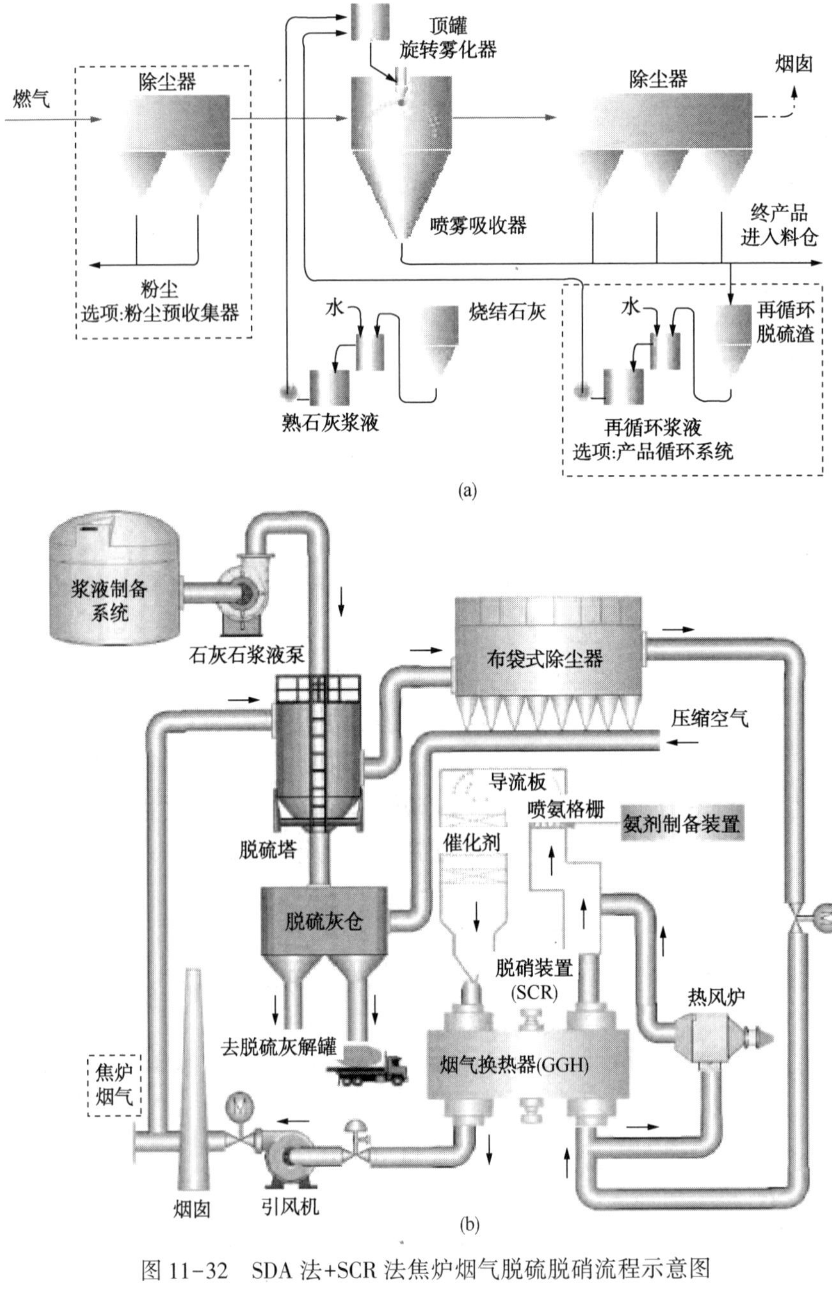

图 11-32　SDA 法+SCR 法焦炉烟气脱硫脱硝流程示意图

脱硫过程的部分固体产物从脱硫塔底部卸出进入脱硫灰仓，部分细颗粒物随烟气携带进入布袋除尘器中滤袋过滤，此部分经压缩空气反吹后也收集至脱硫灰仓。如脱硫灰中Na_2CO_3未反应完全的程度较大，可通过循环灰制浆系统循环利用，以提高脱硫剂的利用率。脱硫灰仓中收集的脱硫灰经称量螺旋输送机送入脱硫灰解罐和脱硫灰浆罐制浆后，由循环灰浆液泵定量送入置于脱硫塔顶部的浆液顶罐与Na_2CO_3溶液混合，顶罐内混合浆液根据烟气温度和SO_x浓度自动调节送入脱硫塔雾化器的浆液量。如脱硫灰反应较完全，可通过输送外运子系统另行收集外运或综合利用处理。

（2）脱硝系统

脱硝系统主要由烟气换热器、热风炉加热混合子系统、氨剂制备及喷射子系统、SCR 反应器等组成。

为确保烟气温度能达到 SCR 反应的温度窗口，且获得适当高的烟温以提高脱硝效率，脱硫除尘后的 150~160℃烟气先进入烟气换热器(GGH)升温至 220~230℃，在烟道喷氨前配有额外的热风炉加热混合子系统，混合适量热风可将烟气进一步升温至 240~250℃，热风炉燃料为钢铁企业自有的焦炉煤气和高炉煤气等低热值气体燃料。

氨剂制备及喷射子系统、SCR 反应器联立的烟道中采用了优化设计的导流板均布技术，可确保氨与烟气充分混合均匀。核心 SCR 催化剂为低温型催化剂，适宜的脱硝温度窗口为 200~300℃。脱硝反应器配有声波吹灰器，定期吹扫催化剂，保证脱硝效率延长催化剂使用寿命。烟气经过多层催化剂净化后再次经过烟气换热器(GGH)，从 230℃降低至 160℃，最终经引风机送至焦炉烟囱底部。

4. *活性焦脱硫脱硝技术*

活性炭同时脱硫脱硝除尘技术是利用活性炭的吸附特性和催化特性，使烟气中SO_2与烟气中的水蒸气和氧反应生成H_2SO_4，吸附于活性炭的表面，吸附SO_2的活性炭加热再生，释放出高浓度SO_2气体，再生后的活性炭循环使用，高浓度SO_2气体可加工成硫酸、二氧化硫或单质硫等多种化工产品。活性炭烟气脱硫脱硝装置是在一套装置中完成SO_2吸附和NO_x的催化还原反应，吸附剂和催化剂选用特殊性能的活性炭。设计时请参考《活性炭吸附脱硫脱硝技术装备》(JB/T 13172—2017)，其投资和运行费用高，脱硝效率偏低。活性焦脱硫脱硝反应原理如下。

（1）活性焦脱硫特性

活性焦脱除SO_2动力学过程主要有：SO_2在孔隙内的外扩散、内扩散、活性焦吸附SO_2以及与O_2和H_2O反应。SO_2在活性焦表面被物理吸附，然后在O_2和H_2O的作用下被活性焦催化氧化成H_2SO_4。主要发生如下反应。

① SO_2、H_2O和O_2在炭表面反应：

$$SO_2+\sigma \longrightarrow SO_2^*$$

$$H_2O+\sigma \longrightarrow H_2O^*$$

$$O_2+\sigma \longrightarrow O_2^*$$

σ 表示活性位。

② 吸附的 SO_2 在活性焦的催化作用下被 O_2 氧化形成 SO_3（吸附态），该步骤为控制步骤，而其余步骤的反应都依赖于该反应的顺利进行。

$$SO_2^* + O_2^* \longrightarrow SO_3^*$$

③ SO_3 发生吸附跃迁被吸附到不同的活性位之后与 H_2O 反应生成 H_2SO_4（吸附态）吸附在活性焦表面。

$$SO_3^* + H_2O^* \longrightarrow H_2SO_4^*$$

④ 生成硫酸盐的副反应。

$$H_2SO_4^* + NH_3 \longrightarrow NH_4HSO_4^*$$

$$NH_4HSO_4^* + NH_3 \longrightarrow (NH_4)_2SO_4^*$$

（2）活性焦脱硝特性

活性焦脱硝采用炭基 NH_3 选择性催化还原法，是利用活性焦吸附 NO_x，降低 NO_x 与 NH_3 反应的活化能，提高 NH_3 的利用率。反应方程式：

$$4NH_3+4NO_2+O_2 \longrightarrow 4N_2+6H_2O$$

$$4NH_3+6NO \longrightarrow 5N_2+6H_2O$$

$$4NH_3+2NO+2O_2 \longrightarrow 3N_2+6H_2O$$

$$8NH_3+6NO+3O_2 \longrightarrow 7N_2+12H_2O$$

上述反应在不同的温度窗口有效进行。在 $NH_3/NO=1$（物质的量比）的条件下，可达到 80%以上的脱硝效率，在反应过程中 NH_3 可以选择地和 NO_x 反应生成 N_2 和 H_2O，而不是被 O_2 氧化。

（3）SO_2 解析再生过程

① 硫酸的分解反应：

$$H_2SO_4 \cdot H_2O \longrightarrow SO_3+2H_2O$$

$$SO_3+0.5C \longrightarrow SO_2+0.5CO_2$$

$$H_2SO_4 \cdot H_2O+0.5C \longrightarrow SO_2+2H_2O+0.5CO_2$$

② 硫酸铵盐的分解反应：

$$NH_4HSO_4 \longrightarrow SO_3+NH_3+H_2O$$

$$SO_3+2/3NH_3 \longrightarrow SO_2+H_2O+1/3N_2$$

$$NH_4HSO_4 \longrightarrow SO_2+1/3NH_3+1/3N_2+H_2O$$

（4）工艺流程

烟气脱硫脱硝采用逆流式活性焦工艺。焦炉加热产生的原烟气经过地下烟道切换阀，通过增压风机产生的抽力，气流经过换热锅炉，温度由 220℃降至 135~140℃进入吸附塔内。每个吸附塔由若干组模块组成，每个模块分上下两段，每段由上部脱硝床层和下部脱硫床层构成。烟气自下而上与下降的移动活性焦床形成逆流式接触。烟气自下部先进入脱硫段进行 SO_2脱除(放热反应)，出口烟气进入喷氨烟箱与含 NH_3量在5%的氨-空混合气一并进入脱硝床层，脱除后的净烟气由烟囱排出。每组模块上部均设置活性焦装料装置，根据模块料位及时补充解析后的活性焦。从吸附塔下部锁气斗排出的活性焦被链斗机送往解析塔加热至400~450℃进行解析再生处理，再生后的活性焦循环装入吸附塔受料罐，从而完成活性焦吸附再生的往复循环。再生产生的富硫气经氧化吸收塔吸收后产生的硫铵母液送硫铵工段制成硫铵产品。活性焦脱硫脱硝工艺流程如图11-33所示。

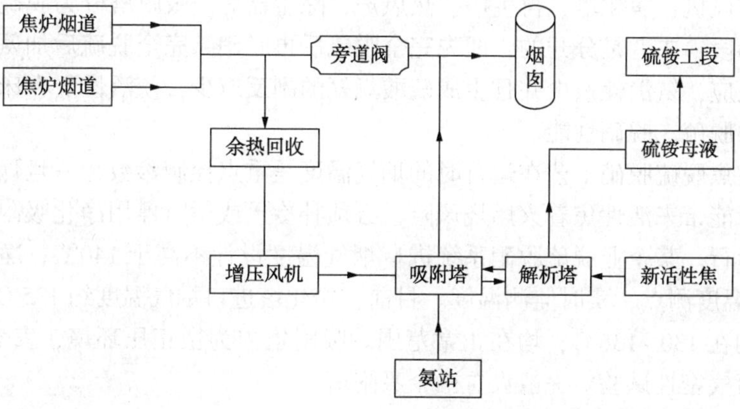

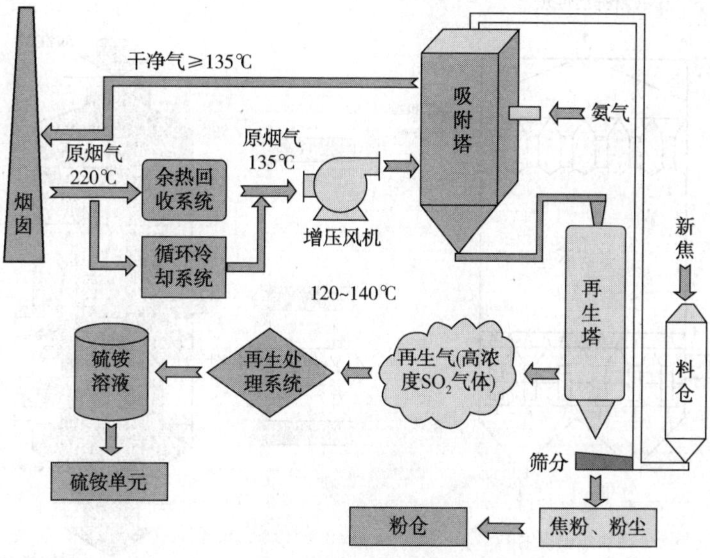

图11-33　活性焦脱硫脱硝工艺流程示意图

活性焦脱硫脱硝系统整个工艺主要由余热锅炉系统、氨水蒸发系统和脱硫脱硝系统3部分组成。

① 余热锅炉系统：实现焦炉烟气降温和余热回收利用，以满足进烟气吸附

净化系统的烟气温度条件。主要设备包括：蒸发器、省煤器、汽包、给水泵、软化水箱等。②氨水蒸发系统：18%~20%氨水与焦炉烟气混合汽化后，喷至脱硫脱硝净化塔过渡气室，与烟气一同进入脱硝塔，实现烟气脱硝目的。主要设备包括：氨水储罐、氨水输送模块、氨水汽化管、稀释风机等。③脱硫脱硝系统包含：烟气系统、吸附净化系统、再生系统、物料循环输送系统、收尘系统等，其中吸附净化系统是整套脱硫脱硝设施的核心部件（如图 11-34 所示），功能是通过活性焦的吸附、催化和过滤作用净化烟气中的 SO_2、NO_x 和烟尘。主要设备包括：增压风机、净化塔、再生塔、热风炉、除尘器等。吸附塔分为脱硫吸附段和催化脱硝段，二者是分开的，即先完全脱硫后再脱硝。完全脱硫后加氨，氨不参与脱硫反应，氨消耗量少并且生成硫酸氢氨的副反应少，使活性炭在床层中能保持较好的脱硫、脱硝性能。

活性焦脱硫脱硝工艺在运行时的烟气温度是重点控制参数，一旦烟温超出设计温度可能带来活性焦着火燃烧风险，必须补冷风或暂时停用净化吸附系统，影响系统运行。某企业脱硫脱硝系统进口烟气温度设计不高于 140℃，净化塔共设置 22 个温度测点，实时监测温度。目前，净化塔进口烟气温度约 135℃，各测点温度控制在 130~136℃，均在正常范围。吸附塔内为微正压环境，安装完成后，必须进行气密性试验。一般设置两个吸附塔。

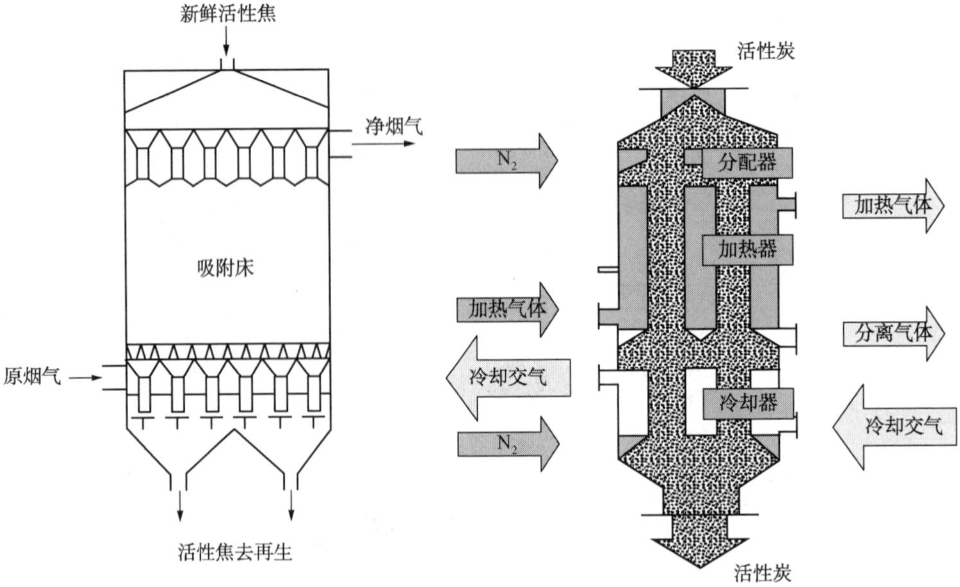

图 11-34　吸附塔和解析塔结构示意图

当再生塔（又称解析塔）中部加热段温度超过 500℃或冷却段排料温度高于 180℃，停止再生塔排料至吸附塔，打开吸附塔物料旁路循环，保证吸附塔正常运行；同时立即停止热风炉加热系统、再生风机、高温换热风机、低温换热风机。立即加大再生塔气封氮气流量，将再生塔压力升至1000Pa以上，进行氮气消防操作。确认再生塔内焦层温度正常后，开启正常物料循环作业。解析塔主要包括加热段和冷却段，两者都是由多管换热器组成。解析塔内温度较高，为了防止解析塔内的活性炭自燃，在解析塔内通入氮气隔绝氧气。解析塔的作用是脱除活性炭中的SO_2和吸附的其他杂质，一般设计两个解析塔，每个解析塔均可承担100%的负荷，以便在一个解析塔维修时，仍能保持整个系统的正常运行。

11.3.4 氨法脱硫技术

氨法是用氨水洗涤含SO_2的废气，形成$(NH_4)_2SO_3-NH_4HSO_3-H_2O$的吸收液体系。该溶液中的$(NH_4)_2SO_3$对$SO_2$具有很好的吸收能力，它是氨法中的主要吸收剂。吸收$SO_2$以后的吸收液可用不同的方法处理，获得不同的产品，从而也就形成了不同的脱硫方法。其中比较成熟的有氨-酸法、氨-亚硫酸氨法和氨-硫氨法。在氨法的这些脱硫方法中，其吸收的原理和过程是相同的，不同之处仅在于对吸收液处理的方法和工艺技术路线。氨法脱硫都是利用NH_3吸收SO_2，用所生成的$(NH_4)_2SO_3-NH_4HSO_3$混合液吸收SO_2。不同之处在于氨-酸法、氨-亚硫酸铵都要在吸收过程中尽量避免氧化反应的发生，即抑制吸收液中的$(NH_4)_2SO_3$、NH_4HSO_3氧化成$(NH_4)_2SO_4$，而氨-硫酸铵法恰好相反，$(NH_4)_2SO_4$是最终产物，因此在吸收过程中应采取措施促进吸收液的氧化。

由于烟气中的SO_2浓度比硫酸工业和冶金工业尾气低得多，而烟气中的含氧量较大(一般为4%~10%)，氨-酸法和氨-亚硫酸氨法主要应用于硫酸工业、冶金工业的尾气治理，而氨-硫氨法主要应用于燃煤(燃油)锅炉烟气的脱硫。

1. 氨法吸收原理

氨法吸收是将氨水通入吸收塔中，使其与含SO_2的废气接触，发生如下反应：

$$NH_3+H_2O+SO_2 = NH_4HSO_3$$
$$2NH_3+H_2O+SO_2 = (NH_4)_2SO_3$$
$$(NH_4)_2SO_3+H_2O+SO_2 = 2NH_4HSO_3$$

在通入氨量较少时，发生上面第一个反应，在通入氨量较多时发生上面第二个反应，而第三个反应表示的才是氨法中真正的吸收反应。在吸收过程中所生成的NH_4HSO_3酸式盐对SO_2不具有吸收能力，随吸收过程的进行，吸收液中的SO_2数量增多，吸收液吸收能力下降，此时需向吸收液中补充氨，使部分NH_4HSO_3转变为$(NH_4)_2SO_3$，以保持吸收液的吸收能力：

$$NH_4HSO_3+NH_3 = (NH_4)_2SO_3$$

因此氨法吸收是利用$(NH_4)_2SO_3-NH_4HSO_3$的不断循环的过程来吸收废气中的SO_2。补充的NH_3并不是直接用来吸收SO_2，只是保持吸收液中$(NH_4)_2SO_3$的一定浓度比例。NH_4HSO_3的浓度达到一定比例的吸收液要不断从洗涤系统中引出，然后用不同的方法对引出的吸收液进行处理。

当被处理的废气中含有O_2或SO_3时，如电厂烟道排气，可能发生如下副反应：

$$2(NH_4)_2SO_3+O_2=\!=\!=2(NH_4)_2SO_4$$

$$2NH_4HSO_3+O_2=\!=\!=2NH_4HSO_4$$

$$2SO_2+O_2=\!=\!=2SO_3$$

2. 氨-酸法

氨-酸法是将吸收SO_2后的吸收液用酸分解，可副产SO_2和化肥。酸解用酸可以采用硫酸，也可采用硝酸和磷酸；酸解用酸的种类不同，所得产品也不同，应用最多的酸是硫酸。

(1) 氨-酸法的工艺原理

氨-酸法可分为吸收、分解及中和三个主要工序。

吸收工序的化学反应如前所述。实际上，进行SO_2吸收的是循环的$(NH_4)_2SO_3-NH_4HSO_3$水溶液。以氨溶液吸收SO_2时，传质过程主要受气相阻力所控制，其传质系数取决于吸收液的化学组成、温度及气流速度，而溶液的喷淋密度仅有微弱的影响。随着气流速度的增大、吸收液中碱度的增高及吸收温度的降低，传质系数增大。

含有亚硫酸氢铵和硫酸铵的循环吸收液，当其达到一定的浓度(相对密度1.17~1.18)时，可自循环系统中导出一部分，送到分解塔中进行酸分解。酸解可以用硫酸、也可以用硝酸和磷酸，所得副产物除SO_2气体外，分别为硫酸铵、硝酸铵和磷酸二氢铵。酸解反应如下。

硫酸酸解：

$$(NH_4)_2SO_3+H_2SO_4=\!=\!=(NH_4)_2SO_4+SO_2+H_2O$$

$$2NH_4HSO_3+H_2SO_4=\!=\!=(NH_4)_2SO_4+2SO_2+2H_2O$$

硝酸酸解：

$$(NH_4)_2SO_3+2HNO_3=\!=\!=2NH_4NO_3+SO_2+H_2O$$

$$NH_4HSO_3+HNO_3=\!=\!=NH_4NO_3+SO_2+H_2O$$

磷酸酸解：

$$(NH_4)_2SO_3+2H_3PO_4=\!=\!=2NH_4H_2PO_4+SO_2+H_2O$$

$$NH_4HSO_3+H_3PO_4=\!=\!=NH_4H_2PO_4+SO_2+H_2O$$

提高硫酸浓度可以加速反应的进行，因此，一般采用93%或98%的硫酸进行分解。为了提高分解效率，硫酸用量应达到理论量的1.15倍，分解后的酸性溶液需用氨进行中和。

（2）氨-酸法的工艺流程和主要设备

氨-酸法吸收 SO_2 的工艺流程如图 11-35 所示。

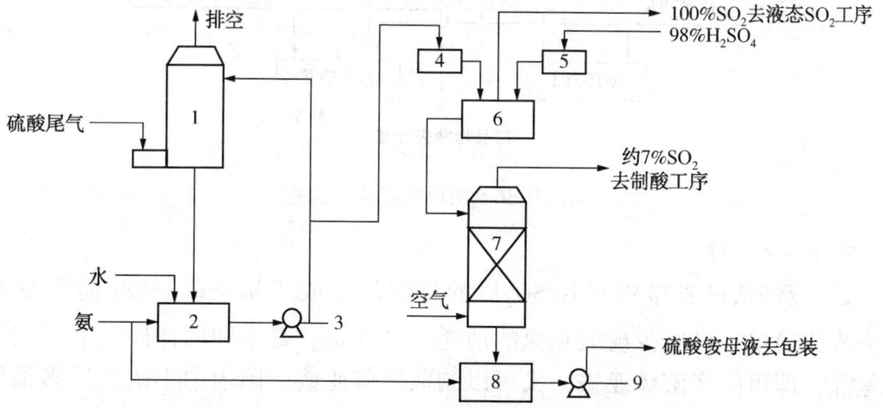

图 11-35　氨-酸法吸收 SO_2 的工艺流程

1—吸收塔；2—循环槽；3—循环泵；4—母液高位槽；5—硫酸高位槽；6—混合槽；7—分解塔；8—中和槽；9—硫酸母液泵

含 SO_2 的烟气由吸收塔下部进入，含氨母液或氨水由循环泵打至塔顶喷淋，与塔底进入的尾气逆流相遇。使吸收液得到部分再生，保持 $(NH_4)_2SO_3/NH_4HSO_3$ 比值稳定。吸收 SO_2 后的烟气经除沫器除沫后由高烟囱排放。当循环吸收液中亚硫酸氢铵含量达到一定值（$S/C=0.9$）时，可引出一部分送至高位槽，再送至混合槽，同时从硫酸高位槽引硫酸至混合槽，在混合槽内经折流板作用均匀混合后，再从分解塔顶部进入分解塔。在混合槽内，母液与硫酸作用可分解出 100%SO_2 气体，送至液体 SO_2 工序。在分解塔内，母液在硫酸作用下继续分解并放出 SO_2 气体，由底部通入空气将 SO_2 气体吹出，这部分气体含 7%SO_2，可送往制酸系统。经分解塔分解的母液呈酸性，进入中和槽后，通入氨水中和，中和后的母液呈中性，用母液泵送至蒸发结晶工序，制造固体硫酸铵。若不设蒸发结晶工序，则中和后的母液直接出售。

吸收系统也可采用如图 11-36 所示的两段吸收方法。在第一吸收段的循环溶液浓度高一些，碱度低一些，使引出的母液含有较多的 NH_4HSO_3，从而降低分解时的酸耗，并提供较浓的硫酸铵母液副产品；第二吸收段采用的循环吸收液，浓度低一些，碱度高一些，以保证较高的 SO_2 吸收效率。因此，第一吸收段叫产品段，第二吸收段叫除害段，但在实际生产中为了减轻除害段的负荷，保证一定的吸收率，避免排放尾气中有大量的氨雾，两段母液的碱度都应维持在中等或较低水平。

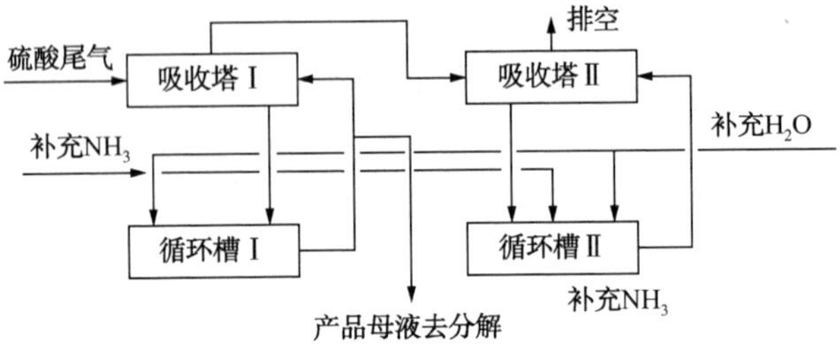

图 11-36　两段氨吸收法流程

3. 氨-亚铵法

氨-亚铵法是直接将吸收 SO_2后的母液加工成产品亚硫酸铵（简称亚铵）。该法流程简单，可减少硫酸和氨的消耗，且气氨、氨水和固体碳酸氢铵均可作为氨源，即可生产液体亚铵，又可以制取固体亚铵。国内中小硫酸厂多采用此流程。

（1）氨-亚铵法的反应原理

同氨-酸法一样，可以用氨水作为氨源对 SO_2进行吸收，但当氨水来源困难或储运困难时，也可采用固体碳酸氢铵作为氨源。

用碳酸氢铵溶液吸收烟气中 SO_2，主要反应：

$$2NH_4HCO_3+SO_2 \longrightarrow (NH_4)_2SO_3+H_2O+2CO_2$$

$$(NH_4)_2SO_3+H_2O+SO_2 \longrightarrow 2NH_4HSO_3$$

若烟气中含有氧，溶液中还发生副反应：

$$(NH_4)_2SO_3+0.5O_2 \longrightarrow (NH_4)_2SO_4$$

对于硫酸尾气，因含有少量 SO_3，会发生如下反应：

$$2(NH_4)_2SO_3+H_2O+SO_3 \longrightarrow (NH_4)_2SO_4+2NH_4HSO_3$$

吸收 SO_2后的母液主要含亚硫酸氢铵，呈酸性，需加以中和，中和剂使用固体碳酸氢铵：

$$NH_4HSO_3+NH_4HCO_3 \longrightarrow (NH_4)_2SO_3+H_2O+CO_2$$

该反应为吸热反应，溶液温度不经过冷却即可降到 0℃左右。$(NH_4)_2SO_3$比 NH_4HSO_3在水中溶解度小，NH_4HSO_3转化为$(NH_4)_2SO_3 \cdot H_2O$ 后，由于过饱和而从溶液中析出。

（2）氨-亚铵法工艺流程

氨-亚铵法工艺流程可分为吸收、中和、分离三个步骤，其工艺流程如图 11-37 所示。

① 吸收：采用二段吸收。在第一吸收塔中，为使引出到中和工序的吸收液中含有较高浓度的 NH_4HSO_3，以便制取更多的亚铵产品，应尽量提高吸收液的

S/C 值。一般控制此段吸收液的 *S/C* 值为 0.88~0.90，总亚盐含量 700g/L。在第二吸收塔中，为保证较高的 SO_2 吸收率，使排气中 SO_2 浓度符合要求，应控制吸收液较低的 *S/C* 值。吸收液总亚盐含量应控制在 350g/L，碱度控制在 13~15 滴度。

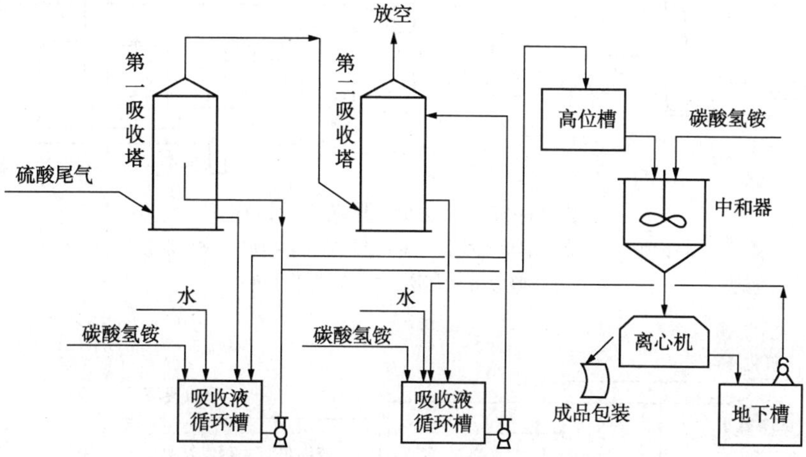

图 11-37　亚硫酸铵法工艺流程

② 中和：由第一吸收塔引出 NH_4HSO_3 含量高的吸收液，在中和器中加入固体 NH_4HCO_3 对其进行中和，经搅拌后完成反应，生成的 $(NH_4)_2SO_3 \cdot H_2O$ 因过饱和而析出，得到黏稠悬浮乳状液。

③ 分离：经中和反应后所得到的悬浮乳状液，送入离心机中进行分离，分离出的 $(NH_4)_2SO_3 \cdot H_2O$ 为白色固体，包装成为产品。离心母液为饱和的 $(NH_4)_2SO_3$ 溶液，用泵送入第二吸收塔作为吸收液循环使用。

④ 氧化及其处理：由于烟气中存在氧气，会使吸收液中部分 NH_4HSO_3 氧化成为 NH_4HSO_4，氧化率随吸收方式与操作条件不同而异，一般可达 5%~14%。当系统中 NH_4HSO_4 结晶析出而堵塞设备与塔器。为此，必须采取措施抑制吸收液的氧化，常在溶液中加入阻氧剂，如对苯二胺、对苯二酚等。加入阻氧剂后，氧化产物硫酸铵仍有累积上升趋势，必须设法将其从溶液中排出。

4. 氨-硫铵法

氨-硫铵法基本工艺流程如图 11-38 和图 11-39 所示。当吸收液达到一定浓度时，抽出部分至中和槽，用 NH_3 中和，使吸收液中全部的 NH_4HSO_3 转变为 $(NH_4)_2SO_3$，以防止 SO_2 从溶液中逸出。中和液泵入氧化塔，塔内通压缩空气进行氧化，氧化后的溶液用 NH_3 调整至碱性，使溶液中的钒、镍、铁等重金属变为氢氧化物沉淀下来，经过微孔过滤器除去，滤后的 $(NH_4)_2SO_4$ 母液经蒸发浓缩、结晶、分离、干燥，即可得 $(NH_4)_2SO_4$ 产品。

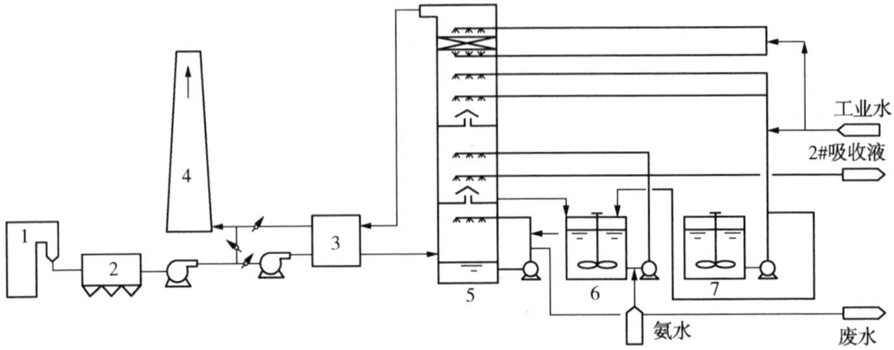

图 11-38　氨法烟气脱硫工艺流程

1—锅炉；2—高效静电除尘器；3—换热器；4—烟囱；5—脱硫塔；

6—吸收液循环槽；7—稀铵吸收槽

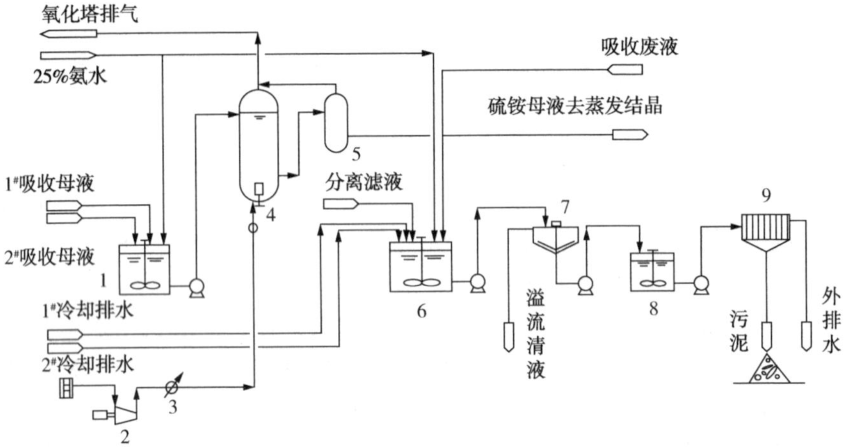

图 11-39　亚铵氧化工艺流程

1—吸收液储槽；2—空气压缩机；3—后冷却器；4—氧化塔；5—除雾器；

6—排水储槽；7—废渣储槽；9—压缩机

亚硫酸铵的氧化目前有两种氧化工艺：一种是在脱硫塔内直接氧化；另一种是塔外氧化，此种工艺是脱硫塔只进行脱硫，脱硫生成的亚硫酸溶液送入氧化罐进行氧化。有人对采用后者工艺的某脱硫塔下部循环液取样分析化验，发现在脱硫塔中有 1/4 左右的亚硫酸铵已被氧化。用一个塔同时进行脱硫和氧化，会使对 SO_2 没有吸收能力的硫酸铵溶液也参与脱硫循环，造成空循环，增加循环泵能耗。有人认为单塔工艺不是一个很合理工艺，目前某些公司为了避免专利侵权，对塔外氧化工艺进行了变通，把一个脱硫塔分隔成不同塔段，把氧化罐缩在脱硫塔上成了氧化提浓段，称之为多功能塔。这样做无可厚非，但是这种设计会使脱硫塔高度，脱硫塔荷载大大增加。

真空蒸发连续结晶工艺流程如图 11-40 所示，将加热器移出结晶器独立开来，并增加了一台大功率轴流泵进行强制循环。其主要优点是由于“体外”循环，维护检修方便；通过换热器的流速较高，具有冲刷作用，可防止换热面的结垢；此外，结晶器的过饱和度由被加热后的晶浆与器内的晶浆混合后，溶剂沸腾蒸发而产生，使溶质沉积于呈旋转运动的悬浮晶体表面，也有利于防止结晶器的结垢。其缺点是增加了轴流泵，功率消耗增大，晶浆中的晶体与叶轮之间的接触成核速率也增大。

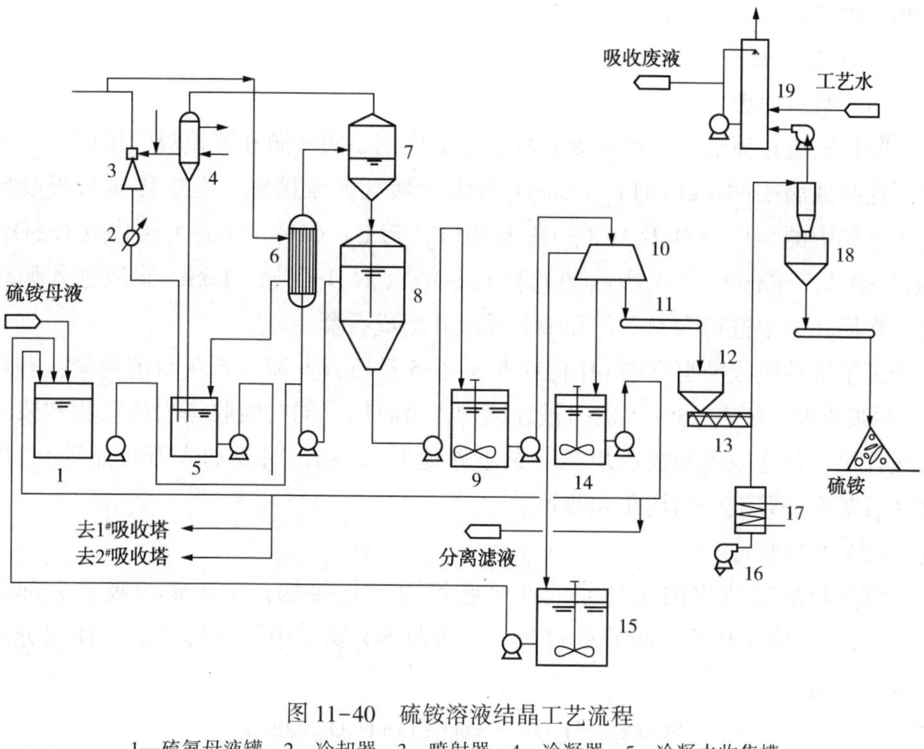

图 11-40　硫铵溶液结晶工艺流程

1—硫氨母液罐；2—冷却器；3—喷射器；4—冷凝器；5—冷凝水收集槽；
6，17—加热器；8—结晶罐；9—晶浆储槽；10—离心机；11—皮带机；12—料斗；
13—螺旋输送机；14—滤液循环槽；15—溢流液储槽；16—鼓风机；18—旋风分离器；19—除尘器

目前大多数电厂的二氧化硫浓度仅为 1500mg/m^{3}左右，所能获得的硫铵溶液的浓度还不到 10%，要将其蒸发结晶，能耗太大。限制了氨-硫铵法在燃煤锅炉烟气中的应用。

从反应机理上讲，铵法脱硫具有反应速度快、脱硫效率高等特点，但也存在一些问题有待解决，如排烟冒白雾现象、硫铵的黏附、粉尘和氯离子富集、氨运输储存等问题。氨洗涤与其他碱类洗涤不同，水溶液的$(NH_4)_2SO_3$-NH_4HSO_3的阳离子和阴离子皆有挥发性。由于逃逸氨与烟气中的 SO_2、SO_3生成亚硫酸铵雾和硫酸铵雾，用布袋除尘器和湿式电除尘器都很难除去，同时也会造成设备的堵塞和腐蚀。

11.3.5 石灰石/石灰–石膏法脱硫技术

石灰石/石灰–石膏法市场占有率约85%，为火电厂优先选择的湿法烟气脱硫工艺。设计时可参考《石灰石/石灰–石膏湿法烟气脱硫工程通用技术规范》(HJ 179—2018)和《火力发电厂石灰石–石膏湿法烟气脱硫系统设计规程》(DL/T 5196—2016)。

1. 反应原理

(1) 吸收原理

吸收液通过喷嘴雾化喷入吸收塔，分散成细小的液滴并覆盖吸收塔的整个断面。这些液滴中的 $Ca(OH)_2$、$CaSO_3$与塔内烟气逆流接触，发生传质与吸收反应，烟气中的 SO_2、SO_3及 HCl、HF 被吸收，与 $Ca(OH)_2$、$CaSO_3$转化成 $CaSO_3$、$Ca(HSO_3)_2$、$CaSO_4$。SO_2吸收的产物 $CaSO_3$、$Ca(HSO_3)_2$、$CaSO_4$浆液进入循环池，在循环池中进行强制氧化和中和反应并形成石膏。

为了维持吸收液恒定的 pH 值在 5.5~6.5 运行，并减少石灰石消耗量，石灰石(调浆浓度一般在 15%~20%)被连续加入吸收塔，同时吸收塔内的吸收剂浆液被搅拌机、氧化空气和吸收塔循环泵不停地搅动(初运时要加入石膏晶种)，以加快石灰石在浆液中的均布和溶解。

(2) 吸收反应

烟气与喷嘴喷出的循环浆液在吸收塔内有效接触，循环浆液吸收大部分 SO_2。吸收反应是传质和吸收的过程，水吸收 SO_2属于中等溶解度的气体组分的吸收。反应如下：

$$SO_2(g)+H_2O \longrightarrow SO_2(l)+H_2O\text{(传质)}$$

$$SO_2+H_2O \longrightarrow H_2SO_3\text{(溶解)}$$

$$SO_2+H_2O \longrightarrow H^++HSO_3^-\text{(电离)}$$

$$H_2SO_3 \rightleftharpoons H^++HSO_3^-\text{(电离)}$$

(3) 中和反应

吸收剂浆液保持一定的 pH 值(5.5~6.5)，在吸收塔内发生中和反应，中和后的浆液在吸收塔内再循环，中和反应如下：

$$Ca(OH)_2 \longrightarrow Ca^{2+}+2OH^-$$

$$Ca^{2+}+HSO_3^-+0.5H_2O \longrightarrow CaSO_3 \cdot 0.5H_2O+H^+$$

$$CaSO_3+H_2O+SO_2(l) \longrightarrow Ca(HSO_3)_2$$

$$Ca(HSO_3)_2+Ca(OH)_2 \longrightarrow 2CaSO_3 \cdot H_2O$$

$$Ca^{2+}+CO_3^{2-}+2H^++SO_4^{2-}+H_2O \longrightarrow CaSO_4 \cdot 2H_2O+CO_2\uparrow$$

$$2H^++CO_3^{2-} \longrightarrow H_2O+CO_2\uparrow$$

中和反应本身并不困难，中和反应伴随着石灰石的溶解、中和及结晶。由于石灰石较为难溶，因此如何增加石灰石的溶解度和反应生成的石膏尽快结晶，以降低石膏过饱和度是关键。

(4) 氧化反应

部分 HSO_3^- 在吸收塔喷淋区被烟气中的氧所氧化，其他的 HSO_3^- 在反应池中被氧化空气完全氧化，反应如下：

$$HSO_3^-+0.5O_2 \longrightarrow HSO_4^-$$

$$HSO_4^- \rightleftharpoons H^++SO_4^{2-}$$

$$2CaSO_3 \cdot 0.5H_2O+3H_2O+O_2 \longrightarrow 2CaSO_4 \cdot 2H_2O$$

氧化反应是液相连续，气相离散。氧在水中的溶解度比较小，根据双膜理论，传质速率受液膜传质阻力的控制。

(5) 其他副反应

烟气中的其他污染物如 SO_3、Cl^-、F^- 和灰尘都被循环浆液吸收和捕集。SO_3、HCl、HF 与悬浮液中的石灰石按以下反应式发生反应：

$$SO_3+H_2O \longrightarrow 2H^++SO_4^{2-}$$

$$2HCl+CaCO_3 \longrightarrow H_2O+CaCl+CO_2\uparrow$$

$$2HF+CaCO_3 \longrightarrow H_2O+CaF_2+CO_2\uparrow$$

脱硫反应是一个比较复杂的反应过程，其中有些副反应有利于反应的进程，有些会阻碍反应的发生，下列反应在设计中应予以重视。

(6) 结晶及结垢

钙化的结垢堵塞在于 $CaSO_3 \cdot 0.5H_2O$、$CaSO_4 \cdot 2H_2O$ 的饱和结晶，只要及时排出这些物质，保持这些物质在循环液中不饱和，同时保持 $Ca(HSO_3)_2$、$CaSO_3$ 为循环吸收液的主流物质，控制好 $Ca(HSO_3)_2$、$CaSO_3$ 的比例，即可避免循环系统结垢堵塞。

2. 工艺流程

典型的石灰石/石灰-石膏湿法烟气脱硫工艺流程如图 11-41 所示。吸收塔是烟气脱硫系统的核心装置，要求有持液量大、气液相间的相对速度高、气液接触面积大、内部构件少、压力损失小等特点。目前较常用的吸收塔主要有喷淋塔、填料塔、喷射鼓泡塔和道尔顿型塔四类，其中喷淋塔是湿法脱硫工艺的主流塔型。

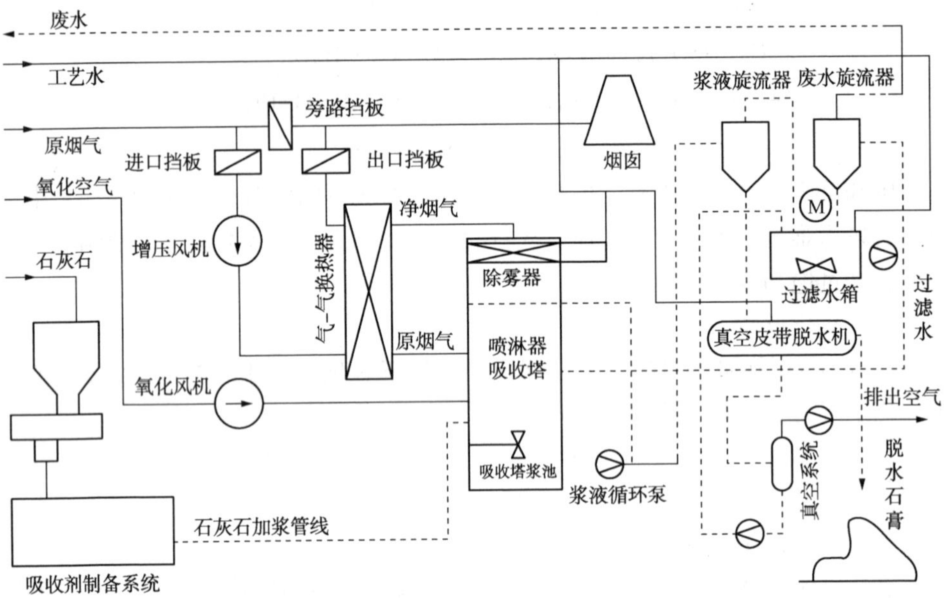

图 11-41　典型的石灰石/石灰-石膏法湿法烟气脱硫工艺流程

11.4　挥发性有机物污染控制

1. 挥发性有机物定义与相关法规、标准和控制技术简介

(1) VOCs 定义

挥发性有机物(Volatile Organic Compounds，VOCs)是一类有机化合物的统称，在常温下它们的蒸发速率大，易挥发。有些 VOCs 是无毒无害的，有些则是有毒有害的。国际范围内至今没有关于 VOCs 统一的定义。VOCs 是形成细颗粒物($PM_{2.5}$)和臭氧(O_3)的重要前体物，相对于颗粒物、二氧化硫、氮氧化物污染控制，我国 VOCs 管理基础薄弱，已成为大气环境管理短板。当前，石化、化工、工业涂装、包装印刷、油品储运销等行业已经成为我国 VOCs 重点排放源。

(2) VOCs 相关法规、标准

《大气污染防治法》为 VOCs 污染防治提供了法律依据，对 VOCs 污染防治在源头治理、过程控制和末端治理等方面都提出了具体要求，并且还规定了相应的处罚措施，具体内容请阅读《大气污染防治法》第二条、十三条、四十四条、四十五条、四十六条、四十七条、一百零八条的规定。环境保护部 2014 颁发了《石化行业挥发性有机物综合整治方案》的通知(环发〔2014〕177 号)。生态环境部 2019 年印发《重点行业挥发性有

《大气污染防治法》
VOCs 方面

机物综合治理方案》(环大气〔2019〕53号)(以下简称《方案》),根据《方案》我国将通过大力推进源头替代、全面加强无组织排放控制、推进建设适宜高效的治污设施、深入实施精细化管控等措施,综合治理石化行业、化工行业、工业涂装、包装印刷行业、油品储运销、工业园区和产业集群等六大重点行业 VOCs。为深入推进 2020 年挥发性有机物治理攻坚,按照部领导"送政策、送技术、送方案"要求,生态环境部在《挥发性有机物治理实用手册》基础上,编制了石化、化工、工业涂装、包装印刷及油品储运销等 14 个行业(领域)的挥发性有机物治理实用手册(分册),便于地方生态环境部门和有关企业学习借鉴。生态环境部 2020 年发布《石化行业挥发性有机物治理实用手册》《现代煤化工挥发性有机物治理实用手册》《焦化行业挥发性有机物治理实用手册》等 14 个行业(领域)手册。生态环境部 2021 年印发《关于加快解决当前挥发性有机物治理突出问题的通知》(环大气〔2021〕65 号)。

截至 2021 年 3 月,涉及 VOCs 的标准共 20 项,其中综合标准 3 项,行业标准 17 项。综合排放标准有《挥发性有机物无组织排放控制标准》(GB 37822—2019)、《恶臭污染物排放标准》(GB 14554—1993)和《大气污染物综合排放标准》(GB 16297—1996),其他标准有《工业企业挥发性有机物泄漏检测与修复技术指南》(HJ 1230—2021)等。

《石油炼制工业污染物排放标准》(GB 31570—2015)等行业标准中已经对 VOCs 无组织排放源项(储罐、泄漏等)进行了规定,这些行业的无组织排放控制按行业排放标准规定执行,不执行《挥发性有机物无组织排放控制标准》(GB 37822—2019)的通用要求。涉及 VOCs 排放控制的炼焦化学等其他行业污染物排放标准,其中 VOCs 有组织排放控制按相应排放标准规定执行,因行业排放标准中未规定无组织排放控制措施要求,无组织排放控制应执行《挥发性有机物无组织排放控制标准》(GB 37822—2019)的规定。没有行业排放标准的涉及 VOCs 行业,有组织排放控制执行《大气污染物综合排放标准》(GB 16297—1996)的规定,无组织排放控制执行《挥发性有机物无组织排放控制标准》(GB 37822—2019)的规定。有更严格地方排放标准要求的,应执行地方标准的规定。

挥发性有机物
排放标准

(3) VOCs 污染预防技术简介

VOCs 污染控制技术基本上可分为两大类:第一类是以替代产品、改进工艺、更换设备和防止泄漏为主的预防性措施;第二类是以末端治理为主的控制性措施,如图 11-42 所示。

2. 燃烧法控制 VOCs 污染

用燃烧方法将有害气体、蒸汽、液体或烟尘转化为无害物质的过程称为燃烧

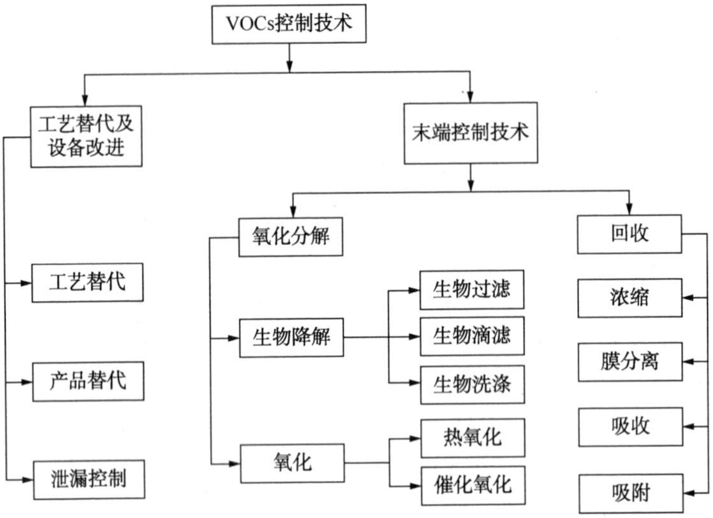

图 11-42　VOCs 控制技术分类

法净化、亦称为焚烧法。燃烧法净化所发生的化学反应主要是燃烧氧化作用及高温下的热分解。因此这种方法只适用于净化那些可燃的或在高温情况下可以分解的有害物质。对化工、喷漆、绝缘材料等行业的生产装置中所排出的有机废气，广泛采用燃烧净化的手段。燃烧法还可以用来消除恶臭。有机气态污染物燃烧氧化的结果，生成了 CO_2 和 H_2O，因而使用这种方法不能回收到有用的物质，但由于燃烧时放出大量的热，所以排气的温度很高，可以回收能量。

目前对于应用回收法难以回收的挥发性有机物及其混合物常常采用燃烧的方法净化，有直接燃烧、热力燃烧、催化燃烧、蓄热燃烧和蓄热催化燃烧。

(1) 直接燃烧

直接燃烧亦称为直接火焰燃烧，它是把废气中可燃有害组分当作燃料直接燃烧，因此该方法只适用于净化含可燃有害组分浓度较高的废气，或者用于净化有害组分燃烧时热值较高的废气，因为只有燃烧时放出的热量能够补偿散向环境中的热量时，才能保持燃烧区的温度，使燃烧持续。

直接燃烧设备包括一般的燃烧炉、窑、也常采用火炬，或通过某种装置将废气导入锅炉作为燃料气进行燃烧。直接燃烧的温度一般需在1100℃左右，燃烧的最终产物为 CO_2、H_2O 和 N_2。直接燃烧法不适于处理低浓度废气。

(2) 热力燃烧

热力燃烧用于可燃有机物质含量较低的废气的净化处理。这类废气中可燃有机组分的含量往往很低，本身不能维持燃烧。因此在热力燃烧中，被净化的废气不是作为燃料所用的燃料，而是在含氧量足够时作为助燃气体，不含氧时则作为燃烧的对象。在进行热力燃烧时须燃烧其他燃料，把废气温度提高到热力燃烧所需的温度，使其中的气态污染物进行氧化，分解成为 CO_2、H_2O 和 N_2。热力燃烧所需温度较直接燃烧的低，在 540~820℃即可进行。不同的气态污染物，在燃烧炉中完全燃烧所需的反应温度和停留时间不完全相同。

（3）催化燃烧

催化燃烧实际上是完全的催化氧化，即在催化剂作用下，使废气中的有害可燃组分完全氧化为 CO_2 和 H_2O。与其他种类的燃烧法相比，催化燃烧法具有如下特点：催化燃烧为无火焰燃烧，安全性好；要求的燃烧温度低（大部分烃类和 CO 在 300~450℃即可完成反应），故辅助燃料消耗少；对可燃组分浓度和热值限制较小；为延长催化剂使用寿命，不允许废气中含有尘粒和雾滴。用于催化燃烧的催化剂多为贵金属 Pt、Pd 催化剂。设计中可参考《催化燃烧法工业有机废气治理工程技术规范》（HJ 2027—2013）和《环境保护产品技术要求　工业有机废气催化净化装置》（HJ/T 389—2007）。

（4）蓄热燃烧和蓄热催化燃烧

蓄热燃烧法是对低浓度大流量有机废气进行预热处理后，在少量辅助燃料作用下燃烧，净化后气体在冷却过程中预热废气，属自供热系统，能耗低，处理效率达 99%。目前主要有两种燃烧系统：蓄热式热力学氧化器（Regenerative Thermal Oxidizer，RTO）和蓄热式催化氧化器（Regenerative Catalytic Oxidizer，RCO）。

图 11-43 所示为双室蓄热燃烧工艺流程，当含 VOCs 气体由换向阀切换进入蓄热室 1 后，在经过蓄热室 1 时被预热达到可燃温度（≥760℃）后进入燃烧室，同时抽引周围炉内的气体形成含氧量大大低于 21%的稀薄贫氧高温空气和注入辅助燃料，燃烧室在贫氧（2%~20%）状态下实现燃烧；燃烧净化后高温气体通过蓄热室 2 进行热交换将热量储存于蓄热体内供下一次废气的预热，150~200℃的低温烟气经过换向阀排出。工作温度不高的换向阀以一定的频率进行切换时，使两个蓄热体（或多个蓄热体）处于蓄热与放热交替工作状态，常用的切换周期为 30~200s。设计中可参考《蓄热燃烧法工业有机废气治理工程技术规范》（HJ 1093—2020）、《工业有机废气蓄热热力燃烧装置》（JB/T 13734—2019）和《工业有机废气蓄热热力燃烧装置》（JB/T 13734—2019）。

RTO 在处理大流量低浓度的有机废气时，允许成本非常低，适用于有机废气浓度为（100~20000）$\times10^{-6}$。但 RTO 需要较高的一次性投资和燃烧温度，不适合处理高浓度的有机废气，而且有很多运动部件，需要较多的维护工作。

RTO 虽然很大程度上解决了热量损失的问题，但对于降低燃烧温度并没有明显效果，因此，蓄热催化燃烧法（即 RCO）具有更大的优势。RCO 在 RTO 的基础上，在蓄热室固定床中添加催化剂床层，是典型的气-固相反应，其实质是活性氧参与的深度氧化作用，以达到降低反应所需活化能的效果。在催化氧化过程中，催化剂表面的吸附作用使反应物分子富集于催化剂表面，催化剂降低活化能的作用加快了氧化反应的进行，提高了氧化反应的速率。在特定催化剂的作用下，有机物在较低的起燃温度下（250～300℃）发生无焰氧化燃烧，氧化分解为CO_2和水，并放出大量热能。RCO直接应用于中高浓度（1000～10000mg/m^3）的有机废气中，其装置主要由炉体、催化蓄热体、燃烧系统、自控系统、自动阀门等构成。但RCO也有自身的局限，仅适用处理含低沸点有机成分、低灰分含量的有机废气，不适合处理含油烟的等黏性物质的废气和成分复杂的有机废气，易造成催化剂中毒，降低处理效果；而且一般是贵金属催化剂，增加成本。

3. 吸收（洗涤）法控制VOCs污染

溶剂吸收法采用低挥发或不挥发性溶剂对VOCs进行吸收，再利用VOCs分子和吸收剂物理性质的差异进行分离。吸收效果主要取决于吸收剂的吸收性能和吸收设备的结构特征。吸收法控制VOCs污染的典型工艺如图11-44所示。该工艺适用于VOCs浓度较高、温度较低和压力较高的场合。目前工业上常用的气液吸收设备有喷洒塔、填料塔、板式塔、鼓泡塔等。其中在喷洒塔、填料塔中，气相是连续相而液相是分散相，其特点是相界面积大，所需液气比亦较大。在板式塔、鼓泡塔中，液相是连续相而气相是分散相。VOCs吸收净化过程，通常污染物浓度相对较低、气体量大，因而选用气相为连续相、湍流程度较高、相界面大的如填料塔、湍球塔型较为合适。填料塔的气液接触时间、液气比均可在较大范围内调节，且结构简单，因而在VOCs吸收净化中应用较广。设计中可参考《环境保护产品技术要求工业废气吸收净化装置》（HJ/T 387—2007）。

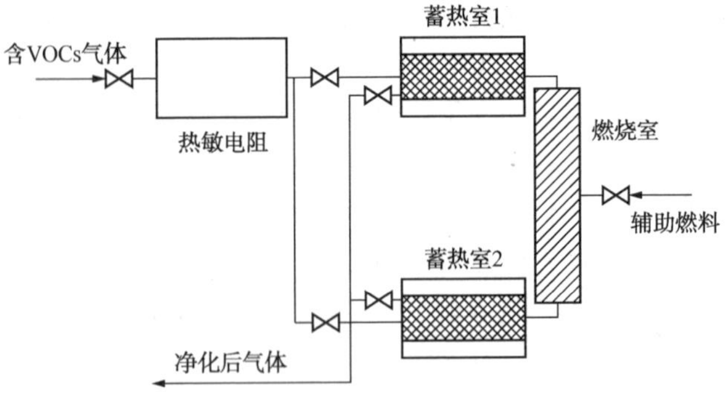

图11-43　双室蓄热燃烧工艺流程

4. 冷凝法控制VOCs污染

冷凝法利用物质在不同温度下具有不同饱和蒸汽压的这一性质，采用降低温度、提高系统的压力或者既降低温度又提高压力的方法，使处于蒸气状态的污染物冷凝并与废气分离。该法特别适用于处理废气体积分数在10^{-2}以上的有机蒸气。冷凝法在理论上可达到很高的净化程度，但是当体积分数低于10^{-6}时，须采取进一步的冷凝措施。使运行成本大大提高。所以冷凝法不适宜处理低浓度的有机气体，而常作为其他方法净化高浓度废气的前处理，以降低有机负荷，回收有机物。如焦化厂用冷凝法回收沥青烟以消除污染；炼油厂亦先用冷凝法回收油，然后再送去燃烧净化。此外，高湿度废气也可用冷凝法使水蒸气冷凝，以减少气体量。

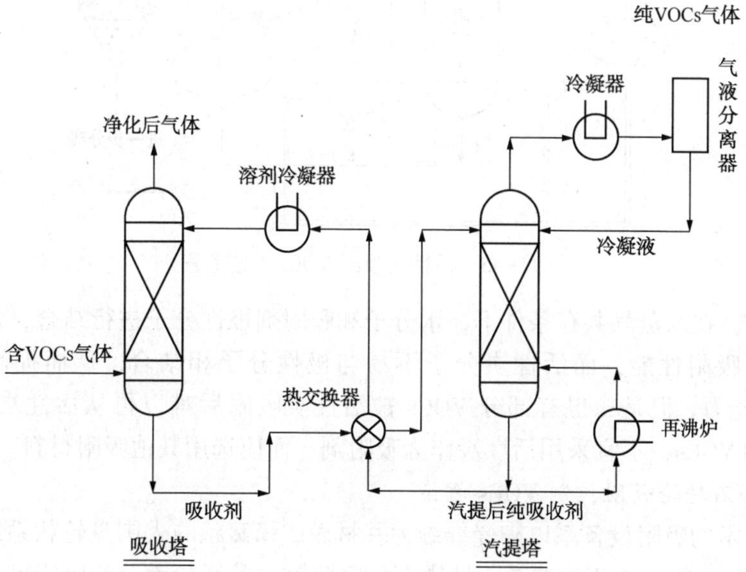

图 11-44　VOCs 吸收工艺

5. 吸附法控制 VOCs 污染

含 VOCs 的气态混合物与多孔性固体接触时，利用固体表面存在达到未平衡的分子吸引力或化学键作用力，把混合气体中 VOCs 组分吸附在固体表面，这种分离过程称为吸附法控制 VOCs 污染。VOCs 污染控制的吸附工艺流程如图 11-45 所示。设计中可参考《吸附法工业有机废气治理工程技术规范》(HJ 2026—2013)。

含 VOCs 的混合气体先去除颗粒状污染物后，再经过调压器调整压力，然后进入吸附床进行吸附净化，净化后气体排入大气环境。当吸附床Ⅰ内的活性炭饱和后，通过阀门转化至吸附床Ⅱ进行吸附。向吸附床Ⅰ通入蒸汽脱附，解析出来的蒸气(空气)混合物冷凝后由浓缩器、分离器进行分离，脱附后的活性炭用热空气干燥后循环使用，一般可重复使用 5 年。该法适用于中低浓度 VOCs 尾气，吸附效果取决于吸附剂性质，VOCs 种类、浓度、性质，以及吸附系统的操作温度、湿度、压力等因素。在一般情况下，不饱和化合物比饱和化合物吸附更完全，环状化合物比直链结构的物质更易被吸附。

活性炭吸附 VOCs 性能最佳，原因在于其他吸附剂(如硅胶、金属氧化物等)

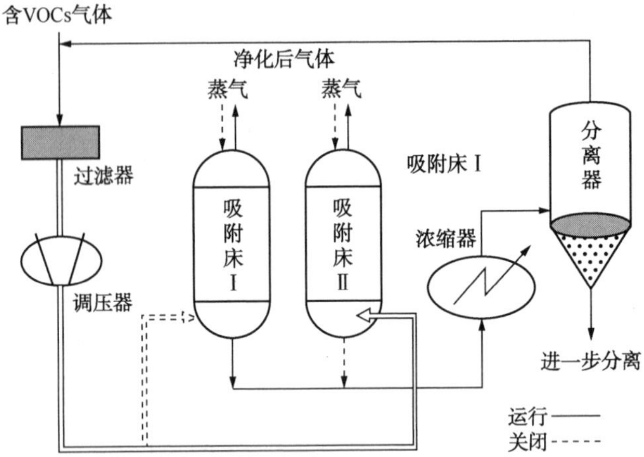

图 11-45　活性炭吸附 VOCs 工艺流程

具有极性，在水蒸气共存条件下，水分子和吸附剂极性分子进行结合，从而降低了吸附剂吸附性能，而活性炭分子不易与极性分子相结合，从而提高了吸附 VOCs 的能力。但是，也有部分 VOCs 被活性炭吸附后难以再从活性炭中除去，对于此类 VOCs，不宜采用活性炭作为吸附剂，而应选用其他吸附材料。

6. 沸石转轮吸附控制 VOCs 污染

该技术的吸附设备系以陶瓷纤维为基材做成蜂窝状的大圆盘轮状系统，如图 11-46 所示。轮子表面涂覆疏水性沸石作吸附剂。整个轮面分为吸附区、再生区和吹冷区 3 个区域，以齿轮带动。低浓度原始废气以风机送入转轮吸附区，废气中的 VOCs 大部分被转轮上的沸石吸附，而使废气变为较洁净的空气排放至大气中；当轮子吸附饱和后转入再生区，以高温加热使被吸附的 VOCs 脱附出来；经再生后的轮子，再转入吹冷区，降温后继续进行吸附。而被脱附出来的高浓度有机废气，浓缩比例可达到 6~20 倍，可通过调整转轮速度、再生温度和风量等参数调节。高浓度有机废气后续一般利用焚烧技术无害化处理或冷凝技术回收利用。

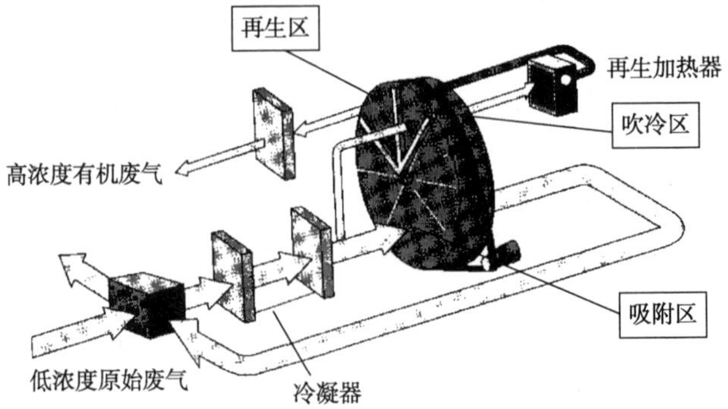

图 11-46　沸石吸附浓缩转轮示意图

吸附过程属于放热反应，理论上废气温度越低越有利于吸附，但是同时气流的湿度会随温度的降低而升高，使得水分凝结在转轮上，占据蜂窝内的孔径及吸附空穴，从而不利于吸附效率。与活性炭吸附相比，沸石转轮技术为动态吸附和脱附，不存在吸附剂饱和问题。适合处理高流量、低浓度及多物种的 VOCs 废气。

整体安装的盘式转轮，体型巨大，更换起来比较困难。新近出现的筒式转轮（图 11-47），可以单块转轮、单块安装，更换起来十分方便。

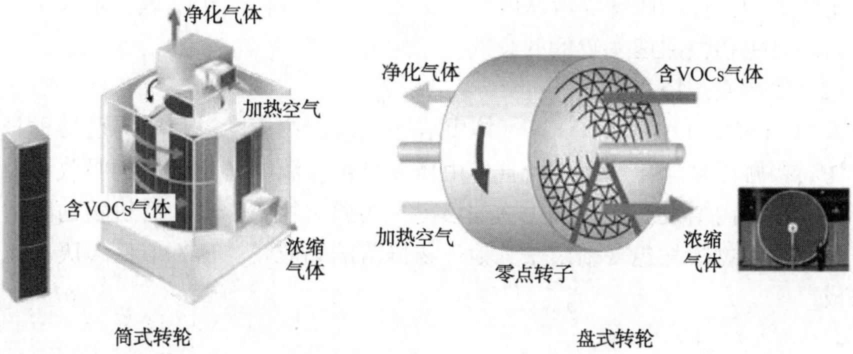

图 11-47　筒式转轮和盘式转轮示意图

7. 生物法控制 VOCs 污染

生物法具有设备简单、运行费用低等优点，在处理低浓度、生物可降解性好的气态污染物时更显其经济性，主要的处理方法有吸收法和过滤法两种。VOCs 生物净化过程的实质是附着在滤料介质中的微生物在适宜的环境条件下，利用废气中的有机成分作为碳源和能源，维持其生命活动，并将有机物转化为 CO_2、H_2O和细胞质的过程。如图 11-48 所示，其主要包括如下 5 个过程，即 VOCs 从气相传递到液相，VOCs 从液相扩散到生物膜表面，VOCs 在生物膜内部的扩散，生物膜内的降解反应，代谢产物排出生物膜。简言之，是吸收传质过程和生物氧化过程的结合。前者取决于气、液间的传递速率，后者则取决于生物的降解能力，即该方法针对水溶性好、生物降解能力强的 VOCs 具有较好的处理效果。

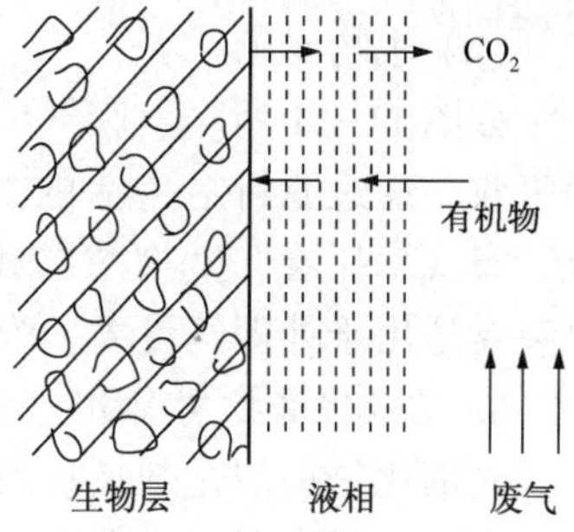

图 11-48　生物净化有机废气原理

在废气生物处理过程中，根据系统的运转情况和微生物的存在形式，可将生物处理工艺分成悬浮生长系统和附着生长系统。悬浮生长系统即微生物及其营养物存在于液体中，气相中的有机物通过与悬浮液接触后转移到液相，从而被微生物降解，其典型的形式有鼓泡塔、喷淋塔及穿孔塔等生物洗涤塔。而生长系统中微生物附着生长于固体介质表面，废气通过由滤料介质构成的固定床层时，被吸附、吸收，最终被微生物降解。其典型的形式有土壤、堆肥、填料等材料构成的生物滴滤塔。生物滴滤塔则同时具有悬浮生长系统和附着生长系统的特性。

（1）生物洗涤塔

生物洗涤塔如图 11-49 所示，该装置由吸收塔与再生池组成。生物洗涤液自顶部淋下，使废气中污染物和氧转入液相。吸收了废气组分的洗涤液流入再生反应池（活性污泥池）中，通气充氧后，被吸收的气态废物通过微生物氧化作用，被再生池中的活性污泥悬浮液从液相中除去，该装置适用于处理气量较小，浓度大，易溶且生物代谢速率较低的废气。

（2）生物滴滤塔

如图 11-50 所示，含 VOCs 气体由塔底进入，在流动过程中与已接种挂膜的生物滤料接触而被净化，净化后气体由塔顶排出。滴滤塔集废气的吸收与液相再生于一体，塔内增设了附着微生物的填料，为微生物的生长、有机物的降解提供了条件。微生物膜是包含细菌及其他生物群落的黏质膜，由好氧区、厌氧区两部分组成。

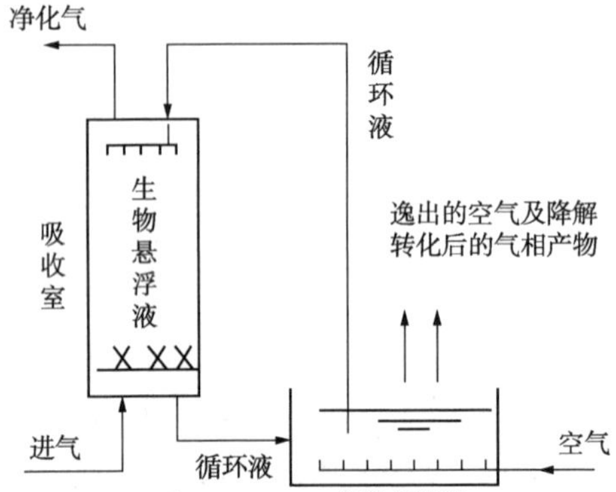

图 11-49　生物洗涤塔工艺流程

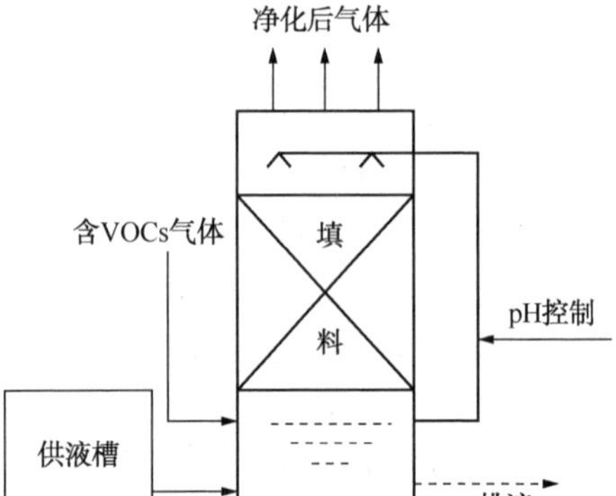

图 11-50　生物滴滤塔工艺流程

（3）生物滤床

如图 11-51 所示，废气经生物滤床中的活性滤层，有机物被滤料上的湿润水膜吸收，通过滤料上生活的微生物的代谢作用而降解。生物滤床主要由进气系统、布气承托层、生物滤层和维护装置组成。一般运行 1～5 年需要更换滤料。该装置适用于处理气量大、浓度低的废气。

8. 光催化法控制 VOCs 污染

光催化是指催化剂吸收光而进行的催化反应。如图 11-52 所示，含 VOCs 气体由光催化反应器的一端进入，在流动过程中首先接触到由光源激发催化剂表面形成的空穴（h^+）和电子（e^-）等活性物种而被直接氧化还原，接着被光催化剂吸附捕获后被·OH和超氧阴离子自由基(·O_2^-)等活性自由基进一步氧化，净化后气体由光催化反应器的另一端排出。光催化净化工艺的核心是光催化剂，常用的光催化剂有TiO_2、ZnO、SnO_2、Fe_2O_3、WO_3、ZrO_2等。

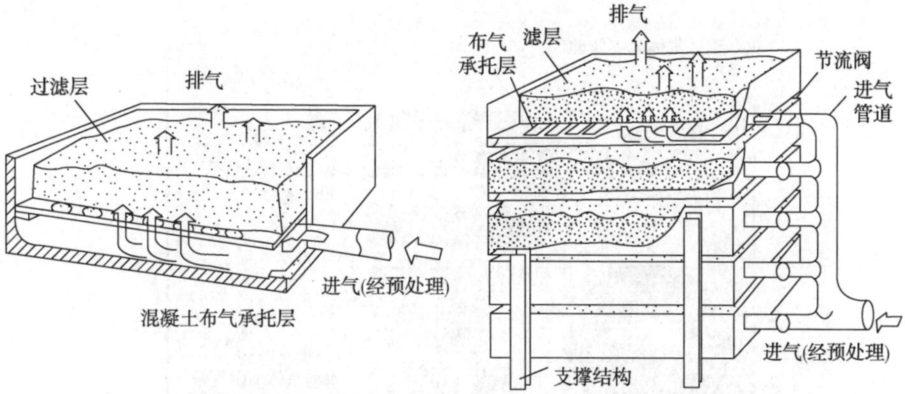

(a)生物滤床示意图　　(b)多层布置的生物滤床

图 11-51　生物滤床

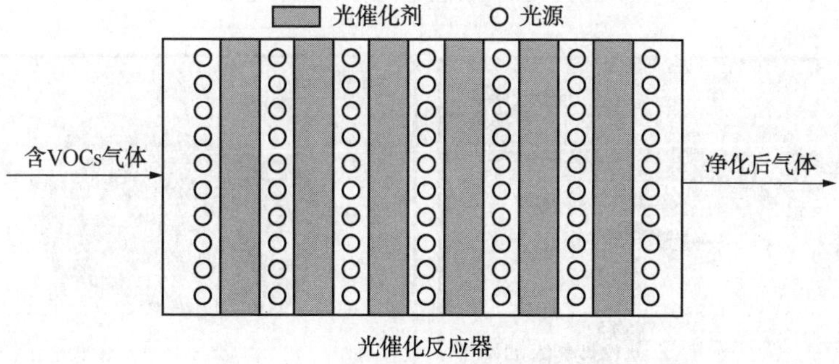

图 11-52　光催化降解 VOCs 工艺流程

9. 膜分离回收 VOCs 技术

膜分离技术是基于化学物质通过膜的传递速度的不同，以膜两侧的化学势梯度为推动力，从而使不同化学物质通过膜而达到分离效果。膜法油气和化学品回收技术的基本原理是利用了特殊的高分子膜对有机化学品的优先透过性的特点，让油气和有机化学品/空气的混合气在一定的压差推动下，经选择性透过膜，使混合气中的化学品优先透过膜，得以富集回收，而空气则被选择性地截留。为了提高膜分离的效率和经济性，将压缩、吸收与膜分离结合在一起，作为辅助工艺。油气和化学品的回收是通过处理油气和化学品蒸气和空气的混合气体，将其中的空气(主要是氧气和氮气)排放掉，而使油气和化学品蒸气返回储罐中实现的。

与用于水处理的膜不同，用于气体分离的膜由有机高分子膜组成。运用溶解选择性控制原理(图 11-53)，有机蒸气在膜内的溶解度大，渗透速率快，从而实现与小分子组分(氢气、氮气、甲烷等)的分离。在石化产品排放控制与回收过程中，根据工艺技术的具体需求，通常采用两种不同结构的膜组件(图 11-54)：卷式和叠片式。两种结构均采用防爆安全设计。

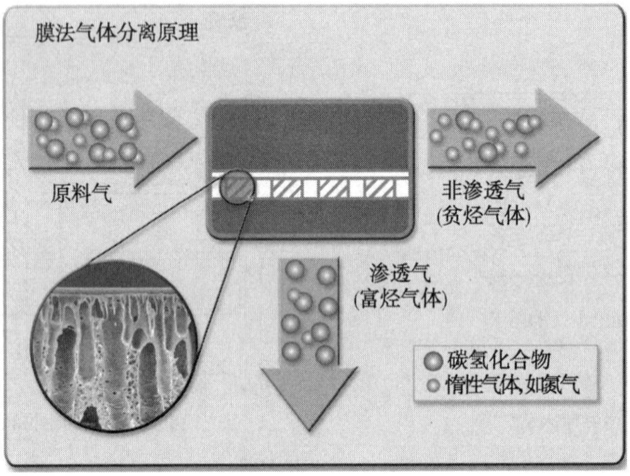

图 11-53　膜法分离 VOCs 原理

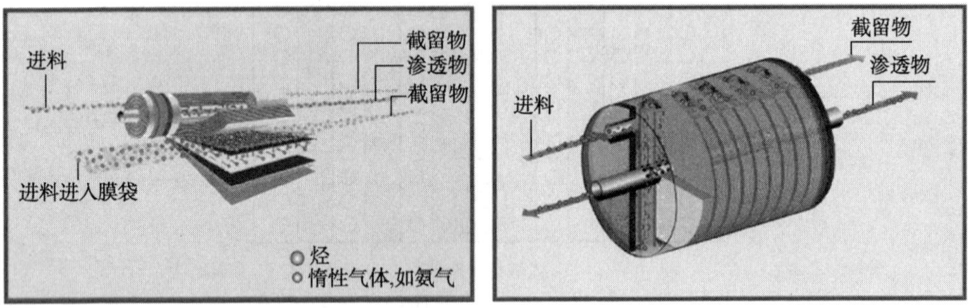

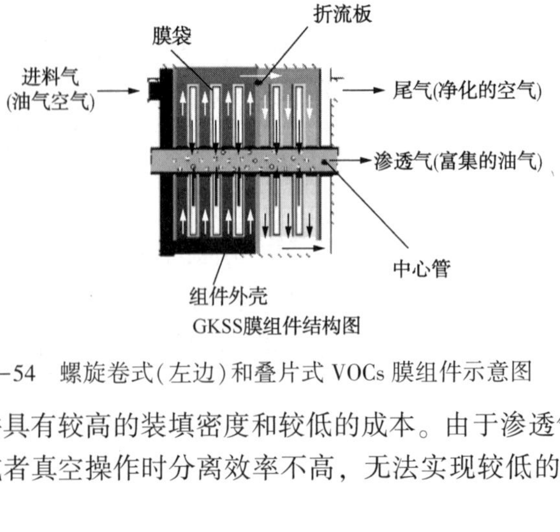

图 11-54　螺旋卷式(左边)和叠片式 VOCs 膜组件示意图

螺旋卷式膜组件具有较高的装填密度和较低的成本。由于渗透气体的流通阻力较大等，在低压或者真空操作时分离效率不高，无法实现较低的 VOCs 尾气排放浓度。主要用于高压工艺气体的处理，在 VOCs 控制排放过程中使用较少。叠片式膜组件由外壳、中心收集管、金属隔板和很多叠放的膜袋组成，可以实现防爆设计。膜袋为两层相对的平板膜组成，外围密封，用网状的支撑物将两层膜分开，并提供渗透气体的流动通道。叠片式膜组件主要适合于常压或者低压和爆炸性 VOCs 气体的回收和达标排放。目前，在石化行业的储运过程中 VOCs 的回收和达标排放多数采用叠片式膜组件。

对于 VOCs 的混合气的分离体系，橡胶态材料兼具有高透气性和高选择性，同时它对 VOCs 具有优先渗透性，尤其是对易冷凝的 VOCs，优先渗透性可以避免 VOCs 在膜表面凝结、液化，进而破坏膜的完整性，因此在 VOCs 回收或治理领域，膜材料一般选择橡胶态的。典型的气体分子在橡胶态材料的复合膜中的理想选择性(相当于氮气)如图 11-55 所示。商业化的 VOCs 膜都是三层结构的薄层复合膜，典型构成如图 11-56 所示。底层为无纺布，材质为聚酯或聚丙烯，主要起支撑作用；中间为微孔层，由聚砜、聚酰亚胺、聚醚酰亚胺、聚丙烯腈或聚偏氟乙烯等材料制成，厚度约为 50μm；表皮则是一层涂敷上的橡胶态高分子材料在作为分离层，厚度小于 1μm，该分离层对 VOCs 具有优先透过性，是完成 VOCs 分离的功能层。

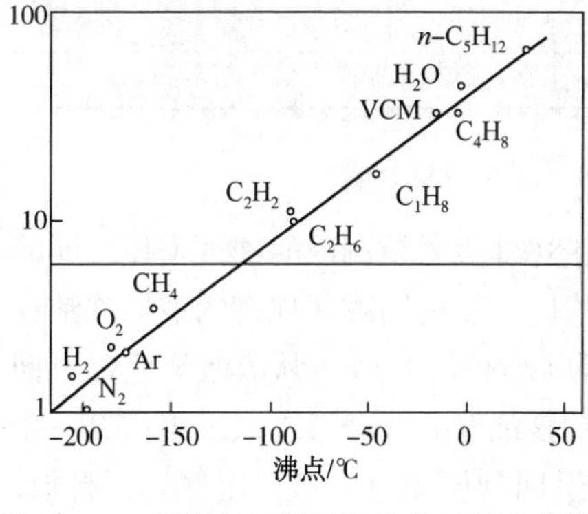

图 11-55 橡胶态材料的气体分子的选择性

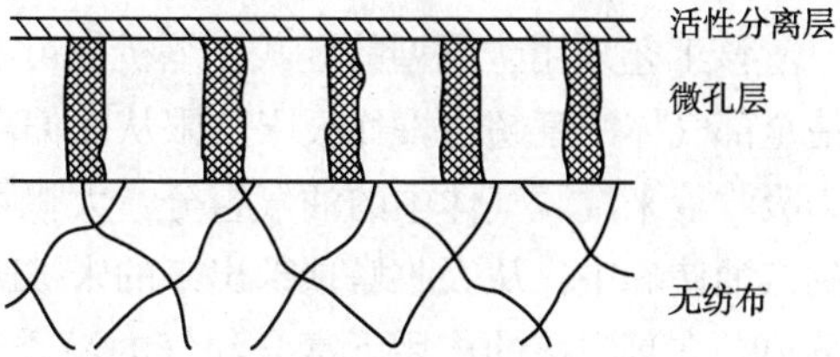

图 11-56 三层结构的薄层复合膜示意图

目前，能够大规模商业化的公司，国外只有美国 MTR 公司和德国 Borsig。云南某石化公司采用缓冲干式气柜+压缩+吸收+膜+PSA 工艺技术方案，采用德国 Borsig 工艺包，关键组件：缓冲气柜的气囊、液环压缩机、旋片真空泵、膜。工艺流程如图 11-57 所示，在装车过程和洗槽过程中所挥发出的油气/空气的混合物，经过密封管线集中至缓冲气柜并送入膜法油气回收装置中(简称回收设施)，该装置为撬装集成式系统。进入膜法油气回收系统中的油气/空气的混合物，经液环压缩机加压至操作压力(0.20~0.25MPa)。液环式压缩机使用汽油密封，形成非接触的密封环，可消除气体压缩产生的热量。压缩后的气体与循环气一起进入喷淋塔中部。在塔内通过切向旋流可将环液与压缩气体分离。

气态的油气混合气在塔内由下向上流经填料层与自上而下喷淋的汽油对流接触，汽油会将大部分油气吸收，形成富集的汽油。富集的汽油包括喷淋液体汽油和回收的油气，在吸收塔压力的作用下返回汽油储罐。剩下的油气/空气混合物以较低的浓度经塔顶流出后进入膜分离器。

在膜的渗透侧有真空泵抽真空，以提高膜分离的效率。膜分离器将混合气体分成两股：一股是富集油气的渗透物流；另汉股是含有少量油气的截留物流，在系统压力的作用下进入变压吸附(PSA)单元，通过吸附剂床层，将其中的油气吸附在吸附剂上，经吸附净化后的气体，其中苯≤12mg/m^3，可直接排放。吸附在吸附剂上的油气经真空解析后，与膜的渗透物流汇集，并循环至膜法油气回收系统。

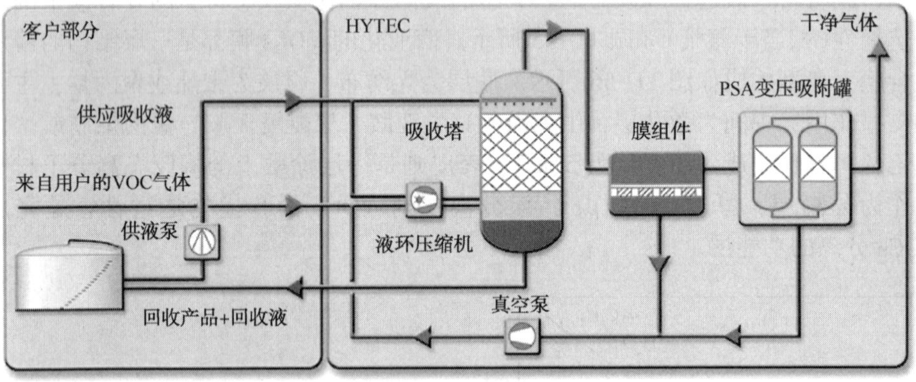

图 11-57　压缩+吸收+膜+PSA 工艺流程示意图

该工艺采用防爆型的湿式压缩机把可能处于爆炸极限范围内的油气增压，同时使全部气体浓度超过爆炸极限上限从而偏离爆炸区。然后用罐区现有的液体汽油作为吸收液来洗脱气体中的油气组分，大概可以回收 60%~70%，从吸收塔底部返回到汽油储罐中；从吸收塔顶部出来的未被吸收的含油气的混合气进入膜组件进一步分离，在真空泵的作用下富含油气的渗透气则返回到压缩机入口，尾气达标排放。膜的尾气增加一个小型的变压吸附单元，可以满足更高的排放标准。

特别需要注意的是缓冲气柜(由耐溶剂的球囊组成)和湿式压缩机的使用和重要性。装卸车船时排放的油气和罐区呼吸排放的油气，当排放量低于回收装置设计值的时候，首先要进入气柜进行收集；当缓冲气柜的高度上升到设计值时，停止进入气柜，开始启动油气回收装置；当缓冲气柜的高度下降到设定值时，油气回收停止工作。当排放气流量大于设计处理能力时，超出部分可进入缓冲气柜内缓冲存储；当排放气流量小于设计能力时，不足部分由缓冲气柜内的气体补齐，直到缓冲气柜内的气量低于设定值，回收系统停止运行。排放气的油气含量通常在 5%~40%，其浓度在爆炸极限范围内。气柜出口的气体和膜的渗透气混合后，其浓度基本上可以脱离爆炸极限范围而高于爆炸极限上限，然后作为原料气进入湿式压缩机，或者经湿式压缩机增压后，使混合气体浓度达到爆炸极限上限，从而使整个系统的气体浓度均超过爆炸极限的上限，提高了系统的安全性。

10. 多技术联用控制 VOCs 污染

由于 VOCs 废气成分及性质的复杂性和单一治理技术的局限性，在大多数情况下，采用单一技术处理时在净化效率、安全性及经济性等方面具有一定的局限性，难以达到预期治理效果。利用不同治理技术的优势，采用组合治理工艺不仅可以满足排放要求，同时可以降低净化设备的运行费用。近年来在有机废气治理中采用两种或多种单一净化技术的组合工艺受到了极大的重视，并得到迅速发展。工业污染源 VOCs 排放量估算可参考《大气挥发性有机物源排放清单编制技术指南(试行)》。《油气回收处理设施技术标准》(GB/T 50759—2022)适用于石油化工企业、煤化工企业和石油库工程中油气回收处理设施的工程设计。

不同技术的适用范围不一致，其对废气组分及浓度、温度、湿度、风量等因素有不同要求，因此企业在选用技术路线时，需从多方面进行考虑。对于主流末端治理技术适用范围，如图 11-58 所示，吸附法包括再生式和抛弃式，其适用于中低风量，温度低于 50℃，浓度小于 5000mg/m^{3}的 VOCs。燃烧法包括直接燃烧、催化燃烧、热力燃烧、蓄热燃烧，其适用于小风量、高浓度、高热值的 VOCs，浓度可达 1000~15000mg/m^3。吸附浓缩(固定床或沸石转轮吸附)+销毁法适合于低浓度、大风量的 VOCs 治理，浓缩后采用催化燃烧或高温焚烧工艺进行销毁。冷凝法适用于高浓度 VOCs (>1000mg/m^3)，温度低于 100℃，可回收有机溶剂。生物法适用于低浓度的 VOCs(通常为小于 2000mg/m^3)，对于水溶性高的 VOCs，可采用生物滴滤法和生物洗涤法，水溶性稍低的 VOCs 则可采用生物滤床。

内蒙古包钢稀土钢板材有限责任公司“3·14”较大火灾事故调查报告

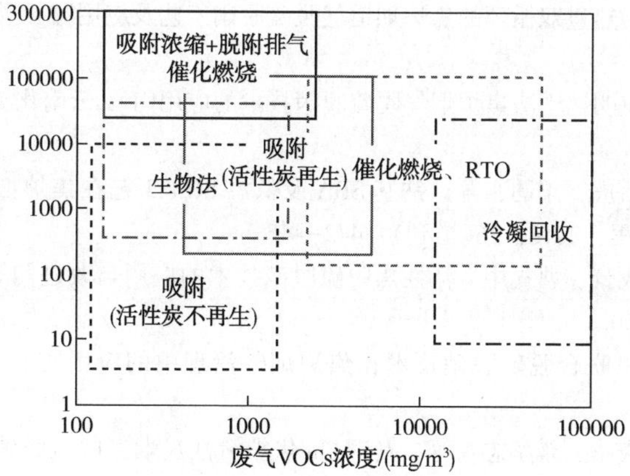

图 11-58 VOCs 治理技术适用范围(浓度、风量)

习　题

1. 电除尘技术有哪些种类？各有什么优缺点？

2. 目前国内石油炼制行业催化裂化再生烟气污染物排放主要有哪些控制标准？其控制标准的排放限值是多少？

3. EDV 湿法烟气净化技术如何实现催化裂化烟气脱硫除尘？EDV 湿法脱硫技术的排出液处理系统（PTU）流程是怎样的？

4. 氨法烟气脱硫技术的脱硫原理是什么？工艺流程是怎样的？该技术的工艺适应性如何？

5. 双循环新型湍冲文丘里除尘脱硫技术工艺流程是怎样的？

6. 选择性催化还原法（SCR）脱硝技术的原理是什么？该技术有哪些优缺点？

参 考 文 献

[1] 郝吉明，马广大，王书肖．大气污染控制工程[M].4 版．北京：高等教育出版社，2021.

[2] 龙湘犁，何美琴．环境科学与工程概论[M]．北京：化学工业出版社，2019.

[3] 赵彬侠，王晨，黄岳元，等．化工环境保护与安全技术概论[M].3 版．北京：高等教育出版社，2021.

[4] 王留成．化工环境保护概论[M]．北京：化学工业出版社，2016.

[5] 汪大翚，徐新华，赵伟荣．化工环境工程概论[M]．北京：化学工业出版社，2006.

[6] 朱蓓丽，程秀莲，黄修长．环境工程概论[M].4 版．北京：科学出版社，2016.

[7] 解清杰．现代环境工程概论[M]．北京：中国石化出版社，2019.

[8] 陈俊武，许友好．催化裂化工艺与工程(下册)[M].3 版．北京：中国石化出版社，2015.

[9] 龚望欣．催化裂化烟气脱硫除尘脱硝技术问答[M].2 版．北京：中国石化出版社，2022.

[10] 羊韵，陈活虎．三种常见焦炉烟气脱硫工艺特点简析[J]．上海：节能，2022(8)：1008-1012.

[11] 杨助喜．基于热量双循环的焦炉烟道气脱硫脱硝工艺及应用[J]．煤化工，2021，49(6)：57-61.

[12] 保德山，文应明．干法焦炉烟气脱硫脱硝技术的应用[J]．云南化工，2020，47(4)：73-75，78.

[13] 倪建东，陈活虎，羊韵，等．钠基 SDA 及低温 SCR 工艺在焦炉烟气脱硫脱硝中的应用[J]．环境工程，2018，36(增刊)：442-445.

[14] 钱虎林，邓成豪，曹先中．活性焦脱硫脱硝技术的应用与改进[J]．燃料与化工，2021，52(1)：48-50.

[15] 王宁．活性焦联合脱硫脱硝技术在焦炉烟气治理中的应用[J]．新疆钢铁，2019(1)：9-11.

[16] 张化强，高庆华，李学志，等．安钢 6m 焦炉活性炭烟气脱硫脱硝一体化技术实践[J]．河南冶金，2018，26(5)：32-33，40.

[17] 苑继超，顾冬梅．活性焦脱硫脱硝系统在焦炉的应用[J]．河北冶金，2019(增刊 1)：100-104.
[18] 周晓猛，徐宝东．烟气脱硫脱硝工艺手册[M]．北京：化学工业出版社，2016.
[19] 郭东明．脱硫工程技术与设备[M]．2 版．北京：化学工业出版社，2019.
[20] 蒋文举，赵君科，尹华强，等．烟气脱硫脱硝技术手册[M]．2 版．北京：化学工业出版社，2012.
[21] 李守信，苏建华，马德刚．挥发性有机物污染控制工程[M]．北京：化学工业出版社，2017.
[22] 生态环境部大气环境司，生态环境部环境规划院．挥发性有机物治理实用手册(第二版)[M]．北京：中国环境出版集团，2021.
[23] 生态环境部生态环境执法局，生态环境部环境工程评估中心．重点行业企业挥发性有机物现场检查要点及法律标准适用指南[M]．北京：中国环境出版集团，2021.
[24] 李伟，方卫．“冷凝+膜分离+吸附”组合工艺在油气回收中的应用[J]．中外能源，2016，21(11)：93-97.
[25] 李红伟，邓迪，史宇科，等．膜分离法油气回收现状分析与对策[J]．石油化工腐蚀与防护，2017，34(2)：25-29.
[26] 黄伟良．膜分离技术在油气回收系统的工业应用[J]．石油化工安全环保技术，2011，27(6)：42-45.
[27] 王纯，张殿印．废气处理工程技术手册[M]．北京：化学工业出版社，2013.

第 12 章　工业固体废物和环境管理

12.1　工业固体废物处理和处置

12.1.1　工业固体废物基本概念和来源

1. 固体废物的基本概念

根据《中华人民共和国固体废物污染环境防治法》(2020 年修订)第一百二十四条的规定：

(一)固体废物，是指在生产、生活和其他活动中产生的丧失原有利用价值或者虽未丧失利用价值但被抛弃或者放弃的固态、半固态和置于容器中的气态的物品、物质以及法律、行政法规规定纳入固体废物管理的物品、物质。经无害化加工处理，并且符合强制性国家产品质量标准，不会危害公众健康和生态安全，或者根据固体废物鉴别标准和鉴别程序认定为不属于固体废物的除外。(二)工业固体废物，是指在工业生产活动中产生的固体废物。(三)生活垃圾，是指在日常生活中或者为日常生活提供服务的活动中产生的固体废物，以及法律、行政法规规定视为生活垃圾的固体废物。(四)建筑垃圾，是指建设单位、施工单位新建、改建、扩建和拆除各类建筑物、构筑物、管网等，以及居民装饰装修房屋过程中产生的弃土、弃料和其他固体废物。(五)农业固体废物，是指在农业生产活动中产生的固体废物。(六)危险废物，是指列入国家危险废物名录或者根据国家规定的危险废物鉴别标准和鉴别方法认定的具有危险特性的固体废物。(七)贮存，是指将固体废物临时置于特定设施或者场所中的活动。(八)利用，是指从固体废物中提取物质作为原材料或者燃料的活动。(九)处置，是指将固体废物焚烧和用其他改变固体废物的物理、化学、生物特性的方法，达到减少已产生的固体废物数量、缩小固体废物体积、减少或者消除其危险成分的活动，或者将固体废物最终置于符合环境保护规定要求的填埋场的活动。

2. 工业固体废物的来源

工业固体废物是指在工业生产中产生的固体废物。按行业可分为如下几类。

① 冶金工业固体废物：产生于金属冶炼过程，如高炉渣、钢渣等。

② 电力工业固体废物：产生于燃煤发电过程，如粉煤灰、炉渣等。

③ 石油、化学工业固体废物：产生于石油加工过程和化工生产过程，如油泥、硫铁矿烧渣等。

④ 轻工业固体废物：产生于轻工业生产过程，如废纸、废塑料、废布头等。

⑤ 其他工业固体废物：产生于机械加工过程，如金属碎屑、电镀污泥等。

12.1.2 工业固体废物管理体制

1. “三化”原则和管理原则

（1）“三化”原则

《中华人民共和国固体废物污染环境防治法》（2020 年修订）第四条规定，固体废物污染环境防治坚持减量化、资源化和无害化的原则。任何单位和个人都应当采取措施，减少固体废物的产生量，促进固体废物的综合利用，降低固体废物的危害性。

（2）管理原则

解决固体废物污染控制问题的基本对策是避免产生（Clean）、综合利用（Cycle）、妥善处置（Control）的所谓“3C 原则”。另外随着循环经济、生态工业园及清洁生产理论和实践的发展，有人提出了“3R”原则，即通过对固体废物实施减少产生（Reduce）、再利用（Resue）、再循环（Recycle）策略实现节约资源、降低环境污染及资源永续利用的目的。

2.《固体废物污染环境防治法》

生态环境部公布第三批
生态环境执法典型案例

生态环境部公布第八批
生态环境执法典型案例

（1）主要修订内容

1995 年，正式颁布了《固体废物污染环境防治法》，2019 年进行了第 5 次修订，自 2020 年 9 月 1 日起施行。主要作了以下修改。

① 明确固体废物污染环境防治坚持减量化、资源化和无害化原则。②强化政府及其有关部门监督管理责任。明确目标责任制、信用记录、联防联控、全过程监控和信息化追溯等制度，明确国家逐步实现固体废物零进口。③完善工业固体废物污染环境防治制度。强化产生者责任，增加排污许可、管理台账、资源综

合利用评价等制度。④完善生活垃圾污染环境防治制度。明确国家推行生活垃圾分类制度，确立生活垃圾分类的原则。统筹城乡，加强农村生活垃圾污染环境防治。规定地方可以结合实际制定生活垃圾具体管理办法。⑤完善建筑垃圾、农业固体废物等污染环境防治制度。建立建筑垃圾分类处理、全过程管理制度。健全秸秆、废弃农用薄膜、畜禽粪污等农业固体废物污染环境防治制度。明确国家建立电器电子、铅蓄电池、车用动力电池等产品的生产者责任延伸制度。加强过度包装、塑料污染治理力度。明确污泥处理、实验室固体废物管理等基本要求。⑥完善危险废物污染环境防治制度。规定危险废物分级分类管理、信息化监管体系、区域性集中处置设施场所建设等内容。加强危险废物跨省转移管理，通过信息化手段管理、共享转移数据和信息，规定电子转移联单，明确危险废物转移管理应当全程管控、提高效率。⑦健全保障机制。增加保障措施一章，从用地、设施场所建设、经济技术政策和措施、从业人员培训和指导、产业专业化和规模化发展、污染防治技术进步、政府资金安排、环境污染责任保险、社会力量参与、税收优惠等方面全方位保障固体废物污染环境防治工作。⑧严格法律责任。对违法行为实行严惩重罚，提高罚款额度，增加处罚种类，强化处罚到人，同时补充规定一些违法行为的法律责任。比如有未经批准擅自转移危险废物等违法行为的，对法定代表人、主要负责人、直接负责的主管人员和其他责任人员依法给予罚款、行政拘留处罚。

(2)《固体废物污染环境防治法》的管理体制

① 分类管理制度。

第八十一条 收集、贮存危险废物，应当按照危险废物特性分类进行。禁止混合收集、贮存、运输、处置性质不相容而未经安全性处置的危险废物。

贮存危险废物应当采取符合国家环境保护标准的防护措施。禁止将危险废物混入非危险废物中贮存。

从事收集、贮存、利用、处置危险废物经营活动的单位，贮存危险废物不得超过一年；确需延长期限的，应当报经颁发许可证的生态环境主管部门批准；法律、行政法规另有规定的除外。

② 危险废物申报登记制度。

第七十八条 产生危险废物的单位，应当按照国家有关规定制定危险废物管理计划；建立危险废物管理台账，如实记录有关信息，并通过国家危险废物信息管理系统向所在地生态环境主管部门申报危险废物的种类、产生量、流向、贮存、处置等有关资料。

前款所称危险废物管理计划应当包括减少危险废物产生量和降低危险废物危害性的措施以及危险废物贮存、利用、处置措施。危险废物管理计划应当报产生危险废物的单位所在地生态环境主管部门备案。

产生危险废物的单位已经取得排污许可证的，执行排污许可管理制度的规定。

③ 固体废物污染环境影响评价制度及其防治设施的“三同时制度”。

第十七条 建设产生、贮存、利用、处置固体废物的项目，应当依法进行环境影响评价，并遵守国家有关建设项目环境保护管理的规定。

第十八条 建设项目的环境影响评价文件确定需要配套建设的固体废物污染环境防治设施，应当与主体工程同时设计、同时施工、同时投入使用。建设项目的初步设计，应当按照环境保护设计规范的要求，将固体废物污染环境防治内容纳入环境影响评价文件，落实防治固体废物污染环境和破坏生态的措施以及固体废物污染环境防治设施投资概算。

建设单位应当依照有关法律、法规的规定，对配套建设的固体废物污染环境防治设施进行验收，编制验收报告，并向社会公开。

④ 排污许可制度。

第三十九条 产生工业固体废物的单位应当取得排污许可证。排污许可的具体办法和实施步骤由国务院规定。

产生工业固体废物的单位应当向所在地生态环境主管部门提供工业固体废物的种类、数量、流向、贮存、利用、处置等有关资料，以及减少工业固体废物产生、促进综合利用的具体措施，并执行排污许可管理制度的相关规定。

⑤ 进口废物审批制度。

第二十三条 禁止中华人民共和国境外的固体废物进境倾倒、堆放、处置。

第二十四条 国家逐步实现固体废物零进口，由国务院生态环境主管部门会同国务院商务、发展改革、海关等主管部门组织实施。

⑥ 危险废物行政代执行制度。

第一百一十三条 违反本法规定，危险废物产生者未按照规定处置其产生的危险废物被责令改正后拒不改正的，由生态环境主管部门组织代为处置，处置费用由危险废物产生者承担；拒不承担代为处置费用的，处代为处置费用一倍以上三倍以下的罚款。

⑦ 危险废物经营许可证制度。

第八十条 从事收集、贮存、利用、处置危险废物经营活动的单位，应当按照国家有关规定申请取得许可证。许可证的具体管理办法由国务院制定。

禁止无许可证或者未按照许可证规定从事危险废物收集、贮存、利用、处置的经营活动。

禁止将危险废物提供或者委托给无许可证的单位或者其他生产经营者从事收集、贮存、利用、处置活动。

⑧ 危险废物转移报告单制度。

第八十二条 转移危险废物的，应当按照国家有关规定填写、运行危险废物电子或者纸质转移联单。

跨省、自治区、直辖市转移危险废物的，应当向危险废物移出地省、自治区、直辖市人民政府生态环境主管部门申请。移出地省、自治区、直辖市人民政府生态环境主管部门应当及时商经接受地省、自治区、直辖市人民政府生态环境主管部门同意后，在规定期限内批准转移该危险废物，并将批准信息通报相关省、自治区、直辖市人民政府生态环境主管部门和交通运输主管部门。未经批准的，不得转移。

危险废物转移管理应当全程管控、提高效率，具体办法由国务院生态环境主管部门会同国务院交通运输主管部门和公安部门制定。

3. 固体废物管理法规和标准体系

《危险废物经营许可证管理办法》《国务院办公厅关于印发强化危险废物监管和利用处置能力改革实施方案的通知》（国办函〔2021〕47号）、《生态环境部关于提升危险废物环境监管能力、利用处置能力和风险防控能力的指导意见》（环固体〔2019〕92号）。《一般工业固体废物贮存和填埋污染控制标准》（GB 18599—2020）、《一般固体废物分类与代码》（GB/T 39198—2020）、《工业固体废物综合利用技术评价导则》（GB/T 32326—2015）、《砷渣稳定化处置工程技术规范》（HJ 1090—2020）、《废塑料回收与再生利用污染控制技术规范》（HJ/T 364—2007）、《固体废物处理处置工程技术导则》（HJ 2035—2013）、《固体废物再生利用污染防治技术导则》（HJ 1091—2020）、《危险废物管理计划和管理台账　制定技术导则》（HJ 1259—2022）、《排污单位自行监测技术指南　工业固体废物和危险废物治理》（HJ 1250—2022）、《危险废物处置工程技术导则》（HJ 2042—2014）、《危险废物填埋污染控制标准》（GB 18598—2019）、《危险废物焚烧污染控制标准》（GB 18484—2020）、《危险废物贮存污染控制标准》（GB 18597—2023）、《危险废物集中焚烧处置工程建设技术规范》（HJ/T 176—2005，2012年修订）。

12.1.3 危险废物的鉴别方法和鉴别标准

危险废物是指列入国家危险废物名录或根据国家规定的危险废物鉴别标准和鉴别方法认定的具有腐蚀性、毒性、易燃性、反应性和感染性等一种或一种以上危险特性，不排除具有危险特性，可能对生态环境或者人体健康造成有害影响，需要按照危险废物进行管理的，具有以上危险特性的固体、液体或其他形态的废物。对属性不明的固体废物，按照《固体废物鉴别标准　通则》（GB 34330）系列标准进行鉴别，并根据鉴定结果，严格落实储存安全防范措施。

《国家危险废物名录》是危险废物环境管理的技术基础和关键依据，自1998年首次发布实施以来，历经2008年、2016年和2021年3次修订，逐步完善，对我国危险废物环境管理发挥了积极作用。《国家危险废物名录(2021版)》将危险废物分为50大类别、467种。

危险废物的鉴别方法主要有两种：一是危险废物定义(名录)法判断；二是通过危害特性鉴别法鉴别。与2016年版本相比，新增豁免16个种类危险废物，豁免的危险废物共计达到32个种类。所谓危害特性鉴别法，就是按照一定的标准通过测试废物的性质来判别该废物是否属于危险废物。由于危害特性种类较多，从实用的角度，通常主要鉴别废物的腐蚀性、易燃性、反应性、毒性这4种性质。

《危险废物鉴别标准　腐蚀性鉴别》(GB 5085.1—2007)、《危险废物鉴别标准　急性毒性初筛》(GB 5085.2—2007)、《危险废物鉴别标准　浸出毒性鉴别》(GB 5085.3—2007)、《危险废物鉴别标准　易燃性鉴别》(GB 5085.4—2007)、《危险废物鉴别标准　反应性鉴别》(GB 5085.5—2007)中分别规定了相关特性危险废物的鉴别标准，符合其中任何条件之一的固体废物属于危险废物。

其他相关标准主要有《危险废物鉴别标准　毒性物质含量鉴别》(GB 5085.6—2007)、《危险废物鉴别标准　通则》(GB 5085.7—2019)、《危险废物鉴别技术规范》(HJ 298—2019)、《固体废物　浸出毒性浸出方法　醋酸缓冲溶液法》(HJ/T 300—2007)、《固体废物　浸出毒性浸出方法　硫酸硝酸法》(HJ/T 299—2007)、《低、中水平放射性固体废物近地表处置安全规定》(GB 9132—2018)。

12.1.4　固体废物处理技术与危险废物处理

固体废物处理是指通过物理、化学和生物等不同方法，使固体废物形式转换、资源化利用以及最终处置的一种过程。固体废物的处理，按其处理目的又可分为预处理、资源化处理和最终处置等。

固体废物预处理是指采用物理、化学或生物方法，将固体废物转变成便于运输、储存、回收利用和处置的形态。预处理常涉及固体废物中某些成分的分离和浓集，因此也是一种回收材料的过程。主要包括压实技术、破碎技术、分选技术、脱水和干燥。固体废物资源化技术主要包括热化学处理(焚烧、热解、湿式氧化等)、生物处理。生物处理技术利用的是微生物对有机固体废物的分解作用，目前应用比较广泛的有堆肥化、沼气化、废纤维素糖化、细菌浸出等。固体废物的处置是指最终处置或安全处置，是固体废物污染控制的末端环节，解决固体废物的归宿问题。固体废物处置可分为海洋处置和陆地处置两大类。危险废物的处理是危险废物管理中最重要的一环，一般的处理方法有以下5种：填埋法、焚烧法、固化法(水泥固化法、塑料固化法、水玻璃固化法、沥青固化法、药剂稳定化技术)、化学法和生物法。

12.2 环境保护法律、法规和设计规范

2014 年全国人大常委会通过了修订后的《中华人民共和国环境保护法》第五条：环境保护坚持保护优先、预防为主、综合治理、公众参与、损害担责的原则。

其他有关环境保护的法律有主要有《中华人民共和国水污染防治法》《中华人民共和国大气污染防治法》《中华人民共和国噪声污染防治法》《中华人民共和国环境保护税法》《中华人民共和国海洋环境保护法》。《中华人民共和国大气污染防治法》第四十三条规定，钢铁、建材、有色金属、石油、化工等企业生产过程中排放粉尘、硫化物和氮氧化物的，应当采用清洁生产工艺，配套建设除尘、脱硫、脱硝等装置，或者采取技术改造等其他控制大气污染物排放的措施。

排污许可管理办法

环境保护设计中要参考《石油化工环境保护设计规范》(SH/T 3024—2017)、《化工建设项目环境保护设计规范》(GB/T 50483—2019)、《炼焦化学工业污染防治可行技术指南》(HJ 2306—2018)、《钢铁工业环境保护设计规范》(GB 50406—2017)、《有色金属工业环境保护工程设计规范》(GB 50988—2014)、《橡胶工厂环境保护设计规范》(GB 50469—2016)、《机械工业环境保护设计规范》(GB 50894—2013)、《纺织工业环境保护设施设计标准》(GB 50425—2019)和《水泥工厂环境保护设施设计标准》(GB/T 50558—2019)等设计规范、标准。

12.3 清洁生产与循环经济、生态工业园

1. 清洁生产

2012 年 2 月 29 日修订的《中华人民共和国清洁生产促进法》第二条：本法所称清洁生产，是指不断采取改进设计、使用清洁的能源和原料、采用先进的工艺技术与设备、改善管理、综合利用等措施，从源头削减污染，提高资源利用效率，减少或者避免生产、服务和产品使用过程中污染物的产生和排放，以减轻或者消除对人类健康和环境的危害。

第十九条 企业在进行技术改造过程中，应当采取以下清洁生产措施：

(一) 采用无毒、无害或者低毒、低害的原料，替代毒性大、危害严重的原料；

(二) 采用资源利用率高、污染物产生量少的工艺和设备，替代资源利用率低、污染物产生量多的工艺和设备；

（三）对生产过程中产生的废物、废水和余热等进行综合利用或者循环使用；

（四）采用能够达到国家或者地方规定的污染物排放标准和污染物排放总量控制指标的污染防治技术。

第二十七条 企业应当对生产和服务过程中的资源消耗以及废物的产生情况进行监测，并根据需要对生产和服务实施清洁生产审核。

有下列情形之一的企业，应当实施强制性清洁生产审核：

（一）污染物排放超过国家或者地方规定的排放标准，或者虽未超过国家或者地方规定的排放标准，但超过重点污染物排放总量控制指标的；

（二）超过单位产品能源消耗限额标准构成高耗能的；

（三）使用有毒、有害原料进行生产或者在生产中排放有毒、有害物质的。

污染物排放超过国家或者地方规定的排放标准的企业，应当按照环境保护相关法律的规定治理。

实施强制性清洁生产审核的企业，应当将审核结果向所在地县级以上地方人民政府负责清洁生产综合协调的部门、环境保护部门报告，并在本地区主要媒体上公布，接受公众监督，但涉及商业秘密的除外。

县级以上地方人民政府有关部门应当对企业实施强制性清洁生产审核的情况进行监督，必要时可以组织对企业实施清洁生产的效果进行评估验收，所需费用纳入同级政府预算。承担评估验收工作的部门或者单位不得向被评估验收企业收取费用。

实施清洁生产审核的具体办法，由国务院清洁生产综合协调部门、环境保护部门会同国务院有关部门制定。

2. 清洁生产审核

为落实《中华人民共和国清洁生产促进法》(2012 年)，进一步规范清洁生产审核程序，更好地指导地方和企业开展清洁生产审核，对《清洁生产审核暂行办法》进行了修订。修订后的《清洁生产审核办法》予以发布，并于 2016 年 7 月 1 日起正式实施，2004 年 8 月 16 日颁布的《清洁生产审核暂行办法》(国家发展和改革委员会、原国家环境保护总局第 16 号令)同时废止。

第二条 本办法所称清洁生产审核，是指按照一定程序，对生产和服务过程进行调查和诊断，找出能耗高、物耗高、污染重的原因，提出降低能耗、物耗、废物产生以及减少有毒有害物料的使用、产生和废弃物资源化利用的方案，进而选定并实施技术经济及环境可行的清洁生产方案的过程。

第五条 清洁生产审核应当以企业为主体，遵循企业自愿审核与国家强制审核相结合、企业自主审核与外部协助审核相结合的原则，因地制宜、有序开展、注重实效。

第六条 清洁生产审核分为自愿性审核和强制性审核。

第七条 国家鼓励企业自愿开展清洁生产审核。本办法第八条规定以外的企业，可以自愿组织实施清洁生产审核。

第八条 有下列情形之一的企业，应当实施强制性清洁生产审核：

（一）污染物排放超过国家或者地方规定的排放标准，或者虽未超过国家或者地方规定的排放标准，但超过重点污染物排放总量控制指标的；

（二）超过单位产品能源消耗限额标准构成高耗能的；

（三）使用有毒有害原料进行生产或者在生产中排放有毒有害物质的。

其中有毒有害原料或物质包括以下几类：

第一类，危险废物。包括列入《国家危险废物名录》的危险废物，以及根据国家规定的危险废物鉴别标准和鉴别方法认定的具有危险特性的废物。

第二类，剧毒化学品、列入《重点环境管理危险化学品目录》的化学品，以及含有上述化学品的物质。

第三类，含有铅、汞、镉、铬等重金属和类金属砷的物质。

第四类，《关于持久性有机污染物的斯德哥尔摩公约》附件所列物质。

第五类，其他具有毒性、可能污染环境的物质。

3. 清洁审核标准和清洁生产技术导向目录

《国家重点行业清洁生产技术导向目录》（第一、二、三批）、《工业清洁生产审核指南编制通则》（GB/T 21453—2008）、《工业企业清洁生产审核　技术导则》（GB/T 25973—2010）、《清洁生产标准　制订技术导则》（HJ/T 425—2008）、《清洁生产标准　石油炼制业》（HJ/T 125—2003）、《清洁生产标准　氮肥制造业》（HJ/T 188—2006）、《清洁生产标准　炼焦行业》（HJ/T 126—2003）、《清洁生产标准　纯碱行业》（HJ 474—2009）、《清洁生产标准　电石行业》（HJ/T 430—2008）、《清洁生产标准　钢铁行业（炼钢）》（HJ/T 428—2008）、《清洁生产标准　钢铁行业（烧结）》（HJ/T 426—2008）、《清洁生产标准　钢铁行业（铁合金）》（HJ 470—2009）、《清洁生产标准　钢铁行业（高炉炼铁）》（HJ/T 427—2008）等。

《清洁生产标准》一般把清洁生产各项指标分为三级：一级代表国际先进水平，二级代表国内先进水平、三级代表国内基本水平。

4. 循环经济

《中华人民共和国循环经济促进法（2018 年修正）》对循环经济的定义：

第二条 本法所称循环经济，是指在生产、流通和消费等过程中进行的减量化、再利用、资源化活动的总称。

本法所称减量化，是指在生产、流通和消费等过程中减少资源消耗和废物产生。

本法所称再利用，是指将废物直接作为产品或者经修复、翻新、再制造后继续作为产品使用，或者将废物的全部或者部分作为其他产品的部件予以使用。

本法所称资源化，是指将废物直接作为原料进行利用或者对废物进行再生利用。

循环经济与清洁生产都强调3R原则，实际上，清洁生产主要是从环境保护的角度强调了单个企业内部生产的全过程控制，通过提高资源利用效率来削减污染物排放，而这正是在企业层面循环经济的主要实现形式。其不同点在于，清洁生产主要在单个企业实施，而循环经济则可以在更大的空间范围内有效地配置资源和能源，实现更大范围的清洁生产：通过延长产业链，将上游产业的废物变成下游产业的原料，以梯级式利用能源，将企业活动各项消耗和废物排放控制在国际先进指标内，这也称为企业层次的循环经济。

5. 生态工业园

生态工业园是依据清洁生产要求、循环经济理念和工业生态学原理而设计建立的一种新型工业园区。它通过物流或能流传递等方式把两个或两个以上生产体系或环节连接起来，形成资源共享、产品链延伸和副产品互换的产业共生网络。在这个共生网络中，一家工厂的产品或副产品成为另一家工厂的原料或能源，形成产品链和废物链，实现物质循环、能量多级利用和废物产生最小化。

12.4 环境影响评价

1.《中华人民共和国环境影响评价法》(2018年第二次修正)

第二条 本法所称环境影响评价，是指对规划和建设项目实施后可能造成的环境影响进行分析、预测和评估，提出预防或者减轻不良环境影响的对策和措施，进行跟踪监测的方法与制度。

第十六条 国家根据建设项目对环境的影响程度，对建设项目的环境影响评价实行分类管理。

建设单位应当按照下列规定组织编制环境影响报告书、环境影响报告表或者填报环境影响登记表(以下统称环境影响评价文件)：

(一)可能造成重大环境影响的，应当编制环境影响报告书，对产生的环境影响进行全面评价；

(二)可能造成轻度环境影响的，应当编制环境影响报告表，对产生的环境影响进行分析或者专项评价；

(三)对环境影响很小、不需要进行环境影响评价的，应当填报环境影响登记表。

建设项目的环境影响评价分类管理名录，由国务院生态环境主管部门制定并公布。

2.《建设项目环境影响后评价管理办法(试行)》(环境保护部令第37号)

第二条 本办法所称环境影响后评价，是指编制环境影响报告书的建设项目在通过环境保护设施竣工验收且稳定运行一定时期后，对其实际产生的环境影响以及污染防治、生态保护和风险防范措施的有效性进行跟踪监测和验证评价，并提出补救方案或者改进措施，提高环境影响评价有效性的方法与制度。

第三条 下列建设项目运行过程中产生不符合经审批的环境影响报告书情形的，应当开展环境影响后评价：

（一）水利、水电、采掘、港口、铁路行业中实际环境影响程度和范围较大，且主要环境影响在项目建成运行一定时期后逐步显现的建设项目，以及其他行业中穿越重要生态环境敏感区的建设项目；

（二）冶金、石化和化工行业中有重大环境风险，建设地点敏感，且持续排放重金属或者持久性有机污染物的建设项目；

（三）审批环境影响报告书的环境保护主管部门认为应当开展环境影响后评价的其他建设项目。

建设单位应当按照《建设项目环境影响评价分类管理名录（2021 年版）》的规定，分别组织编制建设影响报告书、环境影响报告表或者填报环境影响登记表。环境影响评价的相关标准主要有《环境影响评价技术导则 生态影响》（HJ 19—2022）、《环境影响评价技术导则 地表水环境》（HJ 2.3—2018）、《环境影响评价技术导则 地下水环境》（HJ 610—2016）、《环境影响评价技术导则 声环境》（HJ 2.4—2009）、《环境影响评价技术导则 土壤环境（试行）》（HJ 964—2018）、《建设项目环境风险评价技术导则》（HJ 169—2018）、《建设项目环境影响评价技术导则 总纲》（HJ 2.1—2016）等。《建设项目环境影响评价技术导则 总纲》对环境影响报告书的内容作了详细的规定，如建设项目周围环境现状，对环境可能造成影响的分析、预测和评估，环境保护措施及其技术经济论证，环境影响的经济损益分析，实施环境监测的建议，环境影响评价的结论等。

12.5 突发环境事件及应急管理

1.《突发环境事件应急管理办法》（环境保护部令第 34 号）

第二条 各级环境保护主管部门和企业事业单位组织开展的突发环境事件风险控制、应急准备、应急处置、事后恢复等工作，适用本办法。

环境应急有关法律、法规

本办法所称突发环境事件，是指由于污染物排放或者自然灾害、生产安全事故等因素，导致污染物或者放射性物质等有毒有害物质进入大气、水体、土壤等环境介质，突然造成或者可能造成环境质量下降，危及公众身体健康和财产安全，或者造成生态环境破坏，或者造成重大社会影响，需要采取紧急措施予以应对的事件。

突发环境事件按照事件严重程度，分为特别重大、重大、较大和一般四级。

核设施及有关核活动发生的核与辐射事故造成的辐射污染事件按照核与辐射相关规定执行。重污染天气应对工作按照《大气污染防治行动计划》等有关规定执行。

造成国际环境影响的突发环境事件的涉外应急通报和处置工作，按照国家有关国际合作的相关规定执行。

第三条 突发环境事件应急管理工作坚持预防为主、预防与应急相结合的原则。

2.《企业事业单位突发环境事件应急预案备案管理办法(试行)》(环发〔2015〕4 号)

第二条 本办法所称环境应急预案，是指企业为了在应对各类事故、自然灾害时，采取紧急措施，避免或最大程度减少污染物或其他有毒有害物质进入厂界外大气、水体、土壤等环境介质，而预先制定的工作方案。

第三条 环境保护主管部门对以下企业环境应急预案备案的指导和管理，适用本办法：

(一)可能发生突发环境事件的污染物排放企业，包括污水、生活垃圾集中处理设施的运营企业；

(二)生产、储存、运输、使用危险化学品的企业；

(三)产生、收集、贮存、运输、利用、处置危险废物的企业；

(四)尾矿库企业，包括湿式堆存工业废渣库、电厂灰渣库企业；

(五)其他应当纳入适用范围的企业。

核与辐射环境应急预案的备案不适用本办法。

省级环境保护主管部门可以根据实际情况，发布应当依法进行环境应急预案备案的企业名录。

第四条 鼓励其他企业制定单独的环境应急预案，或在突发事件应急预案中制定环境应急预案专章，并备案。

鼓励可能造成突发环境事件的工程建设、影视拍摄和文化体育等群众性集会活动主办企业，制定单独的环境应急预案，或在突发事件应急预案中制定环境应急预案专章，并备案。

3.《国家突发环境事件应急预案》(国办函〔2014〕119 号)

按照事件严重程度，突发环境事件分为特别重大、重大、较大和一般四级。

习　题

何谓“固体废物”“危险废物”“处理”“处置”“无害化”“减量化”“资源化”？

参 考 文 献

[1] 赵由才，牛冬杰，柴晓利，等．固体废物处理与资源化[M].3 版．北京：化学工业出版社，2019.
[2] 庄伟强，刘爱军．固体废物处理与处置[M].3 版．北京：化学工业出版社，2015.